Otto Maas, Otto Renner

Einführung in die Biologie

bremen
university
press

Otto Maas, Otto Renner

Einführung in die Biologie

ISBN/EAN: 9783955622299

Auflage: 1

Erscheinungsjahr: 2013

Erscheinungsort: Bremen, Deutschland

bremen
university
press

Einführung in die Biologie

Von

Dr. Otto Maas

a. o. Professor der Zoologie an der Universität München

und

Dr. Otto Renner

Privatdozent der Botanik an der Universität und Kustos am
pflanzenphysiologischen Institut in München

Mit 197 in den Text gedruckten Abbildungen

München und Berlin
Druck und Verlag von R. Oldenbourg
1912

Vorwort.

Als der Oldenbourgsche Verlag den Plan faßte, den neuen, ge-
steigerten Bedürfnissen des biologischen Unterrichts an den Mittelschulen durch die Herausgabe eines Lehrbuchs entgegenzukommen,
erschien es notwendig, im Gegensatz zu vielen der bisher vorliegen-
den Bücher, den gesamten Stoff der Biologie nicht von einer Seite,
sondern Botanik und Zoologie je von einem Vertreter des betreffenden Fachs behandeln zu lassen. So wurde die Gefahr umgangen,
daß das eine oder das andere Gebiet quantitativ zu kurz kam, und
daß die Darstellung aus zweiter und dritter Hand statt aus den
Quellen schöpfte.

Die Verfasser haben natürlich nach gemeinsamem Plan gearbeitet,
aber den Hauptteil ihrer Gebiete getrennt dargestellt (O. Renner
Kapitel 1—10, O. Maas Kapitel 11—22). Nur gewisse Grundprobleme
des Lebens, wie Zellenlehre, Befruchtung, Vererbung, Abstammungslehre, haben für beide Organismenreiche gemeinsame Behandlung gefunden. Wenn einzelne Gegenstände an zwei Stellen des Buches
erscheinen, so geschieht dies nicht ohne didaktische Absicht. Die
erste Darstellung soll die Grundlagen bringen, auf denen die zweite
weiterbaut, und damit soll zugleich der Verteilung des Lehrstoffs
auf mindestens zwei Jahre Rechnung getragen werden.

Biologische Gesichtspunkte stehen überall im Vordergrund; die
Gestaltverhältnisse werden hauptsächlich in ihrer Bedeutung für die
Lebensvorgänge behandelt. Bei der Auswahl des Stoffes war eine
gewisse Willkür unvermeidlich. Wir haben lieber einzelnes Typische
eingehender behandelt, statt eine Sammlung von Schlagwörtern zu
geben; denn wir wollen nicht so sehr Einzelkenntnisse, als vielmehr
Verständnis der Zusammenhänge vermitteln.

1*

In beiden Abschnitten wird von Einfacherem zu Höherem an der Hand von Beispielen fortgeschritten; für den Menschen ist kein besonderer Abschnitt gemacht worden, dagegen an vielen Stellen (Stoffwechsel, Sinnesorgane) auf ihn verwiesen. Manches, was Fachgenossen als ungewöhnlich in der Darstellung auffallen mag, z. B. in der systematischen Tabelle, bei der Nervenleitung, ist aus didaktischen Gründen so gefaßt.

Im botanischen Teil ist der Versuch gemacht, die fremdsprachigen Fachausdrücke soweit wie möglich durch deutsche Bezeichnungen zu ersetzen.

In erster Linie soll das Buch Lehrstoff für die Mittelschulen enthalten, dem Schüler das Material geben, dem Lehrer ein Handweiser sein. Wir hoffen aber, daß es sich auch für weitere Kreise brauchbar erweisen wird.

Die botanischen Abbildungen sind, wo nicht anders vermerkt, Originale. Die zoologischen sind dies zum einen Teil, zum andern aus Fachwerken mit Angabe des Autornamens entnommen, teilweise umgezeichnet; bei ihrer Herstellung hat Herr M. Ivanic freundlichst Hilfe geleistet.

München, November 1911.

O. Maas
O. Renner.

Inhalts-Verzeichnis.

Erstes Kapitel.

Die Glieder der Pflanzen. Die Zelle.

Die Glieder als Organe. Wurzel und Sproß. Sproßachse und Blatt. Verzweigung von Wurzel, Sproß und Blatt. Die Wachstumspunkte. Formwert und Leistung der Glieder. Umgebildete Organe. Die Blüte als Sproß; Verwachsung und Vereintwachsen der Blätter. Symmetrieverhältnisse. Formen der Sproßverzweigung. Versagen des Schemas Wurzel — Achse — Blatt. Die Zelle und ihre Organe. Zellteilung und Kernteilung.

Pflanze ist, wenn wir uns zunächst an die auffälligsten Formen, die Samenpflanzen, halten, ein Wesen, das an einem in Äste und Zweige auseinandergehenden Stamm oder Stengel grüne Blätter und gefärbte Blüten in die Luft streckt und sich mit blassen Wurzeln durch den Boden saugt. Die Vierheit der Glieder, Wurzel, Stamm, Blatt, Blüte, ist jedermann geläufig, und nicht bloß im Sinn einer gleichgiltigen Formbildung, die Dasein besitzt ohne Wirken. Vielmehr geben die G l i e d e r sich ohne weiteres als O r g a n e zu erkennen, als Werkzeuge der Erhaltung des einzelnen Pflanzenwesens und der Art, als Werkzeuge der Ernährung und der Fortpflanzung. Als Organe betrachtet, lassen die Glieder auch die Verschiedenheit ihrer Form verständlich erscheinen. Die Wurzeln wie Taue die Pflanze im Boden verankernd und als weitverzweigtes Röhrenwerk die Erde nach Wasser durchsuchend. Die Blätter platt ausgebreitet, in unverkennbarer Beziehung zu Luft und Licht. Und der Stamm ein strebefestes Gerüst, als Träger für Blätter, Blüten und Früchte. Daß sich mit den Leistungen eines Gliedes freilich die verschiedensten Formen vertragen, das beweist die endlose Mannigfaltigkeit der Gestalten, die uns beim Vergleich verschiedener Pflanzen vor Augen treten. Nicht minder regellos scheinen auf den ersten Blick auch die Lagebeziehungen zwischen den Gliedern. Ein Geraniumstock ist seiner Form nach sicher weniger streng bestimmt als ein Käfer oder ein Vogel, und die Gewächse, die nebeneinander auf der Wiese stehen, lassen vollends gemeinsame Züge in der Anordnung der Glieder nicht ohne weiteres erkennen. Diese Mannigfaltigkeit fordert einerseits dazu heraus, den etwaigen Gesetzmäßigkeiten nachzuspüren, die den Körperbau der einzelnen Pflanze beherrschen und die vielleicht einem größeren Kreis von Formerscheinungen zugrunde liegen, andrerseits drängt sich überall die Frage nach dem wechselnden »Sinn« der wechselnden Form auf, die Frage nach dem Zusammenhang zwischen Gestalt und Leistung.

Wir heben einen Bohnenstengel oder einen Getreidehalm aus der Erde und finden, daß eine starke W u r z e l nichts anderes trägt als Wurzeln, die sich wieder zu immer feineren Wurzelfäden verzweigen. Im Gegensatz dazu besteht der oberirdische Teil, der S p r o ß, wenn wir fürs nächste von den Blüten absehen, aus durchaus ungleichartigen Gebilden, nämlich aus säulenartigen Gliedern, die in ihrer Gesamtheit als S p r o ß a c h s e bezeichnet werden, und den seitlich an der Achse sitzenden flachen B l ä t t e r n. Der Winkel zwischen Sproßachse und Blatt, die Blattachsel, ist nun die einzige Stelle, an der der Sproß sich v e r z w e i g t. Hier, im Schutze des Blattes, treten Seitensprosse (Achselsprosse) auf, die sich wie der Hauptsproß aus Sproßachse und Blättern zusammensetzen und die ihrerseits sich aus den Blattachseln verzweigen können.

Bei krautigen Pflanzen, wie bei Feuerbohne, Balsamine, findet man häufig die Seitensprosse in den Achseln noch frischer diesjähriger Blätter ähnlich entwickelt wie den Hauptsproß. Bei Holzpflanzen dagegen, z. B. beim Flieder, stehen in den Achseln der Blätter nur kleine Knospen, und diese werden zu langen Zweigen erst im folgenden Jahr, wenn ihre »Tragblätter« schon abgefallen sind. Dafür entdeckt man aber unter jedem jüngeren Zweig des Flieders eine Narbe, ie Stelle, an der einst das Blatt ansaß.

Damit ist das e r s t e G e s e t z, das die Gestaltung der Samenpflanzen fast ausnahmslos beherrscht, schon gefunden. Die Wurzel erzeugt bei Verzweigung nur Gleichartiges, nur Wurzeln. Die Sproßachse trägt als Seitenglieder zunächst Andersartiges, nämlich Blätter, und erst in den Blattachseln neue beblätterte Sproßachsen. Der Seitensproß gehört untrennbar mit einem Blatt, seinem Tragblatt (Deckblatt), zusammen, und fast ebenso allgemein gilt die Regel, daß ein Blatt in seiner Achsel einen Sproß trägt. Die Achselsprosse brauchen sich freilich nicht alle zu entwickeln, sie können großenteils auf dem Knospenzustand stehen bleiben und zugrunde gehen, wie z. B. bei der Ulme.

Der Zusammenhang zwischen Wurzel und Sproß ist z. B. bei der Bohne der, daß die Hauptwurzel sich unmerklich in die Sproßachse fortsetzt. Wie wir sehen werden, verhalten sich viele erwachsene Pflanzen anders, aber ursprünglich ist die Beziehung zwischen Wurzel und Sproß überall dieselbe, wie sie bei der Bohne sich dauernd erhält. Die Samenpflanzen gehen ja aus einem Samen hervor, und der Same enthält in der Form des K e i m e s (des Embryo) nichts anderes als ein kleines, sehr einfaches Pflänzchen. Am Samen der Feuerbohne (Fig. 1) fallen nach Entfernung der Samenschale zunächst zwei große dicke Keimblätter (Kotyledonen) in die Augen, die, mit platten Flächen aufeinandergepreßt, zusammen einen etwa eiförmigen Körper bilden. An einer Schmalseite werden die Keimblätter zusammengehalten durch einen kleinen kegelförmigen Körper (w), der in seinem oberen Ende einen Stengel, in seinem abgewandten, freien Teil eine Wurzel darstellt. Zwischen die Keimblätter hinein setzt sich der Keimstengel in ein Knöspchen mit einigen kleinen Blättern fort, aus dem bei der Keimung der oberirdische Sproß hervorgeht.

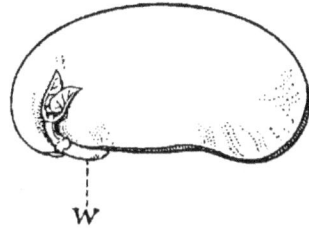

Fig. 1. Keim aus dem Samen der Feuerbohne, 3/2. Das eine Keimblatt ist entfernt.

Die erste Wurzel bleibt z. B. bei den Nadelbäumen zeitlebens erhalten; das ganze mächtige Wurzelwerk entsteht durch die endlos wiederholte Verzweigung der Keimwurzel. Das ist wohl auch das Ursprüngliche bei Pflanzen, die senkrecht in die Höhe wachsen und den Platz, an dem sie gekeimt haben, nicht verlassen. Kriechende Sprosse dagegen, wie die des Efeus, der Gundelrebe (Glechoma), vermögen aus der Achse Beiwurzeln (Adventivwurzeln) zu treiben. Das setzt sie in den Stand, sich von der Keimwurzel unabhängig zu machen und sich vom Ort der Keimung weit zu entfernen. Sogar jeder Zweig führt ein ziemlich selbständiges Dasein und kann für sich weiterleben, wenn Stengelstücke, die ihn mit anderen Zweigen verbinden, zugrunde gehen. Auch viele nicht kriechende Pflanzen lassen die Keimwurzel bald eingehen und ersetzen sie durch Beiwurzeln, die aus dem Keimstengel entspringen; solcher Art sind die gebüschelten Wurzeln der Gräser. An den kriechenden Stämmen der gelben Teichrose entstehen die Wurzeln sogar aus den unteren Teilen der Blätter. Die Lagebeziehung der Wurzeln zu den übrigen Gliedern ist also ziemlich locker; Wurzeln können sich fast überall am Pflanzenleib bilden. Das Umgekehrte gilt nicht im selben Maß. Blätter auf Wurzeln gibt es gar nicht, und Sproßbildung auf Wurzeln findet hauptsächlich nach Verwundung statt. Manche krautigen Pflanzen dagegen, z. B. das Leinkraut (Linaria vulgaris), dauern im Wurzelzustand aus und verjüngen sich regelmäßig durch Sprosse, die auf den Wurzeln entstehen.

Die gewöhnlichen Bodenwurzeln sind überall dieselben stielrunden Organe, bald dicker bald dünner. Auch die oberirdische Sproßachse verläßt die Säulenform nicht leicht. Dagegen entfaltet sich ein außerordentlicher Reichtum in den Gestalten der L a u b b l ä t t e r. Ganz gewöhnlich ist zwischen den Stengel und die flache Blattspreite ein

stengelähnliches Stück, der Blattstiel, eingeschoben, der freie Bewegung
in Wind und Regen gestattet, oft auch die Spreite in helleres Licht bringt.
Am Grunde des Blattstiels treten oft zwei flache dünne Anhängsel,
die Nebenblätter, auf, wie bei den Weiden, Kirschen; diese Bildung
von Seitengliedern kann ganz wohl als Verzweigung des Blattes bezeichnet werden. Die Nebenblätter pflegen sich sehr früh zu entwickeln und bilden eine schützende Hülle für die zarte junge Spreite.
Auch die Spreite kann sich verzweigen, wie beim Hahnenfuß, wo sie
in schmale Lappen zerspalten erscheint. Bei der falschen Akazie
(Robinia) ist eine ganze Anzahl von eiförmigen Blättchen in zwei
Zeilen an der stielartigen Blattspindel aufgereiht, und jedes Blättchen
hat sein eigenes Stielchen.

Man kann nun fragen, warum dieses federartige Gebilde bei der
Robinie als ein v e r z w e i g t e s B l a t t und nicht als ein mit einfachen Blättern besetzter Zweig bezeichnet wird. Wenn wir den Sproß
der Buche in Achse und Blätter zerlegen, ahmen wir in gewissem Sinn
die Pflanze selbst nach, die ihn im Winter zerlegt, indem sie die Blätter
abwirft und die Sproßachsen behält. Dieses Entscheidungsmittel läßt
uns aber in vielen Fällen im Stich. Bei der Robinie z. B. löst sich einerseits die Spindel vom Zweig, anderseits die Blättchen von der Spindel,
und bei der Kiefer werden die Nadelbüschel abgestoßen, ohne daß wir
uns entschließen könnten, sie als Einzelblätter aufzufassen. Es handelt
sich also nur um eine begriffliche Scheidung, die nicht anders als willkürlich sein kann. Sproßachse nennen wir ein Gebilde, das in eine
Wurzel übergeht oder in der Achsel eines Blattes steht und (meist) Blätter
trägt; Blatt nennen wir ein Organ, das an einer Sproßachse sich bildet
und (meist) in seiner Achsel einen Sproß trägt. Man sieht, jede De-
finition braucht den anderen Begriff. ¡Um den F o r m w e r t[1]) (morpho-
logischen Wert) eines Gliedes zu ermitteln, ist es also nötig, die Lagebeziehungen des fraglichen Gliedes zu sämtlichen anderen Gliedern
des Pflanzenleibes zu betrachten. Bei der Robinie sitzen die gefiederten
Gebilde an unverkennbaren Zweigen, also an der Sproßachse, und
tragen in ihrer Achsel Knospen, während zwischen der Spindel und
den Blättchenstielen Knospen nicht zu entdecken sind. Wir können
also nicht anders als von einem zusammengesetzten, genauer gesagt,
gefiederten Blatt reden, dessen Teile wir Blättchen nennen.

Wenn die Blätter eine gewisse Größe erreicht haben, hören
sie auf zu wachsen. Wurzel und Sproß wachsen dagegen an der

---

[1]) »Form« ist dabei der Inbegriff aller Gestaltverhältnisse, wozu auch die
Lagebeziehungen zwischen den Teilen des Ganzen gehören.

Spitze unbegrenzt weiter, sie sind bei ausdauernden Pflanzen überhaupt nie ausgewachsen. Bei der Wurzel ist die wachsende Spitze, der W a c h s t u m s p u n k t (Vegetationspunkt), ein nackter Kegel; Seitenwurzeln treten in einiger Entfernung von der Spitze auf, wachsen ebenfalls unbegrenzt und verzweigen sich selber wieder. Die Sproßgipfel, die dem austrocknenden Einfluß der Luft ausgesetzt sind, haben die Beschaffenheit von Knospen, d. h. die eigentliche Spitze ist in einem Schopf von Blättern versteckt. Eine K n o s p e, die heimliche Werkstatt des Sproßwachstums, untersuchen wir beim Flieder (Syringa), indem wir sie mit der Nadel von unten her zerpflücken. Mit bloßem Auge läßt sich erkennen, daß die dicht übereinander geschachtelten

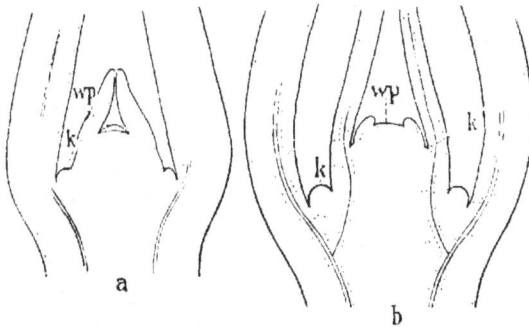

Fig. 2. Knospenspitze des Flieders im Längsschnitt, 35/1. Ebene des
Schnittes b senkrecht zu der des Schnittes a.

Blätter gegen die Spitze hin immer kleiner und zarter werden. Ein Längsschnitt durch die Mitte der Knospe (Fig. 2) zeigt unter dem Mikroskop weiter, daß die Achse mit einer schwachen Wölbung (w p) abschließt, und daß in nächster Nähe des Achsenendes die Blätter durch kleine stumpfe Höcker ersetzt sind. Bei der Esche (Fig. 3 a), deren Blätter im erwachsenen Zustand gefiedert sind, erscheint das letzte Paar von Auszweigungen nicht anders als beim Flieder; die nächstunteren sind schon verzweigt, lassen die Fliederblättchen als lange Zähne unterscheiden. Was aus diesen einfachen oder gegliederten Höckern wird, können wir nicht mehr erfahren. Denn selbst wenn die Bloßlegung am festsitzenden Zweig vorgenommen worden wäre, würden die zarten Gebilde in wenigen Minuten durch Vertrocknen zugrunde gehen. Sie schrumpfen unter dem Mikroskop zusehends und führen in eindringlicher Weise vor Augen, welche Bedeutung die feste Aufeinanderlegung der Blätter in der Knospe hat. Aber wir gehen sicher nicht fehl, wenn wir die kleinsten, einfachsten Ausgliederungen für die jüngsten erklären, wenn wir annehmen, daß die abwärts anschließenden, gegliederten Blätter aus Anfängen von der gleichen Kleinheit und Einfachheit ihren Ursprung genommen haben, und daß die Höcker an der Spitze sich zu einer ähnlichen Gliederung erhoben hätten, wenn ihre Entwicklung nicht durch die Präpariernadel unterbrochen worden wäre. Indem wir eine Anzahl Blätter nach dem Alter in eine Reihe ordnen, sehen wir darin ein Bild der Entwicklung des einzelnen Blattes.

Die flache Kuppe zwischen den jüngsten Blättern heißt auch hier W a c h s t u m s p u n k t. Nur hier gliedert sich der Sproß in Achse und Blätter, und zwar werden die Blätter in unverrückbarer Regel v o n u n t e n n a c h o b e n fortschreitend angelegt; eine nachträgliche Einschaltung von Blättern zwischen schon angelegte gibt es nicht. Die Blattanlagen liegen ursprünglich so dicht aneinander, daß eine freie Sproßachse in der Knospe fast fehlt; erst später strecken sich die Glieder der Achse zwischen den Blättern.

Wenn die Blätter sich verzweigen, so geschieht das auf den ersten Stufen der Entwicklung, kurz nach ihrer Ausgliederung am Wachstumspunkt. Das weitere Wachstum beschränkt sich auf eine Vergrößerung der vorhandenen Teile, die freilich sehr ungleich ausfallen kann. Ein junges Blatt der Eiche (Fig. 3 b) sieht kaum anders aus als ein solches der Esche (Fig. 3a). Aber bei der Eiche wächst der Mittelteil, auf dem die Zähne sitzen, stark in die Breite, und die Zähne, die nicht im selben Maße sich vergrößern, werden

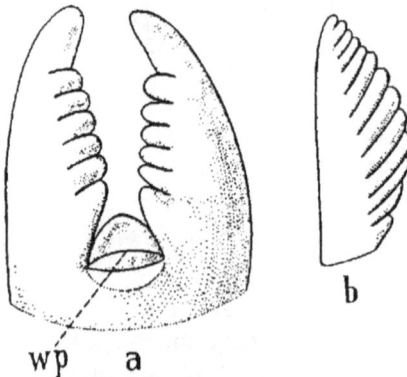

Fig. 3. a Knospenspitze der Esche. Vom jüngsten Blattpaar ist das vordere Blatt entfernt, 45/1. b junges Blatt der Eiche, 24/1.

zu Lappen, die durch breite Buchten getrennt sind; bei der Esche verbreitert sich das Mittelstück gar nicht, es wird zur dünnen Spindel, während die Zähne zu freistehenden, ansehnlichen Blättchen werden. Der Blattstiel und die Glieder der Spindel werden immer erst ziemlich spät, bei der Entfaltung des Blattes, durch Streckung der betreffenden Teile eingeschoben.

Die Wachstumspunkte des Sprosses wie der Wurzel erhalten sich in einem weichen, bildsamen Zustand, ähnlich dem, der den Keim (Embryo) im Samen auszeichnet, sie bleiben k e i m h a f t (embryonal). Und das befähigt sie eben, dauernd an der Spitze fortzuwachsen und Seitenglieder zu bilden. Am Sproßgipfel kommt ein Teil der Seitenglieder, die Blätter, aus dem keimhaften Zustand bald heraus. Aber

in den Achseln der Blätter findet man frühzeitig andere Auszweigungen des Sproßwachstumspunktes, kleine höckerförmige Sproßanlagen
(*k* in Fig. 2), die früher oder später zu Achselsprossen werden können,
freilich oft auf dem Zustand einer wenig entwickelten Knospe schon
stehen bleiben. Vom Hauptwachstumspunkt werden also an vielen
Stellen Ableger mit keimhaften Eigenschaften zurückgelassen, die entweder mit dem Hauptgipfel an der Ver-
größerung des Pflanzenleibs fortbauen
oder den Hauptgipfel zu vertreten imstand
sind, wenn er verloren geht.

Im Süden der Alpen ist ein kleiner,
dorniger Strauch einheimisch, der Mäusedorn (*Ruscus aculeatus*, Fig. 4), der im
Herbst und Winter besonders durch seine
korallenroten Beeren auffällt. Diese sitzen
auf derben spitzen Blättern, wo wir Blüten
und Früchte nicht zu finden gewohnt
sind, und die Blätter stehen in den Achseln
kleiner, an den stielrunden Zweigen ein-
gefügter Schuppen. Nach unseren Defini-
tionen müssen wir diesen Schuppen den
Formwert von Blättern zuerkennen, und
die breiten spitzen Gebilde müssen wir
Sprosse nennen. Die letzteren sind nicht
bloß achselständig, sie tragen auch selber
wieder Schuppenblätter und in ihren
Achseln die Blüten, von denen wir nur
so viel vorausnehmen können, daß sie
kurze Sprosse darstellen. Die flachen

Fig. 4. Fruchtzweig des Mäusedorns. Nat. Größe.

grünen Sprosse haben außer der Form mit Blättern noch das gemein, daß sie bald ausgewachsen sind. Sie spielen im Leben der
Pflanze auch sicher ganz die Rolle von Blättern; wie später auseinandergesetzt wird, ist für die Verrichtungen der Blätter, d. h. für die Bereitung
von Nahrung, die grüne Farbe unerläßlich und die flache Ausbreitung
vorteilhaft. Bei der Bestimmung des F o r m w e r t e s setzen wir uns
zunächst über die L e i s t u n g und auch über die äußere Gestalt
eines Gliedes hinweg. Das Glied wird nach seinen Lagebeziehungen als
Wurzel oder als Sproß oder als Blatt abgestempelt. Aber wir bleiben
dabei nicht stehen. Wir können gar nicht anders, als das Glied auch in
seiner Eigenschaft als Organ betrachten. Und erst damit beginnt die

Einordnung in unser Formschema fruchtbar zu werden. Wir entdecken, daß beim Mäusedorn die Glieder ihren gewöhnlichen, von der Mehrzahl der Pflanzen uns vertrauten Leistungen entfremdet sind. Die Blätter sind nur noch Schutzorgane für heranwachsende junge Teile und sterben bald ab; die Rolle der Nahrungsbereitung ist von Teilen der Sproßachse übernommen, und zugleich mit dieser Aufgabe ist diesen Seitensprossen auch die Form von Laubblättern eigen. Zunächst ist das nur die Erfahrung, daß Glieder, die wir ihrer Stellung nach Sproßachsen nennen, sich gebärden können wie die Glieder, die wir als Blätter bezeichnen. Aber wir legen noch etwas ganz anderes in diese Erfahrung hinein. Auf dem Boden der Entwicklungslehre stehend, nehmen wir an, daß die Vorfahren des Mäusedorns breite grüne Blätter und stielrunde Seitensproßachsen hatten wie andere Pflanzen auch, und daß erst nachträglich der T a u s c h   d e r F o r m e n   u n d   d e r   L e i s t u n g e n vor sich gegangen ist.

Wir nennen die Blätter und Seitenzweige des Mäusedorns u m - g e b i l d e t. Als ursprünglich gilt uns ein Sproß, der aus säulenförmigen Achsengliedern und grünen Blättern zusammengesetzt ist und sich in die Luft erhebt; als die Urform des Blattes das flache grüne Laubblatt; als normale Wurzel die fadenförmige Erdwurzel. Alles was von diesen Grundformen abweicht, wird als umgebildet bezeichnet.

Bevor wir uns nach stark umgebildeten Organen umsehen, unterrichten wir uns darüber, welchem Wechsel die Gestalt des B l a t t e s an einem und demselben Sproß ganz gewöhnlich unterworfen ist. Vor allem haben die K e i m b l ä t t e r meistens eine andere, und zwar eine einfachere Form als die späteren Blätter. Auch die ersten Blätter nach den Keimblättern unterscheiden sich oft noch von den später gebildeten (Feuerbohne, Efeu). Bei den einjährigen Ackerehrenpreisen (Veronica Buxbaumii usw.) sind alle Blätter laubig, auch die Deckblätter der Blüten, d. h. die, welche Blüten zu Achselsprossen haben. Bei der Feuerbohne dagegen tragen die Laubblätter in der Achsel einen mehrblütigen Sproß, einen Blütenstand, und an diesem sind die Deckblätter der Blüten klein, sie sind zu H o c h b l ä t t e r n umgebildet, die nur noch Schutzorgane für die jungen Blütenknospen darstellen. Farblose Schuppen als Hochblätter hat das Maiglöckchen, groß und auffallend rot gefärbt sind die des Wachtelweizens. Hochblatt heißt also jedes Blatt, das in der Blütengegend vorkommt, doch nicht zur Blüte selbst gehört und vom Laubblatt sich irgendwie unterscheidet. Bei ausdauernden Pflanzen pflegt noch eine weitere umgebildete Blattform aufzutreten. Der Stengel des Maiglöckchens z. B. trägt unter den beiden großen Laubblättern ein paar dünne, blasse, zusammengerollte Schuppen, die das junge grüne Laub vor der Entfaltung einhüllen. Sie heißen N i e d e r b l ä t t e r, weil sie am Grund des Sprosses auftreten. Niederblätter sind auch die Knospenschuppen der Holzpflanzen; sie sind ja an den Jahrestrieben die untersten. Auch wenn die Laubblätter reich gegliedert sind (Roßkastanie, Esche, Ahorn), haben die Niederblätter doch die Form einfacher breiter Schuppen.

Bei der Suche nach u m g e b i l d e t e n O r g a n e n beginnen wir mit den
u n t e r i r d i s c h e n. Wenig von einer gewöhnlichen Pfahlwurzel unterscheiden
sich die dicken »R ü b e n« bei der Karotte (Daucus carota) und der Runkelrübe
(Beta). Dagegen sind die rundlichen K n o l l e n der Knabenkräuter, der Feig-
wurz nicht mehr sehr wurzelähnlich. Alle diese dicken Wurzeln, die durch den
Mangel von Blättern sich als Wurzeln zu erkennen geben, sind Speicher für
Wasser und Nährstoffe. Häufiger sind die Teile, mit denen die nicht holzigen
»Stauden« im Boden ausdauern, Sproßorgane. Die Kartoffelknollen sitzen an wurzel-
artigen Strängen, die freilich vom Grund des Stammes, nicht von der Hauptwurzel
ausgehen; daß es Sprosse sind, sagen die kleinen schuppenförmigen Niederblätter
der Knolle, die in ihren Achseln Augen, d. h. Sproßknospen, tragen. Die im
Boden kriechenden Stämme des Windröschens (Anemone), der großen Maiblume
(Polygonatum) tragen ebenfalls Niederblätter und erzeugen Sprosse, die sich über
den Boden erheben. Diese W u r z e l s t ö c k e (Rhizome) wachsen am einen Ende
fort und sterben vom andern her ab; ihre Wurzeln müssen also Beiwurzeln sein,
die nur eine Zeitlang leistungsfähig sind und dann durch neue, näher bei der Spitze
gebildete ersetzt werden. Während bei den Sproßknollen der Kartoffel die verdickte
Achse als Stoffmagazin dient und die Blätter ganz zurücktreten, spielen in den
Z w i e b e l n (Tulpe, Küchenzwiebel) die Blätter die Hauptrolle. Von einer kurzen,
breiten Sproßachse entspringen einerseits Wurzeln, andrerseits dicke Niederblätter,
die Zwiebelschuppen, die sich dicht übereinander lagern. Die Spitze der Zwiebel-
achse wird zum blühenden Luftstengel, in den Achseln der Schuppen entstehen
Knospen, die sich zu neuen Zwiebeln entwickeln.

Der o b e r i r d i s c h e Sproß gliedert sich in schlanke L a n g t r i e b e und
plumpe K u r z t r i e b e bei der Lärche. Die schlanken Zweigspitzen, die Langtriebe, tragen zunächst ziemlich locker gestellte Nadelblätter; deren Achselknospen
entwickeln sich im zweiten Jahr zu sehr kurzen Zweigen, Kurztrieben, die ihre
Achse nicht strecken und mehrere Jahre lang an der Spitze je ein Büschel von
etwa 50 Nadeln erzeugen. Noch weiter geht der Unterschied zwischen Lang-
und Kurztrieben bei der Kiefer. Die ersteren bilden nur noch schuppenförmige,
häutige Niederblätter, die Kurztriebe in den Achseln dieser Schuppen erschöpfen
sich in der Bildung einiger Niederblätter und 2—5 nadelförmiger Laubblätter.
Die Kurztriebe der Kiefer entfalten sich, anders als die Achselsprosse der Holzpflanzen sonst tun, im selben Jahr wie die Langtriebe, an denen sie stehen; das
hängt damit zusammen, daß die Langtriebe selber keine grünen Blätter haben.
Blattartige, flache Kurztriebe haben wir beim Mäusedorn kennen gelernt. Beim
Spargel stehen die zylindrischen, nadelartigen Gebilde, die die Blätter ersetzen,
in den Achseln häutiger Niederblätter, sie sind also blattlose Kurztriebe. Blattlose
Sprosse von sehr eigentümlichem Verhalten sind die verzweigten R a n k e n des
Weinstockes, die den kletternden Stengel an tragende Stützen festbinden.

U m g e b i l d e t e B l ä t t e r, und zwar Niederblätter, haben wir des öfteren
erwähnen müssen, um umgebildete Sprosse nicht unvollständig zu beschreiben.
Es bleibt also wenig mehr zu sagen übrig. Wie es Sproßranken gibt, gibt es auch
B l a t t r a n k e n. Bei den Erbsen, manchen Wicken wird die Spindel des zusammengesetzten Blattes zu einem verzweigten Rankenfaden; die Äste der Ranke
entsprechen den Blättchen der Spreite. Ganze Blätter sind zu einfachen Ranken
umgebildet bei der Gurke. Beim Sauerdorn (Berberis) tragen die Zweige zu drei-
spitzigen D o r n e n umgewandelte Blätter; in ihren Achseln stehen kurze Zweige

mit Laubblättern, die, ebenso wie bei der Kiefer, zugleich mit den Langsprossen
austreiben. Die Nebenblätter werden zu Dornen bei der Robinie.

Die stechenden Spitzen auf den Zweigen der Rosen, Brombeeren stehen in
der Größe hinter den Blattdornen anderer Pflanzen oft nicht zurück. Sie haben
aber keine bestimmte Lage und Anordnung, können auf der Sproßachse wie auf
den Blättern als Auswüchse sich bilden. Solche Spitzen, die weder einem Blatt noch
einem Sproß entsprechen, heißen S t a c h e l n , dem Sprichwort zum Trotz, das die Rose
mit Dornen ausstattet. Ebenso unbestimmt in ihren Lagebeziehungen sind die vielerlei
H a a r e und Borsten, die auf allen Pflanzenteilen als Anhängsel vorkommen.

Den B l ü t e n sind wir bis jetzt aus dem Weg gegangen. Ihre
Stellung an der Spitze längerer Sprosse (Tulpe) oder in den Achseln
von Blättern und ihre Zusammensetzung aus einer Achse und mehr oder
weniger blattartigen Seitengebilden läßt sie als Sprosse erkennen. Sie
sind Kurztriebe, deren Achsenglieder zwischen den Blättern sehr kurz
sind und deren Blätter teilweise von Laubblättern in sehr auffälliger

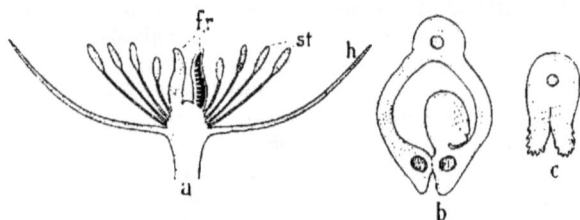

Fig. 5. Dotterblume. a Schematischer Blütenlängsschnitt, 2/1. b Querschnitt durch den Fruchtknoten, c durch die Narbe, 20/1.

Weise abweichen, zudem in ihren Achseln nie Knospen tragen. Bei
der Dotterblume (Caltha) sind die Blätter der B l ü t e n h ü l l e (h in
Fig. 5 a) gelb gefärbt; sie schützen in der Knospe die übrigen Teile
und sind nach der Entfaltung Wegweiser für sehende Insekten. Die
S t a u b g e f ä ß e (st), die wir als die männlichen Fortpflanzungsorgane
kennen lernen werden, bestehen aus dem dünnen Staubfaden und dem
kopfigen Staubbeutel, in dem der Blütenstaub sich bildet, sind also
wenig blattartig. Sie sitzen aber seitlich an der kegelförmigen Ver-
ängerung des Blütenstiels, der Blütenachse, und können deshalb wohl
Staubblätter genannt werden. Auf der Spitze der Blütenachse stehen
die weiblichen Organe, die S t e m p e l (fr); sie sind (bei anderen Pflanzen
zum mindesten in ihrem unteren, weiten Teil, dem Fruchtknoten)
hohl und beherbergen in der Höhlung bei der Reife die Samen und
vorher die Samenanlagen. An der nach innen gekehrten Kante jedes
Stempels ist leicht eine schmale Rinne zu erkennen, und ein dünner
Querschnitt (Fig. 5 b) zeigt, daß in der Fortsetzung der Rinne eine

deutliche Trennungslinie durch die Wand des Fruchtknotens läuft. Bei der Reife reißt die Wand hier ihrer ganzen Länge nach auseinander (Fig. 6a), und nun erscheint der Fruchtknoten als ein breites, etwas gekieltes Blatt, das auf der Oberseite an den frei gewordenen Rändern die Samen trägt. Bei der Reife geht der Stempel den Weg, den er bei seiner Entwicklung genommen hat, in umgekehrter Richtung. Er entsteht nämlich aus einer offenen Blattanlage dadurch, daß die Ränder sich zusammenschlagen und verwachsen; jeder Stempel der Dotterblume ist ein F r u c h t b l a t t.

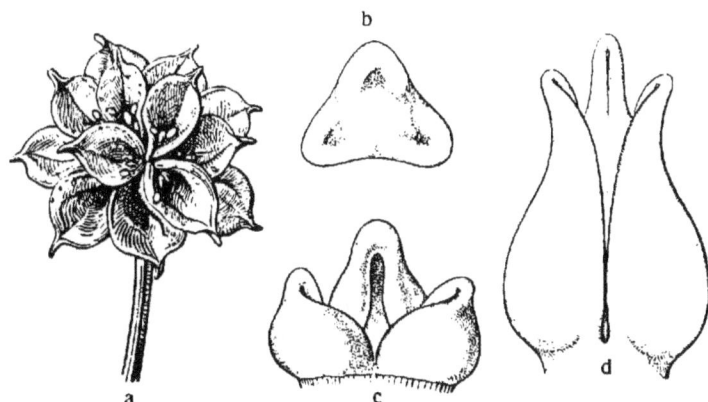

Fig. 6. a Reife Fruchtblüte der Dotterblume, 4/3. b—d Junge Fruchtblätter des Rittersporns, nach Payer.

Fig. 6b zeigt die drei Fruchtblätter des Rittersporns (die denen der Dotterblume sehr ähnlich sind) als ganz junge, hufeisenförmige Anlagen von oben; in c sind die Ränder der von der Seite gesehenen Fruchtblätter schon einwärts gebogen, und in d ist die Verwachsung der Ränder vollendet. Die Spitze des Fruchtblattes, die wohl noch eine Rinne, doch keine Höhlung besitzt (Fig. 5c), wird zur Narbe; sie fängt den Blütenstaub mit rauher oder klebriger Oberfläche auf und hält ihn fest. Bei der nah verwandten Kuhschelle ist zwischen die Narbe und den Fruchtknoten noch der Griffel eingeschoben, ein Stück Fruchtblatt, das selber keinen Blütenstaub von außen aufzunehmen imstande ist, aber die Verbindung zwischen Narbe und Fruchtknotenhöhle herstellt. Die Blütenachse zwischen den Fruchtblättern stellt das Wachstum ein.

Beim Hahnenfuß ist die Blütenhülle reicher geworden. Den Schutz der Knospe besorgt der grüne K e l c h, die auffallende gelbe Farbe ist den Blättern der B l u m e n - k r o n e vorbehalten. Noch sind sämtliche Blätter der Blüte gesondert. Das ist nicht mehr der Fall bei der Lichtnelke. Der Kelch stellt hier einen engen Becher dar, dessen Rand in fünf spitze Zipfel ausläuft. Die Zipfel entsprechen ebensovielen Blättern, und der geschlossene Teil des Bechers kommt zustande durch Vereinigung der Blätter. Trennungslinien sind nicht zu sehen, es handelt sich also nicht um nachträgliche Verkittung ursprünglich getrennter Ränder. Vielmehr wächst der Bezirk der Blütenachse, auf dem die fünf Blattanlagen zunächst als ebensoviele Höcker ausgegliedert sind, als geschlossener Kreiswall in die Höhe und schiebt die Blattanlagen auf gemeinsamem Fußstück empor. Es liegt hier kein V e r w a c h s e n vor, sondern ein V e r e i n t w a c h s e n. Vereintblättrig ist außer dem Kelch auch die Krone bei der Schlüsselblume. Die Staubblätter sind zu einer Röhre vereint bei den Schmetterlingsblütlern, bei den Malven. Auch Blätter, die verschiedenartige Glieder der Blüte darstellen, können vereint wachsen; bei der Schlüsselblume stehen die Staubblätter hoch oben in der Kronröhre eingefügt, sind also mit der Krone vereint gewachsen. Kelch, Krone und Staubgefäße werden auf gemeinsamem Achsenwall in die Höhe gehoben bei der Kirsche (Fig. 7a); die Spitze der Blütenachse mit dem Stempel kommt so auf den Grund eines Bechers zu liegen, dessen Saum die sämtlichen übrigen Blütenglieder trägt.

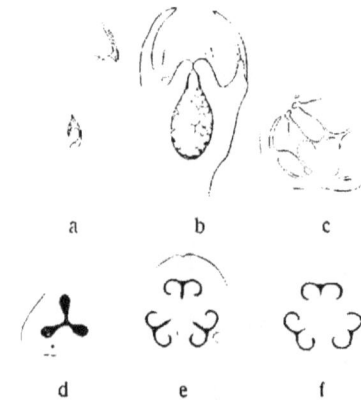

Fig. 7. a Längsschnitt der Kirschblüte. b Längsschnitt einer sehr jungen Johannisbeerblüte, nach Church. c Querschnitt durch den Fruchtknoten des Stiefmütterchens. d—f Querschnitte durch den Stempel der Türkenbundlilie. 10/1.

Am mannigfaltigsten sind die V e r - w a c h s u n g s v e r h ä l t n i s s e d e r F r u c h t b l ä t t e r. Sie nehmen ja die Blütenspitze ein und können deshalb auch in anderer Weise als zu einer einfachen Röhre sich vereinigen. Dieser einfachste Fall ist verwirklicht bei den Veilchen (Fig. 7c). Drei Fruchtblätter wachsen vereint und bilden zusammen einen einfächerigen Fruchtknoten, der an der Wand auf drei vorspringenden S a m e n l e i s t e n (Plazenten) die Samenanlagen trägt. Die Vereinigung der Fruchtblätter erstreckt sich bis zur äußersten Spitze, Griffel und Narbe sind deshalb einheitlich. Wenn die freien Spitzen der Fruchtblätter sich verlängern, so wird der im übrigen verwachsenblättrige Fruchtknoten von mehreren Narben (Nelken) oder Griffeln (Johanniskraut) gekrönt. Bei den Lilien treten die Fruchtblätter außer an den Rändern auch in der Mitte, über die Blütenspitze weg, miteinander in Verbindung, so daß der Fruchtknotenraum durch Längswände in drei Fächer zerlegt wird. Im obersten Teil, der kopfigen Narbe, sind noch deutlich drei hufeisenförmig gefaltete Blätter zu erkennen, die sehr bald sich zur Röhre vereinigen. Der Griffel ist noch von einer einheitlichen Höhlung durchzogen, die Vereinigungsstellen der Fruchtblätter, die Samenleisten, springen aber schon nach innen vor (Fig. 7d). Wo der Griffel sich zum Fruchtknoten erweitert, sind die Leisten in der Mitte des Stempels aufeinandergetroffen (Fig. 7e); die Trennungslinien sind noch deutlich als Nähte zu sehen. Auf beiden Seiten tragen die Samenleisten je eine Reihe von Samenanlagen. Noch weiter abwärts ist die Achse des Fruchtknotens ganz solid, die Nähte sind verschwunden (Fig. 7f). Hier ist also die Blütenachse mitsamt den Fruchtblättern vereint gewachsen in der Weise, daß durch das Zurückbleiben der Achsenteile, die vor der Mitte der Fruchtblätter lagen, hier drei Gruben sich bildeten.

Wenn die Fruchtblätter, wie es die Anordnung der Blütenglieder an der Achse zunächst mit sich bringt, in der Blüte die oberste Stelle einnehmen, heißt der (oder heißen die) Fruchtknoten oberständig (Fig. 5a). Mittelständig ist der Fruchtknoten, wenn er, wie bei der Kirsche (Fig. 7a) auf dem Grund eines offenen Achsenbechers steht. Und wenn in der Vereinigung der Blütenglieder der letzte Schritt getan wird, wenn auch die Fruchtblätter mit der sich becherförmig aushöhlenden Blütenachse vereint wachsen, so entsteht der unterständige Fruchtknoten. Das ist z. B. der Fall bei der Johannisbeere (Fig. 7b); nachdem die Fruchtblätter eben ausgegliedert sind, bleibt die Mitte der Blütenachse im Wachstum zurück, während der Rand sich becherförmig verlängert und die Fruchtblattanlagen mit den übrigen Gliedern in die Höhe hebt; die freien Teile der Fruchtblätter verhalten sich wie sonst, wachsen vereint, bilden einen kuppelförmigen Abschluß über der Achsenhöhle und an der Spitze Griffel und Narbe; zwei Samenleisten, die in der Mitte nicht zusammenstoßen, tragen zahlreiche Samenanlagen. — Die Fächerung des unterständigen Fruchtknotens (Weidenröschen, Doldengewächse) kann auf dieselbe Weise bewerkstelligt werden wie die des oberständigen.

Eine »vollständige« Blüte besitzt Blütenhülle, Staub- und Fruchtblätter. Dazu können noch besondere Organe kommen, die der Bereitung von Honigsaft (Nektar) dienen, die Honigdrüsen (Nektarien). Ganze umgebildete Kronblätter sind die engen Becher der Nießwurz. Teile von Blättern der Blütenhülle sind oft als hohle »Sporne« zu Nektarien umgebildet. Noch häufiger als von umgewandelten Blättern wird die Lieferung des Honigsaftes von Wucherungen der Blütenachse besorgt, die nicht als Blattorgane aufgefaßt werden können (Lippenblütler, Ahorn, Kreuzblütler).

Anstatt daß überzählige Glieder vorhanden sind, kann das eine oder andere Glied auch fehlen. Die Blütenhülle geht z. B. den Weiden, den Gräsern vollständig ab, und dann wird der Schutz der jungen Fortpflanzungsorgane von Hochblättern übernommen. Besondere Bedeutung hat das Schwinden der einen oder der anderen Art von Fortpflanzungsorganen. Bei der Lichtnelke sind an solchen Stöcken, die gut entwickelte Stempel besitzen, die Staubblätter klein und ohne Blütenstaub, an anderen sind die Staubblätter fruchtbar und die Stempel verkümmert; die Blüten sind also nach der Leistung (physiologisch) eingeschlechtig. Bei Weide, Birke, Eiche fehlen in den männlichen Blüten die weiblichen Organe ganz, und umgekehrt; die Blüten sind auch nach den Gestaltverhältnissen (morphologisch) eingeschlechtig.

Wir haben bis jetzt die Blätter so weit wie möglich einzeln, aus dem Zusammenhang des Sprosses gelöst, betrachtet. Nun gilt es die V e r - t e i l u n g d e r B l ä t t e r an den Sproßachsen ins Auge zu fassen. An einem Bohnenstengel, einem Weidenzweig finden wir auf gleicher Höhe nur ein Blatt eingefügt. Die Blätter stehen zerstreut, oder, weil man die Ansatzstellen der Blätter durch eine den Stengel umkreisende Schraubenlinie verbinden kann, s c h r a u b i g. Ebenso verhalten sich die Staub- und Fruchtblätter beim Hahnenfuß. Beim Flieder, bei der Taubnessel stehen immer zwei Blätter auf gleicher Höhe einander gegenüber, sie bilden zweigliedrige Q u i r l e. Dreigliedrige Blattquirle besitzt der Wacholder, die Wasserpest, vielgliedrige der Tannenwedel

(Hippuris). Die Ansatzstellen der Blätter eines Quirls liegen auf einem
Kreis, und von einem Kreis zum nächsten kommt man nur durch einen
Sprung. Das ist nun die Blattanordnung, die den B l ü t e n in den allermeisten Fällen zukommt. Die Blütenteile der Tulpe stehen in fünf dreigliedrigen Kreisen; zwei Kreise entfallen auf die Hülle, zwei auf die Staubblätter, einer auf die Fruchtblätter. Die Primelblüte ist aus vier Kreisen
aufgebaut; Kelch, Krone, Staub- und Fruchtblätter bilden je einen fünf-
gliedrigen Quirl. Wenn Blätter in der Blüte vereint wachsen, sind es
in erster Linie Glieder des gleichen Kreises. Doch können auch verschiedene Kreise sich vereinigen, wie so häufig Krone und Staubblätter
(Primel, Flieder), und sämtliche Kreise bei der Bildung des unterständigen Fruchtknotens. Aufeinander folgende Kreise pflegen miteinander
a b z u w e c h s e l n , d. h. die Blätter des zweiten Quirls stellen sich
in die Lücken zwischen den Blättern des ersten. Beim Flieder z. B. sind
die Laubblattpaare, von oben betrachtet, miteinander gekreuzt; beim
Wacholderzweig, bei der Tulpenblüte sind die dreigliedrigen Quirle so
gegeneinander gedreht, daß immer die Blätter des dritten Quirls über
denen des ersten stehen. Bei Laubblättern wird auf diese Weise am aufrechten Sproß die Beschattung, wenn das Licht von oben kommt, vermindert. In der Blütenhülle wird jede Lücke zwischen den Gliedern des
einen Kreises durch ein Blatt des anderen Kreises ausgefüllt, die Schutz-
wirkung der Hülle ge-
steigert, und im Blüten-
innern wird der Raum
vollkommen ausgenutzt.

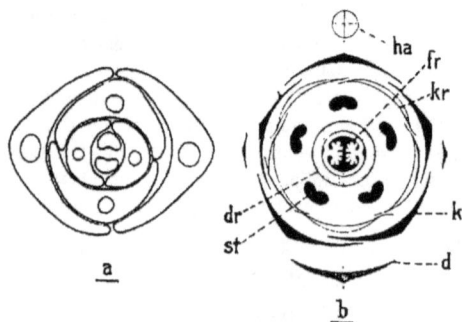

Auf Querschnitten durch
Knospen stellen sich die
Lagerungsverhältnisse oft
sehr übersichtlich dar (Fig.
8 a). Ein schematisierter
Querschnitt wird als Grundriß (Diagramm) bezeichnet.

Fig. 8. a Querschnitt einer Fliederknospe, 40/1. b Blüten-
grundriß der Johannisbeere, nach Church. ha Hauptachse, d Deckblatt; im Winkel zwischen ha und d steht
als Achselsproß die Blüte; k Kelch, kr Krone, st Staubblätter, dr Honigdrüse, fr Fruchtknoten.

Der Grundriß ist häufig eine
Vereinigung mehrerer Querschnitte (Fig. 8b); ein un-
terständiger Fruchtknoten

z. B., wie ihn die Johannisbeere hat, kann ja vom Schnitt nicht
zugleich mit der Hülle getroffen werden.

In den bis jetzt gegebenen Beispielen sind die Sprosse nach allen
Richtungen des Q u e r s c h n i t t s hin gleich entwickelt; sie lassen

sich durch mehrere durch die Längsachse gelegte Teilungsebenen in zwei Hälften zerlegen, die mindestens im Grundriß spiegelbildlich gleich sind; sie heißen s t r a h l i g (radiär). Bei einem flachen Laubblatt dagegen gibt es nur eine einzige Ebene, die das Blatt symmetrisch halbiert, nämlich die senkrecht zur Fläche durch den Mittelnerv gelegte; die beiden Flanken sind gleich, aber Rücken- und Bauchseite sind verschieden, das Blatt ist d o r s i v e n t r a l. Einem solchen Blatt ähneln die ganzen Zweige bei Buche, Ulme; die Blätter stehen in zwei seitlichen Reihen wagrecht ausgebreitet, der ganze Zweig hat deshalb verschiedene Ober- und Unterseite. Die Seitenzweige des Ahorns, der Roßkastanie haben vier Blattzeilen; die seitlichen, auf den Flanken des Zweiges eingefügten Blätter sind gleich groß, die auf der Unterseite stehenden sind größer und länger gestielt, die oberen sind die kleinsten. All das hängt in deutlichster Weise mit der Richtung des Lichtes, das ja von oben kommt, zusammen. Wenn ein auf dem Boden kriechender Sproß, wie der des Kalmus, oberseits Blätter, unten Wurzeln bildet, so leuchtet die Beziehung zwischen dem Ort und der Leistung der Glieder vollends ein. Ausgezeichnete Beispiele nichtstrahliger Sprosse liefern die »unregelmäßigen« Blüten, in denen oft sämtliche Kreise, am seltensten der Fruchtblattkreis, dorsiventral sind. Es mag nur auf die Schmetterlingsblütler, Lippenblütler, Orchideen hingewiesen sein. Die Dorsiventralität steht hier durchweg in augenfälliger Beziehung zu den Gepflogenheiten der blütenbesuchenden Insekten.

Zum Schluß haben wir den V e r z w e i g u n g s v e r h ä l t n i s - s e n der Sprosse unsere Aufmerksamkeit zuzuwenden. Bei der Tanne, Esche, im Blütenstand der Glockenblumen, der Hyazinthe bleibt die Spitze des Hauptsprosses dauernd erhalten. Der Hauptstamm ist ein einheitliches, von e i n e m Wachstumspunkt aufgebautes Gebilde (ein Monopodium); er besteht aus lauter gleichwertigen Gliedern, die in ihrer Gesamtheit die Achse erster Ordnung bilden, und seine Seitenzweige sind sämtlich Achsen zweiter Ordnung; Blütenstände dieser Art nennt man traubig (Fig. 9a). Ganz anders verhält sich die Mistel (Fig. 9c). Jeder Zweig schließt sein Wachstum mit der Bildung einiger Blüten ab, nachdem er ein Paar von Laubblättern erzeugt hat. Die Fortsetzung der Achse wird von Seitensprossen übernommen, die in ganz gleicher Stärke aus den Achseln der beiden Blätter entspringen und wenn ihre Zeit gekommen ist sich wieder gabeln. Eine durchlaufende Hauptachse kommt hier gar nicht zustande, der Mistelbusch geht nach allen Richtungen in die Breite auseinander, und wenn man von

der Keimachse auf irgend einem Weg bis zu einem der jüngsten Zweiglein
geht, so berührt man Achsen höherer und immer höherer Ordnung.
Auch bei Ulme, Linde, Buche verkümmert die Endknospe jedes Zweiges
nach der Bildung einiger Blätter, und nun wächst ein Seitenzweig unter
der Spitze in der Weise aus, daß er sich in die Verlängerung des tragenden
Zweiges stellt. Die scheinbare Hauptachse eines solchen Baumes besteht also aus zahlreichen Achsen verschiedener Ordnung, sie ist eine
Scheinachse (ein Sympodium, Fig. 9 b). In der Blütengegend ist diese
zweite Art der Verzweigung, hier trugdoldig genannt, sehr gewöhn-

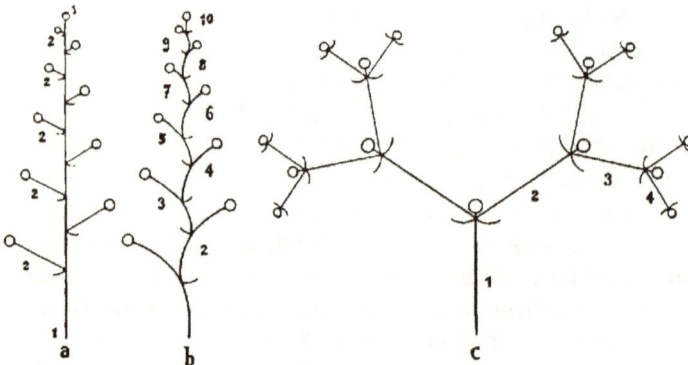

Fig. 9. a Schema der einheitlichen Achse, des traubigen Blütenstands. b Schema
der Scheinachse; es ist zu beachten, daß 'die Deckblätter anders stehen als bei a.
c Schema der gabelig-trugdoldigen ¡Verzweigung. 1 bedeutet Achse erster Ordnung,
2 Achse zweiter Ordnung usw.

lich.   Bei manchen Nelkengewächsen z. B. endigt der Hauptsproß mit
einer Blüte, und aus den Achseln der beiden letzten Laub- oder Hochblätter (Fig. 9 c), oder auch nur aus einer Achsel, entwickeln sich die Fort-
setzungssprosse, die wieder ihren Wachstumspunkt in der Bildung
einer Blüte aufbrauchen und sich weiter verzweigen. Auf diese beiden
Grundformen, die traubige und die trugdoldige Verzweigungsweise, läßt
die ganze Mannigfaltigkeit der Blütenstände sich zurückführen.

*   *   *

Die drei Grundglieder Wurzel, Sproßachse, Blatt in ihren gewöhnlichen Lagebeziehungen suchen wir im Körper jeder Samenpflanze
wenn irgend möglich wiederzufinden. Stehen einmal seitliche Sprosse
nicht in den Blattachseln, wie die Blütenstände des Bittersüß (Solanum
dulcamara), die Blüten des Vermeinkrauts (Thesium), so ergibt sich gewöhnlich, daß die Abweichung von der Regel auf frühen Entwicklungs-

stufen noch nicht vorhanden ist, erst nachträglich durch ungewöhnliche Wachstumsverteilung in den Achsen zustande kommt. Aber diese Rettung des Schemas glückt doch nicht immer. An den Wasserlinsen (Lemna) z. B. ist eine Sonderung des Sprosses in Achse und Blatt schlechterdings nicht zu entdecken, und daß Wurzeln gänzlich fehlen, ist nicht so sehr selten (Hornblatt, Wasserschlauch, Korallenwurz). Auch in allen derartigen Fällen tut der Vergleich mit dem Schema seine Schuldigkeit; die Eigenart wird erst durch die Vergleichung deutlich. In demselben Sinn wird uns die Gesetzmäßigkeit im Aufbau der Farne näher gebracht, wenn wir die Verzweigung nicht mehr an die Blattachsel gebunden finden, während Wurzel, Achse, Blatt sich noch unterscheiden lassen. Bei den Moosen fällt ein weiteres Vergleichsglied

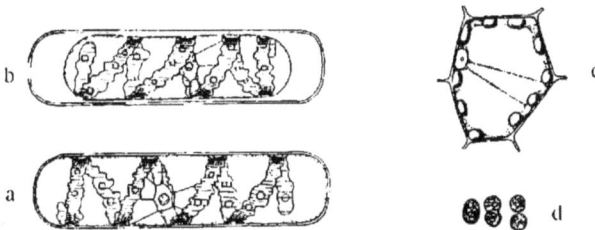

Fig. 10. a und b Zellen der Schraubenalge, 220/1. c Zelle aus dem Blatt des Drehmooses (Funaria hygrometrica) mit den Farbträgern und dem Zellkern, von dem Plasmastrange ausgehen. d einzelne Farbträger mit Stärkekörnern, Stufen der Teilung darstellend, 350/1.

fort: eine eigentliche Wurzel fehlt. Bei Algen, Flechten, Pilzen versagt unser Formenschema vollends; das L a g e r (der Thallus) kennt nicht die Gliederung in Achse und Blatt. Und in den kleinsten Algen von Kugel- oder Stabgestalt liegt die Pflanze in einer vollkommen gliedlosen Form vor uns. Dafür sind wir gezwungen, das Auge für das zu schärfen, was unter der marksteinlosen Oberfläche liegt. Und wir finden den Faden, der uns durch alle Wandlungen der Pflanzenform hindurchzuleiten berufen ist, wir finden die Z e l l e.

Die Fäden der Schraubenalge (Spirogyra), die in stehendem und fließendem Wasser weiche grüne Flocken bilden, erscheinen unter dem Mikroskop regelmäßig zylindrisch und durch gerade Platten in zahlreiche Abschnitte, Zellen, zerlegt. Die feste Form ist der Zelle (Fig. 10a) vorgezeichnet durch eine glashelle Haut, die Z e l l w a n d (Zellhaut, Zellmembran). Im Innern, im Zellinhalt, fallen vor allem grüne Bänder (oder ein einziges Band) auf, die schraubig gewunden der Wand innen anliegen, die F a r b t r ä g e r (Chromatophoren). Genau in der Mitte der Zelle liegt ein linsen- oder kugelförmiger, weißlich glänzender Körper, der

Z e l l k e r n ; dünne farblose Stränge verbinden ihn mit den Farbträgern.
In einer dreiprozentigen Lösung von Salpeter (oder einer 15 proz. von
Zucker) verändert sich das Bild. Der Inhalt zieht sich als scharf um-
grenzter Sack von der Wand zurück (Fig. 10b); worauf das beruht,
wird uns später beschäftigen. An den gerundeten Enden, wo die in ihn
eingebetteten Farbträger seine Beobachtung nicht stören, ist der Sack
ganz farblos. Wir unterscheiden eine feine Haut, ähnlich der Zellhaut,
aber dünner und von feinsten Körnchen durchsetzt. Innerhalb derselben müssen wir eine wässerige Flüssigkeit annehmen; kleine Körperchen bewegen sich tanzend darin. Der Sack, der ursprünglich der
Zellwand dicht anliegt, besteht aus P r o t o p l a s m a (abgekürzt
Plasma), einer zähschleimigen, eiweißartigen Substanz.

Eine besonders dichte Form von Protoplasma ist der Zellkern.
Und aus Plasma sind endlich die Farbträger gebildet; wenn der grüne
Farbstoff, der sie durchtränkt, mit Alkohol herausgelöst wird, erscheint
die feinkörnige, farblose Plasmagrundlage. Der ganze Raum, den das
Plasma frei läßt, ist von wässerigem Zellsaft erfüllt und heißt Zellsaftraum (Zellvakuole). In den Farbträgern sind noch rundliche Knöpfe
zu erkennen. Wird den durch Alkohol entfärbten Fäden eine sehr verdünnte Jodlösung (Jod in wässeriger Lösung von Kaliumjodid) zugesetzt, so färbt sich alles Plasma gelb, nur die Knöpfe treten durch
blaue bis schwarze Färbung scharf hervor. Das aus Kartoffeln oder
Getreide gewonnene Stärkemehl färbt sich mit Jod in derselben Weise;
wir nehmen deshalb an, daß ein solcher Knopf S t ä r k e enthält,
und nennen ihn Stärkeherd. Auch die Zellhaut wird durch Jod blau
gefärbt, wenn zur selben Zeit Chlorzink oder Schwefelsäure einwirkt.
Sie besteht aus einem der Stärke nahestehenden Stoff, der nach seinem
Vorkommen Z e l l u l o s e benannt wird.

Die Zelle als Ganzes und ihre Bestandteile zeigen unter gewöhnlichen Bedingungen Wachstum und V e r m e h r u n g. Jede Zelle
der Schraubenalge streckt sich bis zu einer gewissen Länge und zerlegt sich dann in zwei, indem sie in der Mitte eine Platte aus Zellulose
einschaltet. Schon bevor das geschieht, hat der Zellkern sich in zwei
gleiche Teile zerlegt, die nun den beiden Tochterzellen zugeteilt werden
und in deren Mitte wandern. Auch die Farbträger werden durch die neue
Wand zerschnitten, ebenso der Plasmaschlauch, und so ist jede junge
Zelle von vornherein in allen Stücken der Mutterzelle gleich. Daß eine
lebende Zelle aus totem Stoff sich bildet, hat noch niemand gesehen,
aber ebensowenig kann einer der Hauptbestandteile der Zelle sich neu
bilden; Zellkern und Farbträger entstehen nur durch Teilung schon

vorhandener. Die Zellhaut dagegen kann vom Plasma neu erzeugt werden; wir kennen Zellen, die erst nackt sind und dann eine Zellulosehaut ausscheiden. Wenn es nackte Zellen gibt, so ist die Haut kein wesentlicher Bestandteil der Zelle. Auch die Farbträger fehlen zahllosen Pflanzen, z. B. den Pilzen, vollständig. Selbst der Zellkern geht den Bakterien ab. Es bleibt also in letzter Linie nur das Protoplasma, das das Wesen der Zelle, des einfachsten Organismus, ausmacht, wenn auch weitaus die meisten Zellen einen Kern besitzen.

Der Name Zelle, der so viel wie Kammer sagt, ist demnach eigentlich recht unpassend, aber seine Verwendung ist geschichtlich wohl begründet. An den ersten pflanzlichen Zellen, die mit dem Miskrokop untersucht wurden (um 1670), z. B. an denen des Flaschenkorkes, war die Wand der auffälligste, fast einzige Bestandteil der Zelle. Und als man dann später den viel wichtigeren Inhalt der Kämmerchen, den lebenden Bewohner des toten Hauses, entdeckte, konnte man sich nicht entschließen, die gewohnte Bezeichnung aufzugeben.

Die Farbträger, die den Blattgrün (Chlorophyll) genannten Farbstoff enthalten, haben bei den meisten Pflanzen einfachere Form als bei der Schraubenalge, sie sind gewöhnlich linsenförmige Scheibchen, in denen die Stärke in Form kleiner Körnchen sich bildet. In Moosblättern, die aus einer einfachen, durchsichtigen Lage von flachen Zellen bestehen, sind sie besonders bequem zu betrachten (Fig. 10c, d). Wenn sie sich vermehren (Fig. 10d), so geschieht das auf sehr einfache Weise; sie schnüren sich in der Mitte bis zu völliger Trennung durch. Im Gegensatz dazu ist die Teilung des Zellkerns ein sehr umständlicher und verwickelter Vorgang. Am besten läßt er sich ohne schwieriges Färbeverfahren an den jungen Staubfadenhaaren von Tradescantia (Fig. 11) verfolgen, die Reihen farbloser Zellen darstellen.[1) Im ruhenden Kern ist ein Stoff, der sich mit gewissen Farbstoffen stark färbt (das Chromatin), als Kerngerüst in kleinen Partien maschenartig verteilt (a). Wenn der Kern sich zur Teilung anschickt, ordnet sich das Kerngerüst in eine Anzahl von kur-

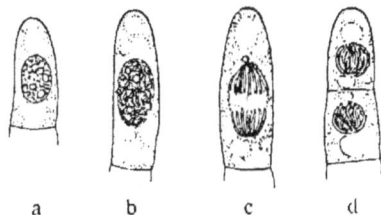

a   b   c   d

Fig. 11. 350/1.

zen, meist gekrümmten Kernstäbchen (Chromosomen) zusammen (b), die an den lebenden Kernen der Tradescantia weißlich glänzen. Die Zahl der Kernstäbchen ist für jede Pflanze streng bestimmt; sehr gering

---

¹) Die Staubgefäße werden sehr jungen Blütenknospen entnommen und lebend in Wasser untersucht; die Kerne können durch Methylgrün-Essigsäure noch besser sichtbar gemacht werden.

ist sie bei Crepis, nämlich 6, während sie bei gewissen Farnen über 100 beträgt. Am häufigsten sind mittlere Zahlen; Lilie und Nießwurz z. B. haben 24. Die Kernstäbchen ordnen sich in der Mitte der Zelle nebeneinander, wo jedes sich der Länge nach spaltet. Die Spalthälften wandern auseinander (c), nach beiden Seite je eine, also im ganzen jederseits so so viel, als ursprünglich im Kern Stäbchen vorhanden waren. In jeder der beiden Gruppen schließen sich die Stäbchen zusammen, werden undeutlich, und nun sind zwei getrennte Kerne da, zwischen denen eine Zellwand eingeschoben wird (d). Durch diese Teilungsart wird die Masse des Kerngerüstes augenscheinlich mit peinlicher Genauigkeit halbiert.

Die geschilderten Gesetzmäßigkeiten im Bau und Leben der Zelle wiederholen sich überall. In den beiden nächsten Kapiteln führen wir uns an der Hand ausgewählter Einzelbeispiele vor Augen, in welcher Art einfache und komplizierte Pflanzenformen aus Zellen sich aufbauen und welche Wandlungen der Gestalt und der Leistungen die Zelle dabei eingeht.

Vorausgenommen soll noch werden, in welcher Weise die Zellen sich zu Verbänden anordnen, wenn sie sich nicht nach jeder Teilung vollständig trennen. Wenn eine kugelige Farnspore keimt, so streckt sie sich zu einem zylindrischen Schlauch, und dieser zerlegt sich durch mehrere Wände, die senkrecht zur Längsachse stehen und untereinander parallel sind (Fig. 12a). So entsteht eine einfache Zellkette, ein Z e l l - f a d e n , der bei Betrachtung von der Spitze eine einzige Zelle sehen läßt. Nach einiger Zeit treten an der Spitze des Fadens auch Zellwände auf, die ungefähr parallel zur Längsachse laufen. Alle Teilungswände stehen noch senkrecht zu einer Ebene,

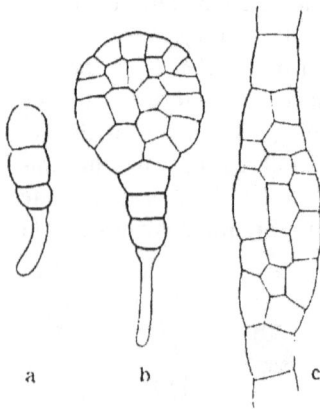

aber untereinander sind sie je und je geneigt; die Teilungen erfolgen nach zwei Richtungen des Raumes, und das Ergebnis ist eine Z e l l f l ä c h e (b). Ein Querschnitt

Fig. 12. a und b junge Vorkeime des Königsfarns (Osmunda regalis). c Querschnitt durch die Rippe und die angrenzenden Teile vom Vorkeim des Engelsüß (Polypodium vulgare). 150/1

durch die Zellfläche gibt das Bild eines Zellfadens. Noch später werden an dem jungen Farnkeimling Teilungswände auch noch paralell zur Fläche der Zellscheibe gebildet.. Es ist also die dritte Richtung des Raumes in die Teilungen aufgenommen, und was entsteht, ist ein Z e l l k ö r p e r , der sich von außen gesehen wie auf jedem beliebigen Schnitt (c) als Zellfläche darstellt. Zellkörper sind die allermeisten Lebewesen.

Zweites Kapitel.

Bau und Leben der Lagerpflanzen.

Spaltalgen und Spaltpilze. Geißelalgen: Euglena. Grünalgen: Mesocarpus (Fruchtsporen); Oedogonium (Schwärmsporen, Samensäcke und Eisäcke, geschlechtliche und ungeschlechtliche Fortpflanzung); Vaucheria; Cladophora (Scheitelzelle). Rotalgen: Batrachospermum. Braunalgen: Fucus. Algenpilze: Saprolegnia, Mucor. Schlauchpilze: Penicillium, Erysiphe, Morchella. Ständerpilze: Rost- und Hutpilze.

Ziemlich abseits von den übrigen Gewächsen stehen die S p a l t -
p f l a n z e n (Schizophyten), so genannt, weil sie sich nur durch Querteilung ihrer Zellen vermehren. Was sie vor allem auszeichnet, ist der Mangel eines Zellkernes. Je nach dem Vorhandensein oder Fehlen eines grünen Farbstoffs werden sie als Spaltalgen oder Spaltpilze bezeichnet, wie überhaupt die am einfachsten gebauten Pflanzen, die Lagerpflanzen (vgl. unten S. 38), nach der Färbung in Algen und Pilze geschieden werden.

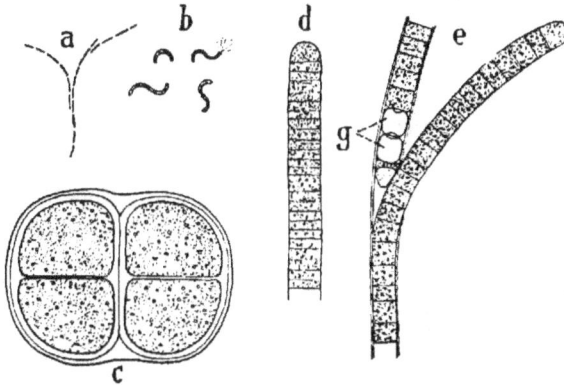

Fig. 13. Spaltpilze und Spaltalgen. 460/1.

Die S p a l t a l g e n werden auch Blaualgen (Cyanophyceen) genannt wegen ihrer ins Blaue spielenden, nicht hellgrünen Farbe. Sie leben im Wasser oder auf feuchter Erde. Chroococcus (Fig. 13c)

heißen solche Formen, deren Zellen annähernd kugelig sind und sich
nach der Teilung ganz voneinander trennen oder in kleineren oder
größeren Klumpen in losem Zusammenhang bleiben. Bei dem Schwing-
faden (Oscillatoria, d), teilen sich die Zellen durch lauter parallele Wände
und bilden auf diese Weise zylindrische, einfache Fäden, die im Wasser
langsam pendeln. Tolypothrix (e) bringt es bis zur Bildung verzweigter
Fäden, in denen sogar außer den gewöhnlichen Zellen noch gelbliche,
ihr lebendes Plasma verlierende »Grenzzellen« (g) auftreten. Die blaugrüne Färbung ist nirgends an abgegrenzte Farbträger gebunden, sondern
der Farbstoff durchtränkt gleichmäßig den äußeren Mantel des Zell-
plasmas.

Die Zellen und Zellverbände der S p a l t p i l z e (Bakterien) haben
ganz ähnliche Formen. Die Zellen sind kugelig (Coccus) oder haben
die Gestalt eines geraden (Bacillus, Bacterium, Fig. 13a) oder gekrümmten Stäbchens (Spirillum, b). Die Stäbchen bleiben nach der Teilung oft
zu Fäden vereinigt (a, Milzbrandbazillus). Bei den Formen, deren Zellen
einzeln im Wasser leben, treten häufig durch die dünne Zellhaut sehr
feine bewegliche Plasmafäden, Geißeln (b) nach außen, mit deren Hilfe
die Zellen rasch im Wasser zu schwimmen vermögen. In Form von
dickwandigen S p o r e n [1]), die das Austrocknen vertragen und bei
Befeuchtung keimen, werden die Bakterien überallhin durch die Luft
verbreitet. Unter den Bakterien finden sich die allerkleinsten Lebewesen; manche sind nicht mehr als 1 tausendstel
Millimeter groß.

Höher als bis zur Bildung eines verzweigten
Zellfadens erhebt sich die Gliederung bei den
Spaltpflanzen nicht. Der Hauptreichtum der
Gestalten ist den mit Zellkern ausgestatteten
Pflanzen vorbehalten.

Ein ebenfalls noch sehr einfaches Lebewesen,
in dem die Kennzeichen pflanzlicher und tierischer Organisation, grüne Färbung und freie
Beweglichkeit, sich mischen, ist die überall in
schmutzigem Wasser lebende Geißelalge (Flagellate)
E u g l e n a (Fig. 14). Ihr Leib ist eine spindel-
förmige Zelle mit elastischer, aus dichtem Plasma

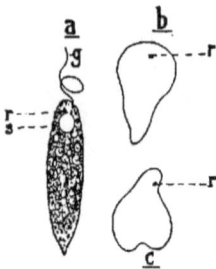

Fig. 14. Euglena viridis.
a schwimmend; b und c
kriechend,Umrißformen derselben Zelle zu verschiedener
Zeit. 220/1.

bestehender Haut. Der Plasmakörper schließt einen Zellkern, einige
Safträume (s) und mehrere grüne Farbträger ein, deren Formen infolge

---

[1]) Unter Spore wird eine Fortpflanzungszelle verstanden, die, ohne mit
einer anderen Zelle zu verschmelzen, entwicklungsfähig ist.

der Anhäufung stärkeähnlicher Körner gewöhnlich schwer zu erkennen sind. Außerdem liegt nahe dem stumpferen Ende ein dunkelrotes Korn, der »Augfleck« (r). An demselben Ende tritt in einer Grube ein langer Faden von dichtem Plasma durch die Zellhaut nach außen, die Geißel (g), die das Wasser mit raschen peitschenartigen Bewegungen schlägt und es der Zelle möglich macht, wie ein Fisch im Wasser zu schwimmen. Das geißeltragende Ende geht dabei voran, und die ganze Zelle dreht sich fortwährend um ihre Längsachse. Dann und wann kriecht die Zelle auch auf der Unterlage unter starker Veränderung der Umrißform, sie bewegt sich nach Art einer tierischen Amöbe (b und c). Die Vermehrung erfolgt durch Längsteilung.

Von dem tierähnlichen Gebaren der Geißelalgen hat eine in Moorgräben häufige Fadenalge, die Mittelsporenalge (Mesocarpus, Fig. 15),

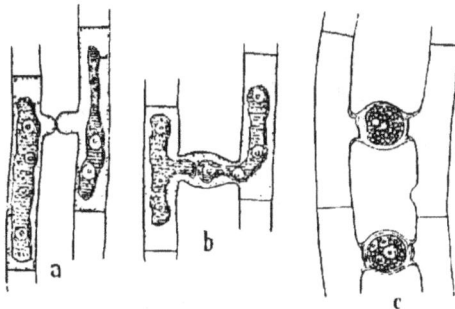

Fig. 15. Mesocarpus. 220/1.

gar nichts. Das Protoplasma der einzelnen Zelle ist ringsum von einer Zellulosehaut umschlossen, die der Zelle die Form eines Zylinders gibt, und enthält einen großen plattenförmigen Farbträger mit mehreren Stärkeherden (vgl. S. 18). Der Farbträger kann sich um seine Längsachse drehen (vgl. S. 162); seitlich liegt ihm der Zellkern an. Durch Teilung der Zellen entstehen lange Fäden, die sich zu dichten Flocken verschlingen. Im Mai oder Juni hören die Zellteilungen oft auf. Dafür treiben in Fäden, die nahe nebeneinander liegen, die Zellen je einen fingerförmigen Fortsatz, und die Fortsätze gegenüberliegender Zellen wachsen auf einander zu (a). Wenn die Fortsätze sich berühren, werden die trennenden Wände an der Spitze aufgelöst, und es entsteht eine röhrenförmige Verbindung zwischen beiden Zellen (b). In diesen Kanal, der sich nun kugelig aufbläht, wandert aus jeder Zelle der Plasmakörper samt dem Kern und dem zusammengeballten

Farbträger ein. Die beiden Plasmaballen verschmelzen zu einem einzigen, der sich seitlich gegen die beiden entleerten Zellen durch eine dicke Haut abgrenzt und damit zur F r u c h t s p o r e wird (c). Während die leeren Zellhäute abfaulen, bleibt die dickhäutige Spore über den Winter am Leben, sprengt im folgenden Frühjahr die derbe Hülle und keimt zu einer zylindrischen Zelle aus, die einem Zellfaden den Ursprung gibt. — Die oben erwähnte Schraubenalge verhält sich in allen Stücken ganz ähnlich wie Mesocarpus. Nur wandert bei der Zellverschmelzung der lebende Inhalt der Zellen des einen Fadens durch den Kanal ganz in die Zellen des anderen Fadens hinüber. Die Fruchtspore bildet sich also innerhalb einer Zelle des Fadens, nicht im Kanal, und umgibt sich ringsum mit einer neuen Haut.

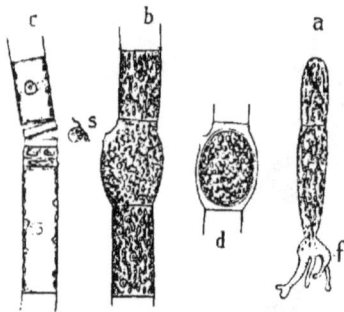

Fig. 16. Oedogonium crassum, 150/1; c im optischen Längsschnitt, die anderen Fig. in Aufsicht; Schwärmer s ergänzt nach N. Pringsheim.

Spirogyra und Mesocarpus ziehen aus dem Vereintbleiben der Zellen nicht in der Weise Nutzen, daß sie einzelnen Zellen besondere Leistungen übertragen. Alle Zellen verhalten sich so, als ob sie ganz für sich lebten, sie teilen sich, sie ernähren sich, sie gehen Paarung ein. Das wird anders bei der E i b l a s e n a l g e (Oedogonium, Fig. 16), die meist an größeren Wasserpflanzen festgewachsen lebt. Die meisten Zellen des Fadens sind zylindrisch und haben scheibenförmige oder schmal bandförmige, der Wand anliegende Farbträger. Die Zelle, mit der der Faden festsitzt, ist aber als Fuß (*f* in a) ausgebildet; ihr unteres Ende ist farblos und stellt eine breite Haftscheibe dar oder ist in mehrere fingerförmige Äste geteilt, die sich an der Unterlage festkrallen. Andere Zellen, meist nahe der Spitze des einfachen Fadens, hören auf, sich zu teilen und lassen ihren ganzen Inhalt durch einen Riß der Zellhaut austreten. Eine solche S c h w ä r m - s p o r e (ähnlich s) besitzt am farblosen Vorderende eine ganzen Kranz von beweglichen Wimpern, schwimmt eine zeitlang herum und setzt sich dann irgendwo fest, wobei die farblose Spitze zum Haftorgan wird, das grüne Ende zum Faden auswächst. Durch einfache Zellteilung wird der Faden nur verlängert. Um neue Individuen zu erzeugen, läßt der Faden einzelne Zellen in den Zustand der Euglena übergehen; die freie Beweglichkeit macht es dem Schwärmer möglich, eine günstige Stelle aufzusuchen. Andere Fadenzellen schwellen tonnen-

förmig oder kugelig an (daher der Name der Alge) und lösen ihre Wand
an einer kleinen Stelle zu einem Schleimtropfen auf (b). Im selben oder
in anderen Fäden (c) zerlegen sich einzelne Zellen in niedrige Stücke
und aus jeder der flachen Zellen gehen 1—2 vielwimprige, blasse Schwärmer (s) hervor, die durch die Öffnung der tonnenförmigen Zellen in diese
eindringen, wenn sie in ihre Nähe gelangen. Das ist wieder dieser Ver-
schmelzungsvorgang, der aus zwei Zellen eine macht. Und diesmal
sind die Zellen sehr ungleich. Schon bei Spirogyra war eine Verschiedenheit im Verhalten, wenn auch nicht in der Form der Paarungszellen zu beobachten; die Zellen des einen Fadens bleiben alle in Ruhe,
die des anderen wandern in die Zellen des ersten Fadens hinüber. Bei
dem Oedogonium ist die eine Zelle noch beweglich wie eine Geißelalge und klein; sie mag Samenschwärmer, die Zelle, in der die Schwärmer
sich bilden, S a m e n s a c k (Antheridium) heißen. Die andere, viel
größere, ruhende Zelle wird als Eizelle bezeichnet, ihr Behälter soll
E i s a c k (Oogonium) heißen. Die Eizelle wird von der eindringenden
Samenzelle befruchtet, d. h. sie wird zur Entwicklung veranlaßt, während
sie ohne Befruchtung zugrunde geht. Die erste Handlung der befruchteten Eizelle ist die Bildung einer festen Haut, und damit wird sie
zur Eispore (d). Nach längerer Ruhe entstehen aus ihr 4 bis 8 Schwärmsporen, die sich bald festsetzen und zu Fäden auskeimen.

In der Verschmelzung zweier Keimzellen zu einer Frucht löst sich,
äußerlich betrachtet, das Geheimnis der zweierlichen Z e u g u n g bei
den Lebewesen. Im allgemeinen sind die sich vereinigenden Keime
verschiedener Art, verschiedenen » G e s c h l e c h t s «, wobei wir den
in Ruhe verharrenden Teil als weiblich, den beweglichen Teil als männlich bezeichnen. Notwendig ist diese Verschiedenheit der Keimzellen
nicht, wie aus dem Beispiel von Mesocarpus hervorgeht. Es ist aber
üblich, immer von g e s c h l e c h t l i c h e r F o r t p f l a n z u n g zu
reden, wenn eine Vereinigung zweier Zellen eintritt, auch dann, wenn
die Paarungszellen nach Form und Verhalten nicht verschieden sind.
Von u n g e s c h l e c h t l i c h e r (vegetativer) Fortpflanzung redet man
dann, wenn die Vermehrung durch einfache Zellteilung erfolgt, wie bei
den Bakterien, oder wenn besondere Fortpflanzungszellen sich ohne paarweise Verschmelzung entwickeln, wie die Schwärmsporen von Oedogonium.

Bei den bisher behandelten Formen war Kernteilung gleichbedeutend
mit Zellteilung. Das ist nicht der Fall bei der im Wasser und auf feuchter
Erde lebenden Schlauchalge V a u c h e r i a (Fig. 17)[1]. Die Fäden

[1] Nach dem Genfer Botaniker Vaucher benannt.

haben vor denen des Oedogonium das voraus, daß sie sich verzweigen; einzelne Äste (*w*) dringen sogar als Wurzeln in den Boden ein und sind dann farblos, nicht mit kleinen plattenförmigen Farbträgern ausgestattet wie die grünen Äste, die im Licht wachsen. Aber der Faden ist bei all seiner reichen Verzweigung ein einfacher Schlauch, eine einzige große Zelle, die freilich zahlreiche Kerne besitzt. Nur die Äste, die Keimzellen bilden sollen, gliedern sich durch eine Querwand vom Hauptfaden ab (b). Die Eisäcke (*e* in b) sind bei Vaucheria repens eiförmige sitzende Körper, die eine Eizelle mit einem Kern enthalten. Die neben den Eisäcken stehenden Samensäcke (*s*) sind lang gestielt,

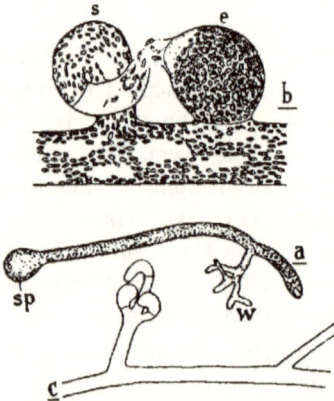

Fig. 17. a und b Vaucheria repens,
c V. geminata. b 150/1, a und c 35/1.

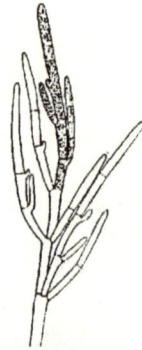

Fig. 18. Cladophora
glomerata, 20/1.

hornförmig eingekrümmt; sie erzeugen zahlreiche blasse, zweiwimperige Schwärmer, die durch die verschleimte Spitze in die Eisäcke eindringen. Bei anderen Arten sind mehrere Eisäcke und ein endständiger Samensack auf einem kurzen Seitenast vereinigt (c). Die befruchteten Eisäcke, in denen die Eizelle sich mit einer dicken Haut umgeben hat, lösen sich vom Faden ab, ruhen eine Zeitlang und keimen dann zu einem Faden aus. Auf ungeschlechtlichem Weg vermehrt sich die Alge durch große, vielwimperige Schwärmsporen; der Faden a ist durch Keimung einer solchen Spore (*sp*) entstanden.

Die Einzelligkeit des Fadens hat einen großen Nachteil: wenn der Faden verletzt wird, fließt eine große Menge Plasma aus. Es ist deshalb verständlich, daß die größeren Algen des Süßwassers sich in ihrem Aufbau an den gegliederten Faden von Oedogonium anschließen. Die B ü s c h e l - a l g e (Cladophora, Fig. 18) hat reich verzweigte Zellfäden und bildet, mit

Krallen an Steinen oder Balken angeheftet, ansehnliche im Wasser flutende Büsche. Die Äste wachsen fast nur an der Spitze; die letzte Zelle jedes Astes bleibt als »S c h e i t e l z e l l e« fortwährend teilungsfähig, während die von ihr abgeschnittenen Zellen sich nur dann teilen, wenn sie am oberen Ende sich seitwärts ausstülpen, also als Seitenzweige selber eine Spitze bilden. Die Vermehrung erfolgt durch Schwärmsporen.

Noch viel reicher gegliedert ist das Lager der F r o s c h l a i c h - a l g e (Batrachospermum). Die Pflanze lebt in Form schwärzlicher, schleimiger Klumpen auf Steinen festsitzend im Wasser. In einem kleinen Gefäß geht sie an Sauerstoffmangel bald zugrunde, wobei das Wasser sich lebhaft rot färbt. Die Alge gibt sich damit als Angehörige des im Meer sehr verbreiteten Stammes der R o t a l g e n (Florideen) zu erkennen, deren Farbträger, anders als die vorher geschilderten G r ü n a l g e n , neben dem oft ganz zurücktretenden Blattgrün noch einen roten, in Wasser löslichen Farbstoff enthalten. Die reich verzweigten Äste bieten unter dem Mikroskop ein sehr zierliches Bild (Fig. 19). Der Ast ist zur Hauptsache ein aus großen zylindrischen Gliedern bestehender Faden (Fig. 20a). Jede Zelle dieses Mittelfadens (*m*) trägt an ihrem oberen Ende einen Quirl von kleinzelligen Kurz- trieben (*k*), die sich gabelig nach allen Seiten verzweigen; die Endzellen tragen oft ein dünnes farbloses Haar (*h*). Sämtliche Zweige wachsen mit

Fig. 19. Batrachospermum moniliforme. Nach Sirodot aus Oltmanns.

Scheitelzelle. Von den untersten Zellen der Quirläste wachsen dünne, sich verzweigende Zellfäden (*r*) abwärts bis zum nächsten Quirl; so werden die Zellen des Mittelfadens von einem Geflecht feiner Rindenfäden dicht umsponnen. Die G e s c h l e c h t s o r g a n e werden in sehr großer Zahl auf den Kurztrieben gebildet. Die Samensäcke (*ss* in c) sind wenig auffallende, kugelige Endzellen gegabelter Kurztriebe; sie entlassen je eine kugelige Samenzelle (*s*), die vom Wasser fortgetragen wird, sich nicht selbst bewegt. Die Eisäcke gehen aus der Scheitelzelle gewisser Kurztriebe (*w* in a) hervor, die sich nicht gabelig verzweigen, sondern eine deutliche Hauptachse haben wie die Langtriebe und mit ihren von unten nach oben kürzer werdenden Seitenzweigen kegelförmig aussehen. Der Eisack (*e* in d) ist blaß, flaschenförmig; an dem dünnen

Hals (*h*) fangen sich die Samenzellen (*s*) und wenn der Inhalt einer
männlichen Zelle eingedrungen ist, wandert er durch den Hals zu der
dickeren Eizelle (*e*), um mit deren Kern zu verschmelzen. Die befruchtete
Eizelle (*eb* in e und f) wird nun nicht zu einer Spore, sondern sie keimt
auf der Mutterpflanze. Sie treibt, indem sie sich vergrößert, zahlreiche
Ausstülpungen, die zu reich verzweigten, kurzgliedrigen Fäden werden (*g*),
bis sich ein dichter kugeliger Knäuel (*kn* in b) bildet. Die Endzellen
der Fäden schwellen an und entlassen schließlich je eine eiförmige

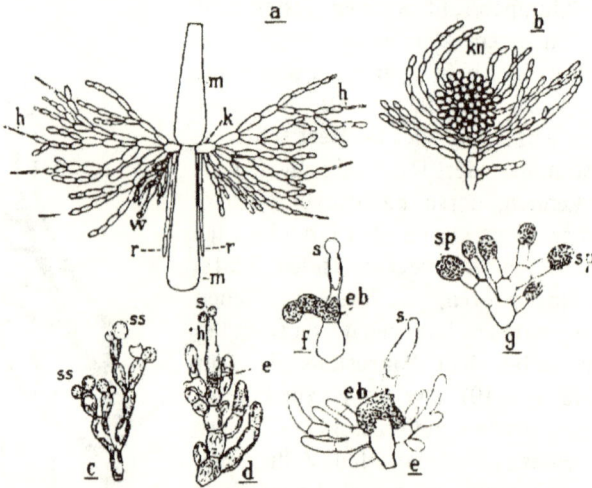

Fig. 20. Batrachospermum. a und b 150/1, c—g 350/1.

Spore (*sp* in g); so können aus einer Eizelle sehr zahlreiche Sporen hervorgehen, und jede Spore kann eine neue Pflanze liefern.

In der Sonderung der Glieder erhebt sich die Froschlaichalge weit
über die anderen Algen. Die Langtriebe sind nur noch blasse Träger der
an Farbstoff reichen Kurztriebe, der »Blätter«. Das Teilungsgeschäft ist
dauernd der Scheitelzelle jedes Zweiges übertragen, alle anderen Zellen
sind bald ausgewachsen. Die Geschlechtsorgane entstehen an ganz bestimmten Stellen des Lagers, und die weiblichen Zweige heben sich schon
früh durch ihre Wachstumsweise ab. Höher kann die Gliederung an einem
Pflanzenleib, der aus einem verzweigten Zellfaden hervorgeht, kaum
mehr getrieben werden.

An Größe wird die Froschlaichalge von vielen meerbewohnenden
Braunalgen, deren Farbträger dunkelbraun sind, z. B. vom
Blasentang (Fucus vesiculosus), weit übertroffen. Daß die Tange
ganz riesige Maße erreichen können (Laminaria oft 3 m groß, Macro-

cystis in den südlichen kalten Meeren bis 200 m lang, also länger als die höchsten Bäume), rührt davon her, daß das Lager ein fest gefügter Zellkörper (S. 20) ist, kein Zellfaden. Die dem Licht am besten zugänglichen äußeren Teile (*n* in Fig. 21b) sind reich an Farbträgern und besorgen die Ernährung, die tieferen Schichten bestehen großenteils aus dickwandigen, mechanisch widerstandsfähigen Schläuchen (*s*), die nachträglich aus gewissen Zellen heraus- und im Gewebe fortwachsen, und geben ein biegsames, aber zähes Gerüste ab, das den Bewegungen des Wassers stand hält. Äußerlich ist Fucus wenig gegliedert (Fig. 21 a). Das bandförmige Lager gabelt sich oftmals und der eine Gabelast bleibt

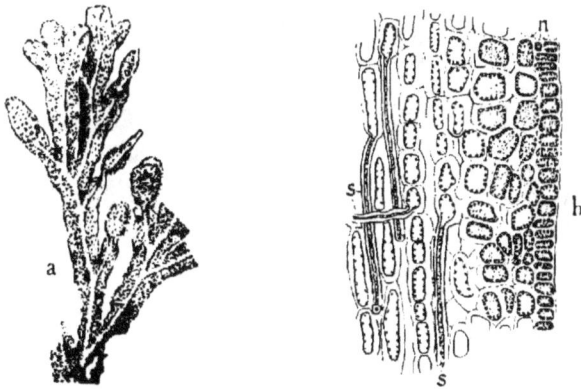

Fig. 21. Fucus vesiculosus. a Zweig des Lagers, ¹/₄ nat. Gr., nach Oltmanns. b Teil eines Längsschnitts durch die Rippe des Lagers ; die Zellwände sind im Süßwasser stark gequollen.

nicht selten im Wachstum zurück, wird zum Kurztrieb. Stellenweise bilden sich im Gewebe große lufterfüllte Hohlräume, die als Schwimmblasen dienen. Die Geschlechtsorgane entstehen in Gruben des Lagers auf dünnen Fäden, die sich aus dem festen Gewebe erheben; hier wird Fucus also gewissermaßen zur Fadenalge. Die großen kugeligen Eier, die zu mehreren in einem Eisack sich bilden, werden entleert und außerhalb der Pflanze von den kleinen zweiwimperigen Samenschwärmern befruchtet. Die befruchtete Eizelle wird bei der Keimung zu einem keulenförmigen Zellkörper, der sich mit Wurzelfäden auf Stein festklammert.

Den mit Farbträgern ausgestatteten Algen (Algae) werden die farblosen Lagerpflanzen als Pilze (Fungi) gegenübergestellt. Die einfachsten Pilze, wegen ihrer ausgesprochenen Algenähnlichkeit Algenpilze (Phycomyceten) genannt, schließen sich eng an Vaucheria an. Der Wasserschimmel (Saprolegnia), den man zu jeder Jahreszeit mit Sicherheit erhält, wenn man tote Fliegen in eine Wasserprobe aus einem Tümpel wirft, lebt auf Insektenleichen in Form von dicken, farblosen Schläuchen, die wie bei Vaucheria verzweigt, ungeteilt und vielkernig sind (Fig. 22a). Die gewöhnliche, ungeschlechtliche Art der Vermehrung ist die durch Schwärmsporen; Schlauchenden grenzen sich durch eine Querwand ab, der Inhalt zerlegt sich in zahlreiche kleine Ballen (b), die zuletzt als zweiwimperige Schwärmer durch eine Öffnung an der Spitze des S p o r e n s a c k s entleert werden (c) und auskeimen, wenn sie einen zu ihrer Ernährung tauglichen Körper gefunden haben.

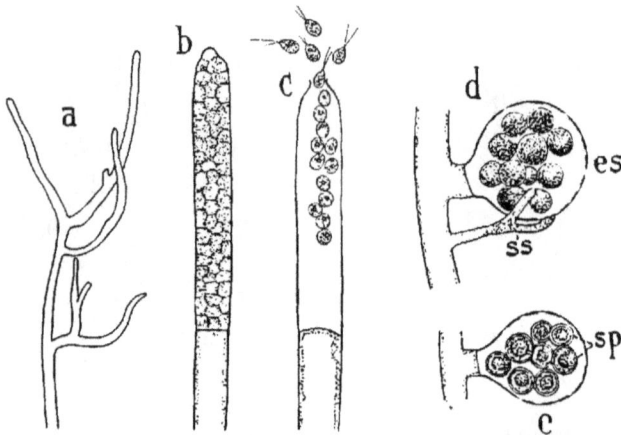

Fig. 22. Saprolegnia. a 50/1, b—e 200/1.

Alte Fäden auf schon faulenden Fliegen bilden Geschlechtsorgane. Die Eisäcke (es in d) sind kugelig, durch eine Wand von dem tragenden Ast abgeteilt, und enthalten mehrere Eizellen. Die Samensäcke (ss) sind dünne Äste, die sich an einen Eisack anlegen, durch dünne Stellen der Wand sich in den Eisack eindrängen und in die Eizellen ihren mehrkernigen Inhalt ergießen. Jede Eizelle kann befruchtet, zu einer Eispore (sp) werden, die sich mit einer derben Haut umgibt. Nicht selten entwickeln sich die Eizellen auch ohne Befruchtung (parthenogenetisch).

Wie eine Landform des Wasserschimmels erscheint der K ö p f c h e n s c h i m m e l (Mucor, Fig. 23), der in mehreren Arten auf Früchten, Brot, Malz usw. lebt. Die reich verzweigten, querwandlosen Fäden (a, b), in ihrer Gesamtheit als G e f ä d e (Mycelium) bezeichnet, kriechen größtenteils auf und in der nährenden Unterlage herum. Bei Mucor stolonifer laufen zahlreiche Äste als bogig gekrümmte Ausläufer (l)

von den Nähräsen fort, klettern wohl auch über Glas, und heften sich
je und je mit einem Büschel von Wurzelfäden (*w* in c) fest. Von den
Enden der Ausläufer erheben sich einzelne Äste senkrecht in die Luft (c);
ihre Spitze schwillt kugelig an und durch eine erst schwach (d), dann
immer stärker gewölbte (e), kuppelförmige Wand wird ein verhältnismäßig kleiner Teil der Anschwellung, der Sporensack, von dem unteren
Teil, dem Säulchen (s) abgegrenzt; das Säulchen geht ohne Querwand
in den Stiel über. Im Sporensack, der reif tiefschwarz erscheint, bilden
sich zahlreiche kugelige Sporen; sie sind entsprechend dem Luftleben
des Pilzes nicht nackt und bewimpert wie die des Wasserschimmels,
sondern durch eine feste Haut geschützt und werden durch die Luft

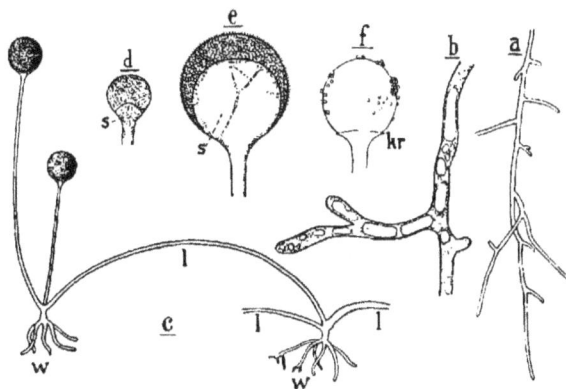

Fig. 23. Mucor stolonifer. a 50/1, b 250/1, c 150/1, d—f 250/1.

verbreitet. Wenn die warzige Wand des reifen Sporensacks geplatzt ist,
bleibt das Säulchen als kugelige Krönung des Stieles erhalten (f); von
einem jungen Sporensack ist ein Säulchen leicht zu unterscheiden an
dem kragenförmigen Rest (*kr*), der von der Wand des Sporensacks
übrig bleibt. — Mitunter verschmelzen zwei Äste zu einer Fruchtspore,
ähnlich wie bei Mesocarpus.

Von den Algenpilzen unterscheiden sich die e c h t e n P i l z e, wie
der grüne P i n s e l s c h i m m e l (Penicillium, Fig. 24c), der auf Brot,
Obst usw. der gemeinste Pilz ist, durch mit Querwänden ausgestattete,
vielzellige Fäden. Wie bei Mucor erheben sich von dem Gefäde nur
die sporenbildenden Äste über die Unterlage; sie erzeugen nicht Innensporen in einem Sporensack, sondern A u ß e n s p o r e n. Der Sporenträger verzweigt sich mehrfach quirlförmig und jeder Zweig schnürt
an seiner Spitze eine Kette von sehr kleinen, kugeligen, grünlichen

Sporen ab; die Sporen geben dem Pilz seine graugrüne Farbe, das Gefäde ist schneeweiß. Zuerst bildet sich das äußerste Ende des Zweiges
zu einer Spore um, dann entsteht unter dieser eine zweite usw.; die
äußersten Sporen sind also die ältesten, die innersten die jüngsten.

Die geschlechtliche Fortpflanzung ist beim Pinselschimmel selten
zu beobachten, ganz gewöhnlich dagegen bei den nahe verwandten
M e h l t a u p i l z e n (Erysiphaceen), die auf Blütenpflanzen als Schmarotzer leben (vgl. Kap. 7). Bei Sphaerotheca Castagnei z. B., die auf
dem Wiesenknopf (Sanguisorba) und verschiedenen anderen Pflanzen

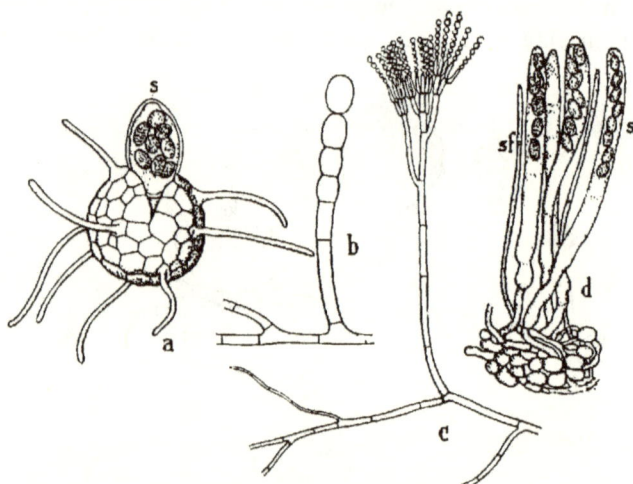

Fig. 24. a und b Sphaerotheca Castagnei, 220/1; in a der Schlauch s herausgequetscht.
c Penicillium glaucum, 220/1. d Morchella conica, 150/1.

oberflächlich schmarotzt, verschmelzen zwei kurze Ästchen, Eisack und
Samensack, miteinander und erzeugen nun nicht unmittelbar eine Fruchtspore, sondern einen kurzen Zellfaden, an dem eine große blasige Zelle,
ein Sporenschlauch (Askus, s in Fig. 29a) mit acht Innensporen sich
bildet. Bei anderen Gattungen, die auf dem Wein, der Eiche, dem Springkraut usw. leben, entstehen sogar mehrere Sporenschläuche aus einem
befruchteten Eisack. Der heranwachsende Eisack wird von zahlreichen
dicht aneinandergedrängten Fäden umwachsen, die aus seinem Stiel
entspringen, und bei der Reife ist ein kugeliger Gewebekörper (a) vorhanden, der die Schläuche einschließt, eine S c h l a u c h f r u c h t
durch Quetschen lassen die Schläuche sich herausdrücken. Einzelne
Oberflächenzellen der Schlauchfrucht wachsen häufig zu langen Haaren
aus. — Von den Fortpflanzungszellen abgesehen besteht das Gefäde

aus lauter gleichförmigen Zellen. Organe der ungeschlechtlichen Fortpflanzung sind Außensporen (Fig. 24b), die von einfachen Trägern in
Ketten abgeschnürt werden, ganz ähnlich wie beim Pinselschimmel.
Die viel größeren Fruchtkörper anderer S c h l a u c h p i l z e
(Ascomyceten) sind als Becherling (Peziza), M o r c h e l (Morchella,
Fig. 25) usw. bekannt. Das Gefäde lebt weit im Boden ausgebreitet,
oberirdisch machen sich nur die Fruchtkörper bemerkbar, die durch
dichte Verflechtung zahlloser verzweigter Fäden entstehen. Hier ist also
ein dicker, dichter Gewebekörper auf ganz andere Weise zustande gebracht
als beim Blasentang. Die äußere Gliederung darf man natürlich nicht
mit dem Lager einer Alge vergleichen, weil der Körper der Morchel für
seine Ernährung selber gar nichts tut, sich vom unterirdischen Gefäde ernähren läßt und nur Träger der Sporen
ist. Bei der Entstehungsart des Fruchtkörpergewebes, das
seinen Namen besser verdient als die meisten pflanzlichen
Gewebe, bleiben überall zwischen den Fäden enge lufterfüllte Lücken, was für die Atmung des dicken Gebildes
wichtig ist. Die S c h l ä u c h e (s in Fig. 24d) bilden
sich auf der Oberfläche der Fruchtkörper aus Ästen, die
senkrecht nach außen abstehen. Bei den Becherlingen
ist es die aufwärts gewandte Innenseite des Bechers, bei
den Morcheln sind es die vertieften Teile des grubigen
Hutes, die Schläuche tragen. Die Schläuche stehen in
sehr großer Anzahl dicht gedrängt nebeneinander, alle
ungefähr gleich lang und deshalb mit ihren Spitzen
eine glatte Fläche bildend, nur mit dünnen, durch Querwände gegliederten Saftfäden (sf in d) untermischt. Die

Fig. 25. Morchella
conica, nat. Gr.,
nach Giesenhagen.

Zahl der Sporen ist wieder unabänderlich 8; der junge
Schlauch enthält einen Kern, aus dem durch dreimalige
Zweiteilung 8 hervorgehen; jeder Kern umgibt sich mit einer Plasmamasse und die junge Spore bildet schließlich eine Haut. In den Sporensäcken von Saprolegnia wird alles Plasma für die Sporenbildung aufgebraucht. Nicht so im Sporenschlauch. Hier bleibt ein Plasmabelag an
der Wand erhalten, die kernlos gewordene Schlauchzelle lebt also nach der
Sporenreife selber noch und kann durch Ansaugen von Wasser ihre Wand
so stark spannen, daß diese sich an der Spitze öffnet. Das geschieht
plötzlich, der Schlauch zieht sich auf seiner ganzen Länge zusammen, und
ein großer Teil des Inhalts wird mitsamt den Sporen ausgeschleudert.
Die Schlauchpilze spielen als Bewohner toter organischer Reste
und lebender Pflanzen eine außerordentlich wichtige Rolle. Bei all

ihrem unerschöpflichen Reichtum fallen sie aber wenig in die Augen, weil die meisten recht unansehnlich sind. Zu den bekanntesten Pflanzenformen zählen dagegen jene Schlauchpilze, die als F l e c h t e n (Lichenes) bezeichnet werden. Genau genommen ist der Pilz nur ein Bestandteil der Flechte, wenn auch meistens der überwiegende. Das aus Pilzfäden aufgebaute Flechtenlager beherbergt nämlich grüne oder blaugrüne Algen; und über diese Doppelwesen reden wir besser später (S. 122).

Von den Schlauchpilzen entfernen sich die R o s t p i l z e (Uredineen) durch die Art der Sporenbildung weit. Das dünne Gefäde

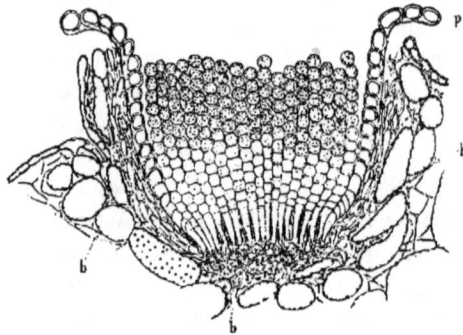

Fig. 26. Geöffneter Sporenbecher von Puccinia poarum auf Huflattich, bei einem Querschnitt durch das Blatt der Länge nach getroffen, 100/1.

(b in Fig. 26) lebt im Innern von Blütenpflanzen. Im Frühjahr oder Sommer bilden sich in den befallenen Blättern z. B. des Huflattichs kugelige Fruchtkörper, hier Sporenbecher (Äcidien, Fig. 26) genannt. Innerhalb einer Schichte plattenförmiger Pilzzellen (p) enthält der Becher nur annähernd kugelige rotgelbe Sporen; die Sporen werden, ähnlich wie an den Trägern des Pinselschimmels, von keulenförmigen Zellen abgetrennt, die am Grund des Bechers eine dichte runde Scheibe bilden, bleiben zu Ketten vereinigt und bilden in ihrer Gesamtheit eine dichte kugelige Masse. Bei der Reife wird die Hülle des Fruchtkörpers und zugleich das überdeckende Gewebe der Wirtpflanze gesprengt, wobei die Hülle sich in Form eines weiten Bechers ausbreitet. Die Bechersporen können nicht auf dem Huflattich keimen, sondern sie müssen auf ein Gras gelangen. Hier dringt der Keimschlauch durch eine Spaltöffnung (vgl. S. 43, 80) ein und wächst in den Zwischenzellräumen weiter. Nach einiger Zeit schreitet das Gefäde wieder zur Erzeugung von Sporen.

Diesmal sind es einzelne, eiförmige Sommersporen (Uredosporen, Fig. 27 a) die einzeln auf schlanken Stielen, unter der Oberhaut des Wirtes in scheibenförmigen Lagern gebildet und durch Zerreißen der Decke in Freiheit gesetzt werden. Sie können augenblicklich wieder auf einem Gras keimen. Das Gefäde, das ihnen den Ursprung verdankt, bildet wieder Sommersporen, daneben aber auch, meist in denselben Lagern, Wintersporen (Teleutosporen, b), die durch Zweizelligkeit und dicke Haut ausgezeichnet sind. Diese letzte Sporenform überwintert und keimt im Frühjahr.[1]) Jede

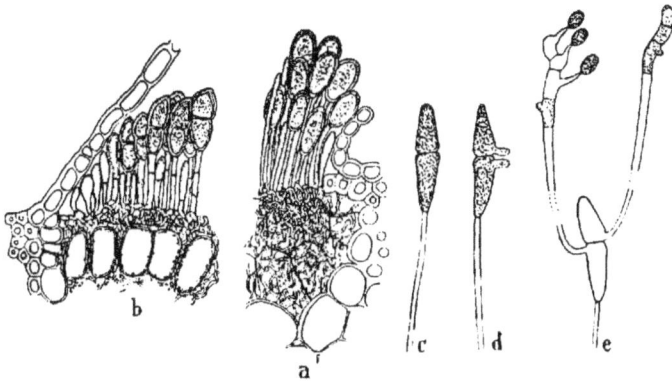

Fig. 27. a Rost-, b Wintersporen von Puccinia graminis, Getreiderost, c—e Wintersporen von Gymnosporangium juniperinum. 230/1.

Zelle der geteilten Wintersporen (c) treibt einen zarten Keimschlauch (d), der durch Querwände vier Zellen außer dem Stiel bildet. Und jede der vier Zellen erzeugt seitwärts eine dünne lange Ausstülpung, deren Spitze zu einer eiförmigen, dünnwandigen Spore wird (e). Sind die Sporen reif, so ist alles Plasma mit den rotgelben Öltröpfchen aus dem Keimfaden in sie eingewandert. Der geteilte Keimfaden der Wintersporen heißt Sporenständer (Basidie). Die Ständersporen keimen augenblicklich, wo sie Wasser finden. Die des Gymnosporangium können sich aber nur auf einem Obstbaum, die der Puccinia auf dem Huflattich entwickeln. Und wenn das gelingt, so sind in kurzer Zeit wieder die Sporenbecher da.

---

[1]) Leichter als an der grasbewohnenden Puccinia ist die Keimung der Wintersporen an dem Gymnosporangium zu beobachten. Die Wintersporen treten hier im Mai als rotgelbe, hornförmige, gallertige Massen aus der Rinde der beherbergenden Wacholderzweige heraus und keimen sofort, wenn man sie auf feuchtes Fließpapier legt.

Auch bei den **Ständerpilzen** (Basidiomyceten) gibt es Formen
mit großen auffallenden Fruchtkörpern, und zwar stellen diese den Hauptanteil zu dem Heer der »Schwämme«, die auf der Erde und an Bäumen
in zahllosen Arten sich breit machen. Das Gefäde lebt weit verbreitet in
der Unterlage und tritt nur zur Bildung der Fruchtkörper an die Oberfläche. Die Fäden, die sich hiebei verflechten (Fig. 28a, b) und ein Netz
von Lufträumen (*l*) zwischen sich lassen, sind bald zart und saftig wie
beim Champignon (Agaricus campester) und anderen Speisepilzen, bald
derb und holzig, wie bei vielen baumbewohnenden Löcherschwämmen.

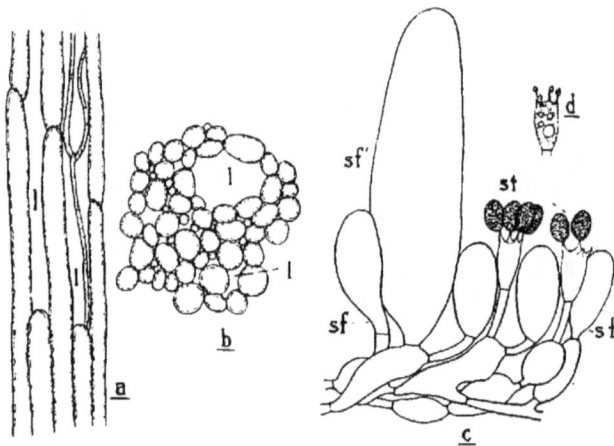

Fig. 28. Tintling (Coprinus). a Längsschnitt, b Querschnitt aus dem Stiel des Hutes,
c Querschnitt der Sporenschicht, d junge Basidie. 350/1.

Der **Fruchtkörper** ist häufig in einen zylindrischen Stiel und
einen kreisrunden, flachen Hut gegliedert; auf der Unterseite trägt der
Hut bei den Blätterpilzen eine große Zahl dünner, vom Stiel gegen den
Rand ausstrahlender »Blätter«, deren Oberfläche die Sporen erzeugt;
bei den Löcherschwämmen, wie Steinpilz, Zunderschwamm (Boletus,
Polyporus), ist die untere Fläche des Hutes von zahlreichen zylindrischen
Vertiefungen senkrecht durchbohrt, in denen die Sporen gebildet werden.
Die spalten- oder lochförmigen Vertiefungen des Hutes, in denen die
Sporen sich bilden, sind regelmäßig nach unten gewendet, und zwar
genau senkrecht. Die Sporen fallen nämlich, sie werden nicht ausgeschleudert wie bei den Schlauchpilzen, die deshalb ihre Sporenschicht
immer nach oben oder seitwärts kehren. Die Sporen entstehen zu vieren
an ungeteilten Ständern (*st* in c), die zusammen mit Saftfäden (*sf*)
eine lückenlos geschlossene Schicht bilden; besonders mächtig sind ein-

zelne Saftfäden (*sf'*) bei den Tintlingen entwickelt. Der einzelne junge Ständer ist keulenförmig und einkernig. Er treibt an der Spitze vier im Kreis stehende fadenförmige Fortsätze, die am äußersten Ende je zu einer Spore anschwellen (d). Der Kern des Ständers teilt sich in zwei, jeder Teilkern teilt sich nochmals, und von den vier Kernen schlüpft nun je einer in eine der jungen Sporen hinein. Die reifen Sporen (bei *st* in c) fallen von ihren Stielen ab und werden durch den Wind fortgetragen.

Von den Lebensverhältnissen der Lagerpflanzen, vor allem der Pilze, wird später (Kap. 6—8) eingehender die Rede sein.

Wir haben die geschilderten Musterbeispiele pflanzlicher Organisation nach gewissen Ähnlichkeiten geordnet, wobei wir mit einfachen Formen begonnen und die komplizierteren haben folgen lassen. Das ist bei den wenigen behandelten Typen leicht durchzuführen, läßt sich aber auf sämtliche Organismen ausdehnen. Was in der Natur unmittelbar gegeben ist, sind allein die Arten. Wenn wir ähnliche Arten zu Gattungen, diese zu Familien, diese wieder zu Klassen zusammenfassen usf., so hat die Unterbringung der Arten in dem Fachwerk eines »Systems« einmal den praktischen Zweck, die Heere der Formen übersichtlich zu ordnen. Aber außerdem sehen wir, seit dem Sieg der Abstammungslehre, die für die Blutsverwandtschaft sämtlicher Lebewesen eintritt, in der Abstufung der Ähnlichkeit einen Ausdruck des Verwandtschaftsgrades und halten das Einfache für den Vorläufer des Zusammengesetzten. Ein »natürliches System«, wie es die folgende Tabelle für die großen Gruppen des Pflanzenreichs gibt, versucht also sämtliche bekannten Organismen, vom Einfachen zum Komplizierten fortschreitend, nach der Verwandtschaft anzuordnen (vgl. auch S. 232).

    I. Zellpflanzen.
        A. Lagerpflanzen.
            1. Spaltpflanzen: Bakterien, Blaualgen.
            2. Algen: grüne, rote, braune.
            3. Pilze: Algen-, Schlauch-, Ständerpilze.
        B. Moose.
    II. Gefäßpflanzen.
        A. Farne.
        B. Samenpflanzen: nacktsamige, bedecktsamige.

Drittes Kapitel.

Bau und Leben der Moose und Farne.

Mnium: Ernährungs-, Festigungs-, Leitungsgewebe; Samensäcke und Eisäcke;
Sporenkapsel; Zwischenzellräume, Spaltöffnungen; Vorkeim; Generationswechsel
bei Moosen und Lagerpflanzen. Wurmfarn: Haut-, Grund- und Stranggewebe;
Tüpfel der Zellwand; Gefäßbündel, Zell- und Gefäßpflanzen; Bau der Blattspreite;
Sporensäcke; Vorkeim; Generationswechsel. Bärlapp: Laubblätter und Sporen-
blätter; Blüte. Selaginella: Großsporen und Kleinsporen.

Den Lagerpflanzen (Thallophyten), die wir mit den Hut-
pilzen beschlossen haben, sind bei aller Verschiedenheit zwei Züge gemeinsam. Ihr Leib ist ein Lager (Thallus), nicht in Achse und Blätter
gegliedert. Und die Organe der geschlechtlichen Fortpflanzung, im
Falle der Geschlechtertrennung Samen- und Eisäcke, sind Einzelzellen;
die Samenzellen und Eier sind von einer einfachen Zellhaut umhüllt.
Ebenso sind die Sporensäcke, wenn vorhanden, Einzelzellen. Bei den
Moosen ist das alles anders. Sproßachse und Blätter sind meistens
scharf geschieden; die Geschlechtsorgane sind Zellkörper, d. h. Samenzellen und Eier sind in Gehäuse eingeschlossen, deren Wand von einer
Zellschicht gebildet ist; und die Sporen vollends bilden sich in Zell-
körpern von sehr verwickeltem Bau.

An dem Sternmoos (Mnium, Fig. 29), das in Gebüschen und Wäldern
häufig wächst, besteht der oberirdische Teil aus einem zylindrischen
Stämmchen und flachen Blättern. Im Boden ist das Stämmchen verankert durch feine verzweigte Haarwurzeln, die sich unter dem Mikroskop als blattgrünfreie Zellreihen erweisen. Das Stämmchen ist ein
fest gefügter Zellkörper, den Fig. 30a im Querschnitt zeigt. Zu äußerst
liegt ein Mantel von engen, dickwandigen Zellen, die in größere, zart-
wandige übergehen; alle haben die Form von Prismen (Längsschnitt
Fig. 30b rechts), die Querwände stehen senkrecht auf den Längswänden.
Gewebe solcher Art soll Füllgewebe (Parenchym) heißen. Die Mitte des
Stämmchens wird von sehr engen, dünnwandigen Zellen eingenommen,

die auf dem Längsschnitt (b, links) lang und scharf zugespitzt erscheinen und teilweise nur Wasser, kein lebendes Plasma enthalten. Die übrigen

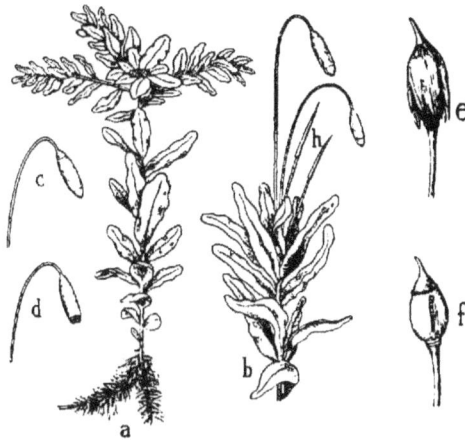

Fig. 29. a—d Mnium undulatum. e und f Polytrichum formosum. 3/2.

Zellen sind sämtlich mit einem Plasmaschlauch, Kern und etwas Blattgrün versehen; die zartwandigen Zellen enthalten meist viel Stärke.

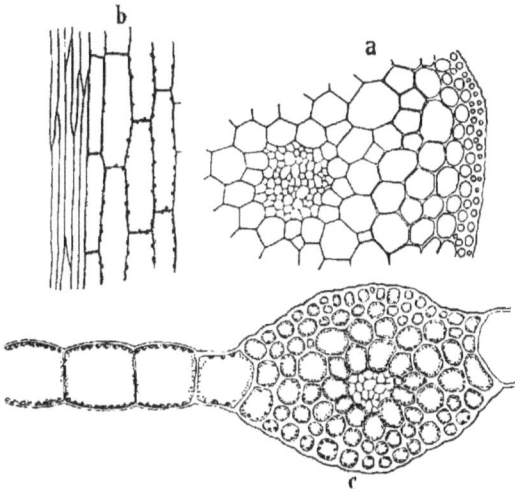

Fig. 30. Mnium. a Querschnitt, b Längsschnitt aus dem Stämmchen, c Querschnitt aus dem Blatt. 150/1.

Die Blätter (Querschnitt Fig. 30c) sind größtenteils aus einer einfachen Zellfläche gebildet und reich an großen grünen Farbträgern, die den Wänden anliegen. Nur in der Mitte, in der mit bloßem Auge erkennbaren

Rippe, ist das Blatt ein vielschichtiger Zellkörper; zu innerst liegen wieder sehr enge lange Zellen, die von einem Mantel dickwandiger Zellen umhüllt sind. Nach Gestalt und Leistungen lassen sich an dem Moosstämmchen folgende Gewebeformen unterscheiden: Die blattgrünreichen Zellen der Blätter bereiten Nahrung, vor allem Stärke; aufgespeichert wird die Stärke in den ähnlichen zarten Zellen des Stämmchens; Festigung erhält die Achse und ebenso das Blatt durch die dickwandigen Zellen; und Wasser wird vom Boden in dem innersten· Gewebestrang, dem Leitbündel, durch das Stämmchen bis in die Blattrippe befördert, von wo es in die dünne Blattfläche abfließt. Dazu kommen dann noch als bevorzugte Werkzeuge der Aufnahme von Wasser und gelösten Mineralstoffen (denn auch die Blätter vermögen von außen her Wasser aufzunehmen) die Haarwurzeln. Am Wachstumspunkt des Stämmchens ist von diesen Unterschieden der Gewebe noch nichts zu erkennen. Die äußerste Spitze wird sogar von einer einzigen großen Scheitelzelle eingenommen, die sich unaufhörlich teilt.

Im Frühjahr tragen viele Stämmchen des Sternmooses an der Spitze eine Rosette becherförmig zusammenschließender Blätter und zwischen ihnen eine bräunliche Scheibe (Fig. 29a). Das sind die männlichen »Blüten«[1]). Wie ein Längsschnitt (Fig. 31a) zeigt, flacht sich der Gipfel über der Blattrosette breit ab und trägt an Stelle von Blättern Samensäcke (ss) und Saftfäden (sf), die dicht gedrängt die Scheibe bilden. Die Blätter werden vom Schnitt bald durch die einschichtige Fläche (rechts) bald durch die mehrschichtige Rippe (links) getroffen. Die Saftfäden sind blattgrünführende, an der Spitze keulenförmig verdickte Zellreihen. Die Samensäcke (Antheridien) sind länglich eiförmige, kurz gestielte Säcke. Die aus einer Schicht flacher Zellen bestehende Wand umschließt einen sehr kleinzelligen Gewebekörper, die plasmareichen Mutterzellen der Samenschwärmer. Bei der Reife verquellen die Zellen der Wand an der Spitze des Samensackes zu Schleim. Auch die Mutterzellen der Samenschwärmer trennen sich voneinander und bilden eine breiige Masse, die auf die Wand einen Druck ausübt. Wenn nun die verschleimten Zellen an der Spitze nachgeben und auseinander weichen, so zieht die gespannte Wand sich zusammen und preßt den Samenbrei (s) aus. Tritt Wasser zu, so befreien die Samenschwärmer sich aus der Haut der Mutterzelle und schwimmen als gewundene Fäden mit Hilfe zweier Wimpern im Wasser herum (Fig. 31d).

[1]) »Blüte« ist dabei in ganz anderem Sinn gebraucht als bei den Samenpflanzen; gemeinsam ist in beiden Fällen, daß die Blüte der Fortpflanzung dient.

Die weiblichen Blüten stehen auf anderen Stämmchen als die männlichen und machen sich weniger bemerkbar. Sie enthalten zwischen den eng zusammengerollten Hüllblättern eine Anzahl dünner Saftfäden und wenige flaschenförmige Eisäcke (Archegonien, Fig. 31b, c). Der kurze Stiel des Eisackes verdickt sich zum Bauch, und dieser trägt den langen schlanken Hals. Die Mitte des Halses ist im jungen Eisack (b) von einer Reihe schmaler Zellen (Kanalzellen) eingenommen und von einer einfachen Zellschicht (Halszellen) röhrenförmig umschlossen.

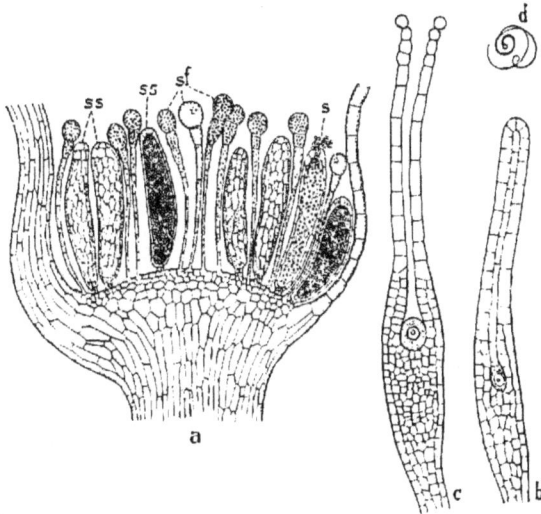

Fig. 31. a Längsschnitt der männlichen Blüte von Mnium, 35/1. b und c Eisäcke von Bryum, 150/1. d ein Samenschwärmer von Funaria, nach Campbell, 650/1.

Im Bauch schließt an die Zellen der Achse die dickere, fast kugelige Eizelle an. Bei der Reife (c) werden die Kanalzellen zu einem Schleimstrang, und wenn nun die Halszellen an der Spitze infolge von Verschleimung auseinanderweichen, so steht den Samenschwärmern ein von Flüssigkeit erfüllter Kanal offen, der sie zur Eizelle geleitet. Der erste Schwärmer, der in die Tiefe gelangt, vollzieht die Befruchtung, worauf die vorher nackte Eizelle sich mit einer Haut umgibt.

Die befruchtete Eizelle steckt tief im Eisack und muß darin keimen. Sie teilt sich nach allen Richtungen des Raumes, und der entstehende Keim (Embryo) wird zu einem stielrunden Zellkörper (Fig. 32a). In dem Maße, wie er sich verlängert und verdickt, wächst das anstoßende Gewebe des Eisackes unter vielfacher Zellteilung mit. Nach einiger Zeit kann es mit dem Keim nicht mehr Schritt halten, und dieser

bohrt sein kegelförmig zugespitztes unteres Ende durch den Stiel des
Eisackes bis tief in das Stämmchen hinein (Fig. 32b). Beim weiteren
Wachstum richtet sich die Verlängerung des Keimes nach oben, und nun
wird der nicht mehr wachsende Eisack am Grunde rings herum ab-
gerissen und als Haube (*h* in Fig. 29b) in die Höhe gehoben. Der ge-
bräunte, abgestorbene Hals (*h* in Fig. 32a) war bis dahin noch erhalten,
bricht aber nun leicht ab. Unter dem Schutz der Haube, die zur Hauptsache von dem vergrößerten Stiel des Eisackes gebildet worden ist, verdickt sich die Spitze des fadenförmigen Keimes, wenn der untere Teil,
die Borste, eine beträchtliche Länge erreicht hat, und wird zur S p o r e n -
k a p s e l (zum Sporogonium, Fig. 29b), einem dichten Zellkörper, der

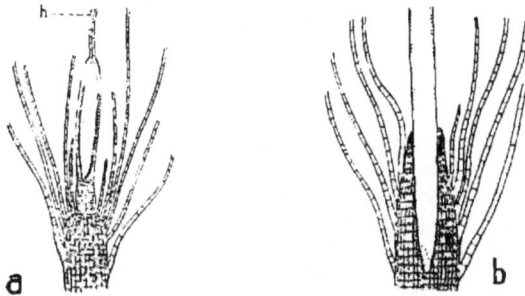

Fig. 32. Drehmoos (Funaria hygrometrica), Längsschnitte durch den Gipfel
weiblicher Zweige. 20/1.

schließlich einen sehr verwickelten inneren Bau erreicht. Wir halten
uns an den Zustand kurz vor der Öffnung. Da ist eine derbe, aus mehreren
Zellschichten bestehende Wand vorhanden, die eine große Menge grünen
Sporenpulvers umschließt. Die Spitze der Kapselwand ist kegelförmig
oder sogar geschnäbelt; sie löst sich ringsherum an einer vorgebildeten
Stelle wie der Deckel einer Büchse sauber ab (Fig. 29c mit, d ohne
Deckel). Nicht zu verwechseln mit dem Deckel ist die Haube, die zur
Reifezeit meist abgefallen ist; sehr groß und von langer Dauer ist die
behaarte Haube des Widertonmooses (Polytrichum; Fig. 29e zeigt die
Kapsel mit, f ohne Haube). Unter dem Deckel kommt ein bräunlicher
Kegel zum Vorschein (Fig. 29d), der sich in trockener Luft in 16 schmale,
spitze, rückwärts auseinanderspreizende Zähne auflöst. Innerhalb
dieses äußeren Mundbesatzes (Peristomium) erscheint ein zweiter, aus
dünneren, helleren Zähnen gebildet. · Zwischen den gezackten Zähnen
des inneren Mundbesatzes schüttelt der Wind die Sporen heraus.
Bei feuchtem Wetter, wenn der Regen die Verbreitung der Sporen

hindern würde, wird die Kapsel von den hygroskopischen Zähnen des äußeren Mundbesatzes geschlossen gehalten.

Der Kapselstiel ist von einem einfachen Leitbündel durchzogen, wie das Stämmchen; die Kapsel muß sich ja vom Stämmchen her Wasser und Nährstoffe zuführen lassen. Die äußeren Schichten des Stiels sind derbwandig und fest. Der Übergangsbezirk zwischen dem Stiel und dem sporenerzeugenden Teil der Kapsel, der Kapselhals, hat vor dem beblätterten Moosstämmchen eine Eigentümlichkeit des Gewebebaues voraus, die auf den ersten Blick wenig wesentlich erscheint, aber in Wirklichkeit einen nicht hoch genug einzuschätzenden Fortschritt in der Gewebebildung bedeutet. Die Zellen, die im jugendlichen Zustand lückenlos aneinander schließen, trennen sich später an vielen Stellen, indem ihre Wände sich spalten. Das Gewebe bekommt so eine lockere, schwammige Beschaffenheit, und die Zwischenzellräume (z in Fig. 33a),

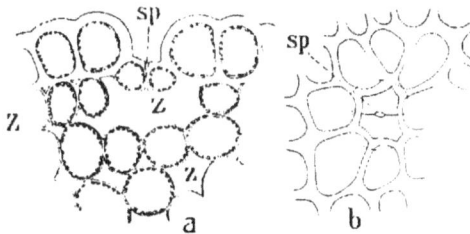

Fig. 33. Mnium undulatum. a Querschnitt, b Flächenansicht vom Kapselhals. 230/1.

die nach allen Richtungen zusammenhängen, füllen sich mit Luft. Die äußerste Schicht, die derbwandige Oberhaut, schließt in ihrer größten Ausdehnung lückenlos zusammen und schützt das unter ihr liegende zarte Gewebe vor mechanischer Beschädigung und vor Austrocknung. Nur da und dort spaltet sich zwischen zwei nierenförmigen, niedrigen, von der übrigen Oberhaut überragten Zellen die trennende Wand senkrecht zur Oberfläche auf ein kurzes Stück, es entsteht eine Spaltöffnung (sp, in Fig. 33b von der Fläche, in a im Querschnitt), worunter man den eigentlichen Spalt samt den beiden ihn begrenzenden Schließzellen versteht, und damit ist zwischen der Außenluft und dem Netz der Zwischenzellräume eine offene Verbindung hergestellt; der große Zwischenzellraum dicht unter der Spalte heißt Atemhöhle. Tief unter der Oberfläche liegende Zellen können auf diese Weise mit Luft versorgt werden. Die Mooskapsel ist in ihrer Ernährung zur Hauptsache auf das beblätterte Stämmchen angewiesen, aber mit Hilfe der grünen Zellen im Hals kann sie doch zur Zeit der Sporenbildung selber Stärke erzeugen und zur eigenen Ernährung etwas beitragen.

Aus der kugeligen, grünen Sporenzelle geht bei der Keimung (Fig. 34, a, b, c) zunächst ein fadenförmiges, reich verzweigtes, algenartiges Gebilde hervor, der Vorkeim (das Protonema). Die auf dem Boden kriechenden Äste sind durch senkrechte Querwände gegliedert und grün, die in den Boden eindringenden Wurzeläste (*w*) haben kein Blattgrün, schiefe Wände und lösen sich in immer feinere Äste auf. Aus kurzen Seitenzweigen des Vorkeims entsteht die beblätterte Moospflanze. Anstatt daß die Teilungswände in der Endzelle eines Astes nur senkrecht zur Längsachse eingeschaltet werden, treten Teilungen nach allen Richtungen des Raumes auf, und so bildet sich bald ein kleiner Zellkörper,

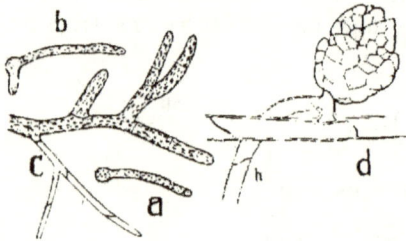

Fig. 34. a und b keimende Moossporen, c Spitze eines älteren Vorkeims, 100/1. d Fadenstück von einem älteren Vorkeim mit Mooskhospe, 150/1.

eine Mooskhospe (Fig. 34d) mit Stämmchen und Blättern, die einzelne Oberflächenzellen zu Haarwurzeln (*h*) auswachsen läßt und allmählich zur geschlechtsreifen Moospflanze erstarkt. Die Haarwurzeln, die das Stämmchen überall auch später noch zu bilden vermag, sind gewissermaßen ein Überbleibsel aus dem Vorkeimzustand. An einem Vorkeim können mehrere Knospen entspringen, aus einer Spore also mehrere Stämmchen hervorgehen.

Wenn wir von den verschiedenen Zuständen der geschlechtlichen Pflanze absehen, so ist der ganze Entwicklungsgang eines Mooses von Spore zu Spore noch immer in zwei wesentlich verschiedene Abschnitte zerlegt. Bis das Moosgewächs den ganzen Kreis seiner Formen durchläuft, geht es zweimal durch den einzelligen Zustand hindurch. Einmal ist es Spore, die ohne einen Paarungsvorgang sich entwickelt, und später ist es Eizelle, die zu ihrer Entwicklung der Befruchtung bedarf. Die aus der Spore hervorgehende, ungeschlechtlich erzeugte Pflanze entwickelt Geschlechtsorgane; die aus dem Ei auf geschlechtlichem Weg sich bildende Pflanze erzeugt ungeschlechtliche Fortpflanzungszellen,

Sporen. Man kann also von einem Wechsel zweier Erscheinungsformen, zweier einander ablösender Generationen reden, von dem Wechsel einer geschlechtlichen und einer ungeschlechtlichen, oder einer Paarungs- und einer Sporengeneration. Die Zellen, von denen die beiden Generationen ihren Ursprung nehmen, unterscheiden sich in einem wesentlichen Punkt, nämlich in der Beschaffenheit ihrer Kerne. In die Eizelle wird ja ein männlicher Kern aufgenommen, der mit dem Eikern verschmilzt. Diese Verschmelzung ist nun keineswegs mit der gleichmäßigen Vermischung zweier Flüssigkeitstropfen zu vergleichen. Denn der Zellkern hat, wie wir wissen, einen festen Bau, er enthält geformte Bestandteile in bestimmter Zahl, die Kernstäbchen (vgl. S. 000). Deshalb finden wir in der befruchteten Eizelle und in ihren Abkömmlingen wenn nicht zwei Kerne, so doch einen Doppelkern, der sich als solcher bei jeder Teilung ausweist durch die Zahl der sichtbar werdenden Kernstäbchen. Die Kerne der Sporenkapsel, die aus der befruchteten Eizelle hervorgeht, haben alle doppelt soviel Kernstäbchen als die Kerne des Vorkeims und des beblätterten Stämmchens. Irgendwo müssen aber die Doppelkerne wieder in einfache übergeführt werden. Das geschieht bei der Sporenbildung. Die Stäbchen einer Zelle werden hier ohne Längsspaltung auf zwei Zellen verteilt, und so bekommt jede Spore halb soviel Kerngerüstmasse als die übrigen Zellen der Sporenkapsel besitzen, sie bekommt einen einfachen Kern. Einfach sind die Kerne von der Spore an bis zur Bildung der Eier und der Samenschwärmer, und in der Befruchtung werden zwei einfache Kerne zu einem Doppelkern zusammengefügt.

Bei den Algen und Pilzen ist ein so scharf ausgeprägter Generationswechsel[1]) wie bei den Moosen nicht vorhanden, aber er fehlt trotzdem nicht. Für die Aufdeckung der Grenzen zwischen den Generationen geben die Kernverhältnisse einen wichtigen Anhalt. Das befruchtete Ei der Froschlaichalge z. B. entwickelt sich zu einem ganz ansehnlichen, verzweigten, doppelkernigen Pflänzchen, das eine große Zahl einfachkerniger Sporen bildet. Bei den Schlauchpilzen geht aus dem befruchteten Eisack mitunter eine Menge von Sporenschläuchen hervor, die selber noch doppelkernig sind, aber dann acht einfachkernige Sporen

---

[1]) Die Botanik versteht unter Generationswechsel nicht genau dasselbe wie die Zoologie. Bei den Pflanzen unterscheiden sich die beiden Generationen in den typischen Fällen in der Art der Fortpflanzung, in der äußeren Gestalt und in der Kernbeschaffenheit, und es sind gute Gründe vorhanden, diesem letzten Merkmal besondere Wichtigkeit beizumessen. Bei den Tieren (z. B. den Schlauchtieren, Kap. 13) besitzen beide Generationen gleicherweise Doppelkerne.

erzeugen, und die Grenze zwischen der geschlechtlichen und der Sporengeneration wird nur dadurch undeutlich, daß die Umhüllung der Schläuche
bei der Fruchtkörperbildung ganz oder teilweise von der geschlechtlichen Generation besorgt wird. Die geschlechtliche Generation, das
gewöhnliche einfachkernige Gefäde, kann sich auch auf ungeschlechtlichem Weg vermehren, wie der Pinselschimmel durch seine Ketten-
sporen. Bei den Ständerpilzen fehlen leicht unterscheidbare Geschlechtsorgane, und die Trennung der Generationen ist deshalb versteckt,
aber nach den Kernverhältnissen doch zu entziffern.

Noch weniger ausgeprägt ist der Generationswechsel bei den grünen
Algen und den Algenpilzen. Zweikernig ist hier nur die eine Zelle, die
durch Verschmelzung zweier Keimzellen entsteht, die Fruchtspore.
Gleich bei der Keimung der Fruchtspore wird der Doppelkern in einfache Kerne zerlegt. Aber der Wechsel eines einfachkernigen und eines
doppelkernigen Zustandes ist doch überall vorhanden, wo geschlechtliche
Fortpflanzung stattfindet, sogar bei den Tieren. Der zweikernige Zustand ist bei den einfachsten Pflanzen auf eine einzige Zelle beschränkt;
bei der Froschlaichalge ist er ein kleines und bei den Moosen schon
ein ansehnliches sporenbildendes Pflänzchen. Wir werden sehen, daß bei
den höchst entwickelten Pflanzen die mit Doppelkernen ausgestattete
Sporengeneration immer mehr in den Vordergrund tritt.

An einem Farnkraut, z. B. dem Wurmfarn (Polystichum filix mas),
fallen zuerst in die Augen die zierlich gefiederten Wedel. Sie entspringen
einem kurzen Stamm und sind als Blätter zu bezeichnen. Mit einem
Moosblatt verglichen sind diese Wedel selbst in ihren letzten Auszweigungen, den Fiederchen, sehr derbe Gebilde, von den starken Rippen der
Fiedern und von der dicken Spindel, die die Fiedern trägt, ganz zu
schweigen. Quer- und Längsschnitte durch die Spindel aus der Mitte
des Blattes (Fig. 35) zeigen die Spindel zum größten Teil aufgebaut aus
dünnwandigem Füllgewebe. Die Zellen sind in der Längsrichtung etwas
gestreckt (a, rechts) und besitzen wenig Blattgrün. Ihre Wände weichen
an den Kanten, da wo drei oder vier Zellen zusammenstoßen, auseinander (b), das ganze Gewebe ist deshalb von einem Netz schmaler, lufterfüllter Zwischenzellgänge durchzogen. Nach außen werden die Zellen
lang und eng, dabei dickwandig (c), die Querwände sehr schief (a, links).
Wird ein Schnitt in eine mit Salzsäure versetzte alkoholische Lösung
von Phloroglucin gebracht, so färben diese dicken Zellhäute sich rosenrot
bis kirschrot, ebenso wie ein Holzsplitter, der zur Probe danebengelegt

wird. Die dicken Wände sind also ver holzt, im Gegensatz zu den Wänden der anstoßenden kürzeren Zellen, die aus reiner Zellulose bestehen, keinen Holzstoff enthalten und von dem Reagens nicht gefärbt werden. Chlorzinkjod färbt die verholzten Wände gelbbraun, die Zellulosehäute violett. Der Mantel von starken Faserzellen gibt der Blattspindel einen festen Halt; er spielt die Rolle eines fast nur mechanisch wirksamen Gerüstes, das an den Ernährungsvorgängen wenig teil nimmt, wenn die Zellen auch selber leben. In dem dünnwandigen Gewebe wird die Stärke, die von den dünnen Teilen des

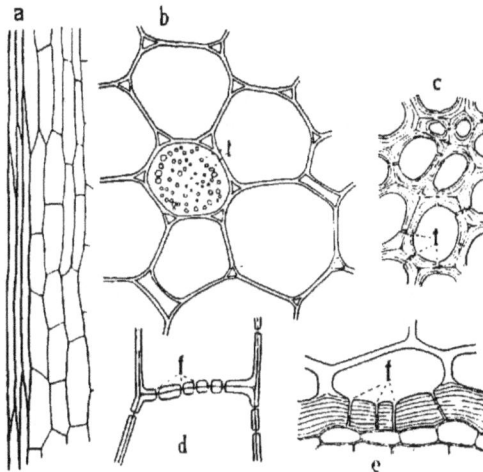

Fig. 35. Wurmfarn, Schnitte aus der Blattspindel, a und d längs, die anderen quer.
a 50/1, b 220/1, c—e 350/1.

Blattes her in den Stamm wandert, zeitweise gespeichert. Ins Füllgewebe eingebettet finden sich noch 5—6 zylindrische Stränge, die von einer Zellschichte mit dicken braunen Wänden umscheidet werden und sich leicht aus dem Füllgewebe herauslösen lassen. Das sind Leitbündel von einem viel verwickelteren Bau, als wir ihn beim Sternmoos angetroffen haben. Die Leitbündel werden in ihrer Gesamtheit als Stranggewebe von der umgebenden Zellenmasse, dem Grundgewebe, unterschieden. Die äußerste Zellschicht hebt sich wieder einigermaßen von dem unter ihr liegenden faserförmigen Grundgewebe ab — die Zellen sind kürzer, nicht zugespitzt — und heißt Hautgewebe oder Oberhaut (Epidermis).

Die drei Hauptgewebeformen (Gewebesysteme), die wir auch bei allen Samenpflanzen wieder finden, sind nur nach den Lagebeziehungen unterschieden. Die Leistungen der Zellen können innerhalb eines und desselben Gewebesystems sehr verschieden sein. Das Hautgewebe hat in erster Linie die Binnengewebe vor dem Vertrocknen und vor Verletzungen zu schützen; an gewissen Stellen des Pflanzenkörpers kommen ihm aber andere Leistungen zu, so die der Stoffaufnahme in der Wurzel und die der Stoffausscheidung nicht selten in den Blättern. Das Stranggewebe ist infolge der Längsentwicklung seiner Glieder vor allem zur Stoffleitung auf weite Strecken hin befähigt; wenn gewisse Teile fest und zäh werden, liefern sie kräftige Pfeiler und Stützen, die das Grundgewebe durchspinnen und festigen. Am mannigfaltigsten sind die Aufgaben, die dem Grundgewebe zufallen. In ihm vollziehen sich die wichtigsten Stoffumsetzungen, es dient der Speicherung von aufgenommenem Wasser und von Stoffwechselerzeugnissen, es ist an der Ausführung von Bewegungen hauptsächlich beteiligt, es kann einzelne Teile zu besonderer mechanischer Wirksamkeit ausbilden, und es kann sich zu einem leistungsfähigen Hautgewebe (Kork) umformen, wenn das ursprüngliche Hautgewebe nicht mehr arbeitstüchtig ist.

In allen dickeren Zellwänden, die sich von der Fläche zeigen — am deutlichsten in den braunen Zellen der Strangscheiden, und in anderen Zellen ebenso, wenn die an und für sich farblosen Wände künstlich gefärbt werden — fallen kleine, rundliche, helle Flecke auf, die Tüpfel (t in Fig. 35b); auf Schnitten durch die Wände erweisen sich die Tüpfel als Kanäle (c, d, e). Die Wände sind aber an den Tüpfeln nicht vollständig durchbrochen, sondern nur dünner. Die ursprünglich gleichmäßig dünne Zellhaut läßt nämlich, wenn sie in die Dicke wächst, einzelne kreisförmig umschriebene Teile unverdickt. Wenn zwei aneinander stoßende Zellen ihre Wände gleichmäßig verdicken, führt auf die dünne Haut von beiden Seiten her ein Tüpfelkanal (Faserzellen am Rande des Querschnittes, c, d); bleibt die Wand von der einen Seite her unverdickt, so wird der Tüpfel einseitig (braune Scheidenzellen e).

Die von braunen Scheiden (sch in Fig. 36a) eingefaßten Leitbündel werden auch Gefäßbündel genannt, nach ihrem hervorstechendsten Bestandteil, den Gefäßen (g in Fig. 36a). Der Besitz von Gefäßbündeln, den die Farne mit den Samenpflanzen gemein haben, bedeutet für die Gewebegliederung so viel, daß die genannten Gruppen als Gefäßpflanzen den gefäßlosen oder Zellpflanzen gegenübergestellt werden. Die lang röhrenförmigen Gefäßzellen, die die Mitte der Bündel einnehmen, sind vor allem durch den Mangel lebenden Inhalts

ausgezeichnet; sie führen nur Wasser und Luft und sind die Leitungsbahnen für das Wasser. Ihre Wände sind in sehr eigentümlicher Weise verdickt. Bei einem Teil der Gefäßzellen trägt die im allgemeinen dünne Zellulosehaut auf der Innenseite verholzte (mit Phloroglucin-Salzsäure sich
rot färbende) Leisten, die als einzelne Ringspangen (*p* in Fig.
36b) oder
als weithin zusammenhängende Schraubenbänder (*o*) ausgebildet sind.
Bei der Mehrzahl der Gefäßzellen ist die Wand zum größten Teil
verdickt und verholzt, die dünn gebliebenen Teile haben die Form

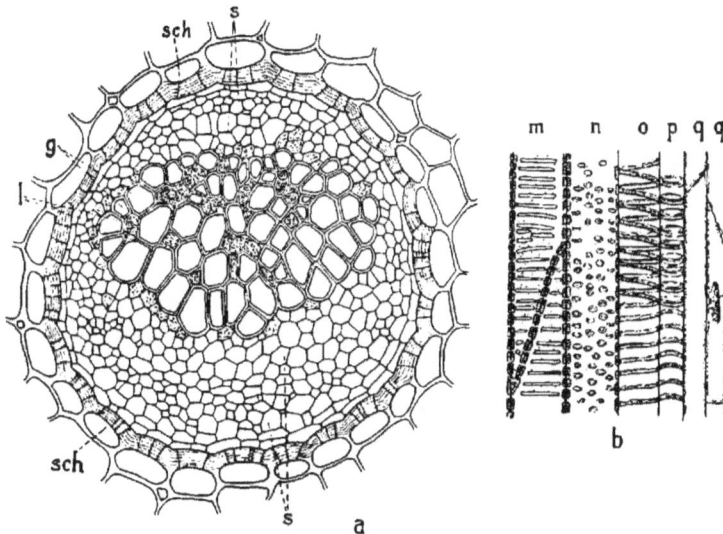

Fig. 36. Wurmfarn. a Querschnitt eines Gefäßbündels der Blattspindel, 230/1; b Stück eines
Längsschnittes aus einem Gefäßbündel, 350/1; m und n sind angeschnitten, o und p sind im
unteren Teil angeschnitten. Die verdickten Teile der Gefäßwände sind punktiert.

rundlicher (*n*) oder breit gezogener, spaltenförmiger Tüpfel (*m*). Die
sehr schiefen Querwände werden hie und da, anstatt daß die dünnen
Tüpfelhäute erhalten blieben, vollkommen durchlöchert, und damit
vereinigen sich die Gefäßzellen (Tracheiden) zu einem langen Gefäß
(einer Trachee). Der G e f ä ß t e i l jedes Bündels, der auch einzelne
lebende Füllgewebezellen (*l* in 36a) einschließt, wird rings umfaßt
von den langen plasmareichen Zellen des B a s t t e i l s (*s* in Fig. 36a;
q in b). Dessen Glieder werden wir später an günstigeren Objekten
betrachten.

Auch in den F i e d e r c h e n (Querschnitt Fig. 37) sind Grund-,
Haut- und Stranggewebe zu unterscheiden. Der größte Teil des Grundgewebes ist dicht mit Blattgrün erfüllt und großenteils durch die

mächtige Entwicklung der Zwischenzellräume so locker, daß man von
Schwammgewebe spricht. Die löcherige Masse wird von einer im allgemeinen lückenlos zusammenschließenden, farblosen Oberhaut (*o*)
überzogen; nur unterseits ist diese von Spaltöffnungen (*sp*) durchlöchert,
wie wir sie am Kapselhals der Moose angetroffen haben. In das grüne
Gewebe eingebettet verlaufen endlich die Nerven (*n*), die aus einem
kleinen Gefäßbündel und einem darunter liegenden Strang dichten,
dickwandigen, nicht grünen Grundgewebes bestehen. In der Mitte der
Fiederchen laufen die Nerven zu einem etwas stärkeren Mittelnerv zusammen. Von hier sind die Gefäßbündel, immer stärker werdend, durch
die Spindel der Fiedern und durch die Hauptspindel in den Stamm und

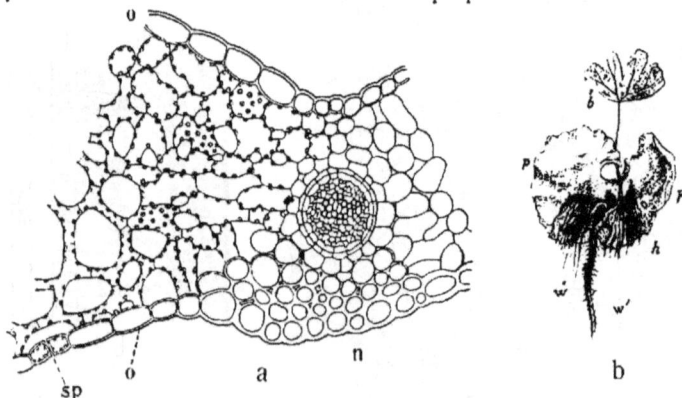

Fig. 37. Wurmfarn. a Querschnitt aus einem Blattfiederchen, 150/1. b Vorkeim und junge
Farnpflanze, 8/1, nach Sachs.

endlich, wieder verdünnt, bis in die Wurzeln zu verfolgen. Die Farnpflanze ist also von einem Netz von Berieselungskanälen durchzogen, die das von den Wurzeln aufgenommene Wasser bis in die letzten
Blattzipfel befördern. Umgekehrt können Stoffe, die in den Blättern
hergestellt werden, durch die Nerven und durch die Blattspindel in den
Stamm abgeleitet werden.

Der Stamm hat in seinem Bau Ähnlichkeit mit der Blattspindel.
Die Wurzeln, denen wir bei unserem Gang durch das System hier
zum erstenmal begegnen, sind stielrunde, in der Mitte von einem
einzigen zylindrischen Gefäßbündel durchzogene Zellkörper.

Die Fiederchen des Wurmfarns tragen im Sommer auf der Unterseite zu kreisrunden Häufchen angeordnete Sporensäcke (Sporangien),
rundliche, von den Seiten her etwas zusammengedrückte, gestielte
Kapseln (Fig. 38). Die Zellen der einschichtigen Wand sind auf den
Breitseiten der Kapsel breit und flach; dem Schmalsaum entlang sind sie

schmäler aber höher, ihre Innen- und Seitenwände sind braun und stark verdickt. Der aus den schmalen Zellen gebildete »Ring« stößt auf der einen Seite der Kapsel an den Stiel an, gegenüber trennt ihn vom Stiel eine Gruppe von flachen, breiten Zellen. Beim Austrocknen der reifen Kapsel streckt sich der Ring gerade und reißt dabei den Sporensack zwischen den breiten Zellen auf (b).
Dadurch werden die einzelligen Sporen mit brauner, faltiger Haut freigegeben.

Wenn die Spore auf feuchter Erde keimt, so erzeugt sie einen kurzen grünen Zellfaden, der bald in eine Zellfläche übergeht (Fig. 12). Die Zellfläche nimmt Herzform an (Fig. 37b, *p*), wird in ihren mittleren Teilen mehrschichtig und befestigt sich mit einzelligen Haarwurzeln, die der Unterseite

Fig. 38. Ein Sporensack des Wurmfarns, a geschlossen, b geöffnet, 100/1.

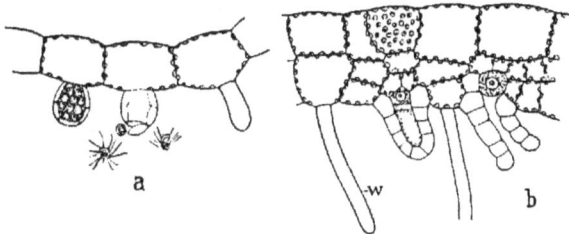

entspringen (*h* in 37b, *w* in 38b), im Boden. Auf der Unterseite dieses dorsiventralen Vorkeims (Prothallium) treten weiter Geschlechtsorgane auf, die denen der Moose sehr ähneln. Die Samensäcke (Antheridien, in a) sind kugelig und enthalten innerhalb einer einschichtigen Wand,

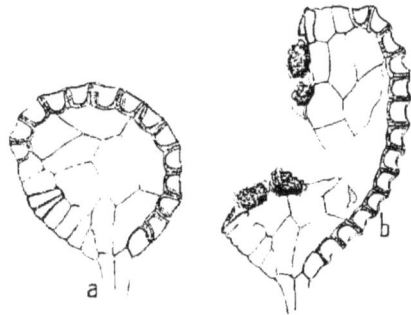

Fig. 38a. Querschnitte durch Vorkeime des Engelsüß (Polypodium vulgare), 150/1.

die bei der Reife am Scheitel aufbricht, zahlreiche kleine Zellen. Deren Inhalt wird je zu einem gekrümmten, vielwimperigen Samenschwärmer. Die Eisäcke (Archegonien, in b) haben einen kurzen Hals, und ihr Bauchteil mit der Eizelle ist in das mehrschichtige Vorkeimgewebe versenkt. Der Zugang zur Eizelle wird in derselben Weise freigegeben wie bei den Moosen; die Kanalzellen verschleimen, und der Hals bricht an der Spitze auf. Wird der Vorkeim durch Regen oder Tau benetzt, so schwimmen die Samenschwärmer zu den Eisäcken und

4*

dringen bis zur Eizelle vor. Die befruchtete Eizelle wird zu einem kleinen
Zellkörper, den der Vorkeim eine Zeitlang ernährt. Bald aber bildet
der K e i m Wurzel und Blätter (*w* u. *b* in Fig. 37b) und macht sich selbständig, worauf der Vorkeim abstirbt. Im Lauf der Jahre erstarkt die junge
Farnpflanze langsam, indem der Stammgipfel mächtiger wird und die hinteren, dünneren Teile absterben; die Bewurzelung erfolgt durch Beiwurzeln.
Von einem gewissen Alter an bilden die Blätter Jahr für Jahr Sporensäcke.

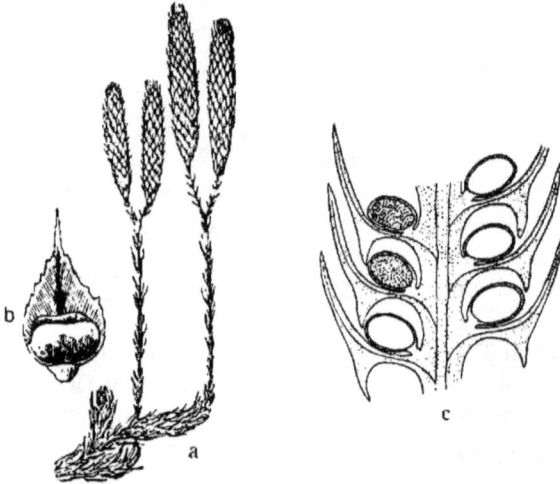

Fig. 39 a und b Lycopodium clavatum, nach Warming, a Stück eines Sprosses mit Blüten,
b ein Sporenblatt von oben, vergrößert; c schematischer Blütenlängsschnitt von L., anno-
tinum, 6/1.

Der beblätterte Farnstamm muß, weil er Sporen bildet, mit der
Sporenfrucht der Moose verglichen werden. Dem entspricht auch die
Bildung von Zwischenzellräumen und Spaltöffnungen an der Farnpflanze. Der ungegliederte, nicht mit Zwischenzellräumen ausgestattete
Vorkeim, der Geschlechtsorgane erzeugt, ist dem beblätterten Moosstämmchen gleichwertig. Von der Spore bis zu den Geschlechtszellen
sind die Kerne einfach, von der befruchteten Eizelle bis zur Sporenbildung doppelt. Das Verhältnis zwischen den Generationen ist den
Moosen gegenüber stark verändert; die geschlechtliche Generation ist
kurzlebig und äußerlich wie innerlich sehr einfach gegliedert, die ungeschlechtliche Generation dagegen erreicht in der äußeren Gliederung
und in der Sonderung der Gewebe eine Höhe, die dem ganzen Entwicklungsgang der Moose fremd ist.

Mehr an ein kräftiges Moos als an einen Farn erinnert mit seinen
kleinen nadelförmigen Blättern der Bärlapp (Lycopodium clavatum,

Fig. 39). Aber er besitzt echte Wurzeln, in allen Teilen Gefäßbündel und auf den Blättern Spaltöffnungen. Von den Blättern sind, anders als beim Wurmfarn, nur noch ganz bestimmte zur Erzeugung von Sporensäcken befähigt, nämlich die dicht gedrängten an den Spitzen der aufrechten Äste (a). Beim Bärlapp lassen sich also Laubblätter von S p o r e n b l ä t t e r n unterscheiden, und das ganze keulenförmige Gebilde, das aus einer Achse und zahlreichen schraubig gestellten Sporenblättern besteht, heißt B l ü t e (a, c). Die Sporensäcke stehen einzeln auf der Oberseite der Blätter an deren Grund (b, c). Sie sind groß, nierenförmig, reißen der Quere nach auf und entlassen zahlreiche gelbliche Sporen. Diese keimen selten und liefern dann einen knöllchenförmigen, unterirdisch lebenden, blassen Vorkeim mit Ei- und

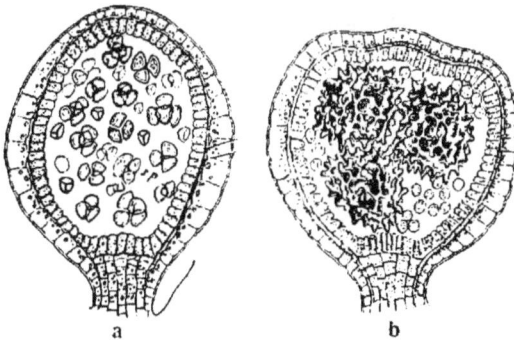

Fig. 40. a Kleinsporensack, b Großsporensack von Selaginella inaequalifolia. Nach Sachs.

Samensäcken. Aus der befruchteten Eizelle geht das Bärlappgewächs hervor.

Dem Bärlapp sehr ähnlich, nur noch kleiner und moosähnlicher ist die auf den höheren Gebirgen wachsende S e l a g i n e l l a spinulosa. Sie unterscheidet sich vom Bärlapp durch eine sehr wichtige Eigentümlichkeit, nämlich durch den Besitz von zweierlei Sporen. In den Blüten sind die Sporenblätter und die Sporensäcke ganz wie beim Bärlapp angeordnet, und ein Teil der Sporensäcke, die oberen, erzeugt ebenso wie dort zahlreiche kleine Sporen, die bei der Reife zu vieren vereinigt bleiben (Fig. 40a). Die Sporen gehen nämlich zu vieren aus einer Sporenmutterzelle hervor und bei dieser Vierteilung, die überall bei der Sporenbildung der Moose, der Farne und der Samenpflanzen auftritt, findet die Zerlegung der Doppelkerne in einfache Kerne statt. In den Sporensäcken der unteren Sporenblätter gehen aber alle Sporenmutterzellen bis auf eine einzige zugrunde

und diese bildet vier sehr große, den ganzen Sack ausfüllende
Sporen (b), die als G r o ß s p o r e n den K l e i n s p o r e n gegenübergestellt werden. Der bei der Keimung der Großspore entstehende Vorkeim tritt gerade noch aus der Sporenhaut heraus und bildet einige
Eisäcke, er ist also rein weiblich. Die Kleinsporen lassen vollends den
winzigen männlichen Vorkeim gar nicht mehr austreten, und in einer
der wenigen Zellen, die bei der Keimung entstehen, bildet sich eine
kleine Zahl von Samenschwärmern.

Die Sonderung der Geschlechter wird hier schon bei der »ungeschlechtlichen« Generation eingeleitet. Die Sporensäcke sind selbst
noch keine Geschlechtsorgane, weil sie nicht unmittelbar Zellen erzeugen, die zur Verschmelzung kommen. Aber schon die Sporensäcke
und noch mehr die Sporen lassen erkennen, welcher Art die Geschlechtszellen sein werden, die am Ende aus ihnen hervorgehen. Die Sporengeneration kann hier also nicht eigentlich als ungeschlechtlich bezeichnet
werden, sondern sie ist zwitterig. Anstatt von geschlechtlicher und ungeschlechtlicher, wird deshalb bei Selaginella besser von Paarungs- und
Sporengeneration zu sprechen sein. Jetzt brauchen nur noch die Großsporen auf der tragenden Pflanze zu keimen und hier von den Kleinsporen aufgesucht zu werden, dann ist die S a m e n p f l a n z e fertig.

Und diese ursprüngliche Samenpflanze ist der N a d e l b a u m.

Viertes Kapitel.

Bau und Leben der Samenpflanzen.

Kiefer: Staub- und Fruchtblätter als Sporenblätter; Samenanlage und Same;
Generationswechsel der Nadelhölzer. Nacktsamige und Bedecktsamige. Generationswechsel der Bedecktsamigen. Entwicklung des Keimes aus dem Ei. Der Same.
Gewebegliederung des Stengels, des Blattes, der Wurzel. Zellbildung im Wachstumspunkt des Sprosses und der Wurzel. Bildungsschicht der Gefäßbündel und des
Stammes, nachträgliches Dickenwachstum. Kork. Einkeimblättrige und Zwei-
keimblättrige. Rückblick über die Zellsonderung.

Des Anschlusses halber sollen von der **Kiefer** (Pinus silvestris)
gleich die sporenbildenden Organe beschrieben werden, die Blüten. Die
männliche Blüte (Fig. 41a) besteht aus einer Achse und zahlreichen kleinen, schuppenförmigen Blättern, die auf ihrer Unterseite
zwei lange, der ganzen Länge nach angewachsene Kleinsporensäcke
oder, wie wir bei den Samenpflanzen sagen, **Pollensäcke** tragen.
Der zugespitzte freie Teil des Sporenblattes oder genauer Staubblattes ist aufwärts geschlagen. Die Kleinsporen oder **Pollenkörner** (c) sind rundliche Zellen mit zwei lufterfüllten Blasen,
die durch Ablebung der äußeren Sporenhautschicht von der inneren
zustandekommen und als Flugapparate dienen. Zur Zeit der Entleerung
sind die Kleinsporen schon gekeimt; der in der Spore eingeschlossen
bleibende männliche Vorkeim besteht nur aus zwei Zellen (c).

Auch die **weibliche Blüte** trägt an ihrer Achse nichts als
schuppenförmige Sporenblätter, Fruchtblätter (Fig. 42a). Diese sind
parallel zur Achse in zwei Teile gespalten; der äußere kleinbleibende
Teil heißt Deckschuppe (*d*); der innere später stark wachsende Teil,
die Fruchtschuppe (*f*), trägt an seinem Grund zwei eiförmige, mit der
Spitze schief abwärts gerichtete Körperchen, aus denen die Samen
hervorgehen und die deshalb **Samenanlagen** oder Samenknospen
heißen. Ein Längsschnitt durch eine solche läßt den Knospenkern
(Nucellus *k*) von der aus mehreren Zellschichten bestehenden Hülle

(Integument *h*) überragt erkennen. An der Spitze läßt die becher-
förmige Hülle einen Kanal offen, den Knospenmund (Mikropyle *m*),
sodaß hier der Weg zum Kern frei steht. Auf der ausgehöhlten Spitze
des Kerns findet man, wenn der Pollen aus den Staubblüten entlassen
ist, meistens ein Pollenkorn (wie in a) oder deren mehrere. Aus dem
Mund der reifen Samenknospe quillt nämlich ein Tröpfchen Wasser
heraus, an dem herbeifliegende Pollenkörner festkleben. Wenn dann
das Tröpfchen durch Verdunstung kleiner wird, werden die Pollenkörner auf den Knospenkern hinabgesogen. Nach diesem Vorgang,

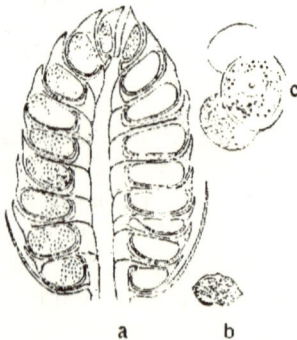

Fig. 41. Kiefer. a schematischer
Längsschnitt der männlichen Blüte,
b Querschnitt eines Staubblattes,
8/1; c Pollenkorn, 230/1.

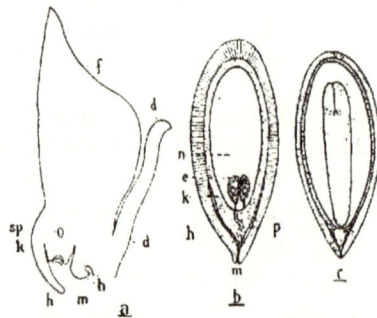

Fig. 42. Kiefer. a Längsschnitt durch das
Fruchtblatt und eine Samenanlage, 25/1.
b Längsschnitt einer Samenanlage kurz vor
der Befruchtung, c eines reifen Samens, 7/1.

der Bestäubung, schließt sich der Knospenmund. Der inneren
Keimung der Kleinspore folgt nun die äußere; ihre Wand stülpt sich
zum Pollenschlauch aus, der sich langsam in den Knospenkern einbohrt. Im Kern fällt zu dieser Zeit eine große Zelle (*sp*) auf.
Im Lauf des Sommers vergrößern sich die Fruchtschuppen und schließen
dicht, wie Schilder, aneinander. In ihrem Schutz wachsen die Samenanlagen mächtig heran (Fig. 42b); der Knospenkern (*k*) wird mitsamt
der Hülle (*h*) durch Zellteilungen größer. Vor allem macht sich die
große Zelle breit und zerlegt ihren Plasmakörper durch zahlreiche
Teilungen in ein dichtes Zellgewebe (*n*). Anfang Juni des zweiten
Jahres, das die jetzt zum grünen Zapfen gewordene weibliche Blüte
am Baum erlebt, bilden sich an der Oberfläche dieses Gewebes, dem
Knospenmund zugekehrt, einige eingesenkte Eisäcke (Archegonien *e*),
jeder aus einer großen Eizelle und einem sehr kurzen Hals bestehend. Die große Zelle ist also eine Großspore, hier Keimsack
(Embryosack) genannt. Das Gewebe, das aus der Großspore hervorgeht

und von der derben Sporenhaut umschlossen bleibt, ist ein weiblicher Vorkeim. Die Samenanlage ist ein Großsporensack, wobei der Knospenkern der Wand eines Sporensackes entspricht, und das Fruchtblatt ist ein Großsporenblatt.

Wenn die Eisäcke reif sind, ist der Pollenschlauch (*p*) an der Spitze des Vorkeims angekommen und drängt sich nun in den Hals eines Eisackes ein. Er löst seine Wand an der Spitze auf und entläßt in die Eizelle einen Zeugungskern, der die Rolle eines Samenschwärmers spielt, aber keine eigene Beweglichkeit besitzt und durch den Pollenschlauch zum Ei getragen wird. Frei bewegliche Zellen auf der Spitze des Knospenkerns wären ja deswegen untauglich, weil sie sich nicht bis zu den Eisäcken vorbohren könnten. Wenn die Eizelle befruchtet ist, entwickelt sich aus ihr auf umständlichem Weg ein Keim (Embryo), der aus dem Eisack heraus in den Vorkeim, das Nährgewebe, hineingeschoben wird, und damit wird die Samenanlage zum S a m e n (Fig. 42 c).

Die derb und holzig gewordene Hülle heißt jetzt Samenschale. Der Knospenkern ist zusammengedrückt und liegt der Schale dicht an. Der übrige Raum ist größtenteils ausgefüllt von dem Nährgewebe, dessen gleichförmige Zellen einen dichten Plasmakörper und viele Öltröpfchen einschließen. In der Längsachse des Samens liegt, dicht vom Nährgewebe umhüllt, der Keim, als das einfachste Modell einer Samenpflanze. Gegen den Samenmund kehrt er das Würzelchen, weiter folgt ein kurzes Stengelglied, an dessen Spitze ein Kranz von schmalen Keimblättern (von denen in dem Schnitt c nur zwei zu sehen sind), und zwischen diesen birgt sich als kleiner Höcker der Stengelwachstumspunkt. Bei der Reife löst der Same sich mit einem flügelförmigen, dünnhäutigen Fetzen der Fruchtschuppe ab und wird vom Wind zwischen den auseinanderweichenden Zapfenschuppen herausgeschüttelt.

Die Entwicklung des Keims bei der Keimung und die Gewebesonderung in der heranwachsenden Pflanze ist den Verhältnissen bei den anderen Samenpflanzen so ähnlich, daß wir das besser im Zusammenhang behandeln und dafür in der Darstellung der Fortpflanzungsorgane fortfahren.

Der Generationswechsel ist bei den Nadelhölzern noch vollkommen deutlich erhalten. Von Selaginella unterscheidet sich die Kiefer im wesentlichen nur dadurch, daß die Großsporen innerhalb der Großsporensäcke (Samenanlagen) auf der tragenden Pflanze keimen, ihre Eisäcke hier befruchten lassen und sogar noch den Keim zur Entwicklung bringen. Der Same ist also das wichtigste Unterscheidungsmerkmal gegenüber den Farnverwandten, nicht die Blüte; der Bärlapp kann nicht blütenlos, nur samenlos genannt werden. Den Moosen gegenüber ist das Verhältnis zwischen den beiden Generationen gerade herumgedreht; bei Mnium ist die Sporenpflanze ein Schmarotzer auf der geschlechtlichen, bei der Kiefer wird die einfachkernige Paarungsgeneration, nämlich Spore und Nährgewebe, von der doppelkernigen Sporenpflanze während ihres ganzen Daseins ernährt. Infolge der Entwicklung des Keims auf der Sporenpflanze wird sogar die Paarungsgeneration von zwei Sporengenerationen eingefaßt, und so kommt es, daß der Generationswechsel verdeckt wird und die Sporenblätter geradezu als Geschlechtsorgane erscheinen.

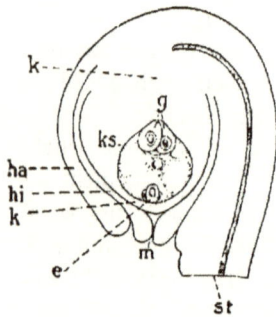

Fig. 43. Längsschnitt durch die Samenanlage von Scilla bifolia, 90/1.

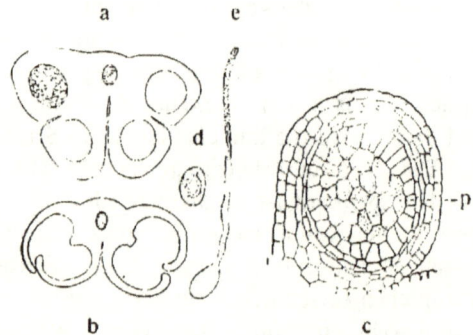

Fig. 44. a Querschnitt durch einen jungen Staubbeutel des Türkenbunds, b durch einen geöffneten Staubbeutel der Zaunlilie (Anthericum liliago), 8/1. c Querschnitt eines sehr jungen Pollensacks vom Türkenbund, 80/1. d und e Pollenkörner von Tradescantia virginica, 100/1.

Bei der Kiefer und ihren Verwandten stehen die Samenanlagen und Samen frei auf der Oberfläche der Fruchtblätter; die Nadelhölzer sind nacktsamig (Gymnospermen). Die übergroße Mehrzahl der Samenpflanzen verbirgt dagegen die Samenanlagen in Gehäusen, die durch Verwachsung der Fruchtblätter entstehen, sie sind bedecktsamig (Angiospermen). Von den Blüten der Bedecktsamigen war im ersten Kapitel ausführlich die Rede, es bleibt nur noch die Betrachtung der Sporensäcke übrig, die erst jetzt verständlich sind.

Eine Samenanlage, also einen Großsporensack, betrachten wir am besten bei einem Liliengewächs, etwa bei Scilla bifolia, wo Querschnitte durch den Fruchtknoten die Samenanlagen der Länge nach treffen (Fig. 43). Die Samenknospe sitzt auf einem kurzen, von einem Gefäßbündel durchzogenen Stiel, dem Samenstrang (Funiculus, st) und biegt sich so zurück, daß ihre Spitze mit dem Knospenmund neben die Anheftungsstelle zu liegen kommt. Hüllen, die den Knospenkern (k)

becherförmig umwachsen und den Knospenmund (*m*) als engen Kanal
frei lassen, sind zwei vorhanden (*ha* äußere, *hi* innere Hülle), der Knospenkern (*k*) ist großenteils ausgefüllt von einer großen eiförmigen Blase,
dem Keimsack (Embryosack *ks*). Zur Zeit der Bestäubung enthält die
Blase sieben von Plasma umgebene Kerne. Ursprünglich ist nämlich
ein Kern vorhanden. Dieser teilt sich in zwei, die Teilkerne wandern
in die engen Enden der Zelle und teilen sich dort noch zweimal; an
jedem Ende finden sich also jetzt 4 Kerne. Von diesen 2×4 Kernen
wandert je einer wieder zurück in die Mitte der Zelle, um mit dem
entgegenkommenden zum Keimsackkern zu verschmelzen. Die übrigen
sechs Kerne umgeben sich an Ort und Stelle mit einer Plasmamasse,
die sich gegen den großen Blasenraum scharf abgrenzt. Von den drei
Zellen, die in dem Ende gegen den Knospenmund liegen, ist eine
die Eizelle (*e*). Zu der Zeit, wenn der Keimsack noch einen
Kern enthält, ist dieser schon einfach; ein Doppelkern der Samenknospe hat sich bei seiner Bildung gespalten. Der Keimsack ist
also eine Großspore, und die sieben Zellen, die er später einschließt,
stellen einen weiblichen Vorkeim dar, der wieder viel kleiner ist als der
der Kiefer und es nicht mehr zur Bildung eines vollständigen Eisackes bringt.

Die Staubblätter bilden den Pollen in den Staubbeuteln (Antheren).
Die Pollensäcke (Kleinsporensäcke) sind in den allermeisten Fällen
vier an der Zahl, zu je zweien einander genähert (Fig. 40a). In sehr
jungen Blüten schließen die Zellen, aus denen der Pollen hervorgeht
(*p* in c) noch zu einem dichten Gewebe zusammen. In etwas reiferen
Staubbeuteln kann man die Pollenkörner zu vieren bei einander liegen
sehen, von einer gemeinsamen Zellhaut umschlossen, genau wie die vier
Sporen der Selaginella. Später trennen die Pollenkörner sich ganz von
einander. Bei der Reife (b) reißt zunächst die Scheidewand durch, die
zwei benachbarte Säcke voneinander trennt, dann reißt an dieser Stelle
auch die gemeinsame Außenwand, und so erscheint der reife aufge-
sprungene Staubbeutel zweifächerig.

Die Pollenkörner sind, als Kleinsporen betrachtet, schon
gekeimt, wenn der Staubbeutel sie freigibt (d), denn sie enthalten
zwei Zellen von ungleicher Größe. Gewöhnlich versteht man aber
unter der Keimung des Pollenkorns das Austreiben des Pollen-
schlauchs (e). Der Zugang zu den Samenanlagen ist dem Pollen nicht
mehr so leicht gemacht wie bei der Kiefer. Das Austreiben geschieht
auf der Spitze der Fruchtblätter, auf der Narbe, deren Oberhautzellen
meist zu länglichen Blasen ausgewachsen sind und eine Flüssigkeit aus-

scheiden.[1]) An dieser rauhen, klebrigen Oberfläche bleibt der oft selber noch klebrige Pollen hängen, wenn er durch den Wind oder durch Insekten auf die Narbe gebracht wird. Der Pollenschlauch dringt in die Griffelhöhle ein, wo eine solche vorhanden ist (Tulpe, Lilie); sind Narbe und Griffel dicht, so bohrt er sich zwischen den Zellen durch, indem er die Zellwände spaltet. Der kugelige Kern der großen Zelle des Pollenkorns wandert im Schlauch voran, der häufig wurmförmige Zeugungskern folgt nach. In der Fruchtknotenhöhle kriecht der Pollenschlauch auf eine Samenanlage zu, schlüpft in den Knospenmund und drängt sich durch den hier dünnen Knospenkern zum Keimsack vor. Die einander berührenden Wände werden aufgelöst, und nun treten die beiden Zeugungskerne,

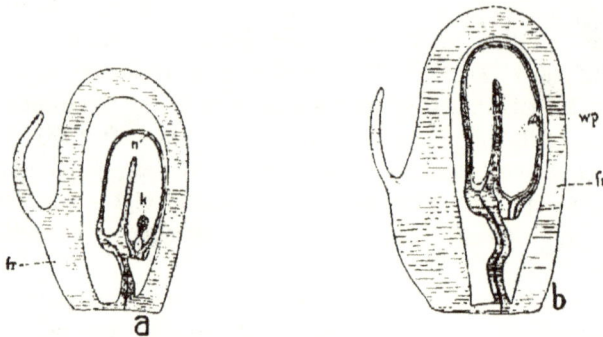

Fig. 45. Längsschnitte a durch den Stempel, b durch die reife Frucht vom Froschlöffel, 20/1.

die durch Teilung des ursprünglich vorhandenen einzigen entstanden sind, in den Keimsack ein. Der eine verschmilzt mit der Eizelle, der zweite mit dem Keimsackkern. Die befruchtete, also doppelkernige Eizelle bildet durch mehrere Teilungen zunächst einen Zellfaden, den Keimträger. Die letzte, vom Knospenmund abgekehrte Zelle des Fadens wird bald zu einem kugeligen Zellkörper (k in Fig. 45 a), und dieser durch weitere Vergrößerung zum Keim. Der Keim besitzt beim Froschlöffel (Fig. 45 b, wo er den ganzen hufeisenförmig gekrümmten Keimsack schon ausfüllt) und ebenso bei den Lilien, Gräsern, ein einziges Keimblatt und einen seitlichen Wachstumspunkt (wp), bei der Bohne, Buche, Sonnenblume zwei Keimblätter, zwischen denen der Wachstumspunkt liegt; so viele Keimblätter wie bei der Kiefer sind bei den Bedecktsamigen nie vorhanden. Das Würzelchen ist gegen den Träger und

---

[1]) Für bequeme Untersuchung bringt man Pollen von Tulpe, Lilie, Narzisse, Tradescantia in 3—10 proz. Zuckerlösung in wenigen Stunden zum Keimen; die Kerne sind gut sichtbar zu machen mit Methylgrün-Essigsäure.

damit gegen den Samenmund gekehrt. Der Keimsackkern, in dem nach der Befruchtung drei einfache Kerne enthalten sind, weil er schon vor der Befruchtung zwei einfache Kerne enthielt, teilt sich ebenfalls, erzeugt aber keine gegliederte Pflanze, sondern ein gliedloses N ä h r - g e w e b e, das im heranwachsenden Keimsack oft so viel Raum einnimmt als der Keim frei läßt (beim Froschlöffel, Fig. 45a, bildet es nur eine einfache dünne Zellschichte *n*, die den Keimsack auskleidet) und früher oder später, spätestens bei der Keimung, vom Keim aufgezehrt wird. Es hat also dieselbe Bestimmung wie das Nährgewebe der Kiefer, ist ihm aber seiner Entwicklung nach nicht gleichwertig; es ist nicht, wie bei der Kiefer, Vorkeimgewebe, sondern eine Art von zweitem Keim, ein Nährkeim, der auf eigene Entwicklung verzichtet und dem eigentlichen Keim geopfert wird. Im reifen S a m e n ist z. B. beim Weizen ein mächtiges, stärkereiches Nährgewebe vorhanden, dem der Keim seitlich anliegt. Häufiger ist der Keim, wie wir es bei der Kiefer gefunden haben, dem Nährgewebe eingebettet, z. B. beim Ricinus, bei den Lilien. Der reife Bohnensame umschließt ebenso wie der des Froschlöffels überhaupt nur einen großen Keim, das Nährgewebe ist schon verdrängt. Das Gewebe des Knospenkerns pflegt vom Keimsack bald zerdrückt zu werden.

Die Hüllen der Samenanlagen vergrößern sich im selben Maß wie der Keimsack und werden zur S a m e n s c h a l e. Zugleich mit den befruchteten Samenanlagen wächst auch der Fruchtknoten (*fr* in Fig. 45) und wird zur Fruchtwand. Auf die zahllosen Formen der Früchte, die bald einen einzigen (Kirsche) bald zahlreiche Samen (Mohn) einschließen, können wir nicht eingehen.

Bei der S a m e n k e i m u n g verlängert sich zunächst die Wurzel. Sie sprengt die Samenschale beim Knospenmund, bricht nach außen und bohrt sich in die Erde ein. Der Keimstengel folgt nach, und die Keimblätter treten zum mindesten an ihrer Anheftungsstelle so weit aus dem Samen hervor, daß das Knöspchen ins Freie kommt und austreiben kann. Häufig machen die Keimblätter sich sogar ganz frei und wachsen zu flachen grünen Blättern heran (Sonnenblume, Buche). Nicht selten bleiben sie aber zum größten Teil in der Schale und unter dem Boden, wobei sie von der Keimpflanze allmählich ausgesogen werden (Bohne, Eiche, Roßkastanie). Wenn der Same Nährgewebe enthält, muß mindestens ein Teil der Keimblätter so lange im Samen bleiben, bis das Nährgewebe aufgezehrt ist; die saugenden Teile der Keimblätter sind bei der Fichte, den Lilien die Spitzen, bei den Gräsern ist es die breite Fläche des einzigen Keimblattes, das Schildchen.

Der im Samen eingeschlossene Keim besteht noch ganz aus lebenden, sehr gleichförmigen Zellen. Die Vorgänge der Gewebesonderung sind aber leichter verständlich, wenn wir den Endzustand kennen, und wir betrachten deshalb zunächst den inneren Bau einer erwachsenen Pflanze. Als Beispiel kann uns im allgemeinen die Pferdebohne dienen. Für das genauere Studium einiger Einzelheiten werden wir bei anderen Pflanzen, die sich besser eignen, Anleihen machen müssen. Vorausschicken können wir, daß etwas wesentlich Neues zu der Gewebegliederung, wie der Wurmfarn sie aufweist, nicht hinzukommt.

Die Oberfläche des vierkantigen B o h n e n s t e n g e l s — wir halten uns zunächst an ein junges, noch nicht holziges Stück — wird von der mit Spaltöffnungen versehenen Oberhaut gebildet. Was darunter liegt,

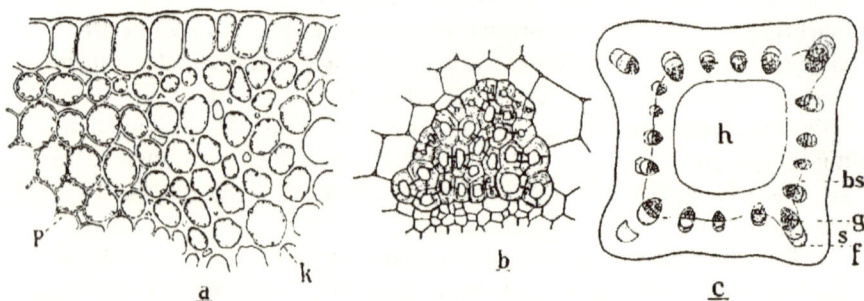

Fig. 46. Querschnitte aus dem Stengel der Pferdebohne, a und b 150/1, c 15/1.

ist zum größten Teil dünnwandiges Grundgewebe, unmittelbar unter der Oberhaut reich an Blattgrün und locker (*p* in Fig. 46a), nach innen dichter; in der Mitte ist durch Zerreißung des Gewebes ein großer lufterfüllter Hohlraum (*h* in Fig. 46c) entstanden. An den vier Kanten des Stengels liegt unter der Oberhaut ein Füllgewebe mit stellenweise stark verdickten Zellulosewänden und fast ohne Zwischenzellräume (*k* in Fig. 46a). Dieses Gewebe ist fester als das übrige dünnwandige, lockere Füllgewebe, aber die Zellen leben und ihre Wände sind trotz ihrer Dicke fähig in die Länge zu wachsen. Solch dickwandiges Füllgewebe (Kollenchym) tritt deshalb oft als erstes Festigungsgewebe an jungen Organen auf, die sich noch strecken, auch ganz gewöhnlich an Blattstielen, die sehr biegsam sein müssen. In einiger Entfernung von der Oberfläche liegen zahlreiche Gefäßbündel (Fig. 46c); die große Mehrzahl läßt sich auf dem Querschnitt durch die Seitenlinien eines Quadrats verbinden, nur in der einen oder anderen Ecke ist ein großes Bündel über den sonst regelmäßigen Bündelring vorgeschoben. Das Grundgewebe außerhalb der Gefäßbündel heißt Rinde[1]), das innerhalb Mark, die Streifen, die an den Bündeln vorbei Mark und Rinde verbinden, sind die Markstrahlen. Die Bündel (Fig. 46c und 47a) kehren den Gefäßteil (Holzteil, g) nach innen, den Bastteil (s) nach außen; die Anordnung der Bestandteile ist also eine andere als beim Wurmfarn. Der Bau der Zellen ist aber im wesentlichen der nämliche. Es finden sich Ring-, Schrauben- und

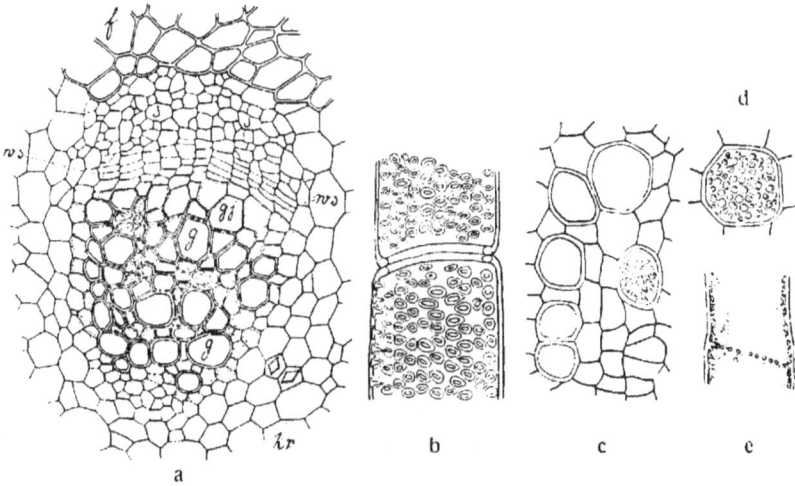

Fig. 47. a Querschnitt eines Gefäßbündels aus dem Stengel der Pferdebohne, 150/1. b Längsschnitt durch ein Tüpfelgefäß aus dem Stengel des Mais an der Grenze zweier Gefäßglieder, 350/1 c Querschnitt aus dem Bastteil eines Gefäßbündels des Kürbisstengels mit 6 Siebröhren und. zahlreichen Füllzellen, d die Siebplatte einer weiten Siebröhre von der Fläche, e eine Siebröhre im Längsschnitt mit quer getroffener Siebplatte, 150/1.

Tüpfelgefäße; die Querwände der Gefäßglieder werden vollkommen aufgelöst, sodaß die Gefäße weithin offene Röhren darstellen; besonders schön ist das beim Mais zu sehen (Fig. 47b). Die weitesten Zellen des Bastteils (Siebteils) sind die Siebröhren (s); wir untersuchen sie im einzelnen besser am Kürbis (Fig. 47c—e), wo sie ungewöhnliche Größe haben. Eine Siebröhre besteht aus gestreckten, in einer langen Reihe übereinander gestellten Zellen mit dicker, weicher Zellulosehaut. Die Querwände dieser Zellen sind siebförmig durchbrochen (Fig. 47d, e) und durch die Löcher der »Siebplatten« treten die lebenden Inhalte der Zellen in Verbindung. Der Stoffaustausch vollzieht sich so innerhalb der Siebröhren auf weite Strecken hin mit viel größerer Leichtigkeit als wenn

[1]) Genauer Urrinde, im Gegensatz zu der durch nachträglichen Zuwachs gebildeten Spätrinde; vgl. S. 71.

die Glieder durch Querwände ohne Löcher voneinander getrennt wären. Die Stoffe, die in den Siebröhren wandern, sind Eiweiß und Zucker, während die Gefäße nur Wasser und Mineralsalze befördern. Wenn die Siebröhren altern, werden auf die Siebplatten schleimige Massen (Kallusplatten) aufgelagert, die ein Durchströmen des Inhalts nicht mehr gestatten. Füllzellen sind im Siebteil wie im Gefäßteil (die Fig. 47a gibt ihren lebenden Inhalt durch Punktierung an) zahlreich vorhanden.

Auf der Außenseite ist jedes Gefäßbündel überlagert von einem Strang lang faserförmiger Zellen.[1]) An jungen Stengeln sind die Wände dieser Zellen meist noch dünn (*f* in Fig. 46c u. 47a). Später verdicken sie sich bedeutend (Fig. 52, Fig. 46b), verholzen etwas und lassen endlich ihren Inhalt absterben. Die Tüpfelung (Fig. 46b) ist immer deutlich, wenn die Tüpfelkanäle auch eng sind; während die Zellen ihre Wände verstärken, müssen sie natürlich von außen her gut ernährt werden, und die Stoffzufuhr geschieht durch die dünnen Schließhäute der Tüpfel hindurch. Solche B a s t f a s e r n (Sklerenchymfasern), die zum Stranggewebe gehören, sind die leistungsfähigsten Festigungszellen, über die die Pflanzen verfügen; ihre Festigkeit kommt der von Eisendraht gleich. Stränge solcher Fasern sind es, die beim Flachs, beim Hanf als Gespinstmaterial verwendet werden. Verholzt sind sie keineswegs immer; die Flachsfasern z. B. bestehen aus reiner Zellulose.

In der Nähe der Gefäßbündel findet man in den Füllgewebezellen da und dort glänzende, eckige Körper (*kr* in Fig. 47a); das sind K r i s t a l l e von oxalsaurem Kalk, Abfallerzeugnisse des Stoffwechsels.

Der gefurchte Blattstiel zeigt dieselben Grundbestandteile wie der Stengel. Die Gefäßbündel sind in einer Reihe ausgebreitet und kehren die Bastteile nach unten. Die Bündel des Stengels treten nämlich in den Blattstiel über, wie auch Oberhaut und Rinde des Stengels sich in die betreffenden Gewebe des Blattes fortsetzen, und so kommt, was im Stengelgefäßbündel außen liegt, im Blatt nach unten zu liegen. Als flache Ausbreitung des Blattstiels erscheint die B l a t t s p r e i t e. Die ist bei der Pferdebohne nicht viel anders gebaut als bei der Feuerbohne, und weil sie sich bei der letzteren besser schneiden läßt, wählen wir diese als Beispiel (Fig. 48). Das ganze Blatt ist überzogen von der farblosen Oberhaut (*o* in a); die Seitenwände der Oberhautzellen (b) sind zierlich geschlängelt, Spaltöffnungen (*sp*) sind unten zahlreich, oben spärlich. Die Hauptmasse des Blattkörpers, sein Grundgewebe, besteht aus blattgrünreichen zarten Füllzellen. Es ist in zwei deutlich

[1]) In diesem Zustand sehen sie im Längsschnitt ungefähr so aus wie die Faserzellen des Wurmfarns, Fig. 35.

verschiedene Teile gesondert (a). Unter der oberen Haut liegt eine Schicht säulenartig gestreckter, fast zylindrischer Zellen, die Palisadenzellen, zwischen deren Längswänden nur enge Lufträume zu sehen sind (in c Palisaden von oben betrachtet). Darunter hat das Füllgewebe dieselbe Form wie beim Wurmfarn, es ist Schwammgewebe (d von der Unterseite betrachtet). Die stärkeren Nerven (n in a) stellen wieder feste Leisten zwischen dem beiderseitigen Hautgewebe dar. In der Mitte liegt ein Gefäßbündel, die wenigen Gefäße nach oben, den Siebteil nach unten gewendet. Die Nerven bilden, immer dünner werdend, ein engmaschiges Netz; die allerfeinsten Nervenauszweigungen endigen blind in den Maschen.

Die Oberhaut des Bohnenblattes trägt, hauptsächlich unterseits, verstreute H a a r e von zweierlei Form. Einmal »Deckhaare«, stachel-

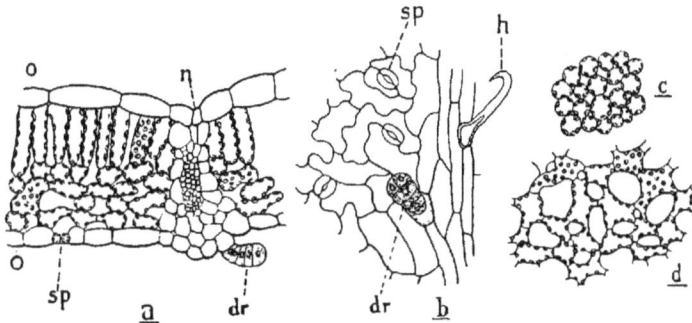

Fig. 48. Schnitte vom Blatt der Feuerbohne, 150/1.

förmige Gebilde, die hier an der scharfen Spitze hakenartig gebogen sind und als Kletterhaare dienen (h), und zweitens keulenförmige »Drüsenhaare«, die Schleim absondern (dr). Beiderlei Haarbildungen sind Ausstülpungen von Oberhautzellen. Die Deckhaare teilen sich höchstens durch einige Querwände, und im oberen Teil wird ihre Wand oft so dick, daß die Zellhöhlung verschwindet. Die Drüsenhaare teilen sich mehrmals der Quere nach, und das Endglied teilt sich auch noch längs; die Wände bleiben dünn und umschließen viel Plasma.

Die Hauptmasse der W u r z e l der Pferdebohne besteht aus gleichförmigem blassem Rindenfüllgewebe. Die Oberhaut besitzt keine Spaltöffnungen, zahlreiche Zellen wachsen zu einzelligen schlauchförmigen Wurzelhaaren aus (vgl. S. 82 Fig. 58). Die Wurzel ist durchzogen von einem in der Mitte gelagerten, marklosen Bündelstrang (Fig. 49), in dem die strahlenförmig angeordneten Gefäßteile (g) und Siebteile (s) miteinander abwechseln; vor jedem Siebteil liegt ein Bündel von

Bastfasern (*b*). Der Strang entspricht mehreren Gefäßbündeln, und im Keimstengel, zwischen der Wurzel und den Keimblättern, ändern die Teile des Wurzelstranges ihre Anordnung so, daß_ je

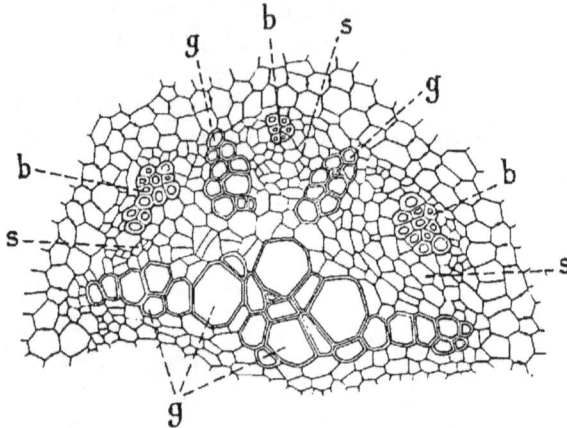

Fig. 49. Halber Querschnitt aus dem Bündelstrang der Wurzel der Pferdebohne, 200/1.

ein Siebteil außerhalb eines Gefäßteiles zu liegen kommt. Zugleich tritt in der Mitte Markgewebe auf, die einzelnen Bündel rücken

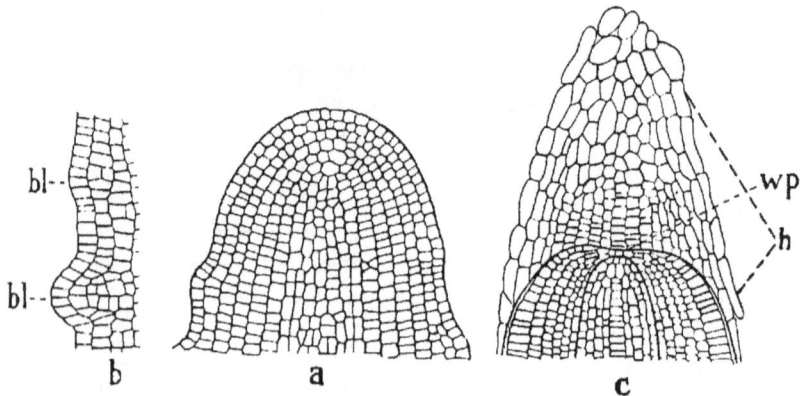

Fig. 50. Längsschnitt durch die Sproßspitze des Tannenwedels, nach Warming; b Stück eines Längsschnittes etwas weiter unten, 300/1. c Längsschnitt durch die Wurzelspitze der Gerste, nach Janczewski aus Giesenhagen.

also nach außen und entfernen sich dabei auch seitlich voneinander. Damit ist die Anordnung gewonnen, die für den Stengel bezeichnend ist.

Wenn wir erfahren wollen, wie die Sonderung der Gewebe zustande kommt, wenden wir uns am besten an den Gipfel eines im Wachstum befindlichen Sprosses, etwa vom Tannenwedel (Hippuris, Fig. 50a, b). Der Längsschnitt zeigt die Spitze, den W a c h s t u m s p u n k t (a), noch aus vollkommen gleichförmigen, dicht zusammenschließenden, kleinen Zellen, aus keimhaftem Bildungsgewebe aufgebaut. Die äußersten Zellen bilden am Gipfel schalenartig übereinander gelagerte Schichten. Daraus läßt sich schließen, daß hier die Zellteilungen nur senkrecht zur Oberfläche stattfinden. Der Zell-teilung geht Wachstum voran, durch die Tätigkeit der äußeren Schalen muß der Gipfel also in die Länge wachsen. Die alleräußerste Schicht bleibt immer einfach, aus ihr geht nichts als die Oberhaut hervor. Die nächstunteren Rindenschichten dagegen teilen sich stellenweise, nämlich da wo Blätter (und dann auch Achselknospen) an-gelegt werden, sehr früh auch parallel zur Oberfläche, indem die Zellen sich senkrecht dazu verlängern (bl in b). So bilden sich Höcker von Rinden-gewebe, die von der im Wachstum folgenden Oberhaut überdeckt bleiben. Die weiter nach innen liegenden Zellen folgen durch Längsstreckung und Quer-teilung der Verlängerung der äußeren Zell-

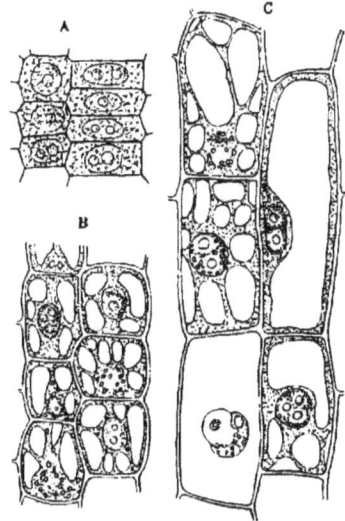

Fig. 51. Zellen aus der jungen Wurzel der Kaiserkrone, nach Sachs.

reihen, zudem wachsen sie aber auch in die Breite und teilen sich längs. Damit wächst der ganze Gipfel auch in die Dicke. Die Zunahme des Raum-inhaltes durch Teilungswachstum (keimhaftes Wachstum) schreitet aber sehr langsam vor. Die Zellen vergrößern sich ohne Bildung von Zellsaft-räumen, vermehren also ihren Plasmagehalt bedeutend (Fig. 51 A). Das erfordert viel Stoffzufuhr, und deshalb kann das Tempo der Ver-längerung am äußersten Gipfel nicht rasch sein. In einiger Entfernung von der Spitze erscheinen die Zellen schon größer. Die Zellen halten sich nicht vollständig mit Plasma erfüllt (B und C), sondern sie ver-größern sich hauptsächlich durch Wasseraufnahme, durch Bildung von Zellsafträumen, sie »strecken sich«; Baustoffe werden fast nur für den Flächenzuwachs der Zellhaut benötigt. Teilungen können eine Zeit-lang noch in diesen gestreckten Zellen stattfinden, ohne daß die

Zellgröße bis auf das Maß der keimhaften Zellen am Gipfel zurückginge.
Nach einiger Zeit hören die Teilungen ganz auf, und das reine Streckungs-
wachstum führt dann zu einer raschen Verlängerung und Verdickung
des Stengels. Ist die Streckung abgeschlossen, so folgt die innere Ausgestaltung der Zellen (Wandverdickung usw.), die nicht mehr mit Zellen-
vergrößerung verbunden ist.

Solange die Zellwände in die Fläche wachsen, werden neu zugeführte
Stoffteilchen zwischen die schon vorhandenen eingefügt. Später, wenn die Zellhaut nur noch in der Dicke zunimmt, werden die neu hinzukommenden Baustoffe auf die vorhandene Wand aufgelagert. Die aufeinanderfolgenden Schichten
sind in ihrer Beschaffenheit gewöhnlich nicht ganz gleich, und durch das regelmäßige Abwechseln von dünnen Lagen, die das Licht verschieden brechen, entsteht die so häufige »Schichtung« dicker Zellhäute.

Die Ungleichheit der Zellformen entsteht dadurch, daß die Zellteilung in die Zellstreckung in verschiedener Weise eingreift. Alle
Zellen desselben Querbezirkes müssen sich im selben Maße längs strecken,
aber wenn die einen sich dabei querteilen und die anderen nicht, oder
wenigstens die einen öfter als die anderen, dann ergeben sich Längen-
unterschiede zwischen den fertigen Zellen. Ebenso kann bei gleichmäßiger
Querstreckung die Breite der einzelnen Zellen sehr ungleich ausfallen,
je nach der Zahl der Längsteilungen. So kommt es, daß im Mittelzylinder lange enge Zellen auftreten, und daß vom Mittelzylinder aus
Streifen von breiten und niedrigen, also quer gestreckten Zellen durch
die Rinde hindurch zu den Blättern ziehen. Aus diesen Strängen einseitig gestreckter Zellen, wie sie auch der Keim im Samen enthält,
gehen die Gefäße, Siebröhren und Bastfasern, also das gesamte
Stranggewebe hervor. Das Grundgewebe (Rinde und Mark) fängt sehr
früh an, sich durch Bildung von Lufträumen zu lockern. Auch hiebei
können Unterschiede in der Zellgröße sich einstellen; in einer Gruppe,
deren Zellen bei der Streckung im Zusammenhang bleiben, vergrößern
sich die Zellen mehr als in einer andern, in der sie auseinandergezogen
werden.

In der Wurzel verläuft die Gewebesonderung nicht anders (Fig.50c).
Das Teilungsgewebe (wp) liegt aber nicht an der Oberfläche, sondern etwas
unterhalb der äußersten Spitze. Die zarten jugendlichen Zellen wären
bei der Bewegung im Boden zu sehr der Gefahr mechanischer Verletzung ausgesetzt. Sie liegen deshalb tiefer und bauen nicht nur
auf der Innenseite den Wurzelkörper fort, sondern bilden zugleich auf
der Außenseite ein Schutzgewebe, die Wurzelhaube (h); diese Eigentümlichkeit hat schon die Farnwurzel; auch der Keim im Samen besitzt schon
seine Wurzelhaube. Die Zellen der Haube erleichtern durch Schleim-

bildung das Gleiten der Spitze im Boden und werden in dem Maße, wie
sie außen zugrunde gehen, von innen her durch neue ersetzt. Die Seitenwurzeln entstehen am Rande des Mittelstranges, nicht oberflächlich,
durchbrechen die Rinde und treten, schon im Besitz einer Haube, nach
außen.

Abgesehen von den Wachstumspunkten bleibt Bildungsgewebe auch
an anderen Stellen aufgespart. Nach Abschluß des Längenwachstums
und der ganz zu Anfang durch Streckung eintretenden Erstarkung sehen
wir Stengel und Wurzeln in die Dicke wachsen, in der großartig-
sten Weise an den Bäumen. Der sich vergrößernde Pflanzenleib braucht
in Wurzel und Stamm ausgiebige Leitungsbahnen und kräftiges Festi-

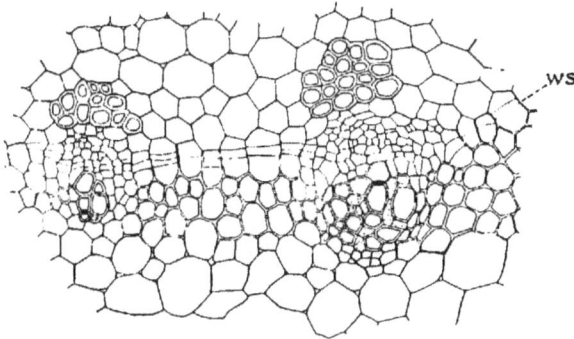

Fig. 52. Querschnitt aus dem Stengel der Pferdebohne mit 2 Gefäßbundeln, 150/1.

gungsgewebe, und dementsprechend sehen wir den Herd des nachträglichen Dickenwachstums in das Stranggewebe verlegt. In den Gefäßbündeln der Pferdebohne liegt zwischen Gefäß- und Siebteil ein Bezirk
dünnwandiger Zellen (ws in Fig. 47a), die durch Längsteilung parallel
zur Oberfläche nach innen neue Gefäße (die jungen Gefäße gj in Fig. 47a
haben noch dünne Wände und lebenden Plasmainhalt), nach außen
Siebröhren aus sich hervorgehen lassen; dieses nach zwei Seiten tätige
Teilungsgewebe, das also ähnliche Eigenschaft hat wie der Wachstumspunkt der Wurzel, nennen wir Bildungsschicht (Kambium). Durch
die Bildungsschicht der Gefäßbündel wird nur das Dickenwachstum
des einzelnen Bündels ermöglicht; am erwachsenen Stengel dagegen
finden wir einen geschlossenen Holzmantel. Wie der zustandekommt,
läßt sich an der Bohne leicht ermitteln, wenn wir von den Stengelgliedern
an, die noch einzelne Bündel besitzen, mit Querschnitten schrittweise
im Stengel tiefer gehen. Wir müssen dabei auf Stellen stoßen (ws in
Fig. 52), wo in den Markstrahlzellen zwischen den Bündeln dünne,

augenscheinlich neu eingeschaltete, auf gleicher Höhe mit den Bildungsschichten der Bündel stehende Wände zu sehen sind. Das Füllgewebe
ist hier also nachträglich, nachdem es schon geruht hatte, wieder teilungsfähig geworden. Es gebärdet sich weiter wie die ursprünglichen Bildungsschichten, indem es nach innen Holzzellen, nach außen Bast abgibt, und damit ist der Mantel von Bildungsgewebe rings herum geschlossen (*bs* in Fig. 46c). Der nachträgliche Zuwachs, besonders
der an Holz, ist an alten Bohnenstengeln ganz ansehnlich. Wir
halten uns aber lieber vollends an einen Baum, und zwar an die Kiefer.

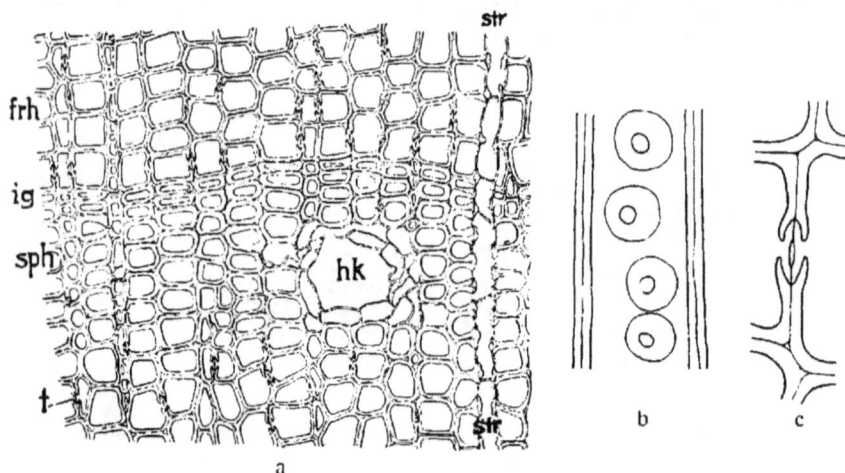

Fig. 53. a Querschnitt aus dem Kiefernholz an der Grenze zweier Jahresringe, nach Kienitz-
Gerloff, Botanisch-mikroskopisches Praktikum. b Wandstück einer Gefäßzelle der Kiefer von
der Fläche, c im Querschnitt, 550/1.

Ein Querschnitt durch einen mehrjährigen Zweig der Kiefer
zeigt an der Grenze von Holz und Rinde dünnwandige, gleichförmige,
in Radialreihen angeordnete Zellen, wie in älteren Bündeln der Bohne
an der Grenze von Gefäß- und Siebteil (vgl. Fig. 47a). Eine Schichte
dieses Gewebes ist die dauernd teilungsfähige Bildungsschicht. Die
Zellen, die parallel zur Oberfläche von den Teilungszellen abgeschnitten
werden, teilen sich höchstens wenige Male und bilden sich dann endgültig
aus. Die Reihen, die aus den jungen Abkömmlingen der Teilungszellen
sich zusammensetzen, lassen sich nach außen wie nach innen weiter
verfolgen; jede Radialreihe verdankt einer einzigen Teilungszelle ihren
Ursprung. Der nach innen von der Bildungsschicht liegende H o l z -
k ö r p e r besteht zum größten Teil aus toten Gefäßzellen mit dicker
verholzter Wand. Das Holz erscheint auf dem Querschnitt (Fig. 53a;

vgl. zu der ganzen Schilderung des Stammbaues auch die Fig. 53 A) deutlich in konzentrische Ringe gesondert, die Jahresringe; jeder Ring beginnt innen mit den weiten Zellen des Frühjahrsholzes (*frh*) und endigt außen mit dem dichten, engzelligen Herbstholz (*sph*); der Übergang der Zellformen innerhalb jedes Jahresringes ist ganz allmählich, das Frühjahrsholz des neuen Ringes setzt dagegen ganz unvermittelt nach der winterlichen Ruhe an das Herbstholz an (*ig*). Einzelne Zellreihen des Holzkörpers sind dünnwandig, ihre Zellen radial gestreckt, großenteils mit Plasma und Stärke ausgestattet (*str*); sie erstrecken sich zum Teil bis ins Mark und sind dann Abkömmlinge der ursprünglichen Markstrahlen zwischen den Gefäßbündeln. Andere reichen nicht so weit, sie werden aber samt und sonders als Markstrahlen bezeichnet. Sonst finden sich im Holz noch rundliche Gruppen von Füllzellen, die einen mit Harz erfüllten Zwischenzellraum (*hk*) einschließen. Die Markstrahlen setzen sich durch die Bildungsschicht in die Rinde (Spätrinde) fort. Den Reihen von Gefäßzellen entsprechen in der Rinde Siebröhren und Rindenfüllzellen. Die letzteren enthalten entweder Stärke oder braune Gerbstoffmassen und Kristalle. Weiter nach außen erscheinen

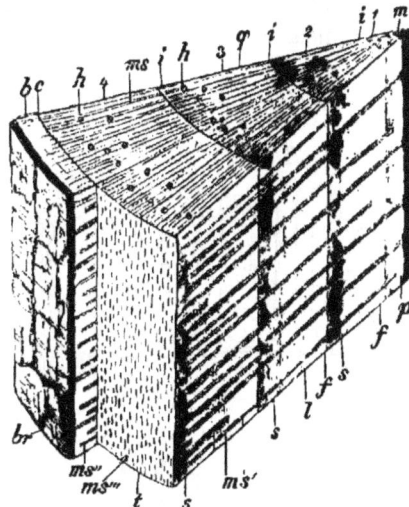

Fig. 53 A. Stück eines vierjährigen Stammteils der Kiefer, im Winter geschnitten. q Querschnitt-, l radiale Längsschnitt-, t tangentiale Längsschnittansicht. f Frühjahrsholz, s Herbstholz, m Mark, p ursprüngliche Gefäßteile, 1, 2, 3 und 4 die vier aufeinanderfolgenden Jahresringe des Holzkörpers, i Jahresgrenze, ms Markstrahlen in der Querschnittansicht des Holzkörpers, ms' in der radialen Längsschnittansicht des Holzkörpers, ms'' innerhalb der Rinde, ms''' in der tangentialen Längsschnittansicht, c Bildungsschicht, b lebende Spätrinde, h Harzgänge, br Borke (vertrocknete Urrinde). 6/1. Nach Strasburger.

zunächst die Siebröhren zusammengequetscht, und endlich ist die ganze Rinde zu brauner, toter Borke zerdrückt und vertrocknet. Die Bildungsschicht schiebt sich ja durch ihre Teilungstätigkeit, genauer gesagt durch die Holzbildung, fortwährend nach außen. Die äußeren Teile dehnen sich dabei wohl eine Zeitlang, aber wenn sie nicht mehr Schritt halten können, werden sie erst zerdrückt und dann zersprengt. Das ist das Schicksal der Urrinde am Keimsproß und an jedem Zweig, aber auch die Spätrinde, die ganz durch den nachträglichen Zuwachs der

Bildungschicht erzeugt ist und durch Absprengen der Urrinde frei
gelegt wird, erleidet dasselbe; sie geht außen, in ihren ältesten Teilen,
als Borke verloren und wird von innen her durch jungen Zuwachs
ersetzt, ganz wie die Haube an der Wurzelspitze. Die Bildungsschicht selber muß ihre Zellen in der Querrichtung, also durch radiale
Teilung vermehren, in dem Maß, wie ihr Umfang zunimmt; die Zahl
der Radialreihen von Holzzellen, die in der Nähe des Markes gering ist,
vervielfacht sich deshalb im Lauf der Jahre, und ebenso die Zahl der
Markstrahlen.

An Längsschnitten, die teils in der Richtung der radialen Zellreihen (Fig. 54a), teils dazu senkrecht (Fig. 54b) geführt sind, läßt sich

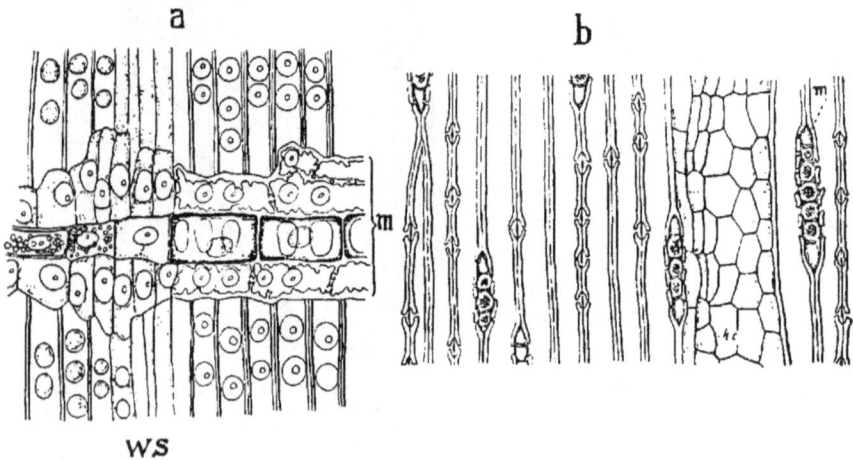

Fig. 54. Längsschnitte aus dem Kiefernstamm; a in der Richtung der Markstrahlen (radial),
an der Grenze von Rinde und Holz; b senkrecht zu den Markstrahlen (tangential), aus dem
Holz. Nach Kny aus Giesenhagen.

die Form der verschiedenen Zellen und Zellgruppen vollends feststellen.
Die Zellen der Bildungsschicht (ws) sind lang gestreckt, und aus ihnen
gehen ohne Querteilung die langen Siebröhrenglieder und die faserförmigen Gefäßzellen hervor. Die Füllzellen der Rinde und des Holzes
entstehen aus denselben Teilungszellen, und ihre geringe Länge verdanken
sie mehrmaliger Teilung in der Querrichtung. Das Holzfüllgewebe bildet
ziemlich lange Stränge, die darin liegenden Harzräume (h c) haben die
Form von längsgestreckten Kanälen. Die Markstrahlen (m) sind als oben
und unten zugeschärfte Platten zwischen die gekrümmten Gefäßzellen eingeschaltet. Sie sind niedriger als diese und bestehen zudem aus mehreren
übereinander gestellten, also sehr niedrigen Zellen; schon die Urzellen

der Markstrahlen im Teilungsgewebe haben diese geringe Höhe. Wichtig für die Durchlüftung des Holzkörpers ist, daß die Markstrahlen von feinen Zwischenzellkanälen begleitet werden.

Die runden Tüpfel der Gefäßzellen (t in Fig. 53a) sind bei der Kiefer sehr groß und lassen eine Eigentümlichkeit klar erkennen, die den Gefäßtüpfeln überall, auch schon bei den Farnen, zukommt. Der Eingang zum Tüpfelkanal ist enger als die in der Mitte verdickte Schließhaut (Fig. 53c), der Kanal hat also die Form eines nach innen sich erweiternden Hofes. Die »behöften« Tüpfel der Gefäßzellen erscheinen deshalb von der Fläche gesehen (Fig. 53b) immer doppelt umrissen; die engere Umrißlinie entspricht dem Eingang, die weitere dem Grund des Hofes.

Bei den Bedecktsamigen, z. B. bei den Laubbäumen, ist der Bau des Holzes und der Spätrinde im wesentlichen der nämliche wie bei der Kiefer. Der Hauptunterschied besteht darin, daß das Holz echte Gefäße und einfach getüpfelte, dickwandige Holzfasern neben Gefäßzellen enthält. Die Gefäßzellen der Nadelhölzer dienen der Wasserleitung und zugleich der Festigung. Bei den Laubbäumen sind die beiden Aufgaben auf verschiedene Glieder verteilt; die Gefäße sind ziemlich dünnwandig, und die festen Fasern beteiligen sich kaum an der Wasserleitung. Auch in der Spätrinde treten häufig festigende Fasern auf, wie die Bastbündel der Linde.

In der Wurzel ist die Bildungsschicht auf dem Querschnitt sternförmig gefaltet, entsprechend der Anordnung der Gefäß- und Siebteile. Durch ungleich starke Tätigkeit werden die Falten aber bald ausgeglichen, und dann wächst die Wurzel mit einem zylindrischen Mantel von Bildungsgewebe in die Dicke wie der Stamm.

Noch vor der Rinde wird die Oberhaut gesprengt. Das macht die Ausbildung eines neuen Hautgewebes, des Korkes, nötig, die meistens sehr früh einsetzt. Rindenzellen teilen sich parallel zur Oberfläche (Fig. 55) und lagern in die Wände die fettartige Korksubstanz ein, die für Wasser und für Dampf sehr wenig durchlässig ist; solche verkorkten

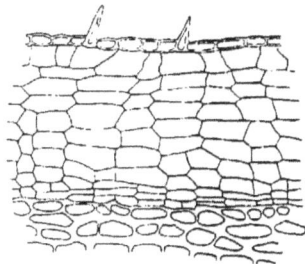

Fig. 55. Querschnitt der Rinde der Haselnuß, 150/1. Zu oberst die Oberhaut mit Haaren, dann der Kork, die Korkbildungsschicht und endlich das dickwandige Gewebe der Urrinde.

Wände färben sich mit Chlorzinkjod gelblich. Die teilungsfähig bleibenden Zellen, aus denen nach außen die in Radialreihen angeordneten, bald absterbenden und sich mit Luft füllenden Korkzellen hervorgehen, stellen auch im Kork eine einfache Bildungsschicht dar. Stellenweise werden anstatt des lückenlosen Korkes Inseln von lockerem, an Lufträumen reichem Gewebe gebildet; diese Rindenporen (Lentizellen) halten die Verbindung der inneren lebenden Gewebe mit der Außenluft aufrecht. Wenn der ursprüngliche Kork mit der Borke abgestoßen wird, bilden sich neue Korkbildungsschichten in der Spätrinde, die alle nur beschränkte Zeit tätig bleiben und dann durch jüngere ersetzt werden.

Das nachträgliche Dickenwachstum geht einer großen Gruppe von Blütenpflanzen ab, den auch durch den Besitz eines einzigen Keimblattes ausgezeichneten Einkeimblättrigen (Monokotylen). Ihre Gefäßbündel besitzen keine Bildungsschicht und unterscheiden sich auch in der Anordnung im Stengel von denen der Zweikeimblättrigen (Dikotylen). Bei den letzteren bilden die Bündel einen Ring, weil sie, von den Blättern herkommend, alle nahe der Oberfläche nach unten absteigen. Die Bündel der Einkeimblättrigen dringen von den Blättern her weit in das Stengelgewebe ein, um weiter unten nach außen zurückzubiegen, und deshalb findet man auf jedem Stengelquerschnitt (z. B. vom Mais) die Bündel regellos durch das Grundgewebe zerstreut.

Wenn wir unter den Bedecktsamigen die beiden großen Gruppen der Ein- und der Zweikeimblättrigen unterscheiden, so machen wir uns im Verhältnis zu der Behandlung der übrigen Pflanzenstämme schon einer gewissen Parteilichkeit schuldig. Denn die Unterschiede zwischen diesen beiden Gruppen (Zahl der Keimblätter, Lage und Bau der Gefäßbündel) sind so geringfügig, daß sie neben den Unterschieden, die z. B. zwischen den geschilderten Pilztypen bestehen, überhaupt nicht in Betracht kommen. Und von einem weiteren Eingehen auf die Zerlegung der Bedecktsamigen in kleinere Verwandtschaftsgruppen kann erst recht nicht die Rede sein. Die äußere Gliederung, die uns im ersten Kapitel ausführlich beschäftigt hat, der innere Bau, die Gestaltung der Fortpflanzungsorgane (Pollensäcke und Samenanlagen) sind so wenig verschieden, daß wir nur Abwandlungen derselben Grundform erkennen, wenn wir von der Betrachtung der blütenlosen Pflanzen herkommen. Hier, bei den Niedrigen, sind wirklich tiefgreifende Unterschiede in der Gestaltung des Nährkörpers und der Fortpflanzungsorgane und im Verhältnis der beiden Generationen vorhanden. Wenn wir die großen wesentlichen Unterschiede berücksichtigen, sind die Samenpflanzen ein Anhängsel, eine 24. Klasse nach den Samenlosen und nicht umgekehrt.

In den mit nachträglichem Dickenwachstum begabten Zweikeimblättrigen erreichen die Pflanzen die höchste Höhe der äußeren und inneren Gliederung. Genau genommen ist es nur die Sporengeneration, die diesen Gipfel darstellt; die Paarungsgeneration steht ja in der Form des gekeimten Pollenkorns auf dem Zustand der einfachsten Algen. Wir können aber trotzdem einen Baumstamm ruhig mit einem Moosstämmchen vergleichen, indem wir den ganzen Kreis der Erscheinungsformen einer Pflanze im Auge behalten. Und als Moos, Farn, Samenpflanze schlechthin wird uns immer der Abschnitt der Entwicklung gelten, der nach seinem Körperumfang am meisten in die Augen fällt.

In den nächsten Kapiteln werden die äußeren und inneren Glieder uns in höherem Maß als bisher in ihrer Eigenschaft als Werkzeuge der lebendigen Pflanze beschäftigen. Dabei wird über die innere Gliederung besonders der Samenpflanzen gelegentlich etwas nachzutragen sein, was bei der Betrachtung der grundlegenden Unterschiede zwischen den wichtigsten Grundformen unwesentlich erscheint. Wir haben aber schon so viele Erscheinungsformen der Zelle kennen gelernt, daß wir übersehen können, worin die Sonderung (Differenzierung) der Gewebe letzten Endes besteht. Betrachten wir eine einzellige Pflanze, etwa die Schraubenalge, so sehen wir sämtliche Leistungen des pflanzlichen Lebens auf den engen Raum der einzigen Zelle zusammengedrängt. Die Zelle nimmt mit dem Wasser alle Nährstoffe unmittelbar auf und verarbeitet sie, sie speichert ansehnliche Mengen von Stärke auf, sie enthält Abfallstoffe in Form von kleinen Kristallen, sie erzeugt ihresgleichen durch Teilung und ist gegebenenfalls auch Geschlechtszelle, die sich mit einer anderen paart. Demgegenüber bedeutet die Sonderung der Zellen in einer höheren Pflanze, qualitativ betrachtet, nichts als den Verlust der verschiedensten Fähigkeiten. Die Paarung wird den Ei- und Samenzellen vorbehalten. Die Möglichkeit sich zu teilen geht den meisten Zellen bald verloren. Die grünen Farbträger mit ihren wichtigen Leistungen fehlen allen Zellen, die dem Licht entzogen sind, und sie fehlen auch in der Oberhaut und in den Teilungsgeweben. Die Wasseraufnahme ist den Oberflächenzellen der oberirdischen Organe abgeschnitten. Und Gefäßzellen und Bastfasern opfern sogar die Lebenstätigkeit im ganzen. Daß ein harmonisches Wachstum des Ganzen von den meisten Zellen mindestens den Verzicht auf die Teilungstätigkeit fordert, leuchtet ein. Und gewissen Verlusten steht außerdem eine Steigerung anderer Fähigkeiten gegenüber. Ein Gewebe, das nicht zur Wasseraufnahme taugt (Oberhaut oder gar Kork), hält das Wasser auch in der Pflanze fest und schützt sie vor Verdunstung. Jede Zelle hat eine gewisse Festigkeit und jede vermag in einem gewissen Maß das Wasser zu leiten; aber zu der allerhöchsten Höhe der Leistungsfähigkeit, sei es mechanische Festigung, sei es Wasserleitung, erhebt sich die Zelle nur um den Preis, daß sie das Leben einbüßt (Bastfasern, Gefäße). Durch die Arbeitsteilung zwischen den Gliedern erreicht die ganze Pflanze also augenscheinlich mehr, als wenn alle ihre Zellen in gleicher Weise nach den verschiedensten Seiten, aber mit überall beschränktem Vermögen, tätig wären.

Fünftes Kapitel.

Die Ernährung der grünen Pflanzen.

Das Wasser. Zellspannung und Gewebespannung. Verdunstung. Spaltöffnungen. Wasseraufnahme und Wasserbewegung. Die Assimilation der Kohlensäure. Die Atmung als Kraftquelle. Gebundene Sonnenkraft in der Stärke. Enzyme. Die Selbststeuerung des Stoffwechsels. Verwendung der Kohlehydrate. Der Stickstoff. Die Aschenstoffe. Das Eiweiß. Die Farbstoffe. Nebenerzeugnisse des Stoffwechsels und ihre Bedeutung.

Solange ein Lebewesen wächst und seine Masse vergrößert, muß es selbstverständlich Stoffe in sich aufnehmen. Zudem zeigt jedes Tier, daß ein Organismus auch im ausgewachsenen Zustand nur in stofflichem Wechsel bestehen und sich erhalten kann. Die meisten Pflanzen sind überhaupt nie ausgewachsen, und deshalb müssen wir bei ihnen eine rege Ernährungtätigkeit erwarten. Aber die Pflanze hat meist keine Freßwerkzeuge, sowenig wie sie Abfälle des Stoffwechsels hat, die sich ohne weiteres bemerkbar machen. Um zu erfahren, wovon der Pflanzenleib sich nährt, müssen wir also zunächst ermitteln, aus welchen Stoffen er sich zusammensetzt. In erster Linie läßt sich aus den meisten Teilen lebender Pflanzen W a s s e r herausdrücken; es macht gewöhnlich den größten Teil des Frischgewichtes aus, in saftigen Blättern z. B. 90%, in Samen dagegen nur etwa 15%. Die getrocknete Pflanzenmasse läßt sich verkohlen und endlich verbrennen, sie enthält also Substanzen, die der K o h l e nahe stehen. Und nach dem Verbrennen bleibt ein unverbrennlicher Rest, die A s c h e, auf die 5—10% des Trockengewichtes entfallen. Verhalten und Herkunft dieser drei Hauptbestandteile[1]) des Pflanzenkörpers gilt es also zu betrachten.

Das W a s s e r befindet sich in den Pflanzen zum größten Teil im Innern der Zellen. Aber auch die Z e l l h ä u t e werden so lange wie möglich in wassergetränktem, gequollenem Zustand erhalten. Im Innern der gequollenen Zellhaut können wir uns die Wasserteilchen

---

[1]) Der wichtige Stickstoff, der als Gas entweicht, entgeht bei so grober Analyse der Beobachtung.

nach allen Richtungen maschenartig in Verbindung denken, die Oberfläche als mosaikartig aus Wandstoff und Wasser zusammensetzt. Das Wasser kann daher innerhalb der Haut sich nach allen Seiten verschieben, und außen kann die gequollene Wand wie eine freie Wasserfläche Dampf abgeben. Auch Stoffe, die sich in Wasser lösen, finden mit dem Wasser ihren Weg in und durch die Zellhaut.

Der Wassergehalt der Zellhäute bringt es mit sich, daß sie an die Luft, falls diese nicht dampfgesättigt ist, fortwährend Wasser in Dampfform verlieren. Büßt eine saftige Pflanze auf diese Weise Wasser ein, ohne den Entgang ersetzen zu können, so wird sie welk. Die S t r a f f - h e i t saftiger Pflanzenteile beruht also auf dem Wasserreichtum.

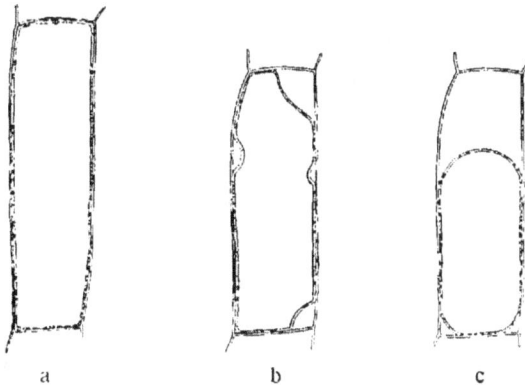

Fig. 56. 230/1.

Um die Veränderung saftiger Gewebe beim Welken zu beobachten, muß es möglich gemacht werden, Schnitte in Wasser liegend unter dem Mikroskop zum Welken zubringen. Wie das zu bewerkstelligen ist, dafür gibt die Erfahrung einen Fingerzeig, daß Rettichscheiben Wasser ziehen, unter Wasserabgabe s c h l a f f werden, wenn man sie mit Salz bestreut; das Salz löst sich in der aus verwundeten Zellen austretenden Flüssigkeit, und die Menge dieser Salzlösung nimmt lange Zeit zu.

Wird ein dünner Längsschnitt aus dem ganz jungen Keimstengel der Bohne zunächst in Wasser gelegt und darauf das Wasser durch eine etwa 5 proz. Salpeter- oder Kochsalzlösung ersetzt, so werden die Zellen zunächst kleiner (Fig. 56a u. b). Darauf löst sich der dünne Plasmaschlauch von der Zellwand ab, erst unregelmäßig da und dort (b), bis er als abgerundete, stark verkleinerte, der Zellwand nur noch stellenweise anliegende Blase erscheint (c). Sobald die Salzlösung durch Zugabe von Wasser verdünnt wird, vergrößert sich die Blase, und nach vollständigem

Auswaschen mit Wasser erscheint der Plasmaschlauch der auf ihre
früheren Maße gedehnten Zellhaut wieder überall angepreßt (a): die
»Plasmolyse« ist rückgängig gemacht. Damit ist die Ursache der Z e l l -
s p a n n u n g (des Turgors) entdeckt. Der Zellinhalt sucht sich unter
Wasseraufnahme so weit wie möglich auszudehnen. Diesem Bestreben
wirkt die Zellhaut entgegen, die sich nur bis zu einem gewissen Grad
elastisch dehnen läßt, und durch die Spannung gewinnt die zarte Wand
eine beträchtliche Festigkeit, ebenso wie ein Gummiball, der mit Luft
oder mit Wasser aufgepumpt wird. Am ganzen Organ wiederholt sich
das Zusammenwirken einer wenig dehnbaren Hülle und eines Binnen-
körpers, der sich auszudehnen strebt. Wird aus einem Stück eines jungen
Sonnenblumenstengels das noch saftige Mark mit dem Korkbohrer
herausgeschnitten, so verlängert sich der Markzylinder in Wasser,
während die hohle Stengelröhre unverändert bleibt; und wenn saftige
Stengel der Länge nach in vier Teile zerspalten und in Wasser gelegt
werden, krümmen sich alle Spaltstücke nach außen. In einer starken
Salz- oder Zuckerlösung unterbleiben diese Bewegungen. Sie rühren
davon her, daß die inneren Gewebe dehnbarere Wände besitzen als
die äußeren. Sobald den Binnengeweben durch die Aufhebung
des natürlichen Gewebezusammenhanges die Möglichkeit gegeben wird
sich auszudehnen, tun sie es. Vorher vermögen sie höchstens den
äußeren Gewebemantel ein wenig zu dehnen, zu spannen, und
saftige Stengel und Blattstiele, die noch keinen steifen Holzkörper
haben, werden durch die G e w e b e s p a n n u n g , den Widerstreit
aktiv und passiv sich verhaltender Gewebe, genau so gestrafft, wie eine
einzelne Zelle durch die Zellspannung.

Um die Zellspannung physikalisch verständlich zu machen, müssen
wir etwas weiter ausholen. Jede L ö s u n g (z. B. von Salpeter, Zucker)
hat, bildlich gesprochen, das Bestreben sich zu v e r d ü n n e n . Bei der
Berührung mit Wasser mischt sich deshalb die Lösung durch Diffusion
so lange mit dem Wasser, bis die Konzentration des gelösten Stoffes an
allen Punkten die gleiche ist; sind die beiden Flüssigkeiten durch eine
quellbare Haut getrennt, so bezeichnet man die Mischungsbewegung,
die durch die Haut hindurch stattfindet, als O s m o s e . Der Zellsaft
enthält nun immer Salze, Zucker usw. in Lösung. Wenn aber eine
lebende Zelle etwa von der Schraubenalge in reines Wasser gelegt
wird, so kann die Verdünnung des Zellsaftes nicht durch wechsel-
seitige Mischung von Wasser und Zellsaft erfolgen. Der Plasmaschlauch hat nämlich, solange er lebt, die Eigenschaft, wohl Wasser,
aber nicht die darin gelösten Stoffe durchwandern zu lassen, er ist

h a l b d u r c h l ä s s i g (semipermeabel); das wird sehr deutlich an
Stücken der roten Rübe oder anderen Zellen mit gefärbtem Zellsaft,
die sich in Wasser nur dann durch Auswaschung des Farbstoffes ent-
färben, wenn man sie vorher abtötet. Die Verdünnung des Zellsaftes
wird also nur dadurch erreicht, daß Wasser auf dem Wege der Osmose
e i n s e i t i g in den Zellsaftraum eingesogen wird. Der nachgiebige
Plasmaschlauch würde sich dabei bis zum Platzen dehnen, wenn nicht
die festere Zelluloschaut dem vorbeugte, ähnlich wie wir einen dünnen
Gummiball durch ein Maschenwerk von wenig dehnbaren Schnüren vor
allzustarker Spannung schützen. Der Einstrom von Wasser in die Zelle
hört auf, wenn die Kräfte sich das Gleichgewicht halten, mit denen auf
der einen Seite der Zellsaft sich zu verdünnen, also der Plasmaschlauch
sich auszudehnen, auf der anderen die gespannte Zellhaut sich zusammen-
zuziehen strebt. Durch Apparate, in denen die Pflanzenzelle nachgeahmt
wird, ist ermittelt worden, daß der o s m o t i s c h e D r u c k, den eine Lösung
nach Erreichung des Gleichgewichts auf die gespannte halbdurchlässige
Haut ausübt, der Konzentration der Lösung proportional ist und bei 10%
Kalisalpeter über 30 Atmosphären beträgt; von Rohrzucker muß eine
Lösung fünfmal soviel Gewichtsprozent enthalten als von Salpeter,
wenn beide Lösungen denselben Druck entwickeln sollen. Bevor die
Haut gespannt ist, äußert sich die osmotische Kraft der Lösung nur
als Anziehung gegenüber dem Wasser, als Saugkraft. Erst wenn die
Einsaugung von Wasser in die Zelle zu einer Spannung und Dehnung
der Haut führt, ist ein meßbarer gegen die Haut gerichteter Druck vor-
handen, und wenn die Haut aufhört sich weiter zu dehnen, ist der
Druck, unter dem sie jetzt steht, das Maß der osmotischen Kraft der
Lösung.

Wird an die Zelle an Stelle von Wasser eine Lösung herangebracht,
die dem Zellsaft an osmotischer Kraft überlegen ist, dann tritt die
Lösung durch die Zellhaut, die ja nicht halbdurchlässig ist, bis zu dem
Plasmaschlauch und entreißt dem Zellinhalt Wasser. Der Plasmaschlauch zieht sich dabei zusammen, mit der Zeit aber konzentriert sich
der Zellsaft infolge des Wasseraustrittes so sehr, daß er der Lösung das
Gleichgewicht hält, und dann hört die Verkleinerung des Plasmaschlauchs
auf. Dieser zieht sich also in einer 10 proz. Salpeterlösung stärker zusammen als in einer 5 prozentigen.

Durch Versuche mit verschiedenen Lösungen von bekannten Konzentrationen läßt sich die osmotische Kraft ermitteln, die der des Zellsafts gerade gewachsen ist. Auf diese Weise ist festgestellt worden, daß
der von innen wirkende Druck, den die Zellhaut auszuhalten hat, der

Turgordruck, ganz gewöhnlich 5—10 Atmosphären beträgt. Die osmotische Kraft des Zellsafts äußert sich als Turgordruck natürlich nur dann, wenn die Zelle unmittelbar von außen oder von anderen Zellen her sich mit Wasser gesättigt halten kann. Wird der Zelle durch trockene Luft oder durch eine Lösung von höherer osmotischer Kraft Wasser entrissen, so wird die Zellspannung vermindert und endlich ganz aufgehoben, trotzdem die osmotische Kraft des Zellsaftes infolge der .Konzentrierung wächst. Umgekehrt kann eine Zelle nur dann **Saugkraft** entfalten, wenn die osmotische Kraft des Zellsaftes nicht ganz für die Spannung der Zellhaut aufgebraucht ist; mit der ganzen Stärke der osmotischen Kraft dagegen saugt die Zelle Wasser auf, wenn sie vorher durch Wasserverlust den Turgor ganz eingebüßt hat.

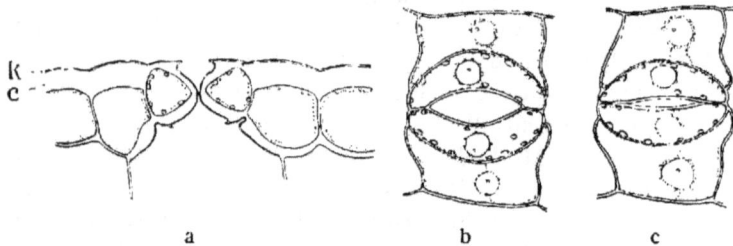

Fig. 57. a Querschnitt der Oberhaut des Hyazinthenblattes mit einer Spaltöffnung, 230/1. b und c eine Spaltöffnung vom Blatt der Tradescantia zebrina, von der Fläche, 350/1.

Bei Moosen, Flechten, Pilzen sind die oberflächlichen Zellhäute stark mit Wasser getränkt und gequollen, die ganze Oberfläche gibt deshalb viel Wasser durch **Verdunstung** (Transpiration) ab. Bei den höheren Pflanzen ist die Oberhaut der in die Luft ragenden Teile von einem wachsartigen, wenig quellbaren Häutchen, dem **Korkhäutchen** (der Kutikula) überzogen, das wenig Dampf verliert. An einem Querschnitt durch ein Hyazinthen- oder Tulpenblatt (Fig. 57a), der in eine Lösung von Jod in Chlorzink gelegt wird, färbt sich das Korkhäutchen (k) gelbbraun und hebt sich scharf von der unter ihm liegenden, violetten Ton annehmenden Zelluloseschicht (c) ab. Aber die Oberhaut ist an vielen Stellen von den Spaltöffnungen durchbohrt, und an die Poren schließen sich weiterhin die inneren Zwischenzellräume an, die von zarten, quellbaren Zellhäuten begrenzt sind. An dieser inneren Oberfläche, die mit der Außenluft in Verbindung steht, muß ebenfalls Wasser verdunsten; freilich weniger, als wenn die grünen Zellen dem freien Luftzutritt ausgesetzt wären, weil die Binnenluft immer sehr feucht ist.

Genauere Messungen der Verdunstung werden mit der Wage gemacht, wobei jede Gewichtsminderung als durch Wasserverlust verursacht angesehen werden darf. Wird ein frisch abgeschnittener Pflanzenteil mit großen Spaltöffnungen, etwa ein Stengel von Tradescantia, ohne Wasser auf die Wage gehängt, so nimmt der Gewichtsverlust, auf die Zeiteinheit berechnet, ab, während die Blätter welk werden. Die Spaltöffnungen zeigen sich dabei an dem welken Blatt weniger weit geöffnet als an dem frischen, wenn nicht ganz geschlossen, und diese Verengerung der Spalten ist eben die Ursache für die Verringerung der Verdunstung. Das Blatt hat also in den Spaltöffnungen ein Werkzeug, das ihm gestattet, die Wasserabgabe einzuschränken, wenn diese größer wird als die Wasserzufuhr. Das Welken des Blattes ist, wie wir wissen, ein Zeichen dafür, daß die Spannung der Zellen aufgehoben ist, und die Schließzellen der Spaltöffnungen haben die Eigentümlichkeit, daß sie bei hohem Wassergehalt, bei starker Spannung auseinanderweichen (Fig. 57b), bei Spannungsverlust die Spalte schließen (Fig. 57c); offene Spalten werden deshalb auch durch Einlegen in starke Salzlösungen zum Schluß veranlaßt. Die Schließzellen werden zu diesen Bewegungen befähigt durch die Beschaffenheit ihrer Wände (vgl. den Querschnitt Fig. 57a). Die Außen- und Innenwände und ebenso die Wände, die den Kanal der Spalte begrenzen, sind dick und wenig dehnbar, die dem Spalt gegenüberliegenden zart und dehnsam. Vergrößern die Schließzellen ihren Rauminhalt durch Ansaugen von Wasser, so gibt die Zellhaut an der dünnsten Stelle nach. Die von der Spalte abgekehrten Wände dehnen sich also und werden stark konvex; der von ihnen ausgeübte Zug überträgt sich auf die beweglichen Spaltwände, diese werden konkav, und die Spalte klafft.

Schutz gegen Wasserverlust durch die Zellwände der Oberhaut gewähren Stoffe, die sich nicht mit Wasser durchtränken. Von dem allergewöhnlichsten Schutzmittel dieser Art, dem Korkhäutchen, haben wir schon gesprochen; bei lederigen Blättern, z. B. bei der Stechpalme, erreicht es eine bedeutende Dicke. Kräftig wirken auch Harzschichten, mit denen die Knospenschuppen sich häufig überziehen. An in die Dicke wachsenden Zweigen wird die Oberhaut ersetzt durch den leistungsfähigeren Kork; der den verkorkten Wänden eigentümliche Stoff hat viel Ähnlichkeit mit dem des Korkhäutchens.

Verdunstung bis zur Austrocknung vertragen viele Moose und Flechten. Dafür können sie auch durch die ganze Oberfläche Wasser aufnehmen, wenn es sich ihnen im Regen bietet. Für die höheren Pflanzen ist dauernde Beschaffung von Wasser eine der ersten Lebensbedingungen. Die vom Korkhäutchen bedeckte Oberfläche der von der Luft umspülten Glieder ist aber ebenso schwach befähigt, Wasser aufzu-

saugen, wie sie wenig Wasser abgibt. Das Organ, mit dem die unverletzte
Pflanze das Wasser aufnimmt, ist das Wurzelsystem, genau genommen
die jüngeren Teile der Wurzeln, denen eine wasserundurchlässige Hülle,
wie Korkhäutchen oder Kork, fehlt. Ganz besonders befähigt zur
Wasseraufnahme sind infolge der großen Ausdehnung ihrer Oberfläche
die mit Wurzelhaaren besetzten Teile hinter der wachsenden Spitze (Fig. 58).
Die sich noch streckenden Teile können sich natürlich nicht durch
seitliche Anhängsel im Boden befestigen. Aber sobald ein Bezirk zur
Ruhe gekommen ist, seinen Ort nicht mehr verändert, wachsen zahlreiche Oberhautzellen zu dünnwandigen Schläuchen, den Wurzelhaaren,
aus, die durch Verklebung eine innige Vereinigung
mit den Bodenteilchen eingehen, aber nur kurze Zeit
am Leben bleiben und von neuen, näher an der
Spitze gebildeten abgelöst werden. Die älteren,
haarlos gewordenen Teile hören bald auf sich an
der Wasseraufnahme zu beteiligen und schützen
sich durch Kork vor mechanischer Beschädigung
und vor Wasserverlust.

Von dem Organ der Wasseraufnahme bis zum
Ort des hauptsächlichsten Wasserverbrauchs, den
Blättern, ist bei einem Baum ein langer Weg. Über
die Leitungsbahnen, in denen das Wasser sich
hierbei bewegt, kann man dadurch Aufschluß erhalten, daß man gefärbtes Wasser verwendet. Weil
die lebende Wurzel Farbstoffe nicht einläßt, müssen

Fig. 58.   Keimender
Same des weißen Senfs,
6/1.

abgeschnittene Teile verwendet werden, die sich wie bekannt durch die
Schnittfläche ganz wohl mit Wasser versorgen können. An Zweigen,
die in rote Eosinlösung gestellt werden, färbt sich nur das Holz,
in Blättern läßt sich das Fortschreiten des Farbstoffs in den Nerven,
die ja Gefäßbündel enthalten, leicht verfolgen. Der Versuch beweist, daß
das Wasser mindestens zum größten Teil in den Gefäßen sich bewegt. In
lebendem Gewebe ist der Widerstand, den das Plasma und die vielen
Zellhäute der Wasserverschiebung entgegensetzen, so bedeutend,
daß Streifen von Füllgewebe, die einseitig in Wasser tauchen, sich
nur auf wenige Zentimeter frisch zu erhalten vermögen. Die Gefäße und Gefäßzellen dagegen sind als tote, wassererfüllte, mitunter nur in weiten Abständen durch Querwände gefächerte
Röhren sehr leistungsfähige Leitbahnen für Wasser. Es hat also
seinen guten Grund, daß Pflanzen ohne Leitbündel außerhalb des
Wassers keine bedeutende Größe erreichen, daß schon bei größeren

Moosen langgestreckte tote Zellen als Wasserröhren ausgebildet werden, und daß die großen Luftgewächse sämtlich Gefäßpflanzen sind.

In der Wurzel tritt das Wasser quer durch die dünne Rinde und wird dann von den Gefäßen des Leitbündelstranges aufgenommen und dem Stamm zugeführt. Im Blatt muß das Wasser umgekehrt zuletzt aus den Nerven ins grüne Füllgewebe übertreten, um zu den Dampf abgebenden Zellhäuten zu gelangen.

An einem abgeschnittenen Zweig ist die Wasseraufnahme meistens ganz von der Saugung abhängig, die die Blätter ausüben. Bei Pflanzen, die auf der Wurzel stehen, ist das vielfach anders. Birke und Wein »bluten« im Frühjahr, wenn sie verwundet werden, d. h. sie pressen aus den Schnittflächen wässerige Flüssigkeit aus. Auch krautige Pflanzen, die über dem Boden abgeschnitten werden, bluten aus den Stümpfen. Endlich scheiden viele Pflanzen auch ohne Verletzung aus Wasserspalten, d. h. Spaltöffnungen, die zu Nervenendigungen in enge Beziehung treten, Wasser aus, wenn die Feuchtigkeit der Luft, z. B. nachts, die Verdunstung erschwert; so Graskeimlinge an den Spitzen der Blätter, Balsamine, Fuchsie, Frauenmantel aus Randzähnen der Blätter. In all diesen Fällen wird Wasser aus den lebenden Zellen in die Gefäße hineingepreßt und tritt irgendwo aus, wo der Widerstand gering ist. Unmittelbar nach außen wird das Wasser von Drüsenhaaren ausgeschieden, z. B. bei der Schuppenwurz (vgl. S. 122). In den Honigdrüsen der Blüten wird zuckerreiche Flüssigkeit von Oberhautzellen ausgeschieden, und der Zucker zieht auf osmotischem Weg, wenn die Lösung sich konzentriert, weiter Wasser aus den Zellen an sich.

Wenn die Wurzel einem nicht sehr feuchten Boden Wasser entnimmt, geht das nicht ohne bedeutenden Kraftaufwand ab. Das Wasser überzieht nämlich die Bodenteilchen in Form dünner, fest anhängender Häutchen und läßt sich nicht so leicht abreissen. Die Fortführung des Wassers von den Wurzeln zu den Blättern erfordert natürlich wieder Kraft. Außer dem Gewicht der Wassersäule, die in aufrechten Stämmen gehoben werden muß, kommen noch Reibungswiderstände ins Spiel. Bei der Bewegung durch die engen Höhlungen der leitenden Zellen reibt sich das Wasser an den Seitenwänden, und zudem muß es gelegentlich durch die Wände hindurchtreten, wobei es freilich gewöhnlich den Weg durch die dünnen Schließhäute der Tüpfel nehmen wird. Die Gefäßröhren sind nämlich im besten Fall (z. B. bei der Eiche) auf Strecken von 2 m ohne Querwände, meistens sind die Gefäße kürzer. Die Gefäßzellen der Nadelhölzer sind gar nur 1—4 mm lang, hier muß der Wasserstrom im Stamm also sehr zahlreiche Wände durchwandern.

Schon allein für die Hebung des Wassers bis zum Gipfel eines 50 m hohen Baumes ist eine Kraft von 5 Atmosphären nötig, und infolge der Reibungswiderstände muß die Kraft noch viel höher sein. Für all diese Arbeit kommen die osmotischen Kräfte der Blattzellen auf. Die

Zellen der Blätter verlieren schon frühmorgens durch Verdunstung
etwas von ihrer Wassersättigung und werden damit zu Saugpumpen.
Sie entnehmen so viel Wasser, als sie in Dampfform abgeben, aus den
anstoßenden Gefäßen der Nerven, und in den Gefäßen pflanzt sich die
Saugung durch den Stamm bis in die Wurzel fort. Das Wasser setzt
nämlich der Zerreissung, wenn Zertrennung von der Seite her ausgeschlossen ist, einen außerordentlich hohen Widerstand entgegen, und im
Holz sind die Bedingungen derart, daß zusammenhängende Wasserfäden
von den Blättern bis zu den Wurzeln laufen und wie gespannte Saiten
in die Höhe gezogen werden. Die Saugkraft der Blätter ist um so größer,
je weiter die Zellen vom Zustand der höchsten Wassersättigung sich
entfernen (vgl. S. 80). Dementsprechend sehen wir an sehr warmen
Sommertagen um Mittag die Blätter von Kräutern und Bäumen
welk, während sie die Nacht über frisch erscheinen. Bei gleichbleibendem
Wassergehalt des Bodens müssen die Blätter eben höhere Saugkräfte
entwickeln, wenn sie starke als wenn sie schwache Verdunstung durch
Nachsaugen von Wasser zu ersetzen haben.

Pflanzen, denen die Beschaffung ausreichender Wassermengen zeitweilig schwer
fällt und die das Austrocknen nicht ertragen, besitzen oft Wasserbehälter, von deren
Inhalt sie in den knappen Zeiten zehren. Ein mächtiges Wassermagazin ist der
Holzkörper der Baumstämme, der bei nasser Witterung sich mit Wasser vollpumpt
und bei Trockenheit von seinem Überfluß mehr an die Blätter abgibt als die Wurzeln
augenblicklich nachschaffen. In krautigen Pflanzen sind es lebende Füllgewebe, die
sich bei Regen prall mit Wasser füllen und ohne Schaden einen Teil abgeben können.

Nach dem Wasser haben den größten Anteil am Aufbau des
Pflanzenleibs die Stoffe, die sich in der Luft verbrennen lassen und dabei Kohlensäure liefern. Diese Stoffe sind hauptsächlich: Z u c k e r,
wie er sich gelöst, besonders in süßen Früchten und in rübenartigen
Wurzeln, in großer Menge findet; S t ä r k e, die in den meisten Teilen
der grünen Pflanzen, besonders massenhaft in Samen und Knollen anzutreffen ist; dann F e t t, ebenfalls in Samen; und endlich der Stoff,
der die Zellwände zum größtenteil aufbaut, die Z e l l u l o s e. Außer
Kohlensäure entsteht beim Verbrennen dieser Körper auch Wasser, sie
enthalten also neben Kohlenstoff jedenfalls noch Wasserstoff. Und für
Zucker, Stärke und Zellulose läßt sich außerdem ein bedeutender Gehalt an Sauerstoff nachweisen; Sauerstoff und Wasserstoff stehen im
selben Mengenverhältnis 1:2 wie beim Wasser, und deshalb werden die
genannten Stoffe als K o h l e h y d r a t e bezeichnet. In den Fetten ist
sehr wenig Sauerstoff enthalten.

Wenn die Kohlehydrate beim Verbrennen Kohlensäure geben, so
kann man fragen, ob die Pflanze sie nicht umgekehrt aus Kohlensäure

herstellt. Kohlensäure findet sich ja überall in der atmosphärischen Luft wie im Wasser. Daß in den grünen Pflanzen ein Gaswechsel stattfindet, das macht sich auffällig bemerkbar bei Wasserpflanzen. Die an der Wasseroberfläche schwimmenden »Watten« von Algenfäden sind bei hellem Wetter von Luftblasen ganz schaumig, und abgeschnittene Wasserpfanzen, wie Wasserpest, Tausendblatt, lassen im Sonnenlicht aus den Schnittflächen der Stengel Ströme von kleinen Gasblasen entweichen. Im Dunkeln, sogar schon in sehr schwachem Licht hört die Blasenbildung auf. Werden die Blasen gesammelt, so erweisen sie sich als außerordentlich sauerstoffreich, und Pflanzen, die diese Gasbildung zeigen, sind voll von Stärke. Die Stärke liegt in Form kleiner, farbloser Körnchen in den grünen Farbträgern und macht sich bei Behandlung mit Jodlösung durch blaue bis schwarze Färbung bemerkbar. Wenn z. B. Fäden der Schraubenalge 1—2 Tage im Dunkeln verweilt haben, läßt sich mit der Jodprobe keine Stärke in ihnen entdecken. Sie tritt aber in kürzester Zeit auf, wenn die Fäden in gewöhnlichem, kohlensäurehaltigem Wasser ans Licht gebracht werden, und Hand in Hand mit der Stärkebildung geht die Blasenausscheidung. Beides läßt sich, auch im Licht, dadurch verhindern, daß man die Fäden in Wasser bringt, dem durch Zusatz von etwas Kalkwasser die freie Kohlensäure genommen ist. Leicht ist es, den Landpflanzen die Kohlensäure vorzuenthalten. Ihnen dient nicht etwa das durch die Wurzeln aufgenommene Wasser als Kohlensäurequelle, sondern sie entnehmen die Kohlensäure aus der Luft. Luft wird von Kohlensäure dadurch befreit, daß man sie durch Kalilauge streichen läßt, wobei die Kohlensäure absorbiert, als Karbonat festgehalten wird. Sind die Blätter einer Pflanze durch mehrtägigen Aufenthalt im Dunkeln stärkefrei geworden, so vermögen sie in Luft, die ihren Weg durch Gefäße mit Kalilauge genommen hat, auch im Licht die Stärke nicht zu ersetzen.

Wir dürfen aus den Ergebnissen solcher Versuche schließen, daß die grünen Pflanzen aus Kohlensäure Stärke herstellen unter Abscheidung von Sauerstoff. Die Wirkung des Lichtes, das sich hiebei als unentbehrlich erweist, wird uns noch beschäftigen. Nachzutragen ist noch, daß auch Wasser nicht fehlen darf; in wasserfreien Zellen, z. B. in ausgetrockneten Moosblättern, steht die Stärkebildung still. Stärke hat die Zusammensetzung $C_6H_{10}O_5$. Der Vorgang der Kohlensäure assimilation, der Überführung von Kohlensäure in Stärke, kann also dargestellt werden durch die Gleichung

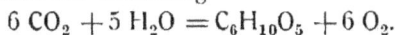

$$6\,CO_2 + 5\,H_2O = C_6H_{10}O_5 + 6\,O_2.$$

Die Stärke ist in den meisten Fällen das erste nachweisbare Erzeugnis der Kohlensäureassimilation. Bei der Zwiebel und manchen anderen Pflanzen dagegen findet sich in den Zellen gar keine Stärke, nur gelöster Zucker ($C_6H_{12}O_6$ oder $C_{12}H_{22}O_{11}$), und es ist sicher, daß ganz allgemein die Stärke erst durch Umwandlung von Zucker sich bildet.

Im Wasser ist die Kohlensäure in gelöster Form vorhanden, teils frei, teils als doppeltkohlensaurer Kalk, $Ca(CO_3)_2 H_2$. Aus diesem Salz kann sie von den Wasserpflanzen abgespalten werden unter Bildung von kohlensaurem Kalk, $CaCO_3$, der unlöslich ist und sich ausscheidet. Die Inkrustierung der Armleuchteralgen (Chara) usw. mit Kalk beruht auf dieser Zerlegung des löslichen Kalksalzes. Die gelöste Kohlensäure dringt durch die Zellwand, genauer gesagt durch das Wasser, das die Zellwand durchtränkt, z. B. in die Zelle einer Schraubenalge ein. Sie wird hier fortwährend in Stärke umgewandelt, die Konzentration der Kohlensäure ist also außerhalb der Zelle größer als innerhalb, und die sich zu verdünnen strebende Kohlensäure fließt in einem ununterbrochenen Diffusionsstrom in die Zelle hinein. Umgekehrt entsteht in der Zelle fortwährend freier Sauerstoff. Der Zellsaft ist also an diesem Gas reicher als das umgebende Wasser, und das hat zur Folge, daß der Sauerstoff, der Kohlensäure entgegenwandernd, durch die Zellwand nach außen tritt.

Den Landpflanzen bietet die Kohlensäure sich in Gasform. Um in die Zellen einzudringen, muß sie sich in dem Wasser lösen, das die Zellwände durchtränkt, und jetzt leuchtet ein, welche Bedeutung der Quellungszustand der Zellhäute hat. Die Kohlensäure wandert gar nicht durch die Substanz der Wand, sie wandert durch das Wasser; und wenn die Zellhaut austrocknet, ist sie für Gase nicht mehr durchlässig. Die höheren Pflanzen haben durch die Ausbildung von Spaltöffnungen in einer für Gase wenig durchdringlichen Oberhaut ein sehr zweckmäßiges Abkommen geschlossen; das Korkhäutchen und die Tätigkeit der Spaltöffnungen vermindern die Gefahr des Vertrocknens, und die der trockenen Luft entzogenen Zellhäute, die die innere Oberfläche bilden, sind doch von der Kohlensäure spendenden Atmosphäre nicht abgeschnitten.

Wie die Schraubenalge im Dunkeln stärkefrei wird, so lassen abgeschnittene, stärkehaltige Blätter, die in einem Gefäß, vor dem Vertrocknen geschützt, im Dunkeln gehalten werden, nach einiger Zeit eine Abnahme des Stärkegehaltes erkennen. Die Menge des Gasgemisches, in dem die Blätter sich aufhalten, bleibt

unverändert. Aber daß die Zusammensetzung des Gasgemenges eine
Veränderung erleidet, läßt sich auf verschiedene Weise zeigen. Ein
brennendes Licht wird in ein weites Gefäß eingeführt, in dem lebende
grüne Pflanzen längere Zeit bei Licht- und Luftabschluß verweilt haben;
das Licht erlischt sehr rasch, der Sauerstoff im Gefäß muß also
aufgezehrt sein. Das Gas, das sich an Stelle des Sauerstoffs in
gleicher Menge gebildet hat, kann auf verschiedene Weise als Kohlensäure erkannt werden. Im Dunkeln verschwindet also Sauerstoff und
Kohlensäure entsteht. Es findet demnach ein Vorgang statt, der der
Assimilation im Licht genau entgegengesetzt ist und sich durch die
Gleichung

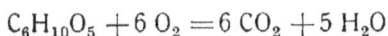

$$C_6H_{10}O_5 + 6\,O_2 = 6\,CO_2 + 5\,H_2O$$

ausdrücken läßt. Dieser Vorgang ist unter den Pflanzen viel allgemeiner verbreitet als der umgekehrte. Die Sauerstoffabspaltung aus
Kohlensäure bringen nur die grünen Zellen und auch diese nur im
Licht zuwege. Im Dunkeln verbraucht jede Pflanze, gleichgültig ob
grün oder blaß, Sauerstoff, und dasselbe tun die nicht grünen Pflanzen
und Pflanzenteile unter allen Umständen, auch im Licht. Bei Blüten,
bei angequollten keimenden Samen und bei Pilzen kann die Bildung
von Kohlensäure auf Kosten von Sauerstoff ebenfalls leicht nachgewiesen werden, wobei für Lichtabschluß keine Sorge zu tragen ist.

Die Assimilation von Kohlensäure im Licht überwiegt bei den
Grünen mitunter um das 30 fache die Bildung von Kohlensäure aus
den Assimilaten (Stärke, Zucker), und deswegen kann eine grüne Pflanze
ihre organische Substanz im Sommer mächtig vermehren, trotzdem sie
bei Tag und bei Nacht davon wieder verliert.

Die Erzeugung von Kohlensäure ist uns beim Tier unter dem Namen
A t m u n g geläufig, und wir haben keine Veranlassung für den gleichen
Vorgang bei der Pflanze eine andere Bezeichnung zu wählen. Außerhalb
des Organismus erreichen wir die Überführung von Kohle und kohle-
haltigen Stoffen (wie Holz, Leuchtgas) in Kohlensäure durch V e r -
b r e n n u n g , und zwar machen wir uns diesen Oxidationsvorgang zur
Gewinnung von Wärme dienstbar. Der in vielen Kohlenstoffverbindungen enthaltene Wasserstoff wird dabei, ebenfalls unter Wärm-
gewinn, zu Wasser verbrannt, das in Dampfform entweicht. Kohlensäure und Wasser sind vollkommen träge, lassen sich nicht weiter oxydieren und sind nicht imstande, Wärme zu liefern. Je weiter aber eine
organische Substanz in ihrem chemischen Zustand von den Endpro-
dukten der Verbrennung, von Kohlensäure und Wasser, entfernt ist,
desto größer ist ihre Verbrennungswärme, d. h. desto mehr Wärme

läßt sich aus ihr durch Verbrennung herausziehen. Für die K ö r -
p e r w ä r m e der warmblütigen Tiere wissen wir keine andere Wärme-
quelle ausfindig zu machen, als die Verbrennung organischer Stoffe in
der Atmung. Auch bei Pflanzen, die kräftig atmen, läßt sich mitunter eine beträchtliche Wärmeentwicklung beobachten; die Blüten-
kolben des Aronstabs z. B. können sich um mehrere Grad über die
Temperatur der umgebenden Luft erwärmen. Aber die Wärmeentbin-
dung ist doch nur e i n e Wirkung der Atmung, und nicht einmal die
wichtigste. Wenn ein Tier Muskelbewegungen ausführt, wenn ein
liegender Pflanzenstengel sich in die Höhe krümmt, so sind das A r b e i t s -
l e i s t u n g e n , die K r a f t verbrauchen, und wieder haben wir die
Quelle der aufzuwendenden Kraft in letzter Linie hauptsächlich
in der Atmung zu suchen. Die bei der Oxydation frei werdende chemische Energie braucht ja keineswegs immer in Form von Wärme aufzutreten, sondern sie kann wohl auch in andere Energieformen umgewandelt werden. Vor allem wird die in der Atmung gewonnene
Kraft dazu verwendet werden chemische Umsetzungen herbeizuführen,
die unter Energieverbrauch, d. h. im Experiment unter Wärmeverbrauch
vor sich gehen. Solche Überlegungen lassen es verständlich erscheinen,
daß die Atmung eine Grundeigenschaft der Lebewesen ist, daß jede
Lebensäußerung aufhört, wo die Atmung still steht, wie in trockenen
Samen, und daß Unterdrückung der Atmung durch Abschneidung der
Sauerstoffzufuhr bei der wachsenden Pflanze ebenso wie beim Tier den
Tod herbeiführt.

In die einzelne sauerstoffarme Zelle dringt der S a u e r s t o f f in
Lösung durch die gequollene Zellhaut ein. Wenn vorher trockene
Samen keimen, so wird ihnen mit der Zufuhr des Wassers, das die
Zellwände zum Quellen bringt, auch die Aufnahme von Sauerstoff
ermöglicht. Zu den inneren Schichten dicker Gewebekörper könnte
der Sauerstoff auf dem Weg der Diffusion von Zelle zu Zelle nicht
mit der nötigen Geschwindigkeit vordringen. Die Bahnen, auf denen
z. B. den lebenden Zellen eines Baumstammes der Sauerstoff zugeführt wird und auf denen die Kohlensäure den Stamm verläßt, sind
die Z w i s c h e n z e l l g ä n g e . Solche reichen von den Rindenporen
her durch die Ur- und die Spätrinde bis in die Markstrahlen des
Holzes; sogar die Bildungsschicht wird von ihnen durchsetzt. In
krautigen Stengeln und Blattstielen münden die Zwischenzellräume
entweder unmittelbar durch Vermittlung von Spaltöffnungen nach
außen, oder sie stehen mit den Lufträumen der Blattspreiten in Verbindung. Auch die Wurzeln müssen sich zur Atmung Sauerstoff

verschaffen. In gut durchlüftetem Boden ist das nicht schwer; ist der Boden aber luftarm, so wird mitunter von den in die Luft ragenden Teilen durch weite Zwischenzellkanäle Luft nach unten geschafft Die Zwischenzellräume sind also geradezu die Lungen der größeren Pflanzen.

Die Stärke, und ebenso jeden anderen Stoff, der Verbrennungswärme besitzt, können wir uns unter dem Bilde einer gespannten Feder vorstellen. Durch V e r b r e n n u n g in der Pflanze oder im Ofen wird die Feder e n t s p a n n t. Umgekehrt wird bei der Assimilation in der grünen Pflanze die Kohlensäure, der vollkommen oxydierte, chemisch spannungslose Kohlenstoff, durch die Reduktion in einen S p a n - n u n g s z u s t a n d übergeführt. Dazu ist K r a f t zufuhr von außen nötig. Wir erinnern uns hier, daß eine unerläßliche Bedingung für das Assimilationsgeschäft das L i c h t ist. Sogar an einem und demselben Blatt läßt sich zeigen, daß Stärke nur in beleuchteten Teilen sich bildet, nicht in solchen, die etwa durch Bedeckung mit Stanniol dem Licht entzogen sind. Wir können diese Erfahrung nicht anders deuten als durch die Annahme, daß die Kraft für die Reduktion der Kohlensäure von der Sonnenstrahlung geliefert wird. Darin liegt die großartige Bedeutung der grünen Pflanzenwelt für das Leben auf der Erde. Die grünen Pflanzen allein haben die Fähigkeit, die Sonnenkraft zu fangen, festzulegen, in Kohlenstoffverbindungen zu bannen, aus denen sie im Stoffwechsel der Lebewesen oder im Ofen zum Zweck der Arbeitsleistung wieder in Freiheit gesetzt wird. Alles was nicht grün ist, Tier wie Pflanze, zerstört nur das Werk der grünen Zellen, sorgt aber zugleich dafür, daß das Rohmaterial für die Arbeit der grünen Fabrik, der Stoff, an den die Sonnenkraft neuerdings gefesselt werden soll, nicht ausgeht. Die Kohlensäure findet sich in der Atmosphäre in großer Menge, aber mit der Zeit müßte der Vorrat sich erschöpfen, wenn nicht die Tiere und die farblosen Pflanzen, voran die Bakterien, einen Kreislauf des Kohlenstoffs herbeiführten. Durch die Verbrennung von Holz beschleunigt der Mensch den Vorgang, den die Pilze langsamer zuwege brächten, und auf dieselbe Weise führt er große Mengen von Kohlenstoff, die der natürlichen durch Lebewesen bewirkten Entspannung entzogen worden sind und als Steinkohle oder Torf aufgespeichert liegen (vgl. S. 110), in den spannungslosen Zustand zurück.

Ein mit dem Stengel in Verbindung stehendes Blatt, das abends mit Stärke vollgepfropft war, enthält am frühen Morgen, vor dem Hellwerden, bedeutend weniger Stärke als am Abend, und durch etwas längere Verdunkelung kann es ganz stärkefrei gemacht werden. Das Verschwinden der Stärke kann nicht allein auf die Atmung zurückgeführt werden, denn ein stärkeerfülltes Blatt wird im Dunkeln nur langsam ärmer an Stärke, wenn es vom Stengel abgetrennt ist. Vielmehr muß die S t ä r k e zum größten Teil in den Stengel a b g e l e i t e t werden. Daß die Stärke wanderungsfähig ist, geht auch aus dem häufigen Vorkommen von Stärke in nicht grünen, sogar unterirdischen Organen hervor, wie in den Kartoffelknollen, wo sie ja nicht durch Assimilation gebildet worden sein kann. In fester Form kann die Stärke sicher nicht von Zelle zu Zelle wandern, in kaltem Wasser ist sie nicht löslich, wir müssen uns also nach den Mitteln umsehen, die es der Pflanze ermöglichen, die Stärke transportfähig zu machen.

In großer Menge wird Stärke aufgelöst in keimenden Samen. Im Nährgewebe der Gerste findet man, wenn die Keimung einige Tage im Gang ist, die Stärkekörner angenagt, und mit der Zeit verschwinden sie ganz aus dem Nährgewebe. Nach dem Stoff, der das zuwege bringt, suchen wir in angekeimten zerriebenen Gerstensamen. Der wässerige filtrierte Auszug von solchem Malzschrot hat die Fähigkeit, Stärkekörner langsam anzunagen, und Stärke, die durch Kochen mit viel Wasser zum Quellen gebracht, in dünnen Kleister übergeführt worden ist, wird durch den Malzauszug in kurzer Zeit von Grund aus verändert. Die Trübe des Kleisters verschwindet, die Flüssigkeit wird wasserklar, und Jod ruft keine Blaufärbung mehr hervor. Wie sich zeigen läßt, ist an die Stelle der Stärke Zucker getreten.

Von der Stärke zum Zucker führt ein Vorgang, den die Chemie als H y d r o l y s e bezeichnet; das große Stärkemolekül wird unter Wasseraufnahme in zahlreiche kleinere Moleküle zerspalten.[1]) Im Reagensglas läßt diese Spaltung sich z. B. durch Kochen der Stärke mit Salzsäure hervorrufen. Das keimende Gerstenkorn verwendet augenscheinlich ein Mittel viel weniger grober Art, das imstande ist, Stärke bei gewöhnlicher Temperatur zu verzuckern. Dieses Mittel muß ein im Wasser löslicher Stoff sein, der von der lebenden Zelle getrennt werden kann. Kleine Mengen des Malzauszugs vermögen große Mengen Kleister zu verzuckern, der Stoff hat also »katalytische« Eigenschaften, d. h. er scheint durch seine bloße Gegenwart, ohne in die Reaktion einzugehen, den chemischen Prozeß herbeizuführen. Solche vom Organismus gebildete Katalysatoren haben die Namen E n z y m e (auch Fermente) bekommen, und das Stärke verzuckernde Enzym heißt D i a s t a s e. Es mag jetzt auch daran erinnert werden, daß die Atmung, die Verbrennung organischer Substanz zu Kohlensäure, im Organismus bei einer Temperatur

---

[1]) Nach der Gleichung: $(C_6H_{10}O_5)n + nH_2O \quad nC_6H_{12}O_6$.

vor sich geht, bei der die Oxydation der betreffenden Körper im Ofen nicht gelingt. Auch für die Atmung sind Enzyme verantwortlich zu machen, die aber nun nicht hydrolysierende, sondern oxydierende Eigenschaften besitzen. Die chemische Natur der Enzyme ist noch unbekannt.

Die durch Assimilation gewonnene S t ä r k e wird also durch Diastase, die man fast überall in den Pflanzenzellen hat nachweisen können, in Z u c k e r übergeführt, und der Zucker wandert nun in einer Form, für die das Plasma durchlässig ist, weithin durch den Pflanzenleib.

Die Wanderung über kleine Strecken hin erfolgt im Füllgewebe von Zelle zu Zelle auf dem Wege der D i f f u s i o n. Wenn z. B. in einer Zelle fortwährend Stärke verzuckert wird, so fließt der Zucker in die anstoßenden Zellen ab, in denen der Zellsaft den Zucker in größerer Verdünnung enthält. Diese Bewegung dauert so lange an, bis die Konzentration des Zuckers überall die gleiche geworden ist. Wird aber in einer Zelle, die Zucker zugeführt erhält, dieser fortwährend in Stärke verwandelt, so enthält diese Zelle den Zucker in starker Verdünnung und zieht deshalb stetig Zucker an sich. Auf diese Weise, durch abwechselndes Verzuckern der Stärke und Wiederbildung von Stärke aus Zucker, findet der Transport der Kohlehydrate im Füllgewebe statt. Auf größere Strecken hin wird der Zucker wohl in den S i e b r ö h r e n durch Massenströmungen in deren Inhalt befördert. In Baumstämmen wandern die Assimilate in der Rinde von den Blättern bis zu den Wurzeln hinunter und auch seitlich in die Markstrahlen des Holzes hinein; wird ein Rindenring abgenommen, so staut sich die Stärke über der Ringelungsstelle in der Rinde in großen Mengen an, weil sie die Wunde nicht auf dem Umweg über das Holz, das ja zur Hauptsache aus toten Zellen besteht, umgehen kann.

Unmittelbare V e r w e n d u n g finden die K o h l e h y d r a t e in den wachsenden Teilen, wie es vor allem die Wachstumspunkte und die Bildungsschichten des Stammes und der Wurzel sind. Die Kohlehydrate gehen hier zum Teil in den Aufbau der Eiweißstoffe ein, zum anderen Teil werden sie, ohne sehr weitgehende chemische Veränderungen zu erleiden, zum Bau der Zellhäute verwendet. Die Zellulose, der weitaus wichtigste Bestandteil der allermeisten pflanzlichen Zellwände, hat fast dieselbe Zusammensetzung wie die Stärke. Korkhäutchen und Substanz der Korkzellen sind fett- bzw. wachsartige Körper, enthalten bedeutend weniger Sauerstoff als die Stärke. Der Holzstoff entfernt sich schon beträchtlich von der Zusammensetzung der Kohlehydrate.

Für spätere Verwendung werden die Assimilate in S p e i c h e r -
o r g a n e n aufgestapelt. An ausdauernden Stauden sind das unter-
irdische saftige Organe wie Knollen, Wurzelstöcke, Zwiebelschuppen.
Bei den Holzpflanzen dient die Stammrinde und das Füllgewebe des
Holzes als Stoffmagazin. In Samen lagern sich die Speicherstoffe entweder im Keim selbst ab (Bohne, Erbse) oder im Nährgewebe (Gräser).
Die Form, in der die aus den Assimilaten unmittelbar hervorgehenden
Reservestoffe abgelagert werden, ist sehr häufig die der Stärke.
Während am Ort der Entstehung die Stärkekörnchen kleine Einschlüsse
in den grünen Farbträgern bilden, treten sie in den Speicherorganen
oft als große, konzentrisch geschichtete Körner auf (*st* in Fig. 59),
so besonders schön in der Kartoffel. Die Stärke findet sich auch in den
Speichergeweben nie frei im Zell-
plasma, sondern sie bildet sich in
farblosen Körpern, Stärkebildnern,
denen zu Farbträgern nur die
grüne Farbe fehlt. Mit dem Heranwachsen des Stärkekorns wird der
Stärkebildner freilich zu einem
kaum mehr wahrnehmbaren Häutchen gedehnt. Seltener finden sich
Reservekohlehydrate in Form von
gelöstem Zucker, so in der Zwiebel,
in der Zuckerrübe. Sehr häufig

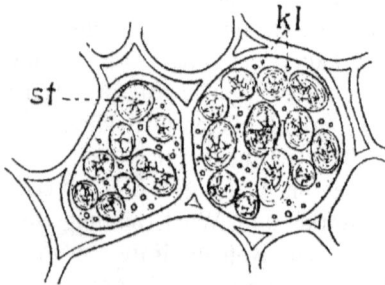

Fig. 59. Zellen aus dem Keimblatt der Feuerbohne, mit Stärke und Kleber, 300/1.

werden die Kohlehydrate bei der Aufstapelung in die viel sauerstoff-
ärmeren F e t t e übergeführt, so ganz gewöhnlich in Samen, die dann
zu Ölgewinnung verwendet werden können (Haselnuß, Mohn, Kokos-
nuß); auch in manchen Bäumen (Linde) verwandelt sich im Winter
die Stärke in Fett. Das Fett liegt immer in Form von Öltropfen in
Lücken des Plasmas. Auch die Fette müssen durch Enzyme gespalten
werden, um für den Stoffwechsel verfügbar zu sein; bei der Spaltung
entstehen Glyzerin und Fettsäuren.

Mit der Kohlensäure, als Gas, entweicht beim Verbrennen der
S t i c k s t o f f, der als wesentlicher Bestandteil des Plasmas eine
außerordentlich wichtige Rolle spielt. Weil der Stickstoff als Element
in großen Mengen in der Atmosphäre vorkommt, liegt zunächst die Ver-
mutung nahe, daß die Pflanze ihn ebenso wie den Kohlenstoff aus der
Luft bezieht. Aber die meisten Pflanzen gedeihen nicht auf einer
Unterlage, die von Stickstoff v e r b i n d u n g e n sorgfältig befreit
ist. Sie wachsen nur, wenn der Boden den Stickstoff in Form von

salpetersauren Salzen oder von Ammoniak enthält. Die Aufnahme dieser Verbindungen in die Pflanze erfolgt mit der des Bodenwassers durch die Wurzeln. Nun bleiben noch die A s c h e n bestandteile zu betrachten. In der Asche sind regelmäßig nachzuweisen an Metallen Kalium, Natrium, Calcium, Magnesium, Eisen, weiter die Nichtmetalle Chlor, Phosphor, Schwefel, Kieselstoff. Wenn diese Stoffe sich regelmäßig in den Pflanzen finden, so ist damit noch nicht gesagt, daß sie auch unumgänglich notwendige Nährstoffe sind. Welche Aschenbestandteile unentbehrlich sind und welche ohne Schaden entbehrt werden können, darüber entscheidet der Versuch, in dem der Pflanze die einzelnen Elemente abwechslungsweise vorenthalten werden. Ein bequemes Mittel, der Pflanze die zu prüfenden Stoffe in genau bekannter Menge und Zusammensetzung zu geben, ist in der W a s s e r k u l t u r gefunden worden. Die Pflanze wird dabei über der Lösung, die die Nährstoffe enthält, so festgehalten, daß die Wurzeln eintauchen. Aus Samen, die viele Speicherstoffe mitbringen, können auch in reinem Wasser ansehnliche Keimlinge hervorgehen. Aber dauerndes Wachstum unter Vermehrung der Körpermasse ist nur möglich bei Vorhandensein von Kalium, Calcium, Magnesium, Eisen, Phosphor, Schwefel, Stickstoff. Vollkommen entbehrlich sind Natrium und Kieselstoff und meistens auch Chlor. Phosphor ist als Nährstoff nur verwendbar in der Form von Phosphorsäure, Schwefel nur als Schwefelsäure, Stickstoff kann als Salpetersäure oder als Ammoniak verwendet werden. Die Metalle werden an die genannten Säuren oder an Chlor gebunden verabreicht. Eine Nährlösung, die gesundes Wachstum erlaubt, enthält also z. B. in 2 Litern Wasser 2 g $Ca(NO_3)_2$, 0.5 g $MgSO_4$, 0,5 g $PO_4 K_2 H$, 0,25 g KCl, und eine Spur $FeCl_3$.

Die notwendigen Bestandteile des Pflanzenleibs stehen in einem ziemlich festen Mengenverhältnis, und wenn nur an einem Bestandteil Mangel eintritt, so sind die übrigen miteinander nicht imstande, das Wachstum weiter zu unterhalten. Die Masse Substanz, die eine Pflanze aufbaut, ist also bestimmt und beherrscht durch den Nährstoff, der im Minimum vorhanden ist. Die Mineralstoffe, die im Boden gewöhnlich am spärlichsten sind und durch wiederholtes Abernten des Pflanzenwuchses am raschesten erschöpft werden, sind vor allem Stickstoff, dann Kali und Phosphor, und diese werden deshalb dem Boden künstlich, durch Düngung, vorzugsweise zugeführt.

Im Boden ist die Mehrzahl der unentbehrlichen Aschenbestandteile nicht so bequem zugänglich wie in der Nährlösung, sondern sie müssen aus Verbindungen, die in Wasser sehr wenig löslich sind, erst in Lösung

gebracht werden. Durch die Wurzelhaare, die mit den Bodenteilchen
verwachsen, setzt sich die Wurzel mit den aufzulösenden Körpern in
engste Verbindung, das Wasser, das die Wände der Wurzelhaare durchtränkt, sättigt sich mit der durch Atmung entstehenden Kohlensäure, und
diese ätzt die Gesteinsteilchen an. Die Konzentration, in der die Nähr-
salze in die Pflanze eintreten, ist meist sehr gering, aber die Verdunstung
sorgt in den Blättern für die Eindickung.

Salze wie Kalisalpeter, Kochsalz werden in höherer Konzentration,
als sie im Boden vorkommen, zur Hervorrufung von Plasmolyse verwendet. Ihre Aufnahme in die Wurzel be-
weist nun, daß das Plasma für sie keineswegs
ganz undurchdringlich ist. Die Wurzel nimmt
aber nicht wahllos alles im Bodenwasser Gelöste auf. Denn die verschiedenen Salze werden z. B. einer Nährlösung nicht immer in
dem Verhältnis entnommen, wie sie der
Pflanze dargeboten sind.

Über die Bedeutung, die den verschiedenen,
mit dem Wasser durch die Wurzel aufgenommenen Stoffen im Pflanzenleib zukommt, sind
wir noch unvollkommen unterrichtet. Der
Stickstoff ist ein wesentlicher Bestandteil
aller Eiweißstoffe, also auch des Plasmas,
ebenso der Schwefel. Phosphor findet sich
in gewissen Eiweißarten, hauptsächlich in denen,
die den Zellkern zusammensetzen. Und von den
unentbehrlichen Metallen ist es mehr oder

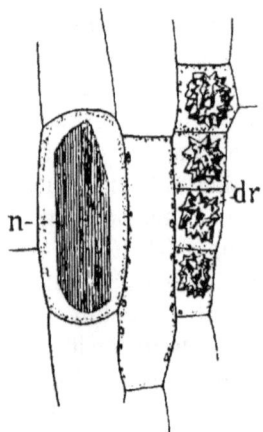

Fig. 60. Zellen aus dem Blattstiel des wilden Weins mit
Kristallen von oxalsaurem Kalk,
300/1.

weniger wahrscheinlich, daß sie ebenfalls am Aufbau der Eiweißkörper teilnehmen. Calcium kommt außerdem als Inkrustierung von
Zellhäuten vor, in der Form von Karbonat. An die bald wieder zu
erwähnende Oxalsäure zu einem unlöslichen Salz gebunden, findet es
sich sehr häufig im Innern der Zellen. Die Form, in der der oxalsaure
Kalk auftritt, ist bald die von Einzelkristallen (kr in Fig. 47), bald die von
morgensternförmigen Drusen (dr in Fig. 60), bald von schlanken, zu
dicken Bündeln vereinigten Nadeln (n in Fig. 60, Rhaphiden; besonders
bei Einkeimblättrigen). Das Kalkoxalat ist vor allem gekennzeichnet durch
sein Verhalten gegen Schwefelsäure; erst werden die Kristalle von der
Säure aufgelöst, dann schießen Nadeln von schwefelsaurem Kalk (Gyps)
an. Die vollkommen entbehrliche aber überall im Boden vorhandene
Kieselsäure (SiO$_2$) inkrustiert ebenfalls Zellwände, besonders

bemerkbar bei den Schachtelhalmen, die infolge ihrer Härte als »Zinnkraut« zum Scheuern verwendet werden, bei den Gräsern und vor allem bei den Kieselalgen (Diatomeen); sie hat die Bedeutung eines mechanischen Festigungsmittels, was die fein gezähnten, messerscharf schneidenden Ränder der Schilfblätter in sehr fühlbarer Weise dartun.

Die E i w e i ß s t o f f e werden überall in der Pflanze aus den Rohstoffen, nämlich Zucker, einfachen Stickstoffverbindungen und Mineralsalzen, hergestellt; bevorzugte Stätten der Eiweißbereitung sind wahrscheinlich die Blätter. Zu den Stellen ausgiebigen Verbrauchs, z. B. den Wachstumspunkten, muß das Eiweiß von weiter her transportiert werden. Als Bahnen, in denen dies vorzugsweise geschieht, gelten die Siebröhren. Die Eiweißlösungen haben oft schleimige Beschaffenheit und diffundieren deshalb schwer von Zelle zu Zelle. Die Siebröhrenglieder dagegen sind nur durch grob durchbohrte Querwände voneinander getrennt, der schleimige Inhalt kann sich also in den Siebröhren auf weite Strecken hin bewegen, ohne eine Wand durchdringen zu müssen. Als Reservestoff findet sich Eiweiß neben Kohlehydraten in Speicherorganen, wie Knollen, und vor allem in Samen. Das Reserveeiweiß hat in Samen meist die Form von farblosen Körnern, die sich mit Jod gelb oder braun färben und als K l e b e r (Aleuron) bezeichnet werden. In Getreidesamen erfüllen die Kleberkörner die äußerste Zellschicht des im übrigen Stärke führenden Nährgewebes, bei der Bohne sind sie neben Stärke in allen Zellen der Keimblätter zu finden (*kl* in Fig. 59). Die Körner entstehen dadurch, daß in Zellsafträumen gelöstes Eiweiß sich anhäuft, sich immer mehr konzentriert und zuletzt beim Reifen des Samens eintrocknet. Bei der Keimung wird das Reserveeiweiß durch Enzyme in einfachere, leicht wandernde Verbindungen gespalten. Diese Spaltungsprodukte werfen einiges Licht auf den Bau des hoch zusammengesetzten Eiweißmoleküls. Es sind ziemlich einfache Stickstoffverbindungen, nämlich Aminosäuren, d. h. Fettsäuren, in denen H durch die Gruppe NH_2 vertreten ist. Durch Verkoppelung einer großen Zahl von solchen einfachen Molekülen entsteht wahrscheinlich Eiweiß.

Die Eiweißkörper, wie der Kleber, sind an und für sich ebensowenig belebt wie die Kohlehydrate und wie die Stoffe der Zellwand. Aber aus Eiweiß baut sich auch das Protoplasma auf, das allein die Eigenschaften des Lebens trägt. Unbelebter Stoff kann die Krone des Lebendigseins nur dadurch erwerben, daß er sich in l e b e n d i g e s P l a s m a eingliedern läßt. Alle Lebensverrichtungen der Pflanze, die bei harmonischem Zusammenwirken zum Wachstum führen, wie Assimilation des Kohlenstoffs, Atmung, Aufbau der Zellwand, Ausführung von

Bewegungen, sind Monopol des lebenden Protoplasmas. Auch die Halbdurchlässigkeit des Plasmaschlauchs, die im Bestand des Pflanzenkörpers eine so großartige Rolle spielt, ist nur solange vorhanden, als das Plasma lebt. Durch extreme Temperaturen, durch Gifte können dem Plasma alle diese Äußerungen des Lebens geraubt werden. Die Werkzeuge, mit deren Hilfe das Plasma die mannigfaltigsten Stoffumsetzungen zuwege bringt, haben sich in vielen Fällen als unbelebte Körper, als Enzyme, von der lebenden Zelle trennen lassen. Aber damit wird das chemische Getriebe in seiner Ganzheit keineswegs aus der Sphäre des Lebendigen herausgerückt. Daß die Enzyme nur vom Organismus erzeugt werden, ist noch nicht das Wichtigste. Wichtiger ist, daß über den blind arbeitenden Enzymen ein rätselhaftes Etwas steht, das jedes Ferment an seinem Ort und zu seiner Zeit entweder erst hervorbringt oder erst wirksam werden läßt. Diese Selbststeuerung des Lebens vermögen wir durch nichts zu ersetzen.

Neben den Kohlehydraten, Fetten, Eiweißstoffen kommen nun in der Pflanze noch zahllose o r g a n i s c h e S t o f f e vor, die an Bedeutung für die Lebensvorgänge hinter den genannten wohl zurückstehen, zum großen Teil sogar Endprodukte, Abfälle des Stoffwechsels sind und in dem chemischen Getriebe nicht weiter Verwendung finden, aber wichtige Funktionen gegenüber der Außenwelt haben und teilweise auch von praktischem Interesse sind. Die sog. P f l a n z e n s ä u r e n , wie Apfelsäure, Weinsäure, Zitronensäure, entstehen durch Oxydation von Kohlehydraten, also durch unvollständige Atmung; sie schützen unreife Früchte von vorzeitigem Tierfraß, bei der Reife treten sie meist gegenüber dem Zucker zurück. Dieselbe Entstehungsweise hat die Oxalsäure; sie kommt als lösliches saures Kalisalz im Sauerampfer, Sauerklee (Kleesalz) usw. vor; von dem unlöslichen oxalsaueren Kalk war schon die Rede. Sehr weite Verbreitung haben auch die G e r b - s ä u r e n oder Gerbstoffe, die bei zahllosen Pflanzen den bitteren zusammenziehenden Geschmack hervorrufen und wohl oft als Schutzmittel gegen Tierfraß wirken. Die Gerbstoffe, aus C, H, O gebildet, sind im Zellsaft gelöst und farblos, sie oxydieren sich aber an der Luft unter Braunfärbung, wie an den angeschnittenen grünen Fruchtschalen der Roßkastanie, der Welschnuß zu sehen ist.

Mit den Gerbstoffen verwandt sind die als A n t h o k y a n bezeichneten, im Zellsaft gelösten Farbstoffe, die bei saurer und neutraler Reaktion rot, bei alkalischer blau oder grün erscheinen; in den Blüten des Lungenkrauts vollzieht sich dieser Farbenumschlag von Rot zu Blau im Lauf der Entwicklung von selber. In Blüten und

Früchten spielen die Farbstoffe die Rolle eines Anlockungsmittels für sehende Tiere.

Der Chlorophyllfarbstoff, der neben C, H, O auch Stickstoff und Magnesium enthält, ist im Gegensatz zum Anthokyan nicht im Zellsaft anzutreffen, sondern er durchtränkt die als Farbträger bezeichneten Plasmagebilde. Das Chlorophyll bildet sich nur im Licht; im Dunkeln erwachsene Pflanzen erscheinen gelblich-weiß. Es ist fettartig, in Wasser unlöslich, läßt sich aber durch Alkohol aus den Farbträgern herauslösen. Im Herbst wird das Chlorophyll zerstört, wobei gelbe Farbstoffe zum Vorschein kommen. Rote und gelbrote Töne des Herbstlaubs, wie beim wilden Wein, werden durch anthokyanartige Farbstoffe hervorgerufen, die das Gelb der Farbträger bald mehr bald weniger verdecken. Gelbe und gelbrote Färbung von Blüten (Dotterblume, Kapuzinerkresse) beruht regelmäßig auf dem Besitz von entsprechend gefärbten Farbträgern.

Als Pflanzenbasen oder Alkaloide werden basische Stoffe bezeichnet, die C, H, N und oft auch O enthalten, hauptsächlich in den Geweben von Zweikeimblättrigen an Pflanzensäuren zu löslichen Salzen gebunden vorkommen und durch ihre Giftigkeit Schutz gegen tierische Schädlinge gewähren. In größeren Dosen wirken die meisten von ihnen auch auf den Menschen tödlich; so sind als Gifte bekannt das Strychnin aus der Brechnuß, das Atropin in der Tollkirsche. Andere rufen, in geringeren Mengen genossen, Wirkungen hervor, die die betreffenden Pflanzen zu wichtigen Genußmitteln machen, wie das Koffein in Kaffee und Tee, das Nikotin in Tabak; wieder andere, wie das Chinin der Chinarinde, das Morphin (der wichtigste Bestandteil des aus der unreifen Mohnkapsel gewonnenen Opiums), das Kokain aus Erythroxylon coca, sind unentbehrliche Werkzeuge der Medizin geworden.

Die Alkaloide sind gewöhnlich ebenso wie die Gerbstoffe usw. im Füllgewebe von Rinde und Blättern verteilt, nicht an besonders geformte Behälter gebunden. In anderen Fällen aber treten sie in den eigentümlichen Zellen auf, die man als Milchröhren bezeichnet, wegen des meist weiß, selten gelb (Schöllkraut) gefärbten, nicht wasserhellen Saftes, den sie bei Verletzung austreten lassen.

Die bekanntesten Beispiele milchender Pflanzen gibt die Gattung Wolfsmilch, Euphorbia. Der weiße Milchsaft ist hier in langen, reich verzweigten, vielkernigen Zellen (Fig. 61 a) enthalten, die schon im Keimling in geringer Zahl angelegt sind und ohne Vermehrung, nur unter Verzweigung, in alle Teile der wachsenden Pflanze eindringen, wobei sie sich wie schmarotzende Pilzfäden zwischen die Füllgewebe einzwängen. Solche querwandlosen, »ungegliederten« Milchröhren kommen z. B. auch der Feige und ihren Verwandten, wie dem als Zimmerpflanze beliebten

Gummibaum (Ficus elastica), zu und erreichen hier mit dem Stamm die Länge
von vielen Metern, sind demnach die größten Zellen, die das Pflanzenreich überhaupt
kennt. Bei den Korbblütlern (z. B. Bocksbart), beim Schöllkraut, bei den Glockenblumen bilden sich dagegen die Milchröhren auf ganz andere Weise. Sie entstehen
ähnlich wie die Gefäßröhren aus Zügen von übereinander stehenden Zellen, zwischen
denen die Querwände aufgelöst werden, und führen kein selbständiges Wachstum
im Innern der Gewebe. Diese »gegliederten« Milchröhren bilden im Gegensatz zu
den ungegliederten ein Maschenwerk (Fig. 61 b), weil zwischen den Längszügen auch
Querbrücken entstehen, alles durch Umbildung schon vorhandener Füllgewebezellen.

Die Wand der Milchröhren ist von einer Schicht lebenden .Plasmas
überzogen. Der Saft zeigt je nach der Pflanze verschiedene Zusammen-

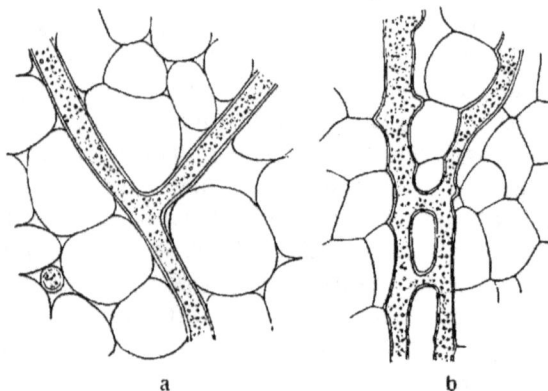

Fig. 61. Milchröhren, a von einer Wolfsmilch, b aus der Wurzel der Schwarzwurz
(Scorzonera hispanica), 150/1.

setzung. In Lösung finden sich u. a. Zucker, Eiweiß, Gerbstoffe, Alkaloide, und in der wässerigen Lösung schweben feste und flüssige
Körper, nämlich Stärkekörner und Tröpfchen von H a r z und
K a u t s c h u k. Der aus Kohlenwasserstoffen (d. h. aus Verbindungen,
die nur C und H enthalten) bestehende K a u t s c h u k findet sich
in den meisten Milchsäften; aber in solcher Menge, daß die technische
Ausbeutung sich lohnt, nur bei tropischen Holzpflanzen, deren Rinde
durch tiefe Einschnitte angezapft wird, z. B. in dem schon genannten
Gummibaum. Wenn bei einer Verwundung eine Milchröhre angeschnitten
wird, zieht sich die vorher durch hohen Turgordruck gedehnte Wand
zusammen, und der Milchsaft wird mit Gewalt herausgetrieben. Die
Giftstoffe der Milchsäfte finden so Gelegenheit, tierische Schädlinge
beim ersten Angriff abzuschrecken. Am ausgeflossenen, gerinnenden
Saft werden dann die ungelösten Bestandteile in ihrer Weise wirksam.
Die Harz- und Kautschuktröpfchen verkleben sich miteinander, trennen

sich von dem wässerigen Saft und verschließen die Wunde mit einer zähen Haut, so daß weiteres Ausströmen von Milchsaft und ebenso eine Infektion durch die Sporen schmarotzender Pilze verhindert wird.

Auch die h a r z a r t i g e n Stoffe sind entweder Kohlenwasserstoffe oder Verbindungen, die neben C und H wenig O enthalten. Sie bleiben dauernd aus dem Stoffwechsel ausgeschlossen, sind also als Abfallstoffe zu betrachten, können aber der Pflanze doch bedeutsame Dienste leisten. Die eigentlichen H a r z e sind bei gewöhnlicher Temperatur feste Körper. Die ä t h e r i s c h e n Ö l e , die wir mit

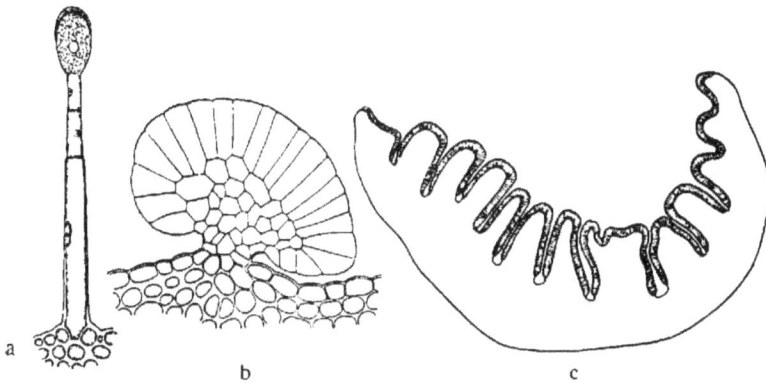

FIG. 62. a Kopfchendruse aus dem Blütenstand des Waldstorchschnabels, 150/1. b Drüsenzotte von der Birke, 350/1. c Querschnitt durch eine Knospenschuppe der Schwarzpappel, 30/1.

zu den harzartigen Stoffen zählen, sind flüchtige Flüssigkeiten. Die Harze kommen meist in ätherischen Ölen gelöst vor und scheiden sich nach deren Verdunstung in fester Form aus; so ist das »Harz« der Nadelbäume eine Lösung von Kolophonium in Terpentinöl. Ihre Flüchtigkeit macht diese ätherischen Öle zu den wichtigsten Duftstoffen der Pflanzen. In Blumenblättern werden sie in sehr geringen Mengen von der ganzen Oberhaut abgeschieden, und ihre duftenden Dämpfe weisen bestäubenden Insekten den Weg. In allen anderen Fällen ist die Erzeugung der ätherischen Öle wie die der Harze auf ganz bestimmte Zellen beschränkt, und zwar werden sie entweder durch Außendrüsen nach außen abgeschieden oder im Innern der Pflanze abgelagert.

Einfache A u ß e n d r ü s e n sind die sogenannten Köpfchendrüsen, Haare mit kopfförmig verdickter Spitze (Fig. 62a). Sie erzeugen z. B. bei den Lippenblütlern, Korbblütlern, Primeln, Geranien usw. die eigenartig duftenden Öle in ihren Endzellen; das Öl bildet sich hier zunächst zwischen Zellulosewand und

7*

Korkhäutchen (in der Figur schraffiert) und wird erst durch das Platzen des
Korkhäutchens frei. Etwas derbere Gebilde sind die sog. Drüsenzotten, die viele
jugendliche Organe durch ihre Ausscheidungen vor dem Vertrocknen schützen und
in anderen Fällen wie die Köpfchendrüsen starkriechende Stoffe erzeugen. Bei der
Birke z. B. sind die jungen Blätter und Zweige von knopfförmigen Zotten (Fig. 62 b)
bedeckt, deren harzige Ausscheidung die jungen Organe mit einem dünnen Lack
überzieht und dem Baum den feinen Weihrauchduft verleiht. Das Harz bildet
sich wie bei den Köpfchendrüsen zunächst unter dem Korkhäutchen. Häufig
werden die Endigungen der Zähne an Blättern zu Ausscheidungsorganen, indem
ihre Oberhaut sich in derselben Weise ausbildet wie in den Drüsenzotten; solche
Zähne mit klebriger Ausscheidung haben z. B. Kirsche, Pappel, Rose. Ganz besonders ausgiebig ist die Erzeugung von Harz an den Knospenschuppen und
Nebenblättern der Pappeln. Hier ist die Oberseite der betreffenden Blätter durch
lange Höcker der Länge nach gestreift; die Oberhaut der Höcker hat dieselbe Beschaffenheit wie an drüsenartigen Blattzähnen (Fig. 62 c).

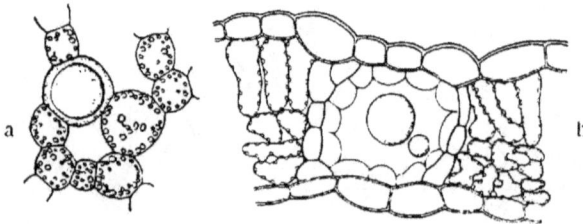

Fig. 63. a Zellen aus dem Wurzelstock des Kalmus mit einer Ölzelle, 150/1.
b Querschnitt aus dem Blatt von Hypericum perforatum mit
einer Öllücke, 220/1.

Die Innendrüsen speichern die erzeugten Stoffe entweder im Zellinnern
oder scheiden es in Zwischenzellräume aus. Der aromatische Geruch des Kalmuswurzel-
stockes rührt von einem ätherischen Öl her, das in ungefähr kugeligen Zellen der
Rinde (Fig. 63 a) gebildet wird. In ähnlichen Zellen entsteht bei einigen tropischen
Bäumen aus der Familie der Sapotaceen die Guttapercha, ein kautschuk-
ähnlicher Stoff, der als Isoliermaterial für elektrische Leitungen unersetzlich ist.
In den Fruchtschalen von Apfelsine und Zitrone finden sich große kugelige
Öllücken, nach außen nur von einer dünnen Gewebeschicht überdeckt, die bei einem
Druck leicht reißt und das Öl in einem feinen Sprühregen ausstäuben läßt. Von
ähnlichen Öllücken rührt die Punktierung der Blätter der Gattung Johanniskraut
(Hypericum) her; einige aneinanderstoßende Zellen weichen hier auseinander, daß
sie einen annähernd kugeligen Zwischenzellraum zwischen sich lassen, und in diese
Lücke hinein scheiden sie das Öl aus. Bei den Nadelhölzern beteiligen sich lange
Zellzüge an der Bildung der Harzräume, die deshalb die Form langer Gänge annehmen. Die ätherischen Öle, die den aromatischen Geruch und Geschmack der
Doldengewächse hervorrufen, bilden sich in ähnlichen Gängen. Die Bedeutung der
harzartigen Stoffe ist wohl häufig eine ähnliche wie die der Milchsäfte. Die Giftigkeit, der strenge Geruch und noch schärfere Geschmack der ätherischen Öle verleidet
vielen Tieren das Abweiden von Pflanzen, die mit solchen Ölen ausgestattet sind,
und zähes Harz kann als Wundverschluß gute Dienste leisten.

Sechstes Kapitel.

Die Ernährung der Moderzehrer. Die Wärme.

Die organischen und unorganischen Nährstoffe. Die Gärung. Betriebsstoffe und Baustoffe. Die Gärungen der Küche. Verwesung und Fäulnis als Werk von Lebewesen. Luftscheue Bakterien. Die Bakterien und der Stickstoff. Bildung und Zersetzung des Humus. Torf, Steinkohle. — Pflanzenleben und Wärme.

Wenn wir die grünen Blütenpflanzen als von vorgebildeter o r - g a n i s c h e r S u b s t a n z (d. h. von höheren Kohlenstoffverbindungen) unabhängig bezeichnen, so hat das nur so lange Geltung, als wir den Pflanzenkörper als Ganzes betrachten. Denn unterirdische, dem Licht entzogene Teile, wie die Wurzeln, sind auf die Zuleitung organischer Stoffe von den grünen Teilen her angewiesen. In der ersten Zeit der Samenkeimung zehrt sogar die ganze Pflanze von den Stoffen, die sie nicht selber erworben, sondern von der Mutterpflanze her mitbekommen hat. Auch der austreibende Wurzelstock, der im Frühling sich neu belaubende Baumstamm bestreiten die Kosten ihrer Wachstumstätigkeit aus Magazinen, die durch die Arbeit längst verschwundener Blätter gefüllt worden sind. Und selbst später noch, wenn die Pflanze schon im Besitz ihrer Assimilationswerkzeuge ist, fehlt gerade den wachsenden Teilen, den Bildungsgeweben, das Blattgrün.

Der Sprung von den grünen Pflanzen, die nur in gewissen Teilen assimilieren, zu denen, die das Blattgrün ganz entbehren und deswegen vollkommen von fremder Assimilationstätigkeit abhängig sein müssen, ist also nicht so sehr groß, als es zunächst den Anschein hat. Wenn wir bei den B l a t t g r ü n f r e i e n , unter denen die Pilze (die Bakterien miteinbegriffen) überwiegen, ebenso wie früher bei den Grünen den fertigen Leib auf seine Zusammensetzung hin untersuchen, so finden wir dieselben Stoffe an seinem Aufbau beteiligt wie bei den Grünen. Eine N ä h r l ö s u n g für Pilze muß also die gleichen mineralischen Substanzen enthalten wie die für Mais oder Bohne, aber außerdem noch die eine oder andere organische Verbindung, die die mangelnde Assimilationstätigkeit zu ersetzen vermag, z. B. Zucker. Daß der Pilz nicht imstande ist Kohlensäure zu assimilieren, zeigt das Ausbleiben jeden Wachstums in einer rein unorganischen Nährlösung, wie sie für grüne Pflanzen verwendet wird. Der S t i c k s t o f f kann von vielen Pilzen, ebenso wie von den grünen Pflanzen, in unorganischer Bindung verwertet werden, als Ammoniak oder Salpetersäure. Andere Pilze dagegen müssen auch den Stickstoff in Form organischer Verbindungen dargeboten erhalten. Die organischen Nährstoffe sind hauptsächlich in Form von Pflanzen- und Tierleichen gegeben, die infolge der Tätigkeit der Pilze vermodern, und die Pflanzen, die von solchen Stoffen leben, können deshalb M o d e r z e h r e r (Saprophyten) heißen.

Der P l a s m a k ö r p e r der Pilze ist insofern einfacher gebaut als der der grünen Pflanzen, als ihm gefärbte wie farblose Farbträger fehlen. Dieser Mangel bringt es mit sich, daß Stärke bei Pilzen niemals anzutreffen ist. Die Stärke wird vertreten durch ein im Zellsaft gelöstes, mit Jod sich rotbraun färbendes Kohlehydrat, das Glykogen, das auch im Tierkörper eine wichtige Rolle spielt. Außer Glykogen finden sich als Reservestoffe noch Eiweiß und vor allem Fett, hauptsächlich in Sporen. Die Zellwand besteht aus stickstoffhaltigen Körpern.

Die Stoffaufnahme gestaltet sich sehr einfach, wenn der einzellige oder aus Zellfäden bestehende Leib allseitig von der Nährflüssigkeit umspült ist oder in einem feuchten Nährboden, wie Moder, steckt. Die Fruchtkörper ragen wohl gewöhnlich in die Luft, haben aber mit dem Wasser aufnehmenden Nährgefäde verglichen meistens eine kleine Oberfläche, und ausgeprägter Verdunstungsschutz kommt deshalb nur bei derben langlebigen Organen (z. B. beim Hut des Zunderschwamms) in Form von dickwandigen Rinden vor. Die dicken Gewebekörper der großen Pilzhüte sind reich an Zwischenzellräumen, die Durchlüftung und Atmung vollzieht sich also ohne Schwierigkeit. Besondere Leitungsbahnen für Wasser und für Baustoffe fehlen meistens.

Am leichtesten zugänglich sind für die Moderzehrer natürlich Lösungen organischer Stoffe, wie sie in der freien Natur aus Wunden von Holzgewächsen ausfließen oder aus Früchten austreten, die beim Fallen oder sonstwie verletzt worden sind. Gewöhnlich enthalten die aus Wunden fließenden Säfte neben Zucker auch Eiweiß und Mineralsalze und sind dann vollständige Nährlösungen. Tatsächlich finden sich auf solchen Flüssigkeiten Pilze und Bakterien mit unfehlbarer Regelmäßigkeit ein. Sind die Säfte sauer, so pflegen zuerst die gegen Säure wenig empfindlichen echten Pilze aufzutreten. Die Bakterien vertragen

freie Säure in der Regel schlecht und kommen deswegen gewöhnlich erst
in die Höhe, wenn die Säuren beseitigt sind.

Es gibt kein Volk, dem nicht bekannt wäre, daß süße, d. h. zucker-
haltige Säfte, wie sie durch Auspressen von Früchten oder durch An-
zapfen gewisser Bäume gewonnen werden, beim Stehen an der Luft
sich in eigentümlicher Weise verändern. Es ist nämlich eine Gasent-
wicklung zu beobachten, die zu Schaumbildung führt, und zugleich
nimmt die Süßigkeit, also der Zuckergehalt, ab, während in der Flüssigkeit ein Stoff von berauschender Wirkung sich bildet, der A l k o h o l.
Diese als G ä r u n g bezeichnete Veränderung läßt sich dadurch verhindern, daß die Flüssigkeit gekocht und dann gut verschlossen aufbewahrt wird. In gärenden Flüssigkeiten
findet man einzellige Pilze, die sog. Hefepilze
(Fig. 64); bringt man von dieser Hefe winzige
Spuren in den ausgekochten, von lebenden
Keimen befreiten Zuckersaft, so setzt auf der
Stelle die Gärung ein. Die Gärung ist also
das Werk der H e f e, sie ist hervorgerufen
durch den eigentümlichen Stoffwechsel der
Hefepilze.

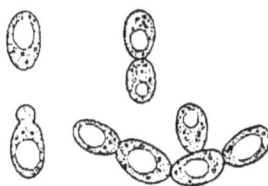

Fig. 64. Bierhefe, 1000/1.

Alkohol hat die Formel C_2H_6O. 2 Moleküle Alkohol zu 2 Molekülen Kohlensäure und 1 Molekül Wasser addiert ergibt die Formel
von Zucker:

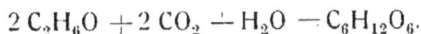

$$2\,C_2H_6O + 2\,CO_2 - H_2O - C_6H_{12}O_6.$$

Es läßt sich deshalb vermuten, daß Alkohol und Kohlensäure durch
Zerspaltung von Zucker entstehen. Alkohol bildet sich nun, worauf
früher nicht hingewiesen wurde, neben Kohlensäure auch in grünen
Pflanzen, wenn diesen die Sauerstoffzufuhr abgeschnitten wird. Die
Spaltung von Zucker, die ebenso wie die Oxydation zur Bildung von
Kohlensäure führt, scheint demnach eine Art Ersatz für die Atmung
zu sein, und man hat den Vorgang auch geradezu als intramolekulare
Atmung bezeichnet. Bei der normalen Atmung wird Luftsauerstoff
auf das Zuckermolekül übertragen und dieses vollkommen zu Kohlensäure und Wasser verbrannt, bei der intramolekularen wird der Sauerstoff innerhalb des Zuckermoleküls verlagert, von einer Atomgruppe
auf die andere übertragen. Das Ergebnis ist, daß neben Alkohol, der
weniger Sauerstoff enthält als der Zucker, das höchste Oxydations-
produkt Kohlensäure entsteht. Es läßt sich nachweisen, daß bei dieser
Umsetzung E n e r g i e f r e i wird, wenn auch nicht in der gleichen
Menge wie bei der vollständigen Verbrennung, und deshalb erscheint

die Zerlegung von Zucker in Alkohol und Kohlensäure tatsächlich geeignet für die Atmung einzutreten. Die Hefe erträgt das Ausbleiben
der Sauerstoffzufuhr ziemlich lange, wenn auch nicht auf die Dauer,
aber sie spaltet, vergärt den Zucker auch bei der besten Sauerstoffversorgung. Die Ausnutzung der im Zucker steckenden Kraftquelle
ist aber, wie bemerkt, bei der Gärung wenig haushälterisch, wir müssen
also wohl annehmen, daß die Hefe von der Anwesenheit des Alkohols
in ihrer Nähe irgend einen Nutzen hat. Ein solcher Nutzen ist darin zu
suchen, daß für zahlreiche andere Pilze, die als Mitbewerber um die
Nährstoffe auftreten könnten, durch den im allgemeinen giftig wirkenden
Alkohol der Nährboden verdorben wird. Mit der Zeit fällt freilich die
Hefe selber in die für die Konkurrenten gegrabene Grube. Wenn die
Konzentration des Alkohols eine gewisse Höhe erreicht hat, wird auch
der Hefe das Wachstum unmöglich. Derlei zweischneidige Kampfmittel
werden wir noch mehrfach kennen lernen.

Die Bedeutung der alkoholischen Gärung im prak-
tischen Leben ist so bekannt, daß sie nicht ausführlich geschildert zu
werden braucht. Im Trauben-, Apfel-, Birnmost sind die gärungs-
fähigen Zucker (denn nicht alle Zuckerarten können vergoren werden)
von vornherein vorhanden; Eiweiß- und Mineralstoffe fehlen auch nicht,
und so sind alle Bedingungen für das Wachstum der Hefe gegeben.
Bei der Bierbereitung muß die Stärke der Gerste erst verzuckert werden,
damit die Hefe ihre vergärende Tätigkeit ausüben kann, und das geschieht durch die Diastase, die im Malz ja reichlich vorhanden ist.
Bei der Branntweingewinnung aus Kartoffeln und Getreide muß ebenfalls
der Zucker erst aus der Stärke hergestellt werden, und weil Kartoffel
und Korn zu arm an Diastase sind, hilft man mit Malz nach.

Wie die Verzuckerung der Stärke und die Atmungsoxydation sich
vom eigentlichen Leben trennen und auf Enzymwirkung zurückführen lassen, so gelingt das auch bei der Alkoholgärung. Das durch
Auspressen der Hefe gewonnene Enzym Zymase fährt nach der
Trennung von der lebenden Zelle fort Zucker in Alkohol und Kohlensäure zu zerlegen.

Der Alkohol ist nun keineswegs jeder weiteren Verarbeitung durch
kleine Lebewesen entzogen. Bier und Wein werden an der Luft sauer,
und zwar bildet sich Essigsäure ($C_2H_4O_2$) durch Oxydation des
Alkohols unter der Wirkung von Bakterien, der sog. Essigbakterien.
Diese durch Enzymhilfe bewerkstelligte Oxydation wird als Essigsäure-
gärung bezeichnet. Sämtliche Umsetzungen, die zu Stoffen von geringerer
Verbrennungswärme führen, also Energie verfügbar machen, die aber

nicht oder nicht ausschließlich die Endprodukte der normalen Atmung, Kohlensäure und Wasser liefern, werden nämlich unter dem Sammelnamen G ä r u n g zusammengefaßt. Den besonderen Namen erhält die Gärungsart im allgemeinen von dem auffälligsten Erzeugnis. Die Gärungen treten allgemein als Ersatz für die Atmung ein, weil sie Energiegewinn abwerfen.

Mitunter wird der Essig von den Essigbakterien selber noch weiter verbrannt zu K o h l e n s ä u r e. Geschieht das nicht, so sorgt ein hefenartiger Pilz, Saccharomyces Mycoderma, für diese endgültige »Mineralisierung« der organischen Substanz. Damit ist der Zucker, wenn auch mit Unterbrechungen und auf Umwegen, zum selben Ziel geführt wie in der atmenden grünen Pflanze.

Eine ganz besondere Verwendung findet die Alkoholgärung in der B ä c k e r e i. Brot, das aus nicht weiter vorbereitetem Mehlteig gebacken wird, ist dicht, frei von Hohlräumen, wie das jüdische »ungesäuerte« Osterbrot. Soll das Brot locker, von großen Hohlräumen durchsetzt sein, so wird dem Teig vor dem Backen H e f e zugesetzt, heutzutage meist in Form von Preßhefe, die als Nebenprodukt bei der Kornbrennerei gewonnen wird. Die Hefepilze vergären den im Teig vorhandenen Zucker zu Alkohol und Kohlensäure; das frei werdende Gas treibt den Teig auf, und der Alkohol verflüchtigt sich beim Backen des Brotes. Milchsäurebakterien, die in der Hefe nie fehlen und den Zucker zu Milchsäure vergären, bewirken eine geringe Säuerung. Der S a u e r t e i g, der in früheren Zeiten, vor der Verwendung der Hefe, das einzige Mittel zum Treiben des Teiges war, enthält neben Hefepilzen viele Bakterien; diese bilden aus Zucker Milchsäure und Essigsäure und verursachen so eine kräftige Säuerung des Brotes..

Die S ä u e r u n g von Sauerkraut und anderen G e m ü s e n beruht ebenfalls auf der Vergärung von Zucker zu Säuren, großenteils Milchsäure. Die Säurebildung steht bei einer gewissen Konzentration der Säure still, weil die Bakterien am Ende durch die Erzeugnisse ihres eigenen Stoffwechsels geschädigt werden. Um die Bakteriologie der Küche vollends zu erledigen, sei dann noch der Bakterien gedacht, die das Sauerwerden der M i l c h herbeiführen. Die Milch enthält neben Eiweißstoffen und Fett auch Zucker, und dieser wird durch die Milchsäurebakterien zu Milchsäure vergoren. Die Eiweißstoffe der geronnenen Milch, die Kaseine, werden bei der K ä s e bereitung durch Bakterien in einfachere Verbindungen zerlegt, unter denen Stoffe von eigenartigem Geschmack und Geruch vertreten sind.

In der freien Natur hat der geringste Teil der pflanzlichen Stoffe, die zum Boden zurückkehren oder im Boden selbst durch Absterben der betreffenden Pflanzenteile für die Pilze verfügbar werden, die Form wässeriger Lösungen. Es sind teilweise recht derbe, widerstandsfähige Gebilde, abfallende Blätter und Äste, Rindenstücke, ganze Wurzeln, die den Pilzen überantwortet werden und die ohne die Zersetzungstätigkeit der Pilze die ganze Erdoberfläche in kürzester Zeit mit einer dicken, hauptsächlich aus Zellulose bestehenden Hülle überziehen würden. Im Wald hat die Zufuhr großer Nährstoffmengen zum Boden, wie sie beim Blattfall eintritt, im Herbst eine mächtige Steigerung des Pilzwachstums zur Folge; zugleich wird dieses auch durch die reichliche Feuchtigkeit begünstigt. Beim Absterben lassen die Zellen der Blätter usw. gewisse Stoffe mit dem Zellsaft freiwillig nach außen treten. Stärke, Fett, Eiweiß werden von den Pilzen in derselben Weise in Lösung gebracht, wie es die grüne Pflanze selbst tut, nämlich durch Enzyme, die von den Pilzzellen ausgeschieden werden. Und auch die Zellwände entgehen der Auflösung gewöhnlich nicht. Zellulose wird vorzüglich durch Bakterien in lösliche Kohlehydrate verwandelt, die teils von diesen Bakterien selber, teils von anderen Pilzen aufgezehrt werden. In verholzten Wänden werden meist durch Fadenpilze die Holzstoffe zunächst von der Zellulose getrennt und herausgelöst, und die Zellulose wird dann durch andere Pilze aufgeräumt. Als letztes Produkt der Zersetzung der Kohlehydrate treten immer Kohlensäure und Wasser auf, die häufigsten Zwischenprodukte sind die verschiedensten organischen Säuren. Wenn Eiweiß neben reichlichen Kohlehydraten vorhanden ist, wird der Stickstoff des Eiweißes vollständig zum Aufbau des Pilzkörpers verwendet. Ist dagegen Eiweiß der einzige oder hauptsächliche Nährstoff, so muß es auch die Kohlehydrate ersetzen, und dann gehen die Pilze mit dem Stickstoff wenig haushälterisch um. Die Zerlegung der Eiweißkörper bleibt nicht bei den Aminosäuren (vgl. S. 95) stehen, sondern diese werden noch weiter in stickstofffreie Säuren und Ammoniak zerspalten. Damit sind wir endlich der Herkunft des Ammoniaks auf die Spur gekommen, das wir als Stickstoffquelle für grüne und nichtgrüne Pflanzen kennen und das wir bisher als im Boden vorhanden einfach hingenommen haben. Alles Ammoniak entsteht durch Zersetzung organischer Stickstoffverbindungen.

Wo die Zersetzung organischer Reste bei ungehindertem Luftzutritt vonstatten geht, spricht man von Verwesung. Ist die Sauerstoffversorgung mangelhaft oder fehlt sie ganz, wie z. B. unter Wasser, so tritt Fäulnis ein. Dichte Massen organischer Stoffe, wie Tierleichen, können in ihren oberflächlichsten Schichten, wo die Luft leicht zutritt, verwesen, während die inneren Teile unter allen Umständen verfaulen. Es war oben davon die Rede, daß jede Pflanze, auch die grüne, sich eine Zeitlang ohne Sauerstoff behelfen, durch intramolekulare Atmung am Leben erhalten kann. Bei vielen Fäulnisbakterien ist nun das Verhältnis zum Sauerstoff in dem Sinn verschoben, daß sie bei Gegenwart freien Sauerstoffs überhaupt nicht zu wachsen vermögen. Anstatt normal zu atmen, halten sie sich zum Zweck der Gewinnung von Betriebsenergie an die Spaltungsgärungen, und dabei entstehen neben Kohlensäure und Wasser oft sehr weit reduzierte, also oxydationsfähige Stoffe, z. B. freier Wasserstoff. Unter diesen luftscheuen (anaëroben) Bakterien sind besonders wichtig die Zellulose vergärenden. Sie bilden aus der Zellulose verschiedene flüchtige Säuren, wie Essigsäure, und entweder Wasserstoff oder Methan (CH_4). Das Methan verdankt seiner Bildung aus Pflanzenleichen, die unter Wasser faulen, den Namen Sumpfgas.

Andere luftscheue Bakterien reißen den Sauerstoff hochoxydierter mineralischer Stoffe an sich und verwenden ihn dazu, Kohlehydrate zu Kohlensäure zu veratmen. Auf diese Weise wird Schwefelsäure (H_2SO_4) zu Schwefelwasserstoff (H_2S), Salpetersäure zu Stickstoff reduziert. Diese Entbindung freien Stickstoffs, die übrigens auch bei der Fäulnis von Eiweiß sich einstellen kann, ist ein schwerer Verlust für die Organismenwelt. Glücklicherweise wird der Schaden, den die Stickstoff entbindenden (denitrifizierenden) Bakterien anrichten, durch in umgekehrter Richtung verlaufende Vorgänge wettgemacht. Es entsteht nämlich einerseits durch elektrische Entladungen in der Atmosphäre salpetrige Säure, die im Regen auf die Erde fällt, anderseits vermögen gewisse Bakterien den freien Stickstoff der Luft nutzbar zu machen. Sie brauchen Kohlehydrate für Wachstum und Atmung bzw., soweit sie luftscheu sind, für Gärung, und Atmung bzw. Gärung liefert ihnen die Energie für die Bindung des Stickstoffs. Sterben die Bakterien ab, so werden die gewonnenen Stickstoffverbindungen anderen Organismen zugänglich. Von weiteren Bakterien, die durch dieselbe Fähigkeit ausgezeichnet sind, wird noch die Rede sein.

Das Ammoniak ist für die Ernährung der höheren Pflanzen wohl brauchbar, aber noch günstiger wirken doch meistens salpetersaure Salze, und deshalb ist es von Wichtigkeit, daß das Ammoniak (NH_3) im Boden nitrifiziert, durch Bakterien zu salpetriger

Säure (NO_2H) bzw. Nitrit und weiter zu Salpetersäure (NO_3H) bzw. Nitrat oxydiert werden kann.

Ein nicht geringer Teil der organischen Stoffe im Boden ist tierischer Herkunft. Die tierischen Exkremente werden überall wegen ihres Reichtums an Stickstoff zur Verbesserung des Bodens, zur Düngung verwendet, und auch die Leiche des Tiers kehrt am Ende in den Boden zurück. Für die höheren Pflanzen sind diese Stoffe aber nicht ohne weiteres verwertbar. Es ist deshalb wichtig, daß die tierischen Reste durch Lebewesen, hauptsächlich Bakterien, zersetzt und in Stoffe übergeführt werden, die den grünen Pflanzen zugänglich sind. Eine bevorzugte Stellung nimmt unter diesen Vorgängen die Vergärung des Harnstoffes zu kohlensaurem Ammoniak ein.

In höherer Konzentration wirkt das kohlensaure Ammoniak wegen seiner stark alkalischen Reaktion auf alles Lebendige schädlich ein. Aber der Regen sorgt ja früher oder später für Verdünnung. Dieselbe Bewandtnis hat es mit dem Alkohol, mit den Säuren, die überall von den Pilzen durch Gärung gebildet werden. Sogar die besten Nährstoffe sind den Lebewesen nicht zugänglich, wenn die Konzentration ein gewisses Maß überschreitet. Bienenhonig z. B. bleibt von Pilzen und Bakterien vollkommen frei, und eingemachte Früchte usw. sind vor Gärung um so sicherer, je konzentrierter die verwendete Zuckerlösung ist. Was derartige Lösungen vor Pilzen schützt, das sind die mächtigen osmotischen Kräfte, die ihnen innewohnen. Sporen, die auf eine solche Unterlage geraten, vermögen kein Wasser an sich zu reißen, weil der osmotische Druck ihres Zellinhaltes geringer ist als der Außendruck, und können deshalb nicht keimen.

Die Zersetzung der widerstandsfähigeren P f l a n z e n t e i l e geht oft recht langsam vor sich. Das lehren die großen Mengen von wohl erhaltenen Blättern, Zweig- und Wurzelstücken, die sich z. B. in und auf dem Boden der Wälder finden. Und wenn auch der zellige Bau der Pflanzenreste schon vollkommen verschwunden ist, so ist damit doch noch lange nicht alle organische Substanz mineralisiert. Boden mit einigermaßen reichlicher Pflanzendecke ist bei uns überall dunkel, oft schwarz gefärbt, auch wenn das unterliegende Gestein hellfarbig ist. Die Färbung solchen Bodens, der als H u m u s bezeichnet wird, rührt von den sog. Humusstoffen her, Zersetzungsprodukten der Pflanzensubstanz, die hauptsächlich durch die Tätigkeit von Fadenpilzen entstehen. Die Humusstoffe enthalten Wasserstoff und Sauerstoff, viel Kohlenstoff und oft etwas Stickstoff. Für die höheren Pflanzen sind sie vollkommen unverwertbar, dagegen vermögen viele Fadenpilze sie als

Nährstoffe zu verwenden. Unter günstigen Umständen wird der Humus durch die Tätigkeit von Lebewesen im Lauf einiger Jahre ganz zersetzt, so daß es nicht zu einer dauernd zunehmenden Anhäufung von organischen Stoffen kommt.

Diese günstigen Umstände sind natürlich die Bedingungen, die für das Wachstum der zersetzenden Lebewesen maßgebend sind. Da sind vor allem nötig Wasser und Sauerstoff. In der Nähe der auf dem Boden liegenden Stengel und Blätter fehlt die Luft nie, und diese werden auch am raschesten zersetzt. Aber die im Boden steckenden Wurzeln usw. sind dem Sauerstoff nicht immer zugänglich, z. B. wenn der Boden sehr dicht ist, so daß die Luft einen geringen Teil des Raumes einnimmt und auch schlecht zirkuliert. Der Verdichtung des Bodens wird nun in sehr wirksamer Weise entgegengearbeitet durch wühlende Tiere, unter denen die Regenwürmer an erster Stelle stehen. Zudem befördern sie die Verwesung der Pflanzenreste auch dadurch, daß sie für eine gründliche Vermischung der organischen Stoffe mit den mineralischen Bodenteilen sorgen. Die zersetzenden Pilze bedürfen ja zu ihrer Ernährung nicht nur der Kohlenstoffverbindungen; ihr Wachstum und damit ihre zersetzende Tätigkeit steht nach dem Gesetz des Minimums still, wenn ihnen die unentbehrlichen Mineralsalze nicht zufließen, die in den toten Pflanzenteilen selbst nicht immer in ausreichender Menge vorhanden sind. — Die Humusstoffe haben teilweise ähnliche Eigenschaften wie Säuren. Das reichliche Vorhandensein gewisser Mineralien, hauptsächlich des Kalk- und Magnesiumkarbonats, verhindert aber die Anhäufung »saurer« Humusstoffe, weil diese z. B. an den Kalk zu unlöslichen Körpern gebunden werden, die sich zudem leicht weiter zersetzen. Auch die Bildung echter organischer Säuren tritt infolge der reichlichen Sauerstoffversorgung neben der Kohlensäureatmung sehr zurück. Der Humus ist neutral oder schwach sauer, er ist »m i l d« und geht meist in geringer Tiefe allmählich in Mineralboden über.

Ganz anders verhält es sich mit dem s a u r e n H u m u s oder Rohhumus. Er bildet sich z. B. auf sehr armem Boden, wie Heidesand, der den Pilzen infolge von Mangel an wichtigen Aschenstoffen das Leben schwer macht. Die organischen Reste werden wenig zersetzt, es entstehen reichlich »saure« Humusstoffe und freie Säuren, und diese vertreiben die wühlenden Tiere. Die Auflockerung des Bodens unterbleibt deshalb, und die Pflanzenreste verfilzen sich zu einer schlecht durchlüfteten, torfartigen Masse. Besonders ungünstig gestalten sich die Verhältnisse für die Zersetzung der organischen Reste u n t e r W a s s e r und in

sehr nassem Boden, weil hier immer der Sauerstoff knapp ist. Im
unbewegten Wasser entsteht schwarzer Faulschlamm, im Moorboden
sammeln sich mächtige Schichten von Rohhumus an, der hier T o r f
genannt wird. In größerer Tiefe hört im Torf die Tätigkeit von Lebewesen ganz auf, nicht aber die Zersetzung, die auf rein chemischem Weg,
freilich sehr langsam, vor sich geht. Der Sauerstoff pflegt hier ganz zu
fehlen, und die Humusstoffe verändern sich hauptsächlich durch Abspaltung von Wasser. Sie werden so an Kohlenstoff verhältnismäßig
immer reicher und gehen in brennbaren Torf über. In der schwarzen
S t e i n k o h l e , die aus beinahe reinem Kohlenstoff besteht, haben
wir das Endprodukt dieses Vorgangs zu sehen.

*   *   *

Chemische Umsetzungen werden allgemein gefördert durch die
W ä r m e ; Küche und Laboratorium arbeiten nicht umsonst so viel mit
dem Feuer. Deshalb ist es verständlich, daß wir auch die Lebensvorgänge in den Pflanzen in hohem Maß von der Temperatur abhängig
finden. Auf eine Betrachtung der einzelnen Stoffwechselvorgänge
können wir uns nicht einlassen, wir halten uns an das Gesamt-
ergebnis, das aus einem harmonischen Ineinandergreifen der verschiedenen Prozesse hervorgeht. Wenn die Ernährungstätigkeit der
Pflanze rege ist und wenn die aufbauenden Vorgänge über die zer-
störenden überwiegen, dann vermehrt die Pflanze ihre Masse, sie wächst.
Von dem Zusammenhang zwischen der Temperatur und dem
Wachstum der grünen Vegetation reden unsere nordischen Jahreszeiten
in einer Sprache, die niemand überhören kann. Das gilt nicht minder für
die Pilze; daß Fleisch im warmen Sommer leichter verdirbt, Milch
rascher sauer wird, Tier- und Pflanzenleichen schneller verwesen als im
Winter, das alles rührt von der verschiedenen Lebhaftigkeit der Bak-
terientätigkeit her.

Ist die T e m p e r a t u r so niedrig, daß das Wasser im Pflanzenkörper gefriert, dann kann selbstverständlich von Wachstum nicht mehr
die Rede sein; der Gefrierpunkt liegt meist bedeutend unter 0⁰, weil die
wässerigen Säfte der Zellen Lösungen, kein reines Wasser sind. Aber auch
über 0⁰ sind viele Pflanzen noch nicht wachstumsfähig. Die Feuerbohne
z. B. keimt erst bei 9⁰, die Gurke gar erst bei 16⁰; Senf und Weizen keimen
schon, wenn die Temperatur wenig über 0⁰ sich erhebt. Daß so weitgehende Unterschiede in der Lage der unteren Temperaturgrenze, des
»Temperaturminimums«, zwischen verschiedenen Pflanzen bestehen,

darf uns nicht wundern. Die stoffliche Zusammensetzung der verschiedenen Pflanzen ist ja sehr ungleich, und bis sämtliche Stoffwechselvorgänge eben in Gang geraten sind und sich zu normalem Wachstum vereinigen, bedarf es der Zufuhr bald geringerer bald größerer Wärmemengen. Eine Steigerung der Temperatur über das Minimum fördert dann das Wachstum stetig, bis zu einem Thermometergrad, der als Optimum bezeichnet wird. Jenseits des Optimums nimmt das Wachstum rasch ab, bis es bei der oberen Grenze, dem Maximum, vollkommen still steht. Das Maximum hat wie die anderen H a u p t p u n k t e d e r T e m p e r a t u r sehr verschiedene Lage. Bei unseren Landpflanzen pflegt es zwischen 30 und 45⁰ zu liegen, eine kleine braune Süßwasseralge, Hydrurus foetidus, hat dagegen das Maximum bei 16⁰ und verschwindet deswegen im Sommer, wenn die Wassertemperatur über 16⁰ steigt.

Bei einer Überschreitung des Temperaturmaximums weicht die »Wärmestarre« dem Tod. Bei sehr hohen Temperaturen muß ja in wachsenden Pflanzen das Protoplasma gerinnen. Aber das kann nicht immer die Ursache des Todes sein, weil bei Pflanzen mit niedriger oberer Grenze, wie Hydrurus, der Wärmetod schon bei recht niedriger Temperatur eintritt. Auch durch Kälte kann der Tod herbeigeführt werden. Manche Pflanzen werden anscheinend getötet, wenn ihr Zellsaft bzw. das aus den Zellen in die Zwischenzellräume ausgetretene Wasser gefriert, so die Kartoffelknolle. Andere Pflanzen vermögen ohne Schaden zu gefrieren und wieder aufzutauen, wie manche in grünem Zustand überwinternde Ackerunkräuter, und wieder andere, hauptsächlich in warmen Gegenden heimische Pflanzen sterben schon bei mehreren Graden über 0 den Kältetod. Am meisten leiden wasserreiche Pflanzenteile. Trockene Samen und Sporen werden durch die tiefsten erreichbaren Temperaturen mitunter nicht getötet, und auch trockene Erwärmung auf 100—120⁰ wird von wasserfreien Pflanzenteilen für kurze Zeit ertragen. Die Sporen mancher Bakterien überstehen sogar längeres Kochen in Wasser. Mindestens im Zustand wachsender Zellen gehen aber alle Pilze und Bakterien bei der Temperatur des kochenden Wassers zugrunde, und deswegen ist wiederholtes Auskochen von Flüssigkeiten ein sicheres Mittel, um diese zu »sterilisieren«, d. h. von lebenden Keimen zu befreien. — Worauf die schädigende Wirkung hoher und niedriger Temperaturen beruht, ist nicht genau bekannt.

Starke Erwärmung erleiden die Pflanzen in der freien Natur vor allem durch die Sonnenbestrahlung. Gegen das Eindringen der Lichtstrahlen, die im Pflanzenkörper großenteils absorbiert und in Wärme umgewandelt werden, schützen sich viele Pflanzen durch ein Kleid von toten, lufterfüllten, das Licht zurückwerfenden Haaren. Noch wichtiger und von allgemeinerer Verbreitung ist ein Mittel, die schon aufgenommene Wärme zu verbrauchen, die Verdunstung. Um flüssiges Wasser in Dampf überzuführen, ist viel Wärme nötig, die Pflanze kühlt sich also durch Verdunstung fortwährend ab. Ist eine Pflanze gezwungen und imstande, mit dem Wasser sparsam umzugehen, oder ist sie schon ausgetrocknet, so erwärmt sie sich in der Sonne mitunter außerordentlich hoch. Schutzmittel gegen niedrige Temperaturen, nach Art der Wärmeregulierung bei den warmblütigen Tieren, besitzen die Pflanzen nicht. Dichte Behaarung der Knospen, wie bei der Roßkastanie, dem Schlingenschneeball (Viburnum lantana), kann ja die Abkühlung wohl verlangsamen, aber infolge des Mangels einer ausgiebigen Quelle für die Erzeugung von Eigenwärme muß die Pflanze bei genügend langer Dauer der Kälte mit der Zeit die Temperatur der Umgebung annehmen.

Siebentes Kapitel.

Wechselbeziehungen zwischen lebenden Organismen.

Schmarotzerpilze: Eindringen in den Wirt, Verhalten im Wirt, Wirkung auf den Wirt, Wahl des Wirtes, Wirtwechsel. Schmarotzende Samenpflanzen: Vereinigung mit dem Wirt, Art der geraubten Nährstoffe. Symbiose: Flechten, Samenpflanzen mit Pilzwurzeln, Bakterienknöllchen. Tierverdauende Pflanzen, Pilze als Krankheitserreger. Schutz gegen pflanzenfressende Tiere. Gallen. Symbiose zwischen Tieren und Algen. Blüten und Insekten.

Auf den Wunden lebender Pflanzen stellen sich regelmäßig Schimmelpilze und andere Moderzehrer ein. Sie nähren sich von den ausgetretenen Säften und dem Inhalt der toten Zellen an der Oberfläche der Wunden. Manche dieser Pilze, wie die gewöhnlichen Köpfchen- und Pinselschimmel, begnügen sich aber nicht immer damit, die toten Reste aufzuzehren, sondern sie dringen von den Wunden her durch die Zwischenzellräume auch in die lebenden Gewebe ein. Aus dem Moderzehrer ist ein S c h m a r o t z e r (Parasit) geworden, der das lebende Gewebe gewaltsam anfällt, anstatt das Absterben der Pflanze abzuwarten. Ebenso wie die gewöhnlichen Schimmel treten zahlreiche andere Pilze, z. B. viele Hutschwämme, die gewöhnlich in totem Holz leben, gelegentlich als Schmarotzer in lebenden Pflanzen auf. Ganz und gar an schmarotzende (parasitische) Lebensweise gebunden sind z. B. die Rostpilze.

Als E i n g a n g s p f o r t e ins Innere der zu befallenden Pflanze können vielen Pilzen, hauptsächlich den baumbewohnenden, nur W u n d stellen dienen, auf denen die Sporen keimen. Wunden entstehen ja überall durch Wind, Schneedruck, Hagel und Frost, durch Tiere und durch die Eingriffe des Menschen. Die allergewöhnlichsten Wunden, die sich beim Abstoßen der Blätter ergeben, kommen nicht in Betracht, weil hier die Heilung, die Vernarbung schon vor der Entstehung der Wunde vorbereitet und vollendet wird. Die verbreitetste Art der Wundheilung, die ein Vertrocknen saftiger Gewebe und das Eindringen von Pilzen

verhindert, ist die Bildung von Wundkork. Unter der Stelle, wo
ein Blatt sich ablösen soll, wird quer durch den Grund des Blattstiels
eine Korkschichte gebildet, die schon funktionstüchtig ist, wenn das
Blatt abfällt. Werden auch die Gefäßhöhlungen durch Gummi verstopft,
wie es an Holzwunden nach einiger Zeit fast immer geschieht, so ist die
Wunde ganz geschlossen und gegen Pilzeinfall gefeit. Auf frischen,
unfreiwillig entstandenen Rindenwunden siedelt sich z. B. der Erreger
des Laubholzkrebses (Nectria ditissima) an, der auch in der Rinde bleibt.
Die Keimschläuche der holzbewohnenden Pilze (z. B. Polyporus) dringen
an Holzwunden am leichtesten durch die Höhlungen der Gefäße ein
und verbreiten sich von dort auch seitwärts, indem sie sich kreuz und
quer durch die Zellhäute, und wenn die Zellen noch Inhalt haben, durch
die Zellkörper bohren. Die Mittel, die ihnen das gestatten, sind vorzugsweise chemischer Art. Es sind Enzyme, die den Weg freilegen und
zugleich feste Stoffe in lösliche Nahrung verwandeln. Natürlich kommen
auch mechanische Kräfte ins Spiel. Wenn eine Zellwand durch Enzymwirkung erweicht ist, kann ein Pilzfaden, falls er nach rückwärts
genügenden Halt findet, wie eine feine Nadel sich durch die nachgiebige
Masse bohren. Die Aneignung der im Innern der Zellen vorhandenen
Nährstoffe, wie Plasma, Stärke, Fett usw. geschieht ebenfalls durch
Ausscheidung von lösenden Enzymen, geradeso wie bei den Moderzehrern.

　　　Andere Pilze befallen unverletzte Pflanzen. Das Gefäde des
Hallimasch (Agaricus melleus), der vorzugsweise in Wurzeln von Nadelbäumen schmarotzt, geht im Boden von kranken Wurzeln auf gesunde
über, indem es sie anbohrt. Gewöhnlich erfolgt aber die Verbreitung
der Schmarotzer durch Sporen, die auf der Oberfläche der Nährpflanze
keimen. Die Mehltaupilze (Erysiphe usw.) bleiben dabei mit ihrem
Gefäde auf der Oberfläche der Blätter und Stengel, indem sie sich mit
flachen Haftscheiben ankleben. Eine Stoffentnahme aus dem Wirt
durch das wasserundurchlässige Korkhäutchen hindurch ist natürlich
so gut wie unmöglich, der Pilz treibt deshalb da und dort kleine Faden-
äste als Sauger (Haustorien) ins Innere der Oberhautzellen (Fig. 65a).
Der Teil des Saugers, der die Zellwand durchbohrt, ist sehr fein
und dünn, erst in der Zellhöhlung schwillt der Sauger zu einer kleinen
Blase an. Die Keimschläuche, die aus den Ständersporen der Rostpilze
hervorgehen, durchbohren ebenfalls die Oberhaut der Wirtpflanze,
wachsen aber dann im Innern des Wirts weiter und bewegen sich hauptsächlich in dessen Zwischenzellräumen (vgl. Fig. 26). Noch
bequemer machen sich den Weg ins Innere der Nährpflanzen die Keimschläuche, die von den Becher- und Sommersporen der Rostpilze gebildet

werden, und ebenso die Schläuche, die aus den keimenden Sporen mancher Peronosporeen hervorgehen. Sie kriechen nämlich auf der Oberhaut hin, bis sie eine Spaltöffnung treffen, und wachsen dann durch die Spalte in die Atemhöhle und weiter in die Zwischenzellgänge. Gewöhnlich werden von den zwischen den Zellen lebenden Fäden Sauger gebildet, in großer Zahl und von auffallender Größe z. B. bei Peronospora parasitica (Fig. 65b), einem Algenpilz, der auf Kreuzblütlern schmarotzt. Zur Zeit der Sporenbildung werden häufig gewisse Teile des Gewebes der Nährpflanze von dichten Gefäde-massen durchwuchert, so daß der Pilz sich nun ähnlich verhält, wie etwa die dauernd im Zellinneren schmarotzenden Holzschwämme.

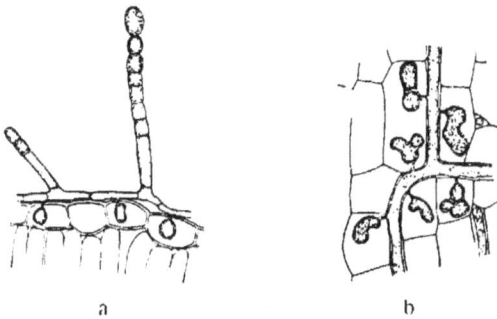

a   b

Fig. 65. a Erysiphe auf Lithospermum arvense, b Faden von Peronospora parasitica im Stengelmark des Hirtentäschel. 150/1.

Das trifft z. B. für die mit den Rostpilzen verwandten Brandpilze (Ustilagineen) zu, die vor allem in Gräsern zuerst zwischen den Zellen leben und erst als sporenbildendes Gefäde die Zellen des Wirtes ausfüllen; die Sporen sind kugelig, schwärzlich gefärbt und bilden ein stäubendes Pulver.

Die häufigste Einwirkung des Schmarotzerpilzes auf das befallene lebende Gewebe ist die, daß die Plasmakörper der ausgebeuteten Zellen infolge von Erschöpfung oder von Vergiftung nach einiger Zeit unter Bräunung zugrunde gehen; mitunter werden auch Zellen in einiger Entfernung vom Pilzgefäde durch Stoffe, die der Pilz ausscheidet, getötet. So entstehen auf Blättern die braunen, bei sonnigem Wetter vertrocknenden Flecke, die z. B. an der Kartoffel durch Phytophthora infestans, am Wein durch Oidium Tuckeri (Mehltau) und durch Peronospora viticola (den falschen Mehltau) hervorgerufen werden. Das saftige Fruchtfleisch von Obst wird durch Schimmelpilze in eine faulige, schmierige Masse verwandelt; die durch Ausscheidungen des Pilzes

8*

getöteten Zellen lassen ihre Säfte in die Zwischenzellräume austreten,
wo der Pilz sie mühelos sich aneignen kann. Die holzzerstörenden Pilze
zersetzen vor allem die Wände der Gefäßzellen und der Holzfasern,
wobei sie meistens zunächst die Holzstoffe auflösen, so daß Zellulose
übrig bleibt, doch verzehren sie auch den lebenden Inhalt und die Stärke
der Füllgewebezellen. Gelegentlich geht die Zerstörung des befallenen
Gewebes bis zu völliger Auflösung. Wenn z. B. die Brandpilze ihre
Sporenlager bilden, so verschwindet das Gewebe des Wirtes ganz und
gar, und an seine Stelle setzt sich das in Sporen zerfallende Pilzgefäde;
die Fruchtknoten des Hafers z. B. sind dann nur noch dünnwandige
Blasen, die eine Masse dunkelbraunen Sporenpulvers einschließen.

Viele Schmarotzer, wie die Rostpilze, lassen selbst die angebohrten
Zellen am Leben und erhalten sich so auf lange Zeit die Nährquelle,
anstatt sie gefräßig auf einmal auszubeuten. Die leidende Pflanze
tut sogar, durch chemische Einwirkungen veranlaßt, dem Schmarotzer häufig den Gefallen, den kranken Stellen die Nährstoffe in besonders reichem Maß zuzuführen; es entstehen Veränderungen der
Gewebe, die man als G a l l e n bezeichnet und die im einfachsten Fall
durch eine Vergrößerung und Vermehrung der Zellen gekennzeichnet
sind. So sind die Anschwellungen des vom weißen Rost (Cystopus
candidus) befallenen Stengels vom Hirtentäschel einfache Pilzgallen.
Werden die Äste von Holzpflanzen durch den Pilz zu ungewöhnlich
reicher Verzweigung veranlaßt, wie die Birke durch Exoascus, die
Weißtanne durch das Accidium elatinum, so spricht man von H e x e n -
b e s e n. Die Hexenbesen der Tanne haben zudem noch die Eigentümlichkeit, daß sie aufrecht wachsen, nicht wagrecht wie andere Seitenzweige, und daß sie ihre Nadeln im Herbst abwerfen. Ähnlich tiefgreifende Veränderungen gehen mit den Stengeln verschiedener Wolfsmilcharten (Euphorbia) vor sich, wenn sie von einem Rostpilz (Accidium
Euphorbiae) befallen sind. Sie kommen nämlich nicht zur Blütenbildung und tragen auch breitere und dickere Blätter als die gesunden
Sprosse.

Während für das Nährgefäde der Schmarotzer der Aufenthalt im
Innern der Nährpflanze am vorteilhaftesten ist, werden die F o r t -
p f l a n z u n g s z e l l e n im Interesse der Verbreitung gewöhnlich an
die O b e r f l ä c h e gebracht. Sehr häufig macht sich der Schmarotzer
durch seine Sporenlager usw. überhaupt erst von außen bemerkbar.
Die Hüte der großen Baumpilze werden außen am Stamm gebildet,
Peronospora streckt die Sporenträger durch die Spaltöffnungen des
Wirtes nach außen (Fig. 66). Bei den Rost- und Brandpilzen ent-

wickeln sich die Sporenlager knapp unter der Oberhaut, genießen so während des Heranwachsens den Schutz des Wirtes, und werden bei der Reife durch Aufsprengen der bedeckenden Hülle frei (Fig. 26, 27). Die an die Oberfläche gelangten Sporen werden vom Wind erfaßt und überallhin über die Pflanzen ausgestreut. Trotzdem erscheint weitaus die größte Zahl der schmarotzenden Pilze an ganz b e s t i m m t e W i r t e gebunden. Der Mehltau des Weinstocks (Oidium Tuckeri) ist ganz auf den edlen Wein beschränkt, der Brandpilz Ustilago longissima lebt nur auf Angehörigen der Grasgattung Glyceria, Peronospora parasitica vertritt einen besonders häufigen Typus, indem sie auf allen möglichen Gattungen derselben Familie, nämlich der Kreuzblütler, wächst. Als eine Ausnahme kann Erysiphe communis, der gemeine Mehltau, gelten, der mit Pflanzen der verschiedensten Familien vorliebnimmt, in gleicher Weise z. B. auf Hahnenfußgewächsen, Hülsenfrüchtlern, Korbblütlern, Nesselgewächsen usw. vorkommt.

Zu k e i m e n vermögen die Pilzsporen großenteils überall, wenn ihnen nur genug Wasser zur Verfügung steht. Deshalb keimen sie auch vielfach zunächst auf Pflanzen, die für sie nicht als Wirte taugen. Keimschläuche, die sich durch die Oberhaut zu bohren pflegen, sind dazu imstand nur bei solchen Pflanzen,

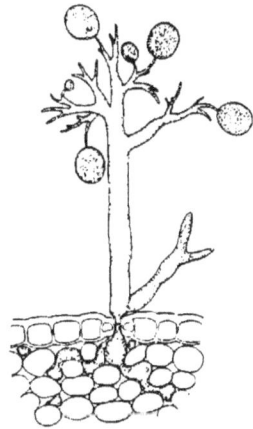

Fig. 66. Sporenträger von Peronospora parasitica auf dem Ackersenf, 230/1.

die wir als ihre gewöhnlichen Wirte kennen, und auch hier oft nur an jungen Teilen mit dünnem Korkhäutchen. Andere Pilze, die durch die Spaltöffnungen eindringen, wachsen auf jeder beliebigen Pflanze bis in die Atemhöhle; zu einer Weiterentwicklung des Gefädes aber kommt es nur, wenn die befallene Art in den Kreis der Nährpflanzen gehört. Was die Wirtpflanze für den Schmarotzer geeignet oder ungeeignet macht, kann kaum etwas anderes sein als ihre chemische Beschaffenheit. Der Pilz ist z. B. bei der einen Pflanze imstande die Wände der Oberhaut aufzulösen, bei einer anderen nicht. Oder er findet in den Zellen einer Pflanzenart Stoffe, die sein Wachstum hemmen, während eine andere Art einen geeigneten Nährboden darstellt. Und weil größere Pflanzengruppen in ihren chemischen Eigentümlichkeiten, von denen der Besitz gewisser Alkaloide usw. am leichtesten zur Beobachtung kommt, sich einheitlich zu verhalten pflegen, hat die Beschränkung der meisten

Pilze auf ganz bestimmte Verwandtschaftsgruppen von Pflanzen nichts
Auffallendes.

Zu dieser eng beschränkten Wahl der Nährpflanze steht scheinbar
in schroffem Gegensatz die Erscheinung des W i r t w e c h s e l s. Der
Entwicklungsgang der meisten Rostpilze setzt sich aus verschiedenen
Generationen zusammen, deren jede in der Bildung einer besonderen
Sporenform ihr Ende findet (vgl. S. 34). Diese Generationen leben gewöhnlich auf zwei verschiedenen Wirtpflanzen, in der Weise, daß eine Spore nicht
auf der Pflanze sich fortzuentwickeln vermag, auf der sie gebildet wurde,
sondern auf einen anderen Wirt übertragen werden muß. Wenn wir
die Erhaltung der Pilzart im Wechsel der Generationen ins Auge fassen,
so sagen wir, der Pilz wechselt mit der Sporenform den Wirt. Die Zu-
sammengehörigkeit solcher Formen zu einer Art ist natürlich nur durch
künstliche Übertragung der Sporen auf die mutmaßlichen Wirte streng
nachzuweisen, und durch Versuche sind außer dem allbekannten Musterbeispiel der Puccinia graminis, die ihre Sporenbecher auf dem Sauerdorn (Berberis), ihre Sommer- und Wintersporen auf Getreide entwickelt,
Hunderte von Generationspaaren bekannt geworden. In der Gattung
Puccinia ist der Fall sehr gewöhnlich, daß die Bechersporenform auf
Zweikeimblättrigen, die Wintersporenform auf Einkeimblättrigen schmarotzt. Während eine und dieselbe Generation an einen engen Kreis
verwandter Gattungen gebunden ist, springt also der Schmarotzer mit
der Sporenbildung von einer Wirtpflanze auf eine nach der Verwandtschaft weit entfernte über. Die Generationen unterscheiden sich somit
nicht nur in den gestaltlichen Verhältnissen, wie sie in der Kernbeschaffenheit und in der Sporenform zum Ausdruck kommen, sondern
auch in Hinsicht auf die Ernährung, in ihren Ansprüchen an die stoffliche Beschaffenheit der Unterlage.

Unter den Algen sind schmarotzende Formen selten, unter den
Moosen und Farnen fehlen sie ganz. Dagegen gibt es eine ganze Anzahl
von S a m e n p f l a n z e n, und zwar zweikeimblättrigen, die sich zum
Zweck der Nahrungsentnahme mit dem lebenden Körper anderer Samenpflanzen in Verbindung setzen. Unsere einheimischen Schmarotzer
leben mit dem größten Teil ihres Leibes außerhalb des Wirts und dringen
in seine Gewebe nur mit ihren Saugorganen ein. Bei der Mistel (Viscum)
und bei der Sommerwurz (Orobanche) ist es die Keimwurzel, die zum
Organ der Befestigung und der Nahrungsaufnahme wird, bei der Seide
(Cuscuta) sind es umgebildete Beiwurzeln an der Sproßachse. Die
Schuppenwurz (Lathraea) und ihre grünen Verwandten, wie Klappertopf, Wachtelweizen und Augentrost, und ebenso das Vermeinkraut

(Thesium) bilden ihre knöllchenförmigen Sauger seitlich an gewöhnlichen Wurzeln.

Als Muster einer schmarotzenden Samenpflanze mag uns die K l e e -
s e i d e dienen, Cuscuta Trifolii. Die Pflanze bildet zeitlebens keine
grünen Blätter, nur kleine blasse Schuppen, und auch der fadenförmige
windende Stengel enthält nur Spuren von Blattgrün. Die Seide ist also
auf Ernährung mit organischer Substanz angewiesen, sobald die Reservestoffe des Samens aufgebraucht sind. Der fädliche Keimling verankert

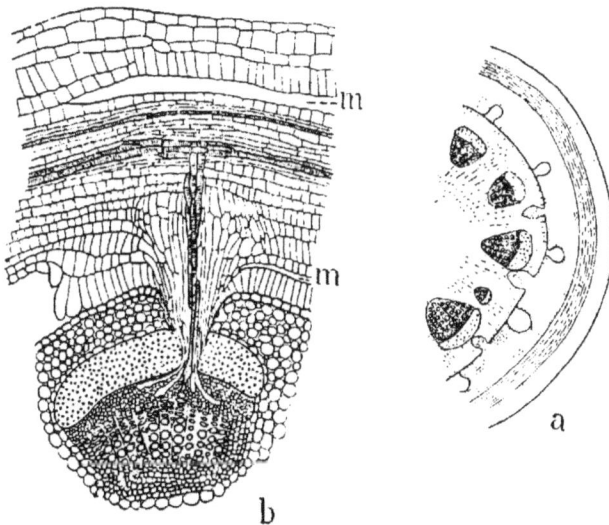

Fig. 67. Cuscuta auf Klee. Der Kleestengel quer, der Cuscutastengel längs geschnitten.
Bei *m* in b sind gegliederte Milchröhren der Länge nach angeschnitten. a 20/1, b 60/1.

sich wohl zunächst mit seinem Würzelchen im Boden, um sich mit Wasser
zu versorgen; aber sobald er bei den kreisenden Bewegungen, die er ebenso
wie die nächst verwandte Winde ausführt, auf eine lebende Pflanze,
etwa einen Kleestengel, getroffen ist, legt er sich mit engen Windungen
um diese herum, treibt Sauger in ihn hinein (Fig. 67a; der Schmarotzer
ist durch Punktierung hervorgehoben), und läßt sein unverzweigtes, ge-
fäßloses Würzelchen absterben. Die als Höcker auf der Innenseite
der Stengelschlingen entstehenden Anlagen der Sauger finden am
Cuscutastengel selbst ein festes Widerlager und werden damit in den
Stand gesetzt, sich an die Nährpflanze anzupressen. Sie schmiegen sich
unter sattelförmiger Ausbuchtung dem Wirt mit breiter Fläche an,
lösen durch ausgeschiedene Enzyme die berührten Oberhautwände

teilweise auf und verkleben ihre eigenen Zellwände damit. Jetzt erst
dringt aus der Mitte des Sattels das eigentliche Saugorgan wie ein Nagel
in den Kleestengel ein (Fig. 67b). Durch Enzyme werden lebende Zellen
angebohrt und weggefressen, durch Aufwendung mechanischer Kraft
werden andere Zellen zerdrückt oder auseinandergedrängt. Wenn der
Sauger die Rinde des Klees durchstoßen hat und auf den Bastbeleg eines
Gefäßbündels trifft, wird auch dieser aufgespalten (b), so daß der Zugang
zu den Siebröhren frei steht. Einzelne der schlauchförmigen Zellen
an der Spitze des Saugers bohren sich nun seitwärts durch den Siebteil
und legen sich endlich an unversehrte Siebröhren an (b). Die Zellen
aus der Mitte des Saugers wachsen geradeswegs durch den Siebteil
hindurch auf die Gefäße zu (b) und schließen ihr Wachstum ab, wenn sie
diese erreicht haben. Sie verdicken ihre Wände nach Art von Gefäßzellen (b), lassen auch wohl ihren Inhalt absterben. Weiter oben im
Sauger ist schon vorher ein Gefäßbündel aufgetreten, das mit dem
Bündelstrang des Stengels in Verbindung steht (b). Die äußeren Schläuche
an der Spitze des Saugers können zu Siebröhren werden, die ebenfalls
in die Siebröhren des Stengels sich fortsetzen. Damit sind die leitenden
Organe des Schmarotzers unmittelbar an die Leitungsbahnen des Wirtes
angeschlossen. Wenn der Sauger an den Gefäßbündeln vorbei ins
Mark gerät, löst er sich mitunter in pilzartige Schlauche auf, die nach
allen Richtungen auseinanderlaufen. In diesen Saugschläuchen sinkt
der Leib einer Blütenpflanze auf die Stufe eines gefädeförmigen
Lagers herab.

In ähnlicher Weise treten die anderen Schmarotzer mit dem Wirt
in Verbindung. Es erfolgt überall zuerst ein Festkleben auf der Oberfläche, darauf das Eindringen unter dem Zusammenwirken chemischer
und mechanischer Kräfte. Die Nährpflanze wird vom Schmarotzer
in allen Fällen sehr geschont. Es werden wohl ganze Gewebeteile aufgezehrt oder zerdrückt, und am Ende kann natürlich die Nährpflanze
durch Erschöpfung zugrunde gerichtet werden, aber nutzlose Zerstörung
von Gewebe unterbleibt.

Welcher Art die N ä h r s t o f f e sind, die aus der Wirtpflanze in
die Schmarotzer übertreten, ist bis jetzt in keinem Fall durch Versuche
genau festgestellt. Wir sind also darauf angewiesen, aus äußeren Merkmalen Schlüsse zu ziehen. Jedenfalls stellen die Schmarotzer an ihre
Wirte ganz verschiedene Ansprüche, je nach dem, was sie aus eigenen
Mitteln zu ihrer Ernährung beisteuern. Die blattgrünfreien G a n z -
s c h m a r o t z e r müssen natürlich sämtliche Nährstoffe ihrem Wirt
abzapfen; wenn sie wurzellos sind wie die Seide, sogar das Wasser. Bei

der Seide suchen die ausgebildeten Sauger, wie wir gesehen haben, den Anschluß an die Gefäße und an die Siebröhren der Nährpflanze, sie schöpfen also Wasser und Nährstoffe unmittelbar aus den Leitbahnen. Ebenso vollständig, wenn auch vielleicht weniger ausgiebig, ist die Versorgung mit sämtlichen Nährstoffen, wenn die Saugschläuche sich nur im lebenden Füllgewebe ausbreiten, wie es bei der Seide auch vorkommt. In ähnlicher Weise schickt die Schuppenwurz (Lathraea squamaria), die auf den Wurzeln von Holzgewächsen schmarotzt und aus dem Raub einen ansehnlichen Körper aufbaut, ihre in Schläuche aufgelösten Sauger kreuz und quer durch die Nährwurzel, hauptsächlich durch das Holz, das ja auch lebende Zellen enthält. In der augenfälligsten Weise zeigen die Sommerwurzarten (Orobanche), die auf den Wurzeln der verschiedensten krautigen Pflanzen schmarotzen, ihre vollkommene Abhängigkeit von der Wirtpflanze durch die Art der Vereinigung mit der Nährwurzel an; die sämtlichen Gewebeformen des Saugorgans, Rindenfüllgewebe, Gefäße, Siebröhren, treten mit den entsprechenden Geweben des Wirts in so innige Verbindung, daß der Schmarotzer geradezu als ein Glied der Wirtpflanze erscheint und das unter der Anheftungsstelle liegende Wurzelende durch Wegfangen der von oben zuströmenden Nährstoffe zum Absterben bringt.

Von den grünen Halbschmarotzern dürfen wir annehmen, daß sie durch eigene Assimilation zum mindesten einen Beitrag zu ihrer Versorgung mit Kohlehydraten leisten. Die Mistel z. B. verankert sich mit ihren Senkern im Holzkörper des Baumastes, auf dem sie sitzt, und setzt sich mit den Gefäßen des Wirtes durch Gefäßzellen in Verbindung; sie macht sich also wohl nur die Wurzel des Nährbaumes dienstbar, d. h. sie entzieht als »Wasserschmarotzer« dem Wirt nur Wasser und Mineralsalze, keine organischen Stoffe. Und ähnlich werden sich Vermeinkraut, Klappertopf, Wachtelweizen, Augentrost usw. verhalten, die sich sämtlich auf den Wurzeln anderer Samenpflanzen ansaugen.

Die grünen Halbschmarotzer haben so wohl ausgebildete B l ä t t e r, daß die in der Erde wurzelnden Formen noch gar nicht so lange als Schmarotzer erkannt sind. Bemerkenswert ist demgegenüber die Verkleinerung der Blätter und die Spärlichkeit der Spaltöffnungen bei den blassen Ganzschmarotzern. Die flachen grünen Blätter sind damit als Organe gekennzeichnet, die in erster Linie der Assimilation dienen; die Verdunstung, wenigstens bei Pflanzen von geringer Körpergröße, zur Hauptsache als eine unvermeidliche Begleiterscheinung der Gestaltungsverhältnisse, die für das Assimilationsgeschäft nützlich sind, nämlich der Flächenausbreitung der Blätter und der Durchbohrung der Oberhaut.

Freilich darf man sich nicht vorstellen, daß der Stengel der Seide und der Sommerwurz nicht transpiriert; die Oberflächenentwicklung ist zwar gering und Spaltöffnungen fehlen fast, aber dafür ist das Korkhäutchen schwach. Sehr ungünstig ist dagegen, was die Abgabe von Wasser anbelangt, die mit Ausnahme der Blütenstände ganz im Boden steckende Schuppenwurz gestellt. Und hier zeigt sich nun deutlich, daß eine wenn auch mäßige Wasserdurchströmung für die Zufuhr der Nährstoffe notwendig, oder zum mindesten vorteilhaft ist. Die Blätter der Schuppenwurz besitzen nämlich Drüsen, die annähernd reines Wasser auspressen, und damit ist die fehlende Verdunstung einigermaßen ersetzt. Die Wasserdrüsen (dr in Fig. 68b), die dicht über Gefäßen (g) liegen und neben denen

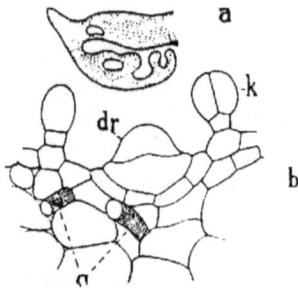

noch Köpfchenhaare (k) vorkommen, sind in einem reichverzweigten System von Hohlräumen untergebracht, das die dicken Blätter zerklüftet und auf der Blattunterseite nach außen mündet (Fig. 68a).

Fig. 68. Schuppenwurz. a Längsschnitt eines Blattes, 4/1, b Querschnitt von einer Blatthöhle, 230/1.

In der Wahl der Nährpflanzen ergeben sich dieselben Unterschiede wie bei den Pilzen. Augentrost und Seide können auf den verschiedensten Ein- und Zweikeimblättrigen schmarotzen, die Arten der Gattung Sommerwurz dagegen sind an ganz bestimmte Arten als Wirte gebunden. Bei Sommer- und Schuppenwurz hat sich zudem ergeben, daß ihre Samen überhaupt nur dann keimen, wenn sie in die Nähe einer als Wirt tauglichen Wurzel zu liegen kommen. Sie sind also schon in der Keimung von einem Reiz chemischer Art (vgl. Kap. 9) abhängig, der von ihrer Nährpflanze ausgeht.

Eine besondere Form von Schmarotzertum, die mehr oder weniger auf Gegenseitigkeit der Leistungen gegründet ist, so daß keinem der beiden Teile eine ausschließlich leidende Rolle zufällt, wird als S y m - b i o s e bezeichnet. Das Musterbeispiel ist seit langem das Lager der F l e c h t e n, in dem eine Alge mit einem Pilz vergesellschaftet lebt. Die Alge gedeiht nur am Licht, nicht im dunkeln Moder des Waldbodens. Und der Pilz paßt sich den Ansprüchen, die sein Gast an die Umgebung stellt, vollkommen an, weil sein eigenes Gedeihen von dem des Gastes abhängt. So sehen wir den Leib der Flechtenpilze in der Luft leben und Formen annehmen, die andere Pilze nur in dem kurzlebigen Zustand des Fruchtkörpers erreichen. Die Fäden leben nicht mehr spinnwebfein verteilt, sondern zu derben Gewebemassen verflochten, zu zähen Krusten, laubartigen Flächen, verzweigten Bändern (Fig. 69a) und Strängen vereinigt. Ein Querschnitt durch das bandförmige Lager der Wimperflechte (Anaptychia ciliaris), die vor allem an Pappelbäumen wächst (Fig. 69), läßt drei gut gesonderte Schichten erkennen: Zu oberst ein sehr dichtes, lückenloses Geflecht von dickwandigen Pilzfäden, das auf der Oberfläche nicht glatt abschließt, sondern zahlreiche Fäden als unregelmäßigen Flaum austreten läßt (Fig. 70); darunter eine stellenweise unterbrochene grüne Schicht (a in Fig. 70), aus kugeligen Algenzellen (Protococcus, al in Fig. 69b) gebildet, die von

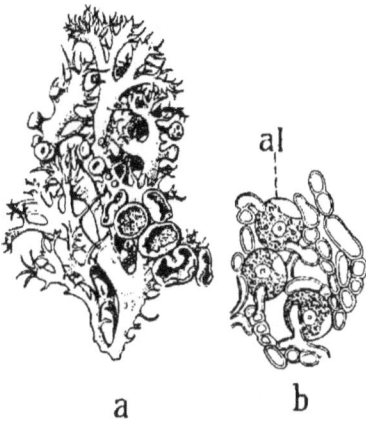

Fig. 69. Anaptychia ciliaris, a Stück des Lagers mit Scheibenfrüchten, etwas überlebensgroß, b Pilz- und Algenzellen aus dem Lager, 500/1.

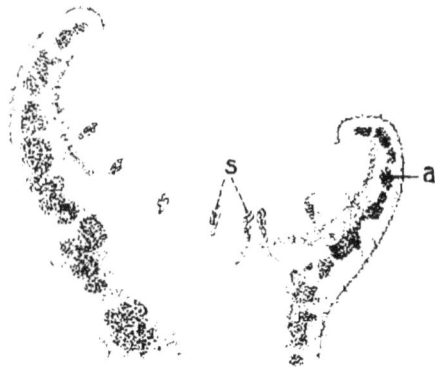

Fig. 70. Anaptychia, Längsschnitt durch die Scheibenfrucht, 35.

Pilzfäden umsponnen sind; endlich unter den Algen ein sehr lockeres, luftreiches, an Watte erinnerndes Pilzgewebe, das sich gegen den untersten Rand wieder etwas verdichtet. Die Fruchtkörper (Scheibenfrüchte, Apothecien, Fig. 69a, 70), die auf den Lappen stehen, sind ganz und gar wie kleine Becherlinge (vgl. S. 33) gestaltet; eine flache Schüssel auf kurzem breitem Stiel, ihre Fläche von der Schlauchschicht ausgekleidet. Algenzellen fehlen in der Schlauchschicht, sind aber sonst überall am Rand der Schüssel zu finden. Die dick keulenförmigen Schläuche (s in Fig. 70) treten an Zahl hinter den etwas längeren Saftfäden zurück. Die Sporen, zu acht oder manchmal auch weniger, sind länglich, durch eine Querwand zweizellig, mit dicker brauner Haut versehen. Aus der Spore kann nur der Pilz sich wieder erzeugen; um sich zur Flechte zu vervollständigen, muß er die Alge einfangen, die auch im freien Zustand auf Baumrinden überall häufig ist. Die Flechte als solche vermehrt sich in vielen Fällen (Becherflechte, Cladonia) durch kleine abgeschnürte Lagerstückchen (Soredien), die schon Pilz samt Alge enthalten.

Die Alge findet im Pilzgewebe zum mindesten sichere Wohnung und wird vom Pilz mit Aschenstoffen versorgt; der Pilz seinerseits macht sich die Assimilationstätigkeit der Alge zunutze, d. h. er läßt sich mit Kohlehydraten füttern und kann so auf gänzlich unorganischer Unterlage, wie nacktem Stein, gedeihen. Auch wo die Unterlage organisch ist, wie Baumrinde, besorgt der Pilz nur die Befestigung, ohne als Moderzehrer oder Schmarotzer die Rinde in weiterem Umkreis zu durchwuchern. Genau genommen zieht wahrscheinlich die Alge bei dem Abkommen den kürzeren, denn sie vermag auch ohne den Pilz, und unter Umständen üppiger zu wachsen, während der Pilz die Alge notwendig braucht. Die Vereinigung von Alge und Pilz erfolgt nur oberflächlich, ohne Anbohrung der Zellen.

Unter den blassen S a m e n p f l a n z e n gibt es einige, wie Fichtenspargel (Monotropa hypopitys) und Nestwurz (Neottia nidus avis), die mit ihren Wurzeln frei im Boden stecken, nicht als Schmarotzer auf anderen Pflanzen aufsitzen. Sie müssen also ihren Bedarf an organischen Stoffen ebenso wie die Mineralsalze dem Humusboden entnehmen. Im allgemeinen sind die Blütenpflanzen nicht imstand, sich als Moderzehrer zu ernähren, und bei genauem Zusehen findet man auch hier, daß es sich nicht um eigentliche unmittelbare Moderernährung handelt, sondern um Schmarotzen bzw. um Symbiose. Die haarlosen Wurzeln des Fichtenspargels sind nämlich in einen dichten Mantel von P i l z - f ä d e n eingehüllt, die nicht in das Wurzelgewebe eindringen, wohl aber mit dem Pilzgeflecht in Verbindung stehen, das den Waldboden allenthalben durchspinnt. Alles Wasser, das von dem Fichtenspargel aufgenommen wird, muß also mitsamt den Stoffen, die es in Lösung enthält, seinen Weg durch die Pilzhülle nehmen. Damit wird es wahrscheinlich, daß der Pilz, der ja wohl die Humusstoffe zu verwenden vermag, dem Fichtenspargel von seinem Erwerb abgibt. Ob er dafür eine Gegenleistung erhält, ist ganz unbekannt.

Bei der Nestwurz ist das Verhältnis noch rätselhafter. Der Pilz lebt hier im Innern der Wurzeln, in den Rindenzellen, und steht mit dem umgebenden Boden so gut wie gar nicht in unmittelbarer Verbindung. Die Stoffaufnahme wird also von der Wurzeloberfläche besorgt, und der Pilz könnte nur für die Verarbeitung aufkommen; vielleicht scheidet er durch die Wurzel Enzyme aus, die Humusstoffe aufschließen. Die am weitesten nach innen zu liegenden Zellen des Pilzes werden augenscheinlich von der Wurzel verdaut. Ob gegen ein Entgelt, wissen wir wieder nicht.

Nachdem die Verpilzung der Wurzeln bei Blattgrünfreien bekannt geworden war, wurden P i l z w u r z e l n (Mykorrhizen) auch bei grünen Pflanzen entdeckt. So tragen die jüngsten Wurzeln unserer meisten Waldbäume einen dichten Pilzmantel, und sämtliche einheimischen Orchideen, auch die grünen, sind mit Pilzen vergesellschaftet, die in den Wurzelzellen leben. Überall bestehen über das gegenseitige Verhältnis der Symbionten in Dingen der Ernährung nur Vermutungen. Sicher dagegen ist, daß die Orchideensamen nicht einmal keimen können, wenn sie nicht von dem befreundeten Pilz befallen werden.

Besser sind wir über die Rolle unterrichtet, die gewisse Bakterien in den Wurzeln der H ü l s e n f r ü c h t l e r spielen. Es ist seit langem bekannt, daß Ackerboden, der durch längere Kultur von Getreide u. a. erschöpft ist, durch Bebauung mit Klee oder anderen Hülsenfrüchtlern wieder gekräftigt wird. Die günstige Wirkung beruht, wie sich herausgestellt hat, auf einer Anreicherung des Bodens mit Stickstoff, und sorgfältige Versuche haben ergeben, daß die Hülsenfrüchtler in einem Boden wachsen können, der gar keinen gebundenen Stickstoff enthält. Sie müssen also die Fähigkeit haben, den Luftstickstoff zu binden. Diese Fähigkeit zeigen sie aber nur dann, wenn an ihren Wurzeln kleine K n ö l l c h e n auftreten. In den Knöllchen findet man regelmäßig große Stücke der übermäßig entwickelten Rinde von Bakterien bewohnt, die die betreffenden Zellen in dichten Massen erfüllen. In einem Boden, der durch Erhitzen von lebenden Bakterien befreit worden ist, unterbleibt die Bildung dieser Bakteriengallen, sie läßt sich aber jederzeit hervorrufen durch Zugabe von aus Knöllchen entnommenen Bakterien, die durch die Wurzelhaare einwandern. Damit ist erwiesen, daß die Stickstoffbindung das Werk der K n ö l l c h e n b a k t e r i e n ist. Die grüne Pflanze stellt den Bakterien organische Stoffe zur Verfügung und erhält dafür irgendwelche Stickstoffverbindungen. Die stickstoffreichen Wurzeln, die nach der Ernte im Boden verwesen, üben die verbessernde Wirkung auf den Boden aus, von der wir ausgegangen sind.

Ebenso mannigfaltig wie die Wechselbeziehungen zwischen Pflanzen sind die Beziehungen zwischen Pflanzen und Tieren. Am meisten Aufsehen haben von jeher die Fälle erregt, in denen die Pflanze dem Tier gegenüber sich in ungewohnter Weise aktiv erweist, d. h. die Erscheinungen der T i e r v e r d a u u n g (Insektivorie). Sonnentau (Drosera) und Fettkraut (Pinguicula) halten kleine Tiere nach Art eines Leimstengels durch klebrigen Schleim fest, den eigentümliche Drüsen auf ihren Blättern ausscheiden, und ersticken den Fang in dieser zähen Masse. Der Wasserschlauch (Utricularia) hat Fangapparate von der Art einer

Reuse; die blasenförmigen Blattabschnitte, mit denen er kleine Wassertiere fängt, besitzen eine ventilartige Klappe, die sich leicht nach innen
öffnet, aber nicht umgekehrt von innen her nach außen biegen läßt.
Gemeinsam ist allen tierverdauenden Pflanzen, daß die gefangenen Tiere
teils durch Ersticken, teils durch chemische Einwirkungen getötet, die
leichter angreifbaren Teile verdaut, d. h. durch Enzyme in Lösung gebracht,
und darauf in den Pflanzenleib aufgenommen werden. In allen Fällen handelt es sich dabei vor allem um den Gewinn stickstoffreicher Körper, wie
Eiweiß; Sonnentau und Fettkraut z. B. leben auf sehr armem Sumpfboden,
wo ihnen eine solche Zugabe zu ihrer Kost sehr erwünscht sein muß.

Praktisch sind von der allergrößten Bedeutung die Pflanzen, die
als Schmarotzer im Tierkörper leben, allen voran die Bakterien.
Harmlos oder sogar unentbehrlich sind die Bakterien, die ganz regelmäßig im Darm der Wirbeltiere vorkommen. Bei den Pflanzenfressern
fällt ihnen z. B. die Rolle zu, die schwer angreifbare Zellulose zu vergären,
in verdauliche Verbindungen überzuführen. Die zahllosen als Erreger von
Krankheiten bekannten Bakterien bringen ihre gefürchteten Wirkungen
hervor durch Stoffwechselerzeugnisse, die das befallene Tier vergiften.

Die höheren Pflanzen verhalten sich den beweglichen Tieren gegenüber, wie leicht zu verstehen, im allgemeinen durchaus passiv: sie werden
von den Tieren aufgefressen. Die Tiere sind ja ganz und gar auf organische
Nährstoffe angewiesen, sowohl was den Kohlenstoff als was den Stickstoff
anlangt, d. h. sie brauchen vorgebildete Kohlehydrate, Fett und Eiweiß.
Sie sind also als Pflanzenfresser unmittelbar und als Fleischfresser
mittelbar von den Pflanzen abhängig. Von Schutzmitteln,
die die Pflanze gegen tierische Feinde einigermassen wehrfähig
machen, sind Gifte und schlecht schmeckende Stoffe oben schon erwähnt. Hauptsächlich großen weidenden Tieren gegenüber sind außerdem sehr wirksam mechanische Waffen, wie Stacheln, Dornen, Borsten-
haare. Zu den allergefährlichsten Wehrmitteln gehören die Brennhaare,
die in eine mechanisch beigebrachte Verletzung Gift einspritzen. Von
einem allgemein und sicher wirkenden Schutz ist freilich in keinem
einzigen Fall die Rede. Kleine Tiere werden durch Stacheln usw. nicht
gefährdet, und Stoffe, die für viele Tiere tödliches Gift sind, haben
z. B. manchen Insektenlarven gegenüber nur die Wirkung, daß sie
ihnen lästige Mitbewerber fernhalten.

Tierische Schmarotzer, hauptsächlich Insektenlarven, die sich in
bestimmten Pflanzenteilen häuslich niederlassen und behutsam nur
so viel Pflanzengewebe aufzehren, daß sie dauernd weiter ernährt werden,
rufen, noch viel häufiger als Pilze das tun, Gallenbildungen hervor.

Durch chemische Einflüsse, die erst vom Ei und dann von der Larve ausgehen, wird das benachbarte Pflanzengewebe, ähnlich wie es unter der Einwirkung gewisser Pilze geschieht, zu erhöhter Wachstumstätigkeit angeregt. Dabei entstehen oft Zellformen, die der betreffenden Stelle des Pflanzenteils sonst fremd sind, z. B. dickwandige Zellen als mechanischer Schutz für den Schmarotzer. In allernächster Nähe der Larve wird regelmäßig zartes Gewebe erzeugt, das ein bequem zugängliches Futter darstellt und oft in dem Maß nachwächst, wie es abgeweidet wird. Die Pflanze sorgt also in der denkbar aufmerksamsten Weise für den ungebetenen Gast, ohne irgend ein Entgelt dafür zu erhalten.

Auch an symbiotischen Vereinigungen von Pflanze und Tier fehlt es nicht. Kleine Wassertiere, wie Amöben, Infusorien, Süßwasserpolypen, Würmer, erscheinen häufig durch runde grüne Körper, die großen Farbträgern ähneln, gefärbt. Es handelt sich dabei aber nicht um Farbträger, sondern um ganze, mit Kern, Blattgrün und Zellulosewand ausgestattete Algenzellen aus der Gattung Chlorella, die in den Zellen der betreffenden Tiere wohnen. Der Stoffaustausch zwischen den Partnern wird ein ähnlicher sein wie im Flechtenlager zwischen Alge und Pilz. Symbiose ist auch das oben erwähnte Verhältnis zwischen Pflanzenfressern und Darmbakterien.

Das großartigste Schauspiel eines auf gegenseitige Förderung gegründeten Verhältnisses tritt uns entgegen in den Beziehungen zwischen B l ü t e n , die der Kreuzbestäubung bedürfen, und I n s e k t e n. Was die Tiere veranlaßt, die Blüten aufzusuchen, ist die Darbietung von Nahrung und von Baumaterial. Die Hauptrolle spielt der Zucker, der von den Nektardrüsen ausgeschieden wird, also ein Stoff, den die Pflanze immer im Überfluß zur Verfügung hat und leicht abgeben kann. In manchen Fällen, z. B. beim Mohn, wird an Stelle des Zuckers Blütenstaub feil geboten, der dann in besonders großen Mengen erzeugt wird. Der plasmareiche Pollen enthält alle Nährstoffe, die das Tier braucht, und zudem ist die Oberfläche der Pollenkörner oft von Wachs bedeckt, das von den Bienen zum Bau der Waben verwendet wird. Als Wegweiser zu den Futterstellen dienen bunte Farben, die aus dem grünen Meer der Laubblätter herausglänzen, und flüchtige duftende Stoffe. Die farbige, duftende Blüte, die Blume, ist nur als Aussteckfahne, als Wirtshausschild verständlich. Auch der dorsiventrale Bau der Blüten steht durchweg in Beziehung zu den blütenbesuchenden Tieren. Auf die endlos mannigfaltigen Einrichtungen, die dafür sorgen, daß Nektar und Pollen nicht ohne den Gegendienst der Bestäubung ausgeräubert werden, können wir nicht eingehen.

Achtes Kapitel.

Die Wohnstätten der Pflanzen.

Die Grenzen des Pflanzenwachstums abhängig von Licht, Sauerstoff, Wärme. Ergiebigkeit des Pflanzenertrags beeinflußt durch Wasser, Nährstoffe, Verwitterung, Rohhumus, Jahreszeiten. — Die Pflanzenvereine. Ihre Anpassungsformen abhängig von der Wasserversorgung; Pflanzen des Wassers, der feuchten und der trockenen Standorte; die lebende Pflanze als Standortsfaktor; der Winter als Trockenzeit. Weitere Gliederung der Vereine durch die chemischen Eigenschaften des Standortes. Der Kampf der Individuen, Arten, Vereine. Der Zufall bei der Besiedelung.

An der Erdoberfläche stellt sich in unserem Klima grüner Pflanzenwuchs überall ein, wo der Mensch es nicht hindert, auf der Erde, an Felsen, im Wasser, zum mindesten in der Form von kleinen Algen oder Flechten. Demnach müssen die für die grünen Pflanzen notwendigen Bedingungen — nicht nur Wasser, Kohlensäure, Sauerstoff, Licht, sondern auch, wenigstens in Spuren, sämtliche unentbehrlichen Mineralstoffe — allenthalben vorhanden sein. Daß die Keime an jeden unbesiedelten Fleck hingeraten, dafür sorgen Wind, Wasser, Tiere.

In größerer oder geringerer Entfernung von der Oberfläche fehlt dauernd das Licht. Ununterbrochenes Dunkel herrscht ja im Boden und in den unteren Schichten tiefer Gewässer. Die Tiefe, bis zu der das Licht mit einer die Assimilation erlaubenden Stärke ins Wasser dringt, wechselt natürlich mit der Klarheit des Wassers. So findet man z. B. assimilierende Pflanzen im Bodensee bis zu 150 m Tiefe, in gewissen Meeren noch bei 300 m. Unterhalb dieser Bezirke, im ewigen Dunkel, leben nur noch solche Organismen, die organische Stoffe brauchen, nämlich Bakterien und Tiere, die beide in letzter Linie von den nach dem Absterben niedersinkenden grünen Pflanzen sich nähren. Ebenso ist der Boden infolge des Lichtmangels von sehr geringer Tiefe an ausschließlich von nichtgrünen Organismen und Organismenteilen bewohnt, nämlich von Tieren, Pilzen, Bakterien und den blassen

Wurzeln und Wurzelstöcken der grünen Pflanzen. [1] Was der Ausbreitung der Wurzeln nach der Tiefe ein Ziel setzt, ist ihr Bedürfnis
nach freiem S a u e r s t o f f. Die Tiefe, bis zu der die Wurzeln selbst
der größten Bäume in den Boden eindringen, ist überraschend gering,
selten größer als 2 m. Flach streichende Wurzeln, wie die der Fichte,
liegen sogar nur wenige Dezimeter unter der Oberfläche. Bei außer-
europäischen Wüstenpflanzen sind allerdings Wurzellängen von 15 m
gemessen. Die Pilze und viele Bakterien sind einerseits ebenso wie die
Wurzeln auf freien Sauerstoff angewiesen, anderseits auf die von absterbenden Wurzeln gelieferten organischen Stoffe, und deshalb liegt auch
für sie die untere Grenze kaum tiefer als bei 2 m. Darunter pflegt der
Boden also ganz ohne Leben zu sein.

Zu h o h e T e m p e r a t u r für Pflanzenwachstum hat das Wasser
mancher heißer Quellen; in Karlsbad in Böhmen z. B. wachsen Blaualgen, die überall als wärmeliebende, gegen Hitze wenig empfindliche
Vegetation auftreten, erst an den Stellen der Quellen, wo das Wasser
sich schon auf 54⁰ abgekühlt hat. In der Luft können sich schwach
transpirierende Pflanzen (Hauswurz) und ausgetrocknete Flechten
und Moose schon bei uns in der Sommersonne bis über 50⁰ erwärmen,
ohne Schaden zu nehmen. Ebensowenig machen die höchsten Sommer-
temperaturen unter den Tropen Pflanzenwuchs unmöglich.

Auch die n i e d r i g s t e n T e m p e r a t u r e n, die auf der Erde
vorkommen, können den Pflanzen der betreffenden Klimate nichts
anhaben; es ist bemerkenswert, daß an den kältesten Orten, die man
kennt (im nördlichen Sibirien, Wintertemperatur bis — 60⁰) sogar
noch Wald gedeiht. Der vollständige Mangel von Landpflanzen um
den Südpol ist durch die d a u e r n d niedrige Temperatur bedingt.

Wenn auch Vegetation selten auf größeren Flächen ganz fehlt,
so finden sich doch, was die Q u a n t i t ä t betrifft, schon auf be-
schränktem Raum die allergrößten Unterschiede. Die Menge organi-
scher Substanz, die aus den unorganischen Rohstoffen in einem Jahr
auf der Flächeneinheit gebildet wird, ist im Wald, auf Äckern und auf
Wiesen bei uns unter gleich günstigen Verhältnissen ungefähr dieselbe.
Spärlicher ist die jährliche Produktion zweifellos auf Heideboden,
Sandfeldern, Felsen, in Mooren und endlich ganz allgemein unter
Wasser. Die geringe Fruchtbarkeit der Unterlage kommt oft in der
Kleinheit der Pflanzenformen zum Ausdruck, oder im allerungünstigsten
Fall in der Offenheit des Pflanzenbestandes, dem lockeren Stand der
Individuen, die die Fläche nicht ganz bedecken. Die grüne Pflanzen-
decke arbeitet also schon auf kleinem Raum nicht überall mit gleichem

Erfolg, und das ist zweifellos auf die verschiedene Menge der verfüg-
baren Rohstoffe und der Betriebskräfte, Licht und Wärme, zurückzuführen.

Für den Unterschied zwischen Wasser und Land
ist wohl in erster Linie die ungleiche Stärke des Lichts verantwortlich zu
machen, das im Wasser schon in geringer Tiefe geschwächt ist. Die
mineralischen Nährstoffe sind im Wasser selbst oft in hoher Verdünnung anwesend, und der Boden kann auch von bewurzelten,
untergetauchten Pflanzen schlecht ausgenutzt werden, weil der Wasserstrom von den Wurzeln zu den Blättern fast fehlt. Weiter enthält
Wasser von 20^0 im Liter nicht mehr als 6 ccm Sauerstoff, während im
Liter Luft 209 ccm enthalten sind. Ist das Wasser ruhig, so ersetzt sich
der verbrauchte Sauerstoff nur auf dem Weg der Diffusion, also sehr
langsam, und wenn die Assimilation der Kohlensäure ruht, im Dunkeln,
kann die Atmung erschwert sein. Mit der Kohlensäure ist es im
Wasser meistens besser bestellt als in der Luft, die $0,03^0/_0$ CO_2 enthält.

Um zu erfahren, worauf die Verschiedenheit der Fruchtbarkeit an verschiedenen Standorten auf dem festen Land
beruht, betrachten wir zunächst einen Boden, der reiche Vegetation,
etwa Wald trägt. Der Boden ist tiefgründig, d. h. die lockere, den
Wurzeln zugängliche Schicht hat bedeutende Mächtigkeit. Er ist dauernd
gut durchfeuchtet, weil er einerseits das großenteils vom Winter her-
stammende Wasser gut hält, anderseits auch die Sommerregen leicht
eindringen läßt. Er liegt aber nicht im Bereich des Grundwassers, ist
also nicht sumpfig. Er ist reich an löslichen mineralischen Nährstoffen,
und das hat außer der unmittelbaren Wirkung auf die Ernährung der
Bäume auch die rasche Verwesung der organischen Reste und die Bildung
von mildem Humus zur Folge. In den abfallenden Blättern und Zweigen
(der Streu) kehren die aus tiefen Schichten entnommenen Nährstoffe
wieder in den Boden zurück. Das Tierleben des Humus sorgt für
Auflockerung und Durchlüftung des Bodens, so daß die Wurzeln
geringe mechanische Widerstände finden, nicht an Sauerstoff Mangel
leiden und den Boden bis zu beträchtlicher Tiefe ausbeuten können.
Ähnliche Eigenschaften hat der Boden guter Wiesen. Auf Acker- und
Gartenland wird die Auflockerung des Bodens durch künstliche Mittel
so weit wie nur möglich getrieben, mitunter wird auch der Bewässerung
künstlich aufgeholfen. Was dem Boden an Nährstoffen durch Abernten
verloren geht, wird durch Düngung wieder ersetzt.

Wenn Triften und Hänge schmalen Gras- und Krautwuchs tragen,
unterscheidet sich der Boden von dem einer ertragreichen Wiese oft

zur Sommerszeit durch T r o c k e n h e i t. Dichter Lehmboden kann
an geneigten, stark besonnten Hängen oberflächlich sehr trocken
werden, trotzdem sein Wasserhaltungsvermögen groß ist, weil die
austrocknende Wirkung steil auffallender Sonnenstrahlen ihm kräftig
zusetzt und weil das Regenwasser abläuft, anstatt einzudringen. Der
Boden kann dabei reich an Nährstoffen sein; was ihn hindert, kräftigeren
Pflanzenwuchs zu tragen, ist nichts als Wassermangel. Solche Hügel
sind der Stoff, aus dem man durch Bewässerung Obstgärten und Wein-
berge macht. An Wassermangel leidet auch grober, lockerer Sand, der
sich zwar bei jedem Regen durchfeuchtet, aber das Wasser durch
Versickerung bald wieder verliert. Zudem ist solcher Boden, eben weil
er das Wasser leicht versickern läßt, durch den Regen oft stark ausgelaugt, a r m a n N ä h r s t o f f e n, und deshalb ist die Pflanzendecke der Sandfelder häufig sehr dürftig und offen. Ein Übermaß
gewisser löslicher Mineralstoffe, vor allem von K o c h s a l z, macht
den Boden ebenfalls unfruchtbar. Wo nur eine dünne Schicht von
lockerer guter Erde dem dichten Fels aufliegt, finden größere Pflanzen
weder Halt für die Wurzeln noch einen für die Versorgung mit Wasser
und Nährsalzen ausreichenden Bodenraum. Die Pflanzendecke muß
hier also wieder dürftig sein, während in den Felsspalten, die mit Humus
erfüllt sind, mitunter hohe Holzgewächse ihr Auskommen finden.

F r i s c h z u t a g e g e f ö r d e r t e s G e s t e i n ist auch in zer-
kleinertem Zustand (als Geröll, Kies, Sand, Schliff) zunächst immer
ein schlechter Nährboden, weil es die mineralischen Nährstoffe in Form
von sehr schwer löslichen Verbindungen, hauptsächlich kieselsauren
Salzen (z. B. Feldspat, Glimmer) enthält. Beim Liegen an der
Erdoberfläche setzt unter der Wirkung des Regenwassers, der Kohlensäure und des Sauerstoffs die V e r w i t t e r u n g ein. Diese besteht
zum wichtigsten Teil in der Zersetzung der unlöslichen Silikate, wobei
als leicht lösliche Substanzen Karbonate der Alkalien, des Kalks, der
Magnesia, des Eisenoxyduls, Silikate der Alkalien auftreten, also wichtige
Nährstoffe in leicht zugänglicher Form frei werden, während unlösliche
Silikate von Tonerde, Magnesia, Eisenoxyd als Ton zurückbleiben. Die
Verwitterung zersetzt natürlich am raschesten feines Gesteinpulver,
weil die chemischen Einwirkungen hier die größten Angriffsflächen
finden. Den stärksten Helfer hat die atmosphärische Verwitterung
deshalb am fließenden Wasser. Das Felsgeröll, das im Gebirg unter
der Wirkung von Temperaturwechsel, Regenfall, chemischer Zersetzung
von den Felswänden sich loslöst, wird in Bächen und Flüssen zu
feinem Sand zermahlen. Schon die mechanische Zerkleinerung macht

das Gestein als Unterlage für Pflanzenwuchs tauglicher. Je gröber
die Trümmer sind, desto größere Lücken lassen sie zwischen sich; die
Kapillarwirkungen gegenüber dem Wasser sind also schwach, und der
Boden läßt alles Wasser, das ihm von oben zugeführt wird, in kürzester
Zeit nach unten ablaufen. Das Wasserhaltungsvermögen ist beim Sand
schon viel günstiger als beim Kies. Und die chemische Verwitterung
vollends stellt allerfeinste Teilchen her, die in Wasser aufgeschwemmt
als Schlamm bezeichnet werden, beim Zusammensetzen im allgemeinen
einen tonigen, feinkörnigen, das Wasser gut haltenden Boden liefern.
An die tonigen Bestandteile sind die wichtigsten physikalischen und
chemischen Eigenschaften des Bodens gebunden.

Erst die Verwitterung macht also aus dem rohen Gestein einen
guten Nährboden, der natürlich durch Wasser und Wind weithin ver-
schleppt werden kann. Hat sich auf wenig verwittertem Gestein eine,
wenn auch noch so dürftige Vegetation angesiedelt — die ersten Besiedler
sind Algen, Moose, Flechten —, so wird die Zersetzung der Unterlage
durch die Entbindung von Kohlensäure aus lebenden und toten Pflanzenteilen und durch die organischen Säuren des Humus beschleunigt.
Mit der Beimengung von Humusstoffen steigt auch das Wasserhaltungsvermögen des Mineralbodens, und mit der Zeit können auf dem von
Zellpflanzen vorbereiteten Erdreich auch Samenpflanzen aufkommen.
Im Endzustand der Verwitterung befinden sich die ertragreichsten
Böden in Wald und Wiese. Die Verwitterung reicht aber in vielen
Kulturböden nicht weit in die Tiefe, und durch Überdecken der Acker-
krume mit rohem Mineralboden, der aus größerer Tiefe heraufgeackert
ist, kann die Fruchtbarkeit des Bodens für lange Zeit vermindert werden.

Ungünstig wird das Pflanzenwachstum auch durch s a u r e n
H u m u s beeinflußt, wie in der hauptsächlich mit Heidekraut (Calluna)
bestandenen Heide. Der Rohhumus entsteht am leichtesten auf
einem nährstoffarmen Boden; er bildet eine dicht verfilzte, für Luft
kaum durchlässige Decke, die selber einen sehr schlechten Nährboden
darstellt und zudem noch den unterliegenden Boden verschlechtert.
Das geschieht auf zweierlei Weise. Einmal wird der Boden ausgelaugt,
der Nährstoffe beraubt, weil die mit dem Regen von oben sickernden
Säuren die Alkalimetalle, darunter das wichtige Kali, in Form von löslichen Salzen in die Tiefe führen. Und zweitens wird durch die Humus-
decke von diesem verarmten Boden auch noch die Luft abgesperrt.
Sauerstoffarmut ist auch der Hauptfehler des nassen Bodens der Sümpfe
und Moore. Die Luft kann nur in der Weise in den Boden eindringen,
daß sie sich im Wasser löst. Aber die Bewegung der Luft ist hier noch

schwieriger als im freien Wasser, weil das Bodenwasser in den engen Kapillarräumen unbeweglich verharrt, so daß die gelösten Stoffe nur auf dem Weg der Diffusion wandern können. Sind organische Reste im Boden, so werden sie für die lebenden Wurzeln Konkurrenten im Kampf um den Sauerstoff, weil sie sich zu oxydieren streben. Nasser Boden ist auch meistens kalt, er erwärmt sich langsam infolge der hohen spezifischen Wärme des Wassers, und in der Kälte arbeiten die Wurzeln schlecht. Wie die Wurzeln der höheren Pflanzen, so leiden die Pilze, die die toten Reste zersetzen, unter dem Luftmangel und der Kälte. Die Verwesung ist unvollständig und führt zur Bildung von Rohhumus, der die Form von Torf annimmt. Die Torfablagerungen, die eine Mächtigkeit von mehreren Metern erreichen können, sind die auffälligsten Beispiele dafür, daß nicht nur die Pflanzendecke von der Beschaffenheit des Bodens, sondern auch der Boden von der Pflanzendecke beeinflußt wird. Der Gehalt an Mineralstoffen stuft natürlich auch auf Moorboden die Ergiebigkeit des Pflanzenwachstums noch in der mannigfaltigsten Weise ab. Reich an Salzen sind die im Bereich des Grundwassers liegenden Wiesenmoore, die hauptsächlich saure Gräser (Seggen) tragen, sehr arm sind die Hochmoore (wegen der massenhaft auftretenden Torfmoose auch Moosmoore genannt), die ihr Wasser unmittelbar aus der Atmosphäre beziehen, nicht von unten her, und auf zufliegenden Staub als einzige Nährsalzquelle angewiesen sind.

Die sog. trockenen Standorte sind nicht das ganze Jahr über trocken, sondern nur in der wärmsten Zeit. Im Frühjahr, solange der Boden vom Winter her noch durchfeuchtet ist, tragen die sonnigen Hänge oft ein üppiges Pflanzenkleid, auch im Herbst rührt sich der Pflanzenwuchs wieder kräftiger, nur wenn im Sommer die Niederschläge lange ausbleiben, wird die lebendige Decke von der Sonne großenteils verbrannt. Dieser Stillstand des Pflanzenlebens zu der Zeit, die durch Reichtum an Licht und Wärme das Wachstum am meisten begünstigt, diese V e r - k ü r z u n g d e r V e g e t a t i o n s z e i t ist es vor allem, was die Stofferzeugung an diesen Stellen niedrig hält. Ganz allgemein steht in unserem Klima das Pflanzenwachstum im Winter infolge der niedrigen Temperatur still, und zwar dauert die winterliche Ruhezeit um so länger, je höher ein Ort über dem Meeresspiegel liegt. In den höchsten Höhen, wo Schnee und Eis überhaupt nicht mehr verschwinden, fehlt Pflanzenleben fast ganz. In derselben Weise wie mit der senkrechten Erhebung ändern sich die Bedingungen und die Ausgiebigkeit des Pflanzenwachstums zwischen Pol und Äquator. Die Pflanzenwelt der Polarländer hat in ihrer Dürftigkeit Ähnlichkeit mit der der hohen Berge, und

die Üppigkeit des tropischen Regenwaldes ist sprichwörtlich geworden.
Die Vegetationszeit umfaßt ja in den immerfeuchten Tropengegenden
das ganze Jahr, und die höhere Temperatur begünstigt alle Lebensvorgänge. Wo die Niederschläge unter den Tropen spärlich sind, kann
dafür auch die mächtige Sonnenstrahlung furchtbar wirken. In lange
dauernden Trockenzeiten ruht die Vegetation ebenso vollständig wie
bei uns im Winter, und die durch äußerst geringe Niederschläge ausgezeichneten Wärmewüsten der heißen Länder geben den Kältewüsten
der Polargegenden an Armut des Pflanzenkleides nichts nach.

Wenn die Pflanzendecke fast die ganze Erdoberfläche, bald dicker
bald dünner, überzieht, so lebt doch jede Pflanze nur innerhalb
eines bald größeren bald kleineren Ausschnittes aus der ganzen Breite,
innerhalb deren die allgemeinen Lebensbedingungen zwischen den
Polen und dem Äquator, zwischen der Tiefe der Gewässer und den ver-
gletscherten Berggipfeln sich bewegen. Wie für die Temperatur (vgl.
S. 110), so hat jede Pflanze für jede einzelne Standortsbedingung, z. B.
für Salzkonzentration, Wasser- und Sauerstoffzufuhr, Lichtgenuß,
ihre besonderen Hauptpunkte, und lebensfähig ist sie nur an solchen
Orten, wo sämtliche Bedingungen sich über dem Minimum und unter
dem Maximum halten. Deshalb unterscheiden sich die als Wald, Wiese,
Moor usw. bezeichneten Pflanzenvereine (Vegetationsformationen)
in den Arten, die sie zusammensetzen. Innerhalb eines Vereins finden
sich Angehörige der verschiedensten Verwandtschaftsgruppen nebeneinander, aber verbunden durch gewisse gemeinsame Züge, die in unverkennbarer Beziehung zu den Lebensbedingungen, genauer gesagt zu
der Wasserversorgung, stehen. Denn die Wasserfrage ist für
die Pflanze von solcher Bedeutung, daß sie vor allem der Pflanzenform
den Stempel gibt.

Das Wasser selbst ist vor allem die Heimat der Algen. Kleine
einzellige Formen schweben als »Plankton« in den Meeren und stehenden
Binnengewässern, wo ihnen nach der Tiefe zu, aber nicht in wagerechter
Richtung eine Grenze gezogen ist. Andere, größere sitzen festgewachsen
auf dem Grund der stehenden und fließenden Gewässer, natürlich nur
an seichteren Stellen und infolgedessen vielfach auf die Uferbezirke
beschränkt. Unter den Samenpflanzen, die hauptsächlich das Süßwasser bevölkern, fehlen eigentliche Planktonformen, die sich von den
Ufern entfernen; frei schwebende kommen freilich vor, teils untergetaucht (Utricularia), teils auf der Oberfläche schwimmend (Lemna).
Die meisten sind festgewurzelt. Gemeinsam ist allen dauernd unter
Wasser lebenden Pflanzen und Pflanzenteilen, daß sie an der Luft

rasch welken und vertrocknen. Die meisten laufen ja normalerweise
nicht Gefahr, mit der trockenen Luft in Berührung zu kommen, und
ein Verdunstungsschutz ist deshalb überflüssig. Etwas anderes ist das
freilich bei den Algen, die im Meer in der Nähe der Flutgrenze wachsen
und täglich während der Ebbe für mehrere Stunden frei, mitunter dem
Sonnenbrand ausgesetzt liegen. Diese Algen — an unseren Küsten
hauptsächlich Braunalgen, Fucus, Ascophyllum usw. — besitzen in
ihren dicken, gequollenen Zellhäuten ausgiebige Wasserbehälter, die
sich zur Ebbezeit langsam entleeren. Daß ihnen ein wasserundurch-
lässiges Korkhäutchen ebenso wie den dauernd untergetauchten
Pflanzen abgeht, hat seinen guten Grund. Wenn Wurzeln fehlen, wie
bei den genannten Algen, muß die Oberfläche ja für sämtliche Nährstoffe durchlässig sein. Und die Gefäßpflanzen, die mit Hilfe von Wurzeln
Mineralstoffe aus dem Boden aufnehmen können, müssen wenigstens die
Kohlensäure und den Sauerstoff sich in gelöster Form aus dem umgebenden Wasser aneignen. Ausbildung einer nicht quellbaren, für
Wasser nicht durchlässigen Hülle wäre also gleichbedeutend mit der
Abschneidung der Nahrung. Mit der Art des Stoffaustauschs steht
auch die feine Zerteilung der Blätter im Zusammenhang, die bei
Wasserpflanzen so häufig ist (Tausendblatt, Froschkraut usw.). Je
größer bei gleichem Rauminhalt die Oberfläche ist, desto leichter geht
die Zufuhr von Rohstoffen und die Beseitigung von Abfallsubstanzen
vonstatten. Es ist hier also dasselbe Prinzip verwirklicht wie in den
Kiemen der Fische und Krebse. Weil Kohlensäure und Sauerstoff den
untergetauchten Teilen nur in gelöster Form dargeboten werden, nicht
im gasförmigen Zustand, können Assimilation und Atmung durch
Spaltöffnungen und andere Zwischenzellräume nicht gefördert werden.
Den dicksten Algenkörpern fehlen deshalb Lufträume oft ganz, so
den Laminarien, und wenn gasgefüllte Hohlräume vorkommen, wie bei
Fucus und Ascophyllum, so haben sie eine ganz andere Bedeutung
als bei Landpflanzen; sie sind Schwimmblasen. Ein ziemlich all-
gemeines Kennzeichen der Wasserpflanzen ist ja ihre Schlaffheit. Sie
fallen zusammen, wenn sie aus dem Wasser genommen werden, d. h. es
fehlt ihnen die Biegungsfestigkeit. Und die wäre bei der Gewalt, die
rasch bewegtes Wasser ausübt, auch gar nicht am Platz. Die größeren
Wasserpflanzen geben sich jeder Welle ohne Widerstand und entgehen
so dem Zerbrochenwerden. Zu der Biegsamkeit kommt noch eine
weitgehende Verminderung der Angriffsflächen, die dem Wasser geboten
werden, z. B. durch schmalbandförmige Gestaltung der Blätter (Zostera.
Potamogeton pectinatus) oder der Glieder des Thallus (Fucus, Asco-

phyllum, am allerschönsten bei der Meersaite, Chorda filum). Zugfest müssen die Pflanzen im bewegten Wasser natürlich sein, und die Algen der Brandung sind dementsprechend sehr zäh bei aller Biegsamkeit. Die Samenpflanzen ruhiger Gewässer (Froschkraut, Wasserpest) sind dagegen sehr arm an festigenden Geweben. Eine Lage, die die Assimilationswerkzeuge dem Licht nahe bringt, vermögen alle diese schlaffen, auf dem Boden festgehefteten Gewächse mit Hilfe des Auftriebs lufterfüllter Räume einzunehmen. Auch wurzellose, schwimmende Samenpflanzen, wie Wasserschlauch, Hornblatt, halten sich mit Hilfe von Zwischenzellräumen nahe der hellen Wasseroberfläche, desgleichen alle Blätter, die nach Art der Seerosen auf der Oberfläche schwimmen. Diese Schwimmblätter leben in ganz gewöhnlichen Beziehungen zur Atmosphäre. Sie entnehmen Kohlensäure und Sauerstoff aus der Luft durch Vermittlung von Spaltöffnungen, die nur auf der nicht von Wasser benetzten Oberseite gebildet werden, und mit den Spaltöffnungen stehen weite Luftkanäle in Verbindung, die durch die Blattstiele und Stämme bis in die Wurzeln hinunterziehen. Hier haben die Zwischenzellräume die Bedeutung von Lungen wie bei den Landpflanzen; im Schlamm der Gewässer ist der Sauerstoff immer knapp, und die Wurzeln werden deshalb von oben her mit dem zur Atmung nötigen Gas versorgt. Auch bei vollkommen untergetauchten Pflanzen, die Wurzeln haben, wirken die Zwischenzellräume nicht nur durch Verminderung des spezifischen Gewichts, sondern sie erleichtern auch die Wurzelatmung. Die Wurzeln der Samenpflanzen dienen, wo sie vorhanden sind, der Stoffaufnahme aus dem Boden, ebenso die Haarwurzeln der Armleuchteralgen. Die Haftorgane, mit denen sich große Algen auf felsigem Grund festklammern — sie sind krallenartig bei Laminaria, scheibenförmig bei Fucus — besorgen nur die Befestigung. Die Gefäßbündel sind bei vollkommen untergetauchten Samenpflanzen sehr schwach entwickelt, weil eine Wasserbewegung von der Wurzel zur Spitze nur in sehr beschränktem Maße stattfindet; besser sind sie in solchen Organen ausgebildet, die teilweise in die Luft ragen.

Auf f e s t e m, nicht von Wasser bedecktem B o d e n hören die Algen auf, eine bemerkenswerte Rolle zu spielen, dafür machen Moose, Farne und vor allem Samenpflanzen sich breit. An feuchten Orten, wie an Ufern, auf nassen Wiesen, haben die Samenpflanzen in ihrem Bau großenteils noch viel Ähnlichkeit mit solchen Wasserpflanzen, die teilweise außer Wasser leben. Das Korkhäutchen ist bei diesen »H y g r o p h y t e n« (hygrophilen, wasserholden Pflanzen) schwach ausgebildet, die Blätter sind breit und zart, meist kahl, der Stengel trägt sich wohl selbst, aber oft nur durch Zellspannung. Wo der Boden sehr naß und sauerstoffarm ist, führen weite Lufträume den Wurzeln Sauerstoff zu, so bei Schilf, Binsen. Wo die Bodenfeuchtigkeit die goldene Mitte hält, entfaltet sich der größte Reichtum der Vegetation in Kräutern, Stauden und Bäumen. Über die Anpassungsformen ist nichts zu sagen, weil die »Mesophyten« die alltäglichen Verhältnisse zur Schau tragen. Wenn die Blätter Eigentümlichkeiten haben, die sonst an trockenen Standorten vorkommen (Lederblätter der Nadelbäume), so wird von der Möglichkeit, die Verdunstung einzuschränken, hauptsächlich nur im Winter Gebrauch gemacht.

Die Bewohner solcher Plätze, die beim Ausbleiben von Niederschlägen rasch trocken werden, die X e r o p h y t e n (die xerophilen, trockenfesten Pflanzen), sind in allen Stücken das Widerspiel der Hygrophyten. An den oberirdischen Organen fällt vor allem die Kleinheit der Blattflächen auf (Heidekraut, Besenginster, viele Gräser). Damit ist natürlich die Wasserabgabe eingeschränkt, aber zugleich die Ernährungstätigkeit vermindert, und dem entspricht das langsame Wachstum der meisten Xerophyten. Weniger an und für sich, als im Verhältnis zum Rauminhalt auffallend, ist die Kleinheit der Oberfläche bei den Fettpflanzen (Sukkulenten). Die Blätter sind dick und fleischig z. B. bei Mauerpfeffer, Hauswurz, der Stamm bei den Kakteen und vielen Wolfsmilchgewächsen. Die saftigen Gewebe dienen als Wasserspeicher. Eine kräftig transpirierende Pflanze gibt aber in kürzester Zeit mehr Wasser ab als ihr Gewicht beträgt, für die Fettpflanzen ist es deshalb von größter Wichtigkeit, daß sie ihre Spaltöffnungen vollkommen dicht verschließen können und nun mit Hilfe eines für Wasser fast undurchlässigen Korkhäutchens das Wasser im Notfall lange festzuhalten imstande sind. Auch sonst ist ein leistungsfähiges Korkhäutchen das verbreitetste Schutzmittel gegen übergroßen Wasserverlust.

Im allgemeinen ist aber, von den Fettpflanzen abgesehen, die wasser h a l t e n d e Kraft unserer Heide- und Felspflanzen recht gering. Die meisten vermögen an trockenen Orten hauptsächlich deshalb zu wohnen, weil ihre Wurzeln bis in Tiefen reichen, die sehr selten zu trocken werden. An der Geschwindigkeit des Welkens abgetrennter Teile sieht man z. B. beim Sonnenröschen (Helianthemum) leicht, daß die Verdunstung kräftig ist, die Pflanze muß also imstande sein, sich aus dem scheinbar trockenen Boden dauernd beträchtliche Mengen Wasser zu verschaffen. Gelindes Welken der Blätter tritt bei den Xerophyten nicht selten ein; das Umsinken der Stengel wird aber dadurch

verhindert, daß das Gerüst von derben Fasern gebildet ist, nicht
von solchen Geweben, die durch Zellspannung gestrafft werden.

Die Transpiration durch die Spaltöffnungen wird zugleich mit dem
Wasserverlust, der sich durch das Korkhäutchen hindurch vollzieht,
mit Hilfe von Einrichtungen herabgedrückt, die den ausgetretenen
Wasserdampf über der Oberhaut festhalten. Die Verdunstung ist um so
stärker, je trockener die Luft ist, die über der feuchten Fläche liegt.
Bei windbewegter Luft wird der aus der Pflanze austretende Dampf
fortwährend durch trocknere Luft ersetzt. Drängen sich aber die Blätter
zu dichten Rosetten (Hauswurz) oder die ganzen Stengel zu dichten
Polstern (viele kleine Alpenpflanzen) zusammen, oder liegen die Teile,
die Spaltöffnungen tragen, in Falten, Rinnen oder Gruben versenkt
(Heidekraut, Schafschwingel), so bleibt die Luft in den windgeschützten
Räumen feucht, und das Nachströmen von Dampf aus den Zwischenzellräumen wird verlangsamt. Dasselbe geschieht, wenn die Blattfläche
mit einem dichten Kleid von toten Haaren bedeckt ist. Der weiße
Glanz der Wollhaare z. B. der Wollblume rührt davon her, daß die
Haarzellen tot sind und Luft führen. Ihre Wände sind also trocken und
transpirieren selber nicht, wohl aber ist in dem dichten Filz der ver-
schränkten Haare die Bewegung der Luft gehemmt. Die Transpiration
ist auch abhängig von der Temperatur der Pflanze, und weil die lufterfüllten Haare, wie ihr Glanz zeigt, viel Licht reflektieren, arbeiten
sie auch einer starken Erwärmung des Blattes entgegen.

Daß die lebende V e g e t a t i o n selbst ein wichtiger S t a n d -
o r t s f a k t o r ist, und daß Pflanzen, die auf demselben Fleck Erde
nebeneinander hausen, doch unter sehr verschiedenen Bedingungen
leben können, zeigt am besten der Wald. Von den Moderzehrern und
Schmarotzern können wir dabei, wie bisher, ganz absehen. Ein Baum,
der frei auf der Heide steht, hat ganz anders mit den Angriffen des
Windes und mit der austrocknenden Kraft der Atmosphäre zu kämpfen
als ein anderer, der einen Teil eines dichten Bestandes bildet. Dafür
genießt der einzelne, ringsum freie Baum mehr Licht als der im Wald
und behält auch im Alter seine Äste bis weit gegen den Stammgrund,
während die Waldbäume ihre unteren beschatteten Äste mit der Zeit
absterben lassen und verlieren. Außerdem besteht der Wald selten
ausschließlich aus Bäumen. Die Bäume lassen zwischen sich auf dem
Boden oft viel Raum und schaffen hier durch Dämpfung des Lichts
die Lebensbedingungen für eine s c h a t t e n l i e b e n d e Vegetation,
wie Sauerklee, Farne, Moose. Diese Bodenpflanzen haben großenteils
ein ähnliches Gepräge wie die Hygrophyten, weil der Waldboden oft

feucht ist und die Verdunstung im tiefen Schatten gering ausfällt. Eine ganz und gar verschiedene Lebensweise führen die Ü b e r p f l a n - z e n (Epiphyten), in unserem Klima fast nur durch Moose und Flechten vertreten. Sie sind im Gegensatz zu der Bodenvegetation lichtbedürftig und steigen deshalb auf die Stämme und Äste der Bäume. Hier ist die Wasserversorgung außerordentlich ungleich; wenn Regen fällt, sind die Überpflanzen triefend naß, bei andauernder Trockenheit sind sie tagsüber splitterdürr und werden höchstens vom Tau der Nacht benetzt. Die Überpflanzen müssen deshalb im höchsten Grade, noch viel mehr als bewurzelte Pflanzen trockener Böden, trockenfest sein. Die meisten Moose und Flechten haben gegen die Ungunst ihres Standortes kein anderes Schutzmittel als die Fähigkeit, völliges Austrocknen ohne Schaden zu ertragen.

Der W i n t e r zwingt die Pflanzen insgesamt zu einer weitgehenden Einschränkung aller Lebensvorgänge. Ja er macht es den Pflanzen sogar schwer, ohne Wachstum das Leben auch nur zu erhalten. Sie müssen nämlich einerseits starke Abkühlung, mitunter sogar das Gefrieren ertragen; anderseits saugt an den oberirdischen Organen trockener Wind geradeso wie im Sommer, und weil die Wurzeln einem kalten, vielleicht gefrorenen Boden sehr schwer Wasser zu entreißen vermögen, oder weil gar das Wasser in den Gefäßen gefriert, ist die Gefahr todbringenden Austrocknens im Winter mitunter größer als im Sommer. Das gilt vor allem für hochgewachsene Holzpflanzen, die in die bewegten oberen Luftschichten ragen. Dementsprechend sehen wir die meisten Bäume und Sträucher beim Nahen der kalten Jahreszeit die transpirierenden Flächen verkleinern, die Blätter abwerfen; die Zweige sind durch Kork, die Knospen durch derbe Hüllen geschützt. Eine Ausnahme machen die immergrünen Nadelhölzer. Sie können ihre Blätter behalten, weil diese mit einem dicken Korkhäutchen überzogen sind und zudem ihre Spaltöffnungen durch Wachspropfen dicht zu verschließen vermögen. Alle diese Holzpflanzen, ob mit oder ohne Laub, sind also im W i n t e r im höchsten Grad t r o c k e n f e s t. Viel geringer ist die Gefahr für niedrige, dem Boden anliegende Gewächse, und unter diesen sind deshalb die Wintergrünen recht zahlreich. Efeu, Preißelbeere, Immergrün (Vinca), Wintergrün (Pirola) haben derbe Lederblätter mit kräftigem Korkhäutchen. Aber auch zartes Laub kann lebend durch den Winter kommen; Gräser, Gänseblümchen usw. grünen in milden Wintern ohne Unterbrechung, und die zweijährigen Pflanzen, die im ersten Frühjahr keimen, im zweiten Jahr blühen und fruchten, wie die Wollblumen (Verbascum), überwintern mit dem Boden angedrückten Blattrosetten. Gefrieren schädigt viele dieser Pflanzen nicht, nur Austrocknen muß unterbleiben. Die Einjährigen überstehen den Winter entweder im geschützten Samenzustand oder, wenn sie schon im Herbst keimen, in derselben Weise wie die Zweijährigen (Wintergetreide, Frühlingshungerblümchen).

Nächst dem Wassergehalt sind es die c h e m i s c h e n und die damit im Zusammenhang stehenden physikalischen Eigenschaften der Unterlage, die den Charakter der Vegetation bestimmen, ohne daß sie im allgemeinen der Pflanzengestalt ein ganz besonderes Gepräge verleihen. Das Algenleben der M e e r e ist ein ganz anderes als das des S ü ß w a s s e r s. Dort stehen große Braun- und Rotalgen im Vordergrund, hier die Grünalgen. Moose und merkwürdige Farngewächse (Isoëtes, Salvinia, Pilularia) sind auf das Süßwasser beschränkt, und auch die Blütenpflanzen, die im Süßwasser die erste Rolle spielen, treten im Meer neben den Algen ganz zurück. Mit dem mächtigen osmotischen Druck des Salzwassers (15 Atmosphären und mehr) finden die Meerespflanzen sich in der Weise ab, daß sie die Salze in ihren Zellsaft aufnehmen und somit den Innendruck steigern. Warum sie in salzfreiem Wasser nicht gedeihen können, ist nicht bekannt; als Nährstoff verwenden sie das Kochsalz sicher nicht. Auf die Süßwasserpflanzen wirkt das Kochsalz in höherer Konzentration giftig, ihr Fernbleiben von der See ist also verständlich. Auch k o c h s a l z r e i c h e r B o d e n hat eine eigentümliche Vegetation (Salicornia, Salsola, Glaux usw.). Deutliche Unterschiede in der Artenzusammensetzung ergeben sich zwischen k a l k r e i c h e m Boden und k a l k a r m e m (Kiesel-) Boden; streng kalkhold sind z. B. Blaugras (Sesleria caerulea), Hufeisenklee (Hippocrepis comosa), streng kalkscheu (kieselhold) Edelkastanie, roter Fingerhut, Besenginster, Heidekraut, die meisten Torfmoose. Von dem Unterschied, der zwischen W i e s e n m o o r und H o c h - m o o r im Nährsalzgehalt und in der Vegetation besteht, war oben schon die Rede (S. 133). Neben der äußersten Armut an Mineralstoffen ist für die Hochmoore noch bezeichnend der Reichtum an gelösten Humusstoffen. Der ganze Boden der Hochmoore ist von lebenden und toten Moosen gebildet, unter denen die merkwürdigen, das Wasser wie ein Schwamm festhaltenden Torfmoose (Sphagnum) die wichtigsten sind.

W᷈enn wir bisher das Verhältnis zwischen Vegetation und Standort als ein gegebenes, festes hingenommen haben, so fragt es sich jetzt, ob die Pflanzenvereine ihren Grund und Boden in ungefährdetem Besitz halten, oder ob sie sich darum wehren müssen. Die meisten

Pflanzen erzeugen Jahr für Jahr Heere von lebensfähigen und entwicklungsgierigen Keimen. Der Raum ist aber eng, und deswegen muß jedes Individuum sich den Platz erkämpfen. Am schärfsten ist der W e t t b e w e r b natürlich zwischen solchen Individuen, die sich in den Ansprüchen an den Standort am meisten ähneln, und das sind die Artgenossen. Je verschiedener die Lebensgewohnheiten zweier Arten sind, ohne daß eine Art die andere schädigt, desto leichter vertragen sie sich dicht nebeneinander. Die Buche kämpft in erster Linie mit der Buche, in zweiter etwa mit dem Weidenröschen, das auch seinen Platz an der Sonne haben möchte, oder gar mit der Fichte, aber sie kämpft nicht mit dem Sauerklee, der seine Wurzeln nur oberflächlich ausbreitet und wohl damit zufrieden ist, wenn das Buchenlaub ihm das grellste Sonnenlicht wegfängt. Von dem Kampf zwischen den Individuen einer Art erfahren wir am wenigsten, er ist uns auch recht gleichgültig. Wir fragen nur nach dem Bestand der Art, die sich in jedem Individuum verkörpert. Wenn zwei Arten miteinander streiten, so ist das schon auffälliger, und wenn die kämpfenden Arten Vertreter und Vorkämpfer ganzer Vereine sind, wie Laubwald und Nadelwald, oder Wald und Heide, so kann das sogar praktisch recht wichtig werden.

Ob ein Keim überhaupt zur Entwicklung kommt, hängt von allerlei Zufälligkeiten ab, die wir nicht auszumalen brauchen. Sind aber nahe beieinander zwei Keimlinge derselben Art aufgegangen, so kann ein ganz geringer Vorsprung in der Entwicklung dem einen Keim einen wichtigen Vorteil über den anderen verschaffen, auch wenn das Erdreich, in dem beide wurzeln, vollkommen gleiche Beschaffenheit hat. Die Wurzel, die zuerst in den Boden dringt, reißt die vorhandenen Nährstoffe großenteils an sich, und die nachfolgende Wurzel der verspäteten Pflanze findet deshalb die Erde schon in gewissem Maß erschöpft vor. Eine Folge der verschieden ausgiebigen Ernährung mit Mineralstoffen ist eine ungleiche Entwicklung der oberirdischen Organe. Und jetzt kann die Pflanze, die den Vorsprung hat, ihre Mitbewerber durch Beschattung auch in der Assimilationstätigkeit beeinträchtigen. Mit einer wenn auch weitgehenden Schädigung ist die schwächere Pflanze freilich noch lange nicht ganz beseitigt. Aber sie wird ungünstigen Einflüssen der Außenwelt gegenüber, wie es Frost, Dürre, Angriffe tierischer oder pflanzlicher Schädlinge sind, weniger widerstandsfähig sein und kann einer solchen Krise erliegen, während die kräftigere Pflanze davonkommt. Ganz ähnlich wird auch der Kampf zwischen Angehörigen verschiedener Arten vor sich gehen, wenn sie sich zu nahe auf den Leib rücken. Eines der wichtigsten K a m p f m i t t e l ist immer die Beschattung, und besonders günstig sind in dieser Beziehung die Holzgewächse daran. Wenn sie sich einmal irgendwo eingenistet haben, brauchen sie nicht Jahr für Jahr die Sproßachsen, die Träger der Blätter, von Grund aus neu aufzubauen. Sie nehmen so mit ihren über dem Boden sich entfaltenden Blättern den Nachbarn mühelos, ohne ihr eigenes Wachstum zu beschleunigen, das Licht weg und bringen ihnen damit die wichtigste Lebensquelle zum Versiegen. Die dem Boden angedrückten, in Rosetten angeordneten Blätter mancher krautiger Stauden, wie Wegerich (Plantago), hat man geradezu als Kampfblätter bezeichnet. Sie lassen in der Nähe der Sproßachse, die sie trägt, keine höhere Vegetation aufkommen und schützen so einerseits sich selber vor Beschattung, anderseits die Wurzeln, die ihnen Nahrung zuführen, vor Konkurrenz. Pflanzen, deren Reste mit Vorliebe sauren Humus liefern, wie Heidekraut, Heidelbeere, besitzen in dieser Eigenschaft ein sehr wirksames Mittel, anderen, auf milden Humus angewiesenen Gewächsen das Leben schwer zu machen. Und die Torfmoose können infolge ihrer Fähigkeit, Wasser zu speichern, den Boden versumpfen und für andere Pflanzen untauglich machen.

Daß innerhalb der Vereine die Arten, hauptsächlich solche, die sehr ähnliche Ansprüche machen, miteinander um den Boden streiten, braucht uns nicht weiter zu beschäftigen. Aber durch die bekannten Verbreitungsmittel werden an vielen Orten, hauptsächlich an den Grenzen der Vereine, die Keime verschiedener Vereine bis zu einem hohen Maß der Gleichförmigkeit gemischt. Wenn trotzdem die G r e n z e n d e r V e r e i n e sich mitunter in langen Zeiträumen kaum verschieben, so fragt es sich, wie das aufzufassen ist. Es sind ja zwei Möglichkeiten denkbar; die Vereine können entweder nur auf ihrem angestammten Grund und Boden lebensfähig sein, oder aber sie werden von anderen Standorten durch die dort ansässige, besser angepaßte Vegetation, also durch K o n k u r r e n z, ferngehalten. Wenn eine Pflanze einen Standort besiedeln soll, so muß sie dort zum mindesten ihre Daseinsbedingungen finden. Kein Außenfaktor darf unter dem Minimum oder über dem Maximum liegen. Warum also der Wald nicht ins Wasser vordringt und die untergetauchte Vegetation nicht von der Wiese Besitz ergreift, das ist verständlich. Je näher sämtliche Außenbedingungen dem Optimum liegen, desto mehr Aussicht hat die Pflanze sich zu behaupten. Aber eine Pflanze kann durch die Konkurrenz von einem Standort, an dem sie vortrefflich gedeihen würde, ganz wohl ausgeschlossen sein, nämlich dann, wenn die Konkurrenten wirksamere Kampfmittel besitzen.

Die Pflanzendecken der Sandfelder, Salzwiesen usw. zeigen oft durch ihre O f f e n h e i t an, daß die Konkurrenz hier nicht scharf ist. Der Boden wird nicht einmal von den Pflanzen, die auf ihm leben können, dicht besiedelt, und noch viel weniger gehen die Bewohner der Wälder oder der guten Wiesen auf ihn über. Das Heidekraut (Calluna) scheint nährstoffarmen, sauren Boden wirklich zu lieben, und auch die Torfmoose werden durch höhere Konzentrationen von Mineralsalzen geschädigt. Aber die meisten Gewächse, die so bescheiden mit armen Standorten vorlieb nehmen, sind keineswegs Hungerleider aus Passion. Daß sie nicht an Plätzen wohnen, wo es sich leichter lebt, daran ist nur die Konkurrenz schuld. Wenn es ihnen einmal ein günstiger Zufall vergönnt, auf fettem Acker- oder Gartenland aufzugehen, dann zeigen sich durch üppiges Gedeihen an, wie sehr es ihnen hier behagt. Auch die Bewohner salzigen Bodens sind Flüchtlinge aus dem Kampf um die fetten Futterplätze. Auf einem nicht durch Kochsalz vergifteten Boden, wo sie an und für sich gut zu wachsen vermöchten, werden sie überall durch streitbarere Pflanzen aus dem Feld geschlagen. Der im Meerwasser untergetaucht lebenden Vegetation ist dagegen das Kochsalz unentbehrlich, wenn es ihnen auch nicht im mindesten als Nährstoff dient. Die Süßwasserpflanzen sind vom Meerwasser ebenso ausgeschlossen, wie die meisten Landgewächse vom Salzboden.

Daß viele Pflanzen entweder K a l k - oder K i e s e l b o d e n unverkennbar bevorzugen, wurde oben erwähnt; es wurden da auch einige Arten genannt, die streng an kalkreichen bzw. an kalkarmen Boden gebunden sind. Die Mehrzahl ist aber gelegentlich auf der Bodenart anzutreffen, die sie für gewöhnlich meidet. Die K o n k u r r e n z b e s s e r a n g e p a ß t e r Formen spielt hier also sicher eine Rolle. Von nah verwandten Arten sind einige schlagende Beispiele bekannt. Die rostrote Alpenrose (Rhododendron ferrugineum) lebt hauptsächlich auf Kieselgestein, die behaarte (Rhododendron hirsutum) hauptsächlich auf Kalk. Wo die beiden Arten auf verhältnismäßig engem Gebiet nebeneinander vorkommen, ist die Scheidung der Wohnbezirke je nach der chemischen Beschaffenheit der Unterlage streng durchgeführt. In Gebieten, wo zufällig nur die eine oder die andere Art wächst, besiedelt jede Art auch die sonst gemiedenen Standorte. Was bei gemischter Besiedelung auf scharfe Sonderung der Bezirke hinarbeitet, ist also die Konkurrenz der um eine Nuance besser gedeihenden Schwesterart.

Am erbittertsten ist der Kampf natürlich um die besten, f r u c h t - b a r s t e n S t a n d o r t e. Die Pflanzenformationen, die wir hier antreffen, sind Wald, Wiese, Acker. Das A c k e r f e l d ist sicher künstlich geschaffen und muß auch dauernd gegen das Eindringen anderer Vereine geschützt werden. Auch die W i e s e n vermöchten sich ohne Dazutun der Kultur an den meisten Orten nicht zu halten. Sie sind großenteils dem W a l d gewaltsam abgenommen worden und würden sich wieder bewalden, wenn die Sense nicht das Aufkommen von Holzpflanzen verhinderte. Baum und Strauch sind ja, wie oben auseinandergesetzt, auf einem Boden, der ihnen zusagt, immer imstande, die Stauden und Kräuter zu verdrängen. Die ursprüngliche Heimat der Wiesenflora sind wahrscheinlich die Flußauen, das Überschwemmungsgebiet der Flüsse, wo die einzigen natürlichen Wiesen sich finden. Die Mahd ist hier von Anbeginn vertreten durch das Wasser, das die hochwüchsige Vegetation zeitweise, vor allem beim Eisgang, beschneidet und zugleich durch die Zufuhr von Schlamm in ausgezeichneter Weise für Düngung sorgt.

V e r ä n d e r u n g eines oder mehrerer S t a n d o r t s f a k t o r e n hat tiefgreifende Wandlungen der Pflanzenvereine zur Folge. Die Vereine liegen ja immer auf der Lauer und machen sich jede Schwäche in der Stellung des Gegners zunutze. Oft hat der Mensch dabei bewußt die Hand im Spiel, in dem Sinn, daß er für die reichen, anspruchsvollen Vereine die Bedingungen herstellt und ihnen Gelegenheit gibt, sich auf Kosten der armen auszudehnen. Senkung des Grundwasserspiegels um wenige Dezimeter macht der Wiesenmoorflora das Gedeihen schwer oder unmöglich, und die Folge ist das Eindringen der Wiesenkräuter. Bewässerung kann umgekehrt eine Wüste zum Garten machen. Das künstliche Düngen des Wiesenbodens führt mindestens zu einer Auslese unter der ursprünglichen Vegetation, weil die verschiedenen Glieder der Flora durch die reiche Nahrungszufuhr in verschiedener Weise beeinflußt werden.

Auch durch die eigene Tätigkeit kann ein Pflanzenverein sich die Lebensbedingungen verschlechtern und den Boden für einen anderen Verein vorbereiten. Wasserpflanzen füllen mit ihren Resten Wasserbecken aus und rufen damit Landvegetation herbei. Durch Torfbildung wächst das Wiesenmoor mitunter so weit vom Grundwasser weg, das Hochmoor so hoch in die austrocknende Luft hinein, daß der Charakter der Vegetation entsprechend der geringeren Bodenfeuchtigkeit sich ändert, d. h. daß Wald bzw. Heide auftritt. Der Wald steht immer vor der Gefahr, durch Bildung von Rohhumus sich selbst den Boden zu verderben und der Heide oder dem Hochmoor den Sieg überlassen zu müssen.

Allererste Bedingung für die A n s i e d e l u n g einer Art an einem ihr zusagenden Standort ist natürlich der Zufall, daß sie an den Platz hingerät. Zahlreiche Unkräuter, die so trefflich gedeihen, daß sie sehr

lästig werden können (Elodea canadensis, Erigeron canadensis, Galin-
soga, Stenactis, Oenothera), sind teilweise vor wenigen Jahrzehnten erst
über das Atlantische Meer zu uns gebracht worden, und unser Erdteil
ist der Neuen Welt das Gegengeschenk nicht schuldig geblieben. Diese
Pflanzen haben es fertiggebracht, sich zwischen die alteingesessenen
Bürger einzudrängen. Dazu hätten sie nie Gelegenheit gefunden, wenn
der Mensch sie nicht über Strecken weg befördert hätte, über die sie
mit Hilfe der natürlichen Verbreitungsmittel nicht hätten hinweg-
wandern können. Außer mit den physiologischen Zusammenhängen
hat die Betrachtung der Pflanzenverbreitung und ihrer Ursachen immer
mit solchen geschichtlichen Zufälligkeiten zu rechnen. Die geschicht-
liche Pflanzengeographie, die sich bemüht, diese Zufälle aufzudecken
und vor den Hintergrund der allgemeinen Erdgeschichte zu stellen, ist
aber ein Gebiet von solcher Breite, daß wir uns mit diesem Blick über
seine Schwelle begnügen müssen.

Neuntes Kapitel.

Das Bewegungsvermögen der Pflanzen.

Das Längenwachstum. Bewegung der Springkrautfrucht und des Mimosenblatts; mechanische Auslösung und Reiz. Reizwirkung der Schwerkraft, des Lichtes; Reizleitung. Richtungs- und Nickbewegungen; Schlafbewegungen der Blätter. Berührungsreize bei Ranken. Chemische Reize. Unabhängige Bewegungen; Winden. Freie Ortsveränderung.

Wenn wir nach Bewegungen an festgewurzelten Pflanzen Umschau halten, können wir von vornherein keine Ortsveränderung der ganzen Pflanze erwarten, sondern nur Ä n d e r u n g e n in den L a g e - b e z i e h u n g e n der Teile. Die allerverbreitetste Art von Bewegung ist die V e r l ä n g e r u n g des wachsenden Pflanzenleibes, die sich am bequemsten an Keimlingen verfolgen läßt. Samen der Pferdebohne, die in feuchten Sägespähnen eine Wurzel von 3 bis 5 cm Länge getrieben haben, werden über einem mit Wasser gefüllten Gefäß so befestigt, daß die Wurzel senkrecht ins Wasser taucht. Um uns darüber zu unterrichten, welche Teile der Wurzel wachsen, bringen wir auf der sorgfältig abgetrockneten Wurzel in gleichen Abständen, etwa von 5 mm, mit schwarzer Tusche dünne Querstriche an und stecken die Wurzel mit diesen Marken wieder ins Wasser. Am nächsten Tag wird die erste Marke weit von der Spitze weggerückt sein, die zweite Marke hat sich von der ersten wenig entfernt, und die Entfernungen zwischen den übrigen Teilstrichen sind ganz unverändert geblieben. Die erste 5 mm-Strecke ist also stark gewachsen, die zweite weniger, und darüber hat die Wurzel sich überhaupt nicht gestreckt. Wird nun von neuem in Abständen von 5 mm markiert, so ist nach einem Tag die Verschiebung der Striche dieselbe wie das erstemal. Es ist also dauernd nur ein kurzes Stück der Wurzel an ihrer Spitze im Wachstum begriffen; jedes Stück Wurzel, das am Wachstumspunkt gebildet wird, ist nach kurzer Zeit ausgewachsen, während der Wachstumspunkt selber unbeschränkt wachstumsfähig bleibt. Am

Stengel dehnt sich die Wachstumstätigkeit über eine viel größere Strecke aus als bei der Wurzel; der wachsende Stengelteil ist mitunter viele Zentimeter lang. Daß die Wurzel sich nur in einem kurzen Stück nahe der Spitze verlängert, ist bei der Wühlarbeit, die sie im Boden zu verrichten hat, sehr vorteilhaft; ein kurzer Nagel biegt sich viel weniger leicht durch, wenn er in ein Brett getrieben wird, als ein langer. Beim Sproß, der sich nur durch die Luft vorwärts zu schieben hat, würde eine Verkürzung der wachsenden Teile keinen Vorteil gewähren.

Daß junge Stengel und Wurzeln ihre Festigkeit, und damit das Vermögen sich in die Erde einzugraben oder sich in der Luft aufrecht zu erhalten, der Zellspannung verdanken bzw. dem Spannungsunterschied zwischen den äußeren und inneren Geweben, davon war früher schon die Rede. Ebenso von Krümmungsbewegungen, die an Stengelstücken auftreten, wenn durch Zerspaltung den zusammengedrückten inneren Geweben Gelegenheit geboten wird sich auszudehnen (vgl. S. 78). Bewegungen genau derselben Art treten nun ohne künstlichen Eingriff an der reifen F r u c h t des S p r i n g k r a u t s (Impatiens noli tangere) auf. Die Öffnung der Frucht erfolgt in der Weise, daß die fünf Klappen sich unten vom Fruchtstiel und seitlich ihrer ganzen Länge nach von den Scheidewänden und voneinander loslösen, sich vom Grund gegen die Spitze hin nach innen einrollen und dabei die Samen fortschnellen. Dicht unter der Oberhaut liegt nämlich eine Zellschicht, die sich auszudehnen strebt und von den nach innen anstoßenden Geweben, solange der Zusammenhang erhalten bleibt, daran gehindert wird. Die gerollten Klappen lassen sich kaum mehr gerade biegen ohne zu brechen, dagegen werden sie in 10 proz. Kochsalzlösung schlaff. Die Frucht springt unter allen Umständen, auch bei völliger Ruhe, dann, wenn die inneren Gewebe infolge der Veränderungen, die die Reife mit sich bringt, so locker und nachgiebig werden, daß die gespannten Klappen sich von ihnen losreißen können. Gewöhnlich gibt aber eine unsanfte Berührung mit einem festen Körper oder das Aufprallen eines Regentropfens den Anstoß zum Springen. Noch nicht ganz reife Früchte können dadurch zur Öffnungsbewegung gebracht werden, daß man die Fruchtspitze zwischen den Fingern drückt. Der Stoß oder Druck von außen liefert augenscheinlich nicht die Kraft für die gewaltsame Bewegung. Es ist die Spannkraft des zusammengedrückten Schwellgewebes, der durch den äußeren Anstoß, wohl durch eine geringfügige, örtlich begrenzte Steigerung der Spannung, Gelegenheit gegeben wird Arbeit zu leisten, Bewegung herbeizuführen. Ein im wesentlichen zutreffendes Bild der

mechanischen Verhältnisse gibt uns eine gespannte Feder, etwa an einem
Gewehrhahn, die durch eine Sperrvorrichtung an der Entspannung
verhindert wird. Der Druck des Fingers auf den Drücker beseitigt
nur die Hemmung. Zwischen dem Fingerdruck und dem Schlag des
schnappenden Hahnes besteht keinerlei Beziehung, worauf das Gesetz von der Erhaltung der Energie Anwendung fände. Solche Einwirkungen, die aufgespeicherte Kraft für Arbeitsleistung verfügbar machen,
nicht Kraft zuführen, bezeichnet die Mechanik als A u s l ö s u n g e n.
Ein Auslösungsvorgang sehr einfacher, rein mechanischer Art ist das
Springen der Impatiensfrucht. Mit verwickelteren Auslösungen
werden wir uns in diesem Kapitel weiter zu beschäftigen haben.

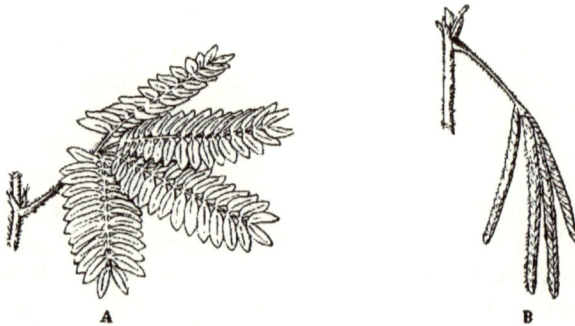

A   B

Fig. 71. Mimosa pudica, ²/₃, nach Giesenhagen.

In den Warmhäusern der botanischen Gärten wird überall die aus
den Tropen stammende, zu den Hülsenfrüchtlern gehörige S i n n -
p f l a n z e (Mimosa pudica) kultiviert, die wegen ihrer auffallenden
»Reizbarkeit« von Alters berühmt ist. Jede unsanfte Berührung des
schlanken Stengels oder des einzelnen Blattes veranlaßt die doppelt
gefiederten Blätter zu ausgiebigen Bewegungen, die für eine Pflanze
ungewöhnlich rasch verlaufen. Im Ruhezustand (Fig. 71 A) steht der
Hauptblattstiel wagrecht oder · aufwärts vom Stengel ab und die
Blättchen sind an den Spindeln flach ausgebreitet. Nach einer Erschütterung heben die Blättchen sich durch Krümmung ihrer kurzen
Stielchen hoch und legen sich mit den Oberseiten paarweise aneinander;
zugleich biegt der Hauptblattstiel sich am Grund, in dem angeschwollenen Gelenkpolster, mit scharfer Krümmung nach unten, so
daß das ganze Blatt abwärts fällt (Fig. 71 B). Die Hebung der
Blättchen kostet Arbeit, die Krümmung des vorher geraden Blatt-
stielgrundes nicht minder, und diese Arbeit muß von der Pflanze

geleistet werden. Der Stoß, der einzelne unmittelbar getroffene Zellen
deformiert, in anderen wenigstens den Zellinhalt in schwankende Bewegung versetzt, wirkt nur a u s l ö s e n d. Aber diese Auslösung ist
anderer Art als bei der Frucht des Springkrauts. Hier ist ein Spannungsunterschied zwischen den Geweben vorhanden, dem der Stoß nur die
Möglichkeit gibt sich auszugleichen. Bei der Mimose dagegen wird ein
Spannungsunterschied durch den Stoß erst geschaffen. Im Hauptgelenk
des Blattstiels vermindert sich nämlich die Zellspannung auf der
Unterseite dadurch, daß Zellsaft aus den Zellen in die Zwischenzellräume austritt. So wird die Unterseite des Gelenkes schlaff und gibt
der Oberseite Gelegenheit, sich auswärts zu wölben und die Unterseite
zusammenzudrücken.

Wenn die Spannung im Blattgelenk der Mimose sich einseitig geändert hat, ist das Zustandekommen der Bewegung ebenso leicht verständlich wie beim Springkraut. Aber der Zusammenhang zwischen
der mechanisch erzwungenen Plasmabewegung und der Veränderung
in den Eigenschaften des Protoplasmas, die zu einer Ausstoßung von
Zellsaft und damit zu einer Spannungsverminderung führt, ist ganz
rätselhaft. Es muß hier eine Kette von Auslösungen vorliegen, deren
Wesen uns noch durchaus unbekannt ist, und deren Sitz nur das
lebende, gesunde Plasma ist. Auch bei der Springkrautkapsel ist das
Springen natürlich an den lebenden Zustand gebunden, weil die Zellspannung mit dem Absterben, genauer mit der Aufhebung der Halbdurchlässigkeit des Plasmas verloren geht; aber die Gewebespannung
als gegeben hingenommen, haben wir beim Springkraut doch eine Auslösung rein mechanischer Art. Bei der Mimose handelt es sich nicht
mehr bloß um Mechanik, und mit dem lebenden Zustand der Pflanze
allein ist es noch nicht getan. Die Bewegungen bleiben nämlich aus
bei zu hoher und bei zu niedriger Temperatur (über 40⁰ und unter 15⁰),
weiter wenn die Pflanze Dämpfen von Chloroform oder Äther ausgesetzt
wird, die noch keine dauernde Schädigung herbeiführen, also wenn sie
narkotisiert wird, und endlich wenn sie längere Zeit hindurch fortwährend erschüttert wird. Das sind lauter Zustände, die uns bei
Tieren als Starre, Betäubung und Ermüdung wohl bekannt sind.

Auslösungsvorgänge, bei denen das lebende Plasma eine vorläufig
nicht zu durchschauende Rolle spielt, werden als R e i z e r s c h e i -
n u n g e n bezeichnet. Die äußere Einwirkung, die den Vorgang zum
Ablaufen bringt, heißt R e i z oder Reizursache, und die sichtbare
Veränderung, die der Reiz an der Pflanze hervorruft, heißt A n t w o r t
(Reaktion). Die R e i z b a r k e i t , das Vermögen auf äußere Ein-

wirkungen auf dem Weg der Auslösung in der verschiedensten Weise zu
antworten, ist eine Grundeigenschaft aller Lebewesen, eine Eigenschaft,
ohne die Lebenstätigkeit überhaupt nicht möglich erscheint, weil die
Reizhandlungen im höchsten Maße zweckmäßig sind. Die Äußerungen
der Reizbarkeit bestehen bei den Pflanzen, so gut wie bei den Tieren,
großenteils in deutlich wahrnehmbaren Bewegungen, und einige der
wichtigsten Reizbewegungen wollen wir im folgenden kennen lernen.
Daß auch die Form der Pflanzen von Reizen abhängig ist, davon soll
dann im nächsten Kapitel die Rede sein.

Die R e i z b e w e g u n g e n der Pflanzen treten mit solcher Regelmäßigkeit
ein, daß wir nicht annehmen können, sie seien einer Willkür unterworfen. Diese
Eigenschaft haben sie gemein mit dem, was man am Tierkörper Reflexbewegung
nennt. — Der äußere (objektive) Vorgang der Reflexhandlung, der zum wichtigsten
Teil in Änderungen des Zustandes der Nerven besteht, hat bei den höheren Tieren,
wie jeder einzelne Mensch von sich aus schließt, eine innere (subjektive) Seite, er ist
von Empfindungen begleitet, die auf keine Weise von den Sinnen eines anderen
Wesens (als Objekt) wahrgenommen werden können. Bei einem Lebewesen, das in
seinem Bau so weit von unserem eigenen abweicht wie eine festgewurzelte Pflanze,
hat es nicht viel Sinn, darüber sich den Kopf zu zerbrechen, ob der Reiz außer den
objektiven Veränderungen auch eine Empfindung auslöst. Es ist üblich, auch bei
den Pflanzen von Empfindung und Empfindlichkeit zu sprechen. Wer aber vor-
sichtig sein will, tut gut, die Ausdrücke im selben Sinn zu verwenden, wie wir von
der Empfindlichkeit einer Wage, einer photographischen Platte reden.

Um den Verlauf einer einmaligen Reizung des Mimosenblattes
ganz zu schildern, ist nachzutragen, daß das gesenkte Blatt nach einigen
Minuten langsam in die Ausgangslage zurückkehrt, worauf es von
neuem gereizt werden kann. Wird die Pflanze erst nach der Senkung
der Blätter mit Äther betäubt, so wird die Aufrichtung der Blätter
durch die Betäubung nicht verhindert. Die Pflanze ist also im betäubten Zustand keineswegs unfähig Bewegungen auszuführen. Wenn
sie, wie wir gehört haben, in der Narkose durch Erschütterung nicht
zur Senkung der Blätter veranlaßt werden kann, so müssen wir schließen:
das Eindringen der betäubenden Mittel in das Plasma verhindert nicht
erst das letzte Glied des Reizvorgangs, die Bewegung; natürlich verhindert es auch nicht die mechanische Wirkung des Reizes, die Erschütterung des Plasmas; sondern der Vorgang, den die Narkose aus-
schaltet, muß bei der nicht betäubten Pflanze zwischen Reiz und Antwort
liegen. Wir bezeichnen ihn als die E r r e g u n g des reizbaren Plasmas,
oder, die Pflanze als tätig hingestellt, als die A u f n a h m e oder W a h r -
n e h m u n g des Reizes durch das Plasma. Die Erregung besteht in einer
unbekannten Veränderung des Plasmas, die je nach der Art der Reizung
(durch Erschütterung, Licht, Schwerkraft usw.) verschieden ausfällt.

Das Zusammenfahren der Mimose ist nur ein Kuriosum, das sich an Bedeutsamkeit für das Leben der Pflanze mit anderen, viel bescheideneren Reizbewegungen nicht entfernt messen kann. Eine K e i m - w u r z e l z. B. wächst unter allen Umständen in der L o t l i n i e nach unten, gleichgültig wie der Same zu liegen kommt. Auch sucht die Wurzel immer wieder in die senkrechte Lage zurückzukehren, wenn sie gewaltsam daraus abgelenkt, also schief oder wagrecht gehalten wird. In wenigen Stunden krümmt sie sich nämlich knapp hinter der Spitze, in dem Bezirk des stärksten Wachstums, so weit, daß die Spitze wieder senkrecht abwärts gerichtet ist. Das ist nicht etwa eine Verbiegung infolge des Eigengewichtes unter dem Zug der Schwerkraft; eine frische Wurzel läßt sich kaum biegen, sie ist spröde und bricht leicht. Zudem hat eine Wurzel bei der Krümmung einen beträchtlichen Widerstand zu überwinden, wenn sie sich in Erde einbohrt. Die Krümmung wird also durch die lebendige Tätigkeit der Pflanze mit Kraftaufwand ausgeführt. Noch einleuchtender ist das beim Stengel. Wird ein Keimstengel der Bohne wagrecht gelegt, so richtet sich seine Spitze senkrecht auf, entgegen dem Zug der Schwerkraft. Wenn also die Erdschwere diese Bewegungen verursacht, kann sie nur die Bedeutung einer auslösenden Ursache haben, als R e i z wirken. Was an jedem Ort der Erde dem Krautstengel und dem Baumstamm das Wachstum in der Lotrichtung vorschreibt, kann kaum etwas anderes sein als die S c h w e r k r a f t. Zum Überfluß läßt sich dafür noch der sichere Beweis erbringen durch Versuche, in denen die Schwerkraft durch Schleuderkraft ersetzt wird. Werden keimende Samen am Rande einer Scheibe befestigt, die um eine wagrechte Achse rasch gedreht wird, so wachsen alle Keimlinge in der Richtung des Radius, und zwar kehren sich die Wurzeln nach außen, die Stengel gegen den Radmittelpunkt. Schleuderkraft und Schwerkraft haben das gemein, daß sie den Körpern Gewicht erteilen, sie führen also in den Zellen eine bestimmte Massen- und Druckverteilung herbei: beim Zentrifugieren übt der bewegliche Zellinhalt auf die nach außen gerichtete Wand jeder Zelle bzw. auf die ruhende Plasmaschicht, die dieser Wand anliegt, einen stärkeren Druck aus als auf die nach der Radachse gewandte, und schwere Körper, wie Stärkekörner, Kristalle, werden, wenn sie sich im dünnflüssigen Plasma bewegen können, sämtlich gegen die äußere Wand gedrückt; in der ohne Bewegung verharrenden Pflanze gilt dasselbe für die untere Wand jeder Zelle. In der Ruhelage befindet sich eine Wurzel oder ein Stengel, wenn die Wand, auf der das Gewicht des Zellinhaltes lastet, die bei natürlicher Lage untere, die der Wurzelspitze nächste ist. In jeder anderen Lage als in der des Lotes bzw. des Scheibenradius wird der Druck des Zellinhaltes gegen eine Seitenwand gelenkt. Diese ungewohnte Druckverteilung wirkt als Reiz und löst eine Bewegung aus, die den Pflanzenteil in die reizlose Lage zurückbringt. Aus jeder Lage, die mit der Lotrichtung einen Winkel bildet, krümmt sich die Wurzel nach unten, der Stengel nach oben. Die Wurzel ist e r d w e n d i g (positiv geotropisch), der Sproß e r d a b w e n d i g (negativ geotropisch). Ausgeführt werden die geotropischen Krümmungen durch ungleichseitiges Wachstum; sie können nur an solchen Pflanzenteilen auftreten, die noch nicht ausgewachsen sind, also an Wurzeln und Stengeln gewöhnlich in der Nähe der Spitze. Bei den Grashalmen bleibt an den angeschwollenen »Knoten« das Gewebe lange Zeit wachstumsfähig; durch Schwerkraftreizung, durch Wagrechtlegen, wird das Wachstum der Knoten, das im aufrechten Halm still stand, wieder angeregt, und der Halm richtet sich durch Krümmung in einem oder in mehreren Knoten auf.

An erdwendiger Krümmung können reaktionsfähige Pflanzenteile dadurch verhindert werden, daß ihre Lage zur Richtung der Schwerkraftwirkung fortwährend verändert wird. Das geschieht mit Hilfe eines kräftigen Uhrwerks (Klinostat genannt), durch das die Pflanzen an einer wagrechten Achse mit geringer Geschwindigkeit gedreht werden. Wenn eine Umdrehung etwa eine Viertelstunde in Anspruch nimmt, kommt eine einseitige Druckwirkung durch Schleuderkraft nicht zustande, und jede Krümmung unterbleibt, einerlei welchen Winkel die Achse der Pflanzen mit der sich drehenden Achse des Apparats bildet. Grasknoten fangen dabei wieder an zu wachsen. Die Wahrnehmung des Schwerereizes ist also bei dieser Behandlung nicht verhindert. Die Pflanzen werden fortwährend gereizt, erregt, aber weil der Anstoß zur Krümmung in jedem Augenblick in einer anderen Richtung erfolgt, kommen sie nicht dazu, sich nach irgendeiner Seite zu wenden.

Die Seitenglieder senkrecht wachsender Wurzeln und Sprosse finden ihr Gleichgewicht in Lagen, die mit der Lotrichtung gewisse Winkel bilden. Auf dem Boden kriechende oder im Boden lebende Sproßgebilde, wie die Ausläufer der Erdbeere und der Wurzelstock des Windröschens, sind im Gleichgewicht in der wagrechten Lage, sie sind quer erdwendig. Wenn die Spitze eines Wurzelstocks, wie es Jahr für Jahr einmal geschieht, sich in einen Luftsproß mit Laubblättern und Blüten umwandelt und nun senkrecht nach oben wächst, geht das quer erdwendige Verhalten des Sprosses in erdabwendiges über; die erdwendige »S t i m m u n g« ändert sich in der Spitze, während ein Seitensproß

das ursprüngliche Verhalten beibehält und den wagrechten Wurzelstock als Scheinachse fortsetzt. Die Bedeutung der verschiedenen
Formen der Erdwendigkeit (des Geotropismus) für das Leben der
Pflanze springt in die Augen. Die Wurzel, die aus dem Boden heraus-
wächst — und es gibt solche Wurzeln —, ist ihren gewöhnlichen
Aufgaben entfremdet. Wendet sie sich dagegen nach unten, so verankert sie den Pflanzenkörper fest im Boden und dringt in Schichten
ein, die dem Austrocknen in geringerem Maße ausgesetzt sind als die
oberflächlichsten. Die von der senkrechten Hauptwurzel abspreizenden
Seitenwurzeln machen ein weites Gebiet des Erdreichs für die Ernährung der Pflanze nutzbar. Der Sproß trägt seine Blätter dem Licht
entgegen, indem er sie gerade in die Höhe hebt, und seine ausgebreiteten
Zweige verteilen ihre Blätter weithin im durchleuchteten, nährenden
Luftmeer. Der Wurzelstock, der parallel mit der Erdoberfläche wächst,
bleibt dauernd in einer günstigen Tiefe, und der Ausläufer, der sich
selbständig machen will, entflieht dem Vatersproß am raschesten, wenn
er auf der Erde fortläuft.

Außer der Schwerkraft spielt für die Lage, die die Pflanzen im Raum
einnehmen, das L i c h t eine wichtige Rolle. Pflanzen, die bei allseitiger
Beleuchtung im Freien aufrecht wachsen, krümmen sich im Zimmer
gegen das nächste Fenster, dem Licht zu. Die Erdabwendigkeit wird hier
durch Lichtwendigkeit (positiven Phototropismus) überwunden. Ganz besonders empfindlich gegen einseitig einfallendes Licht sind die meisten
Keimpflanzen. Werden Samen von Kresse, Hafer usw. in einem vom
Fenster entfernt stehenden Topf ausgesät oder gar in einem dunklen
Kasten gehalten, der nur ein kleines Fenster hat, so wenden sich die
Keimlinge, sobald sie über den Boden treten, mit scharfer Krümmung
gegen das Fenster hin. Haben die Stengel sich in die Richtung des
einfallenden Lichtes gestellt, so sind sie auf allen Flanken gleich stark
beleuchtet, und damit ist die Veranlassung zu weiterer Krümmung beseitigt. Gerade lassen sich solche Pflanzen im Zimmer nur ziehen, wenn
sie durch Bedeckung mit einer undurchsichtigen Hülle dem Licht
ganz entzogen werden, oder wenn der Topf (wieder mit Hilfe des Klino-
staten) an einer senkrecht gestellten Achse auf einer wagerechten Platte
gedreht wird. Im zweiten Fall wechselt die am hellsten beleuchtete
Flanke fortwährend, und im Widerstreit der verschieden gerichteten,
gleich starken Reizanstöße bleiben die Stengel gerade.

L i c h t w e n d i g e Pflanzenteile, wie die meisten Sprosse, wachsen
der Lichtquelle entgegen, suchen in helleres Licht zu gelangen. Die
lichtabwendigen Wurzeln krümmen sich vom Licht weg. L i c h t -

f a n g e n d sind viele Blätter; die runden, schildförmigen Blattspreiten der Kapuzinerkresse z. B. stellen sich auf lichtwendigen Stielen quer zum Lichteinfall, so daß sie alles verfügbare Licht mit der Oberseite wie Schirme auffangen und für die Assimilation ausnutzen können. Meistens sind die Laubblätter nur während ihrer Entwicklung beweglich - die Blätter und Blättchen der Schmetterlingsblütler können sich dagegen mit Hilfe ihrer angeschwollenen Stiele, ihrer »Gelenke«, zeitlebens bewegen — und stellen sich durch Krümmung des Stiels in eine »feste Lichtlage«, die sie dann dauernd beibehalten; maßgebend für diese Lage ist die Richtung des stärksten zerstreuten Himmelslichtes, weil die Sonne ja ihren Stand fortwährend ändert, und dementsprechend pflegen im Inneren der Baumkronen die Blätter (z. B. bei der Buche) wagerecht, mit der Oberseite genau nach oben gerichtet, zu liegen.

Die Hauptformen des Verhaltens gegen einseitiges Licht sind dieselben wie bei der Reizwirkung der Schwerkraft. Zwischen der Wirkungsweise von Licht und Schwerkraft besteht aber ein wesentlicher Unterschied, und dem entspricht eine Eigentümlichkeit gewisser lichtempfindlicher Organe, die im Gebiet der Erdwendigkeit nicht ihresgleichen hat. Die Erdschwere wirkt überall mit der gleichen Stärke auf die Pflanzen ein und vermag nirgends schädigenden Einfluß auszuüben. Das Licht dagegen ist an verschiedenen Orten und zu verschiedenen Zeiten sehr ungleich bemessen und kann bei hoher Stärke lebenden Organen schweren Schaden zufügen. Die Blätter stellen sich deshalb nicht immer senkrecht zur Richtung des stärksten Lichtes, sondern sie richten sich so, daß das Licht sie mit der vorteilhaftesten bzw. am wenigsten schädlichen Stärke trifft; sie führen lichtmessende Bewegungen aus. Wollen sie sich jeweils dem Sonnenstand anpassen, so müssen sie leicht und rasch beweglich sein, wie es vor allem die Blätter der Schmetterlingsblütler sind. Die Blättchen der Robinie, des Sauerklees sind bei mäßiger Lichtstärke mit der Oberseite breit nach oben gekehrt. Wird die Sonnenstrahlung sehr kräftig, so krümmen die Blättchen sich in den Gelenken in der Weise, daß die Strahlen an der Blattfläche vorbeigleiten. Das geschieht bei der Robinie durch Hebung, beim Sauerklee durch Senkung der Blättchen (»Tagesschlaf«).

Die lichtwendigen Krümmungen werden meistens, wie die erdwendigen, durch ungleiches Wachstum ausgeführt; die stärker beleuchtete Seite z. B. eines Keimstengels wächst am langsamsten, die am schwächsten beleuchtete, dem Licht abgekehrte Seite am raschesten. An den mit Gelenken versehenen Blättchen der Robinie usw. kommen die Bewegungen dagegen nicht durch Wachstum, sondern durch Schwankungen der Zellspannung zustande. Für die lichtwendigen Wachstumskrümmungen scheint auf den ersten Blick die Erklärung ziemlich leicht zu sein. Das Licht übt nämlich nicht nur bei einseitigem Einfall eine richtende Wirkung aus, sondern auch durch allseitige Beleuchtung wird das Wachstum der Pflanzen in auffallender Weise beeinflußt. Keimlinge, die im Dunkeln erzogen werden, sind schlanker und länger als gleichaltrige, die tagsüber im Licht wachsen, und bei diesen letzteren ist das Längenwachstum während der Nacht ausgiebiger als am Tage. Das Längenwachstum wird also durch das Licht gehemmt. Man ist deswegen zunächst versucht, die lichtwendigen Krümmungen darauf zurückzuführen, daß die stärker beleuchtete Seite vom Licht im Wachstum stärker gehemmt wird als die von der Lichtquelle abgekehrte Seite. So einfach kann der Reizvorgang aber nicht verlaufen. Denn auch das Längenwachstum der Wurzeln wird von allseitigem Licht in gewöhnlicher Weise gehemmt, und trotzdem ist es bei ihren lichtabwendigen Bewegungen die hellerem Licht ausgesetzte Seite, die stärker wächst und die Wurzelspitze von der Lichtquelle wegführt.

Das auf die Pflanze fallende Licht verursacht zunächst die Durchleuchtung der Zellen bis zu einer gewissen Tiefe. Von der ersten Wirkung des eingedrungenen Lichtes auf das reizbare Plasma, der Erregung, können wir annehmen, daß sie chemischer Natur ist. Wir wissen ja z. B. von dem in der Photographie verwendeten Bromsilber, daß es durch Licht chemisch verändert wird. Ebenso dürfte der chemische Zustand der durch Licht reizbaren Pflanzenzellen im Licht ein anderer sein als im Dunkeln. Je stärker das Licht ist, das die vorher im Dunkeln befindliche Pflanze trifft, desto stärker wird ihr chemisches Gleichgewicht gestört, und wenn verschiedene Seiten eines lichtwendigen Pflanzenteils durch ungleiche Beleuchtung verschieden stark gereizt werden, tritt als Antwort eine Krümmung ein, die auf einen Ausgleich der Reizung an den Flanken hinarbeitet. Je nach der »Lichtstimmung« des Pflanzenteils fällt die Bewegung so aus, daß er sich der Lichtquelle nähert, also in hellere Beleuchtung gerät (Stengel), oder sich von der Lichtquelle abkehrt (Wurzel).

Außer Reizaufnahme und Reizbeantwortung können wir bei einzelnen lichtwendig empfindlichen Pflanzen noch ein weiteres Glied in der Kette der Teilvorgänge, die den ganzen Reizvorgang zusammensetzen, herausschälen, nämlich die R e i z l e i t u n g, genauer gesagt die Leitung der Erregung. Keimlinge der italienischen Hirse (Setaria italica) lassen über dem Boden, wenn sie im Dunkeln

3 bis 4 cm hoch geworden sind, einen zylindrischen, blassen Keimstengel und ein etwa 5 mm langes gelbliches Keimblatt unterscheiden, das eine geschlossene Mütze über der Stengelspitze darstellt. Wird an einer Anzahl solcher Keimlinge das Keimblatt mit einem dicht anschließenden Käppchen aus Stanniol bedeckt, das das Licht abhält, und werden die Keimlinge, teils mit teils ohne Kappen, einseitig beleuchtet, so krümmen sich nur die letzteren. Die Krümmung wird ausgeführt vom Keimstengel, aber trotzdem krümmt sich dieser nicht, wenn er allein, ohne das Keimblatt, beleuchtet wird. Es liegt hier also eine unzweideutige Trennung des reizaufnehmenden und des antwortenden Pflanzenteils vor. Eine solche ist nur möglich, wenn die Erregung (nicht die Reizursache, die einseitige Beleuchtung selbst) fortgeleitet wird. Das Keimblatt empfindet den Reiz, es sieht sozusagen das einseitige Licht, und gibt die Erregung weiter nach unten. Der Keimstengel seinerseits antwortet auf diese zugeleitete Erregung, während er nicht unmittelbar von außen reizbar ist.

Reizleitung pflegen wir uns als durch Nerven vermittelt vorzustellen. Der Pflanze fehlen aber nervenartige Gebilde vollkommen. Dafür sind sämtliche lebende Zellen einer Pflanze in ununterbrochener lebendiger Verbindung. Die Zellulosewände sind nämlich, vorzugsweise an den dünnen Tüpfelhäuten, von äußerst feinen Poren durchsetzt, durch die sich feine Plasmafäden erstrecken. Diese P l a s m a b r ü c k e n, in denen die Plasmakörper benachbarter Zellen einander die Hand reichen, werden als die Bahnen der Reizleitung von Zelle zu Zelle betrachtet. Die Geschwindigkeit, mit der die Lichterregung sich fortpflanzt, ist sehr gering, höchstens 0,3 mm in der Minute.

Unverkennbaren Zusammenhang mit dem Licht zeigen auch die S c h l a f b e w e g u n g e n vieler Blattorgane, so genannt wegen ihrer Beziehung zum Wechsel von Tag und Nacht. Die falsche Akazie (Robinia) hat im Sommer tagsüber ein ganz anderes Aussehen als in der Abenddämmerung. Die Blättchen liegen nämlich am Tag bei nicht zu starker Beleuchtung in einer durch die Blattspindel gelegten Ebene wagerecht ausgebreitet, gegen Abend senken sie sich infolge einer Krümmung ihrer Stiele nach unten. An gedreiten Blättern, wie bei Klee, Feuerbohne, Sauerklee, klappen alle drei Blättchen sich abends nach unten zusammen. Die Senkung der Blättchen, die unter natürlichen Verhältnissen am Abend eintritt, kann bei der Bohne im Zimmer auch am hellen Nachmittag herbeigeführt werden; man braucht dazu nur die Pflanze mit einer Hülle aus Pappe oder Papier zu überdecken. Schiefe einseitige Beleuchtung und unmittelbares Sonnenlicht müssen ausgeschlossen werden, weil sie die störenden lichtmessenden Bewegungen herbeiführen, von denen oben die Rede war; am günstigsten ist von oben kommendes zerstreutes Licht. Nach mehrmaligem Hin- und Hergang zeigen die Stiele sich nicht verlängert, die Bewegung erfolgt also ohne Wachstum, nur durch Schwankung der Zellspannung. Bei den Schlafbewegungen handelt es sich augenscheinlich nicht um eine richtende Wirkung des Lichts. Als Reiz wirkt die Veränderung der Helligkeit, der Stärke des ringsum gleichmäßig verteilten Lichtes; die Richtung, in der die Bewegung erfolgt, ist abhängig vom Bau des Organs. Der Stiel des Blättchens bewegt sich in einer Ebene, die ungefähr senkrecht auf der Spreitenfläche steht. Und ob die Krümmung in dieser Ebene aufwärts oder abwärts erfolgt, darüber entscheidet die verschiedene Lichtreizbarkeit von Ober- und Unterseite der Gelenke; Verdunkelung führt im Blättchenstiel der Feuerbohne in der Oberseite stärkere Schwellung herbei als in der Unterseite, Erhellung läßt die Oberseite rascher erschlaffen. Lageveränderungen solcher Art sollen im Gegensatz zu den oben geschilderten R i c h t u n g s - b e w e g u n g e n (Tropismen) als N i c k b e w e g u n g e n (Nastien) bezeichnet sein.

Besonders auffallend sind die Schlafbewegungen der B l ü t e n - b l ä t t e r; zahllose Blüten öffnen sich am Morgen und schließen sich gegen Abend. Die Blütenhüllblätter der Tulpe, des Krokus, die in der Knospe fest zusammenschließen, krümmen sich eines Morgens, wenn die Blüte zur Entfaltung reif ist, nach außen und legen sich am Abend wieder zusammen, und dieses Spiel kann sich mehrere Tage lang wiederholen. Bei vielen Korbblütlern (Bocksbart, Gänseblümchen) bewegen sich am Morgen die zungenförmigen Blüten der Körbe nach außen, die Körbe öffnen sich; schon im Lauf des Vormittags (Bocksbart) oder erst gegen Abend tritt die Schließbewegung ein. Die Nachtblüher (Nachtlichtnelke, Nachtkerze), öffnen die Blüten umgekehrt am Abend. Der Reiz, der diese Bewegungen auslöst, ist in vielen Fällen der Wechsel der B e l e u c h t u n g, ebenso wie bei den schlafenden Laubblättern. Tulpe und Krokus antworten vor allem auf die Änderung der T e m p e r a t u r; im Freien geht ja beides, Erhellung und Erwärmung einerseits, Verdunkelung und Abkühlung anderseits, gewöhnlich Hand in Hand. Daß hier die Wärme keine richtende Wirkung ausübt, ist einleuchtend. Die Wärme kann nicht einseitig angreifen, der Reiz besteht in einer Temperaturveränderung, die sich den Geweben der Pflanze von allen Seiten her gleichmäßig mitteilt. Das Mittel für die Ausführung der Bewegungen ist bei den Blüten-

blättern immer ungleichseitiges Wachstum; beim Krokus wird durch
Erwärmung die Oberseite der Blütenhüllblätter zu beschleunigtem
Wachstum angeregt, durch Abkühlung die Unterseite. Bei kaltem,
trübem Wetter bleiben die Blüten häufig den ganzen Tag geschlossen.
Die Bedeutung des Blütenschlafs ist darin zu suchen, daß die inneren
Organe der Blüte nur dann entblößt werden, wenn die Insekten, die
die Bestäubung vermitteln, um den Weg sind und wenn der Pollen
nicht durch Regen gefährdet ist.

Von der Reizwirkung einer E r s c h ü t t e r u n g , von der Stoß-
reizbarkeit der Mimose, war oben die Rede. Wir können jetzt nach-
tragen, daß es sich bei der Mimose um Nickbewegungen handelt. Durch
V e r w u n d u n g , nämlich durch Abschneiden oder Absengen eines
Blattstückes, wird die Pflanze zu denselben Bewegungen veranlaßt wie
durch Stoß. Hierbei ist auch die Erscheinung der Reizleitung besonders
schön zu beobachten; bei Verletzung eines Blättchens wird gelegentlich
die ganze Pflanze in Mitleidenschaft gezogen, so daß derselbe Erfolg
eintritt, wie wenn die ganze Pflanze geschüttelt worden wäre. Die
Geschwindigkeit der Reizfortpflanzung ist für eine Pflanze außerordentlich groß, sie beträgt beim Wundreiz mitunter 10 mm in der
Sekunde. Nickbewegungen infolge eines leichten Stoßes führen auch die
Staubfäden des Sauerdorns aus, die sich nach der Blütenmitte hin
klappen, wenn sie auf der Innenseite berührt werden. Die den Griffel
als Röhre umgebenden Staubfäden der Kornblume und der Flocken-
blumen verkürzen sich bei Berührung, so daß der Pollen durch den
Griffel aus der Röhre herausgebürstet wird. Alle diese Bewegungen
beruhen auf Spannungsverminderung infolge von Wasserausstoßung
in die Zwischenzellräume. Bei der Kornblume wird der ganze Staubfaden schlaff und damit kürzer, beim Sauerdorn und bei der Mimose
gilt das nur von einer Seite der bewegungstätigen Glieder, so daß
die straff bleibende Seite sich nach außen wölben kann.

B e r ü h r u n g s r e i z e sind verantwortlich zu machen für die Greif-
bewegungen der R a n k e n , der fadenförmigen Gebilde, mit deren
Hilfe Pflanzen mit dünnem, wenig tragfähigem Stengel (Kürbis, Wicken
usw.) sich an festere Stützen klammern. Wenn eine Ranke z. B. von
der Erbse ein gewisses Alter erreicht hat, in dem sie reizbar ist, ist sie
ungefähr gerade ausgestreckt. Wird sie nun auf der Seite, die der Unterseite der Blattspreite entspricht, mit einem festen Gegenstand, etwa
einem Hölzchen, berührt, so krümmt sie sich nach einigen Minuten
kräftig nach unten hin ein, auch wenn das Hölzchen schon längst wieder
entfernt ist; die Oberseite der Ranke ist nicht reizbar. Nach einiger Zeit

streckt sich die Ranke wieder gerade und ist nun etwas länger geworden als vor der Krümmung. Die Bewegung beruht also auf beschleunigtem Wachstum der Oberseite. Die Ranke wächst auch ohne Reizung, aber viel langsamer als im gereizten Zustand, und wenn sie ausgewachsen ist, ist sie nicht mehr reizbar. Im Freien bleibt es selten bei einer einmaligen Reizung, die ja noch kein Umschlingen der Stütze herbeiführt. Die gekrümmte Ranke reibt sich vielmehr an immer neuen Stellen, so daß der gereizte Bezirk rasch an Länge zunimmt und die Ranke bis zur Spitze hin sich um die Stütze rollt. Unaufhörliche neue Reizungen verhindern auch späterhin eine Abrollung, und wenn die Ranke einmal ausgewachsen ist, ist sie keiner Krümmung mehr fähig, sie bleibt dauernd gerollt. Durch eine schraubenförmige Einrollung der unteren, freien Teile der Ranke zieht die Pflanze sich häufig näher an die Stütze heran; besonders schön zeigt das die Zaunrübe (Bryonia). Für die Tätigkeit der Ranken ist wichtig, daß sie durch das Aufprallen von Wassertropfen nicht zur Krümmung veranlaßt werden. Als Reiz wirkt nämlich nicht eine einmalige Erschütterung wie bei der Mimose, sondern die wiederholte, »kitzelnde« Berührung fester Körper. Zudem krümmen sich die Ranken gegen den berührenden Gegenstand hin, sie führen also Richtungsbewegungen aus, die man tastwendig nennen kann.

Einwirkungen c h e m i s c h e r, stofflicher Art beeinflussen das Wachstum z. B. von Pilzschläuchen. Gleichmäßige Verteilung eines Stoffes in der Unterlage, die Pilzfäden als Nährboden dient, kann nicht zu »chemotropischen« (stoffwendigen) Bewegungen führen, wohl aber treten solche bei Konzentrationsunterschieden auf. Wenn ein löslicher Körper in eine ruhende Wassermasse — am sichersten sind Massenbewegungen des Wassers ausgeschlossen in Gallerte, wie z. B. Gelatine — zu liegen kommt, verteilen die in Lösung gehenden Teilchen sich durch Diffusion strahlenförmig nach allen Richtungen. Die Konzentration der entstandenen Lösung ist in der nächsten Nähe des sich lösenden Körpers am höchsten und nimmt nach allen Seiten mit der Entfernung ab. Gerät nun ein Pilzfaden in ein Diffusionsfeld, in dem ein Konzentrationsgefälle vorhanden ist, so krümmt er sich so lange, bis er sich in die Richtung der Diffusionslinien eingestellt hat. Wenn der Stoff ihn anlockt, geschieht die Krümmung in dem Sinn, daß der Faden sich gegen die Schichten höherer Konzentration wendet; beim Fortwachsen muß er dann schließlich die Quelle des Diffusionsvorgangs finden. Bei abstoßenden Stoffen, wie es freie Säuren sind, flieht die Fadenspitze auf dem kürzesten Weg vom Diffusionsmittelpunkt fort. Auch ein Stoff, der in mäßiger Konzentration anzieht, kann in höherer abstoßend wirken; Keimschläuche von Schimmelpilzen werden von 2- bis 10 proz. Zuckerlösung stark angezogen, von 50 proz. abgestoßen. Empfindlichkeit gegen chemische Reize ist für nichtgrüne Pflanzen, deren Nährstoffe nicht immer so gleichmäßig in der Umgebung verteilt sind wie die der grünen, sicher von großer Wichtigkeit; man denke nur an schmarotzende Pilze, deren Keimschläuche durch die Spaltöffnungen in die Wirte eindringen, an die Keimpflanzen der Sommerwurz und der Schuppenwurz, die im Boden eine lebende Wurzel anfallen. Ganz wie die Pilze verhalten sich die Pollenschläuche, die durch chemische Reize zum Knospenmund geleitet werden. Eine ähnliche Art der Reizbarkeit erlaubt es auch den Wurzeln der höheren Pflanzen, in luftarmem Boden Stellen aufzufinden, die reicher an Sauerstoff sind, und in einer nicht gleichmäßig feuchten Umgebung die wasserreichsten Stellen aufzuspüren.

Nick- und Richtungsbewegungen infolge chemischer Reize vollführen die Drüsenwimpern (Fangfäden) an den Blättern des Sonnentaus (Drosera). Wenn auf das mit klebriger Ausscheidung bedeckte Drüsenköpfchen eines randständigen Fangfadens ein kleines Insekt gerät, ebenso wenn etwas Hühnereiweiß oder ein Tropfen Phosphatlösung darauf gebracht wird, nickt der untere Teil des Fangfadens gegen die Blattmitte hin und bringt das Köpfchen mit den kurzen, auf der Blattfläche stehenden Drüsen in Berührung. Der Wimperstiel, der die Bewegung ausführt, ist nicht selber reizbar, er antwortet nur auf den vom Köpfchen zugeleiteten Reiz. Andere Wimpern, die nicht selber von außen her gereizt worden sind, krümmen sich ebenfalls von allen Seiten her nach der Stelle hin, wo die nickende, gereizte Wimper sich auf die Blattfläche angedrückt hat; sie führen also infolge zugeleiteter Reize Richtungsbewegungen aus.

Wenn die auffälligsten Bewegungen am Pflanzenkörper auch durch äußere Einwirkungen hervorgerufen werden, so gibt es doch zahlreiche Bewegungserscheinungen, die bei völliger Gleichmäßigkeit der Außenbedingungen und bei Ausschluß einseitig wirkender Kräfte nicht unterbleiben, deren Ursachen also ganz und gar in der Pflanze selbst ihren Sitz haben müssen. Zu diesen u n a b h ä n g i g e n (autonomen) Bewegungen gehört vor allem das gewöhnliche, geradlinige Längenwachstum. Aber auch Krümmungsbewegungen fehlen nicht. Die meisten Stengel scheinen, wenn kein äußerer Anlaß zu einseitiger Krümmung vorhanden ist, sich wohl geradlinig zu verlängern, doch läßt sorgfältige Betrachtung fast überall schwächere oder stärkere pendelnde

Krümmungen erkennen, die durch ungleich rasches Wachsen der Flanken zustande kommen.

Etwas Ähnliches liegt bei den w i n d e n d e n Pflanzen vor, deren ganzer Stengel sich um feste Stützen schlingt[1]). Nur sind es hier keine regellos gerichteten, schwankenden Krümmungen, die sich fortwährend gegenseitig aufheben, sondern indem die am raschesten wachsende Flanke ihre Lage gesetzmäßig und stetig ändert, den Stengel sozusagen umwandert, wird die Stengelspitze gleichmäßig im Kreis herumgeführt. Der Gipfel hängt mehr oder weniger über und bewegt sich im Kreise herum, und wenn eine dünne, annähernd senkrechte Stütze in diese Bahn gerät, so wird sie umschlungen. Das überhängende, kreisende Ende hat immer dieselbe, nicht sehr bedeutende Länge, weil in dem Maß, wie der Gipfel fortwächst, die älteren Stengelteile sich erdabwendig aufrichten und das Kreisen einstellen. Dabei sucht der Stengel die vorhandene wendeltreppenförmige Krümmung auszugleichen, sich gerade zu strecken. Wenn er eine Stütze umschlungen hat, gelingt ihm das nicht ganz, aber die anfänglich niedrigen Windungen werden bei der Streckung doch steiler, und dadurch wird die Stütze fester gefaßt. Stark geneigte Stützen vermögen die Winder infolge ihrer Erdabwendigkeit nicht zu umschlingen, am leichtesten winden sie an senkrechten Stützen. Die Richtung der Windebewegung ist für jede Pflanze streng festgelegt. Winde und Feuerbohne winden nach links, d. h. ihr Stengel läßt bei seiner Bewegung von unten nach oben die Stütze zur linken Seite, Hopfen und Geißblatt dagegen sind Rechtswinder.

Die bis jetzt betrachteten Bewegungen beruhen auf Streckung, Krümmung und Drehung. Aber auch zu f r e i e r O r t s b e w e g u n g, nach Art der Tiere, wobei der ganze belebte Körper seinen Ort im Raum verändert, sind viele dauernd einzellige Pflanzen und einzellige Zustände mehrzelliger Pflanzen befähigt. Es genügt, an die Bakterien, an die Schwärmsporen des Wasserschimmels, an die Samenschwärmer der Moose und Farne zu erinnern. Die Bewegungen sind an und für sich unabhängig, sie können aber durch äußere Einwirkungen gerichtet werden. Die Bewegungsorgane sind Geißeln oder Wimpern, feine elastische Fäden aus dichtem Plasma, die natürlich nur im Wasser lebens- und funktionsfähig sind. Sie krümmen sich bei der Bewegung peitschenartig oder schlagen das Wasser wie Ruder.

---

[1]) Auf welchem Weg man die Windebewegung auch als komplizierte Reizwirkung der Schwerkraft zu erklären versucht, kann nicht auseinandergesetzt werden.

In behäuteten Zellen führen sehr häufig gewisse Teile des
Protoplasmas Wanderungen aus. Das Strömen des »Körnerplas-
mas« innerhalb des in Ruhe verharrenden »Hautplasmas« läßt sich
z. B. an den Brennhaaren der Nessel und vielen anderen Haaren
verfolgen, noch schöner in den großen Zellen der Armleuchteralgen
(Chara, Nitella), wo der Strom durchsichtigen Plasmas große dichte
Eiweißkugeln mit sich führt. Am allerauffallendsten ist die Strömung,
wenn sogar Blattgrünkörper durch den Zellraum geschleppt werden,
wie in den Blatt- und Stengelzellen der Wasserpest. Langsame Wanderungen vollführen die Farbträger sehr häufig, hauptsächlich unter
dem Einfluß des Lichtes. In senkrecht zum Lichteinfall gestellten

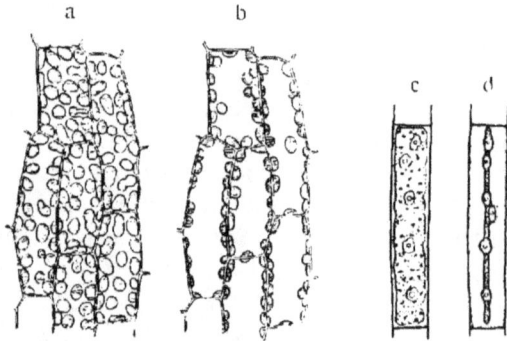

Fig. 72. a und b Zellen aus dem Blatt des Drehmooses (Funaria). c und d eine
Zelle von Mesocarpus, 220/1. (Das Licht fällt senkrecht von unten ein, vom
Spiegel des Mikroskops her.)

Blättern der Moose z. B. sind die linsenförmigen Blattgrünkörper im
gedämpften Licht hauptsächlich auf den Außenwänden der Zellen anzutreffen (Fig. 72a), wo sie den Lichtstrahlen ihre ganze Breite bieten.
Fällt aber auf die Blattfläche grelles Sonnenlicht, so wandern die Farbträger, von Plasmafäden gezogen, auf die Seitenwände (Fig. 72b). Jetzt
kehren sie dem einfallenden Licht ihre schmale Kante zu und sind
vor der schädlichen Wirkung zu starker Bestrahlung einigermaßen
geschützt. Dasselbe erreicht der große plattenförmige Farbträger
der Mittelsporenalge (Fig. 72) durch Drehung um die Längsachse;
schwaches Licht wird durch Flächenstellung der grünen Platte
voll ausgenutzt (c), zu helles durch Kantenstellung unschädlich gemacht (d). Auch bei den Bewegungen der frei im Wasser schwärmen-
den Zellen spielt das Licht als richtende Kraft eine wichtige Rolle.
Grüne Algenschwärmer z. B. kann man dadurch auf einen kleinen

Raum zusammendrängen, daß man das Gefäß, das sie enthält, zur Hauptsache verdunkelt und nur ein kleines Fenster offen läßt. Bei mäßiger Stärke der Beleuchtung sammeln die Schwärmer sich an der hellsten Stelle, bei grellem Licht suchen sie sich Orte mittlerer Helligkeit aus. Auf die farblosen Schwärmer, wie Samenzellen, wirken am stärksten chemische Reize. Schiebt man z. B. unter ein Deckglas, das einen Tropfen Wasser mit Farnsamenschwärmern enthält, ein mit Apfelsäurelösung gefülltes feines Glasröhrchen, so stürzen die Schwärmer sich auf das Röhrchen zu und in dasselbe hinein. Ist die Konzentration zu hoch, so fliehen sie von der Mündung des Röhrchens weg. Wir gehen kaum fehl, wenn wir annehmen, daß den Samenschwärmern auch zum Eisack der Weg durch chemische Stoffe gewiesen wird, die von dort ins Wasser strömen. Wenn jede Insektenleiche im Wasser von den Schwärmsporen des Wasserschimmels aufgespürt wird, so ist das wieder nur mit der Annahme zu erklären, daß die Schwärmer durch chemische Reize angelockt werden.

Bei Bewegungen, die je nach der Stärke des veranlassenden Reizes im Sinn der Anziehung oder der Abstoßung ausgeführt werden, liegt die Versuchung besonders nahe, der Pflanze die Fähigkeit eines willkürlichen Wählens, etwa nach Maßgabe von Lust und Unlust, zuzuerkennen. Aber wir brauchen nur an die Pupille des menschlichen Auges zu erinnern, deren Öffnungsweite sich entsprechend der Helligkeit des Lichtes einstellt, wenn wir dartun wollen, daß solche lichtmessenden Bewegungen selbst beim Menschen ganz automatisch ausgeführt werden, von einem Organ, dessen Tätigkeit der Willkür überhaupt nicht unterworfen ist. Wir haben also keinen Grund zu zweifeln, daß sämtliche Reizantworten der Pflanze zwangsmäßig verlaufen.

Zehntes Kapitel.

Die Veränderlichkeit der Pflanzengestalt.

Die gewöhnliche Entwicklung hervorgebracht durch die gewöhnlichen Außenbedingungen. Der Einfluß von Licht und Feuchtigkeit. Die amphibischen Pflanzen. Die Dorsiventralität der Pflanzenorgane. Die Periodizität der Entwicklung. Die Aufeinanderfolge der Blattformen; die Blühreife. Blütenbildung und Laubwachstum. Die Glieder einer Pflanze als Außenwelt für andere Glieder; Beziehungen zwischen Haupt- und Seitengipfel. Die Ersatzbildungen; Wundschwielen. Propfung. Polarität. Die Wechselbeziehungen zwischen den Gliedern des Zellenstaates.

In der freien Natur sehen wir die sich selbst überlassene Pflanze im allgemeinen ihre gewohnte Form mit großer Gleichmäßigkeit festhalten. Die meisten Pflanzen ändern freilich ihre Gestalt im Lauf des Jahres durch Laubwechsel, durch Bildung von Niederblättern, Laubblättern, Blüten. Aber der ganze Formenkreis, den eine Pflanze durchläuft, pflegt doch sehr konstant zu sein, und ebenso die zeitliche Aufeinanderfolge und die Dauer der einzelnen Zustände, d. h. der Rhythmus, die Periodizität der Entwicklung. Allerdings gleicht der frei stehende Baum nicht ganz und gar dem im dichten Stand erwachsenen, und das Springen der Knospen fällt nicht auf einen bestimmten Kalendertag. Die Entwicklung einer Pflanze läuft also nicht mit so unabänderlichem Gleichmaß ab wie ein aufgezogenes Uhrwerk, und auch das Endergebnis der Entwicklung, die Körperform, ist nicht in allen Einzelheiten schon im Samen oder in der Knospe vorbestimmt, sondern beides steht deutlich unter der Einwirkung der Außenwelt. Wie viel an dem »normalen« Entwicklungsgang einer Pflanze unabänderlich festgelegt, vererbt ist und wie viel von äußeren Einflüssen den Anstoß in der einen oder anderen Richtung empfängt, das soll nun an einzelnen Beispielen untersucht werden.

Die G r ö ß e , die der Pflanzenleib erreicht, die Zahl der Laubblätter und Blüten usw. gehört mit zu den Eigentümlichkeiten einer Art. Auch einjährige Arten unterscheiden sich in dieser Hinsicht beträchtlich,

wie der Vergleich der Sonnenblume mit der Kamille zeigt. Aber die
Größe bewegt sich mitunter zwischen weiten Grenzen und hängt in einer
jedermann geläufigen Weise mit der Ernährung zusammen. Im engen
Topf wird die Sonnenblume nicht so groß wie im freien Garten; die
einzelnen Glieder sind kleiner, und die Zahl der Glieder ist geringer.
Die »Entwicklung« einer Pflanze ist ja nicht ein einfaches Herauswickeln,
eine Entfaltung von lauter vorgebildeten Gliedern. Der Keim besitzt
neben den Keimblättern höchstens ein paar Laubblattanlagen, alles
andere, vor allem die Blüten, muß neu hinzuwachsen. Wie viel
hinzuwächst, das hängt u. a. von der Nahrungszufuhr ab. Eine
Pflanze, die nicht fähig ist mehr als eine Blüte am Stengel zu erzeugen,
wie die Tulpe, wird durch die beste Ernährung nicht veranlaßt werden
können, mehr Blüten hervorzubringen. Aber eine Pflanze, die viel-
blütig werden kann, läßt sich durch Hunger leicht dazu bringen, mit einer
einzigen Blüte ihre Entwicklung zu beschließen.

Im D u n k e l n erwachsene Pflanzen, z. B. Kartoffeltriebe, sind
den normalen gegenüber, die dem Wechsel von Nacht und Tag ausgesetzt
sind, fast zur Unkenntlichkeit verändert. Die Stengelglieder sind mächtig gestreckt und schlaff, die Blätter klein, die Farbe ist gelblichweiß
anstatt grün. In anderer Form tritt die V e r g e i l u n g (das Etiole-
ment) bei den Einkeimblättrigen, z. B. beim Mais auf. Die Achse streckt
sich kaum, dafür verlängern sich die Blätter ungemein. Wir wissen,
daß der Lichtreiz auf das Längenwachstum einen hemmenden Einfluß
ausübt. Die Beseitigung dieser Hemmung läßt dem Wachstum freien
Lauf, entsprechend den erreichbaren Baustoffen und der Temperatur.
Und die Neigung zur Streckung ist im einen Fall bei der Achse, im
anderen bei den Blättern größer. Auch geringere Abstufung der Lichtstärke übt schon einen deutlichen Einfluß auf die Pflanzengestalt
aus. Ackerunkräuter wie Arenaria serpyllifolia, Wiesenkräuter wie
Gentiana germanica werden im dichten Gras viel höher und schlanker
als bei freierem Stand. Die Überverlängerung ist natürlich in dem Sinn
nützlich, daß sie die assimilierenden Organe rasch dem Licht entgegen-
führt. Besonders wichtig wird das bei Keimlingen, die den Boden
oder eine Laubdecke zu durchbrechen haben. Auch die innere Ausbildung der Organe wird durch das Maß des Lichtgenusses beeinflußt.
Bei voller Vergeilung bleibt die Gewebegliederung auf einer niederen
Stufe stehen; hauptsächlich die Verdickung der Zellwände unterbleibt,
und von dem Mangel dickwandiger Gewebe rührt die Schlaffheit ver-
geilter Stengel her. An Bäumen sind die S c h a t t e n b l ä t t e r mitunter deutlich verschieden von den S o n n e n b l ä t t e r n; bei der

Buche z. B. besitzen die Blätter im Schatten eine Palisadenschicht
(Fig. 73 a), in der Sonne zwei (b). Doch wird hier keineswegs die Ausbildung des einzelnen Blattes durch den Lichtgenuß unmittelbar in so
auffälliger Weise gelenkt. Ob ein Blatt sich zum Schatten- oder
zum Sonnenblatt ausbilden soll, wird nicht erst während der Entfaltung, sondern schon bei der ersten Anlage entschieden, und diese
vollzieht sich innerhalb der dichten Knospendecken, wo Beleuch-
tungsunterschiede sich kaum fühlbar machen. Wir dürfen also wohl

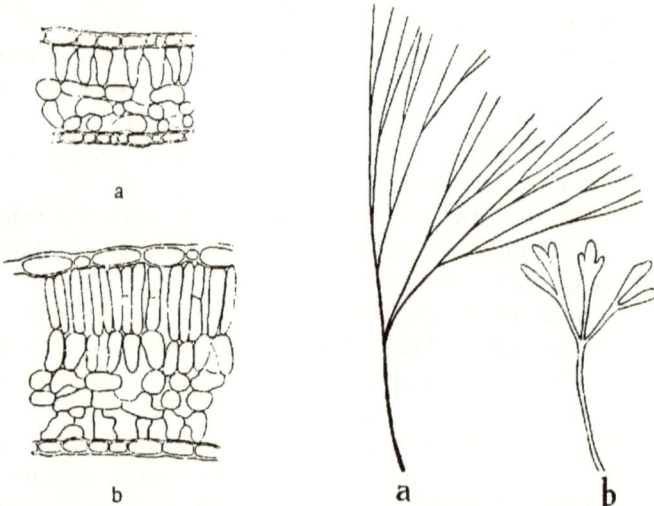

Fig. 73. Querschnitte durch
Buchenblätter,
220/1.

Fig. 74. Blätter ven Batrachium
fluitans, ²/₉ nat. Gr.; b nach
Goebel.

annehmen, daß der g a n z e Z w e i g verschiedene Eigenschaften erhält,
je nachdem er im Schatten oder im hellen Licht lebt, und infolgedessen
am Wachstumspunkt auch verschiedene Blätter bildet.

Pflanzen t r o c k e n e r Standorte werden durch Kultur in einem
f e u c h t e n R a u m, wobei die Verdunstung, häufig auch die Stärke
der Beleuchtung vermindert ist, oft auffallend verändert. Das an
trockenen Felsen wachsende Gras Festuca glauca, eine Form des Schaf-
schwingels, hat am natürlichen Standort rinnig zusammengefaltete
Blätter; unter einer Glasglocke gezogen, bildet es fast flache Blätter.
Die annähernd kugeligen Blattrosetten der Hauswurz (Sempervivum)
gehen, wenn sie feucht gehalten werden, an der wachsenden Spitze
in schlanke Stengel mit entfernt stehenden Blättern über. Stark

behaarte Pflanzen entwickeln im feuchten Raum das Haarkleid schwächer. Die Wachstumsweise dieser Xerophyten wird also von der Umgebung in zweckmäßiger Weise beeinflußt, sie »paßt sich an« an die Umgebung; nur dann, wenn die äußeren Bedingungen die Verdunstung begünstigen, bildet die Pflanze Schutzmittel gegen Wasserverlust aus.

Besonders auffällig und allbekannt ist die Art, wie die sog. a m p h i - b i s c h e n P f l a n z e n auf den Wechsel der Umgebung antworten. Von einem Knöterich (Polygonum amphibium) mit rosenroten Blüten kommen zwei Formen vor. Die auf feuchtem Boden wachsende, selten blühende Landform hat festen, aufrechten Stengel, kurz gestielte Blätter, die beiderseits Spaltöffnungen tragen, und ist überall kurz behaart. Die Wasserform lebt im Wasser und blüht immer reichlich; der Stengel ist biegsam, die kahlen Blätter schwimmen an langen Stielen auf der Wasseroberfläche und sind nur oberseits mit Spaltöffnungen versehen. Zweige der Wasserform, die aufs Land gezogen werden, wandeln sich in die Landform um, und entsprechend verändern sich Triebe der Landform, wenn sie untergetaucht werden. Die beiden Formen sind also nicht konstante Varietäten, sondern werden unmittelbar vom umgebenden Mittel hervorgerufen. Auch Froschkraut (Batrachium) und Tausendblatt (Myriophyllum) bilden, je nach dem Standort, verschieden gestaltete Blätter. Im Wasser sind die Blätter in fädliche feine Zipfel geteilt (Fig. 74 a) und meist frei von Spaltöffnungen; die Gefäßbündel sind ganz schwach ausgebildet. Auf feuchtem Boden (Fig. 74 b) sind die Zipfel der Blätter breiter, abgeflacht, ziemlich reich an Spaltöffnungen, und die Gefäßbündel sind besser entwickelt. Die Wirkungen, die schon feuchte Luft ausübt, Verlangsamung des Wasserstromes und Steigerung der Zellspannung, sind im Wasser aufs Äußerste gebracht, und dazu kommt noch die Verminderung der Beleuchtung und der Sauerstoffzufuhr. Wenn die Bedingungen, die als formbestimmende Reize wirken, genau bekannt wären, dann könnte man die amphibischen Pflanzen vielleicht dazu zwingen, auf dem Lande die Wasserform zu bilden und umgekehrt.

Die D o r s i v e n t r a l i t ä t vieler Pflanzenorgane hat uns schon im ersten Kapitel beschäftigt, jetzt fragen wir, wie die verschiedene Ausbildung von Oben und Unten zustande kommt. Ein sehr einfacher Fall liegt in den Vorkeimen der Farne vor, die nur auf der Unterseite Haarwurzeln und Geschlechtsorgane bilden. Wird ein Vorkeim herumgedreht, mit seiner Oberseite auf den Boden gelegt, so bildet sich diese in dem neu zuwachsenden Teil zur Unterseite um. Die Dorsiventralität wird also während der ganzen Entwicklung jedem Teil von der Außenwelt neu aufgeprägt. Kräfte, die auf den wagrecht liegenden Vorkeim einseitig einwirken, sind Licht und Schwerkraft. Welche von diesen beiden den Ausschlag gibt, läßt sich leicht ermitteln. Die Vorkeime werden bei einseitiger, wagerechter Beleuchtung gezogen. Dabei richten sie sich lichtfangend auf, so daß ihre Fläche senkrecht zum Lichteinfall steht. Der Schwerkraft gegenüber befinden sich nun die beiden Seiten in gleicher Lage. Aber die Seite, die dem L i c h t zugekehrt ist, wird zur Oberseite, die abgekehrte bildet Haarwurzeln.

Ausgesprochen dorsiventral sind auch die meisten flachen L a u b - b l ä t t e r. Ober- und Unterseite werden hier n i c h t unter dem Einfluß einseitiger äußerer Einwirkungen in ihrer Eigenart ausgestaltet. Zwei Blätter der Roßkastanie, die an einem wagerechten Seitenzweig oben und unten einander gegenüber eingefügt sind, entwickeln beide die der Achse zugekehrte Seite zur Oberseite, trotzdem in der Knospe diese Seite beim oberen Blatt nach unten, beim unteren nach oben sieht. Die Dorsiventralität der Blätter richtet sich also nach der Lage in Beziehung zum tragenden Organ, nicht nach einseitig wirkenden Kräften der Umgebung. Ebenso verhält es sich mit der Dorsiventralität der allermeisten Blüten und auch der meisten Laubsprosse, die auf der Unterseite größere Blätter tragen als oben (Seitenzweige von Roßkastanie, Ahorn).

Wenn wir uns nun von der einzelnen Form zu der Aufeinanderfolge der Formen, zu der P e r i o d i z i t ä t der Entwicklung wenden, so beginnen wir mit der auffälligsten Gestaltänderung, mit L a u b f a l l und Wiederbelaubung. Das Abwerfen der Blätter im Herbst hängt, von der Seite der Zweckmäßigkeit betrachtet, mit der Erniedrigung der Temperatur in der Weise zusammen, daß es der Pflanze ermöglicht, im kalten, physiologisch trockenen Winter das Wasser zu sparen. Entsprechend fällt in Gegenden mit einer heißen Trockenperiode, wie Deutschostafrika, der blattlose Zustand in die regenlose Zeit. Aber damit ist nicht gesagt, daß die Entlaubung in jedem Jahr, um bei den einheimischen Verhältnissen zu bleiben, durch das Sinken der Temperatur unmittelbar hervorgerufen wird. Der Herbst darf noch so warm und sonnig sein, die Verfärbung der Blätter weist doch darauf hin, daß der Baum sich darauf vorbereitet die Blätter abzustoßen, und das Blattsterben wird auch im warmen Gewächshaus nicht verhindert. Wenn derartige Bäume aus unserer Zone in immerfeuchte Tropengebiete gebracht werden, stellt sich allerdings eine gewisse Veränderung ein. Eiche, Apfel, Birne werden auf Java immergrün, aber in demselben, uns ganz fremden Sinn wie die meisten Bäume der regenreichen Tropengebiete.

Zu jeder Jahreszeit trägt nämlich ein Teil der Äste eines Baumes Blätter, ein andrer Blüten und Früchte, wieder ein anderer ist kahl anzutreffen. Jeder Ast macht also seine vier »Jahreszeiten« durch, aber für sich, unabhängig von den anderen. Dadurch wird recht wahrscheinlich, daß eine von äußeren Verhältnissen u n a b h ä n g i g e Periodizität diesen Holzpflanzen innewohnt. Der jährliche Gang der Temperatur in unseren Breiten könnte dann nichts weiter tun als dem belaubten und dem unbelaubten Zustand ihren festen Platz innerhalb des Jahres anweisen. Wir dürfen aber sicher das Schwergewicht nicht auf das Abwechseln eines beblätterten und eines blattlosen Zustandes legen, sondern auf das A b w e c h s e l n v o n W a c h s t u m s t ä t i g k e i t u n d R u h e , bzw. verschiedener Arten und Grade der Wachstumstätigkeit. Das ist bei der wintergrünen Tanne nicht anders als bei dem winter-kahlen Apfelbaum. Die Entfaltung der Knospen erfolgt im Frühling oder Frühsommer in ganz kurzer Zeit, oft geradezu stoßweise, wie bei der Buche und bei der Eiche. Es handelt sich hier nur um Streckungs-wachstum, denn die Blätter und oft sogar die Blüten sind schon vorher fertig angelegt. Diese Art des Wachstums steht dann bei den stoßweise entfaltenden Bäumen den ganzen Sommer über still. Dafür werden durch keimhaftes Wachstum die Knospen für das nächste Jahr ange-legt, und solche Veränderungen in der Knospe können, wie bei der Kirsche, sogar im Winter fortdauern. Bei der Eiche kommt ziemlich regelmäßig ein zweiter »Stoß« im Sommer, der sog. Johannistrieb, und die meisten einheimischen Bäume zeigen gelegentlich, entweder ohne erkennbare äußere Ursache oder infolge gewaltsamer Entlaubung, dasselbe, näm-lich daß die für das nächste Jahr bestimmten Knospen austreiben; in den Achseln der sich entfaltenden Blätter legen sich natürlich dann die Knospen an, aus denen der Baum sich im folgenden Frühjahr belaubt. In diesen Fällen erscheint die Periodizität, der Wechsel von Streckungs- und keimhaftem Wachstum, gestört, die Ruhezeit der Knospen verkürzt. Warum die fertig gebildeten Knospen im Herbst sich auch durch künstliche Erhöhung der Temperatur nicht zum Streckungswachstum bringen, sich nicht »treiben« lassen, wissen wir nicht. Im Sommer treiben sie nach Entfernung der Blätter, in deren Achseln sie stehen, aus; und vom Dezember an gelingt das Treiben durch Temperatursteigerung wieder meistens leicht; aber zwischen Sommer und Frühwinter liegt ein Zustand der Ruhe, aus dem die Knospen sich durch dieses Mittel schlechterdings nicht aufrütteln lassen. In der Natur dauert die Ruhe infolge der niedrigen Temperatur länger an, als sie aus inneren Gründen dauern müßte. Deshalb ist die

natürliche Entfaltung im Frühjahr sicher eine unmittelbare Wirkung der
Wärme, während die Ursachen für den Stillstand des Streckungswachs-
tums im Sommer in der Pflanze selbst liegen müssen. Holzgewächse,
die während des Sommers oft fortfahren, Blätter, hauptsächlich an den
Endknospen, seltener an den Seitenknospen, zu entfalten, sind z. B.
Esche, Ahorn, Forsythia suspensa. Ganz zu fehlen scheint eine innere
Periodizität in der Blattbildung der Rosen. Sie treiben während der
wärmeren Jahreszeit gleichmäßig Blatt um Blatt, und dem setzt in Wirklichkeit nur der Eintritt des Winters ein Ziel.

Unter den Stauden begegnen uns dieselben Unterschiede wie bei
den Holzgewächsen. An die Rosen schließen sich z. B. Gundelrebe
(Glechoma) und Schafschwingel (Festuca ovina) an, die bei günstigen
Temperaturverhältnissen den ganzen Winter über fortfahren zu wachsen und Blätter zu bilden. Andere Stauden mit unterirdisch ausdauernden Organen dagegen grünen nur ganz kurze Zeit. Schneeglöckchen,
Tulpe, Lerchensporn entwickeln ihre Knospen im Sommer unter dem
Boden sehr weit, entfalten sie im ersten Frühjahr mit großer Geschwindigkeit und lassen nach der Fruchtreife schon im Sommer ihre
oberirdischen Teile vertrocknen. Die Kurzlebigkeit der Blätter ist der
Hauptunterschied zwischen der Periodizität dieser Frühlingsgewächse
und der der Holzpflanzen. Das Treiben im Winter gelingt meistens
leicht, doch fällt in den Herbst eine Zeit unüberwindlicher Ruhe.

Das n a c h t r ä g l i c h e   D i c k e n w a c h s t u m, die Bildung
von Holz und Rinde aus der Bildungsschicht, zeigt ebenfalls eine aus-
gesprochene Periodizität. Nach der Ruhe im Winter setzt im Frühjahr plötzlich die Tätigkeit der Bildungsschicht mit der Erzeugung
weiter Holzzellen ein. Im Lauf des Sommers werden die Holzzellen enger,
bei manchen Zweikeimblättrigen werden zugleich die Gefäße neben
den Holzfasern spärlicher oder bleiben ganz aus, und mit dem dichten
»Herbstholz« kommt ungefähr Ende August die Holzbildung für die
ganze Dauer des Herbstes und Winters zum Stillstand. Die Tätigkeit der Bildungsschicht von außen her zu beeinflussen ist bis jetzt
noch nicht geglückt.

Die Blätter, die an einem Jahrestrieb oder an einem Keimsproß entstehen, pflegen nach Form und Leistung verschieden zu sein, und
die A u f e i n a n d e r f o l g e der verschiedenen B l a t t f o r m e n
ist im allgemeinen sehr gesetzmäßig. Wir fragen wieder, ob diese Reihenfolge einer Beeinflussung von außen her zugänglich ist.

Die rundblättrige Glockenblume (Campanula rotundifolia) hat ihren
Namen von den rundlichen, langgestielten Laubblättern, die am Grund

ihrer Stengel stehen. An blühbaren Stengeln ändert sich die Blattform
von unten nach oben; die Stiele werden kürzer, die Spreiten schmäler,
bis ungestielte, schmale »Langblätter« entstehen. Zur Blütezeit sind die
Rundblätter meist schon zugrunde gegangen. Werden Sprosse, die nur
erst Rundblätter besitzen, in schwachem Licht gezogen, so kommen sie
über den Rundblattzustand nicht hinaus. In helleres Licht gebracht,
antworten sie rasch mit der Bildung von Langblättern. Umgekehrt

Fig. 75. Campanula rotundifolia, ⁸/₁,
nach Goebel.

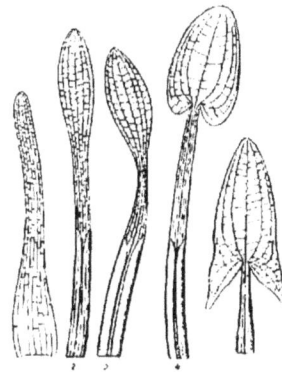

Fig. 76. Aufeinanderfolgende Blattformen einer in seichtem Wasser austreibenden Knolle des Pfeilkrauts,
nach Goebel.

können Stengel, die schon schmale Blätter gebildet haben, durch Dämpfung des Lichts wieder zur Erzeugung von Rundblättern zurückgeführt
werden (Fig. 75, bei *A*). Es ist also möglich, die Ablösung der
»Jugendform« durch die »Folgeform« zu verhindern, und sogar die
normale Reihenfolge der beiden Formen umzukehren. Keimpflanzen
und junge Ausläufer beginnen unter allen Umständen mit runden
Jugendblättern, auch bei hellster Beleuchtung; die Jugendform kann
demnach nicht unterdrückt werden. Aber für den Übergang zur
Folgeform sind nicht ausschließlich innere Gründe maßgebend. Von
der Außenwelt ist er nämlich insofern abhängig, als er sich nur bei
einer nicht zu geringen Lichtstärke vollzieht. Ist diese Bedingung
erfüllt, so geht er ganz von selber, ohne einen Wechsel innerhalb der

Umgebung, vor sich. Wir können dabei an die unabhängige Veränderung
der erdwendigen Stimmung erinnern, die in erst wagerecht kriechenden
und dann sich aufrichtenden Wurzelstöcken sich bemerkbar macht.

Bei der Glockenblume leben die beiderlei Blattformen unter verschiedenen Bedingungen: die runden Blätter nahe dem Boden, also
in schwächerem Licht und in feuchterer Luft als die Langblätter. Viel
schärfer ausgesprochen sind die Unterschiede, die bei W a s s e r -
p f l a n z e n zwischen den Lebensbedingungen der Wasserblätter und
denen der Luftblätter bestehen, und dementsprechend pflegen die beiden
Blattformen sich in der äußeren Gestalt und im inneren Bau deutlich zu unterscheiden. Das Pfeilkraut (Sagittaria, Fig. 76; ähnlich
auch der Froschlöffel, Alisma) bildet bei der Keimung zuerst schmale
zarte Bandblätter, die unter Wasser bleiben, und darauf Blätter mit
Stiel und breiter Spreite, von denen die ersten auf dem Wasser
schwimmen, die nächsten auf festeren Stielen sich über das Wasser
erheben. Beim Tannenwedel (Hippuris) sind die Luftblätter kürzer
und derber als die Wasserblätter und besitzen mehr Spaltöffnungen.
Hier eine unmittelbare Wirkung der Umgebung, ähnlich wie bei
den Land- und Wasserformen der amphibischen Pflanzen (vgl. S. 167),
anzunehmen wäre falsch. An dem kurzen Stamm von Alisma und
Sagittaria entstehen auch die Luftblätter unter Wasser, und sie
werden schon hier so ausgestattet, daß sie zum Luftleben taugen: mit
derbem, unbenetzbarem Korkhäutchen, Spaltöffnungen, leistungsfähigen
Gefäßbündeln. Beim Tannenwedel ist das nicht anders; die Sproßspitze fährt allerdings an der Luft fort, Luftblätter und in ihren Achseln
Blüten anzulegen, aber die ersten Luftblätter und Blüten werden schon
unter Wasser angelegt. Es verschiebt sich also, ganz wie bei der Glockenblume, ohne eine Änderung der äußeren Bedingungen die Beschaffenheit
des Sprosses in dem Sinn, daß er von der Jugendform, die ans Wasserleben angepaßt ist, zu der fürs Luftleben bestimmten Folgeform übergeht. Diese unabhängige Veränderung ist wieder an gewisse äußere
Verhältnisse gebunden. Sie unterbleibt nämlich in tiefem Wasser.
Ist die Folgeform erreicht, so ist die Zurückführung in die Jugendform mitunter nicht schwer. Bei der Keimpflanze des Froschlöffels
genügt die Bedeckung mit einer etwa 50 cm hohen Wasserschicht, um
nach den gestielten Blättern wieder Bandblätter hervorzurufen. An
eine spezifische Wirkung des Wassers, etwa den hydrostatischen Druck,
ist bei der Verschiedenheit des Einflusses von tiefem und seichtem
Wasser nicht zu denken; denn das Pfeilkraut bildet auch in ganz
seichtem Wasser nur Bandblätter, wenn es schwach beleuchtet ist und

deshalb schlecht wächst. Die Erreichung der Folgeform ist also wohl
zum großen Teil Ernährungsfrage; tiefes Wasser beeinflußt ja die Ernährung ungünstig durch die Dämpfung des Lichts. Eine Unterdrückung des Bandblattstadiums durch Kultur auf dem Lande ist
nicht möglich. Aber ein Unterschied in der Ausbildung ist natürlich
vorhanden, je nachdem ein Bandblatt sich im Wasser oder in der Luft
entwickelt; das entspricht den Unterschieden zwischen Wasser- und
Landform bei den Amphibischen.

Bei den Holzpflanzen ist der Wechsel von Knospenschuppen und
Laubblättern ebensowenig von äußeren Faktoren abhängig wie bei
den Stauden die Aufeinanderfolge von Niederblättern und Laubblättern.
Weder eine Tulpe noch eine Roßkastanie kann durch ä u ß e r e
Beeinflussung veranlaßt werden nur Laubblätter zu bilden. Ein Mittel,
das gestattet, auch hier in die Periodizität einzugreifen, sie zu stören,
wenn auch nicht sie aufzuheben, werden wir noch kennen lernen.

Besonders tiefgreifend ist die Umwandlung der Blätter bei der Bildung der B l ü t e n ; die Hochblätter brauchen wir dabei nicht besonders zu berücksichtigen. Die Blütenbildung pflegt in die Entwicklung
eines Sprosses oder einer Sproßgeneration einen tiefen Einschnitt zu
machen; Sprosse, die nur einmal blühen, beschließen mit der Blüte
überhaupt ihr Dasein. Wir sehen deshalb die B l ü h r e i f e im allgemeinen erst nach Erreichung eines gewissen Alters und einer gewissen Größe eintreten. Wo die Form der Laubblätter wandelbar ist,
geht die ganze Folge der Blattgestalten der Blütenbildung voran; der
Epheu z. B. blüht erst mit einfachen, nicht schon mit gelappten Blättern.
Aber Abweichungen von der Regel sind in der Natur nicht selten zu beobachten. Die Eiche wird normal im 60. Jahr blühreif; ausnahmsweise
kommen ganz junge, sogar einjährige Pflanzen schon zur Blüte. Ebenso
sind Keimlinge von Rosen, von der Kokospalme schon im ersten Jahr
blühend gefunden worden. Wenn die Entwicklung eines Sprosses sehr
abgekürzt wird, bleibt ihm auch mitunter nicht die Möglichkeit, sämtliche Formen von Laubblättern zu entwickeln, bevor er zur Blüte kommt.
Während beim Zweizahn (Bidens tripartitus) den Blüten gewöhnlich
tief geteilte Blätter vorangehen, kommen zwergige Exemplare über die
ungeteilte Form der ersten Blätter nicht hinaus, und trotzdem vermögen sie zu blühen. Dieses Blühen im Zustand der Jugendform
kommt auch sonst gelegentlich vor, wenn eine Pflanze aus irgendeinem
Grund nicht imstande ist zur Folgeform überzugehen. Die Glockenblume blüht im Schatten dann und wann mit Rundblättern, das
Pfeilkraut im tiefen Wasser mit Bandblättern. Diese Fälle zeigen,

daß die Blütenbildung nicht notwendig die vorherige Erledigung
sämtlicher Laubblattformen verlangt, daß einzelne Glieder in der Reihe
der Blattformen einfach übersprungen werden können.

Wie es Verfrühung der Blütenbildung gibt, so kann das Blühen
an Pflanzen, die dem Alter nach blührcif sind oder sogar schon geblüht
haben, auch ausbleiben. Pfeilkraut und Tannenwedel unterlassen in
sehr tiefem Wasser nicht bloß die Erzeugung von Luftblättern, sondern
auch von Blüten, der Epheu beschränkt sich an schattigen Plätzen
auf die Hervorbringung von gelappten Blättern und bildet weder ganz-
randige Blätter noch Blüten. Ursache für dieses Unvollständigbleiben
des Entwicklungsganges ist hier wohl die Mangelhaftigkeit der Beleuchtung und damit der Ernährung. Wenn die Wolfsmilcharten durch
Rostpilze am Blühen gehindert werden, so sind hierfür chemische
Reize verantwortlich zu machen, die von dem Schmarotzer ausgehen
und den Zustand des Sprosses verändern.

Ein den Gärtnern seit lange bekannter Zusammenhang besteht
zwischen B l ü t e n b i l d u n g und L a u b w a c h s t u m; Pflanzen,
die stark ins Kraut schießen, neigen wenig zum Blühen. Durch Kultur
unter Bedingungen, die dem Laubwachstum ausnehmend günstig sind
— reichliche Zufuhr von Wasser, nicht zu helle Beleuchtung, nicht zu
niedrige Temperatur auch im Winter —, können z. B. Gundermann
(Glechoma) und Hauswurz (Sempervivum) jahrelang am Blühen verhindert werden. Zweijährige Gewächse unserer Zone, wie Kohl, Kümmel,
Petersilie, Beinwurz, kommen im tropischen Südamerika bei üppig-
stem Wachstum nicht zur Blüte. Umgekehrt wird die Blütenbildung
begünstigt durch geringe Wasserzufuhr, kräftige Beleuchtung und zeitweise niedrige Temperatur. Nimmt man noch dazu, daß die Gärtner
Obstbäume zum Blühen veranlassen durch Beschneiden der Wurzeln
oder durch »Ringelung« der Äste (Abnahme eines Rindenrings), so ordnen
sich alle diese Erfahrungen in dem Sinn zusammen, daß die Ansammlung organischer Stoffe die Blütenbildung fördert, dauernder Verbrauch
der Assimilate für das Laubwachstum der Blütenbildung Eintrag tut.

Mit dem Hinweis auf den Zusammenhang zwischen Blüten- und
Lauberzeugung haben wir den Kreis der Erscheinungen schon verlassen,
bei denen die Gestaltung in einer, freilich nur scheinbar, einfachen Weise
von der Außenwelt unmittelbar abhängig ist. Nun bleiben die Erscheinungen zu betrachten, in denen ein Glied des Pflanzenkörpers sich
für ein andres Glied deutlich als Teil der Außenwelt erweist, die W e c h -
s e l b e z i e h u n g e n (Korrelationen) zwischen den Teilen einer und derselben Pflanze. Daß die unbelebte Umgebung selten ein Organ während

der ersten maßgebenden Schritte seiner Entwicklung unmittelbar beeinflußt, daß die Entwicklung am Wachstumspunkt immer von anderen, schon vorhandenen, den Außenreizen zugänglichen Teilen abhängig ist, darauf ist oben bei Erwähnung des Unterschieds zwischen Licht- und Schattenblättern hingewiesen worden. Aber viel einleuchtender ist das Wechselverhältnis zwischen den Gliedern doch in solchen Fällen, wo ein grober Eingriff in den Bestand des Pflanzenkörpers, wie Verstümmelung, eine auffallende Wirkung auf Wachstum und Gestaltung ausübt.

Es ist bekannt, daß Holzpflanzen, die häufig beschnitten werden, sich ungewöhnlich reich und dicht verzweigen (Kugelakazie, verschnittene Eiben, Fichten, Buchen). Ebenso findet man im Herbst nach der Mahd allerhand krautige Pflanzen, denen der Gipfel genommen wurde, reich verzweigt, während sie im Sommer, vor der Verstümmelung, unverzweigt waren (Glockenblumen, Pippau). Im Zimmer kann man die Feuerbohne durch Abschneiden des Sproßgipfels dazu veranlassen aus den Achseln der Keimblätter Seitensprosse zu entwickeln; Knospen werden hier regelmäßig angelegt, sie kommen aber nicht zur Entfaltung, wenn andere Knospen vorhanden sind. Auch an der Kartoffelknolle, die immer mehrere Knospen (Augen) besitzt, treibt nur die Spitzenknospe aus, wenn die ganze Knolle in Erde gelegt wird. Zerschneidet man aber die Knolle, so geht aus jedem einzelnen Auge ein Pflanze hervor, und der Landwirt macht von diesem Verhalten auch Gebrauch. In all den angeführten Fällen verhindert also die Anwesenheit (bezw. Tätigkeit) der Gipfelknospe oder der dem Gipfel nahen Knospen das Austreiben gewisser Seitenknospen, und die Beseitigung dieser Hemmung macht uns erst damit bekannt, daß alle Seitenknospen imstand sind sich zu entwickeln. Worauf diese Beziehung zwischen Haupt- und Seitenknospen beruht, wissen wir nicht.

Daß die Seitensprosse aufrechter Hauptsprosse gewöhnlich schief oder wagrecht gerichtet sind, wie bei der Fichte, davon war früher die Rede. Wir fragen nun, woher dieses verschiedene Verhalten gegenüber der Schwerkraft kommt. Zweckmäßig ist es natürlich, weil die Blätter der Seitenzweige so am leichtesten in gute Beleuchtung kommen, aber damit ist die Ursache, die im einzelnen Fall den Seitenzweig zwingt, die wagrechte Lage einzunehmen, noch nicht ermittelt, falls wir dem Zweig nicht Wahlvermögen zuschreiben wollen. An Fichten sieht man nun oft statt eines einzelnen mehrere aufrechte Gipfeltriebe. Bei genauerem Zusehen entdeckt man dann regelmäßig, daß hier die Knospe des Hauptsprosses abgebrochen worden ist, etwa durch Vögel,

und daß die Triebe, die sich in die Verlängerung der Hauptachse gestellt
haben, sämtlich Seitenzweige erster Ordnung sind. Oft richtet sich
auch nur ein einziger Seitenzweig auf, doch entgehen solche Fälle natürlich leicht der Beobachtung. Hier werden also die Seitentriebe
vom Haupttrieb zwar nicht in der Entwicklung gehemmt, aber es wird
ihnen quer erdwendiges Verhalten aufgezwungen, während sie, vom
Einfluß des Hauptgipfels befreit, erdabwendig wachsen würden. Auf
welche Weise das geschieht, ist wieder ganz unbekannt. Aber daß der
Einfluß des Hauptgipfels nicht bloß durch Köpfen beseitigt werden kann,
zeigt ein anderes Experiment, das die Natur selber macht. Auf der
Edeltanne schmarotzt bisweilen ein Rostpilz, Accidium elatinum. Die
von ihm befallenen, als »Hexenbesen« entwickelten Seitenzweige haben
blasse, kleine, im Herbst abfallende Nadeln, und was uns hier vor
allem angeht, sie wachsen aufrecht und verzweigen sich strahlig, wie
der Hauptsproß. Die Störung des ganzen Lebensgetriebes in den
kranken Zweigen hat also auch die Folge, daß das Vasallenverhältnis
dem Hauptsproß gegenüber aufgehoben ist. — Ganz entsprechend
liegt das Verhältnis zwischen Haupt- und Nebenwurzeln. Wenn von der
Wurzelspitze der Bohne etwa 1 cm abgetragen wird, so stellt sich eine
Seitenwurzel nahe der Schnittfläche in die Verlängerung der Hauptwurzel und wächst nun senkrecht abwärts.

Die Seitenknospen in den Blattachseln der meisten Bäume treiben
erst im Jahr nach ihrer Anlegung aus, wenn die Blätter schon abgefallen
sind. Entblättert man aber z. B. bei der Traubenkirsche (Prunus padus),
beim Spitzahorn (Acer platanoides) die Zweige im Frühjahr, so entfalten sich die für das nächste Jahr bestimmten Knospen. Die Anwesenheit der erwachsenen L a u b b l ä t t e r v e r h i n d e r t also die E n t -
w i c k l u n g   d e r   A c h s e l k n o s p e n und der an ihnen angelegten
Blätter. Die ersten Blätter an den Achseltrieben der Traubenkirsche
sind regelmäßig kleine, breite, ungestielte Niederblätter, die als Knospenschuppen auftreten, erst auf diese folgen Laubblätter. Erfolgt die Entblätterung an der Traubenkirsche zu einer Zeit, wenn die Achselknospen
schon eine Anzahl Blattanlagen gebildet haben, so werden die ersten
Blätter auch an den zu vorzeitiger Entfaltung gezwungenen Trieben
zu Knospenschuppen. Wird die Entblätterung aber sehr frühzeitig,
etwa Mitte April vorgenommen, so entwickeln die austreibenden Zweige
in günstigen Fällen nur Laubblätter mit Stiel und großer Spreite. Der
Versuch zeigt, daß der Wechsel von Laub- und Niederblättern bei
der Traubenkirsche nicht unverrückbar festgelegt ist. Wenn die Pflanze
Laubblätter besitzt, so entwickelt sie an den Seitentrieben die ersten

Blätter zu Knospenschuppen. Werden ihr die Laubblätter genommen, so setzt sie sich dagegen rasch in den Besitz neuer Laubblätter, wenn nötig unter Überspringung der Knospenschuppen, die an der Reihe wären. Auch die Ausbildung ganzer Seitensprosse läßt sich willkürlich abändern. Bei gewissen Ehrenpreisarten (z. B. Veronica beccabunga) bilden junge Blütenstände, die man abschneidet und feucht hält, sich an der fortwachsenden Spitze zu Laubsprossen um. Sogar die schon angelegten Blütenknospen können beim Austreiben zu Mittelbildungen zwischen Blüten und Laubzweigen werden. — Bei der Kartoffel wachsen die Achselknospen der untersten Blätter normal zu Ausläufern aus, deren Spitze zur Knolle anschwillt. Werden die jungen Ausläufer entfernt, so bilden sich die nächsthöheren Seitenknospen zu kleinen Knollen um. Diese Knollen bleiben klein, wenn sie sich im Licht entwickeln. Dagegen läßt sich an solchen ausläuferlosen Stengeln jede beliebige Knospe zu einer ansehnlichen Knolle heranziehen, wenn man sie verdunkelt. Demnach ist jede Knospe der Kartoffel fähig, zur Knolle zu werden. Wenn die oberen Knospen sich gewöhnlich nicht knollenartig ausbilden, so rührt das einerseits von dem Vorhandensein der normalen Knollen, andererseits von der hemmenden Wirkung des Lichtes her.

In den Zweigen der Weiden sind unter der Rinde Wurzeln angelegt, die gewöhnlich nicht zur Entwicklung kommen. Wird aber ein Weidenzweig abgeschnitten und in Erde gesteckt oder auch nur in feuchter Luft gehalten, so kommen die Wurzeln zum Vorschein. Die Trennung des Zusammenhangs zwischen den Wurzelanlagen und dem normalen Wurzelsystem und die Herstellung der Bedingungen, unter denen die Wurzeln leben, weckt also die Anlagen aus ihrer Ruhe auf.

Die geschilderten Antworten der Pflanzen auf Verstümmelung haben den Charakter von Ersatzbildungen. Die verstümmelte Pflanze ergänzt sich unter günstigen Bedingungen wieder zu einem vollständigen, lebensfähigen Körper. Diese Erscheinungen des Ersatzes (der Regeneration), die wir im gegebenen Zusammenhang hauptsächlich studieren, um über die Wechselbeziehungen zwischen den Gliedern Aufschluß zu erhalten, sind also auch an und für sich von hohem Interesse als vielfach äußerst zweckmäßige Handlungen, die den Bestand des Individuums unter schwierigen Verhältnissen zu sichern vermögen. Ergänzt wird der Pflanzenkörper zunächst aus vorhandenen Sproß- und Wurzelwachstumspunkten, wenn solche verfügbar sind. An Stelle verloren gegangener Blätter werden natürlich beblätterte Sprosse gebildet. Fehlen die Anlagen von Organen, die die verstümmelte Pflanze verloren hat, so werden die Organe vielfach ganz neu gebildet. Einzelne Fälle derartiger Neubildung wollen wir kennen lernen.

Nicht jeder Stengel oder Zweig ist in der günstigen Lage, vorgebildete Wurzelanlagen zu besitzen wie ein Weidenzweig. Trotzdem werden zahllose Pflanzen in der Gärtnerei durch Stecklinge vermehrt, d. h. dadurch, daß man Stengel- und Zweigstücke, die wohl Knospen, aber keine Wurzeln besitzen, in feuchte Erde steckt. Die erste Handlung eines solchen S t e c k l i n g s , die man übrigens auch in feuchter Luft und in Wasser beobachten kann, ist meist die Bildung einer W u n d - s c h w i e l e (eines K a l l u s) an der Schnittfläche. Es bildet sich aus dünnwandigem, saftigem, ganz gleichartigem Füllgewebe eine Wucherung, an deren Zusammensetzung sich sämtliche lebenden Gewebe der Schnittfläche beteiligen können. An erster Stelle steht die Bildungsschicht, die ja dauernd teilungsfähig ist. Aber auch die anderen Gewebe können wieder wachsen und in Teilungstätigkeit eintreten: die Ur- und die Spätrinde, die Oberhaut, nach innen das Mark, falls es noch am Leben ist, am schwächsten das Holzfüllgewebe. Teile der Schnittfläche, die selber keinen Beitrag zur Schwiele liefern, werden von den Seiten her überwallt; auch die aus der Bildungsschicht hervorgehende Schwiele kann ganz allein eine Kappe bilden, die die Schnittfläche vollkommen überdeckt. Wenn die oberflächlichen Zellen der Schwiele ihre Wände dann verkorken lassen, ist ein wasserdichter Abschluß hergestellt. Auch eine regelrechte Korkbildungsschicht kann im Kallus entstehen, wie überhaupt das auf den keimhaften Zustand zurückgekehrte Schwielengewebe zur Erzeugung sämtlicher Zellformen befähigt ist. Wenn nun noch Wurzeln entwickelt werden, die gewöhnlich über der Schwiele aus der Stengelrinde, seltener aus der Schwiele selbst entspringen (an Stengelstücken der Feuerbohne, die in Wasser tauchen, kommt beides vor), dann verfügt die Pflanze wieder über alle Organe.

Das Umgekehrte, die Bildung von Sproßwachstumspunkten an Wurzeln, denen der Sproß genommen worden ist, ist ebenfalls nicht selten. Der Löwenzahn z. B. erzeugt aus der Schnittfläche seiner starken Pfahlwurzel Sprosse, wenn der Wurzelkopf abgeschnitten wird. Ebenso geht aus abgetrennten Wurzeln der Pappeln und anderer Bäume »Wurzelbrut« hervor. Natürlich sind auch auf der Wurzel stehende Stammstümpfe der Bäume vielfach imstande, an der Schnittfläche aus der Bildungsschicht Wundschwielen und aus diesen Knospen zu erzeugen. Zweigstücke, die weder Wurzeln noch Knospen besitzen, können beides ersetzen. So bilden Pappelzweige, die erst in Wasser eingeweicht und

dann in feuchter Luft aufrecht aufgehängt werden, an beiden Schnitt-
flächen mächtige Wundschwielen; werden noch sämtliche vorhandenen
Seitenknospen ausgebrochen, so entstehen an der Oberfläche der oberen
Schwiele Sprosse, oft in großer Zahl (Fig. 77), aus der unteren brechen
Wurzeln hervor.

Endlich können a b g e t r e n n t e B l ä t t e r ganze Pflanzen
liefern. Die beliebte Blattpflanze Begonia rex wird in der Weise vermehrt, daß die Blätter abgeschnitten und auf feuchte Erde gelegt werden. An der Grenze zwischen Blattstiel und Spreite, da wo die Nerven
zusammenlaufen, bilden sich dann Knospen, die sich bewurzeln. Auch
an anderen Stellen der Spreite lassen sich
Knospen hervorrufen; wenn man nämlich die
stärkeren Nerven durchschneidet, bilden sich
überall auf der Oberseite der Nerven am spitzen-
wärts gewandten Rande der Wunden Knospen.
Die Knospen gehen aus Oberhautzellen hervor,
dieüber den Nerven liegen.

Wenn Wundgewebe kräftig wächst, füllt
es jeden Raum aus, der ihm dargeboten wird.
Aus diesem Grunde verwachsen Schwielen, die
zur Berührung gebracht werden, innig mit
einander. Damit ist die Möglichkeit gegeben, daß
Pflanzenteile, die sich mit frischen Wundflächen

Fig. 77. 4 Wochen alte Wund-
schwiele vom oberen Ende eines
Pappelzweiges, ³/₄, nach
Simon.

berühren, zu völliger Vereinigung verwachsen; Bedingung dafür ist allerdings, daß die zu vereinigenden Teile derselben Pflanzenart oder nahe verwandten Arten angehören. Solche Verwachsung geschieht häufig bei
Baumzweigen- und -stämmen, die, vom Wind bewegt, sich gegenseitig
wund reiben. Der Pflanzenzüchter macht von dieser Fähigkeit im größten
Maßstab Gebrauch bei den verschiedenen Formen des P r o p f e n s.
Wenn das frisch abgeschnittene, Knospen tragende Reis mit einer frischen
Wunde der Unterlage in enge Berührung gebracht wird, so verkitten
sich die beiden Wundflächen durch Schwielengewebe. In der einheitlich
erscheinenden Zellmasse bildet sich, an die Bildungsschicht des Reises
einerseits und an die der Unterlage andrerseits ansetzend, ebenfalls eine
Gefäßbündelbildungsschicht aus, und wenn nun das nachträgliche Dickenwachstum einsetzt, gehen die leitenden Gewebe von Reis und Unterlage
unmittelbar ineinander über. Das Reis verhält sich dann nicht anders
als ein Zweig der Unterlage, und weil es sich das fremde Wurzelsystem
zunutze macht, verzichtet es auf den Ersatz von Wurzeln. Das ist ein
deutliches Anzeichen dafür, daß sich zwischen den beiden Partnern

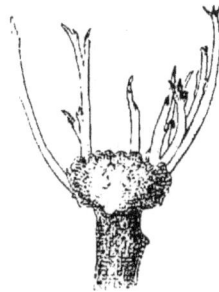

der Propfung ganz normale Wechselbeziehungen hergestellt haben, wie
sie zwischen den Teilen einer und derselben Pflanze bestehen. Der Stoffaustausch vollends vollzieht sich ohne Hemmung; das Reis bezieht
von der Unterlage Wasser und Mineralsalze, und die Unterlage läßt
sich von dem beblätterten Reis mit Kohlehydraten versorgen; das Auftreten von Stärke im Stamm und in der Wurzel zeigt ja mit aller Deutlichkeit, daß Zucker über die Verwachsungsstelle weg geleitet wird.
Eine gegenseitige Beeinflussung in Eigentümlichkeiten der Gestaltung
und der Stoffwechselvorgänge findet aber nicht statt. Höchstens wird
eine einjährige Unterlage infolge der Verbindung mit einem mehrjährigen
Reis selber mehrjährig.

Bei Pfropfung und Stecklingbildung muß darauf geachtet werden,
daß das abgetrennte Stammstück in seiner normalen L a g e eingesetzt
wird, das ursprünglich der Spitze zugekehrte Ende nach oben. In umgekehrter Stellung verwächst das Reis nicht oder schlecht mit der
Unterlage, und ein umgekehrt in Erde gepflanzter Steckling kümmert
ebenfalls und geht über kurz oder lang zugrunde. Wie das zu deuten
ist, dafür gibt ein einfaches Experiment einen Anhalt. Blattlose, mit
Knospen versehene Zweige von Weiden oder vom Bocksdorn (Lycium
barbarum) werden an dem Deckel eines Gefässes aufgehängt, dessen
Boden zur Feuchthaltung der Luft mit Wasser bedeckt ist. Die äußeren
Bedingungen für die Ersatzbildungen sind so auf der ganzen Länge der
Zweige dieselben; um die Wurzelbildung zu begünstigen, kann man das
Gefäß dunkel halten. Sind die Zweige nun teils in natürlicher Lage,
das Spitzenende nach oben gewendet, teils umgekehrt aufgehängt,
so erfolgt die Ersatzbildung überall in dem Sinn, daß Sproßknospen
in der Nähe des Spitzenendes austreiben, Wurzeln mehr am ursprünglich
unteren Ende, einerlei ob der Zweig aufrecht oder kopfüber aufgehängt
ist. Der Zweig hat also ähnlich wie ein Magnet zwei »P o l e«, einen
Sproßpol und einen Wurzelpol, deren Lage nicht von der augenblick-
lichen Beziehung zur Schwerkraftrichtung abhängt, sondern von der
ursprünglichen Stellung an der unverletzten Pflanze. Daß es sich auch
bei der Entstehung der P o l a r i t ä t nicht um Schwerkraftwirkung
handelt, geht daraus hervor, daß auch wagerecht kriechende Sprosse
und hängende Zweige von Trauerweiden dieselbe Polarität zeigen wie
aufrechte Sprosse. Genau wie an einem Eisenstab kann jede Stelle
des Sprosses zum einen oder zum anderen Pol gemacht werden, es kommt
nur darauf an, nach welcher Seite hin der Zusammenhang mit anderen
Stengelteilen erhalten bleibt. Wenn z. B. ein Zweigstück halbiert wird,
so wird die Zone des neuen Schnittes beim unteren Stück Sproßpol,

beim oberen Wurzelpol. Das Zweigstück darf so kurz gemacht werden wie es will, der Unterschied zwischen den Polen bleibt erhalten. Wir müssen deshalb annehmen, daß schon in der einzelnen Zelle diese Polarität ausgebildet ist, deren Wesen ganz rätselhaft ist. Bei der Propfung müssen ungleichnamige Pole verbunden werden, und Stecklinge müssen mit dem Wurzelpol in die Erde kommen.

Bei den Erscheinungen der Ersatzbildung treten Fähigkeiten zutage, die uns verborgen bleiben, solange der natürliche Zusammenhang zwischen den Gliedern nicht gestört ist. Wachsende Organe betätigen ihre Wachstumsfähigkeit in ungewohnter Weise, und Zellen, die schon ausgewachsen waren, im Zellverband sich ganz ruhig verhielten, nehmen Wachstum und Teilung wieder auf. So weit die Sonderung der Zellen nach Gestalt und Leistung auch gediehen sein mag, in günstigen Fällen erweisen sich doch die verschiedensten Zellformen noch befähigt, jedes Glied der Pflanze hervorzubringen. An Pappelzweigen entstehen Sproßwachstumspunkte aus allen Teilen der Wundschwiele, also aus der Bildungsschicht, aus Rinde und Mark; und dasselbe Schwielengewebe, das am Spitzenende des Zweiges Knospen erzeugt, liefert am unteren Ende Wurzeln. Die Oberhaut ist an den Blättern von Begonia rex imstande, Knospen zu erzeugen, die auch die Fähigkeit der Wurzelbildung haben. Wir können also sagen, daß vielleicht jede lebende Zelle jedes Organ hervorzubringen befähigt ist.

Wenn trotz dieser allseitigen Entwicklungsfähigkeit sämtlicher Zellen jede Zelle im Pflanzenkörper ihre ganz bestimmten Leistungen übernimmt, entweder als Oberhaut- oder Rindenzelle bescheiden ihr Wachstum einstellt oder aber als Zelle der Bildungsschicht jahrelang in Teilung bleibt, so müssen wir den Schluß ziehen, daß zwischen sämtlichen Gliedern des Pflanzenkörpers Wechselbeziehungen bestehen, deren Wesen freilich ganz dunkel ist. Jedes vorhandene Glied übt seinen Einfluß auf alle übrigen Glieder aus und wird seinerseits von allen anderen beeinflußt. Kein Glied kann in seinem Bestand verändert oder gar völlig beseitigt werden, ohne daß alle anderen Glieder in Mitleidenschaft gezogen werden. Ein Teil der Fähigkeiten schläft immer, aber nur so lange, als der Bestand des ganzen es verlangt, und bei einer Störung werden gerade die Fähigkeiten lebendig, die das Ganze wieder herzustellen vermögen. Der harmonisch wachsende Pflanzenkörper ist deshalb schon oft mit einem ideal organisierten Staat verglichen worden, in dem die Bürger auf Grund gegenseitiger Verständigung eine Arbeitsteilung durchführen, die kein anderes Ziel hat als die Erhaltung und Förderung des Ganzen.

Elftes Kapitel.

Die Zelle.

Die Zelle als letzte Lebenseinheit innerhalb des Organismus. Chemische und physikalische Eigenschaften der Zellsubstanz. Aufbau der Zelle selbst, Zellkern. Pflanzliche und tierische Zellen; pflanzliche und tierische Form. Tierische Gewebe. Arbeitsteilung und Fortpflanzungszellen.

Wie in den vorhergehenden botanischen Abschnitten dargetan wurde (siehe Kap. 1—4, besonders S. 74), ist das letzte Formelement, durch dessen Vervielfältigung auch die größten Pflanzenkörper und die kompliziertesten Pflanzengestalten zustande kommen, die Z e l l e. Sie ist gewissermassen der Einheitsmaßstab, mit Hilfe dessen alle Pflanzenformen vergleichbar gemacht werden können. Die Anwendung dieses lebendigen Maßstabes gilt aber nicht nur für das Pflanzenreich, sondern für das Organische überhaupt. Auch der T i e r körper gibt sich entweder als Einzelzelle oder als eine Vielheit von Zellen zu erkennen, allerdings nicht mit solcher Deutlichkeit wie der Pflanzenkörper, weil die tierischen Zellen viel mannigfaltiger sind und sich durch besondere Ausscheidungen sehr weit von dem Bild entfernen, das man sich ursprünglich von der Zelle, als einem geschlossenen Bläschen machte. Das Prinzip des zelligen Baues aber ist das gleiche.

Die Zelle ist ferner nicht bloß der kleinste m o r p h o l o g i s c h e Baustein, aus dem sich der Körper eines höheren Organismus zusammenfügt, sondern auch p h y s i o l o g i s c h die letzte Einheit, an der die Lebensprozesse noch vor sich gehen. Sie hat selbst auch die komplizierte Struktur eines Organismus und ist als solcher nicht beliebig weiter teilbar; die früher beschriebenen Bestandteile einer Zelle, »Zellorgane«, deren jedem eine bestimmte Bedeutung für die Lebenstätigkeit der ganzen Zelle zukommt, können wohl mechanisch getrennt werden, aber isoliert nicht weiterleben oder überhaupt eine Funktion ausüben.

Im Pflanzenkörper sind die meisten Lebensäußerungen, z. B. die Erscheinungen des Stoffwechsels, noch sehr deutlich als Werk der Zelle zu erkennen. Wasser, Stärke, Zucker, Eiweiß werden gespeichert, nicht in großen Räumen zwischen den Zellen, sondern i n Zellen selbst, die zu soliden Geweben zusammenschließen. Auch die Leitung der Stoffe findet i n Zellen, lebenden oder toten, statt. Die dazwischen in den Geweben auftretenden Lücken werden im allgemeinen im Pflanzenreich nicht zur Aufbewahrung von Verbrauchs- oder Abfallstoffen verwendet. Die Zwischenzellräume führen meistens Luft und stehen im Dienst der Atmung; gelegentlich füllen sie sich wohl mit Wasser, das im Notfall den transpirierenden Geweben zugeführt wird, und Harz wird nicht selten in Gewebelücken ausgeschieden. Aber die wichtigsten Prozesse des Stoffumsatzes treten doch nie aus der lebenden Zelle heraus. Sogar Abfallstoffe, wie Kalkoxalat, Kieselsäure, bleiben in den Zellen.

Im Tierkörper spielen sich die auffälligsten Vorgänge des Stoffwechsels a u ß e r h a l b der Zellen ab (Verdauungssaft in der Darmhöhle, Lymphe Blutgefäße), oder das Resultat einer sammelnden und sezernierenden Tätigkeit tritt außerhalb am deutlichsten in die Erscheinung (Absonderung der Speicheldrüsen, Spinndrüsen, Harn). Das macht den Stoffwechsel des Tieres erst so auffällig. Ähnliches findet sich im Pflanzenreich nur bei einigen Fleischfressern, die in ihren Kannenblättern mit extrazellulärer Verdauung die schönsten »Mägen« besitzen (s. S. 125).

Aber doch sind in Wirklichkeit alle Verrichtungen, auch des höheren Tierkörpers, in letzter Instanz an die Zellen geknüpft; der Verdauungssaft des Magens, wie der Speichel wird von einzelnen Zellen abgesondert, und wenn man sonst sieht, daß bestimmte Organe bestimmte Leistungen ausführen, so sind doch diese Leistungen sowohl wie die betreffenden Organe selbst wieder zusammengesetzter Natur. Man kann in jedem »Organ« (siehe unten S. 241) besondere »Gewebe« aus einzelnen Zellen und Zellprodukten bestehend unterscheiden, und zwar Gewebe für die eigentliche Leistung, die s p e z i f i s c h e n Gewebe (also z. B. in der Niere diejenigen, die den Harn absondern) und H i l f s g e w e b e , wozu die Stützsubstanz und das ernährende Gefäßsystem zu rechnen ist. Die eigentliche Leistung wird dann durch die betreffenden Z e l l e n des spezifischen Gewebes ausgeführt, wobei diese als wirkliche Lebenseinheiten, als kleine selbständige Organismen arbeiten, und ist somit kein einfacher, rein chemischer Prozeß. Bei der Harn- und Wasserabscheidung in der Niere wird nicht einfach filtriert, sondern es sind die einzelnen Zellen, die aus den zuführenden Blutgefäßen die betreffenden Stoffe herausziehen, in ihren Zellkörper aufnehmen und wieder abgeben.

Ebensowenig handelt es sich z. B. bei der Produktion von Knochensubstanz um eine einfache chemische Umsetzung, indem auf eine größere Fläche hin kohlensaurer und phosphorsaurer Kalk abgeschieden würde, sondern das besorgen auch hier die einzelnen Zellen, jede für sich, indem sie vorher aus der Umgebung die betreffenden Stoffe zusammen mit Eiweiß gewissermaßen als Nährstoff aufgenommen haben und dann wieder verändert abgeben.

Bei solcher Tätigkeit eines Gesamtorgans oder Gewebes arbeiten die einzelnen Zellen, auch wenn das Organ im betreffenden Tierkörper nur eine spezielle Verrichtung ausübt, doch wie selbständige Organismen. Alle Tätigkeiten, die dem Organismus als Ganzem überhaupt zukommen, Stoffwechsel, Vermehrung, Bewegung und Reizempfindlichkeit sind ihnen dabei eigen, wie gerade an den erwähnten Beispielen der Nierenund Knochenzellen zu ersehen ist. Es werden dabei, wie erwähnt, Stoffe aufgenommen, im Zellkörper verarbeitet und wieder ausgeschieden; die Zellen können sich bei entsprechender Inanspruchnahme vermehren, sie leisten also in gewissem Sinn auch eine Fortpflanzungstätigkeit; sie sind für Reize empfindlich, sowohl chemische, wie mechanische, wie es sich an Bewegungen der einzelnen Zellen bei ihrer Tätigkeit und bei Zusammendrängen und Wandern ganzer Zellgruppen nach den Reizstellen kundgibt.

Noch in dem höchsten Tierkörper gibt es ferner einzelne Zellen, die, jede für sich, ohne überhaupt mit andern in Zusammenhang zu treten und Gewebe zu bilden, ihre Lebensleistungen vollführen, gleich einem selbständigen kleinen Tier, einem Protozoon (siehe unten S. 199). Es sind dies die Lymphkörperchen oder Leukocyten, die der Eigenbewegung durch Fortsätze ihres Plasmakörpers fähig sind und die selbständig Nährstoffe, eingedrungene Fremdkörper aufzunehmen vermögen. Darauf beruht zu einem gewissen Grad die Abwehrfähigkeit unseres Körpers gegen Krankheitserreger, speziell aus dem Kreise der Bakterien. Auf den von den eingedrungenen Fremdlingen ausgehenden Reiz hin sammeln sich die Leukozyten oder weißen Blutkörperchen in größerer Menge am betreffenden Ort an und suchen der betreffenden Fremdkörper Herr zu werden durch Stoffausscheidung und teilweise durch direkte Aufnahme. Der Eiter ist weiter nichts als eine massenhafte Ansammlung solcher selbständigen Körperchen, und seine Zusammensetzung aus einzelnen Zellen, die in lebhafter Lebenstätigkeit, Stoffwechsel, begriffen sind, kann unter dem Mikroskop leicht erkannt werden.

Auch die Spermatozoen (männlichen Keimzellen) sind solche, der selbständigen Bewegung fähige und empfindliche Zellen des höheren

Organismus, und ebenso ist das Ei trotz seiner mitunter komplizierten Beschaffenheit und seiner Größe, die durch die Beigabe von Nährstoffen bedingt ist, weiter nichts als eine einzige Zelle. Der Organismus beginnt seinen Lebenslauf also mit dem Zustand der Einzelligkeit, ein weiterer Grund, auch umgekehrt die Zelle als Elementarorganismus aufzufassen.

Die Substanz, aus der eine Zelle besteht, wird für Pflanze und Tier übereinstimmend als Protoplasma bezeichnet. Der besondere Name soll nicht sagen, daß es eine eigene lebende Substanz gibt, die sich grundsätzlich von den Stoffen unterschiede, die in der anorganischen Natur vorkommen, und die sich aus solchen nicht zusammensetzen ließe. Es ist vielmehr nur die hohe Kompliziertheit der Zusammensetzung, die diese Substanz von denen außerhalb des Organischen unterscheidet, und die selbst noch im toten Organismus so verwickelt ist, daß sie sich der chemischen Analyse zum Teil entzieht. Es sind ja bis jetzt nicht einmal die verschiedenen Eiweißstoffe, die sich aus dem toten Körper von Tier und Pflanze gewinnen lassen, in ihrer chemischen Beschaffenheit völlig aufgeklärt; die Zusammensetzung der Kohlenhydrate, Zucker ist erst in neuester Zeit erkannt worden, etwas früher die der dritten Hauptbestandteile, der Fette. Wenn man nun bedenkt, daß so wie im Gesamtorganismus auch in jeder einzelnen Zelle von diesen drei hochkomplizierten Stoffsorten mehrere vorhanden sind, und zwar in sehr wechselnder Zusammensetzung, z. B. in einer Zelle mehrere Eiweißstoffe von sehr labiler Konstitution, mehrere Kohlenhydrate und Fette, ferner noch anorganische Stoffe, Mineralsalze, wie der erwähnte Kalk, so ist es begreiflich, daß schon darin die lebhaftere Stoffumsetzung begründet sein kann, wie sie dem Lebenden gegenüber dem Unbelebten eigen ist, ohne daß man darum eine Substanz eigener Art, einen Lebensstoff, oder eine Kraft eigner Art für diese Umsetzungen anzunehmen hätte. Außer solchen Stoffen, die beständig wechseln, gibt es übrigens auch noch sog. Dauerstoffe, die sich in der Zelle zeitweise anhäufen und später wieder als Nährmittel verbraucht werden können. Manche andere von Zellen gebildete Stoffe, die chemisch und physikalisch sehr widerstandsfähig sind, wie Hartgebilde, Haare, können die einzelne lebende Zelle wie den Gesamtorganismus überdauern.

Wie man sich die physikalische Zusammensetzung der Zelle, d. h. den feinsten Bau des Protoplasmas, zu denken hat, ob es eine Flüssigkeit ist mit Einlagerungen oder ob eine zusammenhängende faserige Substanz als Gerüst vorhanden ist, ist ebenfalls noch zum Teil

strittig, wohl auch deswegen, weil das nicht bei allen Zellsorten
gleich ist, vielleicht auch bei Tier und Pflanze nicht, und weil verschiedene Zustände je nach der Betätigung der Zelle möglich sind.
Besondere Wahrscheinlichkeit hat die Annahme, daß das Protoplasma
in vielen Fällen bei Tieren ein schaumiges Gemenge zweier verschiedener Substanzen darstellt, die sich nicht direkt miteinander mischen
oder ineinander auflösen, also eine »Emulsion«, wie sie sich z. B. bei
inniger Durchmischung einer dünnflüssigeren wässerigen Lösung zusammen
mit einer zähflüssigeren, fetten Substanz auch sonst herstellen läßt.
Die eine Substanz würde dann als ein feines Maschenwerk, als das
Wabengerüst dieses Schaumes, das ganze Protoplasma durchziehen,
die andere Substanz die Lücken dieses Wabenwerks ausfüllen. Nach
der Oberfläche zu bildet sich von selbst eine Verdichtung des Wabenwerks
aus. Ebenso könnten je nach Druck und Zug im Wabenwerk selbst
besondere Stränge engerer Waben entstehen, und auf diese Weise der
Anfang von Stützsubstanz, gewissermassen eines Zellskeletts, zur Ausbildung kommen. Jedenfalls sprechen bei den Bewegungs- und Strömungs-
erscheinungen, die an und in der Zelle im Leben zu erkennen sind, eine
Reihe physikalischer Gesetze mit, die auch für die Struktur eines
Wabenwerkes gelten, wie Oberflächenspannung, Adhäsion, ohne daß
indessen alle Lebenstätigkeit der Zelle damit restlos erklärt wäre.
    So stellt sich also die Zelle als ein Klümpchen oder ein Bläschen
dieser Substanz, des Protoplasmas, dar, innerhalb dessen noch eine besondere Verdichtung, ein kleineres Bläschen mit einer chemisch noch
etwas abweichenden Substanz, der Kern mit seinem Chromatin, zu
erkennen ist. Der Name Kern ist nicht nur wegen der Innenlage gewählt,
sondern auch deswegen, weil dieser in jeder Zelle vorkommende Bestandteil bei allen Lebenstätigkeiten eine besondere Bedeutung hat und sich
in ihm gewissermaßen Vieles für das Zelleben Notwendige auch stofflich
besonders konzentriert. Er unterscheidet sich auch dadurch, daß er im
Gegensatz zum übrigen Protoplasma für gewisse Chemikalien, insbesondere für manche Farbstoffe, größere Speicherung und Empfindlichkeit
zeigt, und seinen einzelnen Bestandteilen, die das bewirken, ist darum der
Name Chromatin (Chroma = Farbe) gegeben worden. Für die tierische
Zelle, die im allgemeinen einer Membran entbehrt, ist beim mikroskopischen Studium der Gewebe der Kern gewissermaßen das Kennzeichen;
wo man viele durch solche Farbstoffe hervorgehobene Kerne
sieht, da liegen auch die Zellen dichter; wo wenig Kerne vorhanden
sind, da weist dies auf eine entsprechende zerstreute Lage der Zellen
im Gewebe hin (s. z. B. Fig. 96, 103 u. 119). Das Vorhandensein der

pflanzlichen Zellen wird dagegen im allgemeinen schon durch die die Zelle umgebende Membran sichtbar gemacht. Denn wenn auch im Pflanzenkörper das Protoplasma als wesentlichster Bestandteil der lebenden Zelle erkannt ist, so zerteilt sich doch durch Wasseraufnahme, Vakuolenbildung das Plasma der meisten Pflanzenzellen so sehr, daß es öfters nur einen dünnen von Zellsaft erfüllten Schlauch darstellt. Die Membran tritt bei der Betrachtung im mikroskopischen Bild, ohne chemische Hilfsmittel, so hervor, daß man sich für die Zeichnung pflanzlichen Gewebes daran gewöhnt hat, nur die Membranen der Zellen, als für die Anordnung charakteristisch, wiederzugeben.

Auch im Tierkörper ist es mitunter möglich, die Zusammensetzung aus einzelnen Zellen ohne besondere Hilfsmittel und Färbungen unter dem Mikroskop an günstigen Objekten zur Darstellung zu bringen. So sind mit Farbstoff erfüllte Zellen, wie sie in der farbigen Augen-

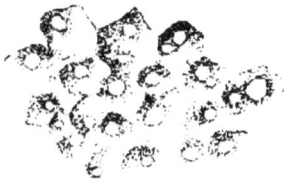

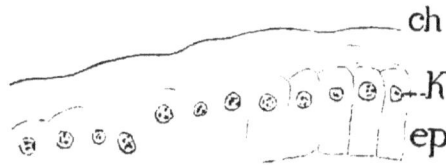

Fig. 78. Pigmentepithel aus der Augen-   Fig. 79. Schnitt durch das Hautepithel (ep) eines Krebses
haut des Hasen von der Fläche.   mit Chitindecke (ch), k — Zellkern.

haut vieler Säugetiere vorkommen, und z. B. bei einem toten Hasen, Kaninchen, leicht herauszuzupfen sind, dafür geeignet. Die einzelnen Zellen bilden nebeneinander gedrängt eine Art Mosaik (Fig. 78), und in jeder einzelnen, die von Farbstoff erfüllt ist, zeigt sich eine helle Stelle, wo der Farbstoff nicht vorkommt, der Kern. Es sind solche Bilder gewissermaßen das Negativ von tierischen, chemisch fixierten Gewebsstücken, bei denen gerade die Kerne mit künstlichen Farbstoffen dunkel gefärbt sind, während das Protoplasma der Zellen selbst heller bleibt. (Fig. 79.)

In all diesen Fällen handelt es sich, wie im höheren Organismus überhaupt, nicht um einzeln gebliebene Zellen, sondern um ganze Zellgruppen, die sich zu größeren Einheiten zusammengefunden haben. Nach dem in der Organismenwelt durchgeführten Prinzip der Arbeitsteilung besorgt dann eine Zelle oder eine Gruppe von Zellen nicht mehr alle Lebenstätigkeiten, sondern die einen Funktionen werden von der einen Zellkategorie, die andern von einer anderen übernommen. Dementsprechend spezialisieren sich die Zellen auch in ihrem Bau für die

betreffenden Leistungen und werden je nachdem besonders zur Stoffaufnahme und Abscheidung, oder zur Stütze, oder zur Bewegung, oder
zur Reizempfindung und Leitung besonders geschickt. Bei Pflanzen
ist diese Arbeitsteilung bereits oben geschildert worden (s. S. 74);
bei Tieren muß sie hier eine kurze Besprechung finden.

Eine Vereinigung von Zellen, die für eine bestimmte Leistung
gleichartig spezialisiert sind, wird als G e w e b e bezeichnet. Bei dieser
Spezialisierung kann sowohl der Plasmakörper der Zelle selbst gewisse Umänderungen eingehen, als auch besondere Abscheidungsprodukte
bilden, die, von ihm losgelöst, der betreffenden Leistung dienen.
Diese Veränderungen je nach der L e i s t u n g sind im ganzen Tierreich gleich, und man kann darum die Gewebe auch nach ihrem A u s -
s e h e n, nach der größeren oder geringeren Veränderung der Zellkörper, nach dem Vorhandensein von besonderen Ausscheidungs-
produkten zwischen den Zellen und nach der Beschaffenheit dieser
Ausscheidungen, in einzelne Kategorien teilen.

Die einfachsten Gewebe sind solche, bei denen sich die Zellen ohne
jede Zwischensubstanz flächenhaft aneinanderlegen; sie werden als
E p i t h e l i e n bezeichnet. Sie finden sich als ä u ß e r e r Abschluß
des Tierkörpers, als schützende Decke (die Haut aller Tiere ist demnach
ein solches Epithelgewebe) und ferner als Auskleidung i n n e r e r
Hohlräume, vor allem des Darmes (Schleimhaut), und dienen dabei dem
Stoffwechsel, zum Teil der Aufnahme, zum Teil der Abscheidung von
Substanzen. Infolgedessen sind auch die Drüsen epitheliale Bildungen,
und zwar Einstülpungen der äußeren Haut, z. B. Schweiß-Fettdrüsen,
oder der inneren, z. B. Speichel-, Verdauungsdrüsen (Fig. 80). Die
Leistungen dieser Gewebe sind also »vegetativ« (s. S. 193 u. 242).

Komplizierter gebaut und höherer (»animaler«) Leistungen fähig
sind solche Gewebe, deren Zellen besondere Spezialisierungen in ihrem
Plasma ausbilden. Sind solche Plasmaspezialisierungen besonders
bewegungsfähig, so entsteht das M u s k e l g e w e b e, und zwar sowohl an epithelial angeordneten Zellagen als an kompakt zusammenschließenden Zellen (Muskelbündel). Man kann nach dem Aussehen
und zugleich nach dem Grad der Bewegungsfähigkeit glatte und quer-
gestreifte Fasern unterscheiden; bei den letzteren zeigt die kontraktile
Substanz eine Schichtung in abwechselnde Lagen von größerer und
geringerer Lichtbrechung. (Fig. 81). Die dadurch angedeutete innere
Verschiedenheit ermöglicht eine viel energischere Kontraktion. Die
dem Willen unterworfenen rascher Bewegungen fähigen Muskeln der

höheren Tiere sind daher von solcher Beschaffenheit, während die langsamer arbeitende Eingeweidemuskulatur meist glatte Fasern zeigt.

Wenn gewisse Teile des Plasmas für Reize besonders empfindlich und zur Reizleitung geeignet werden, so können besondere Fasern am Plasmakörper unterschieden werden, und bei der Vereinigung vieler solcher Zellen entsteht damit das Nervengewebe. Naturgemäß wird sich ein solches auch aus einem Epithel, und zwar dem der Körperdecke, wo die beste Gelegenheit zur Reizaufnahme besteht, am ehesten herausbilden. Zu den Nervenfasern, die die Reizleitung ver-

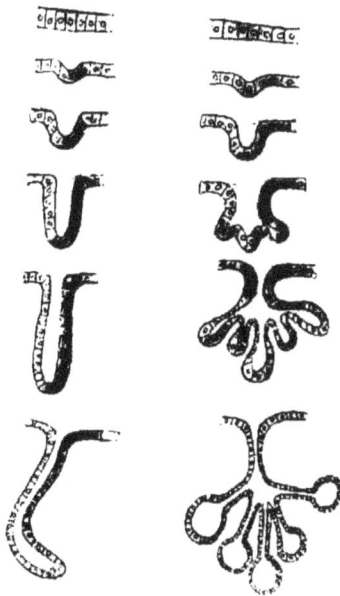

Fig. 80. Entstehung der Drüsenschläuche aus einfachem Epithel, links schlauchförmige, rechts beerenförmige Drüsen.

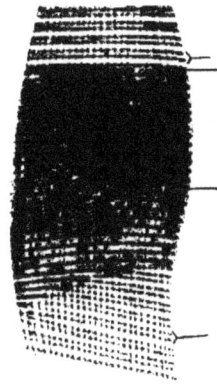

Fig. 81. Kontraktion einer Salamandermuskelfaser nach K. C. Schneider.

mitteln, gehören also jeweils Nervenzellen; in besonderen Nervenzellen — so kann man sich das Verhalten nach der Anordnung vorstellen — kann der Reiz umgeschaltet und auf andere Bahnen (Fasern) übergeleitet werden, wieder andere Zellen können zur Aufbewahrung eines Eindrucks ohne sofortige Weiterleitung dienen (s. S. 293). Die besonderen Zellen des Nervengewebes werden als Ganglienzellen bezeichnet (Fig. 82).

Von allen bisher betrachteten Geweben unterscheidet sich das Bindegewebe (resp. die verschiedenen Bindesubstanzen) dadurch, daß die Abscheidungsprodukte und Zellen sich von einander abgrenzen, daß die Zellen ihren gegenseitigen Zusammenhang verlieren und nach und nach auch an Masse ganz zurücktreten, während das die Funktion bestimmende Abscheidungsprodukt überwiegt. Im einfachsten Fall handelt es sich, wie der Name sagt, nur um eine Ausfüllmasse zwischen die übrigen Körpergewebe; bei niedrigen Tieren kann das eine wasserreiche Gallerte sein, dann aber können sich abgeschiedene Fasern darin zeigen, die schließlich die Hauptmasse bilden (Fig. 83) und sich je

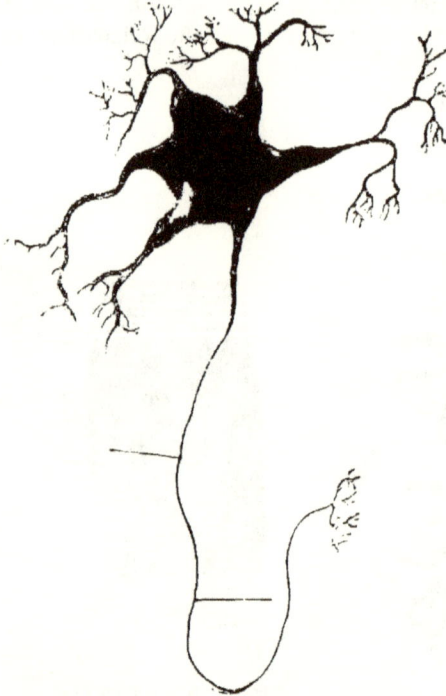

Fig. 83. Faserige Bindesubstanz mit Bildungszellen.

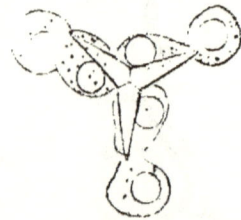

Fig. 84. Entstehung eines dreistrahligen Hartgebildes eines Schwammes aus einem Sextett von Zellen (nach Minchin).

Fig. 82. Nervenzelle mit leitendem Fortsatz und zentralen Anschlußverzweigungen.

nach der mechanischen Inanspruchnahme im Tierkörper, sozusagen nach Ingenieurprinzipien, anordnen (faseriges Bindegewebe, Sehnen), und endlich können auch besondere Hartgebilde aus mineralischer Substanz, namentlich Kalksalze, von besonderen Bildungszellen in diese Bindesubstanz hinein abgelagert werden. In vielen Fällen bleiben solche Hartgebilde getrennt (Spicula) (Fig. 84), in anderen Fällen aber können sie sich zu kompakten Lagen zusammenschließen, wie z. B. beim Knochen der Wirbeltiere, und zeigen dann in ihrem Aufbau gleichfalls eine Schichtung nach mechanischen Prinzipien.

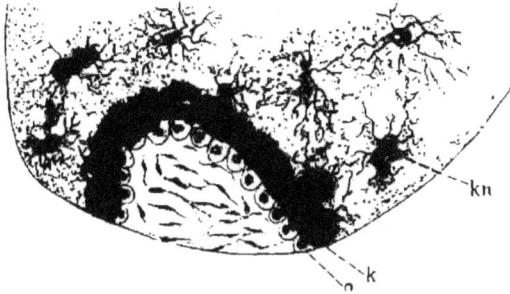

Fig. 85. Bildung der Knochensubstanz (k) aus epithelialen Zellen (o), kn = einzelne
Knochenkörperchen. Schnitt durch den Unterkiefer eines Kalbs (nach Röse).

Im Anschluß an diese Gewebe sind noch die Körperflüssig-
keiten zu nennen, aus dem Stoffwechsel herrührend, aber ebenfalls in
letzter Instanz Ausscheidungsprodukte von Zellen darstellend. In diesen
Flüssigkeiten, wie Blut und Lymphe, können noch ganze Zellen als
charakteristische Gewebselemente mitgeführt werden; die roten Blutkörperchen stellen solche Zellen dar, die allerdings bei Vögeln und
Säugetieren so sehr verändert sind, daß sie ihren Kern verloren
haben; die weißen Blutkörperchen zeigen, gleich Amöben (siehe unten
Kap. 12), ihre zellige Natur um so deutlicher.

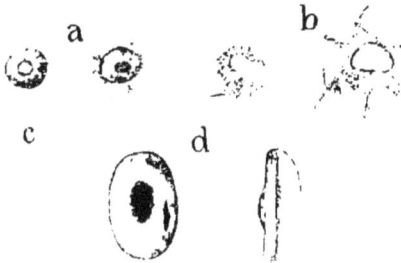

Fig. 86. Blutzellen. Obere Reihe weiße: a vom Menschen, b vom
Flußkrebs, je in 2 Bewegungszuständen. Untere Reihe rote: c vom
Menschen, d vom Frosch.

Ebenfalls als freie oder freiwerdende Zellen, aber als ein Gewebs-
element ganz eigener Art sind die Geschlechtszellen zu betrachten. Sie sind nicht in gewebslicher Richtung spezialisiert, wie
die übrigen Körperzellen, sondern stellen indifferente Zellen dar, gleich
denen, die bei der Entwicklung den Ausgangspunkt geliefert haben.
Sie dauern darum auch fort, wenn die spezialisierten Zellen dem
individuellen Tod unterlegen sind.

Deren Absterben ist naturgemäß, denn je mehr sich Zellen in der einen oder andern Weise einseitig ausbilden, desto mehr gehen ihnen die übrigen für das gesamte Leben der Zelle wichtigen Fähigkeiten verloren. Eine tierische Zelle z. B., die ausschließlich der Sinnesempfindung und Leitung dient, eine Nervenzelle, hat viel von ihrer eigenen Ernährungsfähigkeit eingebüßt und ihre Teilungs- (Fortpflanzungs-) fähigkeit gänzlich verloren. Eine Zelle, die Stützfasern in großem Umfang ausgeschieden hat, ist zu keiner andern Leistung mehr fähig; ebensowenig eine Muskelzelle, die ihre der Bewegung besonders fähige Substanz produziert hat. Der eigene protoplasmatische Körper, der für den Stoffwechsel sorgt, samt dem Kern, der bei der Fortpflanzung wichtig ist, tritt ganz zurück gegenüber dem Ausscheidungsprodukt für die betreffende Funktion. Wenn nun solche Zellen sich in ihren Leistungen erschöpfen, so ist durch diese einseitige Spezialisierung das betreffende Gewebe dem Untergang geweiht, und darauf beruht das Absterben des Körpers der höheren Tiere überhaupt. Der Tod ist somit nichts Fremdartiges, erst in die belebten Wesen nachträglich Hineingekommenes, sondern eine Folge dieses Lebens selbst und der durch die Spezialisierung gegebenen beschränkten Gesamtleistung der Zellen. In jedem Tierkörper sind aber Zellen vorhanden, die an dieser Spezialisierung, an den Einzelleistungen keinen Anteil genommen haben und schon vom Jugendstadium an sozusagen reserviert worden sind. Es sind dies die Fortpflanzungszellen, sowohl die Eier als die Bildungszellen für den Samen einer Tierart, und diese bilden dann gewissermaßen eine unsterbliche Kette lebendigen Materials von Generation zu Generation, eine materielle Grundlage für die Vererbung, währenddem die Körper der einzelnen Generationen jeweils zugrunde gehen (s. Kap. 21).

Im Pflanzenreich ist dies Verhältnis von Generationszellen zu dem übrigen Körpergewebe insofern etwas verschoben, als an den verschiedensten Stellen des Pflanzenkörpers wachstumsfähiges, nicht spezialisiertes Gewebe erhalten bleibt und entweder dauernd sich tätig erhält, wie im Kambium (s. S. 69) der Stämme, in den Endvegetationspunkten der Sprosse und Wurzeln oder im ruhenden Zustand sich jahrelang wachstumsbereit hält, wie in den schlafenden Knospen.

Auch sonst sind eine ganze Reihe von Unterschieden zwischen pflanzlichen und tierischen Zellen zu erkennen, die parallel mit den Unterschieden in den pflanzlichen und tierischen Geweben und mit der pflanzlichen und tierischen Organisation gehen. Sie sind schon darin ausgesprochen, daß der Pflanzenzelle eine Membran, somit eine größere

Starre zukommt, umgekehrt aber die tierische Zelle viel plastischer und veränderlicher ist. Die tierischen Gewebe, die sich aus der Arbeitsteilung zwischen einzelnen Zellgruppen ergeben, sind infolgedessen viel mannigfaltiger, und man kann wohl auch sagen, h ö h e r e r Leistungen fähig als die pflanzlichen. Schon daraus, daß Bewegung und Empfindung im Pflanzenreich nur angedeutet sind, im Tierreich erst wirklich zur vollen Ausbildung gelangen, ist dies zu entnehmen. Man nennt darum diese Betätigungen sowie die betreffenden Organe auch »animale«, während die Betätigungen und die Organe des Stoffwechsels als »vegetative« bezeichnet werden, trotzdem sie ja auch im Tierreich vorkommen; nur daß sie da nicht die überwiegende Rolle spielen, wie im Pflanzenleben. Dieser Verschiedenheit des gesamten Lebens ist auch die Hauptverschiedenheit der äußeren Erscheinung zuzuschreiben, indem die Pflanze mehr nach außen entwickelt ist, um der Umgebung eben möglichst viel F l ä c h e für den Stoffumsatz zu bieten, während sich der Tierkörper kompakt darstellt, weil bei ihm Stoffaufnahme und Austausch gegenüber den andern, den »animalen« Betätigungen nicht überwiegen; diese aber verlangen eine gewisse Konzentration. In einem gewissen Grade ist auch dabei die Verschiedenheit im zelligen Aufbau in beiden Reichen beteiligt, indem die Entfaltung im Raum durch die Festigkeit der Zellmembran begünstigt wird, wie sie bei Pflanzen vorhanden ist. Durch deren Nebeneinandertreten werden »Bauwerke«, wie Blätter, Halme, Stämme geschaffen, die Festigkeit mit Elastizität verbinden; bei Tieren werden dagegen solche Hartsubstanzen nur von besonderen Zellen ausgeschieden, und zwar außerhalb des Zellenkörpers.

Prinzipiell sind aber die Vorgänge des eigentlichen Zellenlebens, der Stoffaufnahme, der Abscheidung, das Verhältnis von Protoplasma und Kern in beiden Organismenreichen gleich. Das spricht sich insbesondere bei den Vorgängen aus, die für das Weiterbestehen der Zelle von Wichtigkeit sind, also bei der Z e l l t e i l u n g (die für Pflanzen schon dargestellt wurden, Kap. 1), und bei den von Zellteilungen begleiteten Vorgängen der Reifung und Befruchtung, die ebenfalls im Pflanzen- und Tierreich gleich verlaufen (s. Kap. 22).

Gerade die früher genauer beschriebene Art der sog. mitotischen K e r n teilung, wobei sich die wichtigen Teile des Kerns in Stäbchen von bestimmter Zahl (z. B. 12) ordnen, gilt geradeso für eine Tier- wie für eine Pflanzenzelle und beweist, daß die Anordnung der Teile im Kern nichts Gleichgültiges ist, sondern daß jedes dieser Stäbchen, die in der Teilung besonders deutlich im Kern erscheinen, eine eigene Natur

haben muß; denn es wird ja bei einer solchen Teilung das Material nicht
einfach halbiert, so daß z. B. sechs Stäbchen auf die eine und sechs auf
die andere Tochterzelle kämen, sondern es werden alle 12 Stäbchen

a   b   c   d

Fig. 87. Schema der Teilung einer tierischen Zelle nach gefärbtem Präparat. a Die Kernmasse
sondert sich in ihren wesentlichen Bestandteilen zu einzelnen Stäbchen, die sich an einer plasmatischen, für die Teilung geeigneten Faseranordnung, der Teilungsspindel, einstellen; b jedes
Stäbchen wird längs gespalten; c die Spalthälften rücken auseinander und d rücken an die
Spindelpole, um sich zu neuen Kernen zu ordnen. Das Plasma folgt in der Teilung nach.

gespalten, und von jedem Kernstäbchen gelangt je eine Spalthälfte in
jede Tochterzelle. Diese sind also genau gleichmäßig bedacht. Von der
besonderen Bedeutung dieser Übertragung der Kernbestandteile wird
noch bei der Vererbung die Rede sein. (Kap. 22.)

Zwölftes Kapitel.

Der tierische Organismus auf der Stufe einer Zelle (Protozoen).

Unterschiede der wichtigsten Protozoengruppen. Lebensäußerungen: Fortbewegung, Nahrungsaufnahme und Stoffwechsel, Empfindlichkeit, Fortpflanzung an einem bestimmten Infusorienbeispiel. Geschlechtliche und ungeschlechtliche Fortpflanzung auch bei Protozoen, Beispiel der Malariaerreger. Andere Protozoenparasiten. Bedeutung der Protozoen im Haushalt der Natur.

Es gibt eine große Gruppe von Tieren, deren ganzer Organismus nur einer einzigen Zelle entspricht. Man nennt sie Protozoen oder Urtiere. Sie sind die einfachsten Formen, in denen tierisches Leben zu denken ist; damit ist nicht gesagt, daß wir in ihnen, wie sie jetzt uns vor Augen treten, die Ahnen für das ganze Tierreich zu suchen hätten; denn auch die heutigen Protozoen haben eine lange Entwicklungsreihe durch die Erdperioden durchgemacht, und viele von ihnen haben mannigfaltige Eigenheiten und Anpassungen erworben, wie es ihr Leben als selbständiger Organismus bedingt, sind also gar nicht mehr so einfach gebaut. Die Einfachheit liegt nur darin, daß ein solches Tier zeitlebens sich nicht über den Formwert einer Zelle erhebt. Einem Protozoon muß darum das zukommen, was der Zelle als solcher zu eigen ist, also Plasma, Kern und Einschlüsse; und es wird auch über eine gewisse Körpergröße nicht hinauswachsen: die meisten bleiben mikroskopisch. Es muß aber auch verschiedene Eigenheiten besitzen, die eben durch die Selbständigkeit bedingt sind, und die bei Körperzellen, die im Verband mit anderen Zellen leben, nicht gefunden werden. Dazu gehört zunächst, daß alle Protozoen eine gewisse B e w e g u n g s - möglichkeit haben, wie sie den Körperzellen nur unter besonderen Umständen und bei besonderen Leistungen erhalten geblieben ist, daß ferner den Protozoen, was bei tierischen Zellen im Gesamtverband nicht auftritt, meistens eine U m h ü l l u n g , sei es eine Membran oder eine feste Schale, zukommt, und endlich, daß auch in der

Fortpflanzung gewisse Unterschiede gegenüber der Vermehrung gewöhnlicher Körperzellen bestehen, eben darum, weil es sich hier um selbständige Wesen handelt.

Die Art der Bewegung gibt uns zugleich Anlaß, die vielgestaltige Klasse der Protozoen in mehrere Gruppen einzuteilen. Die erste und einfachste besorgt ihre Fortbewegung vermittelst wandelbarer Fortsätze des Plasmas, das dabei eine innere Strömung deutlich zeigt. Bald hier bald dort kann ein Fortsatz des Plasmas heraustreten, gewöhnlich durch hellere Farbe und durch Konsistenz von dem übrigen Plasma

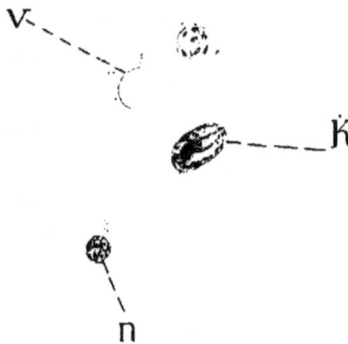

Fig. 88. Amöbe mit Kern (k), Vakuole (v), Nahrungs-einschlüssen (n) und wandelbaren Plasmafortsätzen (nach Doflein).

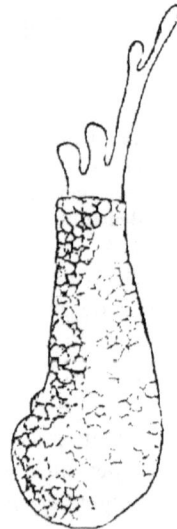

Fig. 89. Beschalte Amöbe des süßen Wassers.

verschieden, und es kann durch Nachströmen des Zelleibes, durch weiteres Vorsenden von Fortsätzen an entsprechenden Stellen auch eine Bewegung in bestimmter Richtung stattfinden, von einem Reiz ab- oder auf einen andern zugewendet. Solche Protozoen, deren Bewegung lediglich diesen wechselnden Plasmafortsätzen zu danken ist, heißen wegen deren Gestalt auch Wurzelfüßer oder Rhizopoden. Die einfachsten unter ihnen stellen weiter nichts als eine derartige nackte Zelle dar (Fig. 88); andere aber können um sich noch eine Schale, sei es aus Kalk oder sonstiger mineralischer Substanz, oder aus Schleim, in den sich Fremdkörper hängen, ausscheiden. Durch diese Schale treten dann, entweder an einer Hauptöffnung, oder in vielen kleineren, die Plasmafortsätze heraus, die die Bewegung vermitteln, überhaupt den Verkehr mit der Außenwelt unterhalten und auf diese Weise auch die Nahrung aufnehmen. (Fig. 89.)

Bei einer zweiten Gruppe von Protozoen, den Flagellaten oder Geißeltieren, geschieht die Fortbewegung durch einen oder wenige, besonders lange und starke Plasmafortsätze des Körpers, die Geißeln. Man kann sich vorstellen, daß das schon bei den Rhizopoden erkennbare, besondere Bewegungsplasma hier noch eine höhere Ausbildung ge-

Fig. 90. Flagellat, parasitisch im Darm einer Eidechse (nach Prowazek).

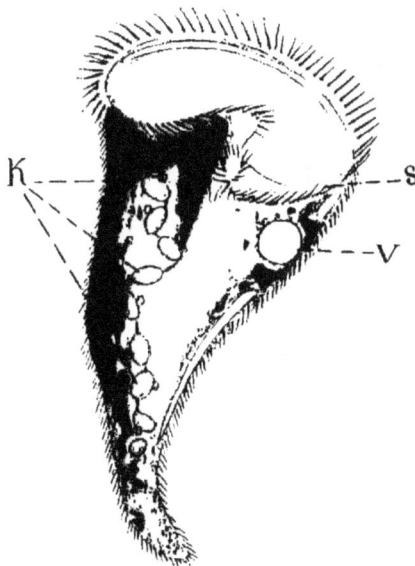

Fig. 91. Ciliat des süßen Wassers (Stentor) mit rosenkranzförmigem Kern (k) und heller Vacuole (v), allgemeiner Bewimperung und besonderer Wimperspirale (s).

wonnen hat, und dadurch eine solche Geißel allein imstande ist, den im Verhältnis dazu nicht großen übrigen Körper durch wellenförmige Schwingungen in allen Richtungen des Raumes zu bewegen (Fig. 90). Es kommen darum auch Übergänge der Formausprägung von Wurzelfüßern zu Geißeltieren vor, auch im Lebenslauf eines einzigen Tieres, je nach dem umgebenden Medium und den Lebensumständen, z. B. bei Parasiten.

Eine dritte Art der Fortbewegung ist die durch zahlreiche kleine Fortsätze des Bewegungsplasmas, die sog. Wimpern. Die einzelnen wirken nicht in allen Richtungen des Raumes, sondern mehr in einer Ebene, gleichsam hakenförmig, indem sie sich schnell einknicken und langsam wieder aufrichten; es läßt sich daher ihre Bewegung am Körper dieser Protozoen auch mit der der Ruder an einem Boot vergleichen. Bei manchen solcher Wimpertiere sind die Wimpern am ganzen Körper angebracht, und sie wirken in ihrer Gesamtheit darum doch in allen Ebenen, bei anderen stehen sie nur in bestimmter Anordnung, Längsreihen, Spiralen usw. Wie die Geißeln bedürfen sie als spezialisierte Bewegungsorgane eines Stützpunktes am Körper, um ihre Leistung besser ausführen zu können, und es sind darum ebenso wie die Geißel-

Fig. 92. Encystierte Amöbe.
a mit doppelter Hülle. b Die
äußere Hülle in Schrumpfung,
im Innern hat eine starke Kern-
vermehrung stattgefunden.
Nach Doflein und Scheel
(etwas verändert).

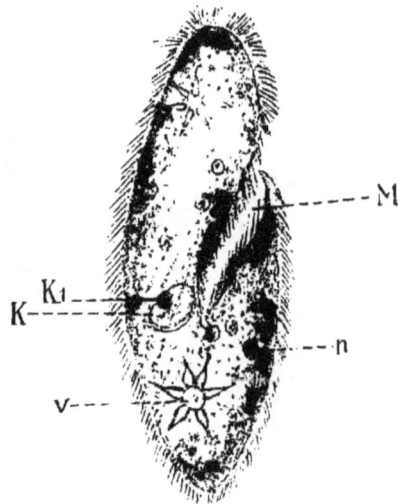

Fig. 93. Ciliates Infusor (Paramecium).
K = Kern, bestehend aus Haupt- und Nebenkern K_1, v = Vakuole, M = Zellmund,
n Nahrungseinschlüsse.

tiere, auch die Angehörigen dieser dritten Gruppe der Protozoen, die Ciliaten oder Wimpertiere (Fig. 91 u. 93) mit einem derberen Körperhäutchenüberzogen. Die dritte Gruppe hat mit anderen mikroskopischen Tieren zusammen in früherer Zeit auch den Namen »Infusionstiere« oder »Aufgußtierchen« erhalten, deswegen, weil sie in wässerigen Aufgüssen, die man über Heu, Moos, getrocknete Pflanzenteile, Schlamm usw. gemacht hatte, besonders reichlich auftraten.

In früheren Zeiten hatte man dieses plötzliche Auftreten als eine Art Urzeugung, als eine Neuschaffung von lebendiger Substanz auffassen wollen. Heutzutage, wo wir wissen, daß Belebtes nur aus Belebtem, und zwar aus Gleichartigem entstehen kann, daß ein Protozoon sein Leben auch nur einem ähnlich gestalteten Protozoon verdankt, muß man annehmen, daß im Material der Aufgüsse die organischen Keime liegen, und es ist auch der Nachweis gelungen, daß sich im Heu, in den getrockneten Pflanzen gewisse Entwicklungsstadien dieser Tiere befinden, von einer (im Verhältnis zum kleinen Körper außerordentlich starken) Hülle umschlossen, sog. Sporen oder Cysten (Fig. 22). Diese können dann ein beliebiges Austrocknen oder Einfrieren ertragen; kommen sie aber wieder in günstige Bedingungen, in Feuchtigkeit und entsprechende Temperatur, so werden die Cysten aufgelöst, und die Protozoen resp. Infusionstierchen beginnen wieder ihre Lebenstätigkeit.

Nach allem sind die Protozoen sonach in ihrem eigentlichen Leben auf das Wasser oder mindestens auf ein feuchtes Medium angewiesen; sie kommen im Meer und im Süßwasser und außerdem als Parasiten im Körper anderer Tiere vor, dort aber meistens nicht wie die größeren Parasiten, z. B. Bandwürmer, im Darm und in Körperhohlräumen, sondern entsprechend ihrer Kleinheit und eigenen Zellnatur im Innern von Zellen.

Um die verschiedenen Lebenstätigkeiten zu erläutern, die ein Protozoen ausführt, sei ein besonderes Beispiel aus der Gruppe der Wimpertiere oder Infusorien gewählt, das sog. Pantoffeltierchen (Fig. 93) (Paramecium), dessen ungefähr ¼ mm großer Körper allseitig mit zahlreichen Wimpern zur Fortbewegung besetzt ist. Infolge der festen Hülle ist die Körpergestalt auch nicht wechselnd, sondern bestimmt, und zwar flach oval, am einen Ende stumpfer, am andern spitzer, daher der Name. Die Bewegung geschieht durch beständiges Schlagen der Wimpern, wobei auch eine schraubenförmige Drehung des Körpers um die Achse stattfinden kann. Bei deren anhaltendem Schlagen und ihrer im Verhältnis zum kleinen flachen Körper beträchtlichen Stärke ist die Fortbewegung ziemlich schnell und beträgt in der Sekunde das Vierfache der gesamten Körperlänge. Man hat ausgerechnet, daß ein solches ¼ mm großes Paramecium danach bei Bewegung in gleicher Richtung innerhalb einer Stunde etwa 4 bis 5 m zurücklegen würde.

Die Nahrungsaufnahme kann hier nicht wie bei den Wurzelfüßern durch einfache Fortsätze des Plasmas an beliebiger Stelle geschehen, weil ja der Körper von einem festen Häutchen umschlossen ist, sondern erfolgt an einer bestimmten Öffnung dieser Membran, die man auch als »Zellmund« bezeichnet. Durch die Wimpern wird ein Strudel im Wasser erzeugt, der dann kleinste Teilchen auf das Tier und auf dessen Zellmund zuträgt, wovon man sich durch ins Wasser gebrachte Farbstoffkörnchen leicht überzeugen kann. Auf solche Weise gelangt in derartige Infusorien, die man darum als Strudler bezeichnen mag, vorzugsweise mikroskopische pflanzliche Nahrung, während andere, die mit ganzen Fortsätzen, ihres Körpers zugreifen, auch Tiere aufnehmen; manche scheinen sogar auf ganz bestimmte Kost angewiesen. Im Innern des Körpers wird nun um diese hereingestrudelte und sich immer mehr ansammelnde Nahrung ein mit Flüssigkeit erfüllter Hohlraum gebildet. Durch chemische Reaktionen unter dem Mikroskop läßt sich nachweisen, daß tatsächlich dabei Säure zur Verdauung ausgeschieden wird, und danach ein auflösendes Ferment wirksam ist. In jedem Fall wird nur Eiweiß verdaut; Fette können von Protozoen sicher nicht ausgenutzt werden und Kohlenhydrate wahrscheinlich ebensowenig. Der Stoffwechsel der Protozoen unterscheidet sich also durch diese größere Einfachheit von dem höherer Tiere. Das nutzbar Gemachte wird sodann ins übrige Plasma verteilt, und der Rest an einer bestimmten Stelle, wo das Häutchen ebenfalls durchlässig ist, dem sog. »Zellafter«, wieder ausgestoßen. Außerdem befinden sich noch im Plasma wasserhelle Bläschen (Vakuolen), die sich von Zeit zu Zeit zusammenziehen, ihren Saft nach außen entleeren und sich dann mit gleicher Regelmäßigkeit wieder füllen. Auch sie dienen dem Stoffwechsel und bringen offenbar vom Plasmakörper durch die Lebenstätigkeit selbst verbrauchte Stoffe nach außen, wie bei den höheren Tieren Kohlensäure und Harnstoff, sind also gewissermaßen Organe der Atmung und Ausscheidung. Daß diesen einfachen Tieren auch eine gewisse Empfindung zukommt, läßt sich dadurch nachweisen, daß sie auf bestimmte Reize reagieren, d. h. ihre Bewegungen nach dem Reiz einrichten. Bei zahlreichen Protozoen sind derartige Versuche unter dem Mikroskop gemacht worden. Nicht nur Berührung, sondern auch das Licht hat eine Wirkung, indem manche sich mehr nach der hellen, manche mehr nach der dunkeln Seite zu begeben, im einzelnen auch nach der Intensität verschieden; auch chemische Reize sind von Bedeutung und können anziehen oder abstoßen. Auch auf elektrische Reize reagieren die Infusorien und gerade die erwähnten Pantoffeltierchen. Wenn man durch einen Wassertropfen einen elektrischen Strom hindurchleitet, so schwimmen nach kurzer Zeit alle Tiere in bestimmter Richtung, vom positiven zum negativen Pol; schaltet man den Strom um, so wechseln alsbald die Tiere auch in ihrer Bewegungsrichtung.

Die letzte noch für die Erhaltung der Art wichtige Lebenstätigkeit, die F o r t p f l a n z u n g , wird zunächst auf eine sehr einfache Weise ausgeübt, nämlich durch Teilung. Da ein Protozoon nur eine einfache Zelle darstellt, so entspricht ein solcher Vermehrungsakt zunächst einer gewöhnlichen Zellteilung. Die Teilung geschieht bei den Paramecien in der Querrichtung, so daß die zwei daraus entstehenden Individuen zunächst in der Längsachse zusammenbleiben. Würde der Zellzusammenhang nun nicht auch unterbrochen werden, so wären damit ganze Ketten von solchen Protozoen herstellbar, wie es in der Tat bei einigen Gruppen vorkommt. Gewöhnlich aber, und gerade hier bei den Paramecien, rücken die Einzeltiere nach der Teilung auseinander, und es kann infolgedessen aus einem Tier in verhältnismäßig kurzer Zeit eine sehr große Anzahl gebildet werden. Um zur Teilung zu schreiten, wird ein Tier Substanz aufnehmen und wachsen müssen. Man hat beobachtet, daß ein Paramecium bei günstigen Ernährungs- und Temperaturbedingungen in zwölf Stunden etwa auf das Doppelte seines Körperumfangs herangewachsen ist und sich dann wieder teilt. Wenn also aus einem Tier in 24 Stunden vier entstehen können, so ist leicht auszurechnen, welch ungeheure Zahlen durch diesen einfachen Vermehrungsprozeß (etwa 1 ¼ Million in sechs Wochen) schon nach verhältnismäßig kurzer Zeit erreicht werden würden. Allein diese Teilungsfähigkeit ist nicht unbeschränkt und kann nicht ins Unendliche fortgehen. Nach einiger Zeit stellen sich Verzögerungen des Wachstums, der Teilungen überhaupt »Depressionen« des ganzen Lebensprozesses in einer Bevölkerung von Paramecien ein, die in einer inneren Störung im Leben der Zelle, besonders in den Verhältnissen von Kern und Plasma, begründet sind.

Um dies zu verstehen, ist es nötig, die Verhältnisse der Zellkerne kurz zu betrachten. Es befinden sich in einem Infusor dieser Art zweierlei verschiedene Kerne, ein großer, der sog. Hauptkern, und ein kleiner, der Nebenkern (s. Fig. 93, k u. k_1). Für die gewöhnlichen Vorgänge im Zellleben, Stoffwechsel, Bewegung, scheint der Hauptkern von Bedeutung zu sein; bei den erwähnten Querteilungen wird seine Masse (durch Zerschnürung) auf die Tochterzellen verteilt; der Nebenkern, zwar ebenfalls, tritt aber dabei nicht besonders hervor. Seine Wichtigkeit wird erst klar in einer besonderen Periode des Lebens dieser Infusorien, die gerade nach Depressionszuständen eintritt, nämlich bei der Kopulation resp. Konjugation. Man sieht zeitweise, daß in Kulturen solcher Infusorien nach den Erschöpfungszuständen die Tiere sich zu zweien zusammenfinden, daß ganze »Konjugationsepidemien« eintreten, wobei fast kein Paramecium einzeln in der Kultur zu finden ist. Es kommt aber nicht zu einer dauernden Vereinigung; die Doppeltiere gehen wieder auseinander, und nach einiger Zeit beginnt an den einzelnen Tieren wieder die gewöhnliche Vermehrung durch einfache Zellteilung.

Die Konjugation hat also eine Neuorganisation der Zelle herbei-geführt, die für die Fortdauer der Art von großer Bedeutung ist; sie kann also nicht ein bloßes äußerliches Aneinanderliegen sein. Noch mehr ist dies offenbar, wenn wir betrachten, was während dieser Zeit innerlich in der Zelle resp. am Kern vorgegangen ist (Fig. 94). Der Großkern geht nämlich in jedem der beiden Paramecien zugrunde, d. h. er ist in einzelne Stücke zerbröckelt, die sich nach und nach wie Fremdkörper oder Nahrung im Plasma auflösen. Der Kleinkern macht während dieser Zeit zwei Teilungen schnell hinter-einander durch (Fig. 94b bis e). Von den daraus in jedem Individuum entstehenden vier Kernen (Fig. f) bleibt nur je einer übrig (Fig. g), der dann als eigentlicher Geschlechtskern für den nun folgenden Befruchtungsvorgang dient. (Dieser Vorgang der Verminderung im Material des Geschlechtskerns durch zweimalige Teilung läßt sich der sog. Richtungskörperbildung vergleichen, die bei höheren Tieren ebenfalls dem Befruchtungsakt vorangeht, siehe unten Kap. 22). Der hier verbleibende Geschlechtskern muß aber noch eine weitere Teilung (Fig. h) durchmachen, ehe die für die eigentliche Befruchtung charak-teristische Kernverschmelzung zwischen den beiden Individuen voll-zogen wird. Von den beiden nun so erzeugten Kleinkernen wandert je einer über die Plasmabrücke in das benachbarte Individuum hinüber, um sich mit dem dort verbliebenen zu vereinigen (Fig. h, i). Dieser Wanderkern kann als männlicher Bestandteil einem Sperma-, der ruhende einem Eikern verglichen werden. Die beiden Paramecien sind also gewissermaßen Zwitter und haben bei der Konjugation eine Wechsel-befruchtung ausgeübt. Aus dem durch diese Vereinigung entstandenen neuen Kern werden nun zunächst durch eine neue Teilung (Fig. k, l) wieder zwei Kerne gebildet, die sich als Großkern und Kleinkern er-weisen (Fig. l, m). Die beiden Individuen rücken währenddessen aus-einander. Zwischen Großkern und Plasma spielen sich die Lebens-vorgänge ab, die allmählich zu Unregelmäßigkeiten und damit zum Absterben, zum individuellen Tod führen, während im Kleinkern oder Geschlechtskern der Zusammenhang von Generation zu Generation gewahrt ist, und somit eine gewisse Unsterblichkeit.

Die vermehrte Teilung nach einer solchen Befruchtung kann sich bei anderen Protozoen noch in einer etwas abweichenden Weise äußern, indem nicht die Kerne sich hintereinander teilen und der Plasmaleib jeweils diesen Teilungen folgt, sondern derart, daß die Kern-

teilungen außerordentlich rasch, fast gleichzeitig erfolgen, sodaß eine
große Anzahl von Kernen erzeugt werden, ehe der Plasmaleib über-

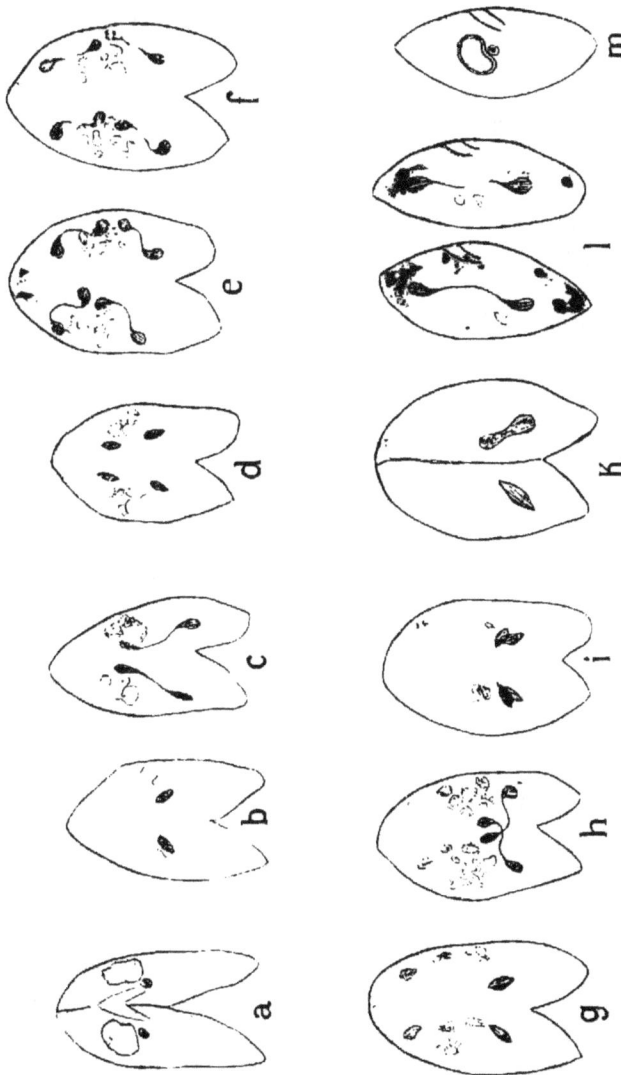

Fig. 94. Schema der Konjugation von Paramecium.

haupt nachkommt. Man spricht dann von Zerfallteilung im Gegensatz
zur gewöhnlichen Zweiteilung. Namentlich geschieht dies bei der Einkapselung des gesamten Plasmaleibs in eine feste Hülle oder Zyste, in

der dann auf diese Weise äußerst kleine Teilungsprodukte mit sehr wenig
Plasma und je einem Kern, die sog. Sporen, gebildet werden (siehe
Fig. 92). Sie können durch Platzen der Hülle frei werden und dann sich
wieder auf gewöhnliche Weise teilen, bis nach Erschöpfung wieder eine
Kopulation und Einkapselung eintritt.

Diese Art der Fortpflanzung ist namentlich für eine Reihe von
Parasiten charakteristisch, so für einen Wurzelfüßer, der die Dysenterie
verursacht. Er lebt während seiner gewöhnlichen Teilung im Enddarm des Menschen, indem sich die betreffenden Tiere in Mengen
in die Darmwand, d. h. deren Zellen, einbohren und dort eiterige Ge-
schwüre erzeugen. Die Zysten können dann heraus gelangen und die
Ursache der Neuinfektion werden.

Am besten ersichtlich wird der Unterschied zwischen der gewöhnlichen Vermehrung durch aufeinanderfolgende Teilungen (Schi-
zogonie) und der Zerfallsteilung (Sporogonie), wenn, wie dies bei
Parasiten der Fall ist, beide Arten der Vermehrungen in verschiedenen
Wirten, einem Hauptwirt, der besonders unter der Schädigung leidet,
und einem Zwischenwirt, der als Überträger dient, stattfinden. Als
Beispiel ist hier der Erreger der Malaria zu nennen, ebenfalls ein Protozoon, das sich auf solche Weise vermehrt und passiv übertragen wird.
Man nennt die ganze Gruppe der Protozoen, denen es zugehört, der
beschriebenen Fortpflanzung wegen »Sporozoen« und hat sie als
besondere Ordnung den drei früher genannten, durch ihre aktive
Bewegung gekennzeichneten gegenübergestellt.

Im gewöhnlichen Zustand lebt der Malariaparasit im Innern der
roten Blutkörperchen (Fig. 95, 2 bis 13) des Menschen, wächst auf
deren Kosten heran und vermehrt sich daselbst durch häufige Teilungen
(Fig. 6 bis 8). Die Teilprodukte bleiben nicht innerhalb des zuerst an-
gefallenen Blutkörperchens, sondern zerstören es, gelangen ins Blut,
um wieder neue Blutkörperchen anzugreifen (Fig. 9, 10). Die Teilungen
werden nach bestimmten, durch das Heranwachsen bedingten Ruhe-
pausen immer wieder häufiger und dadurch werden periodisch immer
wieder neue Mengen von Blutkörperchen zerstört und Fieberanfälle
ausgelöst. Im Lauf der Zeit werden die Teilprodukte ungleich; es
entstehen Kleinkörperchen (Fig. 11b bis 14b) und Großkörperchen
(Fig. 11a bis 14a) innerhalb des menschlichen Blutes, die zur gegenseitigen Befruchtung bestimmt sind. Diese Befruchtung kann aber
nicht im Menschenblut, sondern nur im Darm einer Stechmücke, und
zwar einer ganz bestimmten Art (A n o p h e l e s) stattfinden; indem
die Mücke Blut von malariakranken Menschen saugt, nimmt sie die

betreffenden männlichen und weiblichen Malariaparasiten (Fig. 14 bis 16) in sich auf, die dann zur Vereinigung kommen; das Befruchtungsprodukt umhüllt sich in der Darmwand der Mücke alsbald mit einer Cyste, innerhalb deren dann durch rapide Teilungen, »Zerfallteilung«, äußerst zahlreiche, ganz kleine Körperchen, Sporozoiten (Fig. 19 bis 23), gebildet werden. Durch Platzen der Cyste (Fig. 24) gelangen diese in die Leibeshöhle (Fig. 25) und von da auch in die Speicheldrüsen (Fig. 26) der Mücke und werden bei einem neuen Stich in das Blut eines anderen Menschen (Fig. 1, 2) übertragen, um dort wieder in zahlreiche Blutkörperchen einzudringen und ihre zerstörende Tätigkeit aufs neue zu beginnen.

Mit der Erkenntnis des Lebensganges dieses Schädlings sind zu gleicher Zeit auch Mittel an die Hand gegeben, um seiner Herr zu werden. Man kann ihn im Blut des Menschen bekämpfen, durch ein Mittel, das den Wirt und seine Blutzellen möglichst wenig angreift, aber auf die Parasiten giftig wirkt; ein solches Mittel ist im Chinin gegeben. Die saugenden Mücken können dann also keine lebensfähigen Parasiten mit dem Blut aufnehmen und auf gesunde Menschen übertragen. Eine zweite Möglichkeit der Bekämpfung ist durch Ausschalten des Zwischenwirts, also der Mücke, gegeben. Nur in diesem ist der Befruchtungsprozeß möglich, der die Auffrischung

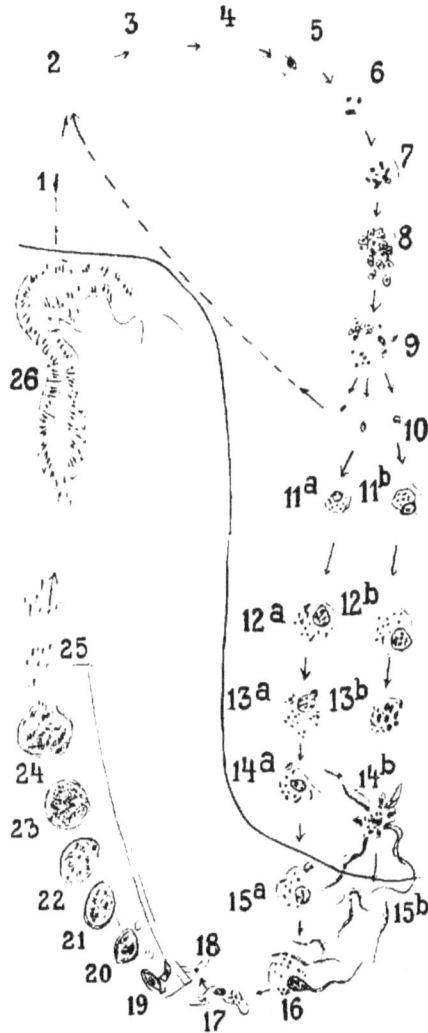

Fig. 95. Lebenszyklus des Malariaparasiten im Blut des Menschen und in der Mücke. Aus Hartmann (nach Grassi und Schaudinn), etwas verändert.

und Sporenteilung mit sich bringt; ohne einen solchen würden die
Parasiten bei fortgesetzter gewöhnlicher Teilung im Menschenblut schließlich an Depressionen von selbst zugrunde gehen müssen. Die Larven
der Mücken sind wasserlebend; die Austrocknung von Tümpeln und
Sümpfen ist darum ein wichtiger Schritt zur Gesundung einer Ge-
gend, und ebenso ist der Schutz der Menschen vor den Stechmücken
durch besondere Moskitonetze in Schlafräumen notwendig. Man versteht darum, wie früher die Meinung herrschen konnte, als würde durch
die schlechte Luft von Sümpfen (Malaria), durch Aufgraben von Erde
(Reispflanzungen) die Krankheit erzeugt. In Wirklichkeit war damit nur
den Überträgern, den Stechmücken, Gelegenheit zum Leben und zur
Fortpflanzung — die Mückeneier werden bereits ins Wasser abgelegt —
gegeben. Auch ist eine Mindesttemperatur von 20⁰ im Körper der Mücken
notwendig, um das Leben der Parasiten zu ermöglichen. Es erklärt sich
daher, warum trotz des Vorhandenseins von Sümpfen und der gleichen
Stechmückenart in nördlichen Bezirken die Malaria nicht vorkommt.

Zur Ermittelung dieses komplizierten Entwicklungsganges mit
seinem festgelegten Verhältnis von Wirt und Zwischenwirt hat es langer
Zeit und zahlreicher Untersuchungen, nicht nur an Menschenblut und
Mücken bedurft, sondern auch an anderen Tieren, die von Zellparasiten
in analoger Weise befallen werden. Sie betreffen zum Teil Tiere, die für
die Praxis gänzlich gleichgültig sind (Tausendfüßer, Asseln, Maulwürfe).
Nur aber durch das Studium des Lebensganges und das Experimentieren
an solch günstigen Objekten ist es möglich gewesen, die komplizierteren
Verhältnisse auch bei medizinisch und landwirtschaftlich wichtigen
Parasiten aufzudecken. Es ist daher nicht angebracht, auch vom reinen
Nützlichkeitsstandpunkt, die Zoologie als unpraktische Wissenschaft
anzusehen, solange sie sich nicht mit Tieren abgibt, die für den
Menschen selbst ökonomisch oder sonst in Betracht kommen. Wäre
nicht das Studium des Lebensganges solcher einfacherer Parasiten und
der Fortpflanzung der freilebenden Protozoen vorhergegangen, wäre
nicht die Anatomie einer Stechmücke bis in die kleinsten Einzelheiten und ihr Entwicklungsgang von der Wasserlarve und Puppe bekannt gewesen, kurz, wäre nicht eine Reihe von Resultaten aus der
»unpraktischen« Zoologie gebrauchsfertig vorgelegen, so hätte die
praktische Zoologie und Medizin nicht die wertvollen Ergebnisse erreichen können, die ihr auf diesem Feld in verhältnismäßig kurzer Zeit
in wirklicher Bekämpfung beschieden worden sind.

Um die Wichtigkeit dieser Studien darzutun, ist darauf hinzuweisen,
daß eine ganze Reihe von Krankheiten, für die man früher keine

Erklärung fand, namentlich tropischer, des Menschen wie der Haustiere, durch Protozoenparasiten in der erwähnten Weise zustande kommt. Die berüchtigte Tse-Tse-Krankheit, als deren direkte Ursache man früher den Stich einer anderen Fliege, der Tse-Tse-Fliege angesehen hatte, wird nur indirekt dadurch verursacht; die Fliege ist nur die Überträgerin eines Parasiten, der im Blut der in Afrika wild lebenden Wiederkäuer vorkommt, für sie unschädlich ist, der aber in den H a u s tieren tödlich wirkt. Durch eine ähnliche Stechmücke wird die gefürchtete Schlafkrankheit, von der nicht nur Neger sondern auch Weiße befallen werden, übertragen. Der Parasit lebt in der Rückenmarksflüssigkeit und gehört zu einer anderen Protozoengruppe, den Trypanosomen oder »Spiralleibern«, die zu denFlagellaten zu rechnen sind. Auch Krankheitserreger, die bei Fischen, bei der Seidenraupe, Epidemien verursachen, ebenso wie noch zahlreiche andere bei höheren Wirbeltieren und dem Menschen wären aus dem Kreis der Protozoen zu nennen. Die Übertragung geschieht nicht immer in der gleichen Weise durch einen Zwischenwirt, sondern unter Umständen mit Sporen durch die Luft oder durch direkte Berührungen (auch die Erreger der Syphilis werden nach neueren Forschungen hierher gerechnet). Stets ist aber das erwähnte Wechselverhältnis von gewöhnlichen Teilungen zu erkennen, die sich allmählich erschöpfen, und einer viel plötzlicheren Teilung, die durch einen zwischenliegenden Kopulationsprozeß bedingt wird.

Auch unter den nichtparasitischen Protozoen finden sich noch weitere Formen, die für den Menschen von besonderer Bedeutung erscheinen. Unter den Rhizopoden z. B. kann man außer den nackten, also mit freien Plasmafortsätzen, noch beschalte unterscheiden, und zwar solche, deren Schale aus kohlensaurem Kalk, und andere, bei denen sie aus Kieselsäure und einer organischen Substanz besteht. Namentlich die ersteren sind für den Aufbau der Erdrinde von großer Wichtigkeit. Nach Absterben des Weichkörpers sammeln sich solche Schalen am Grunde des Meeres in großen Massen an (der Lido von Venedig ist eine Stelle, wo dies heute noch gut beobachtet werden kann; der feine Sand daselbst besteht zum großen Teil aus den Schalen solcher abgestorbenen Protozoen). Derartige Ablagerungen können zur Grundlage ganzer Gesteinsbildungen werden; die Kreide aus Rügen, Kreide überhaupt, besteht zum größten Teil aus solchen Kalkschalen, die noch bei geeigneter Präparation einzeln unter dem Mikroskop sichtbar gemacht werden können. Nicht nur an der Küste, sondern überall am Meeresboden können sich Ablagerungen bilden. Myriaden solcher, im Oberflächenwasser der hohen See schwebender Organismen (Plankton) sinken absterbend zu Boden und nehmen trotz der Kleinheit des einzelnen, durch ihre Massenhaftigkeit mit ihrer Schale am Aufbau der Erdrinde ebenso bedeutsamen Anteil wie die Kalkschalen der Mollusken (Muscheln und Schnecken) und wie die riffbildenden Korallen.

Auch die zweite erwähnte Gruppe, die Flagellaten, zeigt Formen, die für den Haushalt der Erde von großer Bedeutung sind. Eine Reihe von ihnen, ebenfalls auf hoher See in Massen vorkommend, sind als die ersten Erzeuger organischer Substanz, als »Urnahrung«, für den Stoffwechsel des Meeres von größter Wichtigkeit, ebenso wie andere in Tümpeln und Süßwasserseen und Flüssen. Dadurch, daß sie organische Stoffe selbst aufbauen, wären sie eigentlich zum Pflanzenreich zu rechnen, trotz der Eigenbewegung; manche andere Flagellaten zeigen aber durchaus tierische Natur, und wieder andere lassen sich je nach den Zuständen verschieden auffassen. Schon dadurch ist die Gruppe von besonderem Interesse.

Die dritte Gruppe, die Ziliaten, verdient unsere besondere Aufmerksamkeit, weil in ihr leicht zu beschaffendes Material vorliegt für die Beobachtung tierischen Kleinlebens unter dem Mikroskop. Durch die erwähnten Aufgüsse auf Heu, Moos im Einmachglas usw. werden Zersetzungsstoffe frei, zahllose Bakterien keimen, und als deren Vertilger erscheinen, aus ihren Dauerzuständen durch das Wasser erweckt, zahlreiche Infusorien, oft in einem dicken Häutchen an der Oberfläche zusammengedrängt. Nach der Art der Bewimperung werden unter den Infusorien verschiedene Gruppen unterschieden; ganz und gleichmäßig bewimperte, ferner nur auf der Unterseite bewimperte, in einer Mundspirale besonders bewimperte usw. Von diesen allen kann die Infusion Vertreter enthalten, und ihre Lebensäußerungen können in einem Wassertropfen (der auf dem gläsernen Objektträger gebracht, mit einem Deckglase zugedeckt wird) mit schwacher Mikroskopvergrößerung verfolgt werden.

Dreizehntes Kapitel.

Die tierische Organisation auf der Stufe der Schlauch- oder „Pflanzentiere"

Zellvereinigungen übernehmen besondere Leistungen. Gewebstiere und Organtiere. Der Süßwasserpolyp als Beispiel; seine Lebensäußerungen: Nahrungsaufnahme, Bewegung, Reizreaktionen und Fortpflanzung. Meerespolypen, ihre ungeschlecht- liche Fortpflanzung und Stockbildung, ihre Geschlechtstiere (Medusen). Polypen mit Kalkskelett (Korallen). Andersartige Schlauchtiere mit Hartsubstanz (die Schwämme, Badeschwamm, Süßwasserschwamm.)

Die nächsthöhere Stufe der tierischen Organisation besteht darin, daß der Körper nicht mehr bloß eine Zelle darstellt, sondern aus vielen Zellen sich zusammensetzt, daß diese aber noch nicht wohl abgegrenzte, kompakte Organe für die einzelnen Verrichtungen bilden, sondern daß die Zellen teils einzeln, teils in Gruppen oder ganzen Lagern sich zu besonderen Leistungen spezialisieren. Gewebe oder Zellansammlungen leisten also das, was bei den höheren Tieren die Organe besorgen, und man kann darum auch solche Tiere zum Unterschied von den höheren, den Organtieren, als G e w e b s t i e r e bezeichnen.

Die erste Spezialisierung oder Arbeitsteilung, die zwischen den einzelnen Zellen vor sich geht, besteht darin, daß sich die einen nach innen um einen Hohlraum herum anordnen und so der Verdauung im engeren, aber auch dem Stoffwechsel im weitesten Sinne dienen, die andern nach außen sich lagern und als Schutzdecke sowie zur Ver- mittlung der äußeren Einflüsse der Umgebung, der Aufnahme von Reizen, geeignet werden. Zwischen beiden Lagen liegt eine dünne stützende Lamelle. Der Körper ist also in diesem einfachen Fall ein doppelwandiger Schlauch mit einer Öffnung, wie es am besten an einem wohlbekannten Tier, dem Polypen des süßen Wassers, der H y d r a , ersichtlich ist (Fig. 96), die in mehreren Arten bei uns vor- kommt.

Maas-Renner, Biologie.   14

Die gewöhnliche Hydra ist ein Tier von geringer Größe, das aber namentlich durch die ausgestreckten Fangfäden (Tentakel), die die Mundöffnung umstehen, auch mit bloßem Auge sichtbar ist. Auch die Zusammensetzung aus zwei Körperschichten läßt sich mitunter schon mit bloßem Auge, jedenfalls aber mit der Lupe erkennen, indem die Zellen der inneren Schicht mit Nahrungskörnern dichter erfüllt, bei einer Art, der grünen Hydra, von kleinen grünen Algen besetzt sind. Das Tier ist am einen Ende festgewachsen, während die Mundöffnung mit den Fangfäden frei ins Wasser hinausragt.

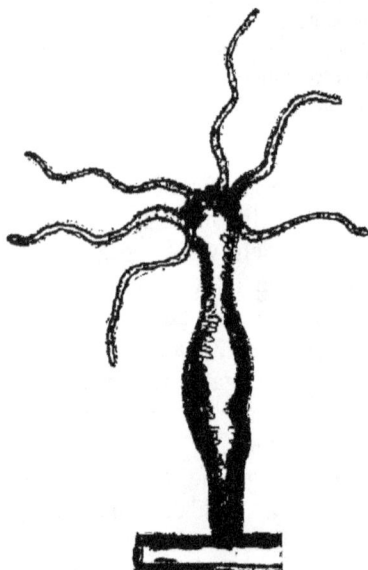

Man kann also eine Hauptachse am Körper unterscheiden vom Ansatzpol bis zum freien Ende, um die herum die Teile gleichmäßig radiär angeordnet sind. Das ist charakteristisch nicht nur für diese Hydra, sondern auch für höher organisierte Angehörige der gleichen Klasse, bei denen der Innenhohlraum Blindsäcke zeigt und bei denen außer den Tentakeln noch andere äußere Werkzeuge vorhanden sein können. Alle diese gruppieren sich radiär, und man hat deswegen der ganzen Gruppe auch den Namen »Radiärtiere« außer dem Namen »Schlauchtiere« gegeben. Ein weiterer Name, »Pflanzentiere«, knüpft an die im Tierreich doch ungewöhnliche festsitzende Lebens-

Fig. 96. Hydra des süßen Wassers auf Unterlage festgeheftet.

weise an, und an die bei solchen Tieren sich einstellende Knospung neuer Individuen, durch welche eine verzweigte Kolonie (s. Fig. 97) mit Haupt- und Seitenästen und im Boden steckenden sog. Wurzeln entstehen kann. Dies ist aber nur eine ganz äußerliche Ähnlichkeit. Man darf sich nicht vorstellen, daß mit dem Namen etwa ausgedrückt werden soll, daß diese Tiere eine vermittelnde Stellung zwischen Pflanze und Tier einnehmen würden. All ihre Leistungen entsprechen durchaus der tierischen Organisation, wie dies bei einer Betrachtung der einzelnen Lebenstätigkeiten der Hydra leicht ersichtlich ist.

Die Hydren sind, wie fast alle Angehörige der Gruppe, auf tierische Nahrung angewiesen. Sie fressen, wie im Aquarium leicht festzustellen ist, besonders kleine Krebschen, die sie mit ihren Fangfäden ergreifen

und die dann von der Mundöffnung ganz aufgenommen werden. Die
Fangfäden selbst bestehen ebenfalls aus nichts anderem als aus den

Fig. 97. Hydroidenkolonie aus dem Meer. Cladonema. Freßtiere und Geschlechtstiere.

beiden Körperlagen; ihr Inneres wird gebildet von einer Fortsetzung
des allgemeinen Hohlraumes; ihr Äußeres von einer Lage von Zellen,
deren Mehrzahl die Fähigkeit besonders starker Zusammenziehung

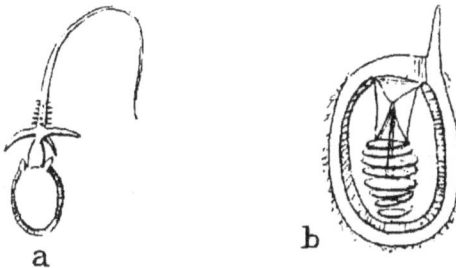

Fig. 98. a explodierte, b in Zelle eingeschlossene Nesselkapsel.

besitzt und die darum direkt als Muskelzellen bezeichnet werden. Außerdem wirken noch beim Ergreifen der Beute besondere Zellorgane, die
sog. Nesselkapseln, kleine, mit einer ätzenden Flüssigkeit gefüllte, je
in einer Zelle liegende Bläschen, die bei entsprechender Berührung

14*

aufspringen und einen Faden samt der Flüssigkeit nach außen
schnellen (Fig. 98). Diese Nesselkapseln (»Cniden«) kommen bei der Mehrzahl der Pflanzentiere vor und haben zu einem weiteren Namen für die
Gruppe Anlaß gegeben (»Cnidaria«). Sie sind auch bei der Hydra leicht
unter dem Mikroskop zu beobachten; namentlich an den Tentakeln sitzen
sie in ganzen Reihen zusammen, die schon bei schwächerer Vergrößerung hervortreten. Bei stärkerer Vergrößerung kann man die einzelnen
Bläschen samt Inhalt sehen und durch Druck den Faden herausschnellen
lassen. Durch die vereinte Tätigkeit solcher mikroskopischer Waffen
kann dann selbst ein verhältnismäßig großes Tier festgehalten werden,
wie Gulliver bei den Zwergen. Es können von der Hydra sogar kleine
Fischchen, z. B. Forellenbrut von mehreren Zentimetern, angegriffen
werden, so daß der in Tümpeln und Teichen oft in kolossaler Menge
vorkommende Polyp auch als ein Schädiger der Fischzucht zu betrachten
ist. Die Fischchen sind natürlich zu groß, um in den Magenraum der
Hydra eingeführt zu werden, aber ihre Haut wird zerrissen, und sie
gehen dadurch zugrunde.

Die kleinen Krebschen, die im Magen angekommen sind, werden
daselbst verdaut. Es geschieht dies aber nicht so wie bei höheren Tieren,
daß von allen Zellen ein auflösender und fermentierender Saft abgeschieden würde, und daß dann erst der aufgelöste Teil der Nahrung
aufgenommen würde, vielmehr wirken nach einer bloßen Anfeuchtung
die einzelnen Zellen als solche, jede gewissermaßen als eine selbständige
Amoebe (s. o.), die mit Fortsätzen des Plasmas ihr Teil von der Beute
direkt in ihren Zellkörper aufnimmt und dort erst verarbeitet. So ist
also auch in dieser Beziehung noch die Selbständigkeit der einzelnen
Zelle bewahrt. Die ausgesogenen harten Panzer der Krebschen werden
durch die Mundöffnung wieder nach außen befördert. Ein besonderer
After ist also nicht vorhanden. Auf die gleiche Weise kann auch Körperflüssigkeit nach außen gepumpt werden. Eine Einschnürung und An-
schwellung sieht man vom Stiel bis zur Mundöffnung mehr oder minder
energisch vorrücken, so daß dadurch auch im Innern befindliche andere
Stoffe, Endprodukte des Stoffwechsels, nach außen gelangen. Der
Leibeshohlraum vertritt auf diese Weise nicht nur die Stelle des Darm-
kanals, sondern auch die des Ausscheidesystems, der Niere; ein besonderes
Hohlraumsystem für diese Funktion existiert bei diesen niedrigen
Tierchen nicht, ebensowenig ein Gefäßsystem, nur bei höher organisierten
Polypen und anderen schwimmenden Angehörigen der gleichen Gruppe
sind seitliche Aussackungen des Hauptmagens und auch Kanäle (s.
Fig. 100) vorhanden, welche die Nährflüssigkeit an entferntere Stellen

transportieren; diese stehen aber in direktem Zusammenhang mit dem Haupthohlraum und bilden kein besonderes Blut- oder Lymphgefäß-system, wie es den höheren Tieren zukommt. Alle Stoffwechselverrich-tungen des Körpers, die man mit einem gemeinsamen Namen auch »vegetative Funktionen« nennt, werden durch dieses einzige Hohlraum-system resp. seine Zellen besorgt.

Die anderen Leistungen, die der Bewegung und Empfindung, die als »animale Funktionen« bezeichnet werden, weil sie im Tierreich be-sonders ausgeprägt sind, fallen vorzugsweise den Zellen der äußeren Schicht zu. Der Bewegung durch Muskelzellen ist bereits bei der Tätigkeit der Fangfäden oder Tentakeln gedacht worden. Ähnliche der Zusammenziehung fähige Zellen finden sich aber auch am gesamten Körperschlauch, wie schon bei der oben erwähnten Pumpbewegung ersichtlich ist. Es muß die Anordnung dieser Zellen etwa ringförmig um die Hauptachse sein; diese sind hier aber an der inneren Schicht, zur Einschnürung des Nahrungsschlauchs entwickelt. Andere, in der äußeren Schicht, sind in der Längsachse angereiht, wie daraus hervor-geht, daß sich der Körper in der Richtung vom Stiel bis zum Mund-ende energisch zusammenziehen kann. Alle diese Muskelzellen sind auch durch die mikroskopische Untersuchung des Tieres nachgewiesen. Es sind richtige Epithelzellen, die an ihrem Fuß in einen besonderen kontraktilen Fortsatz auslaufen, ganz wie es bei der Theorie der Gewebebildung auseinandergssetzt worden ist (s. Kapitel 11).

Eine weitere Muskeltätigkeit, bei der gerade diese in der Längs-richtung angeordneten Zellen wirksam sind, ist die Ortsbewegung der ganzen Hydra; sie kann sich von der Unterlage ablösen, mit den Ten-takeln an einer anderen Stelle festheften, den übrigen Körper nach sich ziehen, das Fußende dicht daneben festheften, dann zunächst das Vorderende wieder freimachen, eine neue Ansatzstelle suchen usw. Durch diese Bewegungsart, die man mit Recht dem Spannen mancher Raupen oder der Blutegel verglichen hat, können ganz große Strecken zurückgelegt werden, wie innerhalb eines Aquariums leicht festzu-stellen ist.

Ebenso wie Muskelzellen sind in den Körperschichten, und zwar vorwiegend in der äußeren, Nervenzellen nachzuweisen, die von außen kommende Reize aufnehmen und weiterleiten. Sie liegen besonders zahlreich um die Mundöffnung herum, auch in den Tentakeln und am Fußende häufiger, nirgends aber so zusammengedrängt, daß man von einem besonderen nervösen Zentralorgan reden könnte. Sie sind wie die Muskelzellen durch Arbeitsteilung aus den gewöhnlichen Haut-

zellen entstanden zu denken und haben wie diese zum Teil noch ihre
oberflächliche Lage beibehalten.[1])

Die Existenz nervöser Elemente wird aber auch durch direkte
Reizversuche nachgewiesen; auf chemische, mechanische, elektrische
Reize antwortet die Hydra mit dem ganzen Körper, inbesondere aber
mit den Tentakeln. Auf lokale, an bestimmter Stelle erfolgte Reize
erfolgt die Bewegung auf den Reiz zu, was für die Ergreifung der Beute
eine gewisse Bedeutung haben mag. Man hat diese »Futterreaktion«
des Körpers näher geprüft und gefunden, daß sie verschieden verläuft,
je nachdem der Körper sich im Hunger- oder Sättigungszustand befindet. Im Hungerzustand genügt der chemische Reiz allein, um eine
entsprechende Bewegung auszulösen; im Sättigungszustand muß mindestens mechanischer und chemischer Reiz, also die direkte Berührung eines zu schmeckenden Körpers zusammenkommen, um eine
Fangbewegung zu verursachen.

Die Fortpflanzung geschieht bei der Hydra auf zweierlei Weise:
erstens einmal, indem sich am Tier in gewissen Abständen seitliche
Knospen bilden, die wieder eine Mundöffnung mit Tentakel bekommen
und sich dann auch als selbständige Individuen ablösen und einen
neuen Sprossungsprozeß beginnen können. Auf diese Weise können
in kurzer Zeit bei geeigneter Fütterung innerhalb eines Aquariums
eine große Menge von Individuen entstehen.

Zweitens kommt auch eine geschlechtliche Vermehrung vor, indem
an ein und demselben Stöckchen oder Tier ein oberer Kranz von Sperma-
ballen (jedes aus zahlreichen Samenzellen bestehend) und ein unterer
von Eiern entsteht, wodurch eine Befruchtung innerhalb des gleichen
Tieres ermöglicht wird. Manchmal ist jedoch bei sonst ganz gleich
gebauten Hydren zu sehen, daß die einen Individuen ganz ausschließlich
nur männliche, die andern nur weibliche Geschlechtsprodukte tragen.

---

[1]) Die feinen Nervenfasern sind durch bloßes Zerzupfen lebenden Materials schwer
darzustellen. Überhaupt bedarf es, um die früher (Kap. 11) erörterten geweblichen
Differenzierungen nachzuweisen, der Untersuchung konservierten Materials mit einer
eigenen mikroskopischen Technik. Deren Methode besteht darin, durch besondere,
die Gewebe erhärtende Chemikalien und durch nachfolgende Färbungsmittel die
verschiedenen Zelldifferenzierungen objektiv hervortreten zu lassen, also die Kerne
aus dem gewöhnlichen Plasma, verschiedene Faserstrukturen von einander zu
unterscheiden, indem sich Muskelfasern anders wie Bindegewebe färben, insbesondere
auch die Nervenfasern aus dem übrigen Gewebe hervorzuheben. Ferner müssen die
Gewebselemente möglichst in ihrer natürlichen Lagerung erhalten bleiben. Gewebe
und Organe dürfen darum nicht roh zerzupft, sondern müssen mit besonderen Ma-
schinen in Serien dünnster Schnitte zerlegt werden.

Man hat daraus eine besondere Art machen wollen, der man nach dem Vorbild der Blütenpflanzen den Namen »zweihäusige« Hydra (dioecia) gegeben hat; es frägt sich aber bei der übrigen Gleichheit, ob es sich nicht um eine durch die Umstände bedingte Ausprägung handelt. Dann wäre also das Geschlecht durch äußere Einwirkungen beeinflußbar, eine Frage von großem allgemeinen Interesse. Es befassen sich darum gegenwärtig zahlreiche Untersuchungen mit dem Studium solcher

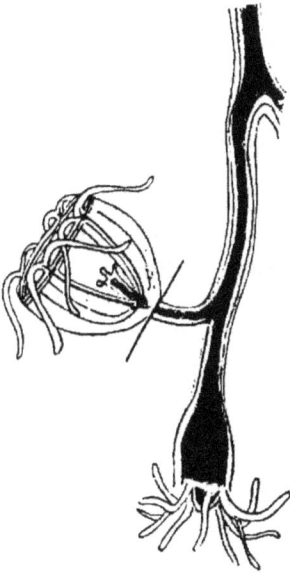

Fig. 99. Polyp und Meduse an einem Stammstückchen.

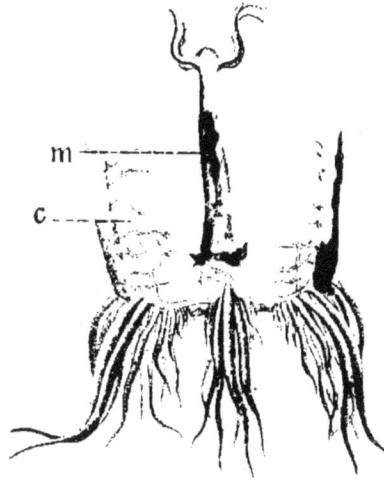

Fig. 100. Medusenglocke mit Hauptmagen (m) und verästelten Nährkanälen (c).

Einflüsse, Fütterung, Temperatur, doch ist eine solche Frage nicht allgemein, sondern jeweils nur für eine bestimmte Tiergruppe lösbar. In andern Fällen, z. B. bei Insekten, scheint das Geschlecht schon von vornherein bestimmt und durch äußere Einflüsse nicht mehr veränderbar (s. u.). Bei Wirbeltieren, z. B. Amphibien, scheint in frühester Jugend noch eine gewisse Labilität vorhanden, so daß künstlicher Einfluß auf männlich oder weiblich stimmen könnte. Jedenfalls ist hier bei Hydra das Eintreten einerseits der geschlechtlichen Vermehrung an sich, und anderseits der Knospung von äußeren Einflüssen abhängig, so daß z. B. eine Anzahl von Knospungsperioden hintereinander erzielt werden können, und dann erst eine geschlechtliche Vermehrung eintritt.

Ein r e g e l m ä ß i g e r Wechsel solcher ungeschlechtlicher Sprossung mit geschlechtlicher Fortpflanzung tritt bei den höheren Angehörigen der gleichen Tiergruppe, besonders bei den Meerespolypen, ein. Hier entsteht zunächst durch Sprossung gleichartiger Elemente eine ganze Kolonie, dann aber sind es besonders umgestaltete Individuen, auf gleiche Weise seitlich gesproßt (Fig. 99), an denen sich die Fortpflanzungsprodukte ausbilden. Diese Individuen sind dazu bestimmt, sich loszulösen, frei umherzuschwimmen und dadurch den Geschlechtsprodukten und somit der Art eine weitere Verbreitung zu ermöglichen. Es sind dies die sog. Medusen. Ihre Form läßt sich leicht von der des Hydroiden ableiten, erstens durch eine entsprechende Abflachung, wodurch eine Höhlung entsteht, die sog. Schirmhöhle, die mit Muskulatur ausgekleidet ist, und ferner durch Ausbildung einer Gallerte zwischen den beiden Körperschichten, die das Schwimmen erleichtert. So sehr eine Kolonie von festgewachsenen Hydroiden in ihrem Äußeren noch eine gewisse Pflanzenähnlichkeit zeigt (s. Fig. 97), so leicht läßt sich doch, gerade an der freischwimmenden Meduse, die Tiernatur erkennen. Durch die Zusammenziehung der Muskeln wird das Wasser aus der Schirmhöhle herausgepreßt und durch den sich ergebenden Rückstoß macht die Meduse eine Fortbewegung. Solche Zusammenziehungen des Medusenschirms erfolgen in regelmäßigen Abständen, rhythmisch, und man hat sie nicht mit Unrecht den Pulsationen des Herzens verglichen.

Der größeren Ausbildung der Muskulatur und ihrer gesetzmäßigen Anordnung an bestimmten Flächen, also besonders auf der Unterseite des Schirms und in einem Randanhang, dem »Velum«, entspricht auch eine höhere Ausbildung des Nervensystems und eine bessere Lokalisation der nervösen Elemente, als sie bei den festsitzenden und trägeren Polypen zu finden ist. Die bei ihnen, wie bei der Hydra noch zerstreuten und nur geflechtweise vereinigten Nervenbahnen und Nervenzellen ordnen sich zu kompakteren Strängen, die ringförmig gedrängt, am Rande des Schirmes liegen, und eine Art primitives Zentralnervensystem darstellen. In diesem kommen die Leitungsbahnen mit ihren »Schalt«-zellen zusammen (s. u. Kap. 17), die Reize von außen aufnehmen und wieder nach der Peripherie weiterleiten. Es steht dies auch im Zusammenhang damit, daß am Rande des Schirmes besondere Einrichtungen für Sinneswahrnehmungen getroffen sind, wie sie für ein derartig schwimmendes Tier, mehr noch zur richtigen Fortbewegung als wie zum Wahrnehmen der Beute, notwendig sind. Besonders sind sog. Gleichgewichtsorgane entwickelt, die die Orientierung im Wasser vermitteln. Von ihnen wird noch später die Rede sein (s. u. Kap. 18, Fig. 165).

Nicht alle Angehörige der Gruppe bilden solche Medusen, bei andern Arten bleiben auch die Geschlechtsindividuen an der Kolonie, so daß nur die aus den Geschlechtsprodukten entstehenden Larven eine kurze Zeit frei im Wasser schwärmen, um sich dann erst festzusetzen und durch Sprossung wieder einer neuen Kolonie den Ursprung zu geben. Bei einer großen Gruppe von Pflanzentieren ist im Anschluß an diese stetig festsitzende Lebensweise das Stützgewebe, das sich zwischen den beiden Körperschichten befindet, besonders stark entwickelt. Es können Kalksalze hinein abgelagert werden und dadurch zunächst für das Grundgeflecht feste Röhren entstehen, aus denen die einzelnen Individuen herausragen und in das sie sich durch Muskelkontraktion zurückziehen können. Zu solchen gehört die bekannte Edelkoralle und die Korallen überhaupt. Bei den Riffkorallen ist diese Hartsubstanz, das Kalkskelett, noch stärker ausgebildet und führt zu Produktion von ausgedehnten, massigen Kolonien; ganze Inseln stellen sich als solche Korallenriffe dar. Die betreffenden Tiere sind für ihre Lebensweise an eine Temperatur von mindestens 20°C

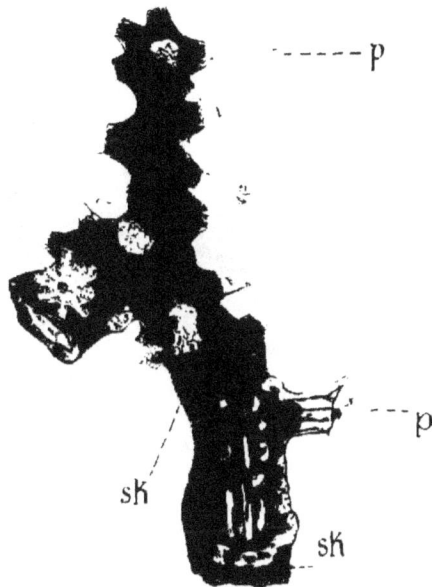

Fig. 101. Korallenkolonie. p = einzelne Polypen, sk Gesamtskelet.

gebunden, deswegen kommen auch Korallenriffe nur in wärmeren Meeren und nicht unterhalb einer gewissen Grenze unter der Oberfläche vor.

So massig die Kalkproduktion ist, so ist doch durch Beobachtungen hier wie bei andern kalkabscheidenden Organismen festgestellt, daß es sich nicht um eine einfache chemische Umsetzung aus dem Meerwasser handelt etwa aus dessen Gips, wodurch der Kalk (speziell der kohlensaure Kalk) in großen Flächen abgelagert würde, sondern daß innerhalb von Zellen kleinste Calcitteilchen, sog. Kalknadeln (Spicula), gebildet werden s. Fig. 84, die sich dann erst zu größeren Tafeln zusammenschließen, indem sich die produzierenden Zellen reihenweise

anordnen.   Auch für die Produktion des Knochengewebes der höheren
Tiere gilt dieser Grundsatz der Produktion aus einzelnen Zellen.

*   *   *

Trotz mancher Verschiedenheiten des inneren Baues lassen sich
an die Pflanzentiere am besten die tierischen Schwämme hier anschließen,
da auch bei ihnen der Körper im wesentlichen aus einem Hohlraum-
system besteht, das durch eine Zwischensubstanz gefestigt ist. Diese
Zwischensubstanz ist bei den Schwämmen von sehr verschiedener
Beschaffenheit. In manchen Fällen aus Kieselsäure, also aus der gleichen

Fig. 102. Schnitt durch einen Badeschwamm mit Kanalsystem (die Pfeile
zeigen den Wasserstrom an) und mit Hornfaserskelett (sk).

Substanz wie Glas.   Andere Schwämme bauen ein Skelett aus Kalk-
körpern und tragen somit wie die Korallen und wie Kieselschwämme
zum Aufbau der festen Erdrinde bei.   Bei wieder andern ist das Skelett
durch eine hornige Substanz gebildet, die in einem kompliziert gebauten
mit zahlreichen Hohlräumen durchsetzten, darum »schwammigen«
Weichkörper ausgeschieden wird. (Fig. 102). Nach Zerstörung dieses
Weichkörpers bleibt dann das entsprechend komplizierte, aus dickeren
und feineren Fasern bestehende Hartgerüst übrig.   Der Badeschwamm
ist weiter nichts als das Skelett eines derartigen Hornschwammes, aus
dem der Weichkörper durch Auspressen und Ausfaulen entfernt ist.

Auch die Schwämme sind durchweg festsitzende Tiere und haben
die Möglichkeit einer Vermehrung durch Sprossung. Ihre geschlechtliche Vermehrung zeigt aber auch wieder deutlich die tierische Natur;
es werden freie Larven gebildet, die durch Wimperbewegung im Wasser

umherschwimmen und sich dann wieder festsetzen. Die Wimperzellen werden bei dieser Metamorphose ins Innere des Körpers gebracht und dienen nun zum Herbeistrudeln der Nahrung, die bei Schwämmen im Gegensatz zu den echten Hohltieren aus kleinsten Pflänzchen und verwesender organischer Substanz besteht. Wie die typischen Coelenteraten sind auch die meisten Schwämme Meeresbewohner, einige Arten kommen aber in Süßwassertümpeln und Flüssen auch bei uns vor. Diese sind besonders interessant dadurch, daß sie befähigt sind, ein Eintrocknen oder Einfrieren zu überdauern. Sie können Teile ihres Weichkörpers, speziell der Fortpflanzung dienendes Zellmaterial, in eine feste

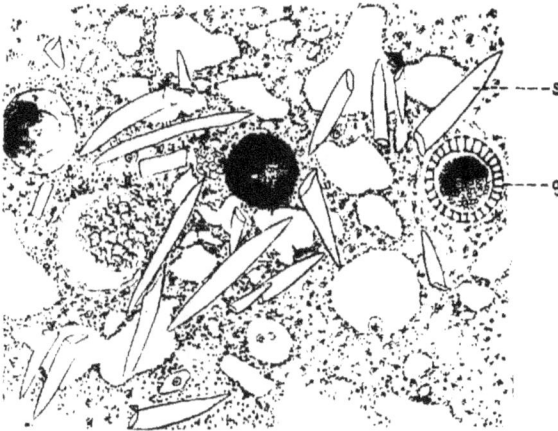

Fig. 103. Schnitt durch den Süßwasserschwamm mit Kieselnadeln (s) und Dauerkörpern (Gemmulae).

Hülle einschließen, die meist aus einzelnen Kieselkörpern, gleich kleinen Hemdknöpfchen (Fig. 103 g) gebildet ist. Der ganze Körper kann dann (bei uns im Herbst, in tropischen Gegenden beim Beginn der heißen Jahreszeit, wenn die Flüsse austrocknen) in solche kleine Kugeln zerfallen, die durch ihre feste Hülle geschützt sind. Beim Beginn der besseren Jahreszeit, (bei uns beim Auftauen der Tümpel, in tropischen Gegenden beim Eintritt der Regenzeit), platzt die Hülle, und das daraus freiwerdende Zellmaterial, den Geschlechtszellen vergleichbar, vermag wieder einen neuen Schwamm zu bilden. Solche, an Baumstämmen sitzende Schwammkrusten mit Keimkörnern können im Herbst leicht entdeckt und ins Aquarium gebracht werden, und man kann das Auskriechen aus der Hülle durch Nachahmung der Bedingungen (Wärme) leicht künstlich hervorrufen und unter dem Mikroskop beobachten; die Bewegungen der Zellen des sonst trägen Schwammes beweisen seine tierische Natur.

Vierzehntes Kapitel.

Die tierische Organisation auf der Stufe der niedrigsten „Organtiere" (Würmer).

Die platten Strudelwürmer des süßen Wassers als Beispiel der verschiedenen Lebens-
äußerungen. Die Saug- und Bandwürmer als parasitisch abgeänderte Plattwürmer.
»Niedere und höhere« Würmer (Ringelwürmer). Der Schlammröhrenwurm der
Tümpel und der Regenwurm als Beispiele. Geschlechtliche und ungeschlechtliche
Fortpflanzung.

Die Süßwassertümpel und unser aus denselben versorgtes Aquarium
liefern uns auch gute Beispiele für die nächste Stufe, die die Organisationshöhe im Tierreich erreichen kann, die der Würmer, und zwar zunächst
der einfacher gebauten, der sog. P l a t t w ü r m e r. An Wasserpflanzen, am Boden oder der Wand des Gefäßes, ja sogar an der Ober-
flächenschicht des Wassers entlang gleitend, sind flache, manchmal
über 1 cm große, ¹⁄₂ cm breite Tiere zu bemerken, die ihrer äußeren
Gestalt wie des Kriechens wegen diesen Namen verdienen. Von den
bisher betrachteten Formen unterscheiden sie sich schon durch die
Fortbewegung, noch mehr aber in dem dadurch bedingten B a u p l a n
des Körpers. Es ist an ihm ein Vorn und Hinten, und Oben und Unten,
ein Rechts und Links zu unterscheiden, und die Anordnung der Teile
ist demnach nicht mehr wie bei den bisher betrachteten festsitzenden
Schlauchtieren (Po ypen) oder den freischwimmenden Glockentieren
(Medusen) radiär, sondern b i l a t e r a l - s y m m e t r i s c h. Ein
weiterer Unterschied und Fortschritt diesen Tieren gegenüber zeigt
sich im geweblichen Aufbau schon, wenn wir ein solches Tier unter
die Lupe nehmen oder unter dem Mikroskop durch leichte Quetschung
möglichst durchsichtig zu machen suchen, noch besser, wenn wir einen
solchen Wurm abtöten und mittels der Hilfsmittel der mikroskopischen
Technik untersuchen.

Wir sehen alsdann (Fig. 104), daß eine zarte äußere Haut aus einzelnen mit Flimmerhaaren besetzten Zellen den ganzen Körper umgibt,

und daß etwa von der Körpermitte ein Schlundrohr (sch), soweit es bei dem flachen Körper möglich ist, sich hineinsenkt, im Innern sich ein Darm (d) ausbreitet mit mehreren (3) Hauptästen, von denen zahlreiche blinde Seitenäste (d₁) ab-
gehen und so den Nahrungsstrom
überall im Körper verbreiten
können. Was aber die Tiere am
meisten von den bisher betrachteten unterscheidet, ist, daß
zwischen der äußeren Haut und
diesem Darm mit seinen Ästen
nicht eine einfache Lamelle oder
nur ein stützendes Hartgewebe
liegt, sondern eine eigene massigere
Körperschicht (p), in der ver=
schiedene Organsysteme einge=
bettet sind, insbesondere, wie
manchmal schon am Oberflächen-
bild bei schwacher Vergrößerung
zu erkennen ist, die Geschlechtsprodukte (g). Diese Plattwürmer
sind also zum Unterschied von
den bisher betrachteten zwei=
blättrigen Tieren d r e i schichtig;
eine mittlere Körperschicht hat
sich zwischen die beiden ursprünglichen Blätter eingeschoben (s. den
Querschnitt Fig. 105), als eine
mehr oder minder kompakte Masse,
ein »Parenchym« (p). Ferner liegen
die verschieden differenzierten
Zellen, die besonderen Verrichtungen im Tierkörper dienen (Emp=
findung, Bewegung), s. o., nicht
mehr zerstreut, sondern haben sich

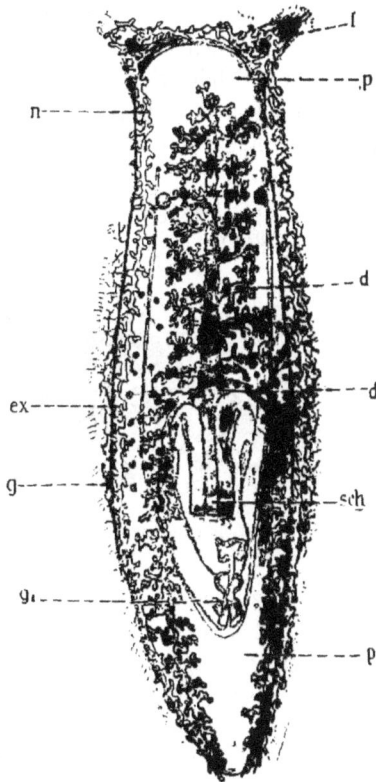

Fig. 104. Planaria lactea, ein Strudelwurm des süßen Wassers, von etwa 3 cm Länge und milch-grauer Farbe, stärker vergrößert (nach Prä-parat). sch = Schlund, d = Darm, d₁ = Darm-äste, p Körperparenchym, n — Nervensystem, f = Sinnesorgane, ex = Exkretionsorgane, g = Geschlechtsorgane, g₁ = deren Ausführwege

mehr und mehr zusammengedrängt und mit anderen nur verbindenden und stützenden Zellen zu eignen »Organen« zusammengefunden. Die Ver-richtungen des Körpers sind also nicht mehr an einfache Gewebe, sondern an komplizierte Organe oder Gruppen von solchen (Organsysteme) ge-bunden, und wenn man die Pflanzentiere noch als Gewebstiere bezeichnet, so kann man von den Würmern ab die Tiere Organtiere nennen. Es wird dies bei einer Betrachtung der einzelnen tierischen Funktionen des Körpers noch deutlicher werden.

Die eigentümliche Fortbewegung geschieht zunächst durch das Schlagen der Wimpern der Oberfläche, die an der Unterseite des Körpers besonders stark entwickelt sind. Zugleich wird von den Hautzellen eine dünne Schleimschicht abgeschieden, die an der Unterlage klebt und einen festeren Stützpunkt bildet, von dem sich die in bestimmter Richtung schlagenden Wimpern abstoßen. Auf die gleiche Weise kann dann auch ein Gleiten den Wasseroberflächen entlang ermöglicht werden. Zu dieser Gleitbewegung des gesamten Körpers gesellen sich noch Muskelbewegungen einzelner Teile. Die Muskeln sind zum größten

Fig.105. Querschnitt eines Plattwurms mit den quergetroffenen Fasern des Hautmuskelschlauchs (m₁), zirkulären (m₂) und queren Faserzügen (m₃), d − Darmäste, g = Geschlechtsorgan, ek = Nierengänge.

Teil in der Längsachse des Körpers angeordnet, in dichten Zügen direkt unter den Zellen der Oberfläche (m_1) und bilden mit diesen zusammen eine fast einheitliche Schicht, den sog. Hautmuskelschlauch. Fasern in anderer Richtung, z. B. zirkulär, können unter der Haut noch dazu kommen (m_2); die Mehrzahl der übrigen Fasern liegt jedoch tiefer und bildet den Hauptbestandteil des oben erwähnten Parenchyms (m_3), wobei Anordnungen in verschiedener Richtung, diagonal und rücken-bauchwärts usw., zu erkennen sind. Durch diese Fasersysteme werden energische Kontraktionen des ganzen Körpers, auch krausenartige Bewegungen der platten Form, besonders am Rand, vermittelt, und endlich werden auch durch besondere am Darm und am Schlund anliegende Fasern, Kontraktionen zur Aufnahme der Nahrung, zur Fortbewegung und Ausstoßung des Darminhaltes erzeugt.

Die Nervenzellen und Leitungsbahnen sind aus ihrer oberflächlichen Lagerung ebenfalls in die Tiefe gerückt und haben sich zu dichteren Strängen vereinigt (Fig. 104 n); besonders am Vorderende findet sich eine Zusammendrängung solcher Nervenzellen, die als Hauptganglion oder Gehirn schlechtweg bezeichnet werden kann (Ganglion = Ansammlung von Ganglienzellen). In der gleichen Region liegen auf Hautlappen, ähnlich Fühlern (/) auch besondere Werkzeuge für die Sinneswahrnehmungen, speziell ausgebildete Tastzellen, und auch Augen, wenn man so einfache Lichtwahrnehmungsorgane derart bezeichnen darf. Die für diese Reize notwendigen Aufnahmezellen und davon ausgehende Leitungsbahnen tragen zur Vergrößerung des sog. Gehirnes bei. Es wird also durch die bestimmt gerichtete Bewegung, durch die daraus folgende bessere Ausstattung des Vorderendes mit Sinneswerkzeugen, durch die entsprechende Vergrößerung des dort liegenden zentralen Nervensystems, in der Tierreihe hier zum erstenmal das ausgeprägt, was man als »Kopf« bezeichnet, was also bei Radiärtieren noch fehlt. Von dem Ganglion des Vorderendes gehen in Strangform, rechts und links gleichmäßig angeordnet, Nervenzellen und -fasern durch den ganzen bis zum Hinterende, wo sie sich wieder vereinigen. Man könnte Körper also auch hier von einer Art Ring sprechen, in dem die Nerven zusammengedrängt sind, nur daß dieser Ring nicht mehr ein einfacher Kreis ist wie bei Radiärtieren, sondern in sehr weitem und gestrecktem Bogen den Schlund umgeht und an einer Stelle, paarig, noch besonders verstärkt, zum Gehirn wird. Außer diesen Hauptnervenstämmen sind, im ganzen Körper zerstreut, Nervengeflechte vorhanden, die überall ohne dies Zentralorgan zwischen Sinneswahrnehmung und zwischen Bewegung direkt vermitteln. Es zeigt sich dies darin, daß auch Körperausschnitte Bewegungen ausführen, wie das ganze Tier. Auch bei der hinteren Hälfte, wenn sie durch einen scharfen Schnitt abgetrennt wurde, ist hierin kaum ein Unterschied von der vorderen, mit dem Gehirn versehenen Hälfte zu bemerken.

Die Nahrung der erwähnten Strudelwürmer ist tierisch und besteht vorzugsweise aus den kleinen Krebschen des süßen Wassers, die lebendig erbeutet werden können, oder auch aus kleinen Würmern und Schnecken. Aber auch die toten Körper von Wirbeltieren, z. B. Fischchen oder Kaulquappen werden von ihnen angegriffen und ausgesaugt. Dabei ist zunächst der Schlund tätig, der mit seiner Muskulatur als eine Art Rüssel mechanisch wirkt; auch wird in ihm ein Saft ausgeschieden, der das Beutetier einweicht und die Verdauung vorbereitet. Die eigentliche Verdauung geschieht aber auch hier durch die Zellen des Darmes selbst, die gleich selbständigen Wesen Nahrungsteile direkt aufnehmen, wie einzelne Amöben, also wie die Einzelzellen des Darms der Hydra funktionieren. Es kann das bei der flachen Gestalt solcher Würmer und bei der durch Pressung vermehrten Durchsichtigkeit unter dem Mikroskop konstatiert werden. Durch Kontraktionen, die von Zeit

zu Zeit energischer erfolgen, werden die unbrauchbaren Teile der Beute-
tiere wieder nach außen befördert, und zwar muß die Entleerung, da
ein besonderer After nicht vorhanden ist, durch den Mund erfolgen.

Die reiche Verzweigung der Darmäste, die das Parenchym bei den
meisten Formen der Strudelwürmer durchsetzen, machen ein eigenes
Organsystem für den Transport der Nahrungssäfte überflüssig. Ein
Lymphgefäß- oder Zirkulationssystem für eine besondere Nährflüssig-

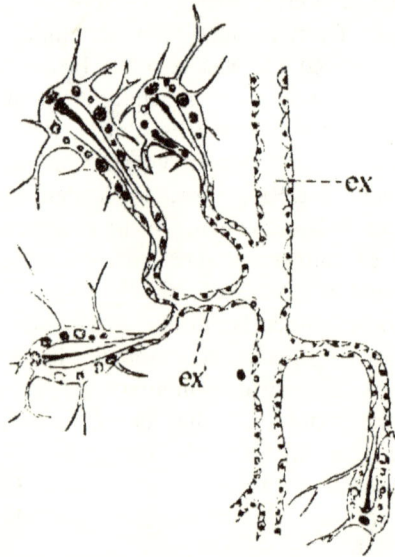

Fig. 106. Nierenschema des Plattwurms. Kanälchen mit blinden
Enden im Parenchym.

keit, Blut, besteht also bei diesen Formen ebensowenig wie bei den
Pflanzen- oder Schlauchtieren. Dagegen ist als Zeichen einer Höherentwicklung ein Ausscheidungssystem (Fig. 104 ex), eine Art primitiver
Niere vorhanden. Diese besteht in einer Kanalisierung des Parenchyms
(Fig. 106); dasselbe wird von Gängen durchsetzt die blind im Gewebe
enden. An diesen blinden Enden stehen besondere Zellen, oft gruppenweise angehäuft, welche die im Stoffwechsel verbrauchten Produkte,
Harnstoff usw., aus dem Parenchym aufnehmen und durch Bewegung
starker Geißeln in die Kanäle weiterleiten. Diese vereinigen sich jederseits im Körper zu größeren Röhren (Fig. 106 ex) und münden durch
den Schlund nach außen.

Das Parenchym ist außerdem die Stätte für die Organe der Fort-pflanzung. Die Plattwürmer sind Zwitter; Hoden und Eierstöcke kommen in sehr komplizierten Drüsen, die stellenweise die Haupt-masse des Parenchyms ausmachen, zur Ausbildung. Für die Eier wird aus besonderen Zellen auch noch eine Nährsubstanz bereitet und ferner eine Schalensubstanz; die befruchteten Eier werden sodann in Kokons abgelegt, deren jeder aus einer solch festen Schale und darinnen liegendem Ei resp. Embryo mit Dottermaterial besteht. Zahlreiche Kokons können zusammen abgelegt und aneinandergeschlossen werden, so daß dadurch an Wasserpflanzen ganze Laichplatten entstehen, wie wir sie auch ähnlich von Schnecken kennen.

Bemerkenswerterweise sind solche Plattwürmer noch niedrig genug organisiert, um auch eine ungeschlechtliche Fortpflanzung durch Spros-sung zuzulassen. Es ist noch kein Teil des Körpers, auch nicht der erwähnte »Kopf« so weit spezialisiert, daß er nicht aus jedem beliebigen Teil des Körpers neu gebildet werden könnte. Ein jeder Querschnitt des Plattwurmkörpers enthält alle Organsysteme und vermag das Fehlende wieder zu ergänzen, wie dies sowohl bei künstlicher Zerschneidung als auch bei der natürlichen ungeschlechtlichen Knospung festgestellt worden ist.

Zu den Plattwürmern gehören auch eine Anzahl parasitischer Formen, die im Gegensatz zu den beschriebenen freilebenden Strudel-würmern als besondere Gruppen der S a u g - und B a n d w ü r m e r zusammengefaßt werden. Ihre eigentliche Organisation läßt sich auf die der freilebenden zurückführen; die parasitische Lebensweise im Innern anderer Tiere hat jedoch einige Änderungen daran gebracht, teils Rückbildungen, teils Neuerwerbungen, so daß sich hier ein all-gemeines Beispiel geben läßt, wie der Parasitismus wirkt.

Zu den R ü c k b i l d u n g e n , die diese parasitischen Würmer zeigen, gehört als auffälligste der Verlust des Wimperkleids der äußeren Haut, weil für solche Tiere die aktive Fortbewegung von geringerer Bedeutung ist. Ferner sind die Sinnesorgane und entsprechenden Teile des Zentralnervensystems viel schwächer ausgebildet als bei den freien Formen. Der Darm der kleinen Saugwürmer ist recht einfach gestaltet, bei den Bandwürmern fehlt ein Darm überhaupt: innerhalb der Nahrungs- und Verdauungsflüssigkeiten anderer Tiere lebend, nehmen sie die Nährstoffe direkt in ihr Parenchym durch Osmose auf.

Einen N e u e r w e r b stellen Apparate zum Festheften des Parasiten am und im Wirt dar, so die Saugnäpfe, d. s. ringförmige Stellen der Haut, die mit besonders starker Muskelunterlage ausgestattet sind, die nicht nur am Schlund, sondern auch an andern Stellen des Körpers liegen können. Bei manchen Saugwürmern sind zahlreiche solcher Saug= näpfe am Körper verteilt, bei den Bandwürmern liegen sie zu mehreren vorn, am sog. Kopf (Fig. 107b). Außerdem trägt, zum Anheften an der Darmwand, das Vorderende vieler Bandwürmer noch einen Hakenkranz.

Mehr eine Steigerung einer vorhandenen Organisation als ein völliger Neuerwerb ist die außerordentliche Entwicklung des Genital-

Fig. 107. a Taenia solium, ein im Menschendarm lebender Bandwurm mit Kopf und Gliedern, in den letztern ist die verzweigte Figur der prallen Geschlechtsorgane zu sehen. b Kopf abgetrennt mit 4 Saugnäpfen und Hakenkranz (nach Pfurtscheller).

Fig. 108. Fleisch mit Finnen von Taenia solium, aufgeschnitten, in verschiedenem Zustande (nach Pfurtscheller).

apparates, d. h. der die Eier und das Sperma bereitenden Drüsen, so daß tatsächlich die aus dem Wirt ins Freie gelangenden Stücke des Parasiten weiter nichts darstellen als einen Sack reifer und weiterer Entwicklung fähiger Geschlechtsprodukte. Es werden auf diese Weise von einem Individuum, z. B. einem Bandwurm, Millionen von Eiern produziert.

Diese kolossale Fortpflanzungsziffer steht im Zusammenhang mit dem komplizierten und schwierigen Lebensgang eines solchen Parasiten, der von ganz bestimmten Wirten und Zwischenwirten aufgenommen werden muß, um seine Entwicklung durchzumachen (vgl. auch die

Protozoenparasiten, z. B. den der Malaria, s. o. S. 204), sich selbst überlassen, aber zugrunde gehen würde. Dieser geringen Erhaltungschance wirkt also für das Bestehen der Art die hohe Keimfähigkeit entgegen. Dazu gehört auch noch die bei vielen Parasiten bestehende Vermehrung im Jugendzustand, so daß aus einem Keim nicht nur e i n geschlechts- reifes Tier von der erwähnten kolossalen Fruchtbarkeit, sondern viele Tausend solcher entstehen können. Von solcher ungeschlechtlichen Vermehrung ist die »unechte Sprossung« der eigentlichen Bandwürmer zu unterscheiden; sie besteht darin, daß am Körper bestimmte Teile mit reifen Geschlechtsprodukten sich abschnüren, während von einer Verjüngungszone aus ein stetiges Nachwachsen stattfindet. Beispiels- weise werden von einem im Menschen vorkommenden Bandwurme, der T a e n i a s o l i u m (Fig. 107 a), solche Stücke (Glieder oder Pro- glottiden genannt) gebildet und in den Kot abgestoßen. Die darin enthaltenen Eier resp. Embryonen werden gelegentlich von Haustieren, T. solium, speziell von Schweinen, aufgenommen. Aus deren Darm gelangen sie ins Körpergewebe und kapseln sich dort ein. In dieser Kapsel ist bereits die Anlage des zukünftigen Bandwurmkopfes mit Saugnäpfen erkennbar. (Fig. 108). Beim Verzehren solch ungekochter finnenhaltiger Fleischstücke durch den Menschen wird die Kapsel gelöst, und der freigewordene Bandwurm wächst im Darm seines Wirts in die Länge, wieder neue Glieder mit Geschlechtsprodukten bildend.

Die höher organisierten Würmer, Gliederwürmer, auch Ringel- würmer oder Anneliden genannt, zeigen hiermit eine gewisse äußerliche Ähnlichkeit, nämlich ebenfalls ein Hintereinander gleichartiger Teile oder Glieder (Fig. 109); von diesen aber wiederholt jedes die Organisation des ganzen und ist dem anderen gleich; nur der Kopf hat insofern etwas voraus, als er den Eingang des Darmes, den Schlund (sch) enthält, und ferner eine besondere Konzentration des Nervensystems (ng), im Zusammen- hang mit den am Vorderende besser entwickelten Sinnesorganen. Der Darm mündet bei diesen Würmern durch einen After nach außen, auch das letzte Glied zeigt dadurch, wie durch die Zuspitzung, eine gewisse Verschiedenheit. Sonst aber sind die einzelnen Ringe durchaus gleich- wertig; jeder enthält ein entsprechendes Stück Nervensystem mit einer kleinen paarigen Verdickung (n_1, n_2, n_3), der Konzentration der Nerven- zellen für den betreffenden Ring, und auch alle übrigen Organe wieder- holen sich in gleicher Weise. Dies gilt insbesondere für die zwischen dem Darm und der äußeren Körperhaut eingelagerte Leibeshöhle L (vgl.

auch den Querschnitt Fig. 110). Deren Vorhandensein ist es, viel mehr
als die Gliederung, was die höhere Organisation bedingt. Kein einfaches
Parenchym, wie bei den Plattwürmern, erfüllt den Raum zwischen
Darm und Hautmuskelschlauch, sondern hier liegt eine wohl abgegrenzte

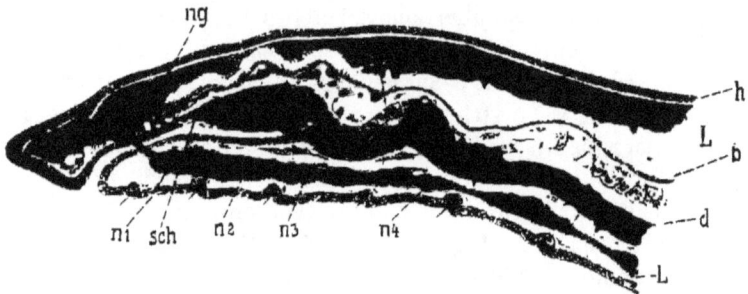

Fig. 109. Schematischer Längsschnitt durch das Vorderende eines Gliederwurms des süßen
Wassers. h   Haut, L = Leibeshöhle, b   Hauptblutgefäß, d   Darm, sch = Schlund,
ng   Gehirn, n_1, n_2, n_3 sogenannte Nervenknoten.

Höhle, die sich segmentweise wiederholt und bedeutungsvoll für die
Organsysteme des Stoffwechsels wird. Aus ihr, nicht mehr direkt aus
dem Parenchym, werden die Exkretionsstoffe herausgeführt (Fig. 110 ex);

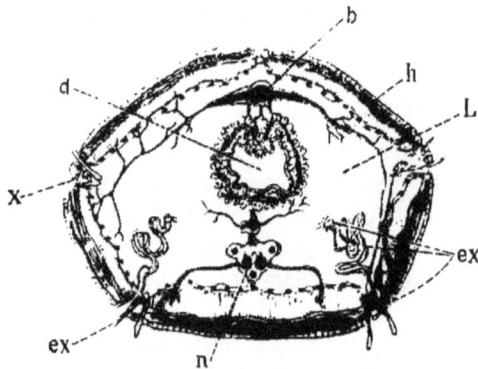

Fig. 110. Schematischer Querschnitt durch einen Gliederwurm. h   Haut mit
Muskulatur, d = Darm, L = Leibeshöhle, b = Hauptblutgefäß, n = Nervensystem, ex — Exkretionsorgane, x = Borsten.

auch ein besonderes Blutgefäßsystem ist entwickelt, und in der Leibeshöhle liegen vor allem die Geschlechtsprodukte.

Gliederwürmer kommen im Meer, im süßen Wasser und auf dem
Lande vor; die bekanntesten Beispiele aus dieser Gruppe böten der
Regenwurm oder der Blutegel; doch hat deren Organisation, beim

ersteren durch das Landleben, beim anderen durch das Blutsaugen, derartige Abweichungen erfahren, daß sie nicht als übersichtliches Beispiel dienen können. Hierfür ist besser eine der vielen Gliederwurmarten unsrer Tümpel zu brauchen, T u b i f e x , oder zu deutsch Röhrenmacher genannt, weil er aus dem Schlammgrund eine kleine Röhre für sich verfertigt. Große Massen solcher Würmer wohnen in schlammigen Gräben so eng zusammen, daß die Röhren ein den ganzen Bodenschlamm durchziehendes Geflecht bilden; namentlich in Abwässern von industriellen Betrieben, von Brauereien, Zucker- oder Zellulosefabriken, sind sie leicht für unser Aquarium aufzutreiben und finden sich dort oft so zahlreich, daß die Masse der Würmer, deren jeder einzelne das Blut durch die Körperhaut durchschimmern läßt, wie eine rötliche Gesamtschicht den Boden bedeckt. Mit dem Vorderende wühlen sie im Schlamm; das Hinterende führt schlagende, schwingende Bewegungen aus.

Die Bewegungen sind im Vergleich zu denen der Plattwürmer recht energisch, wie sich auch bei Betrachtung des einzelnen, etwa 3 bis 4 cm langen Wurmes zeigt, der sich durch Kontraktionen im Wasser und am Boden forthelfen kann, wobei er auf die schon öfters erwähnte Art »spannt«. Der ganze Körper streckt und verkürzt sich abwechselnd in der Längsrichtung; Kontraktionswellen der Ringmuskulatur, von einer bestimmten Stelle an beginnend und wieder verlaufend, unterstützen die energischen Bewegungen der Längsmuskulatur. Bei der Fortbewegung dienen starke in der äußern Körperhaut befestigte Borsten (Fig. 110x), die in kleinen Grübchen (Borstensäcken) zu mehreren eingelassen sind, als feste Stützpunkte. Diese Borsten sind für die ganze Tiergruppe so charakteristisch, daß sie darum auch den Namen Borstenwürmer erhalten hat. Sie sind segmentweise verteilt; bei unserm Tubifex stehen in jedem Ringe vier solcher Borstenbündel, zwei am Rücken und zwei am Bauch, je aus verschiedenen Einzelborsten zusammengesetzt. Bei den im Meer lebenden Verwandten sind die Borsten in viel größerer Zahl und Ausdehnung entwickelt und dienen der schwimmenden Fortbewegung und noch anderen Funktionen. Bei den in der Erde lebenden Formen werden die Borsten dagegen noch mehr reduziert, und man hat danach die ganze Klasse der Gliederwürmer in die Ordnungen der Vielborstigen (Polychaeten) und der Wenigborstigen (Oligochaeten) eingeteilt. Viele der Meeresbewohner übrigens führen auch eine seßhafte Lebensweise, indem sie ein Gehäuse bauen, in das sie sich so zurückziehen, daß sie nur mit dem Vorderende, dem Mund, den Atmungsorganen und Fühlern heraussehen. Manche dieser Röhrenwürmer

bilden das Gehäuse aus kohlensaurem Kalk und tragen durch die Masse
dieser Gehäuse so gut wie die Korallen zum Aufbau der festen Erdrinde bei.
Der Darm aller Röhrenwürmer ist wie beim Tubifex (s. Fig. 109
und 110) ein einfaches Rohr, das mit segmentweisen kleinen Einschnürungen den Körper von vorn nach hinten durchzieht. Eine Scheidung
in Teile, die die Verdauungssäfte absondern, und in solche, die die ver-
dauten Nährstoffe in die Darmwand aufnehmen, ist noch nicht eingetreten. Beides geschieht, nachdem im Schlund eine mechanische
Zerkleinerung stattgefunden hat, gleichmäßig durch den ganzen gestreckten Darm hindurch. Ein Unterschied von den niedrigeren Plattwürmern ist aber insoferne gegeben, als hier nunmehr ein After vorhanden
ist, und ferner dadurch, daß die Darmzellen nicht mehr direkt die
Nahrung ergreifen, sondern erst die aus Nahrungsmitteln und Verdauungs-
säften hergestellte Flüssigkeit oder Emulsion in die Darmzellen eindringt, und das nicht Ausnutzbare durch den After entfernt wird. Nach-
gewiesenermaßen können Gliederwürmer Eiweiß sowie Stärke um-
wandeln und verbrauchen und wahrscheinlich auch Zellulose, wie dies
für unsern Tubifex schon aus seiner Lebensweise in den betreffenden
Abwässern hervorgeht. Auch viele andere Röhrenwürmer fressen
solche pflanzlichen Abfallstoffe (Detritus); sie müssen deswegen eine
große Menge von Schlamm durch ihren Darm hindurchpassieren lassen,
um die nötige Nahrung in sich aufzunehmen, und haben dadurch in
ihrer Masse eine nicht zu unterschätzende Bedeutung im Stoffwechsel
des süßen Wassers. Ähnlich wie der Regenwurm für das Land, der
sich durch große Mengen Erde durchfrißt und dadurch mechanisch
und chemisch zur Bildung der Ackererde beiträgt.

Das Vorhandensein eines Nervensystems wird schon durch die
energischen Bewegungen angezeigt, die auf Reize von den Tieren ausgeführt werden können. Die einzelnen Körperabschnitte sind in dieser
Beziehung gleichmäßig bedacht und außerordentlich selbständig, wie
schon aus der segmentweisen Verteilung der Nervenelemente hervorgeht.

Die Fortpflanzung geschieht auf geschlechtliche und ungeschlechtliche Art. Die Oligochaeten sind Zwitter, doch kommt es nicht zu einer
Selbstbegattung, sondern es finden sich stets zwei Tiere zusammen,
deren jedes einzelne dann gleichzeitig sowohl als Männchen wie als
Weibchen funktioniert. Bei dem gewöhnlichen Regenwurm kann
man an Maimorgen im Gras diese Begattung sehr häufig beobachten. Auch
bei dem Tubifex geschieht die Fortpflanzung im Frühjahr; von Juni
bis August werden die Eier abgelegt; sie sind jeweils in einen Kokon
mit einer Eiweißmasse zusammen eingeschlossen, die den Embryonen

eine Zeitlang als Nährsubstanz dient. Die Jungen des Tubifex kriechen im Herbst aus und überwintern dann im Schlamm.

Auch bei den Gliederwürmern kommt außerdem noch eine Vermehrung durch Teilung vor; ein langgestreckter Wurm schnürt sich ein, bildet dann bei der Ablösung für den einen Teil ein neues Kopf-, für den andern ein neues Schwanzende. Mehrere solcher Teilungen können auch hier hintereinander stattfinden, ehe die Ablösung beginnt, so daß ganze Ketten von Individuen gebildet werden, deren jedes einzelne aber, zum Unterschied von den Plattwürmern, aus zahlreichen Gliedern besteht. Besonders unter manchen Meereswürmern sind solche ungeschlechtliche Fortpflanzungen stark ausgebildet.

In Übereinstimmung mit dieser großen Teilungsfähigkeit steht auch die Tatsache, daß k ü n s t l i c h e Teilstücke sich so leicht zum Ganzen wiederherstellen, Verletzungen ausgeglichen werden. Seit mehr wie 150 Jahren ist dies gerade in dieser Tiergruppe den Naturforschern bekannt; ein Regenwurm wurde in 25 Stücke geteilt, und die meisten dieser Stücke wuchsen wieder zu ganzen und normal sich betätigenden Würmern aus (s. Regeneration Kap. 21).

Fünfzehntes Kapitel.

Das System der Tiere und seine Bedeutung.

Wir haben bisher Stufen verschiedener Organisation im Tierreich, mit den Schlagworten Einzellige Tiere, Gewebstiere und Organtiere ausgedrückt. Von den Würmern aufwärts ist der Aufbau des Körpers aus bestimmten, abgegrenzten Organsystemen erkennbar, die sich ganz allgemein nach Leistungen ordnen lassen. Auch zeigen alle Organtiere eine gewisse Übereinstimmung darin, daß sich die Organe auf drei Hauptschichten des Körpers (s. auch Kap. 20 Entwicklung) zurückführen lassen, a) die der äußeren Schicht, des Schutzes, der Wahrnehmung und z. T. Bewegung, b) die der inneren Schicht, der Ernährung, c) der Zwischenschicht, ebenfalls für Bewegung, zur Stütze und für Zirkulation und Ausscheidung. Die Organtiere können darum den früher besprochenen gegenüber als dreischichtige Tiere zusammengefaßt werden, und wir besitzen somit schon einige Grundlinien einer systematischen Einteilung.

Aber auch für die Organtiere ergeben sich weitere Unterscheidungen im allgemeinen Körperbau und in der Lage der Organe. Wenn wir ein Insekt (Fig. 111) betrachten, so sehen wir, daß das Nervensystem an der Bauchseite des Körpers, das Herz und die großen Gefäße rückenwärts liegen, bei einem Wirbeltier (wie die Figur des Salamanders lehrt, Fig. 112) umgekehrt, das Zentralnervensystem am Rücken (»Rückenmark«), das Herz und die großen Gefäße bauchwärts. Dieses charakteristische Lageverhältnis gilt einerseits für alle Wirbeltiere von den Fischen aufwärts bis zu den Säugern einschließlich; andrerseits ist das entgegengesetzte Lageverhältnis nicht nur bei den Insekten, sondern auch bei den Gliederwürmern, und bei den Krebsen, Tausendfüßern und Spinnen erkennbar, und wir haben daher allen Grund, diese Gruppen selbst wieder zu einer höheren Einheit zusammenzufassen, um so mehr, als sie auch eine andere Eigentümlichkeit, die Zusammensetzung des Körpers aus einzelnen Ringen, gemeinsam haben. Die Art, wie sich diese Ringe an größeren Körperabschnitten, Kopf, Brust und Hinterleib

zusammenfinden, ist aber bei den einzelnen Hauptgruppen, z. B. Krebsen
(Fig. 113), Spinnen (Fig. 115), Insekten (Fig. 114) verschieden, und
wir können darnach in dieser größeren Einheit der »Gliedertiere« wieder
einzelne Klassen unterscheiden.

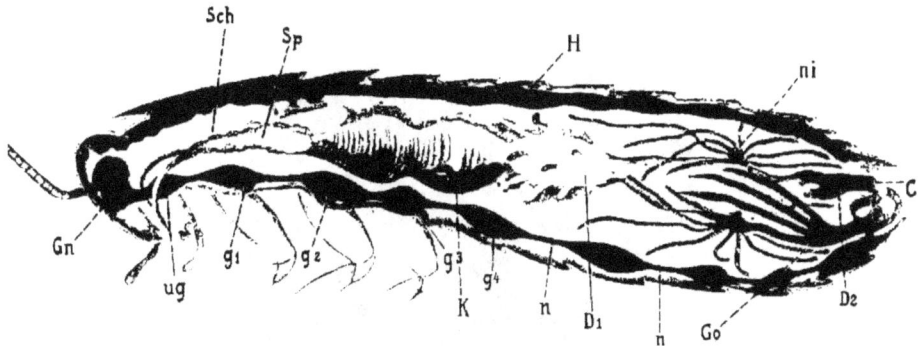

Fig. 111. Schematischer Längsschnitt durch ein Insekt (Kuchenschabe). H   Herz (Rücken-
gefäß). Ni = Nierenschläuche. Go = Geschlechtsorgane. S = Schlund. Sp = Speicheldrüsen.
K = Kropf und Kaumagen. D_1 — verdauender Darm mit Anhängen. D_2 Enddarm. C = After.
Gn = Gehirnganglien. ug — untere Schlundganglien. $G_1 G_2 G_3$ = Brustganglien. n — Nervenstrang.

Die Anordnung des Nervensystems, insbesondere auch das Vorhandensein p a a r i g e r Zusammendrängungen (Ganglienknoten) gegenüber der röhrigen Anordnung bei Wirbeltieren, teilen die Gliedertiere

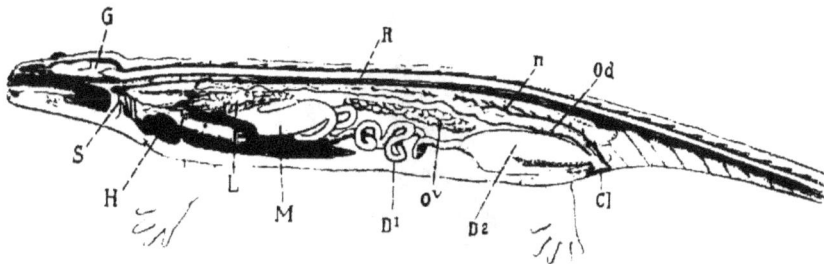

Fig. 112. Längsschnitt durch einen weiblichen Salamander nach Cori, um die Lage der inneren
Organe zu zeigen. G = Gehirn. R = Rückenmark zwischen den durchschnittenen Rückenwirbeln.
S = Schlund. M = Magen. D_1 — Dünndarm. D_2 = Dickdarm. Cl   Kloake. Ov — Ova-
rium. Od = Eileiter. N   Niere. H — Herz. L = Lunge.

auch noch mit anderen Tiergruppen, z. B. den Weichtieren; auch die
allgemeine Lagerung der Organsysteme erinnert daran, wie aus der
Anatomie von Muschel und Schnecke (Fig. 116 u. 117) zu entnehmen ist;
dagegen ist bei diesen von einer Ringelung oder Gliederung nichts zu
sehen; sie stehen deshalb den Gliedertieren als besonderer Typus gegenüber, lassen sich aber immerhin noch mit ihnen gegenüber den Wirbel-

tieren zu einer höheren Einheit den »Paarig-Nervern« zusammenfassen. Auch weitere schwieriger zu erörternde Übereinstimmungen, insbesondere in der Entwicklung, sprechen für diese Zusammenfassung. Zwischen

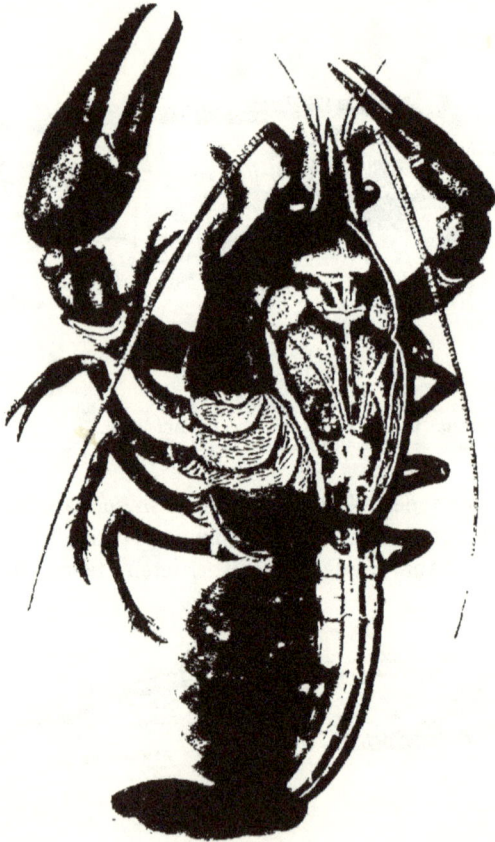

Fig. 113. Flußkrebs mit eröffnetem Rückenpanzer, zeigt das Rückengefäß mit herzartiger Erweiterung, Adern, seitlich die Kiemen bloßgelegt, nach Pfurtscheller.

diesen Paarignervern und den Wirbeltieren steht dann eine andere große Gruppe, die Stachelhäuter, bei der Nervensystem und andere Organsysteme, wenigstens beim Erwachsenen, eine strahlige Anordnung (Fig. 118) einnehmen, und die sich auch durch weitere Eigentümlichkeiten (Verwendung eines Wassergefäßsystems zur Fortbewegung) von den übrigen Systemgruppen unterscheiden.

Wenn wir uns auf Grund aller dieser Betrachtungen ein System anschreiben, so müssen wir uns vorhalten, daß darin zunächst nur ein

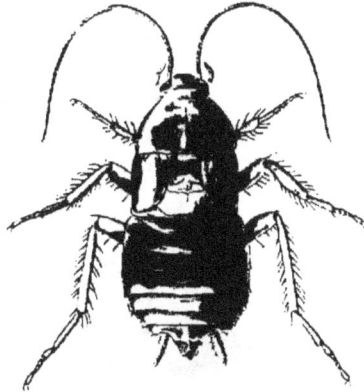

Fig. 114. Weibliche Küchenschabe, von oben
gesehen, aus Kükenthal.

Mittel zu sehen ist, um in die Mannigfaltigkeit der Erscheinungen eine gewisse Ordnung zu bringen. Das System ist zwar in diesem Sinne

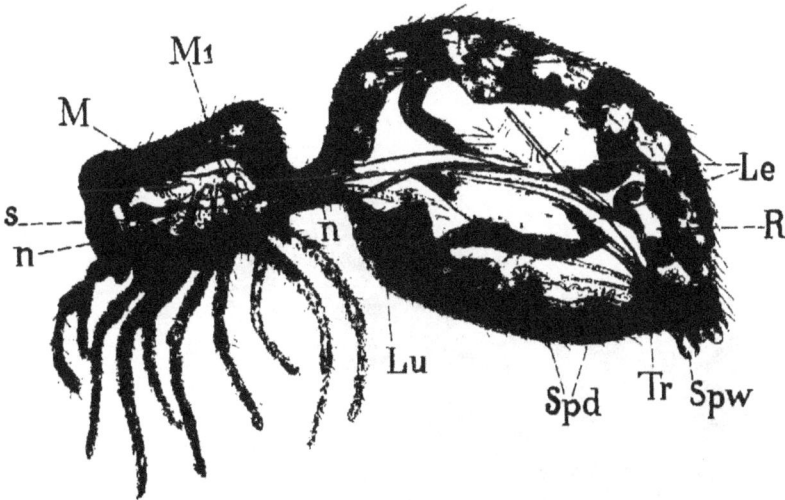

Fig. 115. Seitliche Ansicht einer Spinne, halbgeöffnet. s   Schlund, M, M₁ = Magen,
n = Nervensystem, Lu   Lunge, Tr = Tracheen, Spd = Spinndrüsen, Spw = Spinnwarzen,
Le   Leber, R = Rektalblase am Enddarm.

von Menschen subjektiv ausgedacht, stellt aber doch nicht etwas willkürlich oder künstlich Konstruiertes dar, sondern hat seine reale Grund-

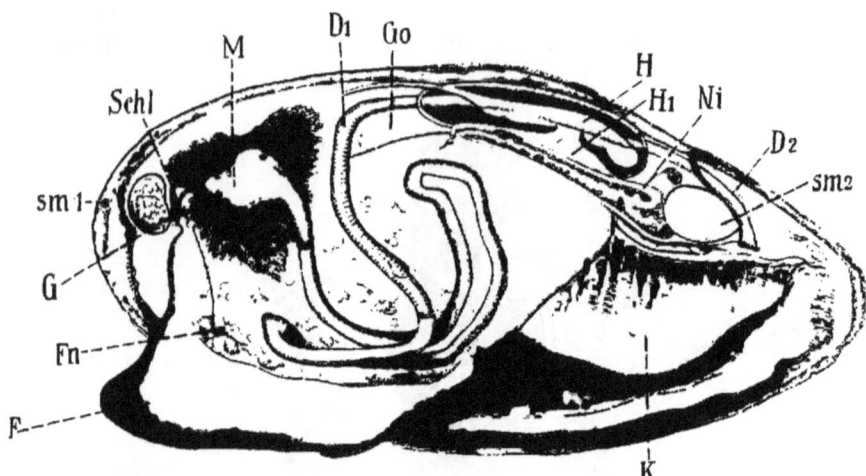

Fig. 116. Anatomie der Teichmuschel nach Eröffnung der Schale. sm_1 und sm_2 = Schließmuskel.
F = Fuß. Schl = Schlund. M = Magen mit Leber. D_1 = Dünndarm. D_2 = Enddarm. H
und H_1 = Herz und Herzvorhof. Ni = Niere. Go = Geschlechtsorgane. G = Gehirnganglien.
Fu = Fußganglien. Nach Kükenthal und Cori.

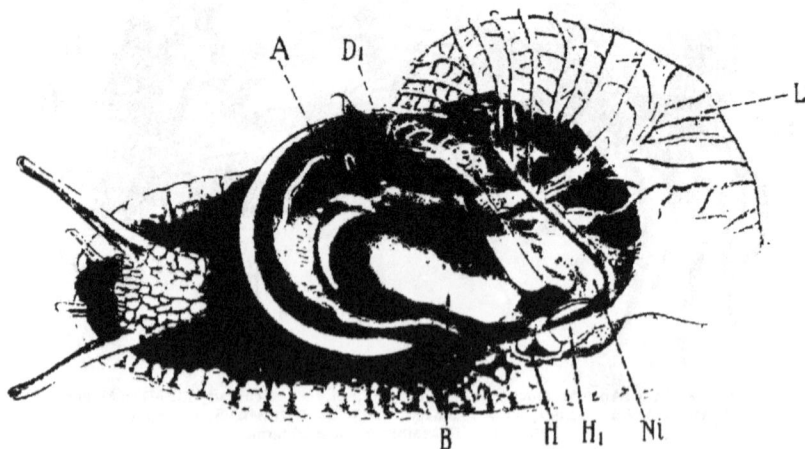

Fig. 117. Anatomie der Weinbergschnecke nach Entfernung der harten Schale; Eröffnung und
Umklappen der Atemhöhle = Decke (L) B   Boden der Lungenhöhle und Beginn des Eingeweide-
sacks. H und H_1 = Herz- und Vorkammer. Ni = Niere.

lage in den wirklichen Erscheinungen der Natur; nur werden dieselben je nach dem Fortschritt der Wissenschaft und dem Standpunkt des einzelnen etwas verschieden bewertet. Darum hat denn auch die Gestaltung des zoologischen Systems als ein Spiegelbild der jeweiligen Kenntnisse manche Änderung erfahren. Immerhin herrscht seit den letzten Jahrzehnten, namentlich seit man Zellenlehre und Entwicklung mit berücksichtigt, eine erfreuliche Übereinstimmung, und das vorliegende System

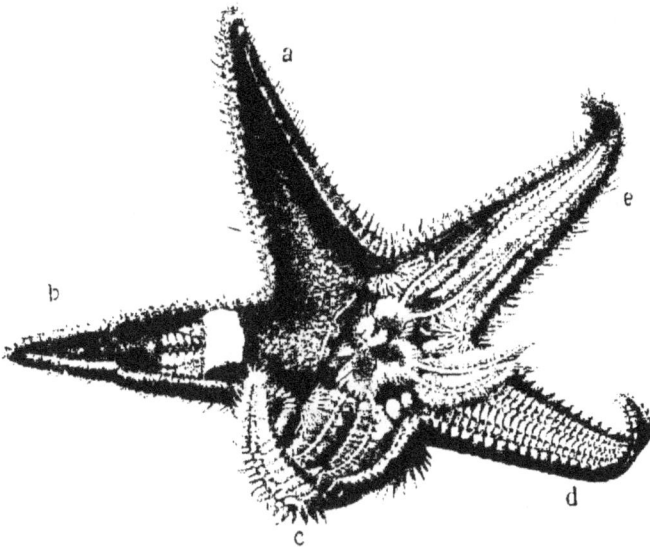

Fig. 118   Seestern, die 5 Arme (a—e) in verschiedener Weise eröffnet.
Nach Pfurtscheller.

ist darnach — mit einigen aus praktischen Gründen gebotenen kleinen Änderungen — zusammengestellt (s. S. 238).

Schon durch die bloße graphische Darstellung werden verschiedene wichtige Vorstellungen hervorgerufen. So zeigt es sich, daß innerhalb der Formenmannigfaltigkeit der Tiere die Wirbeltiere nicht jene Bedeutung haben, die ihnen der Laie gewöhnlich zuschreibt; ferner zeigt sich, daß wir eine logisch subordinierte Einteilung im Tierreich machen müssen, n i c h t Gruppen gleichmäßig k o ordinieren dürfen. Diese subordinierende Einteilung erweist alsdann einen deutlichen Fortschritt vom niedriger zum höher Organisierten. Innerhalb der einzelnen Gruppen zeigt sich ferner eine abgestufte Ähnlichkeit, eine nähere und entferntere »Verwandtschaft«. Dies Wort in solchem Zusammenhang ist nicht

I. Körper aus e i n e r Zelle bestehend
II. Körper vielzellig   M e t a z o a.

Protozoa.

A Körperzellen in 2 Hauptschichten angeordnet. Leistungen des Körpers durch
Gewebe erfolgend, Bau zeigt eine Hauptachse, um die die Teile radiär angeordnet
liegen

Coelenteraten
im weiteren Sinne
(G e w e b s t i e r e).
(Protaxonia)
(bestehend aus C o e -
l e n t e r a t e n im engeren
Sinne und S p o n g i e n).

B Körperzellen embryologisch mindestens in
3 Hauptschichten angeordnet, Leistungen
des Körpers von Organen besorgt. Bau
bilateral, Organe nach 3 Hauptebenen
angeordnet

(Organtiere.)
(Bilateria.)

1. Nervensystem paarig, aus kompakten
Ganglien bestehend

(Z y g o n e u r a.)

   a) Körper ungegliedert, ohne Leibeshöhle

Niedere Würmer.

   b) Körper mit Leibeshöhle, gegliedert

(Articulata.)

     α) Ohne harte Hautbedeckung,
Körperanhänge einfache Borsten

Höhere Würmer
(Annelida).

     β) Mit hartem Hautpanzer (Chitin).
Körperanhänge gegliederte Extremitäten

Arthropoda (Glieder-
füßer)
(besteh. aus den Klassen
K r e b s e, S p i n n e n,
T a u s e n d f ü ß e r,
I n s e k t e n).

   c) Körper mit Leibeshöhle aber ungegliedert, massig

Molluska (Weichtiere)
(besteh. aus den Klassen
M u s c h e l n,
S c h n e c k e n,
T i n t e n f i s c h e).

2. Nervensystem (und andere Teile des
Erwachsenen) radiär angeordnet, Fort-
bewegung nicht durch Extremitäten
mit Muskeln, sondern durch ein
Wassergefäßsystem. Unterhaut mit
Kalkplatten

Echinodermata (Stachel-
häuter)
(bestehend aus den
Klassen der
S e e s t e r n e,
S e e i g e l etc.).

3. Bilateraler Bau Zentralnervensystem
r ö h r i g, durch Hartteile gestützt,
resp. umscheidet

Wirbeltiere
(besteh. aus den Klassen
F i s c h e,
R e p t i l i e n,
A m p h i b i e n,
V ö g e l,
S ä u g e t i e r e).

bloß bildlich, sondern hat eine reale Bedeutung, sobald man sich auf den Boden der A b s t a m m u n g s l e h r e stellt. Darnach sind alle Tiere resp. Organismen im weitesten Sinn des Wortes verwandt, nicht nur das Gleich»artige«; nur sehen wir nicht wie bei Angehörigen der gleichen Art die Verwandtschaft direkt auf Fortpflanzung beruhen, sondern können sie nur auf Grund der größeren oder geringeren Ähnlichkeit hypothetisch erschließen. Wir müssen dabei annehmen, daß sich Ungleiches aus Gleichem im Lauf der Erdgeschichte allmählich entwickelt habe. Voraussetzung dazu ist also die Umbildung der Art, worüber noch an anderer Stelle zu reden ist (s. Kap. 22).

Man hat darnach in der Abstammungslehre zweierlei auseinanderzuhalten; 1. die Annahme der allgemeinen Verwandtschaft, die Abstammung der höheren, spezialisierten von niederen Formen; 2. die Art und Weise der Umformung. Über letztere bestehen verschiedene Meinungen (s. Kap. 22), erstere ist fast allgemein angenommen; so zwingend erscheinen die Wahrscheinlichkeitsbeweise aus verschiedenen Wissensgebieten:

Die vergleichende Anatomie zeigt, wie innerhalb bestimmter Tiergruppen innere Organe wie äußere Anhänge regelmäßig wiederkehren, wenn auch mit Veränderungen, die der jeweiligen Leistung entsprechen. Man braucht nur an die im Grundplan gleichen Körperabschnitte der Krebse, Spinnen und Insekten zu denken (s. Fig. 113, 114, 115), ferner an die Mundteile bei verschiedenen Insektengruppen (s. Fig. 120 u. 122); ebenso bei den Wirbeltieren an die Wirbel, die in allen Klassen gesetzmäßig wiederkehren, so gut wie Rippen, Schulter- und Beckengürtel und vor allem an die Extremitäten (s. Fig. 149 u. 150). In der Gruppe der Mollusken ist die zweiklappige Schale einer Muschel, die hutförmige oder spiralige einer Schnecke, der Schulp eines Tintenfisches, der ganz in der Haut verborgen liegt, auf eine Grundform zurückzuführen, und auch in der Entwicklung von gleicher Anlage.

Die Entwicklungsgeschichte zeigt, daß die höheren Tiere in ihren embryonalen Zuständen niederen Formen ähneln, namentlich, daß ein zweischichtiger, dem der Schlauchtiere vergleichbarer Zustand von allen höheren Formen durchlaufen wird (s. Kap. 20). Ferner werden nicht selten Organe angelegt, die gar nicht zur vollen Ausbildung kommen und im Körper des Erwachsenen keine Bedeutung haben. Als solche »rudimentäre Organe« sind die Beinstummel am Hinterleib der Insekten, die Schalenreste bei Nacktschnecken, und vor allem die Kiemenanlagen zu nennen, die noch bei den höchsten landlebenden Wirbeltieren, sogar beim Menschen, auftreten.

Auch die Versteinerungskunde bietet Beweismaterial dadurch, daß die Reste von Pflanzen und Tieren, die in aufeinanderfolgenden Erdschichten erhalten geblieben sind, eine unverkennbare Entwicklung vom Niedrigen zum Höheren zeigen, soweit dies bei der Unvollkommenheit dieser »geologischen Urkunde« überhaupt möglich ist.

Die kleineren und größeren Gruppen des Systems, Gattung, Familie, Ordnung, Klasse bedeuten uns darnach eine wirkliche nähere oder entferntere Verwandtschaft.

Sechzehntes Kapitel.

Vegetative Organsysteme.

A. Darm und Anhangsdrüsen.

Begriff von Organ und Organismus. Einteilung der vegetativen Organsysteme. Nahrungsaufnahme im dreigeteilten Insektendarm (Beispiel der Heuschrecke), Vorbereitung, eigentliche Verdauung, Entleerung. Weitere Arbeitsteilung beim eigentlichen Verdauungsakt: Verdauungssaft a b scheidende Zellen und Drüsen und nahrungs a u f nehmende Darmpartien. Verdauung der Wirbeltiere (Beispiel des Froschdarms); Mundhöhle, Zähne, Zunge, Magen, Dünndarm mit Leber und Pankreas. Chemische und mechanische Darmtätigkeit. Enddarm.

Der Körper höher organisierter Tiere läßt sich, wie wir gesehen haben, in verschiedene Organsysteme zerlegen, deren jedes einer ganz bestimmten Verrichtung dient. Je höher das Tier organisiert ist, um so spezialisierter und vielfältiger sind diese Verrichtungen; um so besser ist meist das Organ abgegrenzt und um so leichter gelingt die Zerlegung. Man muß sich aber stets vorhalten, daß dies eine künstliche, gewissermaßen am toten Körper vorgenommene Zerlegung ist, eine „Anatomie", und daß diese Organe, auch wenn wir so von ihnen sprechen, doch sowohl dem Bau nach durch Gewebe verbunden sind, als auch der Leistung nach keine selbständigen Einheiten darstellen, die außerhalb des Körpers für sich leben könnten; vielmehr sind alle aufeinander angewiesen und stehen in gegenseitiger Beziehung und Abhängigkeit, auch wenn sie scheinbar noch so wenig miteinander zu tun haben und räumlich voneinander entfernt sind.

Ein bekanntes Beispiel hierfür ist das der alten römischen Fabel von den Gliedern und dem Magen. Der letztere arbeitet nicht egoistisch für sich, sondern für den ganzen Körper, und die Glieder sind nicht allein die tätigen Organe, die im Organismus nur Arbeit leisten müßten (darum der Vergleich mit dem Staat und seinen verschiedenen Ständen), sondern werden auch ihrerseits indirekt vom Magen ernährt. Ein anderes Beispiel bieten im höheren Wirbeltierkörper Augen und Nieren, die in einem ebensolchen Abhängigkeitsverhältnis zu einander stehen. Bei gewissen Erkrankungen der Niere zeigen sich Veränderungen des Gefäßsystems im Körper, die sich zwar überall, ganz besonders aber bei den feineren Verzweigungen im Bereich der Ausbreitung des Sehnerven geltend machen. Dieser wird dadurch krankhaft verändert und die Sehschärfe herabgesetzt. Dieser Zusammenhang ist so fein, daß solche Nierenerkrankungen am ehesten bei der Untersuchung des Auges mit dem Augenspiegel erkannt werden.

Eine ebenso auffällige Beeinflussung voneinander räumlich getrennter und auch nicht durch Nervenbahnen direkt verbundener Organe zeigt sich zwischen den Geschlechtsdrüsen und den sog. sekundären Geschlechtscharakteren, also Körperteilen, die nicht eigentlich mit der Geschlechtsfunktion zu tun haben, aber doch nur dem einen oder andern Geschlecht zu bestimmten Zwecken eigen sind, wie die Geweihe der Hirsche, der Kamm und die Sporen des Hahnes. Solche bleiben in der Entwicklung zurück oder kommen gänzlich in Wegfall, wenn das betreffende Tier zeitig genug seiner eigentlichen Geschlechtsstoffe beraubt (kastriert) worden ist.

In solchen Beispielen zeigt sich am besten die Einheitlichkeit des Organismus, der ein den Teilen übergeordnetes untrennbares Ganzes bildet. Der Organismus ist somit noch ein festeres Gefüge als ein bloßer Zellen s t a a t oder ein Organ s t a a t, er stellt eine in sich abgeschlossene Einheit dar, die wir nur künstlich mit dem Seziermesser oder mit unseren Gedanken in untergeordnete Einheiten zerlegen.

Die Organe sind nach ihrer Beschaffenheit Gewebsvereinigungen, die sich gegen die übrigen zu einer bestimmten Gestalt, einem Körper im Körper, zusammengeschlossen haben; sie sind aber gerade darum weder der Leistung nach, noch nach dem Aufbau durchaus einheitlich, sondern selbst wieder zusammengesetzt. Ein gutes Beispiel dafür bietet uns der Darm, nicht weil er aus verschiedenen hintereinander liegenden Abschnitten, wie Magen, Dünndarm, Dickdarm usw. zusammengesetzt wäre, sondern weil alle diese Abschnitte s e l b s t wieder sich aus Geweben und Zellkomplexen von verschiedener Leistung und Beschaffenheit zusammensetzen. Wir sehen im Magen z. B. die eigentlichen Verdauungszellen, die den betreffenden Saft ausscheiden, andere Zellen, die ihnen als Stütze dienen, und ferner ein Bindegewebe, das dieses Pallisadenwerk von Zellen noch umhüllt und verstärkt, eine beigeordnete Muskulatur für die Zusammenziehungen des Magens und

Darms, und außerdem ernährende Gefäße mit besonderen Wandungen
und verschiedenem Inhalt von Zellen (s. Fig. 119). So können wir im
Aufbau der Organe mindestens dreierlei Bestandteile auseinanderhalten,
die spezifischen, der eigentlichen Leistung des Organs dienenden Zellen,
ferner die stützenden und endlich die ernährenden Gewebe.

Über die verschiedenen Leistungen, die der tierische Organismus
auszuführen hat, haben wir schon in den vorangehenden Kapiteln der
Zelle, Urtiere, Pflanzentiere usw. gesprochen. Man hat sich gewöhnt,
die Leistungen des Tierkörpers und demnach auch die Organsysteme
in zwei Gruppen zu teilen, die vegetativen und animalen Leistungen

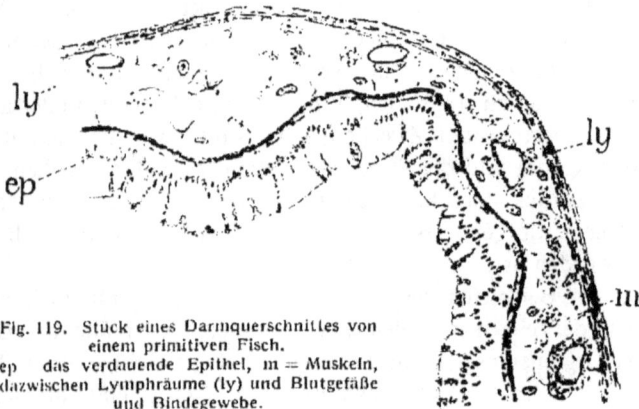

Fig. 119. Stuck eines Darmquerschnittes von
einem primitiven Fisch.
ep das verdauende Epithel, m = Muskeln,
dazwischen Lymphräume (ly) und Blutgefäße
und Bindegewebe.

und Organsysteme; man könnte auch sagen in die kraftbereitenden und
in die kraftverbrauchenden. Zu den letzteren gehören — daher der
Name — die in erster Linie dem Tierkörper eigenen Betätigungen
der Bewegung, Sinneswahrnehmung und Empfindung, zu den ersteren
die der Ernährung im weitesten Sinn, des Stoffwechsels; die Stoffe selbst stammen aus der Nahrung und in letzter
Instanz natürlich aus dem Pflanzenreich.

Die vegetativen Organe kann man darum wieder einteilen in die
der Ernährung im engeren Sinn, ferner in die der Nahrungs-
verteilung, und endlich in die der Ausscheidung der Endprodukte
des Stoffwechsels, die sich durch den animalen Verbrauch angehäuft haben.
Zur Ernährung im engeren Sinn gehören wieder die Organe der Nahrungsaufnahme, der Nahrungsverarbeitung und der Hinausbeförderung der
nicht ausnutzbaren Stoffe, die mit den übrigen wirklichen Nahrungs-
stoffen zusammen in den Körper hineingelangt sind. Diesen Funkti-

onen dient der Darm im weitesten Sinn mit seinen Anhangsorganen, wie an Beispielen aus verschiedenen Tiergruppen erläutert sein mag.

Betrachten wir zunächst die Nahrungsaufnahme bei einem Vertreter einer Tiergruppe, die wie unsere systematische Übersicht uns gezeigt hat, an Organisationshöhe unmittelbar über den Gliederwürmern steht, den Gliederfüßern, Arthropoden. Sie weisen zwar noch die gleiche Gliederung aus einzelnen Körperabschnitten auf, aber die einzelnen

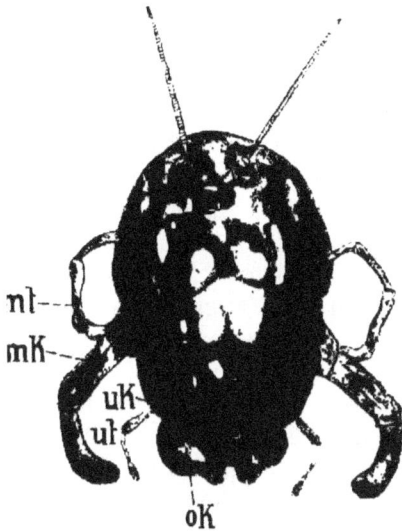

Fig. 120. Kopf der großen Laubheuschrecke von vorn unten. ok Oberkiefer, mk Mittelkiefer, uk Mittelkiefer, mt und ut deren Taster.

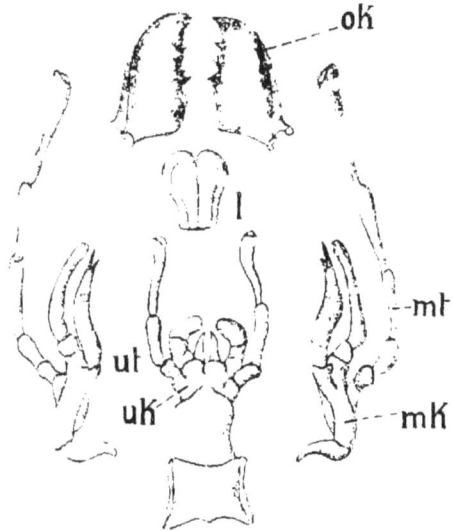

Fig. 120a. Mundteile der Heuschrecke zerlegt. ok = Oberkiefer, l Oberlippe, mk Mittelkiefer mit Taster mt, uk Unterkiefer mit Taster ut.

Glieder tragen außerdem gegliederte Anhänge (Extremitäten); und durch deren Mannigfaltigkeit sind verschiedene Körperregionen unterscheidbar (s. Fig. 113 und 114), wie es uns am deutlichsten der Körper der Krebse und Insekten zeigt; ferner ist die Haut des Körpers von einer festen Decke, dem sog. Chitin, umgeben. Alle diese Dinge sind auch für die Organe der Nahrungsaufnahme bedeutsam.

Als wirkliches Beispiel diene eine Heuschrecke. Es kommen zur Aufnahme und zur vorläufigen Zerkleinerung der Nahrung gewisse Hilfsorgane in Betracht, die, außerhalb des Darmes gelegen, sich an den vorderen Körperabschnitten befinden und nach Lage und Entstehung durchaus den Beinanhängen der anderen Körperabschnitte zu vergleichen sind. Sie werden darum nicht nur als Kiefer, sondern auch als Mundgliedmaßen bezeichnet. Bei der Heuschrecke finden wir drei Paar

solcher umgewandelten, in den Dienst der Nahrungsaufnahme getre-
tenen Extremitäten (Fig. 120 u. 120 a): Die Oberkiefer *(ok)*, zwei ge-
waltige Zangen zum Zerreißen der Beute, die Mittelkiefer *(mk)*, bei
denen Kauladen, daneben aber Tast- und Schmeckorgane vorhanden
sind, und die ebenso gestalteten Unterkiefer (*uk*), die zu einer einheitlichen Platte vereinigt sind und dadurch einen Abschluß nach

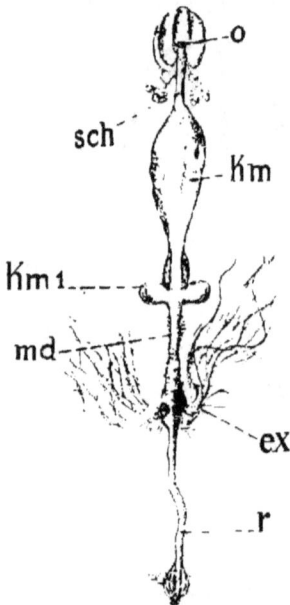

unten bewirken. Durch die vereinte
Tätigkeit dieser »Beinkiefer« werden
dann schon verkleinerte Teile, »Bissen«,
in den vordersten Teil des eigentlichen
Darmkanals eingeführt. Dieser vordere
Teil (s. Fig. 121) stellt eine Einstülpung
der äußeren Körperhaut dar und ist
darum, wie diese selbst, von dem harten
Chitin ausgekleidet. Zum einen Teil bildet er einen muskulösen Schlund, in
welchem durch die Tätigkeit starker
Muskelzüge die hineingekommenen Bissen weiter nach unten befördert werden, zum andern Teil eine Erweiterung,
den sog. Kaumagen, in welchem die
harte chitinige Decke durch besondere
Vorsprünge, die gleich Zähnen gestaltet
sind, eine erhöhte Bedeutung gewinnt;
durch die gemeinsame Tätigkeit dieser

Fig. 121. Darm einer jungen Heuschrecke. o Mund zwischen den Kiefern,
sch = Schlund, km und km₁ = Vorderdarm und Kaumagen, md = Mitteldarm,
ex = malpighische Gefäße,   Enddarm.

harten Platten geschieht eine Zerkleinerung der Nahrung.   Daher der Name
»Kaumagen« (*Km*) für diesen Abschnitt,
oder »Magenzähne« für diese Platten;
doch handelt es sich nur um einen Teil der äußeren Körperdecke, der
allerdings sehr tief hinein in den Körper verlagert ist.   Auch Drüsen
münden in diesen »Vorderdarm«; indessen scheinen sie weniger der
Produktion eines Verdauungssafts zu dienen als der Anfeuchtung, so
daß dadurch die Zerkleinerung und Durchknetung der Bissen ermöglicht wird.
     Die eigentliche Verdauung geschieht im Mittelteil des Darmes (*md*),
der durch eine Einschnürung vom vorderen Teil abgetrennt ist. Der Mittelteil ist hier wie bei allen Insekten verhältnismäßig kurz; seine Fläche
wird durch eine größere Anzahl seitlicher Blindsäcke vergrößert, besonders in seinem vorderen Teil.   Im Mitteldarm geschieht nun, wie durch

Experimente an verschiedenen Insekten nachgewiesen ist, sowohl die
P r o d u k t i o n   v o n   V e r d a u u n g s s ä f t e n, welche Eiweißstoffe, Stärke und Fett lösen können, als auch die A u f n a h m e der
dadurch aufgelösten Nahrungsstoffe. Diese Teilung der Arbeit ist auch
an zweierlei verschiedene Zellsorten gebunden; die einen, die Verdauungssaft erzeugenden, zerfallen bei dieser Tätigkeit, geraten in den Darm-
inhalt und werden wieder durch andere nachrückende Zellen ersetzt;
die aufnehmenden Zellen bleiben an ihrer Stelle in der Darmwand und
weisen nur je nach dem Stand der Verdauung verschieden pralle Füllungs-
zustände auf.

Man könnte daran denken, daß die Arbeitsteilung auch örtlich durchgeführt wäre, derart, daß die Blindsäcke vorzugsweise solch verdauenden Saft abscheiden, während die Aufnahme selbst durch die Zellen des
Hauptrohres geschähe. In der Tat kommt auch bei anderen Tiergruppen
eine solche Funktionsverteilung zustande; dadurch werden die Anhangs-
schläuche dann zu besonderen Drüsen, die als Leber oder Pankreas bei
verschiedenen Tieren bezeichnet worden sind (ohne daß damit ausgesprochen wäre, daß sie stets die gleiche Verrichtung hätten wie die
gleichnamigen Organe der Säugetiere und des Menschen. Es ist damit
nur gesagt, daß die Bereitung verdauender Säfte aus dem Darm heraus
in besondere Anhangsdrüsen verlegt ist, während der Darm selbst mehr
der Aufnahme dient). Hier ist aber eine solche Verteilung nicht durchgeführt, saftbereitende und saftaufnehmende Zellen stehen sowohl im Darmrohr wie in Anhangsröhren gruppenweise nebeneinander.

Was nicht ausnutzbar ist, gerät dann aus dem zart gebauten Mitteldarm in den Enddarm r, der ebenso wie der Vorderdarm als eine Haut-
einstülpung mit Chitin ausgekleidet ist. Auch in ihm finden sich Anhangsdrüsen, die weniger chemische als mechanische Bedeutung haben,
zum Einfeuchten und Zusammenballen der Kotreste; diese können
in einer blasenartigen Erweiterung eine Zeitlang aufbewahrt werden,
so daß nur von Zeit zu Zeit eine Entleerung stattzufinden braucht.

Man hat auch Versuche über die Zeitdauer gemacht, die für die
Verdauung notwendig ist, und gefunden, daß von einer gefangenen Feld-
grille, der keine Nahrung mehr gegeben wurde, noch 18 Stunden lang
Exkremente abgegeben wurden; dann wurden ihr nach weiterem mehr-
tägigem Hungern wieder Blätter gereicht, und nach sieben Stunden
wurden dann die ersten Exkremente abgegeben.

Je nach der Lebensweise und insbesondere nach der Beschaffenheit
der Nahrung ergeben sich bei den verschiedenen Insekten einige Abweichungen. Bei Blutsaugern oder bei anderen Insekten, die eine flüs-

sige, sehr gehaltreiche Kost aufnehmen, ist eine komplizierte Beschaffenheit des Vorderdarms und ein Kaumagen überhaupt nicht notwendig. Auch die Anhangsorgane, die Kieferbeine, erfahren eine entsprechende Abänderung. Sie werden nicht mehr als Kauwerkzeuge benutzt, sondern dienen, stark verlängert, als Stech- oder Saugwerkzeuge. Gewöhnlich geschieht dies so, daß der Unterkiefer zu einer Röhre ausgezogen ist, innerhalb deren Oberkiefer und Mittelkiefer, ebenfalls stark in die Länge gereckt, zu Stechborsten umgeformt zu liegen kommen (Fig. 122a u. b). So lassen sich auch diese Art Mundgliedmaßen, die mitunter so stark umgebildet sind, daß sie fast einen einheitlichen Rüssel bilden, durch zahlreiche Übergänge auf richtige Beinanhänge zurückführen in der gleichen Zahl, an den gleichen Kopfabschnitten wie bei den übrigen Insekten. Aus einem derartigen Saugrüssel wird die flüssige Nahrung, z. B. der Fliege, direkt durch einen Schlund in den erweiterten Vormagen gebracht, der hier natürlich ohne Kauzähne aber doch mit einer besonderen Muskulatur versehen ist. Er dient nur zum Teil als Saugpumpe, um die Wirkung des Stechrüssels zu unterstützen, zum anderen Teil hat die Erweiterung den Zweck, größere Mengen von Nahrung, die ein solches Tier, namentlich ein blutsaugendes aufzunehmen Gelegenheit hat, hier zurückzuhalten und dann erst von Zeit zu Zeit durch Muskelbewegungen in den eigentlichen verdauenden Darmteil zu befördern. So ergeben sich zwar biologisch bedingte Abweichungen; der Grundplan ist aber bei allen Insekten, ja Gliederfüßern, der gleiche.

Fig. 122. Mundgliedmaßen a) der Wanze, b) der Mücke.

Bei den Mollusken oder Weichtieren, als deren Beispiel wir eine Schnecke betrachten wollen, sind trotz der im ganzen abweichenden Körperform und trotz der anderen Lage der Organsysteme im Prinzip die gleichen Teile des Darms wieder zu erkennen (vgl. Fig. 116, 117 u. 123). Nur ist entsprechend der gedrungenen Körperform eine Zusammenfaltung des gestreckten Darms in mehrere Schlingen wahrzunehmen. Der eigentliche Verlauf ist aber der gleiche und läßt ebenfalls eine Einteilung in einen von der äußeren Haut eingestülpten Vorderdarm, in einen eigentlichen verdauenden Mitteldarm, der hier aus zwei getrennten Abschnitten besteht, und in einen kurzen von außen eingestülpten Enddarm erkennen.

Im Vorderdarm befindet sich ein eigner Schlund (*sch*) mit einem
oberen kieferähnlichen Hartteil und einem unteren muskulösen Wulst,
der darum auch als Zungenwulst bezeichnet wird, aber nicht der
Zunge der Wirbeltiere vergleichbar ist, und auch insofern eine andere
Funktion erfüllt, als er eine »Reibeplatte« trägt, die mit kleinen Haut-
zähnchen zur Zerkleinerung der Nahrung dicht besetzt ist. Diese Reibeplatte oder »Radula«(*R*) zeigt für die Zähnchen bei nahe verwandten Formen stets eine ähnliche und bei jeder Art charakteristische Anordnung
und ist darum auch für die systematische Unterscheidung bedeutsam,
um so mehr, als sich diese Hartgebilde, ebenso wie das Gehäuse, dauernd
erhalten können, und damit auch noch an Versteinerungen für die Unter-

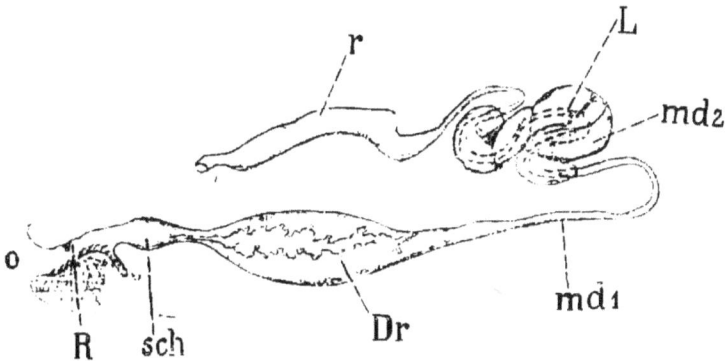

Fig. 123. Schema des Schneckendarms. o = Mund, sch = Schlund, R Kauplatte,
Dr = Drüsen, md₁ und md₂ Teile des Mitteldarms, r — Enddarm.

scheidung bedeutsam bleiben. In den Vorderdarm münden ferner Drüsen,
die hier aber weniger mit der Einspeichelung der Nahrung, als mit der
Bewältigung der Beute zu tun haben. Bei einigen Schnecken sind sogar
scharfe Säuren, z. B. Schwefelsäure, in deren Saft nachgewiesen.

In den eigentlichen Darmteil münden in seinem kürzeren Abschnitt paarige große Anhangschläuche, die fälschlich auch als
Leber bezeichnet werden. Sie nehmen so wie der Darm selbst, ver-
daute Nahrung in einzelnen Zellfeldern auf, besonders aber scheiden
sie in anderen Zellfeldern einen Verdauungssaft aus, der Stärke,
Zellulose und Fett auflöst. Die Aufnahme der Eiweißstoffe wird von
Zellen direkt besorgt, die selbständig tätig, gleich Amöben oder den
Darmzellen der niedrigen Tiere diese Stoffe umfließen (siehe oben),
die der andern Stoffe erfolgt osmotisch. So ist also auch hier im
Mitteldarm noch keine vollkommene Scheidung eingetreten zwischen
Teilen, die Verdauungssaft abscheiden und solchen, die verdaute Stoffe

aufnehmen und durch das Zirkulationssystem an den übrigen Körper weiter befördern.

Diese Scheidung tritt erst bei den **W i r b e l t i e r e n** auf, wo die Absonderung eigener Verdauungssäfte zum größten Teil in blindsackartig dem Darm anliegende, vielfach gewundene und gefaltete Drüsen verlegt ist. Als deren wichtigste sind Pankreas und Leber anzusehen, die ihren Saft in den Dünndarm ergießen. Es ist aber bedeutsam, daß in der Entwicklungsgeschichte sich auch diese Organe als Abfaltungen des eigentlichen Darms anlegen (Fig. 124). Also tritt die Arbeitsteilung zwischen aufsaugenden Darm- und vorbereitenden Drüsenzellen nicht gleich in Erscheinung. Auch die Wirbeltiere zeigen einen besonderen Vorderdarm, der z. T. durch Einstülpung von der

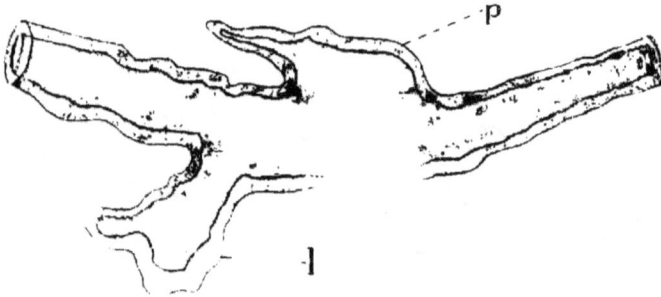

Fig. 124. Anlage von Pankreas (p) und Leber (l) im embryonalen Darm eines Wirbeltieres.

äußeren Haut abzuleiten ist. Dies läßt sich schon daran erkennen, daß überall in ihm die Schleimhaut ein vielschichtiges Epithel darstellt, vergleichbar der äußeren Körperdecke, während die Schleimhaut des eigentlichen Darmes nur ein einschichtiges Epithel bildet. Dieses mehrschichtige Epithel ist vom Mund an noch bis in den Magen herab zu verfolgen; am Enddarm ist dagegen die Mehrschichtigkeit und somit die äußere Einstülpung nur auf eine ganz kurze Strecke zu erkennen. Gemeinsam ist allen Wirbeltieren außerdem noch die komplizierte Weitereinteilung des Vorderarmes, von dem ein Abschnitt mit dem Organ der Atmung in Beziehung steht, ob es sich um wasseratmende oder luftatmende Tiere handelt, ferner die Ausbildung von Zähnen im vordersten Teil des Darmes, ferner die Zweiteilung des eigentlichen Darmes vom Magen abwärts, in den Dünndarm, in den die erwähnten Drüsen einmünden und in den Dickdarm, der mehr der bloßen Aufsaugung dient. Sonst aber ergeben sich innerhalb der Wirbeltiere von den Fischen bis zu den Säugetieren aufwärts, sowohl nach diesen Klassen und ihrer Organisationshöhe, als auch insbesondere nach der Lebensweise, der Nahrung, innerhalb der einzelnen Gruppen sehr bedeutsame Verschiedenheiten. So weit es möglich ist, sollen aber doch hier die Wirbeltiere gemeinsam abgehandelt, und wenn es eines besonderen Beispiels bedarf, dafür die Abbildung eines Amphibiums, des Frosches (Fig. 125), gebraucht werden; von da sei aber auch jeweils auf die anderen Wirbeltiergruppen, insbesondere die Säugetiere, die die meiste Verschiedenheit zeigen, Bezug genommen.

Für die Wirbeltiere mit knöchernem Skelett ist die Bildung besonderer Apparate am Eingang des Darms charakteristisch, und zwar von Kiefern, einem unbeweglich am Schädel angebrachten Oberkiefer, und einem beweglich dazu eingelenkten Unterkiefer, der durch Muskeln von sehr verschiedenem Mechanismus gegen den Oberkiefer bewegt werden kann. Die Zähne sitzen beim Frosch, wie bei den niederen Wirbeltierformen überhaupt, nicht nur an den Rändern dieser Kiefer, sondern auch noch am Gaumen. Entwicklungsgeschichtlich und stammesgeschichtlich sind die Zähne als Schuppengebilde der äußeren

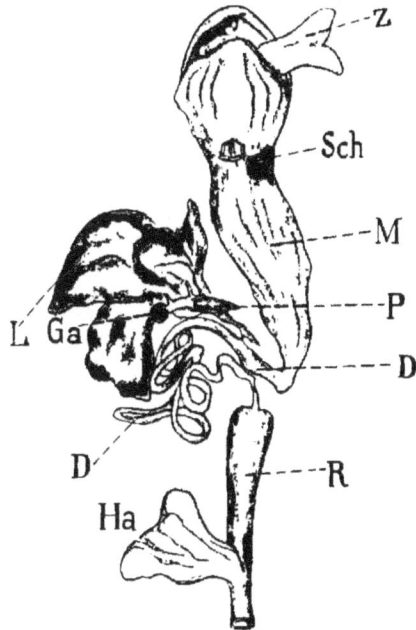

Fig. 125. Darmkanal des Frosches. Z — Zunge, Sch — Schlund, K Verbindung mit Kehlkopf, M   Magen, D   Dünndarm, P = Pankreas, L   Leber, Ga = Gallenblase, R -- Enddarm, Ha   Harnblase.

Haut aufzufassen, die mit der Einstülpung in die Mundhöhle eingerückt und weiter umgeformt sind. Bei manchen Fischgruppen, den Haien insbesondere, zeigt sich noch deutlich der Übergang von solchen »Hautzähnen« zu Zähnen der Mundhöhle (Fig. 126 u. 126a). Sie sind infolgedessen zunächst in unbestimmter Vielzahl vorhanden und werden im Leben namentlich der niederen Wirbeltiere des öfteren ersetzt. Bei den Haien steht eine Zahnreihe hinter der anderen zum Ersatz bereit, bei Amphibien findet ein geringerer Wechsel statt, und bei den Säugern ein nur zweimaliger. Je höher organisiert das Tier ist, um so spezialisierter sind die Zähne, um so geringer werden sie an Zahl und dafür die einzelnen um so größer; desto geringer ist dann der Zahnersatz, gerade

als ob dem Organismus hierfür nur ein nicht überschreitbares, im
Rahmen des Ganzen bestimmtes Material zur Verfügung stände.

Bei den niederen Wirbeltieren dienen die Zähne mehr zum Festhalten der Beute, nicht zum Zerkleinern. Der Bissen kommt als Ganzes
bis in den eigentlichen Anfangsdarm. Nur bei den Säugern wird wirklich gekaut, darum finden wir auch erst bei diesen eine Bestimmtheit
der Zahl und eine besondere Spezialisierung der Zähne je nach der Leistung, so daß das Gebiß eines Raubtieres z. B. auf diese Weise verschieden von dem eines Pflanzenfressers und Nagetieres wird, und wir besondere Reißzähne, Mahlzähne und Schneidezähne nach Form und Stellung unterscheiden können. Bei manchen Säugern tritt auch eine

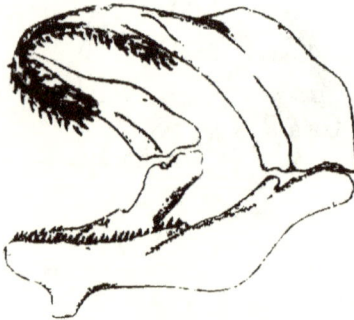

Fig. 126. Ober- und Unterkiefer eines
Haifisches.

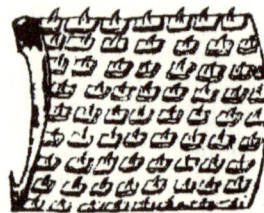

Fig. 126a. »Hautzähne« auf der Haut
eines Haies, schematisch.

Rückbildung der Zähne ein und damit eine Umbildung des Kiefer-
belags zu hornigen Platten, wie sie im allgemeinen auch bei den Vögeln
zu erkennen ist.

Als Hilfsorgan der Mundhöhle kommt ferner noch die Z u n g e
hinzu. Sie ist zunächst kein besonderes Organ, sondern entsteht dadurch,
daß der Boden der Mundhöhle beweglich wird und sich am Kaugeschäft
beteiligt; aber erst bei denjenigen Tieren, die Luftatmung besitzen,
kommt ihr eine gewisse Selbständigkeit zu. Ihrer Entstehungsweise
nach ist es verständlich, daß dann bald ein größerer oder geringerer
Teil ihrer Ansatzfläche fest ist, währenddem der andere frei beweglich
ist, und daß das Anwachsen bald vorn, bald mehr hinten stattfinden kann.
Beim Frosch findet sich eine Fangzunge, die aus dem Mund heraus-
geschnellt werden kann; in noch höherem Maße ist eine solche nur mit
einem kurzen Stück angewachsene Zunge als Fangapparat bei manchen
Reptilien, z. B. dem Chamäleon, ausgebildet. Ebenso findet sie bei
vielen Vögeln diese spezielle Verwendung für den Nahrungserwerb und

nicht für die Nahrungszubereitung. Als extremstes Beispiel sei hier die
Spechtzunge mit ihren komplizierten Hilfsapparaten erwähnt. Bei den
Säugetieren dagegen dient die Zunge nur als Hilfsorgan zum Kauen,
indem die ganze Fläche gegen die Wölbung
des Kiefers gepreßt werden kann, und dadurch die von den Zähnen verkleinerten
Bissen weiterbearbeitet werden.

Im Munde münden ferner bei allen
Wirbeltieren von den Fischen aufwärts noch
besondere schleimabgebende Drüsen, die
Speicheldrüsen. Zunächst dient ihr Saft
nur dazu, dieBissen anzufeuchten und durch-
zukneten. (Die Giftdrüsen der Schlangen
sind solche umgewandelte Drüsen.) Bei den
Säugetieren kommt aber in einem besonders gelagerten Speicheldrüsenpaar noch
weiterer Saft zur Abscheidung, der für die
Verdauung von Bedeutung ist. Er enthält
ein Ferment, das aus Stärke Zucker bildet
und dadurch die betreffenden Stoffe zu ihrer
Weiterverarbeitung und Aufsaugung im
Darm geeignet macht. Während der Mahl-

Fig. 127. Oberkiefer und Gaumen
einer Natter mit gleichartigen Zähnen.

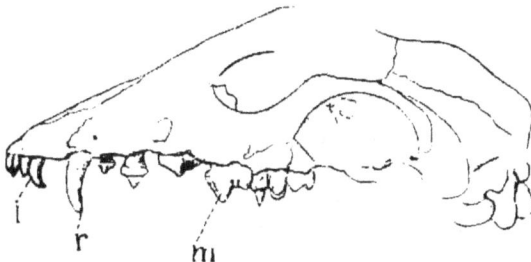

tätigkeit der Kiefer wird das Sekret dieser Drüsen herausgepreßt. Dadurch ist das Kaugeschäft nicht nur von mechanischer, sondern auch von
chemischer Bedeutung für die Verdauung, und es muß darum auch

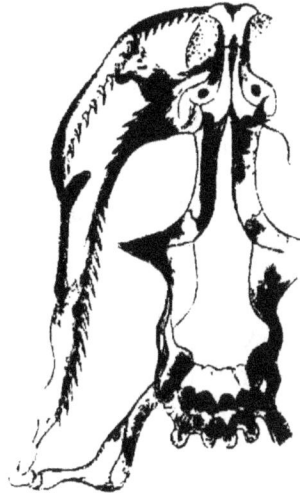

Fig. 128. Oberkiefer eines Hundes mit spezialisierten Zahnen.
i = Schneide-, r Reiß- und m = Backenzähne.

aus gesundheitlichen Gründen vor dem bloßen Hinunterschlucken
größerer Bissen, namentlich bei stärkereicher Nahrung, gewarnt werden.
Die Zunge ist außerdem der Träger der Geschmacksorgane, kann also
über die Beschaffenheit der Nahrung eine gewisse Kontrolle mit aus-

üben. Nicht nur die Zunge der Wirbeltiere, sondern ganz andersartige, aus Kieferbeinen hervorgegangene Teile der Insekten, werden in ähnlicher Weise verwendet und darum als Zunge bezeichnet, wie noch bei der Darstellung der Sinnesorgane näher erläutert werden wird (Kap. 18).

Je nach der Art des Kaugeschäftes, der größeren und geringeren Beteiligung der Zähne sind auch die räumlichen Verhältnisse von Mund und dem darauffolgenden Schlund verschieden. Bei den Tieren, die die Zähne mehr zum Festhalten der Beute benutzen und große Stücke bis tief hinab in den Verdauungskanal gelangen lassen, ist der ganze Schlund sehr weit. Auch der Froschdarm zeigt dies noch in verstärktem Maß (Fig. 125 sch); ähnlich der der fleischfressenden Reptilien, z. B. der Schlange, und zum Teil auch der der Vögel, bei denen ebenfalls erst im Magen die Zerkleinerung beginnt. Bei den Säugern dagegen, bei denen die Zähne und Kiefer diese Zerkleinerung zum großen Teil besorgt haben, ist der Schlund entsprechend eng, und der Magen erhält nur kleine Bissen.

Der M a g e n stellt zunächst nur eine Erweiterung des Darmkanals dar, die in dessen Längsverlauf erfolgt ist. Erst von den Amphibien an aufwärts, beim Salamander, weniger noch beim Frosch, zeigt sich die Querstellung und besondere Lage dieser Erweiterung; darnach allein würde aber ein solcher Teil noch nicht besonders abzugrenzen und zu bezeichnen sein, wenn er nicht auch noch eine eigene chemische Leistung zu erfüllen hätte. In einem wirklichen Magen wird Salzsäure und ein Ferment abgeschieden, das Eiweißstoffe angreift, wenn auch noch nicht völlig verdaut. Man spricht also von einer v o r v e r d a u e n den Tätigkeit des Magens, die dazu dient, die Eiweißstoffe in einen leichter angreifbaren Zustand zu versetzen. Es kommt dazu noch eine durch die Muskeltätigkeit bedingte, mechanische Leistung, eine weitere Durchknetung. In manchen Fällen ist diese mechanische Leistung des Magens die Hauptsache oder das Ausschließliche; der extremste Fall ist hier der Muskelmagen der Vögel. In anderen Fällen ist die mechanische und chemische Magentätigkeit auf verschiedene Abschnitte des Magens, einen Vormagen und einen eigentlichen Magen, verteilt. Eine ganz besondere Ausbildung zeigt der in verschiedene Abteilungen zerfallende Magen der Wiederkäuer, dessen Bestimmung dahin geht, die sonst schwer der Auflösung zugängliche Zellulose der Pflanzennahrung mechanisch und chemisch für die Verdauung herzurichten; die daselbst hergestellten Brocken werden dann in die Mundhöhle zurückbefördert, einem nochmaligen, eigentlichen Kauen unterworfen und gelangen dann wieder in den Magen zurück.

Die wirkliche Verdauung, die Inangriffnahme der Eiweißstoffe, Fette und Kohlenhydrate und deren Aufsaugung geschieht erst im eigentlichen Darm, der von dem Magen durch eine muskulös regulierbare Einschnürung, abgegrenzt ist. Besonders aber wird diese Region bezeichnet durch die Einmündung der zwei hauptsächlichsten Drüsen, des Pankreas, auch Bauchspeicheldrüse genannt, und der Leber. Den Hauptteil an der Ausscheidung der Verdauungssäfte hat das Pankreas. Die Leber kommt mit ihrer Abscheidung der Galle nur unterstützend hinzu, namentlich bei der Verarbeitung der Fette; ihre Hauptfunktion liegt aber nicht in der Bereitung der Galle, sondern im Umsatz und in der Aufspeicherung gewisser ihr durch das Blut zugeführter Stoffe, speziell des Glykogens. Die auszuscheidende Galle kann vorher in einem Reservoir, der sog. Gallenblase, angesammelt werden, die in der massigen Leber eingebettet liegt. Nicht bei allen Tieren aber ist eine besondere Gallenblase vorhanden, sondern es kann eine kleine Quantität Galle dem Darm stetig zufließen. Die Säfte des Pankreas enthalten eine ganze Anzahl von Fermenten, die je nachdem auf Eiweißstoffe, Stärke und andere nahrhafte Bestandteile auflösend einwirken. In dem betreffenden Darmteil, der auf die Einmündung der erwähnten Drüsenorgane folgt, und der im ganzen als Dünndarm bezeichnet wird, der aber wieder in mehrere Unterabschnitte zerfallen kann, findet auch die Aufnahme oder Resorption der gelösten Stoffe statt, die in nur ganz geringem Grade schon in manchen Fällen im Magen begonnen hat. Es läßt sich darum verstehen, daß der Magen auch bis zu einem gewissen Grad entbehrt werden kann, und daß Menschen, denen er durch eine Operation genommen ist (so daß sich der Dünndarm direkt an den Schlund anschließt), noch bis zu einem gewissen Grade weiterverdauen und weiterleben können.

Die Aufnahmsfläche des Darmes für die Nahrungsstoffe muß verschieden groß sein, je nachdem es sich um Tiere mit mehr oder minder lebhaftem Stoffwechsel und je nachdem es sich um gehaltsreichere (Fleisch-) oder gehaltsärmere (Pflanzen-) Kost handelt. Um aus letzterer ebensoviel Nährstoffe herauszuziehen und eine ebensolche Kraftquelle für die Leistungen des Körpers zu schaffen, bedarf es einer viel größeren Quantität, und es muß darum auch die Aufnahmefläche entsprechend vergrößert werden. Diese Vergrößerung der Fläche kann entweder durch besondere Faltenbildung im Innern des Darmes geschehen oder durch vermehrte Längenausdehnung des gesamten Darmes, der dann viel mehr Windungen ausführen muß. Im großen und ganzen kann man also sagen, daß der Darm der Pflanzenfresser eine größere Länge hat gegenüber dem der Fleischfresser, wie dies auch an vielen Beispielen zahlenmäßig zu erhärten ist. Ganz durchgreifend kann aber dieses

Verhältnis nicht sein, da ja auch andere Umstände mitsprechen, z. B. das Nahrungsbedürfnis des Tieres je nach der Intensität des Stoffwechsels, und es also Tiere geben wird, die sich auch mit weniger ergiebiger Kost ohne eine besondere Ausdehnung der Darmfläche begnügen. Bei unserm Beispiel, dem Frosch, ist eine Wirkung der verschiedenen Nahrung auf den Darm um so besser wahrzunehmen, als die Kaulquappen Allesfresser, zum großen Teil Pflanzenfresser sind, die erwachsenen Tiere dagegen Fleischfresser, und demzufolge bei der Metamorphose eine starke Veränderung der Beschaffenheit und Länge des Darmes im Verhältnis zum Körper vor sich geht. Auch experimentell ist das geprüft worden, indem man den Kaulquappen eine veränderte Nahrung gab, den einen eine reine Fleisch-, den anderen eine reine Pflanzenkost, und darnach ganz verschiedene Ausprägungen des Darmes nach Länge und Querschnitt erzielte.

Die Aufnahme der gelösten Stoffe erfolgt, trotzdem es sich um Flüssigkeiten handelt, nicht durch einen einfachen physikalischen Akt, wie wenn es sich bei den Darmwänden um leblose Membranen handelte, sondern es sind die Zellen selbst, allerdings nicht mehr jede für sich wirkend, dabei beteiligt. Die gelösten Stoffe kommen dann außerhalb der Darmwand in Spalträume, die zu den gleich zu besprechenden Gefäßsystemen des Körpers, dem Lymph- und dem Blutgefäßsystem überleiten, und zwar sollen Eiweiß und Zuckerstoffe direkt in die Blutbahn gelangen, währenddem die Fette zunächst aus den Gewebspalten in Lymphgefäße und von da in die Venen des Blutgefäßsystems übergeführt werden.

Bei dem Stoffwechsel findet allem Anscheine nach gerade bei höheren Tieren nicht durchweg ein sofortiger Verbrauch statt, indem die direkt aufgenommenen Nährstoffe sofort wieder an die Verbrauchsstellen gebracht werden, sondern es ist zwischendurch eine Aufspeicherung von Reservestoffen, speziell von Fetten und von Glykogen ermöglicht, wobei insbesondere die Leber beteiligt ist; aber der Aufbau und Abbau geht normalerweise dann doch beständig vor sich, so daß diese Reservestoffe nicht mit einem eisernen Bestand zu vergleichen sind, sondern einerseits beständig zerlegt und an die Gewebe abgeführt, anderseits beständig wieder aufgebaut werden. Ihre Bedeutung besteht darin, daß sie für extreme Notfälle einen gewissen zeitweisen Überverbrauch von Stoffen zulassen. Diesem aber muß dann binnen kurzer Zeit abgeholfen werden, wenn der Körper nicht auf Kosten seiner eignen Organe und Gewebe seinen Stoffumsatz decken, von sich zehren soll; daher z. B. die schnelle Abmagerung bei Fieber. Umgekehrt kann auch eine allzu große Anspeicherung von Reservestoffen bei ungenügendem Verbrauch anormal sein und zu Schädigungen des Körpers führen, wie bei Verfettung einzelner Organe durch Unregelmäßigkeiten in ihrem Stoffwechsel, oder bei Verfettung des ganzen Körpers sich ausspricht.

Auch im eigentlichen Darm ist neben der chemischen eine mechanische Tätigkeit zu bemerken, die, wie beim Magen, durch eine besondere, die Schleimhaut in mehreren Lagen umgebende Muskulatur geschieht. Diese bewirkt eine fortschreitende Bewegung am Darm, die dem Willen nicht unterworfen ist und sich nur bei krankhaften Zuständen fühlbar macht, die sog. Peristaltik; hierdurch werden die ausgenutzten Massen weiter nach abwärts im Darm befördert.

Im letzten Teil des Darms, im D i c k d a r m , geschieht weniger eine Aufsaugung von nahrhaften Stoffen, als von Wasser, und der vormalige Nahrungsbrei wird dadurch mehr und mehr eingedickt (bei verschiedenartigen Tieren je nach Beschaffenheit der Nahrung und der Lebensweise in verschiedenem Maßstab) und wird dadurch zum Kot umgeformt. Dies wird noch weiter unterstützt durch die Tätigkeit der Schleimhaut des Enddarms und durch dessen besondere Rinnen- und Taschenausbildungen, so daß dadurch schließlich einzelne gegeneinander durch Schleim abgegrenzte Kotstränge oder Ballen von ganz bestimmter Form gebildet werden. Diese sind für einzelne Wirbeltierordnungen oder Säugergattungen sogar so charakteristisch, daß nicht nur im Leben das Tier danach (Losung) vom Jäger z. B. erkannt werden kann, sondern es lassen sogar versteinerte Kotreste noch Schlüsse zu auf die Darmbeschaffenheit der Tiere, von denen sie herrühren, und dienen dadurch mit für die Bestimmung von fossilen Resten.

B. Blutgefäßsystem und Atmungsorgane.

Beide Systeme erst mit weiterer Arbeitsteilung im Stoffwechsel auftretend. Offenes und geschlossenes Blutgefäßsystem (Beispiel Arthropoden und Wirbeltiere). Blut und Wärme. Blut und Atmung. Kiemen, Tracheen und Tracheenkiemen für Wasser und Luftatmung bei Arthropoden. Kiemen und Lungen der Wirbeltiere, Mechanik der Atmung.

Der vom Darm aufgenommene Nahrungssaft muß nun dem übrigen Körper zugeleitet werden. Bei niedrig organisierten Tieren, den zweischichtigen Pflanzentieren, ist ihrer einfachen Körperbeschaffenheit wegen hierfür kein besonderes Organsystem notwendig, die Darmhöhle selbst mit der Nährflüssigkeit geht als Ganzes oder mit Seitenzweigen durch den ganzen Körper (siehe Fig. 100). Auch bei den niedrigen Würmern sind es noch solche, immer weiter verzweigte Blindsäcke des Darms (Fig. 104 d), die das übrige Gewebe versorgen. Bei den höheren Würmern aber entwickelt sich, wie wir gesehen haben, mit dem Auftreten der Leibeshöhle nicht nur ein Exkretionssystem, sondern es bildet sich auch ein eigenes Organsystem für die Z u t e i l u n g der Nährstoffe aus, indem zwischen Leibeshöhle und Darm einerseits, Leibeshöhle und Haut anderseits besondere Spalträume sich mit Wandungen versehen und dadurch zum G e f ä ß system werden.

In manchen Fällen ist nur ein geringer Teil eines solchen Systems wirklich röhrenförmig abgeschlossen, der übrige Teil besteht aus Spalten zwischen den Körperorganen und Geweben und aus größeren Lakunen. Man spricht in diesem Zustand von einem offenen Gefäßsystem (siehe Fig. 129); im anderen Fall können aber auch die entferntesten Teile des Gefäßsystems zu feineren und immer feineren Röhrchen sich zusammenschließen, die die einzelnen Gewebe umspinnen und ihnen dadurch Nährsaft zuführen; man spricht alsdann von geschlossenem Gefäßsystem. Von einem B l u t gefäßsystem kann man erst dann sprechen, wenn die Hohlräume nicht allein einen bestimmten Nahrungssaft enthalten, sondern außerdem noch einen meist an besondere Zellen gebundenen Farbstoff, der sie rötlich erscheinen läßt, und der in den meisten Fällen noch eine besondere Bedeutung, nämlich für den Gasaustausch, besitzt, wie bei der Atmung (siehe unten) zu erörtern ist.

Die geschlossenen Räume sind entsprechend der ganzen Körperorganisation angeordnet. Bei den Gliederwürmern (siehe Fig. 109 und 110) in einer langgestreckten Röhre am Rücken und am Bauch, die jeweils in den einzelnen Körperabschnitten durch Ringe miteinander verbunden sind. An der Wand dieser Röhren bildet sich eine besondere Muskulatur aus, die zum Fortbewegen der darin enthaltenen Flüssigkeit bestimmt ist, während bei den niederen Würmern die Muskulatur noch außerhalb des Röhrensystems selbst, in der Haut und im Darm, liegt, so daß durch Zusammenziehung des ganzen Körpers und durch Kontraktion des Darms die Bewegung der Leibesflüssigkeit besorgt wird. Sobald ein Gefäß selbst eine solche Wandung besitzt, kann man von ihm als Schlagader sprechen. Das Herz ist nur ein bestimmter Teil einer solchen Schlagader, wo die Muskulatur besonders reichlich und lokal konzentriert entwickelt ist. Es versteht sich darum auch, daß man bei verschiedenen Tiergruppen Übergänge von ausgedehnten röhrenförmigen Herzen bis zu solchen, die als kleine gedrungene Pumpe an einer Stelle liegen, findet, und daß in einem Gefäßsystem auch mehrere solcher Konzentrationsstellen der Muskulatur (»Herzen«) eingeschaltet sein können. Ein Herz braucht also noch lange nicht die Einheit der Organisation in solchem Maß darzustellen, wie das Zentralnervensystem (Gehirn, siehe Kap. 17.)

Bei den A r t h r o p o d e n sehen wir im Gegensatz zu den gleichförmiger gestalteten Gliederwürmern eine solche Konzentration des Gefäßsystems im Rückengefäß ausgebildet, das damit zum »Herzen«

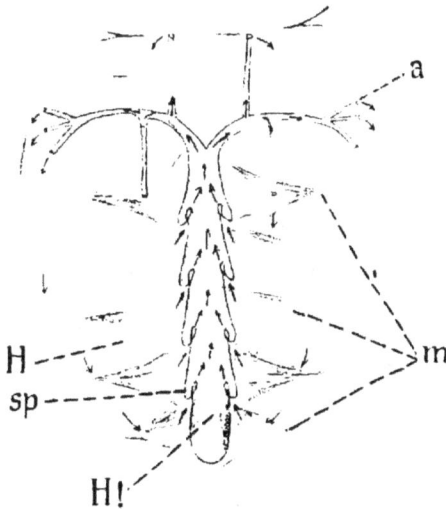

Fig. 129. Herz der Küchenschabe.

wird. Das Pumpwerk selbst ist also hier höher entwickelt, das Gefäßnetz aber meist weniger geschlossen, indem aus einem großen offenen Leibeshöhlenraum (*H*) die Blutflüssigkeit in das Herz selbst (H!) eingepreßt wird, von diesem dann in der Richtung nach vorn weiter geführt und in einzelne Adern (*a*) verteilt wird, die sich schließlich in Netze um die einzelnen Organsysteme auflösen. Ein besonderes rückführendes System ist aber nicht vorhanden, es dient hierfür der erwähnte große Spaltraum, in welchem sich bei Insekten z. B. die aus den Geweben zurückkehrende Körperflüssigkeit wieder ansammelt, um wieder vom Herzen durch segmentweise Spalten (*sp*) aufgenommen zu werden. Dabei ist eine besondere Muskulatur (*m*) tätig. Damit ist, auf unvollkommene Weise allerdings, eine fortdauernde Bewegung der Blutflüssigkeit garantiert, der sog. Kreislauf. Man muß sich aber vorhalten.

daß es stofflich nicht dieselbe Flüssigkeit ist, die vom Herzen kommt, und die wieder zum Herzen zurückkehrt, sondern daß unterdessen in den Körperorganen eine tiefgreifende Veränderung in der chemischen Zusammensetzung der Flüssigkeit geschehen ist. Nicht nur, daß Nährstoffe abgegeben worden sind, sondern auch noch, daß andere Stoffe, die unbrauchbaren der Ausscheidung, aus den Organen aufgenommen worden sind, und ebenso, daß ein Wechsel in der Beziehung zum Sauerstoff der Umgebung stattgefunden hat, wie bei der Atmung zu erörtern ist.

Bei den W i r b e l t i e r e n läßt sich das Blutgefäßsystem in seinen Grundzügen noch von dem der Gliederwürmer ableiten. Wir finden ebenfalls eine Arbeitsteilung in eine mehr aktive muskulöse Strecke und in eine passive, in der die Flüssigkeit durch den Druck der Muskulatur der aktiven Teile weitergetrieben, resp. angesaugt wird. Aus den Geweben leiten besondere Gefäße das verbrauchte Blut wieder zurück, die sog. Venen. Das Gefäßsystem ist hier also ein vollständig geschlossenes. Maschinell sind die Einrichtungen im Prinzip die gleichen. Die zahlreichen kleinen Gefäße, die die Organe versorgen, die sog. Kapillaren haben, in ihrer Gesamtheit einen bedeutend größeren Querschnitt als die zuleitenden Gefäße; dadurch ist eine bedeutende Verlangsamung des Blutstroms und eine entsprechend bessere Aufarbeitung der in ihm enthaltenen Stoffe bedingt, in ähnlicher Weise, wie es durch den weiten offenen Blutraum der Arthropoden der Fall ist. Auch besondere Einrichtungen, die dazu dienen, den Blutstrom in einer bestimmten Richtung zu halten, so daß kein Rückfluß stattfinden kann, sog. Ventile, sind in der ganzen Tierreihe die gleichen und kommen schon bei Würmern vor. Es sind faltenartige Ausstülpungen der Gefäßwände, die an stark muskulösen Stellen, den sog. Herzen, besonders entwickelt sind. Beim Röhrenherz der Arthropoden sind solche in jedem einzelnen Segment zu erkennen; bei den Wirbeltieren sind sie am meisten am Übergang des Herzens in die einzelnen Gefäße entwickelt, aber auch innerhalb der Gefäße selbst, namentlich in den Venen.

Innerhalb der Gruppe der Wirbeltiere selbst, von den Fischen an aufwärts, sind sehr verschiedene Abstufungen des Gefäßsystems zu erkennen, die namentlich mit der Atmung in Beziehung stehen; jedoch wird die von den Fischen her bekannte Anordnung, daß ein ventrales Herz von einer großen Schlagader aus jederseits vier bis fünf Gefäße an die Kiemen abgibt, in zäher Weise auch auf die übrigen Wirbeltiere vererbt, nur mit den entsprechenden, durch die Luftatmung bedingten Veränderungen (S. Fig. 130 u. 131.)

Das Gefäßsystem selbst kann also nach dem Prinzip der Arbeitsteilung eine bedeutende Vervollkommnung erfahren, indem lediglich
kürzere Abschnitte als Pump-
vorrichtung, andere der Versorgung der Organe mit der
Nährflüssigkeit und andere
zum Rücklauf dienen. Es
kann sich' aber auch eine
weitere Arbeitsteilung innerhalb der Nährflüssigkeit vollziehen und damit noch ein

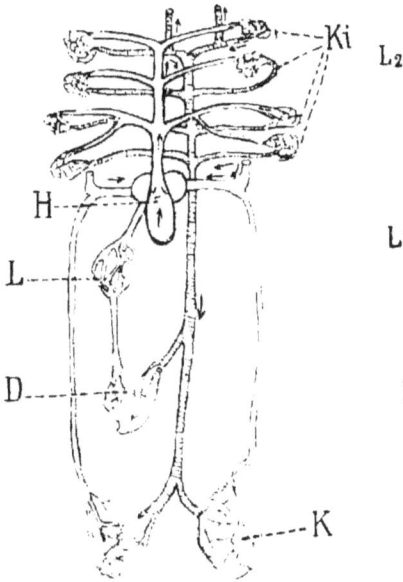

besonderes System, das sog. Lymphgefäßsystem neben dem Blutgefäßsystem zur Ausbildung kommen. Ein solches Lymphgefäßsystem ist eigentlich bereits da vorhanden, wenn bei niedrigen Formen eine besondere

Fig. 130. Schema des Gefäßsystems
der Fische, nach R. Hertwigs Lehr-
buch. Vom Herzen (H) gehen Ge-
fäßbögen zu den Kiemen (Ki);
aus deren Kapillarnetz strömt das
Blut zum Körpergewebe (K) und
kommt aus dessen Kapillaren,
sowie denen des Darms (D) und
der Leber (L) in kleinerem und
größerem Kreislauf zum Herzen
zurück.

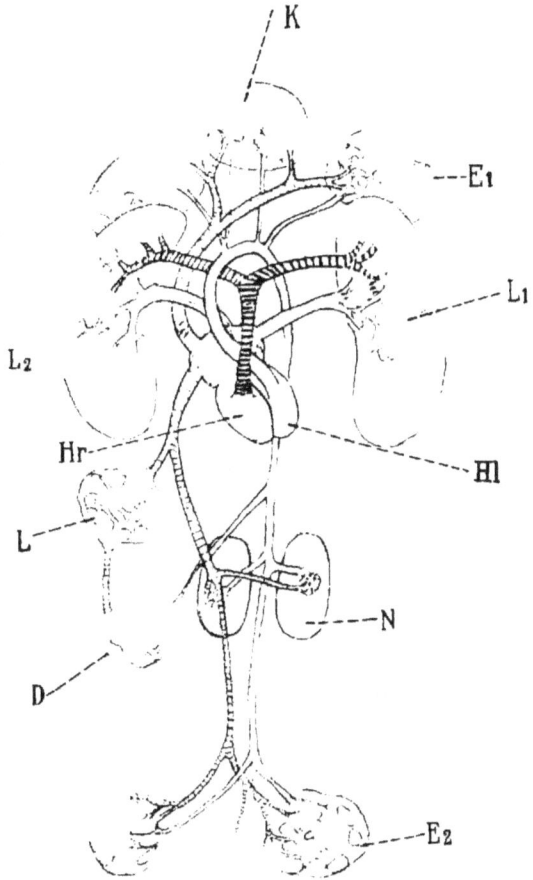

Fig. 131. Schema des Gefäßsystems der Säugetiere.
Vom Herzen (rechte Seite — Hr) kommt das Blut durch
2 Arterienbögen in die beiden Lungen ($L_1, _2$), von dort
zum Herzen zurück, und aus dessen linker Hälfte (Hl)
durch die große Schlagader zum Körper; Abgabe von Ge-
fäßstämmen für die Körperteile (E_1 und E_2 = vordere
und hintere Extremitäten, K = Kopf), dort Auflösung
in Kapillarnetze und Rückkehr zum Herzen (rechte
Vorkammer). In diesen Körperkreislauf ist auch hier
ein kleinerer, für Darm (D) und Leber (L) eingeschaltet,
und ferner für die Niere (N).

17*

Blutflüssigkeit mit dem ihr eigenen Farbstoffe überhaupt noch nicht existiert und stellt darum den niedrigeren Zustand der Nährflüssigkeit überhaupt dar. Zum Teil stimmt der Unterschied auch mit einem Unterschied im Bau des Gefäßsystems selbst überein, indem eine Lymphe sich in offenen Spalträumen, das Blut aber in geschlossenen Gefäßen findet, die in ein und demselben Organismus nebeneinander vorhanden sein können. Bei den Wirbeltieren ist ein besonderes Saugadersystem als Lymphgefäßsystem zu bezeichnen. Dies führt einerseits Flüssigkeit aus den Gewebslücken wieder in die rückführenden Gefäße, die Venen; denn es ist durch die zuführenden Schlagadern und Kapillaren ein Überschuß von Eiweißflüssigkeit in die Gewebe eingetreten, der nicht durch die gewöhnlichen Kapillaren wieder in die Venen zurückgelangen kann; darum dieses besondere System von Spalten. Ferner nimmt aber, gerade bei den Wirbeltieren, dieses Lymphgefäßsystem aus Spalträumen, die sich in der Umgebung des Darmes befinden, auch die aufgesogene Nährflüssigkeit auf (siehe Fig. 119ly), aus Eiweiß und Fett bestehend, und führt sie dadurch erst den eigentlichen Blutgefäßen zu.

An das Blut knüpft sich gewöhnlich eine Eigenschaft der tierischen Organismen, die für ihren ganzen Lebensprozeß von großer Bedeutung ist, die Produktion von Wärme, wie schon aus der landläufigen Unterscheidung von warm- und kaltblütigen Tieren hervorgeht. Der Ausdruck ist aber in mehrfacher Beziehung irreleitend, denn erstens ist die Wärmeproduktion nicht im Blut allein gelegen, sondern durch Stoffumsetzungen (Verbrennung im weitesten Sinn) im ganzen Körper bedingt; vom B l u t als Wärmeträger oder Regulator kann man nur insofern reden, als das Blut bei den hochorganisierten Tieren der Hauptsitz sowohl der umzusetzenden Nährstoffe (s. oben) als des Gasaustausches (s. unten) ist. Zweitens ist aber der Ausdruck auch insofern schlecht gewählt, als die Kaltblütler durchaus nicht immer kalt zu sein brauchen, sondern nur, je nach der Intensität ihres Stoffwechsels und dem Verhältnis zur Umgebung, eine größere und geringere Wärme erzeugen und die Temperatur nicht auf einem gewissen Grad festhalten können. Sie werden darum auch besser als w e c h s e l w a r m e, statt als Kaltblütler bezeichnet, im Gegensatz zu eigenwarmen Tieren, wie man die Warmblütler zu nennen hat.

Tiere mit einer gewissen Produktion von Eigenwärme sind aber auch unter den Wirbellosen zu finden. Bei zahlreichen Insekten ist nachgewiesen, daß ihre Körpertemperatur erheblich höher ist als die der Umgebung, nur daß sie eben nicht auf ganz bestimmtem Grad festgehalten wird, sondern je nach der Lebenstätigkeit wechselt, z. B. im Fliegen höher ist wie beim Ausruhen, oder je nach dem Entwicklungszustand, z. B. im Schmetterling höher wie in der Raupe. Auch unter den Wirbeltieren bestehen zahlreiche Abstufungen in der Fähigkeit, die Eigenwärme festzuhalten. Es sind im allgemeinen die Vögel und die Säugetiere, die diese besitzen; aber die niedrigsten Säugetiere, die Kloakentiere, die noch den Reptilien in gewisser Beziehung genähert sind, sind in ihrer Körperwärme noch nicht ganz fest. Das wasserlebende Schnabeltier z. B. zeigt bei 22⁰ Wasserwärme nur 24⁰ Blutwärme; der zur gleichen Gruppe gehörige Ameisenigel je nach der Lufttemperatur 20 bis 29⁰ Blutwärme; in der Fortpflanzungszeit aber werden sie heißer und gelangen bis zu 34⁰. Die etwas höher organisierten Beuteltiere haben ständig 34 bis 36⁰, können aber auch in der Sonne wärmer werden. Die übrigen Säugerordnungen halten eine bestimmte Temperatur dauernd fest, die aber nicht bei allen die gleiche ist, so bei Nagetieren 37⁰ wie beim Menschen, bei Raubtieren 39⁰. Die Normaltemperatur der meisten Vögel ist etwas höher, nämlich 42⁰, und beim Brüten steigt diese noch etwas an.

Es zeigt sich aus allem, daß also die Fähigkeit der Eigenwärme durch zahlreiche Abstufungen mit der im Tierreich gewöhnlichen Wechselwärme verbunden ist. Selbst bei den in dieser Hinsicht fest regulierten Säugetieren und auch beim Menschen ist die Temperatur nicht absolut fest, sondern wechselt um fast einen Grad innerhalb der gewöhnlichen Tageszeiten und kann bekanntlich in krankhaften Zuständen, wie beim Fieber, noch in viel höheren Grenzen, bis zu 5⁰ abwärts und aufwärts schwanken.

Die bedeutsamste Abweichung und damit gewissermaßen einen zeitweisen Übergang zu wechselwarmen Tieren zeigen eine Anzahl von warmblütigen Säugetieren, die die Möglichkeit des W i n t e r s c h l a f e s besitzen. Dabei ist nicht das Schlafen, sondern die Herabsetzung der Intensität des gesamten Stoffwechsels das wesentliche; die infolgedessen eintretende Erniedrigung der Körperwärme ist das äußere Anzeichen davon. Winterschläfer, die sonst Tiere mit einer Eigenwärme von 37⁰ sind, verlieren ihre Regulierfähigkeit und sinken bis auf 25⁰—20⁰ und in manchen Fällen auch 14⁰ Wärme und darunter. Daß dies in Wirklichkeit mit einer Verminderung des gesamten Stoffwechsels zusammenhängt, zeigt sich am deutlichsten bei derjenigen Tätigkeit des Stoffwechsels, die mit der Wärmeproduktion am innigsten zusammenhängt, bei der Atmung. Ein Murmeltier macht, wie man beobachtet hat, während des ganzen Winterschlafes in der Dauer von etwa sechs Monaten im ganzen etwa 72 000 Atemzüge, das ist die gleiche Zahl, die dasselbe Tier im Sommer innerhalb von zwei Tagen ausführt.

Damit sind wir bei der Bedeutung der tierischen Atmung angelangt, dem Austausch von gasförmigen Stoffen, die im Körper verbraucht worden sind, speziell der Kohlensäure, gegen frische Gase,
den Sauerstoff, die wieder zur Verbrennung organischer Substanzen
dienen, wodurch schließlich Kohlensäure produziert wird. (Über die
pflanzliche Atmung siehe oben Seite 87.)

Der Gasaustausch ist somit eine allgemeine Notwendigkeit des
tierischen Stoffwechsels und Lebens. Sogar im Ei, ehe noch die einzelnen Organe, auch die der Atmung, wirklich ausgebildet sind und funktionieren, läßt sich der Verbrauch und die Abgabe von Kohlensäure
und die Aufnahme von Sauerstoff nachweisen. Es ist darum auch verständlich, daß im erwachsenen Körper nicht immer besondere Organe
für Gasaufnahme und -Abgabe notwendig sind, sondern daß diese einfach von der Oberfläche aus geschehen kann, namentlich bei kleinen
Tieren; selbst aber bei größeren und hochspezialisierten Tieren, die
besondere Organe zur Atmung besitzen, spielt der Gasaustausch durch
die Körperoberfläche, die sog. Hautatmung, noch eine bedeutsame
Rolle. Es kann ferner die Körperflüssigkeit, die ohnehin zur Ernährung
und zur Ausscheidung unbrauchbarer Stoffe dient, mit dieser Zu- und
Abfuhr von Gas betraut werden, das durch die Haut selbst eindringt.
Befindet sich dann die Körperflüssigkeit, wie oben erörtert, in bestimmten
Bahnen, ist also ein eigenes Blutgefäßsystem entwickelt, so wird dieses
Blut an Stellen unter der Haut, die durch reiche Gefäßverzweigung
besonders bevorzugt sind, mit dem Gaswechsel betraut.

Bei höheren Tieren, speziell bei Wirbeltieren, ist es nicht mehr die
Blutflüssigkeit als solche, sondern besondere darin enthaltene Zellen,
die Blutkörperchen, die als die Träger des Gaswechsels anzusehen
sind. In ihnen vollzieht sich, wenn sie in die Atmungsorgane durch den
Blutstrom getrieben werden, der Gaswechsel, und das einzelne Blutkörperchen kehrt als Sauerstoffträger zum Körper zurück. Es ist damit
in den meisten Fällen, z. B. bei den höheren Wirbeltieren sehr deutlich,
auch eine Änderung in der Färbung des Blutfarbstoffes wahrzunehmen.
Das mit Kohlensäure beladene Blut zeigt einen mehr violetten oder
bläulichen Ton, das sauerstoffhaltige, frische dagegen einen hellen
kirschroten Ton.

Die besonderen Einrichtungen, die am Tierkörper getroffen werden,
damit Körpergewebe und Organe entweder direkt oder indirekt durch
die Blutflüssigkeit, die zu ihnen führt, mit dem Sauerstoff des umgebenden Mediums in Berührung kommen, sind verschiedener Art,
je nach der Beschaffenheit des Mediums selbst, in dem die Tiere leben,

je nachdem also der Sauerstoff aus dem Wasser oder aus der Luft aufgenommen werden muß. Im Wasser atmende Organe werden im allgemeinen als Kiemen bezeichnet, luftatmende als Lungen. Als Beispiele sollen sowohl Angehörige der Gliedertiere als der Wirbeltiere, wie stets, hier besprochen werden; bei beiden Tiertypen gibt es sowohl wasser- wie luftatmende Vertreter.

Bei der Wasseratmung wird der Gaswechsel dadurch vervollkommnet, daß eine Vergrößerung der Körperoberfläche eintritt; das Prinzip der Kiemen ist also derart, daß das Körpergewebe gewissermaßen dem sauerstoffführenden Medium entgegenkommt und sich dann an bestimmten Stellen Falten und Ausstülpungen des Körpers bilden, eben die sog. Kiemen. In diese gehen dann die sauerstoffbedürftigen Gewebe des

Fig. 132. Bein des Flußkrebses mit anhängender Kieme
(Büschelfalten) nach Huxley.

Körpers selbst oder wenn ein Gefäßsystem gut entwickelt ist, dessen Adernetze, hinein. Bei den Crustaceen, von denen der Flußkrebs als Beispiel betrachtet werden soll (s. Fig. 113 u. 132), sind solche Kiemen gewöhnlich an den Beinen angebracht, in der Nähe von deren Einlenkungsstelle am Körper und als zahlreich und, wieder ihrerseits gefiederte Blättchen, die von Blutgefäßen durchströmt sind, deutlich zu erkennen. Diese zarten Blättchen, an denen das Chitin der übrigen Körperoberfläche aufs äußerste verdünnt ist, um den Gasaustausch zu ermöglichen, sind dann noch zum weiteren Schutz von einer Duplikatur des Körpers umgeben, die vom Rückenpanzer aus sich paarig um diese zarten Kiemenfiedern herumschlägt und eine besondere Kiemenhöhle, einen eigenen Atemraum um sie herum bildet (siehe auch Fig. 113).

Dies ist darum von Bedeutung, weil eine derartige Einrichtung auch den Übergang von der Wasseratmung zur Feuchtatmung und somit zum Landleben ermöglicht. Es kann der Atemraum durch ein vollständiges Anlegen der Schale gegen Verdunstung abgesperrt werden;

dadurch wird in ihm eine genügende Quantität Feuchtigkeit zurück-
behalten, um die zarten Kiemenblättchen vor dem Eintrocknen zu
schützen. So ausgestattete Tiere — das beweisen zahlreiche Vertreter
aus der gleichen Gruppe der Krebse (der Decapoden) — können dann
ans Land gehen; die Kiemenhöhle ist noch zunächst von Feuchtigkeit,
dann mehr mit Luft gefüllt, und die Atmung vollzieht sich in diesem
Medium. Möglicherweise sind die eigentümlichen luftführenden Räume
des Spinnenkörpers, die sog. „Lungenbücher", auf solche „Trocken-
kiemen" zurückzuführen.

Die Insekten dagegen vertreten unter den Arthropoden die eigentlichen Luftatmer, deren Atmungseinrichtungen nicht als umgewandelte
Kiemen aufzufassen sind. Bei ihnen ist das Prinzip durchgeführt, daß
nicht das Gewebe des Körpers dem sauerstoffführenden Medium, sondern
umgekehrt die Luft dem Gewebe entgegenkommt. Durch ein kompli-
ziertes Hohlraumsystem, die Tracheen oder Luftröhrchen, die ursprünglich in jedem Segment mit kleinen Öffnungen beginnen und sich in
immer feinere Kanäle und Kanälchen verzweigen, bis diese Endzweige
mit Luft gefüllt gleich einem Kapillarsystem die einzelnen Organe und
Gewebe umspinnen, wird der Sauerstoff bis ins Innere des Körpers
gebracht und die Kohlensäure herausbefördert. Die einzelnen Tracheen-
stämme können sich über die Segmente hinaus zu größeren Kanälen
vereinigen. Dadurch werden die zahlreichen, in fast jedem Segment,
z. B. bei den meisten Raupen, noch bestehenden Öffnungen überflüssig,
und es brauchen nur ein oder zwei Paar Hauptöffnungen erhalten zu
bleiben, durch die dann mit inneren Längsverbindungen der ganze
Körper versorgt wird. Diese Längsstämme können auch, namentlich
bei den fliegenden Insekten, zu besonders großen Räumen, Luftreservoirs, oder zu Organen der Gewichtsverlegung ausgedehnt sein.
Besondere Einrichtungen können sich ferner noch an den Außen-
öffnungen, den sog. Stigmen, befinden, wodurch ein Verschluß derselben
oder ein Schutz gegen Staub- und Fremdkörper gewährleistet wird. Die
Luftzufuhr geschieht bei den Insekten aber nicht einfach passiv, sondern
durch Muskelkontraktion der betreffenden Segmente, wie sich an den
Abschnitten des Hinterleibs deutlich zeigt. Man kann bei einem Insekt
diese Atmungsbewegung und Atmungsfrequenz deutlich feststellen. Bei
einem ruhenden oder kriechenden ist sie geringer, bei einem laufenden
oder gar fliegenden entsprechend der Intensität des Stoffwechsels bedeutend höher; sie beträgt z. B. bei einem Hirschkäfer 20 bis 25, bei
einer Libelle 50 bis 60 pro Minute; und auch die Temperatur des Körpers
ist entsprechend der Atmungsfrequenz bei fliegenden gesteigert gegen-

über kriechenden Formen, oder bei einem sich bewegenden Insekt gegenüber seinem ruhenden Zustand (siehe oben S. 260).

Bei der außerordentlichen Verzweigung dieses Luftkanalsystems ist eine Verzweigung des Blutgefäßsystems um so weniger ausgebildet. Die Insekten besitzen nur das am Rücken verlaufende röhrenförmige Gefäß (s. Fig. 129), das wenige Stämme größerer Adern besonders nach vorn abschickt, die sich dann aber gleich im allgemeinen Leibesraum

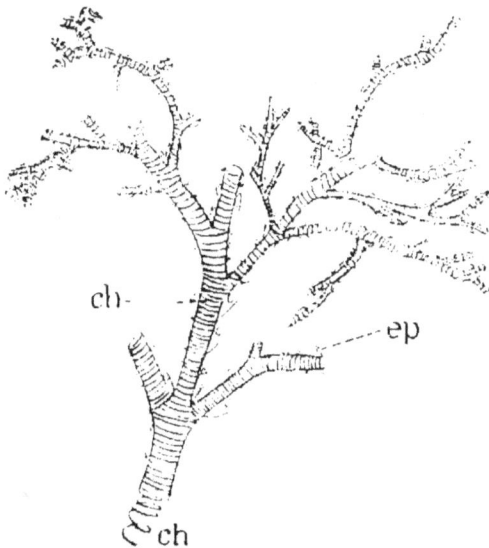

ch-

ep

f

lr K

lr

ch

Fig. 133. Verästelte Trachee eines Käfers.
ch = die stützende, spiralig angeordnete Chitinleiste,
ep = anliegende Zellen.

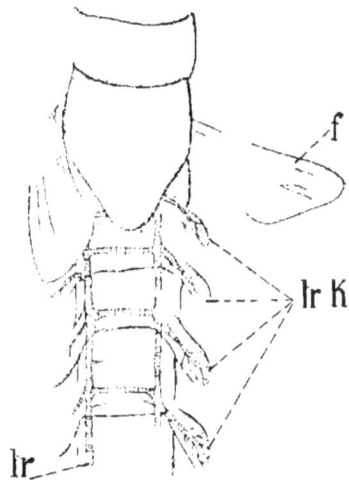

Fig. 134. Tracheenkiemen (tr k)
am Hinterleib einer Eintagsfliege
im Zusammenhang mit den
Tracheenstämmen (tr) des Körpers. f = Flügel (deren Geäder
tr — Tracheen).

verlieren, und aus dieser Leibeshöhle, zu der die Luftröhren hinziehen, nimmt dann das Röhrenherz durch Saugwirkung wieder das Blut auf. Wir haben also hier ein offenes oder lakunäres Blutgefäßsystem. Es bildet dies einen lehrreichen Gegensatz zu dem geschlosseneren Gefäßsystem der höheren Crustaceen (Flußkrebs), wo die Gefäße sich in immer feinere, aber mit Wandung versehene Röhrchen auflösen, die in den Kiemen selbst dem Sauerstoff entgegenkommen.

Manche Insekten zeigen auch sekundär eine Wasseratmung; es liegt aber dann keine eigentliche Kiemenatmung, sondern eine besondere Anpassung der Luftatmung vor, ebenso wie bei den Säugetieren, den Walen, die ins Wasser hinabgestiegen sind. Manche Insekten nehmen noch den Sauerstoff der Luft von der Oberfläche herab ins Wasser; bei

anderen aber sind die luftführenden Räume, die Tracheen, entsprechend
umgestaltet, und die Körperoberfläche an besonderen Stellen, in denen
sich solche Röhrchensysteme zahlreich verzweigen, vorgewölbt. Man
spricht darum, weil hier beide Prinzipien, die A u s faltung der Kiemen
und das E i n dringen der Tracheen in solchen Organen, miteinander
vereinigt sind, von »Tracheenkiemen« (siehe Fig. 134).

Bei den niedrigen W i r b e l t i e r e n , speziell bei den Fischen
und den Larven der Amphibien, die im Wasser leben, haben wir ebenfalls
eine Kiemenatmung nach dem Prinzip der Oberflächenvergrößerung.
Das zeigt sich insbesondere bei den äußeren Kiemen der Amphibien-
larven (s. Fig. 191), die gleich gefiederten Pflanzenblättchen in das Wasser
herausragen und von feinen Blutadernetzen dicht durchzogen sind. Bei
den Wirbeltieren kommt aber als etwas Neues noch die Beziehung zum
Vorder- oder M u n d darm hinzu. Es hängt dies mit der Notwendigkeit
der Erneuerung des Atemwassers zusammen. Bei den Crustaceen geschieht diese durch die Anbringung der Kiemen an den Beinen schon
ohnehin bei deren Bewegung beim Schwimmen und beim Laufen; man
kann aber auch bei ruhigen Crustaceen beobachten, daß gerade die mit
Kiemen versehenen Beine beständig hin und her bewegt werden. Bei den
Wirbeltieren ist die Wassererneuerung dadurch ermöglicht, daß innere
Kiemen sich als Seitentaschen der Vorderdarmhöhle bilden; diese brechen
dann nach außen durch, sodaß beim Schwimmen mit geöffnetem Maul
Wasser durch den Mund z u - und durch die erwähnten Kiemendurch-
brüche a b fließt. Die Spalten sind gestützt und klaffend gehalten durch
besondere Knorpel- oder Knochenspangen und, da in ihnen die sehr zarten
Kiemenblättchen mit den feinen Verzweigungen der Blutgefäße liegen,
nach innen gegen die Mundhöhle zu gewöhnlich durch eine Art Reuse
geschützt, um gröbere Teile der Nahrung, die mit dem Wasser herein-
kommen, abzuhalten. Man kann je nach der Art dieses Reusenapparates
bei zahlreichen Fischen auch auf die Art der Nahrung schließen. Die
allgemeine Anordnung der Fischkieme läßt sich leicht von einem unserer
Marktfische nach Abheben des Kiemendeckels und Zerzupfen eines einzelnen Blättchens unter dem Mikroskop zeigen; die besondere Anordnung der Gefäße wird durch einen schematischen Querschnitt durch ein
einzelnes der zahlreichen Kiemenblättchen ersichtlich (Fig. 135).

Bei der L u n g e n atmung der Wirbeltiere sind die beiden Prinzipien, das Zuführen des Sauerstoffs durch ein Röhrensystem und das
Entgegenkommen des Körpergewebes resp. des Blutgefäßsystems zum
Sauerstoff miteinander funktionell vereinigt. Vom Mund an geht ein
besonderer Kanal, der sich paarig anlegt, in den vorderen Teil des Kör-

pers hinein, die sog. Lunge. Nach Lage und Anlage entspricht diese, wie sich durch den Vergleich zahlreicher Wirbeltiere und durch die Entwicklungsgeschichte zeigen läßt, sowohl einem hinteren Paar Kiementaschen, als auch wahrscheinlich der Schwimmblase der Fische. In diesen sackartigen Doppelraum treten nun in besonderer feinster Ver-

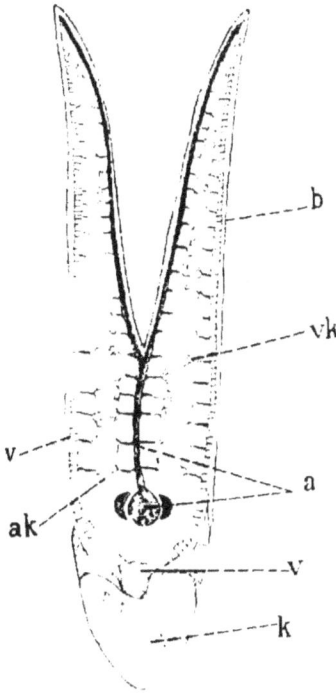

Fig. 135. Schnitt durch ein Kiemenblättchen (b) eines Knochenfisches. k stützender knöcherner Kiemenbogen, a zuführendes, v abführendes Gefäß mit entsprechenden Kapillarnetzen (ak, vk) (nach Cuvier und Claus).

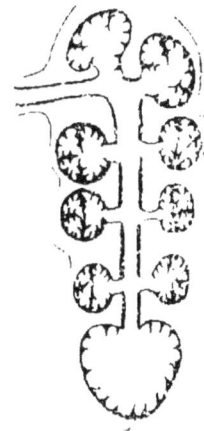

Fig. 136. Schema der Ausfaltung und Respirationsvergrößerung in der Wirbeltierlunge (Reptil) nach Moser.

zweigung Blutgefäße heran, um hier ihre Kohlensäure gegen Sauerstoff einzutauschen. Eine weitere Oberflächenvergrößerung ist dadurch ermöglicht, daß in diesen Säcken zahlreiche Ausfaltungen und Einbuchtungen angelegt werden, so daß die zugeführten Atemgefäße eine viel größere Fläche zur Ausbreitung finden (Fig. 136). Man kann eine solche Weiterentwicklung der Lungen namentlich von den Reptilien an aufwärts finden. Sie steht, wie die ganze Ausbildung des Luftröhrensystems, im Zusammenhang mit dem im Gegensatz zu Wassertieren, bei Landtieren immer lebhafteren Stoffwechsel, der schließlich

auch zu einer besonderen Wärmeentwicklung und zum Festhalten
der Eigenwärme bei den höheren Landbewohnern, den Säugetieren
und Vögeln, geführt hat (siehe oben).

Mit der Umänderung, die die Luftatmung mit sich bringt, muß
notwendigerweise auch eine Umänderung im Gefäßsystem verbunden
sein. Bei den wasseratmenden Wirbeltieren führt vom Herzen ein
großer Gefäßstamm nach vorn, der sich der Zahl der Kiemen entsprechend
in Seitenäste auflöst, um dann die eigentlichen Endgefäße an die Kiemen
abzugeben. (Siehe Fig. 130.) Bei der vollkommensten Lungenatmung finden wir statt des unpaaren ein Doppelherz, bei dem
sowohl die Vorkammer wie der Herzraum selbst paarig entwickelt
sind. Aus der einen Herzkammer geht ein Hauptgefäß in die Organe des Körpers ab, aus der andern eine Hauptarterie, die sich
zweigabelt für die Lungen. (Siehe Fig. 131.) Bei den Amphibien,
die ja in der Jugend durch Kiemen, später durch Lungen atmen, zeigt
das Gefäßsystem eine Zwischenstellung. Die Herzkammer ist noch
einfach, nur die Vorkammer verdoppelt. Die Gefäße sind zur Zeit der
Kiemenatmung noch wie bei den Fischen angeordnet, werden aber dann
für die Lungenatmung umgeformt, allerdings in einer zunächst noch
unvollkommenen Weise. Aber auch die höheren Wirbeltiere, sogar die
Säuger und Vögel, zeigen in ihrer Entwicklung nicht nur die Andeutung
von Kiemenspalten selbst, sondern auch die Anlage eines Gefäßsystems
in einer Anordnung, wie wenn es für Kiemenatmung dienen sollte; ein
unpaares Herz, einen nach vorn gehenden Gefäßstamm mit den
entsprechenden Bögen; erst durch verwickelte Umgestaltungen und
durch Zugrundegehen einzelner Teile dieses Bogensystems wird es
in das definitive Gefäßsystem übergeführt, ebenso wie sich die
Kiemenspalten während dieser Zeit rückbilden oder eine andere
Funktion annehmen.

Bei den Luftatmern kommt es auch zur Ausbildung eines besonderen Zufuhrwegs in die Atmungsorgane, so daß die Luft nicht mehr wie
die Nahrung vom Mund her dem Körper eingeführt zu werden braucht.
Dieser Zufuhrweg wird dadurch ermöglicht, daß die ursprünglich außen
befindliche Riechgrube (s. Kap. 20) sich weiter nach innen einsenkt und
in die Mundhöhle durchbricht, und daß dann dieser Nasenweg in direkte
Beziehung mit der Stelle tritt, wo die Luftröhre als Verbindung der Lunge
von der Mundhöhle abgeht. Es kommt dadurch eine teilweise Kreuzung
von Luft- und Speiseweg und nachfolgende Trennung zustande. Zu
gleicher Zeit bedingt diese Anordnung eine Kontrolle sowohl der
Atemluft wie der eingeführten Nahrung durch das Riechorgan (Fig. 137).

Durch die Luftatmung wird auch die Mechanik der Aufnahme des Sauerstoffes etwas geändert. Er kommt nicht mehr von selbst passiv an die betreffenden Stellen, sondern es wird durch aktive Bewegung des Tierkörpers in verschiedener Weise bei verschiedenen Tiergruppen die Luft hineingepumpt. Bei den Amphibien wird sie noch direkt geschluckt; es spielt auch die Atmung der Mundhöhle, in deren Wand ebenfalls ein reiches Kapillarnetz, vergleichbar dem Kiemennetz liegt,

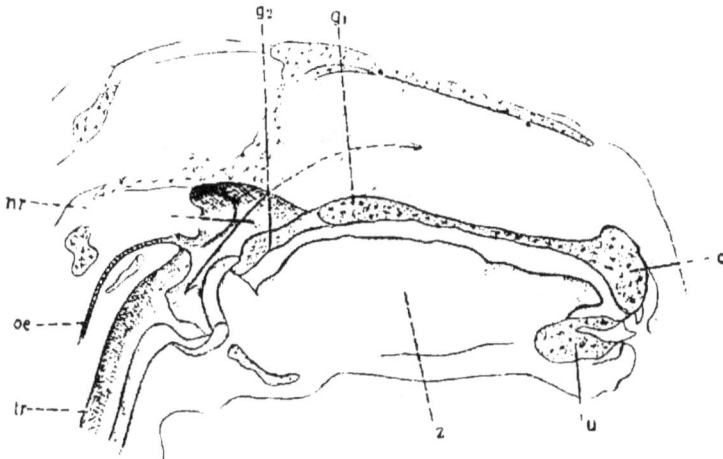

Fig. 137. Medianschnitt durch den Pferdekopf (nach Rückert und Weber). Der Pfeil zeigt die Verbindung an Kehlkopf und Nasengang, z = Zunge, o = Ober-, u = Unterkiefer, tr Luftröhre, oe = Speiseröhre, nr = Nasenrachenraum, g₁ und g₂ harter und weicher Gaumen.

eine wichtige Rolle neben der Lungenatmung. Von den Reptilien aufwärts kommt ein vervollkommneter Mechanismus der Atembewegung dadurch zustande, daß der Leibesraum, in dem die Lungen liegen, durch Druck von außen verengert und durch Nachlassen dieses Druckes wieder erweitert wird. Es ist das dadurch ermöglicht, daß die den Brustraum umgreifenden Rippen beweglich an der Wirbelsäule angebracht sind und nach vorn zusammenschließen. Die Wirkung ist also einer Saugpumpe zu vergleichen, indem beim Zusammenziehen Luft ausgepreßt und bei der Erweiterung beim Einatmen Luft durch diesen negativen Druck hereingesaugt wird.

Bei den Vögeln und bei den Säugetieren ist dieser Mechanismus noch weiter ausgebildet. Bei den Vögeln insbesondere ist eine Komplikation dadurch gegeben, daß die Atmung auf verschiedene Weise geschieht,

je nachdem der Vogel sich im Ruhezustande befindet oder nur läuft
oder je nachdem er fliegt. In den ersteren Fällen geschieht dies nach
den bei den Reptilien erörterten Prinzipien; im andern Fall treten die bei
den Vögeln ganz extrem entwickelten Blindsäcke der Lungen in Funktion.
Diese bilden lange und tiefe Ausstülpungen, die sich überallhin zwischen
die Gewebe und Eingeweide, ja bis ins Innere der großen Röhrenknochen
erstrecken können. Dadurch werden nicht nur luftführende Räume im
Innern des Körpers gebildet zur Erleichterung der Körpermasse
beim Fliegen (besonders lufthaltige Knochen), sondern es wird dadurch auch eine Atmung für den ganzen Körper während des Flugs
ermöglicht. Bei diesem muß das Brustbein wegen der daran an-
setzenden tätigen Flugmuskeln in Ruhe stehen und darum die Rippenatmung so lang unterbleiben; ein Gasaustausch kommt dann zum Teil
dadurch zustande, daß bei der energischen Flugbewegung der Vogel mit
seinen Atmungsorganen gewissermaßen der Luft entgegenfliegt, und
daß ferner die Blindsäcke als Luftreservoirs dienen, für deren zeitweise
Ausleerung darnach auch durch die Bauchmuskulatur gesorgt wird.

Bei den Säugetieren tritt eine Vervollkommnung des Atmungs-
mechanismus dadurch ein, daß zur Rippenatmung noch als Unter-
stützung eine besondere Muskelwand dazukommt, die sich in der
Leibeshöhle zwischen Brustteil und Bauchteil entwickelt und ausspannt,
das Zwerchfell. Durch dessen Bewegung kommt ebenfalls eine entsprechende Verkleinerung oder Erweiterung des Brustraumes und damit
ein Ansaugen von Luft zustande. In einzelnen Säugetiergruppen kann
der Anteil der Rippenatmung resp. der Zwerchfellatmung verschieden
sein, ist dies sogar noch beim Menschen nach Geschlechtern, indem beim
weiblichen Geschlecht, z. B. wegen der Schonung der Baucheingeweide
die Rippenatmung, beim männlichen Geschlecht die Zwerchfellatmung
überwiegt; jedoch reicht diese bei größerer Beanspruchung nicht aus,
daher die heftigen, auch äußerlich sichtbaren Bewegungen des Brust-
korbes bei Erregungen.

Mit den Luftatmungsorganen stehen auch bei zahlreichen Gruppen
der Wirbeltiere Organe zur Schallerzeugung, sog. Stimmapparate, in
Verbindung. Es sind dies dem Bauplan nach elastische Membranen, die
an besonderen Stellen der Luftröhre angebracht sind und durch die
Atemluft in Schwingung versetzt werden, bei den Säugern im Beginn
(Kehlkopf), bei den Vögeln mehr am Grunde der Luftröhre. Durch Hilfsapparate, vorspringende Knorpel, Zusammentreten verschieden großer
solcher Membranen und Bänder können zahlreiche Komplikationen
eintreten und alle Verschiedenheiten der Stimme hervorgebracht werden.

C. Exkretionssystem und Genitalorgane.

Allgemeine Bedeutung der Exkretion, ihre stufenweise Beziehung zu Körpergewebe (Parenchym), einer besonderen Leibeshöhlenflüssigkeit und dem Blut. Die segmentalen Gefäße der Würmer, die Malphighischen Röhren der Insekten, die segmentale und die kompakte Niere der Wirbeltiere. Physiologische Beziehung der Genitalwege zu dem Exkretionssystem. Genital z e l l e n und Genital o r g a n e. Verschiedenheit der Geschlechtszellen, Geschlechtsorgane und sekundären Geschlechtscharaktere bei Männchen und Weibchen. Geschlechtsorgane der Insekten und der Wirbeltiere als besondere Beispiele.

Ein weiteres Organsystem, das mit dem Stoffwechsel in direkter Beziehung steht, ist das Exkretionssystem, durch welches die für den Körper unbrauchbar gewordenen Stoffe nach außen befördert werden sollen. Es dürfen diese nicht mit solchen verwechselt werden, die von der Nahrung selbst als unbrauchbar zurückgeblieben sind, und vom Darm aus durch den After entfernt werden, sondern es handelt sich hier um solche Stoffe, die nach Umwandlung und Ausnutzung der Nährsäfte im Körper zurückbleiben, also um die Endprodukte jenes Stoffumsatzes, durch den der Energieaufwand des Organismus überhaupt erst ermöglicht wird. Da es sich dabei um Endprodukte einer chemischen Zerlegung handelt, in deren Verlauf Kräfte frei werden, so sind diese Endprodukte in chemischer Beziehung viel einfacher gebaut als die Nährstoffe selbst. Die Fette und Kohlehydrate werden im Kräfteverbrauch des Tierkörpers meist vollständig abgebaut, und es bleibt von ihnen außer Wasser meist nur die Kohlensäure, die bei der Atmung entfernt wird. Von den Eiweißstoffen bleibt dagegen der Stickstoff in Verbindung mit anderen Elementen zurück, in Form von organischen Verbindungen, die als »Harnstoffe im weiteren Sinn« bezeichnet werden können. Diese Harnstoffe sind bei verschiedenen Tiergruppen je nach der Ernährungsweise etwas verschieden, es gehört zu ihnen Harnstoff im engeren Sinn, die Harnsäure, die Hippursäure usw. Würden diese Stoffe im Körper zurückbleiben, so würden sie eine direkte Giftwirkung ausüben, wie durch Experimente am Plasmaleib einzelner Zellen, und durch das Verhalten bei Nierenkrankheiten, wo tatsächlich Harnstoffe im Blut zurückbleiben, erwiesen ist. Es sind deshalb, je nach der sonstigen Organisation des Tierkörpers, Einrichtungen getroffen, um diese Stoffe aus dem Körper zu entfernen.

Bei den niederen Würmern haben wir gesehen, daß ein Kanalsystem, vergleichbar den Kloakenröhren einer Stadt, sich mit feinen

Verästelungen durch das ganze Körperparenchym zieht und mit den bei der Ausscheidung tätigen Zellen blind endet. Wo eine besondere Körperflüssigkeit in einer Leibeshöhle vorhanden ist, da können aus dieser heraus die Ausscheidungsstoffe entnommen werden, wie bereits bei den höheren Würmern erörtert wurde. Auch die Ausscheidungs- organe der wasserbewohnenden Arthroproden, der Krebse, lassen sich noch auf solche Kanälchen, die mit Trichtern in der Leibeshöhle beginnen und dann in der Haut münden, zurückführen. Wo aber eine spezielle Blutflüssigkeit ausgebildet ist, da übernimmt diese die Ver- mittlerrolle und die Ausscheidungskanäle treten mit den Blutgefäßen zu besonderen Organen zusammen, die dann als Nieren bezeichnet werden. Bei verschiedenen Gruppen der Wirbellosen kommt bereits statt der Leibeshöhle eine mehr oder minder innige Verbindung der Exkretionskanäle mit den Blutgefäßen in Betracht. Gerade aber bei den Insekten zeigt sich hierin ähnlich wie bei den Atmungsorganen eine charakteristische Umbildung. Da bei ihnen ein eigentliches Blut- gefäßsystem kaum entwickelt ist, sondern nur das Röhrenherz, das direkt mit der Leibeshöhle in Beziehung steht, so kann auch keine solche Verbindung von Exkretionskanälen mit Gefäßen zustandekommen, sondern es bildet sich, wie für die Atmung, ein besonderes Kanalsystem, das direkt an die Gewebe herangeht. Dies besteht aus zahlreichen feinen Röhrchen, die vom Enddarm aus, an dessen Vereinigungszellen mit dem Mitteldarm, sich zwischen das übrige Körpergewebe und die Organsysteme hineindrängen und von überallher die auszuscheidenden Stoffe aufzunehmen, (vgl. auch Fig. 121 ex), vergleichbar im Prinzip dem Kloakensystem der niederen Würmer, aber anders in der mikroskopischen Struktur. Bei den Arthropoden gibt es, entsprechend der Chitin- bedeckung, im ganzen Körper, weder außen noch innen, Zellen mit Flimmern oder Geißelhaaren, sondern die Zellen dieser Exkretionsorgane der Insekten sind mit einem dünnen Chitinhäutchen überkleidet. Sie nehmen aber doch durch eigene Plasmatätigkeit Stoffe auf, und in ihrem Innern sind, ebenso wie im Hohlraum der Schläuche, die »Malpighische Gefäße« genannt werden Harnstoffe in Verbindung mit Natrium- und anderen Salzen nachgewiesen. (Fig. 138.)

Bei den allerniedrigsten Wirbeltieren kommen noch Aus- scheidungsorgane, die mit der Leibeshöhle in Verbindung stehen und mit solchen flimmernden Zellen beginnen, vor, entsprechend denen der höheren Würmer. Auch bei den höheren Wirbeltieren, selbst bei den Säugern, sind solche noch in der Entwicklung nachweisbar. Im ganzen zeichnet sich aber das Exkretionssystem der Wirbeltiere durch seine innige Beziehung zu besonderen Blutgefäßschlingen aus, die zuerst in Abständen s e g m e n t a l angeordnet liegen, dann aber sich vermehren und dichter zusammenrücken, um einen kompakten Körper — die Niere — zu bilden. Die einzelnen Körperchen (Fig. 139), auch hier nach dem Anatomen Malpighi genannt, sind dadurch charakterisiert, daß sich ein dicht gewundener Knäuel (*gl*) von sehr feinen Blutgefäßen von außen her in die Wand eines Exkretionskanälchens (*c*) hineinsenkt, und dadurch dessen Zellen Gelegenheit gibt, die im Blut vorbereiteten Ausscheidungsstoffe aufzunehmen. Es handelt sich teilweise um Harn-

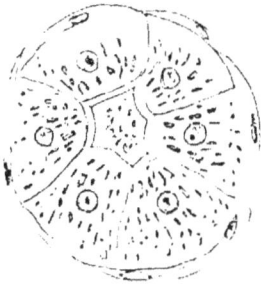

Fig. 138. Schnitt durch ein Malpighisches Gefäß eines Insekts (schematisch). In den Zellen sowie im Hohlraum krystallinische Harnausscheidungen.

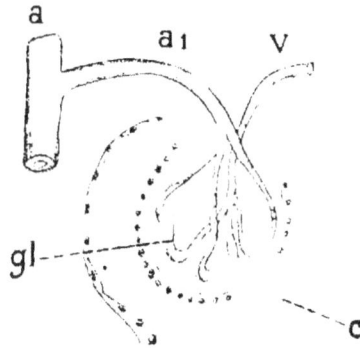

Fig. 139. Schema eines Malpighischen Körpers vom Säugetier. a Blutgefäß mit zuleitendem (a₁), verzweigtem (gl) und abführendem (v) Teil, c Hohlraum des Harnkanälchens.

stoffe, besonders in dem anschließenden Teil, den sog. g e w u n d e n e n Kanälchen, teilweise um Harnwasser, das stets eine entsprechende Verdünnung herbeiführt und damit die Stoffabgabe chemisch ermöglicht. In einem weiteren Teil eines solchen Kanälchens, der gestreckt verläuft, wird sodann der ausgeschiedene Harnstoff in den Sammelgang abgeleitet. Zahlreiche solcher Kanälchen und Sammelgänge bilden dann in festem Aneinanderschluß eine Niere. Trotz der Zusammendrängung ist eine gewisse Ordnung insofern gewahrt, als von allen Kanälchen die Malpighischen Körperchen, Gefäßknäuel samt den gewundenen Strecken einerseits, und die gerade verlaufenden Strecken anderseits, in bestimmte Regionen zu liegen kommen, so daß dies sich schon bei einem groben Schnitt der Niere geltend macht, indem in einer anders gefärbten Substanz, mehr nach dem Rand zu, die gefäßreichen Teile, dagegen nach innen zu die kanälchenreichen Teile zusammengepackt liegen. (Fig. 140.) Bei höheren Wirbeltieren sind solche Nieren als feste Körper, paarig außerhalb der eigentlichen Leibeshöhle liegend, zu erkennen, und die Ausführgänge zu einem gemeinsamen

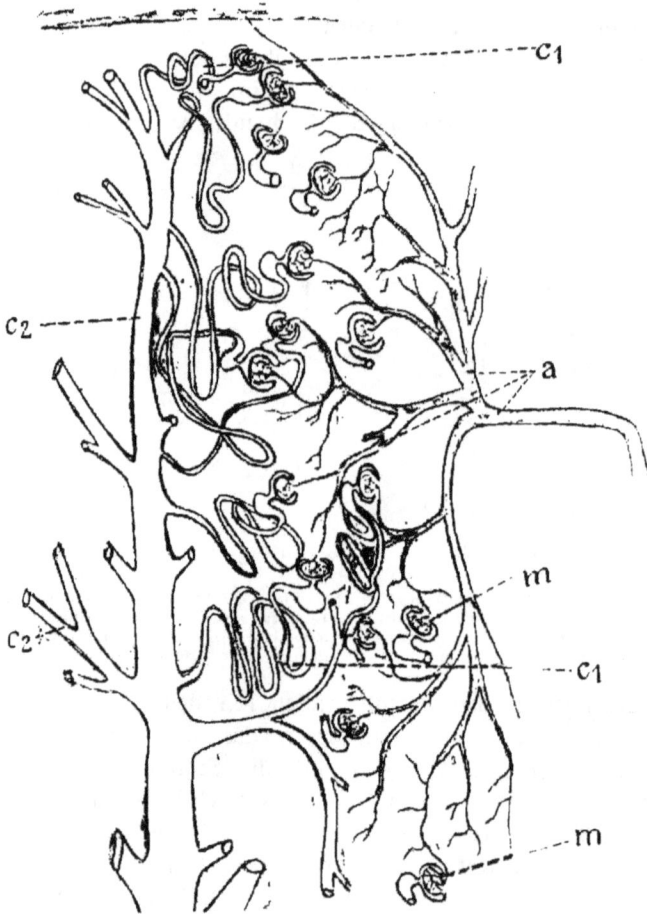

Fig. 140. Schematischer Schnitt durch die Säugerniere: auf der rechten Seite Blutgefäß (a) mit Verästelungen, die zu den Malpighischen Körperchen (m) führen; dann gewundene Kanälchen (c_1), links die geraden, sich allmählich zu Sammelgängen vereinigenden Kanälchen (c_2).

Sammelweg verbunden, der zu einem Reservoir, der Harnblase, erweitert ist, worin die ausgeschiedene Flüssigkeit eine Zeitlang zurückgehalten werden kann. Die Vögel haben keine Harnblase. Bei den Säugetieren hat der gemeinsame Sammelgang auch eine besondere Ausleitung, die

Harnröhre. Bei Reptilien und Vögeln besteht aber noch eine gemeinsame Öffnung für Enddarm und Harnröhre, die sog. Kloake. Erst durch die Ausbildung eines Damms (s. S. 281) ist bei den Säugetieren die erwähnte Trennung gegeben.

An die Organe des Stoffwechsels und speziell der Ausscheidung werden gewöhnlich auch die Geschlechtsorgane angeschlossen. Schon deswegen, weil in ihnen besonders nachhaltig Stoffe benötigt und umgesetzt werden, und weil ferner die Geschlechtsprodukte selbst, gleich Exkreten, schließlich nach außen befördert werden, als ein Material, das für den Körper selbst zu seinem individuellen Leben nicht mehr in Betracht kommt. Es besteht jedoch ein großer und prinzipieller Unterschied zwischen solchen Geschlechtsprodukten und gewöhnlichen Exkretstoffen. Letztere sind ein formloses unorganisiertes Material, diese aber etwas Organisches, Lebendiges, sei es nun, daß es sich um die männlichen Fortpflanzungszellen, die Spermatozoen handelt, die selbständiger Fortbewegung fähig sind, oder um Eier, die sich nach der Befruchtung zum Entwicklungsgang anschicken. So werden in vielen Fällen nicht gewöhnliche Eier, sondern bereits »angegangene« aus dem Körper herausbefördert, in manchen Fällen schon ein weiter gediehener Embryo, der bald die Eischale sprengen kann, in wieder anderen Fällen sogar schon ein lebendiges Junge. In solchen Fällen ist es natürlich leicht einzusehen, daß die Ausstoßung eines derartig lebendigen Wesens nicht mit der einfachen Ausscheidung von Exkretstoffen verglichen werden darf. Aber zwischen solchen lebendigen Jungen und einem einfachen Ei sind alle Übergänge vorhanden, und auch das unbefruchtete Ei, das viele Tiere z. B. des Meeres direkt aus dem Körper ins Seewasser ausstoßen, ist etwas Lebendiges und Geformtes.

Männliche und weibliche Genitalprodukte, Sperma wie Eier, werden ferner nicht erst wie die Ausscheidungsprodukte, innerhalb des individuellen Lebens im Stoffwechsel neu erzeugt, sondern sie rühren von Zellmaterial her, das nach den eigentlichen Entwicklungsvorgängen, nach der Ausgestaltung der übrigen Zellen zu Geweben und Organen, gewissermaßen indifferent, übrig geblieben ist, wie dies noch unten zu erörtern ist (Kap. 22 Fig. 194 u. 195). Diese indifferenten Zellen, die den Zusammenhang von einer Generation zur anderen vermitteln, kommen bei den dreischichtigen Tieren, wie erörtert, in die mittlere Schicht zu liegen. Eine besondere Bergungsstätte um sie herum ist mit dem Auftreten einer Leibeshöhle gegeben, und bei gegliederten Tieren können eine Anzahl solcher Höhlungen mit Genitalzellen, im Körper hintereinander liegen. Bei weiterer Ausbildung gruppieren sich diese Zellen zusammen,

werden von besonderer Hülle umschlossen und bilden somit abgegrenzte
Organe, die Geschlechtsdrüsen oder Gonaden. In diesen selbst sind
aber die umhüllenden, stützenden und ernährenden Gewebe wohl zu
unterscheiden von dem eigentlichen I n h a l t der Gonade, von den
Geschlechtszellen. Die letzteren stellen ein Material für sich dar, dem
nichts anderes im Körper zu vergleichen ist, die ersteren, resp. die
Gonade als Ganzes, bilden ein Organsystem, wie jedes andere im
Körper, auch an dem Stoffwechsel des Ganzen sich beteiligend, mit
dem Individuum lebend und zugrunde gehend.

Zu dieser Gonade kommen nun noch in mehr oder weniger inniger
Verbindung Ausfuhrwege dazu. Sie sind teilweise schon dadurch gegeben, daß aus der Leibeshöhle für die Exkretstoffe Ausfuhrwege vorhanden sind, und daß so in vielen Fällen ein gemeinsamer Abfuhrgang
sowohl für die Geschlechtsstoffe wie für die Harnstoffe dienen kann.
Ebenso wie das umhüllende Gewebe der Gonade aus den Zellen der
Leibeshöhle stammt, so rührt auch der Ausfuhrweg aus solchen Zellen
her, und ihm kann noch ein kleines Gangstückchen von außen her von
der Haut entgegenkommen. Ursprünglich segmental angeordnete
Ausfuhrwege können sich zu einem Sammelgang vereinigen und dann
erst nach außen führen; gerade in der Entwicklung der Wirbeltiere
kann man beobachten, daß es die Ausführgänge der segmental angeordneten embryonalen Nieren sind, die sich zusammenfinden und
dann zu den Ausfuhrwegen der Geschlechtsprodukte werden. (Fig. 143 eg.)

Die Genitalzellen sind je nach dem Geschlecht verschieden. Bei
den männlichen Tieren sind es sehr kleine, durch wiederholte Teilung
aus den Urgeschlechtszellen hervorgegangene Spermazellen, die durch
besondere Gestaltung des Protoplasmas, meist Ausbildung einer großen
Geißel, einer Eigenbewegung fähig sind, um das andere Geschlecht
aufzusuchen. Im weiblichen Geschlecht sind es meist größere Zellen,
die Eier, die noch durch besondere Umstände (Ernährung aus Nachbargewebe oder direkte Aufnahme von Zellmaterial) an Umfang und Inhalt
während des Verbleibens im mütterlichen Körper zunehmen können.
Es kann sich eigentümlicherweise aus mehreren nebeneinanderliegenden
Eizellen, denen man zunächst keine Ungleichheit ansieht, schließlich
doch nur eine zum wirklichen befruchtungsfähigen Ei entwickeln, über
die andern obsiegen und diese während der Periode des Heranwachsens
als Nährmaterial aufbrauchen. Auf diese Weise können Eier eine große
Masse von nicht eigentlich plasmatischem Material, dem sog. Dotter,
bilden: dieser dient während der ersten Entwicklung, solange das Ei
resp. der Embryo nicht selbständiger Nahrungsaufnahme fähig ist,

als Kraftquelle und geht schließlich mit seinen Resten in den Darm des neugebildeten Tieres über.

Männliche und weibliche Geschlechtszellen können in ein und demselben Individuum vorkommen. Meist aber sind sie auf verschiedene Individuen verteilt, Zwitterbildung ist im Tierreich ungewöhnlich. Sie stellt auch, wo sie vorkommt, kein niedriges oder ursprüngliches Verhalten dar, denn selbst bei den Protozoen gibt es, wie früher erörtert, zeitweise Unterschiede zwischen männlichen und weiblichen Individuen. Auch bei den Pflanzentieren, namentlich den freibeweglichen, z. B. den Medusen, sind männliche und weibliche Geschlechtsstoffe auf zweierlei Individuen verteilt. Niedrige Würmer, speziell auch die parasitischen Bandwürmer, zeigen hierin wieder einen Rückschritt, indem in einem Glied Eierstöcke und Hoden nebeneinander vorkommen, und sogar eine Selbstbegattung möglich ist. Auch bei den Mollusken kommen solche Zwitterdrüsen vor, während bei den Arthropoden und Wirbeltieren die Trennung der Geschlechter die Regel ist.

Durch die Verschiedenheit der Geschlechtsprodukte ist auch eine Verschiedenheit des ganzen Körpers bedingt. (Vgl. z. B. einen männlichen und weiblichen Spinner bei den Schmetterlingen.) Zunächst in den eigentlichen Gonaden selbst. Die Hoden als Behälter für die kleinen, wenn auch noch so zahlreichen Spermatozoen nehmen naturgemäß meist nicht so viel Platz weg wie die Ovarien, in denen größere, eventuell sogar dotterreiche Eier zu liegen kommen. Auch die Ausführwege und deren Anhangsorgane müssen verschieden gestaltet sein; bei den einen kommen Drüsen zur Flüssig- und Lebendigerhaltung des Samens hinzu, bei den anderen Drüsen, in denen Eihüllen erzeugt werden. Die Weite der Ausführwege ist natürlich ebenfalls verschieden und ebenso die äußeren Organe, die beim männlichen Geschlecht zur Übertragung des Samens, beim weiblichen zur Aufnahme desselben bestimmt sind. Alle diese Unterschiede, die direkt mit der Ausübung der Geschlechtsfunktion zusammenhängen und auch Unterschiede im äußeren Habitus des Körpers bedingen, werden als primäre Sexualcharaktere bezeichnet. Ihnen stehen andere Unterschiede, die sog. sekundären Sexualcharaktere gegenüber, die mit der Ausübung der Geschlechtsfunktion nur indirekt zu tun haben, z. B. dem Anlocken oder Reizen des einen Geschlechts durch das andere, bestimmt sind, zum Aufsuchen oder zum Festhalten (Spür- oder Klammerorgane), oder auch zur Entscheidung der Rivalität unter den Männchen. Zu letzteren gehören Geweihe der Hirsche, Sporen des Hahnes, zu den ersteren duftzeugende Apparate oder tonerzeugende, wie sie bei Insekten und Vögeln besonders verbreitet sind.

Es ist eine interessante Streitfrage, ob diese sekundären Sexual-charaktere ebenfalls durch die Geschlechtsorgane selbst bedingt sind, ob also mit Kastration solche äußeren Anzeichen der Männlichkeit verschwinden, wie z. B. es bei Wirbeltieren den Anschein hat oder nicht, wie es bei Insekten der Fall zu sein scheint.

Beispiele des Baues der Geschlechtsorgane sollen wieder den Insekten einerseits und Wirbeltieren anderseits entnommen sein. Man hat sich dabei vorzuhalten, daß die Grundzüge der Organisation, die einzelnen Teile der Gonaden, im männlichen und weiblichen Geschlecht die gleichen sind, und daß die gleichen Teile nur der Leistung entsprechend

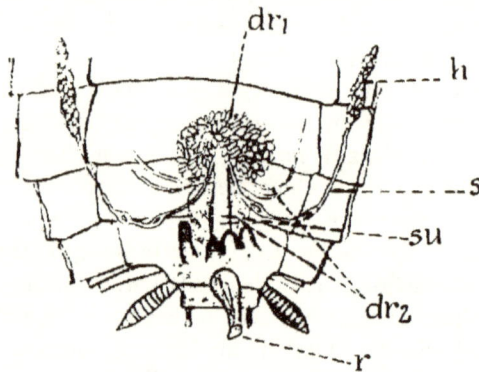

Fig. 141. Männliche Küchenschabe. Hinterleibsende geöffnet und mit zurückgeschlagenen Schildern. h   Hoden, s   paariger, su = unpaar vereinigter Ausführweg, dr$_1$ und dr$_2$ = verschiedenartige Anhangsdrüsen, r   abgeschnittener Enddarm.

eine Veränderung erfahren haben. Bei den Insekten besteht keinerlei Beziehung der Gonaden zu den Exkretionsorganen. Bei der Küchenschabe (Fig. 141) liegen die Hodenschläuche jederseits zu mehreren zu einem kompakten Körper vereinigt (h), also paarig in der Leibeshöhlung, als selbständige, isolierbare Organe. Aus jedem der beiden Hoden führt ein Sammelgang nach abwärts, so daß ein unpaarer Endkanal gebildet wird; an und vor der Vereinigungsstelle münden besondere Drüsen aus (dr$_1$ u. dr$_2$), je nachdem den Samen flüssig erhaltend oder auch ihn mit einer besonderen Hülle noch umgebend. Der Endkanal ist mit Chitin ausgekleidet, und mit solch hartem Chitin versehen sind auch die äußeren bei den Käfern z. B. sehr verschiedenartig gestalteten Anhangsorgane, die zur Begattung, als paarig zusammengesetzte Penis dienen. Beim Weibchen (Fig. 142) liegen in entsprechender Weise auf jeder Körperseite mehrere Stränge von Eiröhrchen als Ovarium (*ov*).

Die Eileiter jederseits vereinigen sich auch hier zu einem unpaaren Gang, dem Ovidukt (s), von dem aus eine mit Chitin ausgekleidete Endröhre *(su)* nach außen leitet. Diese Endröhre enthält eine besondere Erweiterung (Scheide) oder einen Blindsack zurAufnahme des männlichen Begattungsorganes und bei vielen Insekten eine weitere seitliche Blase, in der das Sperma eine Zeitlang aufbewahrt werden kann. Im oberen Teil der Röhre münden drüsige Zellen, die schon vorher um das Ei

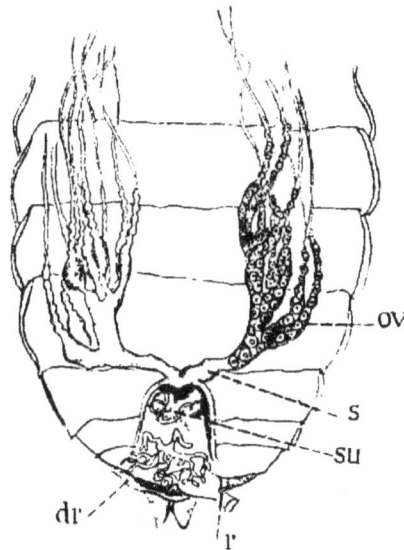

Fig. 142. Weibliche Küchenschabe, Hinterende aufgeschnitten.
ov = zum Ovarium vereinigte Eiröhren, s = paariger Ausfuhrweg, su   unpaarer Ausfuhrweg mit Scheide, dr   Anhangsdrüsen, r — abgeschnittener Enddarm.

herum eine härtere Chitinhülle ausscheiden. Der Eintritt der Spermatozoen in das Ei ist aber dennoch ermöglicht, indem diese Chitinhülle an einer besonderen Stelle, meist noch durch äußere Fortsätze gekennzeichnet, eine Öffnung zeigt.

Das erwähnte Verhalten der Samenblase als aufbewahrenden Anhangsorgans im weiblichen Geschlechtsapparat ist für die Biologie verschiedener Insekten von großer Wichtigkeit. Es braucht auf diese Weise ein Weibchen nur einmal befruchtet zu werden und hat dann einen Spermavorrat für die ganze übrige Lebensdauer. Die Vorrichtung ermöglicht es unter Umständen, eine Befruchtung des Eies zu vollziehen oder zu unterlassen. Die Eier gleiten bei ihrem Weg nach außen an der Einmündungsstelle der Samentasche vorbei. Durch einen Druck kann nun von deren Inhalt etwas ausgepreßt werden und so ein Spermatozoon dem Ei zukommen, oder es kann das Ei einfach vorbeigelassen werden, ohne Spermatozoen zu empfangen.

Bei den Bienen wird dadurch das Geschlecht bestimmt, indem im letzteren Falle Drohnen, also Männchen entstehen, im ersteren Falle weibliche Eier, aus denen je nach Fütterung Arbeiter oder Königinnen werden. Doch ist wohl zu bemerken, daß die geschlechtsbestimmende Wirkung des Befruchtungsaktes an sich nur für diesen Fall gilt und im Tierreich nicht die Regel ist. In zahlreichen anderen Fällen, gerade bei Insekten, gehen aus unbefruchteten Tieren Weibchen hervor, die ebenso wieder unbefruchtete aber doch entwicklungsfähige Eier ablegen, und zahlreiche solcher »jungfernerzeugter« (parthenogenetischer) Generationen können z. B. bei Blattläusen während des Sommers aufeinanderfolgen, bis im Herbst aus inneren Gründen eine aus Männchen und Weibchen bestehende Generation erscheint; diese vereinigen sich dann, aus deren befruchteten Eiern im Frühjahr gehen aber wieder in gleicher Weise Weibchen mit unbefruchteten resp. der Befruchtung nicht bedürftigen Eiern hervor.

Bei der überwiegenden Mehrzahl der Wirbeltiere besteht eine sehr enge Verbindung des Exkretionssystems resp. seiner Ausführwege mit den Genitalorganen. Man spricht deshalb geradezu von einem Urogenitalsystem. Männliche und weibliche Organe sind auch hier im Prinzip gleich gebildet und werden aus den gleichen Teilen aufgebaut. Im Verlauf der Geschlechtsreife aber und des Wachstums ergeben sich schon an ihnen, den primären Sexualcharakteren, bedeutsame Verschiedenheiten. Der beiden gemeinsame Bau kann daher am besten an einem Embryonalschema klargemacht (Fig. 143) und hiervon dann der Bau der männlichen Organe einerseits, der der weiblichen anderseits abgeleitet werden, und zwar an einem Säugetier, als Vertreter der höchsten Klasse der Wirbeltiere, die aber doch noch gerade in der Entwicklung dieser Organsysteme viele ursprüngliche Charaktere zeigt. Zwei embryonale Organe der Harnausscheidung, von segmentaler Anordnung wie bei den Würmern, bilden einen gemeinsamen Sammelgang (eg) jederseits, so daß zwei Paar solcher Ausfuhrwege vorhanden sind, für embryonale Nieren (en), zu denen noch die Ausfuhrwege (ng) der bleibenden Niere (n) mit der Harnblase (B) sich vereinigend dazukommen. Die Ausfuhrwege der embryonalen Niere werden aber nicht zur Ausscheidung von Harnstoffen verwandt, da mittlerweile die bleibende Niere (n) hierfür eingetreten ist, sondern treten in den Dienst der Genitalorgane (g o); die gemeinsame Einmündung beider wird darum als Urogenitalbucht (u r) bezeichnet. Dort befindet sich im Embryonalleben ein kleiner Vorsprung, der sog. Geschlechtshöcker (g h) und dann begibt sich dieses gemeinsame Rinnenstück nach kurzem Verlauf in den Enddarm (r), so daß in diesem Stadium ein gemeinsamer Endabschnitt für Genitalstoffe, Exkrete und den Kot besteht, die sog. Kloake. Ein solches gemeinsames Endstück bleibt noch bei den Reptilien und Vögeln zeitlebens erhalten, bei den Säugetieren bildet sich eine muskulöse Wand, der

Damm, der hinten die Enddarmöffnung als After von der vorderen Öffnung abscheidet; diese ist aber noch gemeinsam für die Ausmündung der Harnstoffe und Geschlechtsprodukte und zwar bei beiden Geschlechtern. Beim männlichen Geschlecht ergeben sich mit dem Wachstum mehrere Abweichungen von diesem Grundplan, die aber in der ganzen Säugetierreihe ziemlich übereinstimmend verlaufen. Der vorerwähnte Geschlechtskörper wächst samt der Urogenitalbucht lang aus und wird zu einem Begattungsorgan, dem Penis (Fig. 144 p), der in seinem Innern von der Harn- oder besser Urogenitalröhre durchzogen wird.

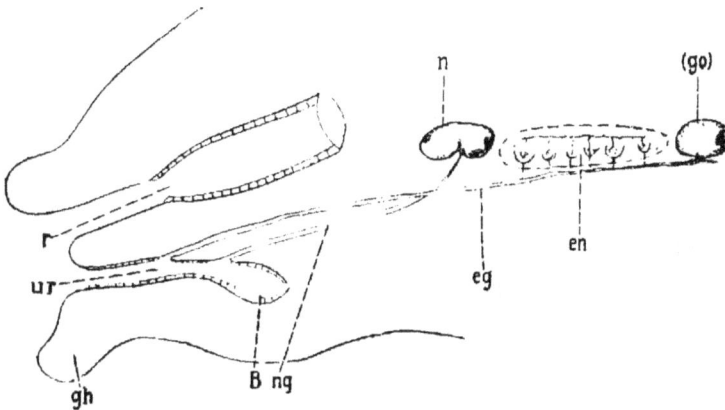

Fig. 143. Schematischer Längsschnitt durch das Hinterende eines Säugerembryos. Indifferente Genitalanlage.

Eine Besonderheit erhält er auch noch dadurch, daß in ihm ein bindegewebiges Maschenwerk, von zahlreichen Blutgefäßen durchzogen, die sog. Schwellkörper, ausgebildet werden, die sich in Brunstzuständen mit Blut füllen. Von den zwei embryonalen Nierenwegen wird das eine Paar rückgebildet, das andere bildet die Ausführgänge (eg) der Hoden (h) und schließt sich an diese, die zu kompakten Drüsen außerhalb der übrigen Baucheingeweide werden, direkt an. Bei einer Reihe von Säugetieren können die Hoden auch ganz aus der Bauchhöhle heraustreten und in natürliche Bruchsäcke zu liegen kommen, aus denen, je nachdem der Hoden wieder in die Bauchhöhle zurücktreten kann oder in denen er, wenn sich ein Bindegewebe dazwischen schiebt, auch verharrt. Als Anhänge der Hodenausfuhrwege kommen noch dazu verschiedene Drüsen, die sog. Samenbläschen als Reservoirs, und die Prostata, deren Sekret zur Lebenserhaltung der abgesonderten Spermatozoen von Bedeutung ist.

Beim weiblichen Geschlecht (Fig. 145) geschieht die Umbildung in etwas anderer Weise, und auch nicht in der ganzen Säugetierreihe übereinstimmend, was mit der verschiedenen Ernährungsweise der Frucht in
Zusammenhang steht. Auch hier bildet sich nur ein Paar der embryonalen
Nierengänge aus, (aber das andere Paar wie beim Männchen) und wird
zu dem Eileiter (*eg*), der mit einem offenen, mit Wimpern versehenen
Anfangsabschnitt (*tu*), durchaus einem Wimpertrichter in der Bauchhöhle der Würmer vergleichbar, die Eier aus den Ovarien (*ov*) aufnimmt,
sobald sie von diesen als reif ausgestoßen werden.   Die Ovarien

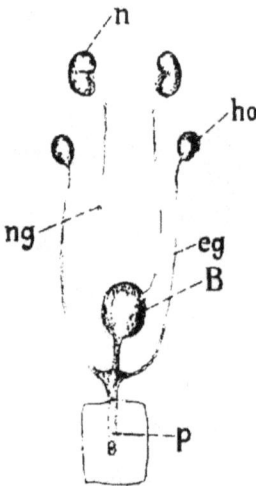

Fig. 144. Männliche Genitalien.   Fig. 145. Weibliche Genitalien.

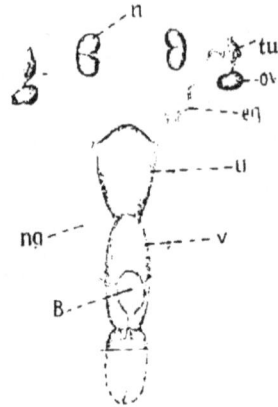

selbst bleiben innerhalb der Bauchhöhle, außerhalb der übrigen Eingeweide, der vorerwähnte Geschlechtshöcker, der beim männlichen
Geschlecht zum Penis auswächst, bleibt hier nur klein in Form einer
Hautfalte, der sog. Clitoris. Die Urogenitalbucht wächst hier nur wenig
aus. Die Eileiter sind auch hier paarig, verschmelzen aber an den Enden
zu einer unpaaren Scheide (*v*). Weiter oben kann ebenfalls eine Verschmelzung der Ausfuhrwege auf mehr oder minder große Strecken
eintreten, die bei den typischen Säugetieren zu einem größeren unpaaren Stück, dem sog. U t e r u s (*u*) wird, in welchem die Frucht
während des Heranwachsens eine Zeitlang verbleibt. Dessen Wandung
ist durch ihre kräftige Muskulatur für die Austreibung der Frucht
von Bedeutung — darum der Name Gebärmutter — besonders aber
auch durch die reiche Gefäßversorgung. Hierdurch kommt bei den

eigentlichen Säugetieren eine Ernährung der Frucht zustande, die das Hervorbringen lebendiger Jungen ermöglicht (s. Kap. 20).

Zu diesen primären Genitalfunktionen kommen bei den Säugetieren noch sekundäre dazu, zunächst bei dem weiblichen Geschlecht, die mit der Ernährung des Jungen in Beziehung stehenden Milchdrüsen. Diese sind nichts weiter als Ansammlungen besonders spezialisierter Hautdrüsen, im Bau den fettabsondernden Talgdrüsen vergleichbar. Bei niedrigen Säugetieren und in der Entwicklung der höheren legen sie sich noch einzeln an und münden auf der Oberfläche einer Hauteinsenkung, der Mammartasche. Erst durch Erhöhung der Mammartasche kommen die Zitzen der typischen Säugetiere zustande, die in verschiedener Zahl bei verschiedenen Säugetiergruppen, mehr oder minder lokalisiert, in paariger Anordnung auftreten. Sehr auffällig ist das Vorhandensein von rudimentären Zitzen beim männlichen Geschlecht, die doch niemals eine Funktion haben und nur als ein Zeugnis der Vererbungskraft auch bei überflüssigen und unzweckmäßigen Dingen, anzusehen sind.

Siebenzehntes Kapitel.

Animale Organe.

Muskulatur, flächenhafte und kompakte Anordnung. Beziehung des Körperbaus zur Muskulatur. Rumpf- und Extremitätenmuskeln bei Arthropoden und Wirbeltieren. Veränderung der Wirbeltierextremität nach Leistung. Nervensystem in verschiedenen Stufen der Ausbildung; diffuses, strangförmiges, segmentiertes und röhrenförmiges Nervensystem. Die Bedeutung und das Zustandekommen eines Zentralnervensystems: Reizleitungs-, Schalt-, Aufbewahrungs-, Hemm- und Assoziationszellen. Beispiele bei Würmern, Insekten und Wirbeltieren. Rückenmark und Gehirn der Wirbeltiere, Funktionen der einzelnen Teile.

Den beschriebenen vegetativen Leistungen des Organismus, die mit dem Stoffwechsel im weitesten Sinne zusammenhängen, stehen die animalen Lebensäußerungen gegenüber. Es sind dies Bewegung und Empfindung, die zwar bis zu einem gewissen Grade j e d e m organischen Gebilde eigen sein müssen, und darum auch den Pflanzen, die aber doch erst im Tierreich sich voll entwickelt zeigen. Auch innerhalb des Tierreiches bestehen hierin noch verschiedene Abstufungen; bei niederen Tieren, die nur den Wert einer Zelle besitzen, innerhalb deren alle Leistungen vereinigt sein müssen, und bei Schlauch- oder Pflanzentieren, deren Körper nur aus zwei Gewebeschichten besteht, können diese animalen Betätigungen natürlich nicht so gut entwickelt und so spezialisiert sein wie bei höheren Tieren.

Eine Verteilung der Bewegung und Empfindung auf besondere Gewebe, nämlich auf Muskel einerseits und auf Nerven anderseits, ist von den Schlauchtieren ab bereits angebahnt (s. Kap. 13); die Muskelsubstanz ist aber noch bei ihnen mehr gleichmäßig durch den ganzen Körper hin angeordnet. Zwar kommt es, wie wir gehört haben, auch hier zu bestimmten Ansammlungen von Muskelfasern, aber diese bleiben stets mehr oder minder flächenhaft angeordnet, so z. B. in der inneren Wand der Glocke der Medusen, die sich dadurch ruckweise zusammenzieht, und durch das Ausstoßen von Wasser die Fortbewegung vermittelt. Bei den Würmern ist diese flächenhafte (epitheliale) Anordnung ebenfalls noch zu erkennen im sog. Hautmuskelschlauch, dem sich aber aus dem Unterhautgewebe weitere Stränge beigesellen, so daß dadurch Züge von bestimmter Richtung, longitudinal und zirkulär, gebildet werden (s. Fig. 105). Niemals kommt es aber zur Ausbildung von kompakten und besonders abgegrenzten Bündeln, dem, was wir im höheren Tierreich erst wirkliche Muskeln (oder Fleisch in gewöhnlichem Sinn) nennen. Solche finden sich in unvollkommener Ausbildung bereits in dem fleischigen Fuß der Mollusken, dann auch im Rumpf und besonders in den Beinen der Arthropoden, (man denke an die Hummerschere oder die muskulösen Schenkel der Heuschrecken oder den Schwanz des Krebses), und sodann im ganzen Körper der Wirbeltiere. Die Muskulatur ist bei den Arthropoden einerseits und den Wirbeltieren anderseits verschieden entwickelt und angeordnet dadurch, daß in beiden Gruppen das S k e l e t t eine verschiedene Lage und Beschaffenheit hat. Es sind deshalb Beispiele für die Bewegungsorgane aus beiden Gruppen getrennt zu betrachten und jedesmal nicht nur die Muskeln selbst, sondern auch die stützenden H a r t gebilde zu berücksichtigen.

Diese liegen bei den Arthropoden in der äußeren Haut, indem deren Epithelzellen eine feste Lage einer organischen Hartsubstanz, das sog. Chitin, abscheiden (man denke an den Panzer der Käfer), das bei wasserlebenden Arthropoden, wie den Krebsen, noch durch Einlagerung von kohlensaurem Kalk verstärkt werden kann. Dieses Chitin dringt auch entsprechend den Einstülpungen der äußeren Haut in den Körper selbst ein und kann so auch im Innern Stützpunkte und Muskelansätze liefern. (Auch die lufteinführenden Röhrchen der Insekten, die sog. Tracheen, werden von solchem Chitin ausgekleidet und dadurch ausgespannt erhalten, und das Flügelgeäder der Insekten stellt im wesentlichen nichts dar als solche umgewandelte und chitingestützte Tracheen.)

Gegenüber den Würmern sind die Arthropoden auch insofern höher ausgebildet, als aus bloßen Anhängen an den einzelnen Segmenten wirkliche Beine geworden sind, selbst aus einzelnen voneinander abgesetzten Gliedern bestehend, die man bei den Insekten z. B. mit besonderen Namen analog unseren eignen Gliedmaßen bezeichnen kann (Fig. 146): Hüftglied (*h*), Schenkelring (*r*), Oberschenkel (*o s*), Unterschenkel (*u s*) und Fußglieder (*f*) oder Zehen mit Krallen. Bei niedrigen Arthropoden wie den Tausendfüßern sind alle Körperabschnitte noch ziemlich gleichmäßig mit solchen Beinen versehen; bei den höheren, wie den Insekten und Krebsen dienen die Beine verschiedenen

Leistungen, und dadurch ist die früher erörterte Spezialisierung des Körpers in einzelne Regionen und eine Höherentwicklung gegenüber dem gleichmäßig segmentierten Körper der Würmer gegeben. Die Anordnung der Muskulatur ergibt sich entsprechend dieser Spezialisierung des Körpers und der chitinigen Erhärtung seiner Oberfläche. Sie besteht nicht mehr aus gleichmäßigen Ringen und Längszügen an der Oberfläche, sondern bildet nach der Tiefe zu schon Zusammendrängungen und wirkliche Bündel. Allerdings sind diese nach außen an

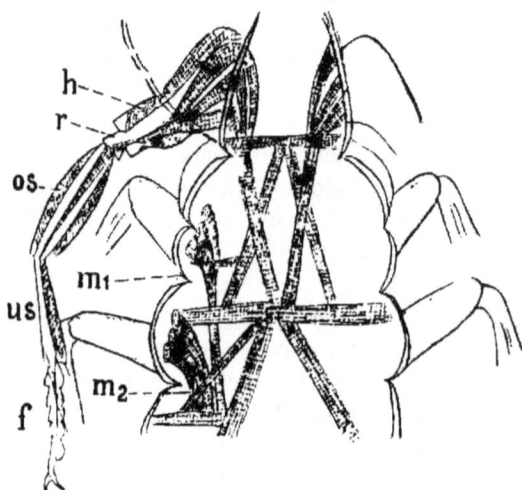

Fig. 146. Schema der Muskulatur im Rumpf und Bein eines Insekts. Beinansatz abgezerrt, um die Muskeln zu zeigen.

der harten Chitinhaut, welche ja deren Stützapparat darstellt, wieder flächenhaft ausgebreitet, aber doch nicht im ganzen Umkreis eines Segmentes, sondern immer nur an einzelnen bevorzugten Stellen; so z. B. gehen schrägseitlich Züge (m_1 und m_2) aus einem Segment in das andere, um sich dort anzusetzen und die Segmente gegenseitig zu verschieben und fernrohrartig ineinander einzustülpen. Bei der sonstigen Härte des Chitins wird letzteres dadurch ermöglicht, daß an der Grenze des Segmentes das Chitin jeweils nur ein dünnes Häutchen darstellt. Es wird auch durch diese von Segment zu Segment gehenden Züge, deren einzelne nicht nur ins benachbarte Segment, sondern weiter reichen können, eine Verschiebung und Bewegung des ganzen Körpers erreicht, und bei ungleicher Inanspruchnahme der rechten und linken Seite eine Schlängelung des Körpers zur Fortbewegung. Bei höheren

Formen wird aber der Hauptanteil an der Bewegung aus dem Rumpf
in die Extremitäten verlegt; wenigstens bei den auf dem Lande
lebenden Insekten, währenddem bei wasserlebenden Formen eine Arbeitsteilung zwischen den schwimmenden oder gehenden Beinen und zwischen
dem hinteren Rumpfabschnitt, dem Abdomen, zustandekommen kann,
das dann als Ruderschwanz dient.

Bei solchen Gang- oder Schwimmbeinen gehen dann Muskelbündel von einem Abschnitt des Beines in den anderen und auch von den
einzelnen Abschnitten in den Rumpf und an dessen Chitin, so daß
die einzelnen Glieder eines Beines getrennt für sich bewegt resp. auf-
gestützt werden können (s. Fig. 146). Die Gehbewegung der Insekten
kommt in teilweiser Anlehnung an die früher schlängelnde meist dadurch
zustande, daß zuerst die Beinpaare der einen Körperseite und dann
die der anderen Seite ihre Schritte machen, das Springen dadurch,
daß besondere Beinpaare, meist das dritte, stärker ausgebildet sind
und ein Teil, das Schienbein, als Abstoß oder Stemmorgan der Oberschenkel als muskulöses Lager funktioniert. So bei den Heuschrecken,
Flöhen, Cicaden u. a. Die kauenden Mundteile der Insekten sind in ihrer
Mechanik ähnlich, indem namentlich die Kauladen selbst als abgegrenzte Glieder der Beine mit besonderer Muskulatur ausgestattet sind
(s. oben Fig. 120). Bei der Umformung der Mundgliedmaßen, die eintritt,
wenn sie flüssige statt fester Nahrung aufzunehmen haben (Fig. 122),
werden gleichzeitig die Muskeln umgebildet und reduziert. Besondere
Muskeln sind dann natürlich noch bei den fliegenden Insekten entwickelt, und zwar nicht i n den Flügeln, sondern an deren Ansatzstelle, zunächst zum Ausbreiten und dann zu schwirrender Fortbewegung.

Bei den W i r b e l t i e r e n ist eine Hautmuskulatur noch an-
deutungsweise vorhanden; sogar noch bei den Säugern, da, wo spezielle
Verschiebungen und Bewegung der Haut selbst in Frage kommen. Die Bewegung der Ohrmuschel (Spitzen der Ohren der Pferde z. B.) wird
durch solche Hautmuskulatur bedingt, und ebenso besteht die mimische
Muskulatur des Menschen, die die Gesichtsmuskeln zum Ausdruck der
Gemütsbewegung verschiebt (Nasenrümpfen, Lippenbewegungen) noch
teilweise aus solchen Hautmuskeln. Den Hauptteil der Muskulatur stellt
jedoch eine tieferliegende R u m p f m u s k u l a t u r dar, die bei den niedersten
Formen noch deutlich eine segmentale Anordnung in einzelne Muskel-
scheiben (embryonale Muskelkästen, auch in der Entwicklung, s. u.
Kap. 20) aufweist; auch die Muskulatur der Extremitäten zeigt noch
im niederen Zustand und in der Entwicklung eine solch segmentale
Anordnung, und erst mit der Ausbildung der paarigen Gliedmaßen er-

gibt sich an bestimmten Stellen des Körpers eine entsprechende Zusammendrängung (Fig. 148). Die segmental angeordnete, durch den ganzen
Körper sich erstreckende Muskulatur (Fig. 147 m_1, m_2, m_3) findet ihre
erste Stütze durch ein in der Längsachse des Körpers sich hinziehendes

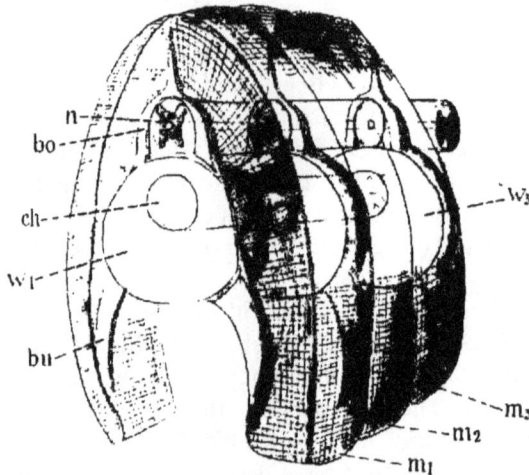

Fig. 147. Schematischer Querschnitt durch Muskeln und Hautgebilde
eines Wirbeltieres.

Achsenskelett (ch), das bei den niedrigsten Formen ein einfacher Stab aus
einer Hartsubstanz ist, bald aber weitere Verhärtungen und Knorpel
oder wirkliche Knochensubstanz aufweist. Auch diese Verhärtungen

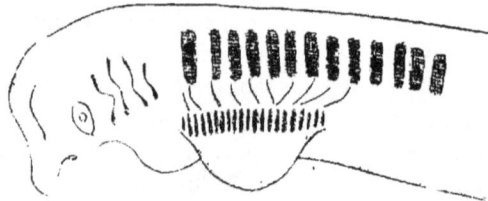

Fig. 148. Schema zur Ableitung der Extremitätenmuskeln von
der segmentalen Rumpfmuskulatur bei einem Fischembryo
(nach Mollier).

sind segmental angeordnet und stellen die Wirbel dar (w_1, w_2, w_3),
nach denen die ganze Gruppe ihren Namen hat. Die hintereinander
liegenden einzelnen Wirbel senden nach oben Fortsätze aus (b_0), die
bogenförmig das Nervenrohr (n) umschließen und dadurch einen festen
Schutzkanal um dasselbe herstellen. Nach unten sind bei den ver-

schiedenen Wirbeltiergruppen verschiedenartige Fortsätze (b_u), zum
Ansatz der Muskulatur ausgebildet, deren bekannteste die Rippen
darstellen. Hier zeigt sich, sowohl in der Muskulatur wie in diesen
Hartgebilden, noch die segmentale Anordnung; bei den höchsten
Wirbeltierformen auch noch ebenso in der Bauchmuskulatur.

Während bei den Fischen die Rumpfmuskulatur nach Masse und
Leistung weit überwiegt, und die Extremitäten mit ihrem fächer-
und strahlenförmig angeordneten Skelett mehr Hilfsorgane der Bewegung darstellen, wird bei den landlebenden Wirbeltieren von den
Amphibien ab die Fortbewegung aus dem Rumpf in die Extremitäten
verlegt und damit erhalten auch diese selbst eine kräftige Muskulatur,
die in den den Flossen der Fische noch fast fehlt. Ebenso werden die
einzelnen Teile der Extremitäten dadurch voneinander getrennt und
gelenkig abgesetzt, und besondere Muskelbündel gehen vom einen Abschnitt in den anderen und auch von jedem in den Rumpf zur besonderen Bewegung der einzelnen Teile. Damit verliert sich auch die
unbestimmte fächerartige Anordnung der Hartteile der Flosse; an jeder
Extremität lassen sich drei Hauptabschnitte unterscheiden, die als
Oberarm (resp. Oberschenkel) mit einfachem, Unterarm (Schenkel)
mit zweifachen Hartgebilden, und Hand resp. Fuß mit fünfstrahlig
angeordneten Hartgebilden auseinander-
gehalten werden können (s. Fig. 150).

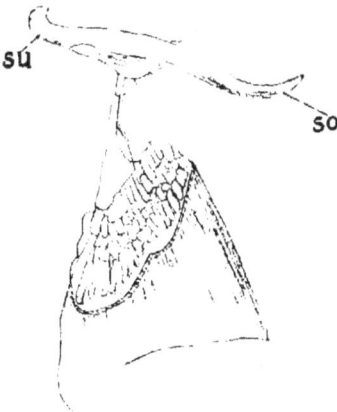

Fig. 149. Flosse eines Haies.

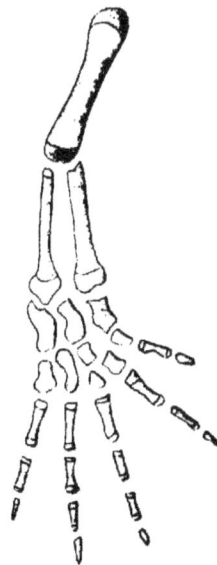

Fig. 150. Extremitätenskelett
eines Amphibiums.

Maas-Renner, Biologie. 19

Diese Extremitäten samt dem stützenden Skelett setzen sich
nicht direkt an die Achse des Rumpfes an, sondern sind mit dem
Achsenskelett durch weitere Knochenstücke verbunden. Die hintere
Extremität ganz unmittelbar durch den Beckengürtel, die vordere
Extremität mehr indirekt durch den Schultergürtel, beide Gürtel wieder
aus bestimmten gleichwertigen Abschnitten bestehend. In den einfachsten Fällen ist die Leistung der vorderen und hinteren Extremtät gleich
oder wenigstens sehr ähnlich, (niedrige Amphibien wie Salamander),
so daß ihre Gestalt nicht wesentlich verschieden ist, aber schon bei den
höheren Amphibien (Fröschen), besteht ein ausgesprochener Gegensatz
zwischen vorderer und hinterer Extremität, infolge der besonderen Inanspruchnahme der letzteren als Sprungbeine. Bei den höheren Wirbeltieren kann die Verschiedenheit der Leistungen noch ausgeprägter sein,
so z. B. bei den Vögeln, wo die Vorderextremität dem Flug, die hintere
dem Gehen gewidmet ist, bei den meisten Säugetieren besteht dagegen
eine verhältnismäßig größere Gleichheit in der Leistung und Ausbildung zwischen vorderem und hinterem Extremitätenpaar. Dagegen
sind die Leistungen aller vier Extremitäten bei den verschiedenen
Säugetiergruppen je nach der Lebensweise sehr ungleich und damit
auch die Ausgestaltung (Lauf-, Kletter-, Grabbeine).

*   *   *

Das Nervensystem ist zunächst nicht ein wohl abge-
grenztes Organsystem, sondern eine gewebliche Differenzierung, die im ganzen Körper notwendig und wirksam ist; nur
bei höheren Tieren und bei ihnen auch nur an besonderen Stellen tritt
eine Konzentration ein, so daß es da als wohlabgegrenztes Organ (sog.
Zentralnervensystem) zu erkennen ist; zugleich besteht aber noch
ein peripheres Nervensystem überall im Körper, außen und innen, in
der Haut wie in den Muskeln und den Drüsen, das durch seinen Faser-
verlauf nachgewiesen werden kann.

Das System ist aus Zellen hervorgegangen, bei denen die allgemein dem Protoplasma und der lebendigen Zelle zukommende Eigenschaft der Empfindung spezialisiert und gesteigert wurde, indem solche
Zellen nur für diese eine Leistung verwendet wurden und von anderen
Betätigungen, wie Bewegung oder Schutz (Ausscheidung von Hartgebilden) befreit blieben. Derartige Zellen können dann, wie dies bei
den niedrigsten Vielzelligen verwirklicht ist, regellos über die ganze
äußere Körperfläche verstreut sein, und mit Fortsätzen sowohl
untereinander als mit Muskelzellen in Verbindung stehen. Diese Fort-

sätze stellen eine besondere, zur Reizleitung befähigte Spezialisierung des Plasmas dar und sind auch in ihrem mikroskopischen und chemischen Verhalten von anderen plasmatischen Fasern deutlich unterschieden. Ihrer Leistung nach, der schnellen Übertragung der Reize wegen, könnten sie also mit elektrischen Leitungsdrähten verglichen werden; nur darf man sich nicht vorstellen, daß die Leitung wirklich auf die gleiche Weise wie durch einen elektrischen Strom vor sich gehe. Die Geschwindigkeit der Nervenleitung ist mit besonderen Apparaten meßbar, durch die z. B. kontrolliert werden kann, wieviel Zeit vergeht, bis ein Druckreiz von der Peripherie her im Gehirn wahrgenommen wird, vermittelst einer meßbaren möglichst großen Nervenstrecke, also z. B. von der Fingerspitze oder der Zehe an. Die Geschwindigkeit beträgt etwa 34 m pro Sekunde, bleibt also um ein Vielfaches zurück hinter den aus der Elektrizitätslehre und sonst aus der Physik bekannten Werten; auch dies weist darauf hin, daß wir es mit einer durch das Organische bedingten Leitungsbahn zu tun haben.

Betrachten wir anstatt des ganzen Netzes und dessen Verbindung mit der Muskulatur eine Leitungsbahn im einzelnen, so ergibt sich, daß sie aus einer Wahrnehmungszelle mit Endapparat und weiterleitender Nervenfaser besteht, also einer Sinneszelle im weitesten Sinne, daß diese Faser zu einer zweiten Zelle führt, aus der durch eine ähnliche Faser die Überleitung auf die Muskeln geschieht (s. Fig. 151 u. 152). Wie sich diese Fasern mit dem eigentlichen Zellkörper verbinden, ob sie selbst die leitende Substanz darstellen oder ob noch besondere leitende Fibrillen in ihnen vorhanden sind, das sei hier nicht erörtert und ist auch für die Auffassung einer solchen Leitungsbahn nicht wesentlich. Das Prinzipielle an ihr ist vielmehr, daß dreierlei Elemente zunächst unterschieden werden können, ein wahrnehmendes an der Peripherie, ein übertragendes, das ins Innere des Körpers gerückt sein kann und ein bewegendes oder ausführendes, das meist wieder mehr der Peripherie zu liegt. Man unterscheidet darnach in dieser Leitungsbahn einen aufnehmenden, »rezeptorischen«, einen zentralen und einen ausführenden, »effektorischen« Teil. Diese Teile bilden in ihrem Zusammenwirken den sog. Reflexbogen (s. Fig. 152 und 153).

Diese drei verschiedenen Elemente eines Nervensystems können zunächst ohne bestimmte Anordnung und Konzentrierung geflechtartig im Körper ausgebreitet sein. In einem solchen »diffusen Nervennetz« vollzieht sich die Leitung naturgemäß nicht in so präziser Weise; ein Reiz wird sich, den netzförmigen Bahnen entsprechend, gleichmäßig

und allmählich über eine bestimmte Strecke des Körpers ausbreiten
und dort die peripheren Organe in Bewegung setzen. Derartige Netze
sind also, wie bei den Pflanzentieren (Polypen und Medusen), da
wohlangebracht, wo auch die Muskulatur nicht konzentriert und
kompakt ist, sondern sich auf größere Strecken flächenhaft gleichmäßig
verteilt. Solche Netze kommen aber auch noch bei höheren Tieren
neben dem spezialisierten und konzentrierten Nervensystem überall
da vor, wo eine flächenhafte Muskulatur vorhanden und wo eine solche
gleichmäßige Ausbreitung der Erregung zu leisten ist, so z. B. im Darm
auch der höchsten Wirbeltiere und ferner in ihrer Haut.

Wie nun bei den höheren Tieren die Muskulatur nicht auf eine
Fläche beschränkt bleibt, sondern in die Tiefe rückt und sich zu Bündeln
anordnet, so bleiben auch die Nerven nicht zerstreut an der Oberfläche
des Körpers, sondern rücken in die Tiefe und konzentrieren sich an
besonders bevorzugten Stellen zu Strängen oder Bahnen. Solche Anhäufungen sind schon gegeben durch die Architektur des Körpers oder
durch die Art der Fortbewegung. Ein Beispiel für den ersten Fall einer
derartigen Konzentration eines diffusen Nervennetzes zu Strangform ist
schon bei den freibeweglichen Schlauchtieren (Medusen s. o.) zu sehen,
wo entsprechend der Glockenform des Körpers und der Anordnung der
Sinnesorgane am Rand der Glocke sich ein doppelter Nervenring als
Zusammendrängung des sonst diffusen Netzes erkennen läßt; von ihm
strahlen Fasern in die Muskulatur der Glocke und in die Fangfäden
aus. Auch das Nervensystem der niederen Würmer läßt sich als eine
solche Zusammendrängung auffassen, bei der zentrale Leitungszellen,
zu Strängen vereinigt, zu beiden Seiten des Körpers liegen; besonderen Zuzug erhalten sie am Vorderende des Körpers, wo die Sinnesorgane, speziell die Augen, liegen, und effektorische Leitungsbahnen
gehen von diesen Strängen in die Muskulatur des Körpers.

Bei der Ausbildung eines w i r k l i c h e n Zentralnervensystems,
wie es durch solche Konzentrationen angebahnt wird, die gewissermaßen Vorstufen davon darstellen, sind nun zweierlei Dinge getrennt
zu berücksichtigen: 1. die Zusammendrängung und bestimmte Anordnung, die die einzelnen, die Nervenleitung zusammensetzenden
Elemente erfahren und 2. die Ausbildung neuer, in dem früheren einfachen Verlauf noch nicht benötigter Elemente, die den einfachen Weg,
Sinneszelle — zentrale Leitungszelle — Muskel —, den sog. Reflexbogen (s. Fig. 152), komplizierter gestalten.

Was das erstere, die bestimmte Anordnung der einzelnen Elemente
angeht, so gilt für ein Zentralnervensystem zunächst, daß es die Summe

der verschiedenen zentralen oder Leitungszellen darstellt, also derjenigen Elemente, die den Reiz, der von der Peripherie ausgegangen ist, auf die erwähnten muskulösen oder drüsigen Organe übertragen. Zum großen Teil kommen in das zentrale Nervensystem außer diesen Zellen (Ganglienzellen s. Kap. 11) auch die Anfänge der Nervenfasern, zu

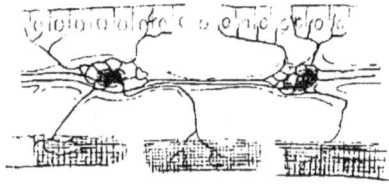

Fig. 151. Schema eines diffusen Nervennetzes von einer Meduse. Oben: die Nervenendigungen in den wahrnehmenden Zellen. In der Mitte: die überleitenden Ganglienzellen. Unten: die Nervenenden in der Muskulatur.

liegen, die von diesen Zellen zur Peripherie gehen, resp. die Enden der Fasern, die von der Peripherie, von den Sinnesorganen herkommend in ihnen münden. Durch die Zusammendrängung allein schon verlaufen

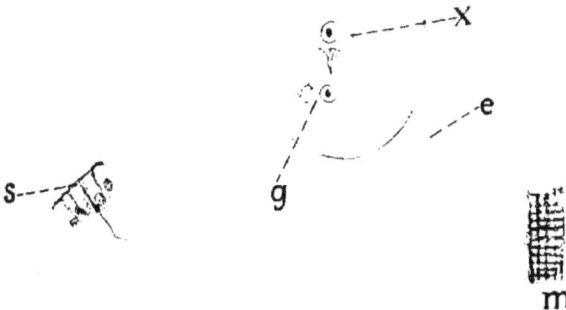

Fig. 152. Schema der Einschaltung einer Hemmzelle (x) in den Reflexbogen zwischen peripherer Sinneszelle (s) zentraler Überleitungszelle (g) und effektorischer Bahn (e) zum Muskel (m).

die Reize leichter in bestimmten Bahnen, weil gewisse aufnehmende Zellen der Peripherie dann nur zu bestimmten zentralen Zellen und diese wieder nur zu bestimmten Muskelzellen führen. An Stelle des diffusen Netzes tritt also eine strangförmige, meist anatomisch darstellbare Bahn und schon dadurch eine präzisere Leitung.

Die weitere Komplikation, wodurch eigentlich erst ein Zentralorgan geschaffen wird, besteht aber darin, daß es nicht bei solch einfachen Leitungsbahnen bleibt, und bei gewöhnlichen zentralen Zellen, sondern daß sich in diese Bahnen, Sackgassen vergleichbar, andere zentrale Zellen hineinschieben. Der Reiz braucht also, von der Peripherie zum Zentrum gelangt, nicht notwendigerweise weiter geleitet zu werden, sondern er kann in einer solchen seitlich der Bahn angebrachten zentralen Zelle (s. Fig. 152x) verharren; es tritt dadurch eine Hemmung des gewöhnlichen Leitungsvorganges auf. Alsdann braucht nicht mehr sofort auf eine Sinneswahrnehmung eine Muskelbewegung durch Vermittlung der zentralen Zelle zu erfolgen, was sonst als Reflexvorgang bezeichnet wird, sondern es kann der Reiz in dieser seitlich angebrachten Zelle gewissermaßen aufbewahrt bleiben und erst später, oder gar nicht, auf die zur Muskelzelle führende Leitungsbahn gelangen. Man könnte annehmen, daß im einen Fall, bei direktem Übergang des Reizes über die Zentralzelle, der Vorgang automatisch, ohne Bewußtsein erfolgt, sobald aber noch diese seitlich angebrachten Zellen in Wirksamkeit treten, mit Bewußtsein; doch trifft dies nicht als Regel zu. (Vgl. auch S. 150.) Die Gesamtheit solcher nicht direkt an der Umschaltung beteiligter, sondern gewissermaßen aufbewahrender Zellen machen dann erst die Bedeutung eines Zentralorganes aus.

Man kann sich ferner vorstellen, daß, entsprechend der steigenden Kompliziertheit der Sinnesorgane, auch immer mehr solcher besonderen Wahrnehmungs- und Aufbewahrungszellen ausgebildet werden, die nicht notwendigerweise mit den effektorischen Bahnen, mit den Muskeln, zusammenhängen. Dagegen können sie unter sich vereinigt sein, und es kann dadurch das bewirkt werden, was man Assoziationen nennt, d. h. ganz allgemein die Zusammenstellung verschiedener Wahrnehmungsbilder, von außen gekommener Sinneseindrücke im Bewußtsein. Es wird schließlich auch solche Aufbewahrungszellen geben, die überhaupt nicht mit der Peripherie direkt durch Schaltzellen zusammenhängen, sondern nur indirekt durch andere wirkliche Aufbewahrungszellen, und unter sich verknüpft sind. Dadurch kann eine weitere Komplikation zustandekommen: Verknüpfungen, die nicht notwendigerweise auf einen Reiz von außen, sondern nur im Bewußtsein geschehen.

Wie diese Tätigkeit sich abspielt, das ist hier nicht zu erörtern. Nach der einen extremen Ansicht wäre sie lediglich als ein chemischer und physikalischer Vorgang, der diese Zellen und ihre Fasern betrifft, aufzufassen: nach der anderen wären letztere Vorgänge nur eine Begleiterscheinung, der eigentlichen geistigen Tätigkeit parallel gehend, es soll hier nur gezeigt werden, wie der feinere anatomische Bau eines Zentralnervensystems, seine Zusammensetzung aus zelligen Elementen, eine materielle Grundlage für das Zustandekommen der geistigen Vorgänge liefert. Jedenfalls ist nachgewiesen, daß es für einen Reizvorgang und seine Weiterleitung nicht gleichgültig ist, ob er auf einer gewöhnlichen einfachen Leitungsbahn, dem sog. Reflexbogen, verläuft oder auf einer solchen mit Schalt- und Aufbewahrungszellen, daß es ferner einen Unterschied macht, ob Reize eine derartige Leitungsbahn einmal oder wiederholt treffen, daß also, mit anderen Worten, die zentralen Stellen des Wegs durch frühere Reize modifiziert werden, so daß schon hierin eine gewisse Erklärung für den Begriff des Gedächtnisses und für die Übung im Lernen liegt.

Ein Zentralnervensystem kann also verschiedene Stufen der Kompliziertheit aufweisen: Es kann eine bloße Zusammendrängung von Leitungsbahnen sein; es können Schaltzellen dazukommen, sodann besondere Aufbewahrungszellen für Sinnesreize und schließlich auch rein zentrale Elemente; sonach entstehen Reflexzentren, Sinneszentren, reflexhemmende Teile und »Denkzentren«. Diese Arbeitsteilung innerhalb des Zentralnervensystems ist zum Teil auch r ä u m l i c h ausgesprochen, indem beim gleichen Tier ein Teil vorzugsweise der einen, ein anderer der anderen Tätigkeit dient (z. B. Gehirn und Rückenmark s. S. 298.).

Am besten lassen sich diese Verschiedenheiten in den einzelnen Bezirken des Zentralnervensystems durch eine Betrachtung seines allgemeinen Baues verstehen. Dieser muß in den einzelnen Tiergruppen verschieden sein; denn in der Anordnung des Nervensystems spiegelt sich einerseits die Architektonik des Körpers, anderseits auch seine Organisationshöhe wieder, da die Leitungszellen für bestimmte Muskelgruppen, und die Schalt- und Aufbewahrungszellen für die Sinnesorgane in das Zentralorgan zu liegen kommen und sich mit deren Höherentwicklung naturgemäß auch eine Komplikation des Zentralorganes einstellt.

Bei den n i e d r i g e n W ü r m e r n ist eine Arbeitsteilung in einzelnen Abschnitten des Zentralorganes (s. Fig. 104), resp. die Ausprägung eines besonderen Kopfteiles, noch kaum wahrzunehmen. Die Stränge, die aus Nervensubstanz bestehend zu beiden Seiten des Körpers liegen, enthalten überall besondere zentrale Zellen. Der Kopfteil hat nur das voraus, daß er auch die Aufbewahrungszellen für die Sinnesorgane birgt. Eine Verschiedenheit der Leistung wird aber damit nicht erreicht, wie sich auch beim Experiment ergibt. Ein in der Quere durchgeschnittener Plattwurm zeigt in seiner Kriechfähigkeit und in der Beantwortung von Reizen keinerlei Unterschiede zwischen dem vorderen und hinteren Abschnitt.

Bei den Gliederwürmern tritt insofern eine Änderung
dieser Gleichförmigkeit ein, als die zentralen Zellen, der allgemeinen Gliederung des Körpers folgend, sich jeweils in den einzelnen Segmenten
zu besonderen Anhäufungen, paarweise natürlich, zusammendrängen
(s. Fig. 109 n_1, n_2 etc.). Eine solche Anhäufung zentraler Zellen wird gewöhnlich als Ganglienknoten oder schlechtweg Ganglion bezeichnet. Sie
sind in jedem Segment untereinander durch eine Querbrücke verbunden
und außerdem von Segment zu Segment durch Längsstränge von Fasern;
dadurch entsteht das sog. Strickleiternervensystem. Die Zellelemente
selbst sind von der Oberfläche etwas in die Tiefe gerückt und vom
übrigen Gewebe meist durch eine bindegewebige Umhüllung abgegrenzt.
Die einzige Abweichung von der gleichmäßigen Segmentierung zeigt
sich in dem kleinen Kopfabschnitt der Würmer, wo außer dem ventralen Ganglienknoten, unter dem Schlund, durch einen Schlundring
verbunden, noch eine besondere dorsale Ganglienmasse zu erkennen ist.
In ihr sind die Aufbewahrungs- und Schaltzellen für die von den Sinnesorganen, speziell den Fühlern und den Augen kommenden Reize gelegen; sonst aber muß sie vor den übrigen Ganglien wenig voraus
haben, denn die Bewegung in deren Segmenten vollzieht sich auch
nach Abtrennung des Kopfabschnittes in ähnlicher Weise wie vorher.

Anders bei den Arthropoden. Hier ist der Körper selbst nicht
mehr ganz gleichmäßig gegliedert. Die einzelnen Abschnitte sind spezialisiert, es haben sich ihrer mehrere, nach Körperregionen verschieden, zu
bestimmten gemeinsamen Leistungen zusammengefunden, wie am deutlichsten beim Körper der Insekten zu sehen ist. Dort kann ein Kopfabschnitt mit mehreren Segmenten, die Fühler, Augen und Kauglieder
tragen, unterschieden werden von einem dreigliedrigen Brustabschnitt
mit drei Bein- und zwei Flügelpaaren und von einem acht- bis zehn-
gliedrigen Hinterleibabschnitt ohne Beinpaare. Dementsprechend sind
auch die einzelnen Teile des Körpers in ihrer Leistung nicht mehr
so gleichwertig und selbständig, und das Nervensystem wird in seiner Anordnung ebenfalls davon betroffen. Am gleichmäßigsten ist es noch im
Hinterleib beschaffen, wo die einzelnen Knoten eine geringe Größe haben
und nur eventuell, wenn der Hinterleib selbst sehr gedrungen wird,
nahe aufeinanderrücken. Bedeutend mächtiger sind die drei Knoten
des Brustabschnittes, die die Zentren der Nervenversorgung für die Beinpaare und (zwei davon) auch für die Flügel bergen. Trotz ihres Aufeinan-
derrückens zeigen sie sich doch meist deutlich voneinander gesondert.
Im Kopfabschnitt ist eine solche Sonderung mehr und mehr verwischt;
denn hier liegen, der Kompaktheit des Abschnittes entsprechend, die

einzelnen Kauglieder und darum auch ihre Innervationszentren sehr
nahe aneinander; sie bilden daher fast eine einheitliche Masse mit dem
unteren Schlundganglion, die auch noch in dessen Verbindungsstrang
mit dem oberen Schlundganglion hineinreicht. Dieses ist ebenfalls bedeutend vergrößert dadurch, daß sich in ihm wieder die Aufbewahrungszellen für die Sinnesorgane befinden. Man hat bei einzelnen Insektengruppen sogar dreierlei besondere Abschnitte in ihm unterscheiden können,

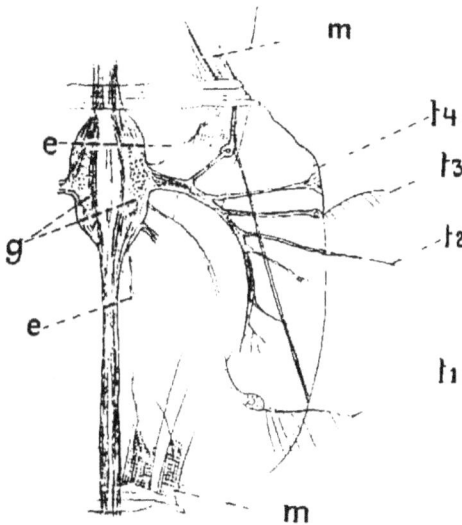

Fig. 153. Schema der Nervenleitung in einem Insekt (Muckenlarve, Stück
eines Rumpfsegments. t₁, t₂, t₃. Tastborsten in der Haut. t₄ andere
Nervenendigungen in der Haut. g — Zusammendrängung der Leitungszellen
im segmentalen Ganglien. e = effektorische Nervenbahnen zu den
Muskeln (m). Verändert nach Graber.

einen vordersten, der mit den Sehorganen, einen mittleren, der mit den
Fühlern, und einen dritten, der mit Schlund und Lippen in Verbindung
steht, und darnach diese drei Abschnitte als Seh-, Fühl-, und Riech-
resp. Schmeckzentrum bezeichnet. Es muß diesem »Gehirn der Insekten«, ebenso wie dem der höheren Krebse, aber noch eine weitere
Bedeutung zukommen, die es erst zu einem Gehirn im eigentlichen
Sinne macht, d. h. einem Zentralorgan, das nicht nur diesen Kopfabschnitt, sondern den ganzen Körper beeinflußt. Es liegen in ihm nämlich
noch Zellen, die mit besonderen Leitungsbahnen zu den Ganglienknoten in allen übrigen Segmenten gehen und so deren Bewegungen
mitlenken. Es zeigt sich dies beim Experiment nach Ausschalten

dieses Zentralorgans; die einzelnen Abschnitte können dann noch zwar
unabhängig die ihnen zukommenden Leistungen mit ihren Gliedern
ausführen, die Beine gehen, die Kiefer kauen, oder es läßt sich noch durch
eine entsprechende Berührung eine Abwehr- oder eine Putzbewegung (Reflex) eines Beines auslösen. Aber alle diese Bewegungen geschehen dann
auf die kleinste Reizung hin, in ungeordneter und nicht mehr zweck-
entsprechender Weise. Die Ganglien des Bauchmarks, also der einzelnen
Segmente, können demnach die betreffenden Tätigkeiten wohl allein
durchführen; Sache des Gehirns aber ist das richtige Zusammenstimmen
dieser einzelnen Tätigkeiten und insbesondere auch ihre Verhinderung,
so daß nicht auf jeden beliebigen Reiz der Reflex eintritt; mit anderen
Worten, die früher erwähnte Hemmung, die also besonderen Zellen
zukommen muß, die den Reiz in eine Sackgasse verlaufen lassen
können.

Bei den W i r b e l t i e r e n zeigt das Zentralnervensystem selbst
keine Segmentierung, sondern stellt eine einheitliche geschlossene Röhre
dar, die auf der Rückenseite in der ganzen Länge des Körpers verläuft (s. Fig. 112), vorne sich der entsprechend höheren Leistung des
Kopfabschnittes gemäß erweiternd, überall wohl eingehüllt und geschützt
von besonderen Hartgebilden aus Knorpeln oder Knochen. Am Rumpf
sind dies die sog. Wirbel, die noch die segmentale Anordnung zeigen,
nach vorn zu ist es die Schädelkapsel. Die Trennung der Abschnitte bedeutet zu gleicher Zeit eine gewisse Arbeitsteilung, indem, wie wir sehen
werden, dem vorderen Teil, dem eigentlichen Gehirn, hier ebenfalls außer
der Funktion als Zentrum für die Sinnesorgane auch eine gewisse Kontrolle über den ganzen Körper, eine Hemmung der übrigen Nervenbahnen
zukommt, während der ausgedehnte Abschnitt des Rückenmarks vorzugsweise die gewöhnlichen Reflexe zu vermitteln hat, also die sofortige
Muskelreaktion auf einen äußeren Anlaß. Zwischen beiden findet
sich noch, in der Schädelkapsel gelegen, ein je nachdem als Nachhirn
oder als verlängertes Mark bezeichneter Abschnitt, der in morphologischer und physiologischer Beziehung einen Übergang bildet.

Die Anordnung der Nervensubstanz der Zellen und Fasern ist nicht
wie bei den Würmern schon äußerlich paarig, aus je zwei Knoten und
Strängen zusammengesetzt, was sich dort aus einer Einsenkung zweier
parallelen Längsstreifen von Zellen und Fasern erklärt, sondern röhrig,
so daß sich die Hauptmenge der eigentlichen Nervenzellen mehr im Innern
um einen kleinen Hohlraum angeordnet zeigt (G), während nach
außen die eigentliche leitende Nervensubstanz (W) zu liegen kommt;
da deren Fasern eine eigene glänzende Substanz, die sog. Mark-

scheide, aufweisen, so erscheint diese Zone weißglänzend, und wird
als weiße Substanz (w) bezeichnet im Gegensatz zur grauen im Innern,
der Masse der Ganglienzellen und einfachen Faserfortsätze. Diese
Anordnung erklärt sich leicht durch die Entstehung, indem das ganze
Nervenrohr beim Embryo ursprünglich eine Einfaltung der äußeren
Körperdecke darstellt (siehe Kap. 21, Entwicklung), die sich immer
mehr einkrümmt, zusammenschließt und dann von der Haut weg in

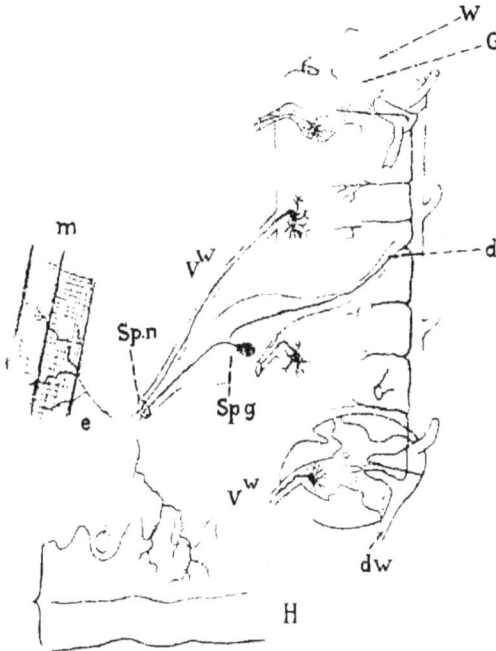

Fig. 154. Schema des Rückenmarks und der austretenden Nerven (nach Lenhossek).

die Tiefe rückt. Der in der Mitte liegende Kanal des Rückenmarks
ist noch der Rest und das Anzeichen dieser grubenförmigen Einsenkung,
und um ihn herum müssen darum die eigentlichen Nervenzellen stehen,
während deren Fortsetzungen von da aus ausstrahlen. Diese Art der
embryonalen Entstehung des Nervensystems aus der äußeren Körperschicht ist auch deswegen bedeutsam, weil sie in Übereinstimmung
steht mit der Art und Weise, wie sich stammesgeschichtlich im Tierreich ein Nervensystem ableiten läßt, nämlich von der äußeren Haut
aus, indem schon bei niedrigen Tieren besonders spezialisierte und
gelagerte Zellen der Außenschicht sammelten und in die Tiefe rückten
(s. S. 216).

Die segmentale Anordnung, die im Hauptrohr selbst bei den Wirbeltieren nicht mehr zur Ausprägung kommt, ist jedoch noch ebenso wie
in den umhüllenden Wirbeln in den dazwischen austretenden Nerven-
stämmen ersichtlich. Diese Spinalnerven (*SpN*) sind in regelmäßigen
Abständen angeordnet und untereinander in ihrem Ursprung aus dem
Rückenmark und in ihrer Zusammensetzung sehr gleichartig. Sie
haben eine dorsale (*dW*) (obere) und eine ventrale (untere) (*vW*) Wurzel
im Rückenmark, die jede getrennt aus einem besonderen Horn der
grauen Substanz entspringen. Zur dorsalen Wurzel gehört jeweils noch
eine besondere kleine Anhäufung von zentraler Nervensubstanz außerhalb des Rückenmarks, das sog. Spinalganglion (*Sp G*). Die dorsale
Wurzel des Nerven ist, wie aus der Untersuchung des Faserverlaufs
und aus Experimenten ersichtlich ist, sensibel resp. rezeptorisch, d. h.
sie führt Reize, speziell Gefühlseindrücke von der äußeren Haut (*H*)
zum Rückenmark, die ventrale Wurzel ist motorisch, d. h. von ihr aus
gehen Fasern (*e*), die die Bewegung auslösen, zu den Muskeln (*M*).
    Zwischen diesen verschiedenen Nervenzügen, den motorischen
einerseits und den sensiblen anderseits, bestehen nun notwendigerweise Verknüpfungen durch Schaltzellen im Rückenmark selbst, und
zwar in der grauen Substanz, wo die Hauptmasse der Ganglienzellen
liegt, während in der weißen Substanz vorwiegend die Faserzüge verlaufen. Der Verbindungsweg selbst ist aber sehr verschiedenartig und
kann entweder direkt von der nächstgelegenen Zentralstelle im Rückenmark ausgehen oder mehr indirekt von einer entfernteren Zentralstelle,
oder sogar noch weitere Umwege bis zum Gehirn zu durchlaufen haben.
Es entsteht dadurch notwendigerweise ein sehr komplizierter Faser-
verlauf in beiden Hauptabschnitten des Zentralorgans, Rückenmark
und Gehirn, der aber doch nicht regellos kreuz und quer geht; denn
es handelt sich n i c h t um beliebig verlaufende e i n z e l n e Fasern,
sondern immer um eine auf größere Strecken gleich verlaufende A n -
z a h l von Fasern, von denen dann nach gemeinsamem Verlauf jeweils
wieder die eine oder die andere abgeht. Es entstehen dadurch in der
weißen Substanz strangartige Zusammendrängungen oder B a h n e n
von geordnetem und teilweise wohl übersehbarem Verlauf.
    Die genauere Feststellung des Verlaufs von solchen Faserbahnen
mit bestimmter Funktion ist auf dreierlei Weise möglich gewesen: 1. hat
man durch eine besondere mikroskopische Technik der Imprägnation
und Färbung die Fasern sowohl in ihren zentralen Zusammenhängen
wie in ihrem peripheren Verlauf auf das genaueste darstellen können,
2. ergeben sich gewisse Anhaltspunkte, wenn man den Umfang und

Verlauf solcher Faserbahnen bei verschiedenen Tieren vergleicht, bei denen die betreffenden Organsysteme, von denen die Fasern kommen, resp. zu denen die Fasern hintreten, sehr hoch entwickelt oder umgekehrt auch reduziert sind. So z. B. wird ein Reptil, bei dem die Extremitäten verkümmert sind, auch die mit den Extremitäten in Zusammenhang stehenden Nerven und Nervenbahnen reduziert zeigen, und zwar nicht nur die vom Rückenmark in die Extremität selbst gehenden Bewegungsnerven, sondern auch die innerhalb des Rückenmarks damit in Zusammenhang stehenden Verknüpfungsbahnen, die also sonst vom Zentrum aus eine Bewegung mit der Extremität vermitteln. Umgekehrt wird, wenn ein anderes Organ um so stärker entwickelt ist, wie z. B. das elektrische Organ der Fische aus der quergestreiften Muskulatur, damit eine besondere Vergrößerung der betreffenden Nervenbahnen notwendigerweise Hand in Hand gehen. Durch den Vergleich mit anderen Formen ist dann die betreffende Bahn zu erschließen. 3. am sichersten sind Verlauf und Funktion solcher Nervenbahnen bei ihrer Ausschaltung zu ermitteln, wenn sie entweder künstlich durch das Experiment oder auf natürlichem Wege durch Krankheit zerstört worden sind. Bei verschiedenen Rückenmarkskrankheiten findet man oft ganz bestimmte Bahnen, die der Zerstörung anheimfallen, während andere Teile des Rückenmarks vollständig unversehrt bleiben, und der Zusammenhalt der anatomischen nach dem Tod ausgeführten Untersuchungen über den O r t der Zerstörung, mit den jeweiligen Krankheitssymptomen, Bewegungs- und Empfindungsstörungen, hat zu vielfachen Aufschlüssen in dieser Beziehung geführt. Man hat auf diese Weise z. B. vom Menschen ziemlich genau herausgefunden, welche Fasern im Rückenmark die Bewegung in bestimmten Arm- und Beinmuskeln vermitteln.

Man kann, wie oben schon angedeutet, einen direkten und indirekten Zusammenhang der motorischen und der sensiblen Faserbahnen annehmen. Der einfachste Fall ist der des gewöhnlichen Reflexbogens: es gehen ventrale Zell- und Fasergruppen, vom Rückenmark zu bestimmten Muskelgruppen und stehen mit dorsalen (sensiblen) Fasern resp. Zellen des g l e i c h e n Rückenmarksabschnitts in direkter Beziehung. Ein zweiter Fall ist dadurch gegeben, daß dorsale, sensible Fasern nicht direkt mit den ventralen motorischen zusammenhängen, sondern, ins Rückenmark gelangt, zunächst nach vorn oder hinten umbiegen, um erst nach einer längeren Verlaufsstrecke zu den Verknüpfungsstellen in der grauen Substanz und damit zu den motorischen Fasern überzugehen. Dadurch kommen komplizierte Reflexe, Bewegungen vieler Muskelgruppen auf einen Reiz hin zustande. Der vordere Abschnitt des Zentralnervensystems, das Gehirn, ist nicht nur anatomisch abgrenzbar (s. S. 298), sondern erfüllt auch besondere Leistungen. Eine weitere Kompliziertheit der Faserverbindungen ist dadurch gegeben, daß eine Reihe von dorsalen, sensiblen Fasern nach vorn zu bis ins Gehirn verlaufen, um hier entweder in »Aufbewahrungszellen« zu verbleiben oder durch »Schaltzellen« wieder in andere Bahnen und ins Rückenmark zu den motorischen Fasern umzuleiten, und dann auf diesem Umweg durch das Bewußtsein, Bewegungen zu vermitteln. Dies geschieht von dem später zu erörternden besonderen Hirnteil, dem Großhirn aus; in einem anderen Hirnteil aber, dem Kleinhirn, treffen sich ebenfalls zahlreiche solcher Leitungsbahnen von und zu den Bewegungsorganen, und hier wird offenbar ein gewisser Zusammenklang der einzelnen Bewegungen auch ohne Bewußtsein ein unwillkürliches Zusammenwirken der Muskelgruppen für bestimmte Leistungen vermittelt. Weitere Bahnen verlaufen auch vom Großhirn selbst, von dessen selbständigen, nicht mit sensiblen Fasern zusammenhängenden Teilen aus (den »Assoziationszellen« s. o.), in das Rückenmark hinein, namentlich bei höheren Säugern, und dadurch können dann willkürliche Bewegungen erzeugt werden, also solche, zu denen ein äußerer Anstoß, ein Reiz wie beim Reflex, zunächst nicht vorliegt.

Man muß schon darnach einem solchen Gehirn gewisse Besonderheiten vor dem Rückenmark zuerkennen. Das Rückenmark allein vermittelt nur reflektorische (unwillkürliche) Reaktionen, besonders der Bewegung; das Gehirn aber kann a) deren einfachen Ablauf sehr verändern oder b) auch ganz unterdrücken und ist c) das Organ für alle jene Nerventätigkeit, bei der man von seelischen Erscheinungen, also im gewöhnlichen Sprachgebrauch von Erinnerungen, von Wille und Überlegung sprechen kann. Nicht alle Abschnitte des Gehirns sind aber darin vollkommen gleich, und es schiebt sich zwischen Gehirn und Rückenmark, wie erwähnt, ein Übergangsabschnitt ein, das Nachhirn. Seiner Entstehung nach gehört es noch zu den eigentlichen Hirnteilen und liegt auch innerhalb der Schädelkapsel. Es gehen aber von ihm eine Reihe von Nerven aus in bestimmten Abständen, wie beim Rückenmark, von denen nur einige den Kopf allein versorgen, andere mit dem ganzen Körper in Beziehung stehen. Diese Nerven, zehn an Zahl, haben aber nicht wie die Rückenmarksnerven eine doppelte Wurzel, motorisch und sensibel, sondern sind zum Teil rein motorisch, wie der Nervus vagus, der vegetative Organe im ganzen Körper, Darmkanal und Herz beeinflußt, zum Teil rein sensibel, wie der Hörnerv, zum andern Teil

gemischt. Die zwei vordersten Nerven, Seh- und Riechnerv, die man
noch gewöhnlich am Gehirn unterscheidet, um damit die 12-Zahl zu
erreichen, sind keine Nerven im eigentlichen Sinn, sondern umgebildete
Teile der Seh- und Riechzone des Gehirns selbst. Das Nachhirn ist
ferner dadurch bedeutsam, daß in ihm eine K r e u z u n g der zwischen
Gehirn und Rückenmark verlaufenden Bahnen, von rechts nach links
und umgekehrt, zustandekommt, so daß die Bewußtseinszentren für
die Innervation der rechten Körperhälfte in der linken Hirnhälfte liegen
und umgekehrt.

Durch den Abgang der wichtigen, die Eingeweide versorgenden
Nerven und durch deren Kreuzung mit anderen Bahnen ist das Nachhirn für den eigentlich vegetativen Lebensprozeß das wichtigste Organ

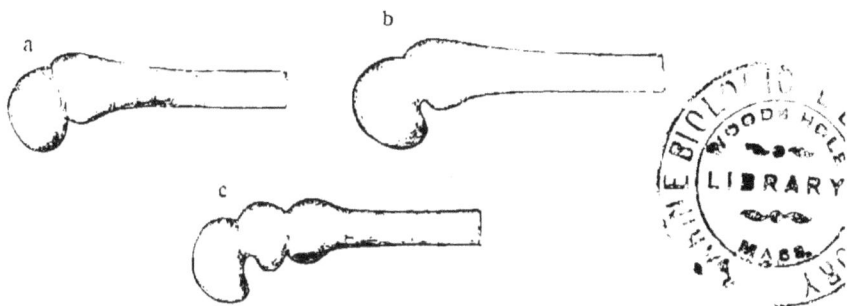

Fig. 155.   b, c 3 Stadien aus der Gehirnentwicklung der Wirbeltiere
(schematisch).

und darf als Zentrum für Verdauung, Blutkreislauf und Atmung bezeichnet werden. Dies zeigen auch Tierexperimente; nach Rückenmarks-
ausschaltung erfolgt nur Lähmung der Muskulatur und Empfindungs-
störung der Haut, nach Entfernung aller anderen Hirnteile schwere All-
gemeinstörung des Bewußtseins und des Zusammenwirkens der Organe;
aber die Entfernung des Nachhirns hat direkt den Tod zur Folge.

Das einheitliche Gehirn stellt sich als ein nach vorn vergrößerter
und veränderter Teil des Rückenmarks resp. des gesamten Nerven-
rohrs dar. In ihm selbst sind aber wieder verschiedene Abschnitte zu
unterscheiden, die bei den verschiedenen Wirbeltiergruppen verschieden
hoch ausgebildet sind, und die sich in der Einzelentwicklung auch durch
Einschnürungen resp. Falten voneinander abtrennen. (Fig. 155, a, b, c.) Man
unterscheidet drei resp. fünf Teile: von hinten nach vorn zunächst ein
Hinterhirn, das sich wieder in das erwähnte Nachhirn und in das Kleinhirn einteilt; dann das Mittelhirn und endlich das Vorderhirn, in dem man
wieder das sog. Zwischenhirn und das eigentliche Großhirn unterscheiden

kann. Durch all diese Abschnitte hindurch zieht sich auch der gleiche
Hohlraum wie durch das Rückenmark; er kann aber in einzelnen Hirn-
abschnitten bedeutend vergrößert, in anderen zu einer bloßen Spalte
verengert sein. Ursprünglich, in der Entwicklung sowohl des einzelnen
Tiers wie des Wirbeltierstammes (s. Kap. 15) verlaufen diese fünf Abschnitte in ziemlich gerader Richtung wie das Rückenmarkrohr selbst.
Nachher kommt eine Knickung und Faltenbildung zustande. Die Ausbildung der Gesamtgehirnmasse entspricht nicht immer der Organisationshöhe der betreffenden Wirbeltiergruppe; denn die einzelnen Gehirnabschnitte haben verschiedene Leistungen, und darum können selbst
bei niederen Gruppen, die in bestimmter Richtung einseitig spezialisiert
sind, einzelne Gehirnabschnitte stärker entwickelt sein wie bei höheren
und damit ein Übergewicht des Gesamtgehirns zustande kommen.

Das Kleinhirn, der auf das Nachhirn folgende Abschnitt, ist, wie
Experimente zeigen, ein Zentralorgan für die Koordination von Be-
wegungen. Dies zeigt sich auch beim Vergleich verschiedener in dieser
Richtung ungleich bedachter Tiere (»Naturexperiment«), indem gute
Läufer und Flieger auch ein besonders gut entwickeltes Kleinhirn zeigen.
Das Mittelhirn ist ebenfalls wichtig als ein Zentrum für verschiedene
Sinnesorgane und durch alle Wirbeltiergruppen ziemlich gleichmäßig
ausgebildet. Nur bei den Säugern scheint es die Funktion als Sinnes-
zentrum aufzugeben und auf andere Gehirnteile zu übertragen. Der
nun nach vorne folgende, an Umfang kleine Abschnitt des Gehirns,
das sog. Zwischenhirn, ist weniger in funktioneller Hinsicht von Bedeutung (vielleicht ist er dazu bestimmt, die Stoffwechselvorgänge
innerhalb des Gehirnes selbst zu regulieren) als in morphologischer. Es
hat einen ventralen Fortsatz nach der Mundhöhle zu gerichtet und
vorher blind endend, die sog. Hypophyse (s. Fig. 156), und einen dorsalen, die Epiphyse oder das Scheitelorgan. Beides sind »rudimentäre«
Organe (s. S. 239.) Das Scheitelorgan scheint die Funktion eines besonderen Sinnesorganes gehabt zu haben, speziell mit der Lichtwahrnehmung
betraut gewesen zu sein, und bei einigen niederen Wirbeltieren diese
Funktion noch zu besitzen.

Das Großhirn hat seinen Namen von der bei den Säugetieren und
namentlich deren höchsten Vertretern gewonnenen mächtigen Entfaltung; bei den niedersten Vertretern der Wirbeltiere stellt es nur eine
dünne Membran dar; und all die Verrichtungen, die wir gewohnt sind, der
Großhirnrinde zuzuschreiben, also die Aufbewahrung von Eindrücken und
deren zweckmäßige Verknüpfung, das Gedächtnis und die entsprechende
Reaktion auf einen von früher her bekannten Eindruck müßten darnach

den Fischen fehlen. Daher auch in letzter Zeit die zahlreichen Untersuchungen darüber, »ob die Fische ein Gedächtnis haben« (zum Teil im
Anschluß auch daran, ob sie einen Gehörssinn besitzen s. u. Kap. 19).
Bei den höheren Wirbeltieren gewinnt das Großhirn zunächst schon
deswegen an Umfang, weil es die Zentren für die komplizierten Sinnesorgane aufnimmt, Gesicht und Gehör, die gerade bei ihnen erst zu
besonderer Spezialisierung gelangen. Eine direkte Beziehung seiner
Massenentwicklung zu einem motorischen Innervationsgebiet wie
beim Rückenmark besteht aber hier nicht, sondern es liegen im Gehirn

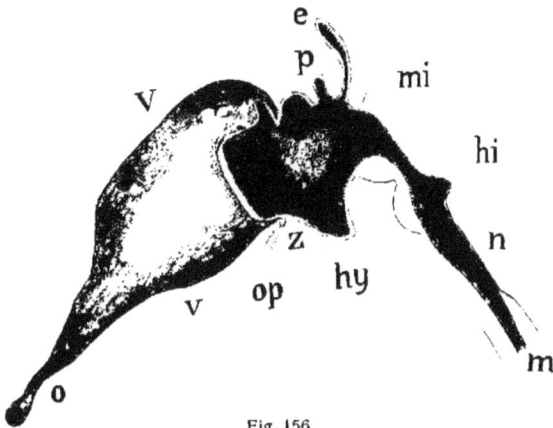

Fig. 156.

Schema des Wirbeltierhirns verändert nach Boas; Längsansicht, in der
Mitte aufgeschnitten nach Boas, verändert. m = Rückenmark, n = Nachhirn, hi = Hinterhirn, mi = Mittelhirn, z = Zwischenhirn, v = Vorderhirn, o = Riechlappen, hy = Hypophyse, op = Sehnerv, p = Parietalorgan,
e = Epiphyse.

eine Reihe von unabhängigen, mit der Peripherie nur ganz indirekt in
Zusammenhang stehender Zentren, die man als Ablaufsorte für die
höheren geistigen Tätigkeiten in Anspruch nehmen kann; hier also
liegen die meisten A s s o z i a t i o n s zentren zur Verknüpfung der
verschiedenen Sinneseindrücke, der aus ihnen gewonnenen Erinnerungs-
bilder und die besonderen von der Peripherie unabhängigen Zentren.
Auch hier, innerhalb des Gehirns, bilden sich so allmählich gewisse
Bahnen und gewisse spezielle Zentralorgane heraus, über deren Funktion
man nach den gleichen Methoden wie beim Rückenmark Aufschluß
erhalten hat durch die mikroskopische Technik, durch experimentelle
Eingriffe und durch die Untersuchung von Gehirnen nach dem Tod
von Personen, die an bestimmt umschriebenen Störungen litten.
Ferner noch durch eine andere Methode (die beim Rückenmark nicht

in Verwendung kommen konnte, weil dies nach der Geburt sofort funktionell entwickelt ist), nämlich durch die Untersuchung von in verschiedenem Alter verstorbenen Säuglingen und kleinen Kindern, da bestimmte Fähigkeiten der Verknüpfung und geistige Tätigkeiten erst nach und nach eintreten. Durch den genauen Vergleich solcher Gehirne, die in ihren inneren Bahnen und Zentren, in der Ausbildung ihrer Nervenzellen und Nervenstränge noch nicht vollkommen ausgebildet waren, und durch die Parallelsetzung der Leistungen im betreffenden Kindesalter, sind in der Tat bedeutende Fortschritte erzielt

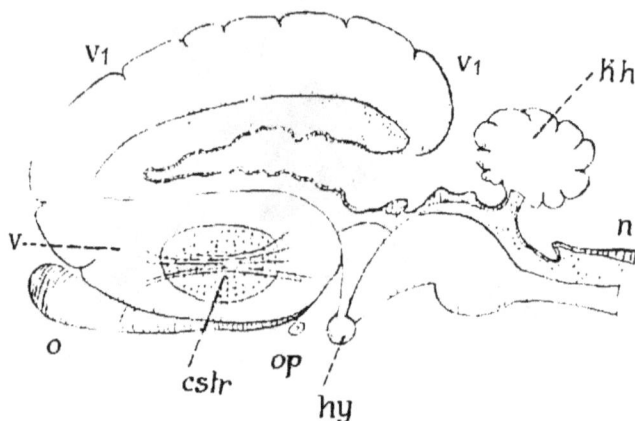

Fig. 157. Schematischer Längsschnitt durch ein Säugergehirn (nach Weber) n Nachhirn, kh = Kleinhirn. hy = Hypophyse. op = Sehnerv, o = Riechlappen. v Basalteil, v₁ = Mantelteil der Großhirnhemisphäre. cstr = corpus striatum (Faserkreuzung). Hohlraum punktiert gezeichnet.

worden. Dagegen ist die Diagnose von besonderen Zentren und besonders entwickelten Fähigkeiten aus der äußeren Schädelform, die sich durch gesteigerte Massenentwicklung des Gehirns in bestimmten Teilen ergeben soll, eine im wahrsten Sinne des Wortes „oberflächliche" Wissenschaft, und die Gallsche Schädellehre, die früher so großes Aufsehen erregt hat, zählt heute unter den Forschern selbst keine Anhänger mehr. Die Höherentwicklung und Differenzierung des Gehirns spricht sich nicht in einer einfachen Massenzunahme aus, sondern in einer innerlichen Differenzierung von zelligen Elementen, über deren allgemeine Bedeutung wir schon gesprochen haben. Es gibt sogar nach Ansicht der Forscher im Menschengehirn noch Gebiete von ansehnlichem Umfang, die selbst beim Menschen von heute noch nicht vollauf differenziert, sozusagen noch nicht ganz ausgenutzt für Bahnen und

Zentren sind, und die darum vielleicht als mögliche Stätten der Weiterbildung der geistigen und technischen Fähigkeiten angesehen werden können. Aus all diesen Gründen kann auch weder die Faltenbildung an der Oberfläche, die sog. Furchung des Gehirns, noch das absolute Gewicht ein Maßstab für die Fähigkeiten sein, weder in der Tierreihe im allgemeinen, also bei höheren Säugetieren gegenüber niederen, noch innerhalb einer Tierart, im besonderen auch nicht unter den einzelnen Menschenrassen und Menschen. Viele in dieser Hinsicht angestellte Berechnungen an den Gehirnen verstorbener berühmter Persönlichkeiten haben die Aussichtslosigkeit solcher groben Untersuchungsmethoden erwiesen. Es müßte erst eine große Reihe weiterer physiologischer Einzeluntersuchungen über die Zentren des Großhirns erfolgt sein, ehe eine zweckmäßige Vergleichung zwischen einzelnen Arten oder gar Individuen stattfinden könnte.

Achtzehntes Kapitel.

Niedere Sinnesorgane.

Herleitung der verschiedenen Sinnesorgane durch Arbeitsteilung aus der allgemeinen Sinneswahrnehmung. Die Einteilung in fünf Sinne subjektiv und nicht einmal für den Menschen ganz zutreffend. Niedere und höhere Sinnesqualitäten. Gefühls- sinn und seine Abstufungen. Bedeutung der Hautbeschaffenheit für die Sinnes- werkzeuge in den verschiedenen Tiergruppen. Beobachtungen und Experimente. Temperatur-, Raumsinn. Geschmacks- und Geruchsinn zusammen- gehörig, Experimente bei Insekten. Anatomische Einrichtungen für beide Sinne bei Wirbeltieren. Gleichgewichtssinn als besondere Ausprägung des Raumsinnes bei schwimmenden und fliegenden Tieren.

Bei der Herleitung des Nervensystems und seiner einzelnen Teile nach dem Prinzip der Arbeitsteilung, also bei der Scheidung von (*a*) peripheren Sinneszellen, die Eindrücke aufnehmen, von (*b*) zentralen, damit verbundenen Nervenzellen, die die Eindrücke aufbewahren und event. weiterleiten, und einem weiteren peripheren Teil (*c*), dem mo- torischen, war bisher immer nur von »Sinneszellen«, ganz im allgemeinen die Rede. Es hat für die Erklärung der Vorgänge und für das Zustande- kommen der besonderen Lagerung der einen Elemente an der Peri- pherie und der andern im Zentrum genügt, von Sinneszellen zu spre- chen, ohne auf deren Verschiedenheit und auf die Sinneswahrnehmung selbst einzugehen. Es besteht aber schon bei niederen Tieren, noch ehe es eigentlich zu einer richtigen Zusammendrängung von Leitungs- bahnen und zu einem In-die-Tieferücken der Aufbewahrungszellen kommt, auch unter den Zellen der Peripherie selbst eine gewisse Verschie- denheit. Es ist ja Aufgabe der Sinneszellen, den Körper über die Außen- welt zu unterrichten, und je nach den verschiedenartigen Bedingungen der Außenwelt müssen darum auch verschiedene Einrichtungen für Wahrnehmungen schon bei niederen Tieren getroffen sein. Wir sehen darum auch innerhalb der Sinneszellen selbst das Prinzip der Arbeits-

teilung weiter durchgeführt, indem sich je nach dem Reiz diese Endapparate besonders spezialisieren, und sich an diesen Zellen eigene
Strukturen herausbilden, die für Wahrnehmungen der besonderen Reize
eingerichtet sind, andere z. B. für einen bloßen mechanischen Reiz
(also die Tasthaare), als für einen chemischen, oder für einen besondere Schallwellen vermittelnden, den akustischen (die sog. Hörsaiten), und wieder andere für die Ätherschwingungen, die den Lichtreiz hervorrufen (die sog. Sehstäbchen).

Ganze Gruppen solcher wahrnehmenden Zellen treten dann zu
derartigen Leistungen zusammen, um den wahrnehmenden E n d -
a p p a r a t zu bilden. Nachbargewebe werden zu H i l f s l e i s t u n g e n
herangezogen, z. B. zu lichtbrechenden Apparaten oder zur Verstärkung
der Schallwellen oder zu Umhüllungen und Isolierungen der wahrnehmenden Zellen, damit keine anderen Reize sie treffen, und durch die
entsprechende Vereinigung solcher wahrnehmenden Zellen einerseits
und der Hilfsapparate anderseits kommen Sinnes o r g a n e im eigentlichen Sinn zustande.

Da die Arbeitsteilung zwischen den verschiedenartigen Sinnesorganen sich objektiv nach den in der Natur gegebenen Anforderungen
vollzieht, und da dieselben für die Tierwelt, die vielfach in ganz anderen
Bedingungen lebt wie wir, z. B. im Wasser schwebend oder in der Luft
fliegend, ganz verschieden sein müssen, so ist es klar, daß die menschliche Einteilung in fünf Sinne eine ganz subjektive ist und nicht auf alle,
dem Tierkörper eigenen Wahrnehmungen und Sinnesorgane zutrifft.
Man hat sich deswegen bemüht, andere Einteilungen mehr objektiver
Art zu machen, und wie es oben geschehen ist, von chemischen und physikalischen Reizen zu sprechen und unter diesen wieder thermische
und rein mechanische unterschieden; aber auch diese Einteilung
versagt mehr oder minder bei unseren zum Teil sehr unvollkommenen
Vorstellungen von den Sinneseindrücken der niederen Tiere, die wir
doch zum großen Teil nur erschließen nach deren Bewegungsreaktionen
auf bestimmte Reize, zum anderen Teil aber erst recht nach dem anatomischen Bau der Organe und dessen Analogie mit Sinnesorganen,
deren Funktion wir schon von u n s e r e m eigenen Körper her kennen.
Es ist aus diesem Grund geboten, einen Mittelweg einzuschlagen und verschiedene Qualitäten von Sinneswahrnehmungen im Tierreich abzugrenzen, die einerseits aus uns geläufigen subjektiven Vorstellungen,
anderseits aus Untersuchungen gerade am niederen Tierkörper gewonnen worden sind. Man unterscheidet zweckmäßigerweise fünf
Sinnesqualitäten, die aber nicht ganz der sonst üblichen Einteilung

in die fünf Sinne entsprechen, und bei denen wieder Unterabteilungen zu machen sind:

1. G e f ü h l s s i n n , bei dem zwischen Druck- oder Tastsinn, Temperatursinn, Schmerz- und anderen Empfindungen abzugrenzen ist,

2. G e s c h m a c k s - und G e r u c h s s i n n , zwischen denen in mancher Beziehung eine feste Abgrenzung nicht möglich ist, namentlich bei niederen Tieren, während bei höheren Tieren sich sowohl im Bau als in der Funktion der Organe für die beiden Sinnesqualitäten Unterschiede ergeben,

3. R a u m s i n n , von dem der Gleichgewichtssinn eine besondere Spezialisierung darstellt,

4. G e h ö r s i n n , der oft in besonderer Beziehung gerade zum Raumsinn entwickelt ist, und

5. G e s i c h t s s i n n .

Die beiden letzteren kann man, weil die durch sie vermittelten Vorstellungen besonders kompliziert werden und weil auch ihre Hilfsapparate komplizierter gestaltet sind, als »höhere« Sinnesorgane zusammenfassen, gegenüber den drei erstgenannten Kategorien, bei denen zum Teil die nervösen Endapparate ohne besondere Hilfsorgane mit dem Zentralorgan in Verbindung stehen.

Der Arbeitsteilung innerhalb der Endapparate entspricht notwendigerweise auch eine Arbeitsteilung der Nervenbahnen und der Aufbewahrungszentren, resp. Schaltzellen im Zentralorgan. Ebenso wie der Endapparat schließlich nur für ganz bestimmte Reize und Sinneswahrnehmungen eingerichtet ist, so empfindet auch der betreffende zentrale Teil nur ganz speziell diese Sinnesqualität. Daher die Tatsache der »spezifischen Sinnesenergie«, daß, wenn ein anderer Reiz als der zugehörige durch die Nervenbahn auf die betreffenden Zentren einwirkt, dennoch die gewöhnlichen Sinnesvorstellungen dort ausgelöst werden, daß z. B. durch einen Druck oder Schlag auf das Auge eine Gesichtsempfindung entsteht, oder durch anormale Blutzufuhr in der Umgebung des Hörnerven eine Schallempfindung zustande kommt. Aus diesen Tatsachen heraus erklären sich auch die Halluzinationen, Vorstellungen von vermeintlichen Sinneseindrücken und Vorgängen, während in Wirklichkeit der Reiz nicht von außen, von der wirklichen Umgebung, sondern durch eine zentrale Einwirkung erfolgt ist.

*   *   *

Die Organe für den G e f ü h l s s i n n im weitesten Sinn liegen in der Haut. Sie werden deshalb auch zu einem Teil als Hautsinnesorgane bezeichnet, doch fallen unter diesen Begriff noch einige andere Organe gleicher Lagerung, die aber anderen Sinnesqualitäten dienen. Auf jeden Fall ist für die Ausbildung der verschiedenen Organe des Gefühlssinnes darum die Beschaffenheit der Haut von großer Bedeutung. Dieselbe ist in verschiedenen Tiergruppen je nach der Organisationshöhe und auch je nach der Umgebung, in der sie leben, verschieden. Wir können für unsere Betrachtungen hauptsächlich dreierlei Modifikationen der äußeren Haut im Tierreich unterscheiden:

1. eine weiche, einschichtige Haut mit äußeren Flimmerhaaren, das sog. Wimperepithel, wie es bei niedrigen Tieren, speziell solchen, die im Wasser leben, allgemein ist. Beispiel die früher erwähnten Strudelwürmer;

2. eine harte Bedeckung einer einschichtigen Haut, das sog. Chitin, wie es den Gliederfüßern, besonders den Insekten, zukommt, das den ganzen Körper als feste Decke umgibt, so daß das Protoplasma nicht an die eigentliche Oberfläche gelangt, und darum auch keinerlei Protoplasmafortsätze, wie Wimpern oder Geißeln möglich sind;

3. eine geschichtete Haut aus vielen Zellagen übereinander bestehend, wie sie den Wirbeltieren zukommt; die unteren Schichten sind weich und protoplasmatisch, die oberen Schichten mehr oder minder verhornt und hart. Es können auch dadurch Schutzeinrichtungen, die die weiche Unterhaut und den Körper abschließen, zustandekommen; besondere Ausbildungen solcher Verhornungen stellen die Nägel, die Federn und die Haare dar.

Nach der Beschaffenheit der Haut müssen sich notwendigerweise die Hautsinnesorgane richten. Bei einem einfachen Wimperepithel sind es unter den übrigen Deckzellen durch Gestalt und Plasmabeschaffenheit ausgezeichnete Zellen, deren Wimperhaare ebenfalls stärker entwickelt, event. zu besonderen Tastborsten verschmolzen oder umgebildet sind. Solche besonderen Sinneszellen (s) können entweder einzeln im Epithel (ep) verstreut sein oder sich zu eigenen Tastorganen an besonders begünstigten Zellen auf Erhöhungen oder Vertiefungen zusammengruppieren. Bei den Medusen z. B. auf den Fangfäden, bei Würmern auf Papillen am Kopfende. Beim Berühren eines fremden Gegenstandes der Unterlage oder bei lebhafter Wasserbewegung werden so ausgestattete Sinneszellen einen besonderen Reiz empfinden und ihn vermöge ihrer nervösen Fortsätze in der früher beschriebenen Weise zentralwärts weiterleiten.

Bei einer Chitindecke können keine Plasmafortsätze zur Wahrnehmung des Reizes existieren. Es werden bei solchen Tieren darum feine Fortsätze des Chitins selbst, die gleich Miniaturstacheln über die Oberfläche herausragen, zur Tastempfindung benutzt. Solche Chitinfortsätze stehen dann nicht wie das angrenzende Chitin der Decke mit gewöhnlichen Epithelzellen in Verbindung, sondern mit besonders

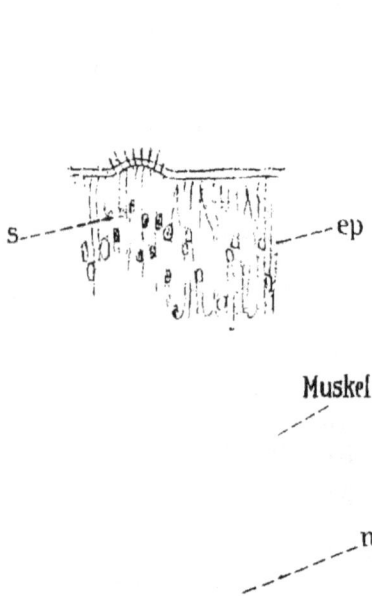

Fig. 158. Sinnespapille aus der Haut eines Wurms (nach K. C. Schneider).

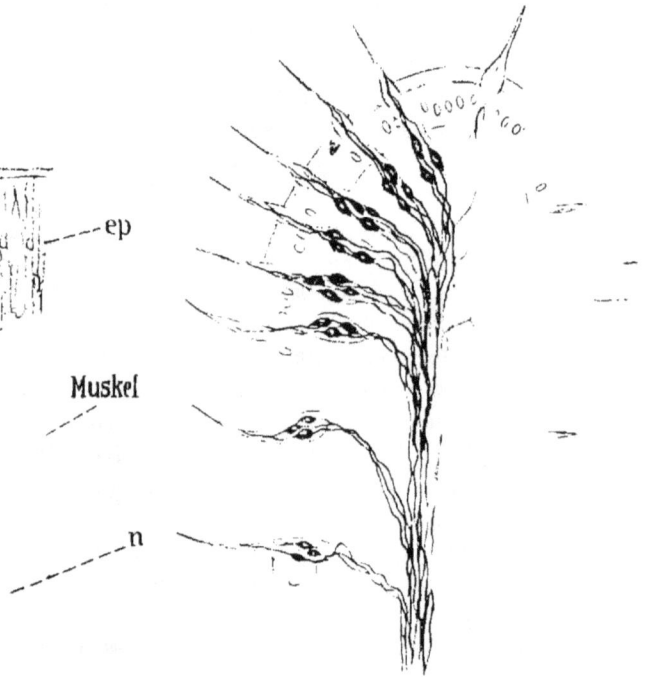

Fig. 159. Ende des Tasters eines Insekts mit verschiedenen Sinneszellengruppen (nach Boas).

ausgezeichneten, im Verband dieses Epithels liegenden Sinneszellen, die auch wieder einen zentralen Fortsatz aufweisen. Auch bei den Arthropoden, speziell den Insekten, die solche Endigungen besitzen, kann es zu einer Zusammendrängung vieler solcher Nervenzellen auf besonderen kegelförmigen Erhöhungen kommen. Das mechanische Funktionieren solcher Haare beim Fortbewegen auf einer Unterlage, z. B. beim Kriechen einer Raupe, oder passiv bei Wasser- und Luftströmung, ist leicht vorzustellen. Besondere Verbesserungen zur Aufnahme des mechanischen Reizes können in einer Verbreiterung oder Fiederung eines solchen Chitinhaares bestehen (s. oben Fig. 153 t_3).

In der geschichteten Haut gibt es zunächst einfache knopfförmige
Nervenendigungen als Endapparate, die in den plasmatischen Zellen
über den ganzen Körper zerstreut zu liegen kommen. Solche reiz-
empfindenden Knöpfchen können sich dann auch wieder an bestimmten bevorzugten Stellen zusammendrängen, z. B. am Grund der Haare
der Säugetiere zu besonders dichten Netzen oder Rinnen, wodurch
derart ausgestattete und umgebene Haare selbst zu Tasthaaren werden,

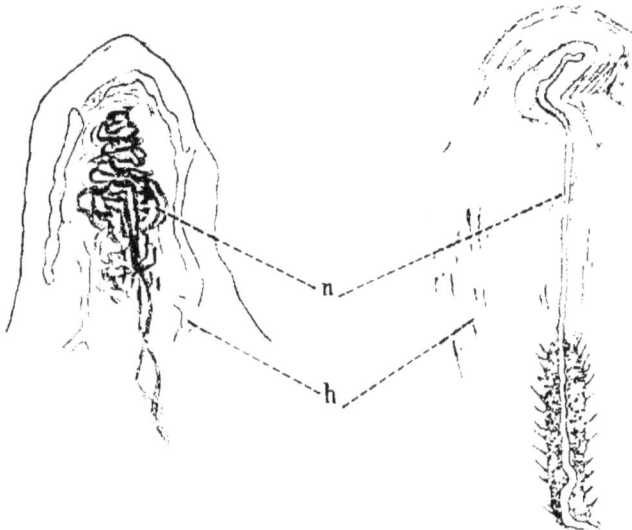

Fig. 160 und 161. Zweierlei verschiedene Tastkörperchen aus der Haut
des Menschen.

indem bei mechanischer Einwirkung auf diese Haare sich der Reiz auch
ihrer plasmatischen Umgebung, resp. Nervenendigungen mitteilt und
von da wieder durch nervöse Leitungsbahnen zentralwärts zum Bewußtsein kommt.

Außer diesen einfachen Nervenendigungen gibt es in den Zellen
der geschichteten Wirbeltierhaut noch besondere Endigungskörper, die
für verschiedene Modifikationen des Gefühlssinns bestimmt sind, und
bei denen außer den Zellen und Nervenenden selbst auch noch umhüllen-
des Gewebe in verschiedener Verwendung in Betracht kommt. Man kann
zweierlei Ausprägungen unterscheiden, innerhalb deren es wieder zahlreiche, namentlich bei Säugetieren und Vögeln verschiedenartig ausgebildete Abstufungen gibt. Bei den einen Endkörperchen (Fig. 160)

ist der Nervenendfaden (*n*) sehr kompliziert und verschlungen und zeigt zahlreiche bestimmt angeordnete Endknöpfchen; die Hülle (*h*) ist aber nur einfach, die dieses »Tastkörperchen« vom umgebenden Gewebe abgrenzt. Bei den andern (Fig. 161) ist der Nervenendfaden (*n*) samt seiner Anschwellung nur einfach, die Hülle (*h*) dagegen um so komplizierter und besteht aus mehreren übereinander liegenden, zwiebelartig gepackten Lamellen, die vielleicht gegeneinander mehr oder minder beweglich sind. Es ist möglich, daß derartige anatomische Verschiedenheiten ganz bestimmten Verschiedenheiten der Leistung entsprechen, daß die einen, die Freiendigungen, vielleicht allgemeinen Empfindungen, auch vielleicht dem Temperatursinn dienen, die mit Hüllen dagegen für bestimmte Qualitäten des Gefühlssinns, für Tast-, Druck- oder Ortssinn. Manches in ihrer Anordnung spricht für eine solche Arbeitsteilung, z. B. daß die letzterwähnten komplizierten Körperchen vorzugsweise in der Unterhaut an den Fingernerven vorkommen, andere wieder in den Lippen, während wieder andere sich am ganzen Körper verstreut finden.

Über die Funktion dieser Hautsinnesorgane liegen vorzugsweise beim Menschen zahlreiche Untersuchungen vor. Daß eine Reihe von ihnen dem Tastsinn als solchem dienen müssen, also der Vorstellung, ob ein Objekt überhaupt da, ob es hart oder weich ist, ist ohne weiteres klar, ebenso daß dadurch bei Kombination verschiedener Tastempfindungen Vorstellungen über die Form eines Objekts gewonnen werden müssen; ferner wird dadurch ein gewisser Widerstand gefühlt, den eine Unterlage bietet, auf der eine Bewegung stattfindet, und darnach richtet sich von selbst die Muskelanspannung, entsprechend der Vermittlung, die vom Hautreiz durch Nervenbahnen direkt oder indirekt auf den Muskel übergeht, wie oben erörtert.

Es müssen wohl beim Tastsinn eine Reihe von benachbarten Endknöpfen gleichzeitig durch den Reiz getroffen werden; je nach ihrer gegenseitigen Nähe und der Art ihrer Nervenverknüpfung werden sie diesen Reiz einheitlich oder schon differenziert empfinden. Ein bekannter Versuch besteht darin, festzustellen, auf welche Entfernung voneinander noch zwei Zirkelspitzen als zwei getrennte Punkte empfunden werden. An den Fingern wird noch auf 2 mm Entfernung die Trennung empfunden; auf der Zungenspitze bei 6 mm, an der Stirnhaut bei 23 mm, und auf der Nacken- oder Rückenhaut müssen die Zirkelspitzen 50 bis 60 mm voneinander entfernt werden, um noch als zwei getrennte Spitzen wahrnehmbar zu sein. Je nach der Hautstelle ist die Empfindlichkeit verschieden und kann durch Übung, z. B. bei Blinden, beträchtlich gesteigert werden.

Besondere Betrachtung verdienen die Versuche über den T e m p e r a t u r sinn, der offenbar auch in besonderen Organen resp. Haut-stellen lokalisiert ist, getrennt von denen der Tastempfindung, aber wie diese über den gesamten Körper hin zerstreut. Man hat die Wahr-nehmung gemacht, daß Hautpunkte, die Druck empfinden, gegen Wärme und Kälte unempfindlich sind, und teilweise auch umgekehrt. Die Versuche wurden mit feinsten Glasröhrchen, sog. Kapillarröhrchen angestellt, die heißes oder kaltes Wasser enthielten. Es besteht auch hier ein Unterschied zwischen den einzelnen Hautbezirken, solche, die vorzugsweise zum Tasten benutzt werden, wie die der Finger, haben weniger Temperatursinn als andere, wie Nasenflügel oder Brust. Die Trennung der beiderlei Empfindungen kann auch durch krankhafte Erscheinungen nachgewiesen werden, indem bei gewissen Nerven-störungen die eine Empfindung verloren gehen kann, während die andere erhalten bleibt. Eigentümlicherweise sind auch anscheinend die Endigungen für Wärme und für Kälteempfindungen nicht die glei-chen. Auf 1 qcm menschlicher Körperhaut kommen beispielsweise 4 Wärme-, 6 Kälte- und 15 Druckpunkte. »Heiß« scheint durch eine gleichzeitige Erregung zahlreicher Wärme-, und eventuell auch von Kältepunkten gleichzeitig zustande zu kommen. Dies führt uns zur Frage der Schmerzempfindung und anderer sog. Gemeingefühle. Es ist fraglich, ob hierfür, wie einige meinen, auch besondere Endigungen bestehen, oder ob Schmerz durch eine Übermaximale der gewöhnlichen Erregung, durch eine gleichzeitige und gesteigerte Inanspruchnahme zahlreicher Endigungen zustandekommt, und durch dementsprechende andersartige Übertragung im Zentralorgan. Für letzteres spricht die Empfindung, daß heiß empfunden wird, wenn Kalt- und Warmendi-gungen zu gleicher Zeit erregt werden, sowie die Wahrnehmung, daß Schmerz um so leichter fühlbar wird, je größer die angegriffene Fläche ist, z. B. empfindet ein Finger in Wasser von 55° eingetaucht ihn nicht, die ganze Hand dagegen fühlt eingetaucht einen Schmerz. Demgegenüber steht allerdings die Ansicht, daß es auch besondere Schmerzpunkte in der Haut gebe; es werden sogar auf die gleiche Hautstelle von 1 qcm die große Anzahl von 200 angegeben. Dar-nach müßten auch besondere zentrale Schalt- und Aufbewahrungs-zellen für solche Schmerzempfindungen bestehen. Jedenfalls besteht aber eine zentrale Beziehung dieser Schmerzempfindungen, wie schon daraus zu entnehmen ist, daß die Vorstellung von Schmerz diesen wesentlich vermehrt. Das zeigt sich im Unterschied eines zufälligen kaum wahrgenommenen Schnittes gegenüber einer erwarteten heftig

gefühlten Operation, sowie darin, daß in der Nacht, wenn die übrigen
Einwirkungen von außen geringer sind, alle Schmerzen stärker empfunden werden. Daß Schmerzempfindungen nicht nur von außen
sondern auch von inneren Stellen des Körpers aus ausgelöst werden
können, ist bei dem überall im Körper verzweigten Nervennetz selbstverständlich. Ebenso kann eine Ortsempfindung, eine Lokalisation und
ein Muskelsinn auch von innen her wirken, und ferner können auch
andere Gemeingefühle, wie z. B. Hunger und Durst, durch Reizung
an inneren Stellen des Körpers hervorgebracht werden.

*   *   *

Geschmacks- und Geruchsinn arbeiten vielfach zusammen und sind, namentlich bei niederen Tieren, weder anatomisch
noch physiologisch zu trennen. Der süddeutsche Sprachgebrauch, der
Geschmack als gleichbedeutend mit Geruch verwendet, ist darum nicht
ganz unberechtigt. Auch beim Menschen ist oft eine Empfindung, die als
Geschmack vermerkt wird, auf die Tätigkeit des Geruchsinns zurückzuführen und umgekehrt. Es liegt dies an der Subjektivität, mit
welcher all diese Empfindungen aufgefaßt und bezeichnet werden.
Objektiv gesprochen sind beide Sinnesempfindungen auf chemische
Reize eingerichtet und könnten, der eine mehr die chemische Natur
der Stoffe in gelöstem Zustand, also im Wasser, der andere in der Luft
kontrollieren. Subjektiv ausgelegt wären sie also da, um für den Tierkörper die Nahrung und die Atemgase einer Kontrolle zu unterziehen.
Bei niederen Tieren auch dies noch zusammenfallen, da sie ja im Wasser
leben und atmen, und somit diese chemische Kontrolle nur innerhalb
der Flüssigkeit stattfindet.

Es wäre bei ihnen darum verfehlt, von Geschmack im Gegensatz
zum Geruch zu sprechen. Dagegen ist es nötig, das Vorhandensein
dieses chemischen Sinnes im Gegensatz zum gewöhnlichen Tastsinn
festzustellen. Bei verschiedenen Schlauchtieren, z. B. Aktinien oder
sog. Seerosen, hat man festgestellt, daß sie auf rein chemische Reize
durch Bewegung der Fangfäden, eventuell durch Kontraktionen des
ganzen Körpers, reagieren; schon bei ins Wasser nur hineingebrachten
Stoffen, ohne gleichzeitige Berührung. Auch bei einfachen Quallen (siehe
Fig. 100) hat man durch entsprechende Experimente gesehen, daß es
nicht nur keiner Berührung bedarf, sondern daß die Körperreaktion und
Tentakelbewegung auch verschieden ausfällt, je nachdem Futter oder
schädliche Substanzen in das Wasser gebracht werden. Der Sitz der
empfindenden Zellen scheint vorzugsweise am Mundrand, am Schirm-

rand und an den Tentakeln gelegen zu sein, ohne daß man von besonders konstruierten Organen reden könnte. Solche sind aber schon bei höheren Quallen vorhanden, indem am Schirmrand in bestimmten Einschnitten (*lo*), über dem Sitz anderer, später zu erwähnender »Gleichgewichtsorgane« (*ect!*) besondere G r u b e n (*fos. ol.*) angebracht sind, in denen Sinneszellen in großer Menge und in charakteristischer Verteilung stehen. Nach diesem Prinzip sind auch bei im Wasser lebenden Würmern solche Organe des chemischen Sinnes gebaut, z. B. Differenzierungen am Rüssel niederer Würmer, und am Kopf und im Vorderdarm

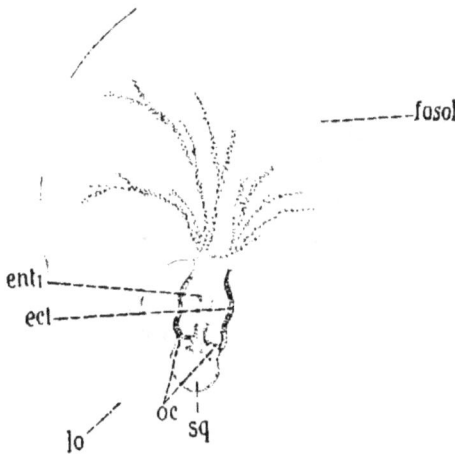

Fig. 162. Sinnesklöppel und Geruchsgrube (fos ol) einer Qualle.

der Ringelwürmer. Die grubenförmige Vertiefung dient dazu, eine Ansammlung und intensivere Einwirkung der betreffenden Stoffe zu ermöglichen.

Dieses Grubenprinzip zeigt sich auch bei den eigentlichen Geschmacksorganen der höheren Tiere, wo sich eine Trennung der wirklichen Geruchsorgane von solchen Geschmacksorganen durchführen läßt; gerade bei den Säugetieren und beim Menschen ist dies im Bau der sog. Geschmacksknospen auf der Zunge zu erkennen (Fig. 163). Diese enthalten in (eventuell noch weiter durch Faltung umgebildeten) Grübchen Anhäufungen besonderer Sinneszellen, neben den stützenden Epithelelementen, sog. Knospen, und zwar ist, wie sich gerade beim Menschen durch Experimente erkennen läßt, auch noch innerhalb dieser allgemein chemische Reize empfindenden Zellen eine weitere Arbeitsteilung nach Geschmacksqualitäten vorhanden. Man kann eine Empfindung von sauer, süß, bitter, salzig, alkalisch und metallisch unterscheiden, und

für diese existieren auch verschiedene Endknospen, ohne daß man
allerdings mit unsern Hilfsmitteln einen mikroskopischen Unterschied
in ihrer Konstruktion finden könnte. Jedenfalls ist aber dieselbe Ge-
schmacksknospe jeweils nur für eine bestimmte Geschmacksempfindung,
z. B. sauer, zugänglich, und auch eine andere, z. B. bittere Lösung
bringt, auf die gleiche Stelle gebracht, entweder dieselbe saure Empfindung, oder gar keine Geschmackswirkung hervor.

Bei anderen Säugetieren existieren ebenfalls verschiedene solcher
Geschmacksknospen in wechselnder Anzahl. Man kann feststellen,
daß die Allesfresser und Fleischfresser im allgemeinen weniger Knospen nach Zahl und Ausbildung zeigen, wie die Pflanzenfresser. Bei den
Amphibien, speziell beim Frosch, existieren scheibenförmige, kaum ver-

Fig. 163. Geschmacksknospen aus dem Abhang
einer Zungenpapille des Menschen (nach Ebner).

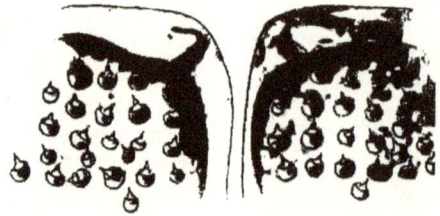

Fig. 164. Geschmacksgrubenfelder aus den
oberen Mundteilen eines Wasserkäfers.

tiefte derartige Geschmacksbezirke in der Mundhöhle, und ähnliche Ge-
schmacksscheiben werden auch bei Fischen nachgewiesen.

Eine besonders interessante Verwirklichung von Geschmacksorganen
findet sich bei den Insekten, bei denen ja schon infolge ihres Land-
und Luftlebens Geschmack von Geruch getrennt werden kann, und wo
der Geschmackssinn eine biologische Notwendigkeit ist; denn viele
von ihnen, wie die höheren Hautflügler, Bienen, Hummeln usw., die
Raupen der Schmetterlinge, die Maden der Fliegen, sind auf ein ganz
bestimmtes Futter angewiesen und müssen darum auch Organe besitzen,
um die chemische Qualität ihres Futters zu kontrollieren.

Der Nachweis, daß es sich um Geschmacksorgane handelt, ist auf
verschiedene Weise zu führen: erstens durch den anatomischen Be-
fund, indem wir bei ihnen Hautsinnesorgane von einer besonderen
Konstruktion finden, die gerade an denjenigen Stellen angebracht sind,
wo die Nahrung zuerst durchpassiert, also an und in den bereits viel-
erörterten M u n d gliedmaßen. Tatsächlich liegen hier besondere

Grübchen, in denen von der Nahrungsflüssigkeit sich etwas ansammeln kann, und an denen das Chitin, das ja sonst eine feste Hülle bildet, ganz bedeutend verdünnt ist, manchmal auch richtige Röhrchen und Stifte in eigenartiger Verteilung (Fig. 164), auf deren Grund jeweils Sinneszellen mit zentralwärts gehenden Nervenfäden sich befinden. Von der Fläche gesehen, bilden sich dann ganze Felder und Streifen für die Geschmacksempfindung, ähnlich wie in Gruben höherer und niedriger Tiere. Im Mund der Käfer, unten und oben, an der Fläche der Kauladen, am Rüssel der Fliegen und Schmetterlinge, bei Bienen auf der Unterlippe und Zunge sind solche Gebilde gefunden. Ein weiterer Beweis biologischer Art, daß es sich um Geschmacksorgane handelt, ist auch darin gegeben, daß innerhalb einer Gruppe diejenigen Formen, die dem Futter mehr Beachtung schenken, solche Grübchen und Felder in größerer Zahl und besserer Ausbildung besitzen als die andern, weniger heiklen. So z. B. haben bei den Hautflüglern die Zehrwespen nur 1 bis 2, die Blattwespen 12 bis 20, die Stechwespen über 20, von den Bienen die männlichen 50 und die Arbeiterinnen 120 derartiger »Geschmacksorgane« auf der gleichen Stelle.

Der wirkliche Beweis für die Leistung der Organe wird aber nur durch das Experiment erbracht, indem man einerseits bei intakten Tieren mit (wenigstens für uns) geruchlosen aber schmeckenden Stoffen experimentiert, und eine Reaktion des Tieres erhält, anderseits die Stellen solcher Organe ausschneidet und dann die Tiere gleichgültig gegen entsprechende Reize findet. Wenn man z. B. Ameisen Honig gab, der mit Strychnin, oder Bienen Honig gab, der mit Glyzerin vermengt war, so begannen die Tiere wohl zu fressen, bemerkten aber den Irrtum, sobald der Stoff die eigentlichen Mundteile passierte. Ebenso wurde von Wespen ein Zusatz von Alaun im Zucker wahrgenommen, ja es wurde Saccharin von wirklichem Zucker unterschieden und verschmäht.

Am besten lassen sich hier gleich die Organe des G e r u c h s s i n n s bei den I n s e k t e n anschließen. Manchmal allerdings mag gerade bei ihnen ein eigentliches Riechen von einem Tasten nicht völlig zu trennen sein, und eine für unsere Ausdrucksweise gemischte Empfindung, ein »Kontaktgeruch« oder ein »Riechtasten« zustandekommen, was vielleicht bei den Ameisen von Bedeutung, z. B. für das Wegfinden, ist; aber bei diesen und anderen ist jedenfalls auch eine richtige Geruchsempfindung ohne Berührung vorhanden. Sie ist für zahlreiche Insekten eine biologische Notwendigkeit; denn es finden die erwachsenen Schmetterlinge auf weite Entfernung, ohne durch das Gesicht geleitet zu sein, die Pflanzen, an denen sie ihre Eier ablegen, sodaß die nachher auskriechen-

den Räupchen sofort ihre Nahrung haben. Ebenso finden die Fliegen und
Käfer unterirdische Pilze, Käfer finden Aas und andere verfaulte Stoffe,
und vor allem nehmen viele Insekten auf weite Entfernung die Angehörigen des andern Geschlechts wahr. So kann man mit einem ausge-
setzten Spinnerweibchen über Hundert von Männchen einfangen.
Im Anschluß daran zu erwähnen ist auch, daß umgekehrt auch männliche Insekten, z. B. manche tropische Schmetterlinge selbst, einen
starken Geruch durch sog. »Duftschuppen« produzieren, und wo Organe der Dufterzeugung sind, müssen auch solche der Duftempfindung
vorhanden sein.

Anatomisch zeigen sich an ihnen keine nachweislichen Besonderheiten gegenüber den Geschmacksempfindungen, nur ist das Grubenprinzip weniger ausgeprägt, und Stifte mit feiner Nervenfaser bilden
das Hauptkennzeichen (s. Fig. 159). Die charakteristische Verdünnung des Chitins ist die gleiche wie bei den sog. Geschmacksorganen; am Grunde der Organe stehen Sinneszellen einzeln oder in Gruppen, die mit zentralen Fortsätzen zu den Ganglienanhäufungen des
Kopfes führen. Ganz besonders scheinen die Fühler mit solchen Organen
ausgestattet, und zwar vorzugsweise die Hauptfühler vorn am Kopf,
in minderem Grad und vielleicht mit besonderer Qualität auch die kleinen an den Mundteilen angebrachten »Taster« (s. Fig. 120).

Der biologische Beweis für die Natur dieser Gebilde ist dadurch
erbracht, daß gerade solche Tiere, die ihrer Lebensweise nach mit Spür-
organen versehen sein müssen, diese Organe an den Fühlern in großer
Anzahl und Ausdehnung zeigen. Solche mit reduzierten Augen z. B.
zeigen diese Spürorgane besser entwickelt als gut sehende. Libellen,
die Räuber mit besonders wohlentwickelten Augen sind, haben den
Geruchssinn entsprechend weniger ausgebildet. Unter den Hautflüglern
besitzen gerade die besten Arbeiter diese Fühlerorgane am zahlreichsten;
die Holzwespe zeigt deren 2000, Schlupfwespen 5000, Bienen 20000
auf die Flächeneinheit.

Der experimentelle Beweis wird auf entsprechende Weise wie beim
Geschmack erbracht. Ein Glasstäbchen mit Essigsäure oder Terpentin
wird schon vor der Berührung wahrgenommen; die Fühler bewegen sich
und das Tier kehrt um. Ruhende Tiere riechen schlechter als fliegende;
also hat die L u f t b e w e g u n g etwas mit dieser Sinneswahrnehmung
zu tun. Bemerkenswert ist aber, daß der Sitz hier, nicht wie bei den
Wirbeltieren, an den Eingängen für die Atemluft, angebracht ist; die
früher beschriebenen Stigmen oder Atemlöcher der Insekten (s. Kap. 16)
enthalten keinerlei solche Sinnesorgane, sondern diese sitzen an

den Fühlern und Tastern. Nach Entfernung der Fühler oder
nach deren Einschmieren mit Paraffin finden Fliegen nicht
mehr auf faules Fleisch, Schaben nicht mehr ihr Futter; Schmetterlinge, denen die Fühler ausgeschnitten, die Augen belassen wurden,
finden nicht mehr die Weibchen. Ameisen, auf gleiche Weise ver-
stümmelt, finden nicht mehr die Nestgenossen. Bei manchen Insekten
ist ein Geruchssinn auch noch nach Abschneiden der großen Fühler
nachgewiesen, indem wahrscheinlich die sog. Taster an den Mundteilen
auch für gewisse Geruchsqualitäten empfänglich sind. Widersprüche
in den Experimenten erklären sich vielleicht dadurch, daß auch hier
eine Arbeitsteilung eingetreten ist, sodaß nicht alle einzelnen Geruchsorgane auf Fühlern und Tastern allen Geruchsqualitäten dienen können,
sondern manche für die einen, manche für die andern bestimmt sind.
So z. B. riecht ein Aaskäfer nach Abschneiden der Fühler noch Rosenöl,
aber Aas oder die bekannte nach Aas riechende Pflanze (A s a f o e t i d a)
wird von ihm nicht mehr wahrgenommen.

Während bei den niedrigen Tieren, die im Wasser leben, die chemischen Sinne, Geruch und Geschmack, meist nicht zu trennen sind,
läßt sich bei landlebenden Tieren, auch bei niedriger organisierten
Wirbellosen, immerhin ein gewisses Geruchsvermögen erkennen.
Beim Regenwurm z. B. sind solche Experimente, die eine Witterung
von ferne und eine Annäherung auf riechende Stoffe beweisen, gemacht
worden; noch mehr bei Landschnecken, wo es sich gezeigt hat, daß alle
Körperteile, so weit sie nicht von der Schale bedeckt sind, speziell auch
der Fuß und die Fühler, geruchsempfindlich sind. Die Anordnung der
Versuche geschah in der Weise, daß etwa ein Dutzend Schnecken im
Kreis um ein riechendes Nahrungsmittel gruppiert wurde, und daß
dann die Bahnen der Schnecken aufgezeichnet wurden. Die meisten
solcher riechenden Stoffe wurden aber erst auf 1 bis 3 cm wahrgenommen; einige bevorzugte, wie z. B. Melonen und andere Früchte, die
Schnecken anzulocken scheinen, auf 50 cm. Ein besonderes von den
übrigen Sinnesnervenzellen unterschiedenes Geruchsorgan kann aber
bei den Schnecken anatomisch nicht nachgewiesen werden, auch nicht
in den Fühlern, die zwar stärker als der Fuß durch Kontraktionen auf
Gerüche antworten, aber ebenso auch auf jeden andern Reiz stärker
und schneller als die übrigen Körperteile reagieren. Bei den wasserbewohnenden Muscheln wird ein besonderes Geruchs- resp. „Schmeck"-
organ an der Basis der Kiemen angenommen.

Bei den W i r b e l t i e r e n sind gerade bei den Landbewohnern
und besonders bei den Säugetieren die Geruchsorgane sehr gut ausgebildet.

Anatomisch sind es besondere Bezirke in der Nasenschleimhaut, beim
Menschen speziell in der oberen Muschel, kreisförmige Stellen, die
eigenartige Sinneszellen, verschieden vom übrigen Epithel, mit zentralen
Nervenfortsätzen aufweisen. Der Geruchssinn kann in einzelnen Fällen
bis zu äußerster Verfeinerung gesteigert werden, so daß Verdün-
nungen von einem hunderttausendstel Milligramm auf 1 Liter noch
gerochen werden. So wie unter einzelnen Menschenindividuen und
Menschenrassen ist die Schärfe des Geruchssinns auch unter den verschiedenen Säugetierarten und -Gruppen verschieden und steht in einem
gewissen Zusammenhang mit der Lebensweise. Im allgemeinen kann
man auch hier sagen, daß die mit besonderer Sehschärfe ausgestatteten
Säuger die Geruchsorgane weniger entwickelt zeigen und umgekehrt.

Man kann auch die Gerüche klassifizieren, und die verschiedenen
Gruppen, die sich da machen lassen, entsprechen teilweise der chemischen Konstitution der betreffenden riechenden Stoffe. Auch werden
dieselben offenbar nicht von allen gleichermaßen aufgenommen, sondern von verschiedenen Riechzellen, und auf besonderen Bahnen und zu
besonderen Schaltzellen übergeleitet; denn man kann durch das Experiment feststellen, daß eine Sorte von Geruch noch wahrgenommen wird,
wenn die Riechorgane auf einen anderen nicht oder nicht mehr reagieren,
vielleicht schon ermüdet sind, und daß es Leute gibt, die gewisse Sorten
von Gerüchen empfinden, gegen andere aber völlig stumpf sind.

*   *

Als ein eigener Sinn, auch beim Menschen entwickelt, aber gewöhnlich ohne eigenen Namen, ist der Orientierungs- oder
Raumsinn zu erwähnen, der unter besonderen Bedingungen,
namentlich wenn wir Tiere betrachten, die nicht an den Boden gebunden
sind, sondern im Wasser oder in der Luft schweben, als Gleichgewichtssinn bezeichnet werden kann. Vorstellungen über die
Orientierung im Raum werden durch Zusammenwirkung verschiedener
eigener Empfindungen, speziell aus dem Gebiet des Tastsinns, hervorgerufen. Das Auge ist zunächst für diese Orientierung nicht notwendig.
Durch die Bewegungen des Körpers, das Heben oder Abdrücken der
Extremitäten, durch die Bewegung der Körperteile, speziell der Muskeln gegeneinander, sind gewisse Gefühlswahrnehmungen gegeben,
die sich im Zusammenwirken mit gewöhnlichen Tastempfindungen
dann zu höheren Vorstellungen über den Raum verbinden können.
Dies Tastgefühl in Verbindung mit dem Muskelgefühl könnte z. B.

beim Kriechen einer Raupe ebenso eine Vorstellung über die Beschaffenheit der Unterlage vermitteln, wie das Laufen der Säugetiere auf dem Boden oder das Klettern an Stämmen. Diese Empfindungen sind aber nur dann möglich, wenn der Körper mit festen Gegenständen, also einer wirklichen Unterlage, in bestimmter Beziehung zur Schwerkraft, in Berührung kommt; ihr Zusammenwirken versagt, sobald ein Körper sich im Raume frei bewegt. Deshalb muß bei fliegenden Tieren und bei im Wasser lebenden, sei es nun aktiv schwimmenden oder passiv schwebenden, auf andere Weise dafür gesorgt sein, daß sie sich im Raum orientieren und eine ihren Körperverrichtungen entsprechende Lage zur Schwerkraft einnehmen können. Dies ist nun in verschiedenen Tiergruppen, höheren und niedrigen, auf ganz unterschiedliche Weise erzielt. Bei manchen kommt aus rein physikalischen Ursachen, wenn sie im Wasser schwimmen, eine Orientierung mit bestimmter Gleichgewichtslage von selbst zustande, dadurch, daß gewisse Organe im Körper, schwerere Knochen einerseits und leichte luftführende Organe anderseits in bestimmter Weise angeordnet sind, und ein anatomisch festgelegter Schwerpunkt gegeben ist, z. B. beim Frosch. Die Tiere empfinden dann jede Abweichung von dieser physikalisch bedingten Schwerpunktslage, sei es nun, daß diese Lage für sie die gewöhnliche und zweckmäßige ist, und sie sie nach gewaltsamen Abweichungen immer wieder herzustellen suchen, oder sei es, daß diese natürliche Schwerpunktslage nur passiv eingenommen wird, wenn das Tier selbst nichts dazu tut, währenddem in normalen Körperverrichtungen eine davon abweichende Körperlage durch willkürliche Muskelbewegungen eingenommen wird, also ein labiles Gleichgewicht zustandekommt, z. B. bei den Knochenfischen. In solchem Fall werden die Tiere durch die jeweils aufzuwendenden Muskelanstrengungen, speziell der einen oder andern Seite, um dieses labile Gleichgewicht zu erhalten und wieder herzustellen, eine gewisse „Vorstellung" über ihre Lage im Raum bekommen. Hier ist also gewissermassen der ganze Körper das Orientierungsorgan, durch seine Stellung zur Schwerkraft oder zur Unterlage.

Eine weitere Möglichkeit der Orientierung, die bei sehr vielen Tieren verwirklicht ist, besteht darin, daß innerhalb des Körpers selbst etwas Festes, aber Bewegliches als eigenes Gleichgewichtsorgan produziert wird, sozusagen ein Balanzierstein, der sich bei jeder Bewegung des Körpers entsprechend der Richtungsänderung im Raum verschiebt, und dessen Verschiebungen dann von besonderen für jede Lage entsprechend angeordneten Zellen wahrgenommen werden. Das ist das Prinzip, auf dem die Balanzierorgane oder die sog. Statocysten niedriger

Wassertiere konstruiert sind, Gebilde, die früher auch fälschlicherweise als Hörbläschen gedeutet wurden.

Solche finden sich in einfachster Weise am Schirmrand der Quallen (Fig. 165). In kleinen Gruben (*st*) liegen besondere, aus kohlensaurem Kalk gebildete Steinchen. In der Haut der Gruben selbst liegen Sinneszellen in bestimmter Anordnung, die mit haarartigen Fortsätzen an diese Steinchen anstoßen können; je nach der Bewegung und Neigung der Qualle werden bald die einen, bald die anderen Gruben, resp. in ihnen bald die einen oder die andern Zellen durch die Schwere dieses Steinchens beeinflußt und dadurch Lageempfindungen vermittelt. Anstatt daß also der Körper mit Tastzellen auf der Unterlage tastet, drückt

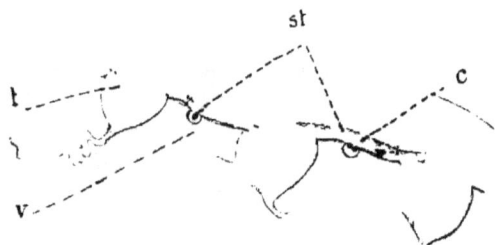

Fig. 165. Stück des Schirmrands einer Qualle. c   Ringkanal,
v = Velum, t = Tentakel, st   Statocysten.

gewissermaßen eine dem Körper funktionell entsprechende Masse auf Tastzellen, so daß dadurch, nur auf umgekehrtem Weg die Raumempfindung, speziell die Orientierung zur Schwerkraft, vermittelt wird. Solche Organe sind bei schwimmenden und schwebenden Meerestieren nach dem gleichen Prinzip, aber doch in sehr verschiedenen Abweichungen, ausgebildet. Bei anderen Quallen sind es z. B. am Schirmrand in regelmäßigen Abständen verteilte, größere Klöppel (s. Fig. 162), die solche schweren Orientierungssteine enthalten, und die auf ein unterliegendes Polster von Sinnes- und Nervenzellen anschlagen. Die bloße Zerstörung dieser kleinen Steinchen bei sonst ganz unverletztem Körper hat sofort Unregelmäßigkeit in den Bewegungen zur Folge.

Auch Würmer und Mollusken haben ähnliche Organe ausgebildet, teils als offene, teils als geschlossene Bläschen. Am meisten aber treten sie bei den im Wasser lebenden Arthropoden (Crustaceen) hervor und hier speziell bei den gut schwimmenden. Beim Flußkrebs und verwandten Arten sind es kleine, nach außen verengte Grübchen am Grund des kleineren Fühlerpaars. (Fig. 166.) In diesen liegen sog. Hörsteine, besser eben als Gleichgewichtssteine zu bezeichnen, an die von besonderen Sinneszellen aus scharnierartig eingelenkte Chitinborsten herantreten. Diese Sinneszellen stehen in drei bis vier Reihen und auf besondere Leisten verteilt, und je nach der Bewegung, Senkung oder Neigung wird bald der eine oder andere Teil dieser »Klaviatur« angeschlagen.

Die Steine sind in diesem besonderen Falle nicht Ausscheidungen des eignen Körpers sondern Fremdkörper, die der Krebs dem Sand entnimmt. Dies hat Anlaß zu Experimenten gegeben. Man hat Krebse in destilliertem Wasser gehalten; dann hat sich nach erfolgter Häutung herausgestellt, daß sie die Harnsäurekristalle aus ihrem eigenen Stoffwechsel als »Hörsteinchen«

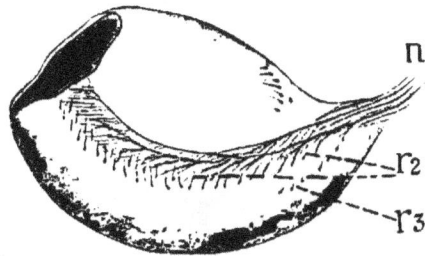

Fig. 166. Gleichgewichtsgrübchen eines Krebses.
n = Nerv mit Verzweigungen zu den Sinneszellen,
r₁, ₂, ₃ = Reihenanordnung der Sinneshaare.
(Nach R. Hertwig.)

benutzten, ferner hat man in das Aquarium statt der Sandkörner kleine Eisenteilchen gegeben, die sie dann in ihre Sinnesgruben brachten. Diese Eisenteilchen konnten dann durch den Magnet beeinflußt und aus ihrer gewöhnlichen Lage gebracht werden. Die Bewegung des Krebses richtete sich nun darnach; nicht wie es das wirkliche Verhältnis der Teile im Raum, resp. zur Schwerkraft, ergab, sondern, wie es durch die Lage des Magnets, gewissermaßen als einer künstlichen Unterlage, gleich einer Schwerkraftbestimmung gegeben war. Nach Zerstörung der ganzen Gruben beim Krebs stellt sich ein schwankender Gang ein; die gewöhnlichen Schwanzschläge unterbleiben, und eine einmal eingenommene Rückenlage wird dauernd beibehalten.

Eine Hörfunktion dieser Gruben ist daneben durch das Experiment erwiesen; überhaupt besteht, wie namentlich bei den Wirbeltieren zu sehen ist, eine gewisse räumliche und auch physiologische Beziehung dieser Gleichgewichtsorgane zu den Hörorganen. Bei anderen Ordnungen der Crustaceen können solche Organe an anderen Körperstellen angebracht sein, sogar im Schwanz.

Auch bei den Wirbeltieren gibt es Organe, die für diese Orientierung im Raum bestimmt sind und die im innersten Teil des Ohrs, im sog. knöchernen Labyrinth liegen. Der Beschreibung des

Gehörorgans ist hier vorweg zu nehmen, daß dessen Endapparat (Fig. 167), abgesehen von den zutretenden Hilfsorganen, aus zweierlei Teilen besteht, von denen nur der eine der Gehörempfindung dient und gerade bei niedrigen Wirbeltieren, speziell den Fischen, noch kaum entwickelt ist, während dem der andere dem Gleichgewichtssinn unterstellt ist und von Fischen aufwärts bis zu den höchsten Säugetieren in ziemlich ähnlicher Weise ausgebildet erscheint. Es sind dies die sog. Bogengänge, die in drei Ebenen, entsprechend den verschiedenen Richtungen des

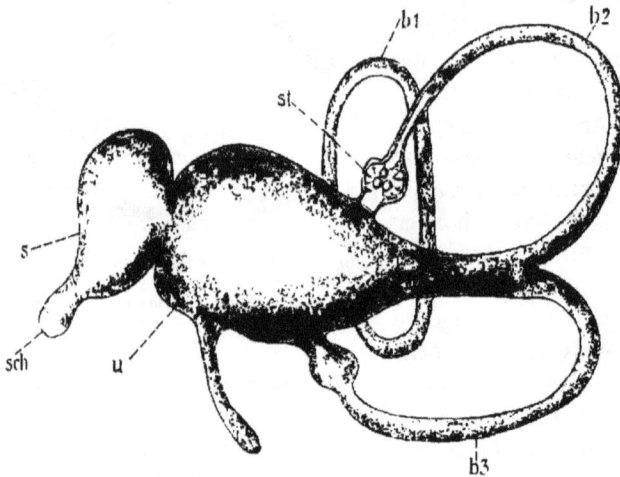

Fig. 167. Sog. »Gehör-apparat eines Fisches. Links Sacculus (S) mit Andeutung der Schnecke (Sch); rechts Urticulus (U) mit den 3 Bogengängen (b₁, b₂, b₃), von denen b₂ an einer Stelle aufgeschnitten ist, um die Statocysten (st) und Haare schematisch zu zeigen.

Raumes ausgespannt sind b₁, b₂, b₃; jeweils im Innern mit Steinchen (st) ausgestattet, die ganz nach dem vorhin erörterten Prinzip auf Nervenendapparate wirken, nämlich auf Stifte an Nervenzellen, die selbst wieder in Leisten angeordnet sind. Es ist also diese Anordnung durchaus von der grubenförmigen ursprünglichen Anordnung abzuleiten, nur daß sich eine etwas schärfere Arbeitsteilung nach den Richtungen des Raumes vollzogen hat, und aus einer Grube dann drei geschlossene in bestimmter Richtung ausgespannte Röhren geworden sind.

Bei den Knochenfischen, die eine Schwimmblase besitzen, wäre die der natürlichen Schwerkraftswirkung entsprechende Lage mit dem Rücken nach unten. Durch die Schwimmbewegungen halten sich aber die Fische umgekehrt im Wasser in einem labilen Gleichgewicht. Beraubt man die Fische der beschriebenen Bogengänge, so nehmen sie diese

natürliche passive Gleichgewichtslage ein und können nur noch eine
unvollkommene Schwimmtätigkeit ausüben. Bei Haifischen wird nach
Ausschaltung der Bogengänge die gewöhnliche Schwimmlage ,beibe-
halten; diese aber ist hier, wo keine Schwimmblase entwickelt ist, die
normale stabile Gleichgewichtslage. Durch Einblasen von Luft unter die
Haut oder Einbringung von Eisenteilchen kann man diese Lage verändern; die operierten Tiere behalten dann die aufgezwungene Lage bei,
während normale Tiere sich zurechtdrehen. Einseitig operierte Tiere
führen Drehungen aus.

Beim Frosch ist die natürliche Gleichgewichtslage schräg, mit der
Schnauze nach oben; nur durch die aktiven Schwimmbewegungen wird
die wagrechte Lage erzeugt. Wenn man aber einen Frosch chloroformiert
oder der Bogengänge beraubt und ins Wasser setzt, so nimmt er die
erwähnte schräge Gleichgewichtslage an. Dann sinkt er zu Boden; berührt er aber mit dem Rücken den Boden, so dreht er sich schwerfällig
um, viel langsamer als ein normaler Frosch, wobei wohl der Tastsinn wirkt.

Vögel zeigen sehr weitgehende Bewegungs- und Flugstörungen nach
Ausschaltung der Bogengänge. Beim Menschen sind in Krankheitsfällen,
nach abnormen Veränderungen der betreffenden Teile des inneren Ohrs
(oder nach Störung der betreffenden Nervenleitungen und Zentren wie
bei Betrunkenen), ebenfalls solche Gleichgewichtsstörungen nachzuweisen. Taubstumme haben nicht nur an den Endapparaten des Gehör-
organes, sondern auch an dem dicht ·dabei befindlichen Gleichgewichtsorgan anatomische Defekte, wie durch die mikroskopische Untersuchung des inneren Ohrs solcher Personen nach dem Tod nachgewiesen
worden ist. Man kann sie darum auch als Individuen ansehen, denen
durch Naturexperiment die Gleichgewichtsorgane ausgeschaltet werden.
Solche Taubstumme können nun unter Wasser nicht wie ein normaler
Mensch die Orientierung empfinden; sie können schwer auf einem
Bein stehen; sie leiden aber umgekehrt keinen Drehschwindel, weil
ihre dafür empfindlichen Organe ja ausgeschaltet sind, und verhalten
sich auch in ihren Bewegungen beim Betrinken anders als normale
Menschen.

Bei allen fliegenden Insekten muß es ebenfalls besondere
Organe der Haut geben, die über das Gleichgewicht in der Luft und
über den Flug selbst orientieren. An den Flügeln mancher Insekten
sind auch bestimmte Endkolben und nervöse Endapparate nachgewiesen.
Eigenartig spezialisierte Organe in dieser Richtung stellen die sog.
Schwingkölbchen der Zweiflügler (Fliegen und Mücken) dar, die nichts

weiter sind, als die zu solch besonderer Leistung umgebildeten Hinter-
flügel der Tiere. In ihnen liegen besonders zahlreiche Sinnesorgane
(Fig. 168 *so*), von charakteristischer Anordnung und Verteilung, und

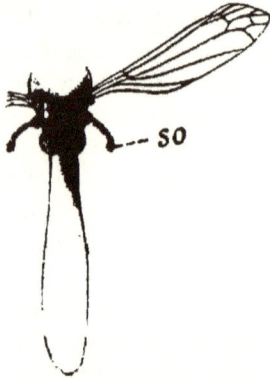

diese Kölbchen, von Chitinstangen getragen, die bei den Mücken frei hervortreten, bei den Stubenfliegen von einem
Schüppchen bedeckt sind, können auch
direkt als eine Art Balanzierorgan aufgefaßt
werden. Auch andere Organe, die bei den
Insekten zu beiden Seiten des Körpers
stehen, wie z. B. in den Beinen der Heuschrecken, oder in ihrem ersten Hinterleibsring, stehen gewiß in Beziehung zur Wahrnehmung des Gleichgewichts, die für solche
Tiere mit Sprungvermögen, ebenso wie für
den Flug von Bedeutung ist. Aber sie sind
zu gleicher Zeit wohl auch in den Dienst der
Tonempfindung getreten; denn hier wie bei
anderen Tieren besteht eine nahe Beziehung zwischen den Endapparaten
des Gleichgewichts und der T o n w a h r n e h m u n g. Sie können

Fig. 168. Flügel und Balanzierorgane (so) einer Stechmücke.

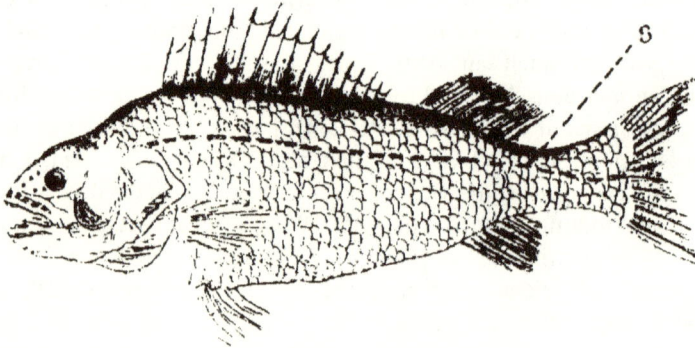

Fig. 169. Flußbarsch von der Seite.

erst erörtert werden, wenn wir die charakteristischen Merkmale für
die letzteren, sog. Hörsaiten, Hörstifte, kennen gelernt haben.
    Auch ein anderes Sinnesorgan bei einer ganz anderen Tiergruppe,
nämlich bei den Fischen, das regelmäßig zu beiden Seiten des Körpers
angeordnet ist, die sog. Seitenlinie (Fig. 169 s), und durch eine gleich-

mäßige Durchlöcherung der Schuppen deutlich an den Körperseiten hervortritt, ist nach dieser Anordnung und bei dem labilen Gleichgewicht, das die Fische innezuhalten haben, früher ebenfalls als ein Balanzierorgan aufgefaßt worden. Doch ist durch neuere Versuche nachgewiesen, daß dieses Organ mit der Lagebeziehung des Körpers zur Schwerkraft nichts zu tun hat, sondern dazu dient, Strömungen im Wasser, insbesondere deren Stärke und Richtung zu erkennen, so daß dadurch der Fisch entsprechende Plätze, z. B. der Lachs beim Aufsteigen in Flüssen die Seitenbäche auffinden kann.

Bei Fledermäusen müssen ebenfalls wie bei allen fliegenden Tieren nervöse Endapparate existieren, die sie über ihren Flug und über Luftwiderstände orientieren, also auch gewissermaßen einem solchen sechsten Sinn, wie die erwähnten Organe bei den Insekten dienen, sonst könnten sie nicht mit solcher Sicherheit während eines schnellen Fluges das Anstoßen an einer Wand vermeiden.

Neunzehntes Kapitel.

Höhere Sinnesorgane.

Tonerzeugung und Tonempfindung. Ohr des Menschen. Für H ö r o r g a n e
charakteristische Strukturen. Hören der Insekten und der niederen Wirbeltiere.
Der G e s i c h t s sinn und seine Abstufungen, Licht-, Umriß- und Farbensehen.
Lichtauge und Bildauge. Kamera-Augen. Die zusammengesetzten Facettenaugen
der Insekten. Hilfsapparate des Gesichtssinnes, lichtbrechende und bildeinstellende.
Besondere Augenanpassungen bei Wassertieren. Rückbildung der Augen im Dunkeln.

Beim G e h ö r sinn kommt die Sinneswahrnehmung nicht direkt
wie beim Tasten oder wie durch chemische Einwirkung einer Flüssigkeit
an Ort und Stelle zustande, sondern auf Entfernung, durch die Luft,
wie es ja zum Teil beim Geruchssinn erörtert worden ist. Es sind
darum hier einige, mehr physikalische, Vorbemerkungen nötig.

Der Schall ist eine wellenförmige Luftbewegung, die vom tönenden
Körper ausgeht, sich der Luft mitteilt, und dann wieder vom Organismus,
resp. von zweckmäßigen Endapparaten desselben, aufzunehmen ist.
Der Unterschied zwischen bloßem G e r ä u s c h und wirklichem T o n
ist dadurch bedingt, daß ersteres durch unregelmäßige Schwingungen
und Kombinationen, letzterer aber durch regelmäßige und periodische
Schwingungen verursacht wird. Die Ton s t ä r k e ist durch die Größe
der Schwingungen verursacht, wie man an einer vibrierenden Saite der
Baßgeige sehen kann, also durch den Umfang der Welle, die Ton h ö h e
durch die Anzahl der Schwingungen in der Zeiteinheit, also durch die
Schnelligkeit der Schwingungen; die Tonhöhe bleibt erhalten, auch wenn
sich der Umfang der Welle vermindert, wie man beim Ausklingen
einer solchen Baßsaite feststellen kann. Daß bestimmte Töne gut
zusammenklingen, Akkorde resp. Harmonien ergeben, ist dadurch bedingt, daß ihre Schwingungszahlen in der Sekunde in einem einfachen,
gesetzmäßigen Verhältnis stehen. Man kann von irgendeinem Ton
anfangend, der noch ins Bereich der menschlichen Wahrnehmungen geht,
die Töne in Oktaven einteilen. Ein Klavier gibt Töne, etwa von 32 bis

zu 3520 Schwingungen in der Sekunde. Die untere Grenze der mensch-.
lichen Wahrnehmungen ist etwa 30, die obere 35 000 Schwingungen.
Hummeln summen mit einer Tonhöhe von etwa 440 Schwingungen pro
Sekunde, die menschliche Stimme geht im Baß von 66 zu 250, im Tenor
von 100 bis zu 500, im Alt von 160 bis zu 660, im Sopran von 270 bis
zu 1000 pro Sekunde. Was man Klang f a r b e nennt, ist dadurch bedingt, daß außer dem eigentlichen Ton noch manche in gesetzlichem
Verhältnisse stehende Obertöne mitschwingen, Oktaven, Quinten,
Quarten, und je nach der Stimme oder dem Instrument verschiedene,
oder verschieden laut hervortretende. Ebenso wie also eine Melodie
aus gesetzmäßig durch Zahlen in ihrer Zeitdauer folgenden Tönen bestimmt ist, ist auch die Harmonie durch Z a h l e n g e s e t z e bedingt,
und das subjektiv Schöne läßt sich gewissermaßen objektiv auf zahlen-
mäßige Gesetzlichkeit zurückführen.

Bei Betrachtung der anatomischen Einrichtung eines Gehörorgans
mag es hier ausnahmsweise zweckmäßig sein, von den höchst ausgebildeten, denen des Menschen auszugehen, weil wir da die Leistung der
Einrichtungen kontrollieren können, und weil wir durch Wiederfinden
solcher Einrichtungen im Tierreich ein Kennzeichen für die sonst oft
recht strittigen Hörorgane haben.

Beim Menschen unterscheiden wir zunächst ein äußeres Ohr, also
die Ohrmuschel, die aber mehr oder minder, abgesehen von ihrer Funktion
zum Auffangen des Schalles, rückgebildet ist im Gegensatz zu der der
Säugetiere; sie kann durch Muskulatur kaum mehr bewegt werden, um
den Schall in bestimmter Richtung aufzunehmen, wie es z. B. vom
Pferd bekannt ist. Das äußere Ohr dient sonst noch vermöge der außen
angebrachten Haare zum Schutz gegen Eindringsel, ebenso wie an ihm
weiter innen durch die Absonderung von Drüsen (Ohrentalg) ein gewisser
Temperaturschutz bedingt ist.

Das mittlere Ohr (M, Fig. 170) beginnt mit dem Trommelfell (Tr),
das die Schallwellen der Luft objektiv überträgt. Hierbei sind drei
sog. Hörknöchelchen von charakteristischer Form, Hammer, Amboß
und Steigbügel (1, 2, 3), tätig, die, am Trommelfell angebracht und
gegeneinander eingelenkt, die Schwingungen weiterleiten durch das
kleine, ovale Fenster, zwischen Mittelohr und dem eigentlichen inneren
Ohr (J). Dieses, wegen seiner komplizierten Gestaltung Labyrinth genannt, ist von einer Flüssigkeit ausgefüllt; die Schallwelle, welche eine
große Weite, aber eine geringe Heftigkeit besitzt, wird durch das Hebel-
werk der Gehörknöchelchen in eine solche von geringer Weite und
großer Kraft (bei natürlich gleicher Schnelligkeit pro Sekunde) umgesetzt,

und diese Bewegung wird auf die Labyrinthflüssigkeit übertragen,
während eine andere kleine Öffnung, das sog. runde Fenster im inneren
Ohr, zum Ausweichen für die bewegte und zusammengedrückte Flüssigkeit dient. Wie der Name Labyrinth sagt, ist aber dieses innere Ohr
keine einfache, von Flüssigkeit erfüllte Höhle, sondern sehr kompliziert
gebaut, und es ist so getreu in den festen Knochen des Schädels, das
Felsenbein, eingegossen, daß man aus diesem die Form der Höhlung auch
nach Zerstörung der Weichteile schließen kann. Zunächst zeigt sich
die schon erwähnte Zweiteilung in einen schlauchförmigen Teil (u),

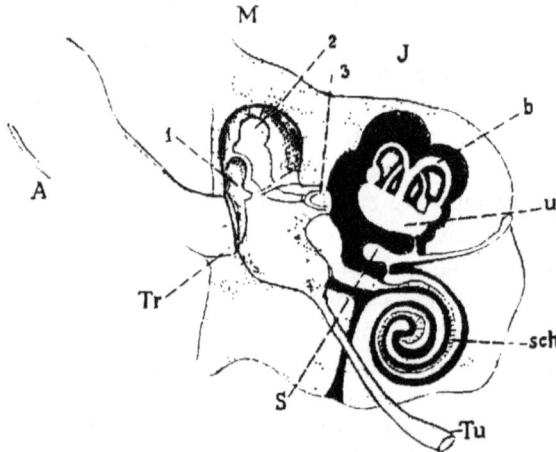

Fig. 170. Schematisches Bild des Gehörorgans der Säuger (nach Weber). A = äußeres Ohr,
Tr = Trommelfell, M = Mittelohr mit den 3 Gehörknöchelchen Hammer (1), Ambos (2),
Steigbügel (3) und der Eustachischen Röhre (Tu), die zum Rachenraum führt. J = Inneres
Ohr im Felsenbein eingebettet; im oberen Teil des Utriculus (u) mit den 3 Bogengängen; im
unteren der Sacculus (s) mit der Schnecke (sch).

an dem die erwähnten Bogengänge (b) angebracht sind, die dem Gleichgewicht dienen, und in einen sackförmigen Teil (s), der in einen spiralig
gewundenen, kleinen Schlauch, die sog. Schnecke (sch), ausführt,
den eigentlichen Sitz des Gehörorgans.

Deren mikroskopischer Bau ist von dem der Bogengänge verschieden;
während es dort verhältnismäßig einfache Nervenendigungen sind,
Zellen mit Stiftchen, an Steinchen anstoßend (siehe oben), liegt hier ein
viel komplizierter gebautes Endorgan aus einer Doppelreihe von gegen-
einandergeneigten Zellen mit elastisch faserigen Fortsätzen bestehend,
das sog. Cortische Organ (Fig. 171). Sein Prinzip besteht darin, daß
von der Basis der Schnecke bis zur Spitze, wo der Hohlraum also stetig
enger wird, Pfeiler ausgespannt sind, aus je zwei elastischen Saiten (p) bestehend, die an Länge zu-, an Breite abnehmen. Mit diesen Saiten

stehen dann in entsprechender Anordnung die wahrnehmenden Endzellen (s) mit ihren zentralwärts weiterleitenden Nervenfasern in Verbindung. Die Pfeileranordnung mit den Saiten ist sozusagen ein mikroskopi-
sches Musikinstrument, auf dem die Schallwellen spielen, wie ein Künstler
auf den Tasten. Die Saiten sind Resonatoren, die für bestimmte Töne bestimmt sind; auch hier zeigt sich das bei allen Sinnesorganen erörterte
Prinzip der Arbeitsteilung; jede schwingt nur dann, wenn ein Ton von bestimmter Höhe (also von bestimmter Schwingungszahl in der Sekunde) ihn

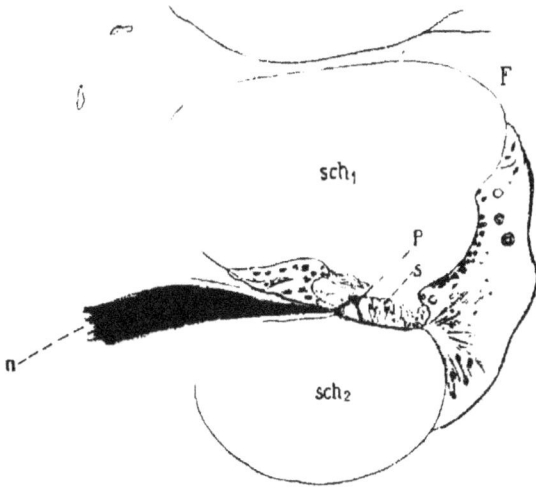

Fig. 171. Schema des Cortischen Organs. sch_1 und sch_2 = Hohlraum der
Schnecke im Schnitt, F Felsenbein, n = Nervenbündel.

trifft und beeinflußt dann auf dem Weg der Endzelle und deren Nervenfaser
die zentralen Teile, die entsprechenden Aufbewahrungszellen im Gehirn.
Für diese Auslegung der anatomischen Struktur, also für das Mitschwingen bestimmt eingerichteter Saiten, gibt es zunächst eine physikalische Stütze, indem Stimmgabeln von bestimmter Konstruktion
und Größe jeweils nur durch ganz bestimmte Töne in Mitschwingung
versetzt werden, und indem Gläser von gewisser Dicke, wie bekannt,
von einer menschlichen Stimme nur in entsprechender Höhe zum
Tönen gebracht werden können. Im menschlichen Ohr befinden sich
etwa 4000 solcher Resonatoren oder Mitschwinger, für die ungefähr
sieben Oktaven reichen; die kleinste wahrnehmbare Differenz beträgt
demnach $1/64$ Ton.

Anzeichen für ein Gehörorgan bei n i e d e r e n Tieren können aus
vorstehendem abgeleitet werden. Es sind dies das Vorhandensein von
schalleitenden Einrichtungen nach Art des Trommelfells, schallverstärkenden, wie Schallblasen, von mitschwingenden Saiten, Resonatoren, also umgewandelten Endstiften der wahrnehmenden Zellen
usw. Ein biologischer Beweis für das Vorhandensein von Gehörorganen
besteht in der Fähigkeit der Ton e r z e u g u n g , die einer Reihe von
niederen Tieren gegeben ist; denn wo Töne, sei es zur Wahrnehmung
der Artgenossen oder des anderen Geschlechtes, oder zur Warnung
beim Nahen von Feinden, produziert werden können, da müssen auch
Organe der T o n e m p f i n d u n g notwendigerweise bestehen.

Unter den Mollusken sind nur wenig tonerzeugende Formen bekannt, so z. B. die Kammuschel (Pecten), die durch Öffnen und Schließen
der Schale Laute im Wasser hervorbringt; viele dagegen unter den
Krebsen, sowohl unter den kurzschwänzigen, laufenden Krabben wie
unter den langschwänzigen, schwimmenden, mit Krebs und Hummer verwandten Formen. Vielfach sind es hier die Schere und deren Teile, die
feilenartig aneinanderreiben und so knarrende, knackende Töne hervorbringen, und bei diesen Tieren besteht auch teilweise ein Funktions-
wechsel der Gleichgewichts- oder statischen Organe zu Gehörorganen.

Von den Insekten ist eine große Anzahl befähigt, Töne zu erzeugen;
aber alle sind in unserem Sinn »Instrumental«- nicht »Vokalmusiker«,
d. h. sie arbeiten nicht mit der Stimme, also mit dem Mund und der Atemluft, sondern mit besonderen Apparaten. Zwar wird die Luft bei manchen
zur Tonerzeugung verwandt, aber nicht in Verbindung mit der Mundöffnung, sondern an den seitlichen Atemlöchern, indem daselbst harte
Chitinteile zugleich mit der Atemluft vibrieren; sie sind also Pfeifer und
Bläser. Andere sind Trommler, indem sie harte Chitinteile gegen
einander oder auf eine Unterlage aufschlagen, wie manche Klopfkäfer;
wieder andere sind Streicher, wie die Heuschrecken, von denen die einen
mit dem dritten Beinpaar gleich einem Violinbogen, auf hervorragenden
Flügeladern, gleich Saiten, streichen, z. B. Grillen, die andern gezähnte
Flügeladern gegeneinander streichen. Auch Fliegen und Bienen können
Töne in der Bewegung durch Flügelschlagen und Reiben erzeugen,
aber auch in Ruhe durch Luftpressen in ihren Atemlöchern. Die Schwingungszahl pro Sekunde, also die Tonhöhe, ist dabei auch nach unserer
Skala meßbar, wird aber beim Schwirren und Ermüden verändert und
herabgemindert. Mehrere Luftlöcher können bei der gleichen Art durch
verschiedene Weite und Konstruktion verschiedene Tonhöhe ergeben
und dann gleichzeitig harmonisch erklingen.

Daß solche tonerzeugenden Tiere auch Töne wahrnehmen, ist an und für sich wahrscheinlich und auch durch biologische Beobachtungen und Experimente erwiesen. Bei den Klopfkäfern z. B. nähern sich Männchen und Weibchen vor der Paarung einander, indem sie beide aufklopfen und dadurch die Richtung zu einander finden. Der von vielen als unheimlich empfundene Klopfton der Käfer ist also nur ein geschlechtliches Zeichen. Ähnlich ist es mit dem Geigen der Heuschrecken, das als ein sexueller Reiz, ähnlich den Vogelstimmen, dient. Es ist das gerade beim Vergleich von Heuschreckenarten zu erkennen, die nicht Musiker sind, und bei denen dann die Geschlechter auf andere Weise sich einander nähern. Beim Nachahmen des entsprechenden Tones stimmten männliche Heuschrecken, in getrennten Schachteln gehalten, ein, und Weibchen kamen herbei. Bei Wasserkäfern hat man festgestellt, daß es beim Ton nicht die bloße Erschütterung ist, die sie zur Reaktion veranlaßt. Wenn man ein Becken, in dem Wasserkäfer gehalten werden, mit dämpfendem Schlamm ausfüllt und Steinchen hineinwirft, so erfolgt keine Reaktion. Bringt man aber einen Glasstab hinein und wirft an diesen die Steinchen, so daß er klingend vibriert, so fliehen die Käfer. Die Wasserbewegung ist in beiden Fällen gleich, aber im letzten Fall kommt noch der Ton hinzu.

Der anatomische Bau solcher Hörorgane der Insekten ist im allgemeinen der, daß sich an eine verdünnte Stelle der Chitinhaut Stiftzellen als Sinnesapparate anschließen, die aber nicht frei endigen, sondern in einem Strang ausgespannt sind,

Fig. 172. Sogen. Gehörorgan aus dem Vorderbein einer Heuschrecke. Längsschnitt.

von einem Teil des Hautskelettes zum anderen ziehend, also nach dem Resonatoren- oder Mitschwingungsprinzip. Diese Organe werden dann als Chordotonalorgane bezeichnet (Fig. 172) und empfangen eine weitere Vervollkommnung durch schallaufnehmende Membranen von dünnem Chitin, gleich den Trommelfellen und von schallverstärkenden Lufträumen, sogenannten Schallblasen, indem ihre von der Haut ausgehende Höhlung neben eine Tracheenerweiterung zu liegen kommt. Nach solchem Prinzip sind die Hörorgane der Heuschrecken konstruiert; bei den Feldheuschrecken liegen sie im ersten Hinterleibsring, bei den Laubheuschrecken an den Unterschenkeln des ersten Beinpaares, bei

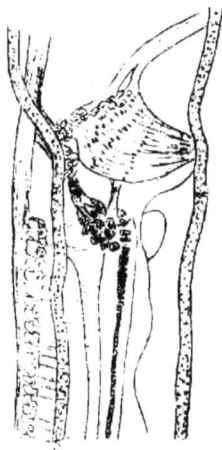

letzteren in ziemlich komplizierter Anordnung, indem ein ganzes System solcher Stiftzellen in Leisten à la Corti zu Chordotonalsträngen verschiedener Größe ausgespannt sind. Auch hier sind durch Experiment, nicht nur durch bloße Beobachtung, die Hörfunktionen festgestellt worden, insbesondere durch Ausschalten der betreffenden Organe. Sonst sind die Experimente bei den Insekten und auch der Zusammenhalt der anatomischen Befunde mit dem biologischen Verhalten hier weniger schlüssig wegen der Schwierigkeit zwischen Ton, der noch wahrnehmbar ist, und solchen Luftwellen, die außerhalb dieser Grenzen liegen, zu unterscheiden. Da die Wahrnehmungsgrenzen schon beim Menschen variieren, so ist es nicht auszuschließen, daß Insekten Töne hören, die von Menschen nicht mehr empfunden werden, und umgekehrt, so z. B. hohe Zirptöne, während ihnen vielleicht tiefe Töne, die uns noch klingen, ihnen nur wenn sie mit Erschütterungen der Unterlage verbunden sind, zum Bewußtsein kommen. Auch könnte hier, ohne daß unsere Experimente noch in Einzelheiten eingedrungen sind, eine Arbeitsteilung angenommen werden zwischen lokal verteilten Hörorganen, für höhere und tiefere Töne, während die chordotonalen Organe der Wahrnehmung von Geräuschen im allgemeinen dienen dürften. Manche der bisherigen Beobachtungen sprechen für eine solche Trennung in »Teilsinne«.

Bei der Betrachtung des Gehörorgans der niederen W i r b e l - t i e r e haben wir an das uns zu erinnern, was wir über die allmähliche Trennung des eigentlichen Gehörsinns vom Gleichgewichtssinn oben gesagt haben. Während die Organe des letzteren als Bogengänge bereits bei den Fischen gut entwickelt sind, ist daselbst für den übrigen Teil des Organs, den man mit der Hörfunktion in Verbindung bringen könnte, nur ein kleiner sackförmiger Teil übrig, in dem sich ein größeres Konkrement von kohlensaurem Kalk, der sog. Hörstein, befindet. Dieser ist nun zwar von gewisser Bedeutung, indem an ihm die Schichtung des Kalkes gleich den Jahresringen, Anhaltspunkte für die Altersbestimmung des Fisches geben, aber die Funktion als Gehörorgan ist auch von diesem Teil noch strittig. Beobachtungen und Experimente sind keineswegs überzeugend. Daß die Fische, wenn das Futterstreuen mit einem Läutwerk verbunden ist, entsprechend darauf reagieren, ist kein zwingender Beweis, weil dabei andere Sinneseindrücke, speziell die Erschütterung durch den herannahenden Futtermeister, nicht ausgeschlossen sind. Wenn das Läutwerk elektrisch von fern in Bewegung gesetzt wurde, erfolgte keine Reaktion; außerdem sind die meisten Fische selbst stumm, sodaß man eine relative Taubheit bei ihnen um so eher annehmen darf. Laute, die von ihnen außerhalb des Wassers erzeugt werden, sind unwillkürlich und können darum nicht in Betracht kommen. Tonerzeugende Fische, wie die Trommelfische, die mit Knochen auf die widerhallende Schwimmblase anschlagen, sind Ausnahmen.

Bei den Amphibien, wo sich der Übergang vom Wasser zum Landleben vollzieht, werden die Kiemen, sowohl ihre Hohlräume als ihre Stützen, zu anderer Verwendung frei. Der vorderste dieser Kiemenräume, von der Mundhöhle nach außen führend, der schon bei den meisten Fischen umgeändert ist, wird bei den Amphibien durch eine Membran nach außen abgeschnitten; der in den Rachen mündende Teil wird zur Ohrentube verengt (Tuba Eustachii). Dadurch kommt ein mittleres Ohr zustande, in das auch Teile der vorher die Kiemen stützenden

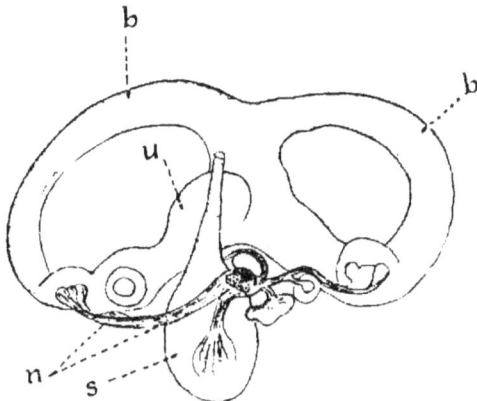

Fig. 173. Inneres Ohr des Frosches, nach Retzius, u – Utriculus mit Bogengängen (b),
s = der besondere Hörteil (Sacculus), n – Nervenversorgung.

Knöchelchen mit hinein verlagert werden, und zwar zunächst nur einer als schalleitender Hilfsapparat, an die oben erwähnte Membran anschließend. Der Gehörteil des inneren Ohres bekommt eine besondere Ausbuchtung (Fig. 173 s) und sondert sich dadurch von dem statischen Teil mit den Bogengängen (b). Da die Amphibien in vielen Fällen auch tonerzeugend sind, so ist die Funktion dieses Teiles, der sog. Lagena, als eines tonwahrnehmenden Organs, worauf auch die anatomische Konstruktion hinweist, um so wahrscheinlicher.

Bei den Reptilien und Vögeln ist diese Lagena stärker und komplizierter ausgebildet und zeigt bereits Windungen. Das Mittelohr ist aber noch das gleiche. Bei den Säugetieren wird zunächst dieses Mittelohr komplizierter, indem noch weitere Knochen aus den Stützen des früheren Kiemenapparates dazu kommen, so daß eine ganze federnde Knochenreihe zur Schalleitung (siehe Fig. 170) entsteht. Ferner kommt ein besonderes äußeres Ohr dazu, indem das Trommelfell in die Tiefe verlagert wird und sich die erwähnten Hautanhänge zur Schallaufnahme ausbilden. Aber auch das innere Ohr wird durch das Auswachsen und durch Windungen der Lagena in »Schnecken«form und deren innere Einrichtung entsprechend vervollkommnet. So sind die komplizierten Einrichtungen beim Menschen verständlich, wenn man sich vorhält, wie sie in der Wirbeltierreihe erst nach einer Reihe von Vorstufen allmählich erreicht wurden.

*   *   *

Der letzte noch zu besprechende Sinn ist der G e s i c h t s s i n n. Auch hier muß man sich damit abfinden, daß wir subjektiv, von unseren menschlichen Wahrnehmungen ausgehend, das Tierreich beurteilen. Schon mit dem Wort »Sehen« ist darum zu viel gesagt für viele niedrigen Tiere, die, ohne daß sie darum blind wären, doch in unserem Sinn nicht sehen, sondern nur für Licht im allgemeinen, für Helligkeitsabstufungen, empfindlich sind.

Das Licht ist, soweit wir es überhaupt objektiv auffassen können, auch eine Wellenbewegung, aber nicht der Luft, wie der Schall, sondern eines anderen Mediums, des Äthers, und eine viel kompliziertere und schnellere. Gegenstände senden Licht, also solche Wellenbewegungen aus, und zwar von jedem Punkt; durch diese Lichtstrahlen sind also Umrisse gegeben, und ebenso, wie man beim Ton von Tonstärke und von Tonhöhe spricht, kann man auch von L i c h t s t ä r k e u n d L i c h t - q u a l i t ä t sprechen. Letztere spricht sich in den verschiedenen Farben aus, die wieder ihrerseits durch eine verschiedene Wellenlänge der Schwingungen, also auch zahlenmäßig bedingt sind.

Man kann darum beim Gesichtssinn verschiedene Abstufungen unterscheiden:

1. Das Lichtsehen, die Unterscheidung von Hell und Dunkel,
2. das Bildsehen, die Unterscheidung der Umrisse,
3. das Farbensehen.

Zwischen den ersten beiden Stufen könnte noch eine weitere eingeschoben werden, das Bewegungssehen, darin bestehend, daß eine Bewegung durch Änderung von Licht und Schatten wahrgenommen wird, ohne daß der sich bewegende Gegenstand selbst deutlich unterschieden wird. Bei allen drei Wahrnehmungsabstufungen handelt es sich darum, einen Eindruck, der auf Entfernung her kommt, durch besondere Hilfsapparate auf das Nahegefühl zu übertragen, also wie bei den anderen Sinnesorganen in letzter Instanz, um eine Spezialisierung des allgemeinen Hautgefühls.

Am ehesten ist darum auch die einfachste Stufe, die Lichtwahrnehmung, aus dem Hautgefühl abzuleiten. Sie ist eine allgemeine Eigenschaft der lebenden Substanz, die auch den Pflanzen zukommt; denn diese zeigen, wie an anderer Stelle erörtert ist, sogar in hohem Grade Reaktionen auf das Licht. Auch Tiere, bei denen überhaupt keine »Augen« vorkommen, z. B. unter den Schlauchtieren die Polypen, ferner höhere Tiere, die die Augen durch Rückbildung verloren haben, wie die blinden Höhlenbewohner, und endlich solche, bei denen wirklich

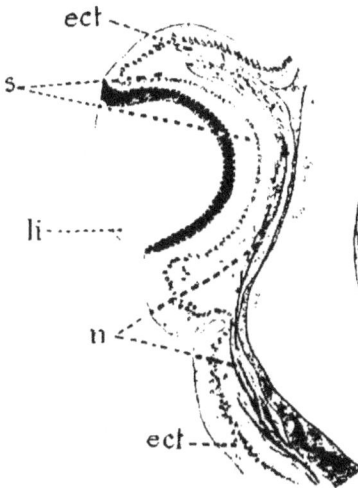

Fig. 174. Schnitt durch das Auge einer Meduse. ect Sinneszellen mit Nervenfasern (n) in der Haut, li ⸗ lichtbrechendes Organ, s = Sehzellen mit Farbstoff.

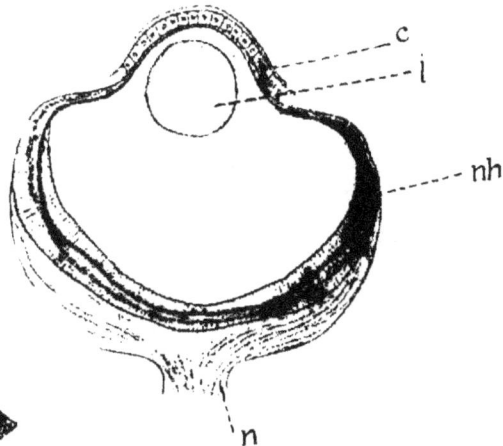

Fig. 175. Auge eines schwimmenden Meerwurmes. n = Sehnerv. nh = netzhautartige Ausbreitung der Sehzellen, l ⸗ lichtbrechendes Organ, c = Oberhaut.

Augen vorhanden, aber experimentell (durch Verbinden, Verkleben oder Ausschneiden) ausgeschaltet sind, alle diese zeigen noch eine deutliche Empfindlichkeit gegen Belichtung im allgemeinen, die den Hautsinneszellen im allgemeinen zukommen muß.

Ferner gibt es, ohne daß man von Augen sprechen könnte, bei einer Reihe von Tieren anatomisch spezialisierte, aus Hautsinneszellen ableitbare Organe, an besonders günstigen Stellen des Körpers gelagert, z. B. bei Quallen, Seesternen und niedrigen Würmern für einen derartigen Sinn (vgl. Fig. 174). Das Charakteristische für solche Organe ist erstens eine Anzahl von Sinneszellen, zwischen den übrigen epithelialen Zellen gelegen, in denen man gewöhnlich eine besonders gestaltete Protoplasmapartie, das sog. Stäbchen als speziell lichtempfindlich in Anspruch nimmt; zweitens ein von diesen Zellen ausgeschiedener

22*

Farbstoff, der entweder bei der Lichteinwirkung chemisch wirkt oder die betreffenden Zellen schützt und gegen die Umgebung isoliert; drittens eine Art Kondensor für die einfallenden Strahlen, eine Art primitiver Linse, die aber keinen Formenspiegelungsapparat darstellt — dazu ist sie zu unvollkommen —, sondern nur lichtsammelnd wirkt und so an der betreffenden Stelle auch eine geringere Lichtstärke noch fühlbar macht, oder, wie man in der Physiologie sagt, über die »Reizschwelle« der Wahrnehmbarkeit bringt.

Solche Organe, die noch kaum als Augen bezeichnet werden können, werden Hell und Dunkel, den Wechsel davon und dadurch auch eine Bewegung von herannahenden Feinden oder Beutetieren unterscheiden können. Die Wahrnehmung eines wirklichen Bildes geschieht aber erst dann, wenn die Linse etwas vollkommener gestaltet wird, und vor allem, wenn sich die wahrnehmenden Zellen mehr und mehr ordnen. Es müssen sich räumlich getrennte Punkte eines wahrzunehmenden Gegenstandes auch räumlich getrennt auf einer lichtempfindlichen Fläche abbilden und somit den Eindruck jeweils in verschiedenen Nervenelementen zur Geltung bringen; also ist eine flächenförmig ausgebreitete Netzhaut mit einer Mosaik von Nervenendigungen Bedingung für eine richtige Bildwahrnehmung. Diese Netzhaut (Retina) ist ebenfalls um im früheren Bild zu bleiben, gewissermaßen eine Klaviatur, auf der die verschiedenen Bildpunkte, d. h. die von ihnen ausgehenden Lichtstrahlen zu spielen haben.

Dies ist nun in der Tierreihe in verschiedenen Einrichtungen verwirklicht; man kann da drei Haupttypen von Augen, a) bei niedrigeren Wirbellosen, b) bei Arthropoden und c) bei Wirbeltieren, unterscheiden. Im ersten Fall ist ein einfaches, sog. Kamera-Auge ausgebildet; eine Linse entwirft ein umgekehrtes Bild der Gegenstände auf dem wahrnehmenden Hintergrund, und dieser ist gegen andere, die Linse nicht passierende Strahlen durch dunklen Farbstoff isoliert. Der Vergleich mit einer photographischen Kamera liegt nahe; es existieren ferner wie dort aus zugeschliffenem Glas, so hier aus organischem Gewebe, lichtbrechende Apparate. Sie entstehen durch eine Veränderung sowohl der äußeren Haut, wie der inneren Teile, und werden als Cornea (Hornhaut), Linse und Glaskörper bezeichnet, ohne daß mit diesen der menschlichen Anatomie entnommenen Ausdrücken auch eine wirkliche Gleichartigkeit angezeigt wäre, ebensowenig wie beim wahrnehmenden Hintergrund, der hier wie dort als Retina bezeichnet wird. Es wird also bei solchen Augen das Bild des Gegenstandes als Ganzes durch Fernwirkung auf eine wahrnehmende Fläche projiziert, und dort erst gewissermaßen wieder in seine einzelnen

Bildpunkte zerlegt; aber doch wieder einheitlich durch Nervenbahnen zentralwärts zu den »Aufbewahrungszellen« weitergeleitet. Bei höheren Würmern und bei Mollusken werden solche Augen angetroffen (s. Fig. 175). Von anderer Konstruktion sind die sog. Facettenaugen der Arthropoden, die bei den höheren Krebsen und Insekten am schönsten ausgebildet sind. Bei ihnen liegen eine bestimmte Zahl von Sehzellen in Gruppen beieinander, jede einzelne Gruppe aber durch einen Farbstoff für alle andern außer die für sie bestimmte Strahlen isoliert, und auch jeweils mit besonderen zentral gehenden Nervenfortsätzen für jede einzelne Zellgruppe versehen; ebenso hat jede ihre eigenen Lichtbrechungsapparate, den Glaskörper und eine besondere, nach außen abschließende

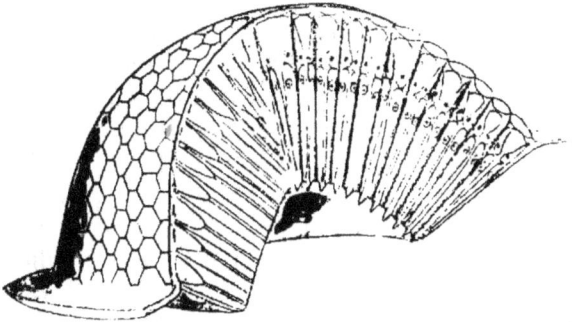

Fig. 176. Facettenauge eines Insekts, aus dem ein Keil herausgeschnitten ist, um zu gleicher Zeit eine körperliche, eine Flächenansicht und einen Durchschnitt zu geben. (Nach Hesse, verändert.)

durchsichtige Cornea. Es liegen auf diese Weise eine Anzahl von keilförmigen Einzelaugen nebeneinander (s. Fig. 176); jedes dieser Einzelaugen besitzt nicht nur gesonderte Wahrnehmungszellen und Nervenstränge, sondern auch seine besonderen Hilfsapparate. Die Gesamtheit dieser Corneaumrisse von außen betrachtet, gibt das bekannte facettierte Bild, wie es beim Auge einer Fliege oder einer Libelle schon fast mit bloßem Auge zu sehen ist.

Ein dritter Typus ist das Auge der Wirbeltiere, bei dem wieder das Kameraprinzip zum Ausdruck gebracht wird, also ein Bild des wahrzunehmenden Gegenstandes als Ganzes auf eine perzipierende Fläche entworfen wird. Diese Fläche ist aber nicht ein Mosaik von Hautsinneszellen, sondern in diesem Fall ein Teil des Zentralnervensystems selbst. Auch dieses hat allerdings einmal einen Teil der äußeren Körperdecke gebildet und ist dann erst ins Innere eingefaltet worden zum Gehirn und Rückenmark, wie früher erörtert (siehe oben S. 299). Ein Teil dieses Gehirns nun wird nach außen vorgewölbt (Augenblase Fig. 177 *au*), dann wieder zum zweitenmal eingefaltet und bildet den eigentlichen Augenbecher. Durch diese komplizierte Entwicklung erklärt es sich auch, wieso die eigentlich wahrnehmenden Teile der Sinneszellen, die Stäbchen und Zapfen, im Wirbeltierauge nicht nach außen, sondern nach innen gerichtet sind, und das Licht erst alle anderen Teile, die Nervenfortsätze sogar, passiert, ehe es zu diesen Endapparaten selbst gelangt. Es hat eben das Zentralnervensystem selbst einmal mit seiner inneren Höhlung, der die Stäbchen zugekehrt sind, nach außen gelegen. Diese Stelle ist wie die ganze Schicht bei der Einfaltung nach innen zu liegen gekommen, in besonderer Differenzierung zur Retina geworden. An der Stelle, wo im Lauf der Entwicklung dieser Gehirnteil, die Augenblase, die äußere Haut erreicht, kommt ihm auch eine Einstülpung der Haut selbst entgegen, die sich dann wieder faltet (Fig. 177 b u. c) und zum lichtbrechenden Medium, der Linse, wird; die daselbst noch verbleibende äußere Haut wird im Gegensatz zur Umgebung durchsichtig, zur Hornhaut oder Cornea. Zwischen Linse und Netzhaut bildet sich eine weitere lichtbrechende Masse, der sog. Glaskörper, aus. Der Rand des äußeren Blattes des Augenbechers, wird zur Aderhaut, mit Farbstoff und besonders entwickelten muskulösen Zellen, der Iris, die zwischen sich eine Öffnung, die Pupille, frei lassen.

Auf dieser entwicklungsgeschichtlichen Grundlage ist der komplizierte Bau des Wirbeltierauges, speziell des des Menschen, wohl eher zu verstehen (Fig. 178). Wir unterscheiden zunächst die lichtbrechenden Medien; ihre optischen Achsen liegen alle in einer Linie; sie sind zentriert, man kann sie

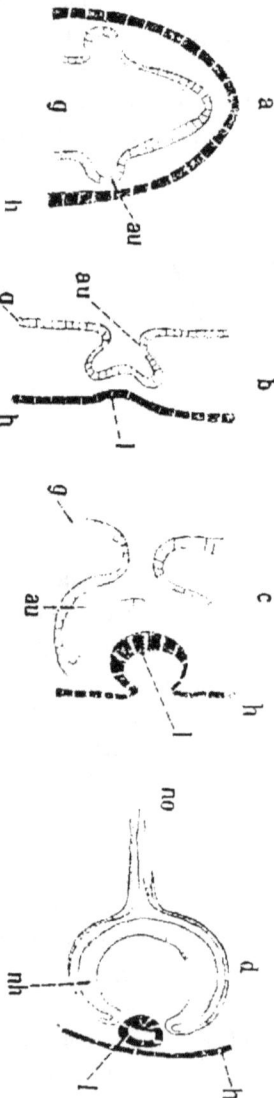

Fig. 177. Schema der Entstehung des Wirbeltierauges. a Schnitt durch den Vorderkopf auf früherm Stadium. G = Gehirn, H = äußere Haut, au — die beiden Augenblasen. b—d nur mehr die eine Körperhälfte gezeichnet. l = Einstülpung der Linse, au — Einstülpung der Augenblase zum Augenbecher, der Stiel wird zum Sehnerv (no), die Ausbreitung zur Netzhaut (nh).

also in physikalischer Hinsicht als ein einheitliches System auffassen, trotzdem es morphologisch verschiedene Gebilde sind, die
Hornhaut, die Linse und der Glaskörper, zu denen noch die
Tränenschicht außen und das Wasser der vorderen Augenkammer
dazukommt. Ferner haben wir beim Auge zu unterscheiden die P i g -
m e n t - u n d A d e r h a u t ; sie umhüllt die Netzhaut als dunkles
Feld. Ihre Wirkung kann man sich auf zweierlei Weise vorstellen; zunächst als einen gewissen Abschluß nach außen (denn trotz der versenk-

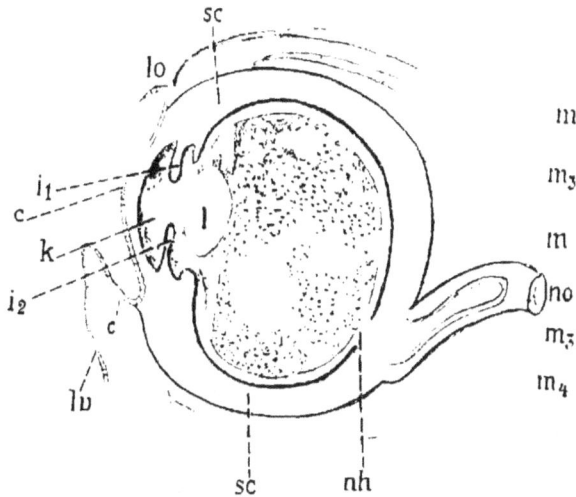

Fig. 178. Schema des Säugetierauges (nach Weber). lo   oberes, lu = unteres
Augenlid, c ᷓ. Cornea (Hornhaut), k = vordere Augenkammer, i₁ = oberer. i₂   unterer
Irisrand, l   Linse, sc   harte Hülle (Sclera) des Auges, an die sich die Bewegungs-
muskeln (m, m₁, m₂) ansetzen, no = Sehnerv, abgeschnitten, mit der Netzhaut-
ausbreitung (nh).

ten Innenlage der wahrnehmenden Elemente könnten sonst durch die
Gewebe seitliche Lichtstrahlen herein kommen), und ferner als eine
Schwärzung wie bei optischen Instrumenten; denn wäre es innen hell,
so würden sich die Lichtstrahlen zerstreuen und zurückgeworfen werden,
man wäre »geblendet«. Die Iris ist der muskulöse Fortsatz dieser Haut
nach vorn; sie funktioniert wie eine Blende bei optischen Instrumenten,
so daß nur zentrale Strahlen Einlaß bekommen. Sie kann das dazwischen
verbleibende Loch verengern und erweitern und dadurch mehr oder
minder Licht einlassen. Dieses Loch, die Pupille, ist beim Menschen
und beim Hund kreisrund, bei Wiederkäuern quergestellt, bei Katzen und
anderen Raubtieren längsoval. Die Veränderlichkeit seiner Weite bei verschiedenem Licht ist leicht festzustellen, wenn man das menschliche Auge

verdunkelt, und dann wieder in Helligkeit bringt. Man sieht dann eine verhältnismäßig schnelle Zusammenziehung der Pupille (Pupillarreflex); die Störung dieses Reflexes ist ein Anzeichen bei manchen Krankheiten. In der N e t z h a u t selbst liegen im innersten, hintersten Teil die Nervenendigungen in der Form von wahrnehmenden Stäbchen und Zapfen als Fortsätze von Zellen; die inneren Fortsätze dieser Zellen führen zu Ganglienzellen (Fig. 179 gz), als eingeschobenen Schaltzellen, die ihrerseits

wieder weitere Fortsätze zentralwärts schicken zu einer Grundschicht, die dann schon im sog. Sehnerven liegt, die aber nach dem, was wir entwicklungsgeschichtlich kennen gelernt haben, bereits ein eigentlicher Gehirnteil ist und nur eine Vereinigung von Nervenbahnen darstellt, die von den wahrnehmenden Sinnes- und den Schaltzellen ausgehend, die optischen Eindrücke zum eigentlichen Zentrum leiten, das bei den höheren Wirbeltieren in das Vorderhirn verlagert ist (siehe oben Kap. 17).

Beim Akt des Sehens selbst handelt es sich ganz allgemein gesprochen darum, das Bild, also die von einem Gegenstand ausgehende Lichtenergie, weiterzuleiten resp. in eine andere Energie (Bewegung), die den Nervenenden wahrnehmbar ist, umzusetzen. Es

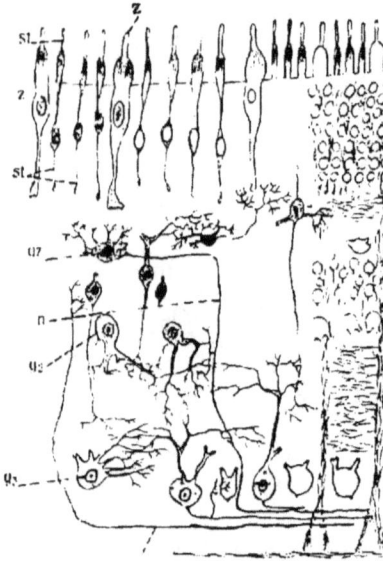

Fig. 179. Schema der menschlichen Netzhaut (nach Stöhr). Links die Elemente möglichst isoliert, rechts die gedrängten Kerne und Fasern. st = Stäbchen, z = Zapfenzellen, G = Ganglienzellen in verschiedenen Schichten, n = Nerven.

läge nahe, hier an eine Art chemischer Umsetzung zu denken, nach dem Wesen der Photographie, und sich den empfindlichen Teil des Auges, den Augenhintergrund, nach Art einer präparierten photographischen Platte vorzustellen, deren einzelne Teile dann dem Bild entsprechend chemisch beeinflußt werden. Manche Beobachtungen sprechen auch in der Tat für eine gewisse Ähnlichkeit des Vorgangs, so z. B., daß gerade in den empfindlichen Stäbchen der Sinneszellen ein Farbstoff, der sog. Sehpurpur, in einer bestimmten Weise verändert wird. Doch ist diese Veränderung jedenfalls nur ein Teil der dabei sich abspielenden Erscheinungen und steht vielleicht außerdem in Beziehung zur Ortsverschiebung, welche Farbstoffe am Auge je nach Helligkeit und Dunkelheit ausführen (siehe unten). Jedenfalls ist das empfindende Endorgan nur fähig, nicht das Licht selbst, die Bildpunkte als solche, sondern eine gewisse durch die Intensität des Lichtes und durch seine Qualität bedingte Einwirkung aufzunehmen. Das Sehen selbst also ist eine Umwandlung der Bewegungsform oder Energie, die wir Licht nennen, in solche, die wir Nervenleitung nennen; die Lichtbewegung, einmal im Auge angelangt, wird durch andere Energie weitergeleitet. Das Bild wird also nicht als solches sozusagen ins Gehirn photographiert, sondern nur punktweise wiedergegeben, sowie es eben im einzelnen aufgenommen, in einzeln, aber gleich-zeitig weitergeleiteten Bewegungen, die sich erst zentral wieder zu einem Bild zusammensetzen; darum ist auch die Sehtätigkeit des Menschen und der Wirbeltiere innerlich nicht so verschieden von der Wahrnehmung im Facettenauge, als man eine Zeit lang angenommen hat. Wohl bestehen in einem solchen eine ganze Anzahl Einzelaugen nebeneinander gedrängt; darum brauchen aber doch nicht so viele Bilder des ganzen Gegenstands vorhanden zu sein, wie Einzelaugen, was man früher annahm, weil man in der facettierten Cornea eines Mückenauges eine Flamme sich vielmals spiegeln sah. Damit ist aber noch nichts für das Bild im Auge selbst bewiesen; denn die übrigen Teile des Auges der Insekten, die Kristallkegel und die weiter zentral gelegenen Stäbchen-zellen, wirken doch anders, und nach neueren Experimenten besteht die Theorie zu Recht, wonach ein jedes kleines Auge auch nur einen Teil des Gegenstandes wahrnimmt, wonach also nicht nur anatomisch, sondern auch physiologisch das Sehen der Arthropoden etwas Zu-sammengesetztes (musivisches Sehen) ist. Der Unterschied vom Wirbel-tierauge ist dann eigentlich nur der, daß das Gesamtbild nicht noch einmal, wirklich sichtbar wiedergegeben wird, ehe es in seine ein-zelnen Teile zerlegt weitergeleitet wird, sondern daß die einzelnen Teile direkt zu den Leitungsbahnen gelangen; dadurch ist natürlich von vornherein die Wiedergabe in den Aufbewahrungszellen, das »geistige Bild«, viel unvollkommener als bei den Wirbeltieren.

Es scheint, auch beim höheren Auge, wie bei den übrigen Sinnes-organen, noch eine weitere Arbeitsteilung geschaffen, indem innerhalb eines kleinsten Sehfeldes nur dieses oder jenes Stiftchen resp. seine zugehörige Faser auf eine bestimmte Farbe, also Licht von einer be-stimmten Wellenlänge, reagiert. Es zeigt sich diese Arbeitsteilung auch darin, daß nicht alle Personen für alle Farben gleich gutes Unterschei-dungsvermögen besitzen, daß es ganz bestimmte Farben gibt, die von

einer Reihe von Personen überhaupt nicht empfunden werden (Farben-
blindheit), ohne daß das Wahrnehmungsvermögen für die Umrisse,
also die Projektion der Bildpunkte selbst irgendwelche Beeinträch-
tigung erlitten hätte, und ferner darin, daß auch bei Personen mit tadel-
losem Unterscheidungsvermögen für Farben eine Ermüdung in der
Wahrnehmung der einen oder der anderen Farbe bei längerem Betrachten einer Landschaft oder eines Bildes eintreten kann.

Experimente, die an Insekten angestellt worden sind, bestätigen
für sie die Möglichkeit des Sehens von Umrissen und auch wohl
von charakteristischen Farben, aber in viel unvollkommenerem Grad
und auf geringere Entfernungen, als man im allgemeinen anzunehmen
geneigt ist. Nach Ausschaltung der anderen Sinne, speziell auch des
Geruchs- und Tastsinnes können Insekten doch noch durch ihre Augen
Futter und Feinde wahrnehmen. Eine Hummel findet ohne Fühler auf
Windenblüten und saugt; eine Wespe stürzt auf einen schwarzen Nagel
ebenso wie auf Fliegen. Fliegen, deren Augen durch Blenden mit Lack ausgeschaltet werden, stoßen zuerst überall an; dann fliegen sie sehr hoch
und unzweckmäßig fort. Das Erkennen der Feinde z. B. von Spinnen
und Wespen erfolgt auch durch das Auge, nicht durch den Geruch;
denn eine Kugel mit ausgedrücktem Blut und Körpersaft reizt nicht,
wohl aber die Hülle eines toten Insekts oder die entsprechende Form.

Versuche bei den Wirbeltieren und speziell beim Menschen über den
Sehakt und seine verschiedenen Modifikationen können hier nicht speziell erwähnt werden; nur einiges, was auch mit dem anatomischen
Bau zusammenhängt, und was für die Gesamtleistung von Bedeutung
ist, sei kurz angeführt. Der Augenhintergrund ist nicht gleichmäßig
für Bildwahrnehmung empfänglich; es findet sich darin eine besonders
empfindliche Stelle, auf die der Gegenstand projiziert werden muß,
um ein scharfes Bild zu erhalten, der sog. gelbe Fleck. Wenn wir »fixieren«, also durch Bewegung des Kopfes, der Augenteile und Augenmus-
keln unter entsprechender Einstellung der lichtbrechenden Organe dafür
sorgen, so fällt das Bild des Gegenstandes gerade auf diese ein wenig
vertiefte Stelle, in der auch die erwähnten Nervenendigungen, Stäbchen und Zapfen, besonders entwickelt sind. In den übrigen Teilen
des Auges ist die Bildwahrnehmung offenbar weniger vollkommen; an
einer Stelle, da, wo der Sehnerv in das Auge eintritt, oder besser gesagt,
da wo die Schicht der Stäbchenzellen mit ihren nervösen Leitungs-
fasern zentralwärts umbiegt, befinden sich überhaupt keine eigentlichen
Stäbchen, sondern nur mehr leitende Substanz, und hier, im sog.
blinden Fleck, kann überhaupt keine Bildwahrnehmung zustandekommen.

Man kann sich davon überzeugen, indem man das Bild eines vorher gesehenen Gegenstandes bei bestimmt seitlichem Fixieren zum Verschwinden bringen kann, weil es dann gerade auf diese Stelle fällt.

Beim Sehakt, sowohl bei dem der Wirbeltiere wie der übrigen Gruppen, sind auch noch eine Reihe von Hilfsleistungen nötig, die aber mit gleichem Endzweck je nach den Tiergruppen durch ganz verschiedene anatomische Einrichtungen erreicht werden können. Erstens ist vielfach eine Lichtabblendung erforderlich, schon um dadurch eine größere Deutlichkeit des Bildes zu erzielen. Diese geschieht durch muskulöse Membranen, die in einigen Tiergruppen vor, in andern zwischen den lichtbrechenden Medien ausgespannt sind, und so in den eigentlich wahrnehmenden Teil des Auges je nach ihrer Kontraktion mehr oder weniger Licht einlassen. Zweitens geschieht eine Verschiebung des Pigments, das die innersten lichtwahrnehmenden Teile umhüllt, je nach der Helligkeit, so daß man geradezu eine Hell- und Dunkelstellung dieses Farbstoffes unterscheiden kann. In der Belichtung umhüllt er bei den Arthropoden z. B. die Stäbchen vollkommen, in der Dunkelheit zieht er sich zurück und gibt die Stäbchenlage fast ganz frei. Es ist sogar danach noch bei gefangenen und getöteten Tieren des Meeres ihre Herkunft aus höheren belichteten oder tieferen dunklen Wasserschichten erkennbar.

Drittens kann eine besondere Anpassung für Nah- und für Fernsehen vorhanden sein; bei dem Wirbeltier- spez. dem Menschenauge geschieht dies durch eine Änderung in den lichtbrechenden Medien speziell in der Linse, deren Krümmung veränderlich ist. Beim Nahesehen wird die Linse stärker gekrümmt, verdickt, und nähert sich so der Hornhaut; dadurch wird der Brechungswinkel verändert. Man kann so einen Ort, bis zu dem man bei ihrer stärksten Krümmung noch gehen kann, den Nahpunkt, der beim erwachsenen Menschen etwa bei 10 cm liegt, und den Fernpunkt unterscheiden. Das zwischenliegende Akkomodationsgebiet ist bei den einzelnen Individuen sehr verschieden und ändert sich auch mit dem Alter. Es tritt dann eine Starre der Linse ein, indem deren Elastizität sich durch Feuchtigkeitsverlust verringert, so daß das Auge nicht mehr auf die Nähe eingestellt werden kann (Weitsichtigkeit). Die Kurzsichtigkeit hat mit dem Anpassungsvermögen nicht direkt zu tun, sondern rührt daher, daß das Auge selbst zu langgestreckt gebaut ist, sodaß die von den lichtbrechenden Medien gesammelten Strahlen nicht erst auf der Netzhaut, sondern schon vorher zusammenkommen und also auf der Netzhaut selbst ein verschwommenes Bild erscheint, indem die von den Objektpunkten ausgehenden Strahlen in Zerstreuungskreisen anstatt in entsprechenden Bildpunkten erscheinen. Ein Ausgleich ist dann durch entsprechend konstruierte Brillengläser möglich.

Bei wirbellosen Tieren können ähnliche Anpassungsleistungen, aber durch ganz verschiedene Apparate zustandekommen; anstatt der Linsenkrümmung kann z. B. durch Muskelbewegung die wahrnehmende Fläche selbst, die Netzhaut, genähert oder entfernt werden. Bei den Arthropoden ist wegen der Starre der Körperdecke, des Chitins, und wegen der Anordnung der Augen in Facetten eine derartige Einrichtung nicht möglich. Es kann hier weder der Abstand zwischen dem lichtbrechenden und dem aufnehmenden Apparat noch die Brennweite des licht-

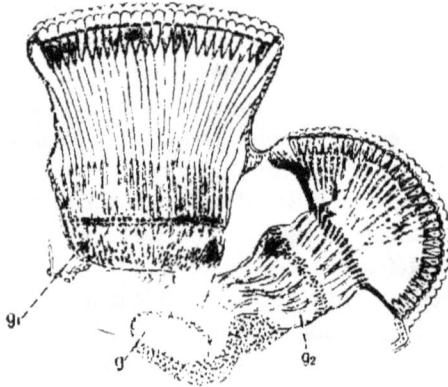

Fig. 180. Schnitt durch das Doppelauge eines Insekts (nach Hesse). Zweierlei Facettengruppen, jede mit besonderem Sehganglion (g_1 und g_2) im Gehirn (g) (zentral) zusammenkommend.

brechenden Apparates selbst verändert werden; darum ist eine andere Einrichtung getroffen, indem gerade vermöge der Facettierung des Auges eine Arbeitsteilung möglich ist, und eine Reihe von Augenkeilen sich zum Nahsehen, andere zum Fernsehen vereinigen. So sind dann innerhalb des äußerlich anscheinend einheitlichen Facettenauges bei einer Reihe von Insekten und Krustazeen verschiedene Kleinaugen-komplexe zu verschiedener Leistung vorhanden. Sie unterscheiden sich oft schon äußerlich durch eine verschiedene Krümmung der chitinigen Cornealinse und durch die verschiedene Keilform der einzelnen Augenkegel. Daran anschließend lassen sich auch andere Arbeitsteilungen im Insektenauge erwähnen, die für den Aufenthalt resp. das Sehen im Wasser und in der Luft getroffen sind; denn hierbei ist natürlich ebenfalls eine verschiedenartige Krümmung der lichtbrechenden Apparate, je nach dem umgebenden Medium erforderlich. So z. B. gibt es Insekten, die horizontal, gerade an der Wasseroberfläche, schwimmen, so daß ein Teil der Augenkeile ständig unter Wasser, ein anderer Teil ständig ober Wasser zum Sehen genötigt ist; bei diesen läßt sich eine deutliche Verschiedenheit der betreffenden Augenkeile und eine deutliche Grenzlinie zwischen beiden Sorten erkennen. Auch Fische der Uferzone gibt es, halb im Schlamm, halb im Wasser lebend, bei denen eine solche Horizontalteilung der Augen mit verschiedener Krümmungsfläche erreicht ist, und die darum den Namen Vierauger erhalten haben.

Bei Tieren, die in den tieferen, weniger belichteten Schichten des Meeres leben, kommen merkwürdige Veränderungen der Augen zustande. Bei den einen werden sie besonders hoch und spezialisiert ausgebildet, um sich noch mit dem wenigen daselbst vorhandenen Licht abzufinden, bei den anderen aber werden sie rückgebildet. Die Rückbildung der Augen kann in verschiedenem Grade, je nach der größeren oder geringeren Tiefe der Wasserschicht, in der die Tiere leben, vor sich gehen; auch eine Reihe von in Höhlen lebenden Tieren zeigen die Augen im Gegensatz zu ihren im Freien vorkommenden Verwandten nahezu oder gänzlich rückgebildet. Sehr eigentümlich ist, daß bei einer derartigen Rückbildung nicht alle Teile gleichmäßig und nach bestimmten Gesetzen betroffen werden, sondern daß bald mehr das wahrnehmende Organ, die Retina, bald die Hilfsorgane, die lichtbrechenden Medien, die bewegenden Muskeln, schwach oder gar nicht entwickelt sind, während die anderen fast normal aussehen, aber doch der Unvollkommenheit ihrer Begleitorgane wegen nicht funktionieren können. Es ist gerade das ein Gebiet der Umformung, auf dem es strittig ist, ob die Einwirkung der äußeren Existenzbedingungen oder die Wirkung der natürlichen Zuchtwahl in Frage kommt (siehe unten, Kap. 21).

Mit Augen nicht zu verwechseln, wie man es eine Zeit lang getan hat, sind trotz äußerlicher Ähnlichkeit die bei einer Reihe der Tiere der Tiefsee vorkommenden Leuchtorgane. Die äußere Ähnlichkeit besteht darin, daß solche Organe gut abgegrenzt an bevorzugten Stellen des Körpers stehen, und daß Nerven in sie hineingehen können, ferner daß sich in ihnen gallertartige Gebilde gleich den lichtbrechenden Medien der Augen finden und ebenso Pigmentumhüllung. Diese Einrichtungen dienen aber hier zur Lichtverstärkung und Spiegelung gleich den großen Reflektorlampen eines Leuchtturms, und die hineingehenden Nerven haben mit der Muskelbewegung, dem Abdrehen zu tun, nicht mit einer Sinneswahrnehmung. Irgend etwas der lichtaufnehmenden Fläche der Augen Gleichwertiges fehlt vollkommen.

Ein besonderes Wort verdient die Art und Weise, wie eine Raumwahrnehmung durch das Auge zustande kommt, also

trotz eines flächenartig projizierten Umrißbildes mit Farben, ein
körperliches Sehen. Hierbei ist an das zu erinnern, was früher
über die Raumempfindung im allgemeinen gesagt worden ist, nämlich
daß dabei ein Zusammenwirken von Hautsinnesempfindungen und
von innerem Muskelgefühl notwendig ist. Ähnlich kommt auch hierbei dem Gesichtssinn das Gefühl der Muskeln zu Hilfe, indem diese
sich verschieden einstellen und anstrengen müssen, je nachdem sie
weitere oder entferntere Teile des Bildes fixieren; auch das Zusammenwirken b e i d e r Augen spielt hierbei eine Rolle, und endlich das,
was über die Beschaffenheit eines Körpers oder des Raumes schon
durch andere Sinne gelernt worden ist, also zentrale Verknüpfungen
in Schalt- und Aufbewahrungszellen. Das körperliche Sehen ist darnach mehr eine »geistige« Tätigkeit und wird erst nach und nach erworben.

Zwanzigstes Kapitel.

Tierische Entwicklung.

Ungeschlechtliche und geschlechtliche Fortpflanzung. Die Entwicklung eine N e u -
bildung, beginnend mit Zellteilung. Die Etappen der Einzelentwicklung, zwei- und
dreischichtiger Zustand und die Organanlagen. Beispiel der Entwicklung des Frosches
im Ei bis zur Kaulquappe. Morphologische und biologische Seite der Entwicklung.
Direkte und indirekte Entwicklung. Metamorphose; Beispiele bei Würmern, Krebsen,
Insekten und Wirbeltieren. Eihüllen der höheren Wirbeltiere. Ernährung der Frucht
bei Säugetieren.

Wie bei den Pflanzen, so gibt es auch bei den Tieren eine ungeschlechtliche und eine geschlechtliche Art der Fortpflanzung. Die erstere
besteht darin, daß Wachstumsvorgänge eingeleitet werden, die nicht
zur Vergrößerung des vorhandenen Körpers, sondern zur Bildung eines
neuen Individuums führen. An einer Körperstelle, die keineswegs durch
Lage der Organe bestimmt oder begünstigt zu sein braucht, wird
von allen daselbst und in der weiteren Nachbarschaft vorhandenen
Geweben resp. Organen eine zunächst unscheinbare Vorwölbung (Knospe)
geliefert, die mehr und mehr auswächst und sich dann zu einem selbständigen Wesen abschnüren kann. Die Zellen des Körpers, die in diese
Knospe hineintreten, können schon mehr oder minder differenziert
sein, auch ganz bestimmten Organsystemen angehören, so daß in das
Knospenindividuum gewissermassen von jedem Organsystem ein Teil
hinübergenommen wird. Sie können aber auch etwas unbestimmter
Natur sein, gleich dem Bildungsgewebe der Pflanzen, so daß dann erst
in der Knospe eine Differenzierung zu den wirklich funktionierenden
Organsystemen erfolgt.

Ist das sich abschnürende Individuum von gleicher Größe wie das
ursprüngliche, so ist eher angezeigt, von einer T e i l u n g zu sprechen.
Namentlich ist das bei der ungeschlechtlichen Fortpflanzung der Protozoen der Fall, bei deren ganzem Körper es sich ja nur um eine einzige

Zelle handelt, und wo bei einem solchen Akt der ungeschlechtlichen
Vermehrung dann eben einfach aus einer Zelle zwei werden, deren jede
einzelne alle Zellteilchen wie vorher die ursprüngliche Zelle besitzt. In
den meisten Fällen im Tierreich handelt es sich aber darum, daß vielzellige Tiere, mit Arbeitsteilung innerhalb der Zellen solche Teilprodukte
abgeben. Diese Teilprodukte sind dann zunächst meistens viel kleiner
als das ursprüngliche Tier, und der Vorgang wird darum nicht als Teilung,
sondern als K n o s p u n g oder Sprossung bezeichnet. Wie diese Ausdrücke
besagen, handelt es sich hierbei um eine gewisse Ähnlichkeit mit dem
Pflanzenreich, und diese kann noch um so größer werden, wenn, wie in
zahlreichen Fällen bei niederen Tieren, die Produkte der Knospung
sich nicht oder wenigstens nicht sofort von dem Muttertier ablösen,
sondern noch eine Zeitlang mit ihm vereinigt bleiben und dadurch einen
Tierstock bilden, der in seinem Äußeren und durch die Verzweigung
eine gewisse Ähnlichkeit mit Pflanzen besitzt (daher der Name Pflanzentiere) für eine solche Gruppe (siehe oben Fig. 97 und 101). Überhaupt ist
es bezeichnend, daß diese Art der Fortpflanzung, die ungeschlechtliche,
nur bei niedrigen Tiergruppen, außer bei den erwähnten Protozoen
und den Pflanzentieren oder Cölenteraten, nur noch bei den Würmern
und davon direkt ableitbaren Tieren zu finden ist, nicht aber bei höheren
Typen, wie z. B. Arthropoden, Mollusken oder Wirbeltieren. Bei allen
diesen ist der Körper viel zu bestimmt gebaut, in bestimmte Regionen
von besonderer Leistung geschieden, als daß irgendeine beliebige Region
wieder einen solchen ganzen Körper einfach sprossen lassen könnte.
Bei ihnen existiert ausschließlich die g e s c h l e c h t l i c h e F o r t -
p f l a n z u n g. Diese besteht darin, daß es ganz bestimmte Körperzellen
sind, die den Organismus wieder reproduzieren und zwar zwei, je von
verschiedenen Individuen stammende, die sich erst vereinigen müssen,
damit ein neues Leben eingeleitet wird.

   Es ist für die geschlechtliche Fortpflanzung an sich nicht notwendig,
daß solche zwei Zellen, die sich zum Ausgangspunkt eines neuen Organismus zusammenfinden, auch untereinander verschieden gestaltet sind. Gerade bei den Protozoen, wo neben der Teilung auch eine geschlechtliche
Vermehrung vorkommt, gibt es Fälle, wo zwei (allem Anschein nach)
gleichartige Zellen miteinander kopulieren. Andere Protozoen aber zeigen
bereits eine merkliche Verschiedenheit der beiden Zellen; die eine ist größer
und enthält eventuell Nährplasma, ist darum weniger beweglich, die
andere kleiner und durch Geißeln oder sonstige Vorrichtungen eher zur
Fortbewegung und zum Aufsuchen der andern fähig. Hierin spricht sich
schon der Gegensatz aus, der im übrigen Tierreich (und auch bis zu einem

gewissen Grade im Pflanzenreich, siehe S. 25) mit den Worten weiblich und männlich bezeichnet wird.

Bei den mehrzelligen Tieren sind es nicht nur verschiedene Zellen, sondern meistens auch verschieden gestaltete Individuen, das Weibchen und das Männchen, aus denen die Geschlechtsprodukte, also die betreffenden verschiedenartigen Zellen stammen. Über die dabei stattfindenden Vorgänge in den Zellen, über die trotz äußerer Verschiedenheit der Geschlechter innerliche Gleichheit im Aufbau der Zellkerne wird noch in einem andern Zusammenhang die Rede sein, da diese Dinge gerade für die Vererbung besonders in Betracht kommen. Hier handelt es sich zunächst darum, die eigentlichen Entwicklungsvorgänge darzustellen, die auf die Vereinigung zweier Geschlechtsprodukte, von Ei und Samenzelle, folgen, und die dann zur Bildung eines neuen Individuums führen. Von einer wirklichen Entwicklung in diesem Sinne kann natürlich nur bei vielzelligen Tieren (Metazoen) die Rede sein. Bei Protozoen folgt auf die Vereinigung nur eine Anzahl von sich schnell wiederholenden Teilungen. Die Teilprodukte gehen auseinander und sind einzelne Zellen wie die Eltern. Bei den Metazoen aber, wo auf die Vereinigung der Geschlechtsprodukte ganz analog eine Periode lebhafter Vermehrung der Zellen eintritt, bleiben diese Zellen in einheitlichem Verband zusammen, zunächst untereinander noch anscheinend wenig verschieden, und bilden so als eine Masse von Zellmaterial den Ausgangspunkt für die weitere Entwicklung und Differenzierung.

Dadurch, daß der Ausgangspunkt jeder Entwicklung eine wirkliche Zelle ist, bei der sich das Material zweier Zellen und zweier Kerne zu einer Einheit vereinigt haben, ist auch die Ansicht widerlegt, daß es überhaupt keine richtige Entwicklung gebe. Man hatte nämlich früher eine Zeitlang angenommen, daß alle Organsysteme des erwachsenen Körpers schon im Ei vorhanden seien, nur kleiner und in entsprechender Form zusammengepackt, so daß dann nur ein Aufblähen und Aufrollen dieser Organanlagen stattzufinden brauche, also gewissermaßen gar keine wirkliche Entwicklung, sondern nur ein Größerwerden von Vorhandenem stattfinde, ein einfaches Wachstum. Diese Ansicht wurde namentlich von denjenigen verfochten, die die einzelne Tierart als etwas ganz Bestimmtes, von Anfang Geschaffenes annahmen, und die auch gegen eine Veränderlichkeit und gegen eine Entwicklung des Naturganzen sich aussprachen. Mit dem Nachweis, daß das Ei eine Zelle ist mit allen für die Zelle charakteristischen Teilchen, fällt natürlich diese Ansicht von der Nichtentwicklung in sich zusammen; denn sonst müßte ja bei einem einfachen Aufrollen oder Aufblähen weiter nichts geschehen, als daß sich die einzelnen Plasmakörnchen und Teilchen und der Kern mit seinen Chromatinstäbchen nur aufblähen würde, und wir zuletzt eben eine Zelle von besonderer Größe vor uns hätten, während doch in Wahrheit diese Zelle sich zuerst teilen muß, wie erwähnt, und wir dann erst eine weitere Spezialisierung und Anordnung dieses Zellmaterials zu den Organsystemen verfolgen können.

Je nach der größeren und geringeren Kompliziertheit des Baues der Tiere ist natürlich auch der Entwicklungsgang, die Anordnung und Spezialisierung dieses Zellmaterials, bis die ausgebildete Stufe der funktionierenden Organe erreicht ist, mehr oder minder verwickelt.

Fig. 181. Furchung des Wurmeis innerhalb der Eihülle. Große und kleine Zellen.

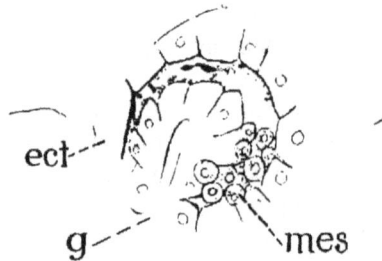

Fig. 182. Wurmlarve mit Urdarm (g), Ectoderm (ect) mit Wimpern und Beginn der dritten Zellschicht (mes).

Am einfachsten wird es natürlich bei den niedrigsten Metazoen, den sog. Schlauchtieren zugehen, wo überhaupt im erwachsenen Zustand nur zwei eigentliche Zellschichten, getrennt durch eine gallertige Stützschicht, bestehen. Hier differenziert sich das aus der »Furchung«, wie man den Prozeß der Zellteilung am Ei nennt, hervorgegangene Zellmaterial alsbald in diese zwei Körperschichten, die äußere, E c t o d e r m oder Hautblatt genannt, die innere, E n t o d e r m oder Darmblatt die zwischen sich die Stützlamelle abscheiden. Die Zellen des Darmblattes können dann von vornherein einen Hohlraum umschließen, oder es kann ein solcher erst nachträglich in ihnen entstehen. Mit dem Durchbruch dieses Hohlraums nach außen, der Anlage von Fangfäden um die Öffnung herum ist dann das Wesentlichste des Körperbaues dieser Tiere entwickelt; es hat entsprechend der Funktion auch die gewebliche Weiterbildung der beiden Schichten stattgefunden; in der äußeren Schicht sind z. B. die erwähnten Nesselzellen, ferner Nerven-

und Sinneszellen entstanden, in der inneren haben sich die Zellen vorzugsweise für die Nahrungsaufnahme umgebildet.

Es ist eine sehr bedeutsame Tatsache, daß ein ähnlicher Zustand von zwei Schichten, dadurch daß sich das aus dem Ei durch vielfache Teilung hervorgegangene Zellmaterial in eine äußere und eine innere Lage sondert, in der Entwicklung a l l e r Tiere, auch bei den Angehörigen der höheren Gruppen, noch zu erkennen ist, (vgl. unten Fig. 185) ehe eine weitere Komplikation eintritt. Man hat darin mit Recht einen in der Entwicklungsgeschichte sich spiegelnden Zustand früherer einfacherer Organisation erblickt, und darin einen Beweis für die Abstammungslehre, für die Herkunft aller vielzelligen Tiere von ursprünglich zweiblättrigen, nach dem Prinzip der Cölenteraten gebauten »Ahnentieren«. Bei den eine Stufe höher stehenden Würmern ist, wie wir bei der Besprechung der Organisation der erwachsenen Tiere gesehen haben, ein dreiblättriger Zustand erreicht, und auch dieser findet sich, wenn auch minder vollkommen, gespiegelt; denn in der Entwicklung aller Tiere von den Würmern an aufwärts, fügt sich zwischen den beiden erwähnten Zellschichten noch eine dritte, das Mesoderm (mes) ein, ehe eine weitere Spezialisierung in den Organen eintritt.

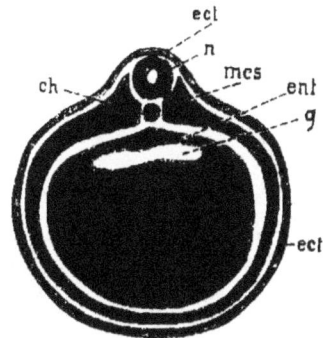

Fig. 183. Schematische Darstellung der Dreischichtigkeit (von einem Froschembryo). ect Ectoderm, ent Entoderm, g = Urdarm, mes = Mesoderm mit Chorda (ch), n = Nervenrohr (zum Ectoderm gehörend).

Diese drei Schichten haben auch bei allen höheren Tieren nicht nur eine ähnliche Lage, sondern auch ein ähnliches Schicksal in bezug auf die Verwendung ihrer Zellen zu den Organsystemen. Aus der inneren Schicht geht der Darm und seine Anhangsorgane, die bei der Verdauung beteiligten Drüsen hervor, aus der äußeren Schicht die Haut und ihre Anhänge, das Nervensystem, Sinnesorgane sowohl wie Gehirn, aus dem mittleren Blatt entstehen die Bindesubstanzen, die Muskeln, das Skelett, das Blut etc.

Da die Organsysteme sich in der grundsätzlich gleichen Weise bei allen Tiergruppen von den Würmern an aufwärts auf diese drei »Keimblätter« zurückführen lassen, so kann die Entwicklung zweckmäßig an einem einzigen Beispiel dargestellt werden, und es seien hierfür die allgemein zugänglichen Eier des Grasfroschs (Rana temporaria) gewählt, die dieser zu sehr früher Jahreszeit in Tümpel ablegt, wo sie an der Oberfläche schwimmend, jedes einzelne durch eine Gallertschicht

schützt und die Sonnenwärme aufnehmend, ihre Entwicklung durchmachen bis zum freischwimmenden Stadium der Kaulquappe. Nicht
aber von deren bekannter Umwandlung zum Frosch sei zunächst die
Rede, sondern von den i n n e r l i c h im Ei vorgehenden Veränderungen, die b i s zum Ausschlüpfen der Kaulquappe aus der Gallerthülle stattfinden; denn die Kaulquappe besitzt ja bereits die wesent-
lichsten Organsysteme im funktionsfähigen Zustand, und deren Anlage
muß also vor dieser Zeit studiert werden.

Das Froschei selbst ist in seinem Innern nicht gleichmäßig aufgebaut;
es besitzt außer seinem gewöhnlichen Protoplasma noch starke Dotter-
einlagerungen, besonders nach der einen Seite zu gerichtet. Außerdem
zeigt sich im Plasma eine dunkle Färbung, die aber nur auf den einen,
eigentlich plasmatischen Teil des Eis beschränkt ist; die mehr dotter-

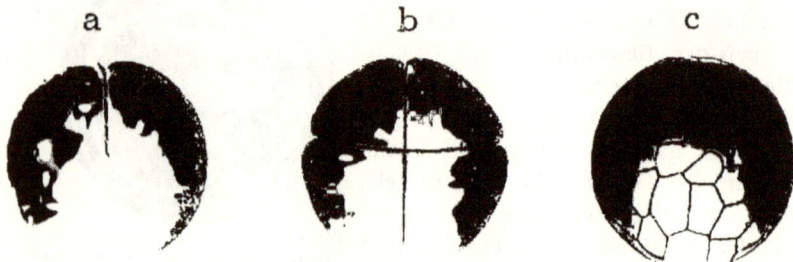

Fig. 184.   Furchung (Zellteilung) des Froscheies.

haltige Seite des Eis erscheint gelblich. Diese beiden etwas ungleichen
Hälften des Eis werden als animale und vegetative bezeichnet, entsprechend der späteren Lage der betreffenden Organsysteme. Nach
der Befruchtung quillt im Wasser die Gallerthülle des Eis auf, so daß
es innerhalb der Hülle freibeweglich der Schwere folgen kann. Die
dotterreichere Seite kommt sonach nach unten und die animale, schwärz-
liche nach oben. Die erste Veränderung ist, daß, schon äußerlich erkennbar, mehrere Furchen von oben nach unten über das Ei hinwegziehen
und in seine Masse hineinschneiden. Dies wurde schon vor mehr als
150 Jahren mit der Lupe beobachtet, und man hat für den Vorgang
darum den damaligen Namen „Furchung" beibehalten, obschon man
heutzutage weiß, daß es sich um eine wirkliche Zellteilung handelt. Hier
beim Froschei verläuft diese Teilung ungleich, weil das Dottermaterial den
Teilungen einen gewissen Widerstand entgegensetzt, und nur das eigentliche Plasma zu aktiver Teilung befähigt ist. Infolgedessen gehen in dem
animalen Teil die Zellteilungen schneller vor sich, und die Zellen werden

etwas kleiner, während die Zellen in dem vegetativen Teil mit verzögerter Teilung etwas größer geblieben sind. Das Resultat ist nach einer gewissen Menge von Zellteilungen eine Hohlkugel oder Blase von Zellen, die aber schon im Äußern einander nicht gleich sind, sondern aus den erwähnten Gründen im animalen Teil dunkel gefärbt und viel kleiner, im vegetativen gelblich und größer. Eine solche Blase wird in der Entwicklungsgeschichte „Blastula" genannt, die innere Höhlung Furchungshöhle.

An der Grenze von animalen und vegetativen Zellen tritt nun eine zuerst seichte Einstülpung auf, der sog. Urmund, die sich dann mehr und mehr ins Innere fortsetzt. Dadurch ist schon von vornherein im

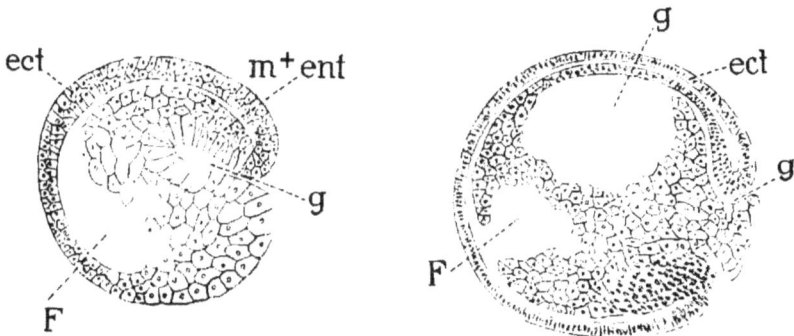

Fig. 185a und b. Zwei aufeinanderfolgende Stadien der Gastrulation (Bildung des Urdarms — g) beim Frosche im Längsschnitt. F — Furchungshöhle, ect — Ectoderm, ent = Entoderm.

Froschei eine bestimmte Hauptachse angegeben; denn die Richtung des Wachstums dieser Einstülpung (Fig. 185), die zum sog. Urdarm (g) wird, bezeichnet die Längsachse des Tieres; der Urmund gibt etwa das Hinterende an, und das spätere Darmrohr, das Rohr des Zentralnervensystems und die stützende Chorda (siehe Fig. 186) liegen in dieser Längsachse. Der Urmund selbst ist zunächst ein Spalt, weil er durch die Dotterzellen auf der ventralen Seite eingeengt wird. Im Innern bildet sich aber eine geräumige, schlauchförmige Höhlung, die mit weiterer Einstülpung die Dotterzellen immer mehr vor sich herdrängt und dadurch die Furchungshöhle (Fig. 185a und b F) zu einem bloßen Spalt werden läßt. Bei dem Einstülpungsvorgang wird auch ein Teil der oberen, mehr animalen Zellen in diese Urdarmhöhlung hineingedrängt, und an der vegetativen Seite umwachsen diese animalen Zellen die nach innen rückenden Dotterzellen; schließlich besteht dann der ganze Keim aus zwei Schichten (Fig. 185b), einem äußeren Blatt, dem Ectoderm (ect), einem inneren Blatt, dem Entoderm (ent) zur Begrenzung des Urdarms,

der an seiner dorsalen Seite von kleineren epithelartig angeordneten
Zellen, an seiner ventralen von zusammengedrängten Dotterzellen gebildet wird und durch den Urmund hinten nach außen mündet. Dieser
zweischichtige Zustand geht sehr bald in den dreischichtigen über, indem
sich gerade an der Stelle, wo die beiden Blätter ineinander umbiegen, am
Urmund, sowohl in dessen oberen wie seitlichen, wie unteren Teil eine
dritte Schicht von innen ausgehend dazwischenschiebt, das Mittelblatt
oder das sog. Mesoderm (siehe Fig. 185 $m + ent$). In der Medianlinie ist es
eine Schicht ganz besonderer Zellen, die sich gewissermassen aus der Decke
des Urdarms abschnürend, zum Material für die Chorda, zum primitiven
Skelett wird; seitlich davon und nach unten kann man das eigentliche
Mesoderm unterscheiden. Dieses läßt sich demnach wieder in ein oberes
animales und in ein unteres, den Darm umgreifendes, und von rechts
und links in der Mitte zusammenkommendes Mesoderm trennen. Sowohl das obere wie das untere sind keine ganz kompakte Schicht,
sondern haben zwischen sich einen kleinen, bei andern Amphibien noch
viel deutlicheren Hohlraum, die sog. Leibeshöhle. In dieser zeigen sich
auch schon vom Anfang an die ersten Spuren der Segmentierung des
Körpers, so gut wie an einem Gliederwurm; aber nur das obere mehr
animale Mesoderm ist in dieser Weise segmentiert, und in einzelne
Kästchen oder Somiten zerlegt; der untere Teil bleibt einheitlich,
soweit ein Hohlraum überhaupt in ihm zu erkennen ist.

Von diesem dreiblättrigen Zustand lassen sich dann die einzelnen
Organsysteme, wie sie später in der Larve funktionieren, ableiten. Der
eigentliche Darm entsteht aus dem Entoderm, d. h. aus dem, was vom
Urdarm nach Abspaltung der Chorda und des Mesoderms noch übrig
geblieben ist. Man kann einen Vorderdarm unterscheiden, der sich aus
dem am weitesten nach vorn gestülpten Teil des Entoderms entwickelt;
dieser gibt dem Kiemendarm, dem Oesophagus oder Schlund und dem
späteren Magen den Ursprung, ist aber einstweilen noch nach außen
geschlossen. Nur eine ektodermale Einstülpung legt sich an ihn und
bereitet einstweilen den späteren Mund noch vor dem Durchbruch vor.
Der zweite Teil ist der Mitteldarm, dessen Decke epithelial ist, dessen
Boden noch durchaus von Dotterzellen gebildet wird. Der dritte Teil,
der Enddarm (*pro*), mündet direkt nach außen; der After ist nur
vorübergehend durch einen Dotterpfropf verschlossen.

Weitere Differenzierungen finden sich in den drei einzelnen Abschnitten; zunächst im Vorderdarm die Kiemenspalten, an denen sich
die äußeren, mehr und mehr verzweigten Kiemen ansetzen, ferner am
Boden des Vorderdarms eine grubenförmige Einstülpung, die der Schild-

drüse entspricht, und an seinem Schlundteil, dem Ösophagus, eine
weitere, sich zweigabelnde Ausstülpung, die später zur Lunge wird.
Auch am Mitteldarm bilden sich die weiteren Differenzierungen zu-

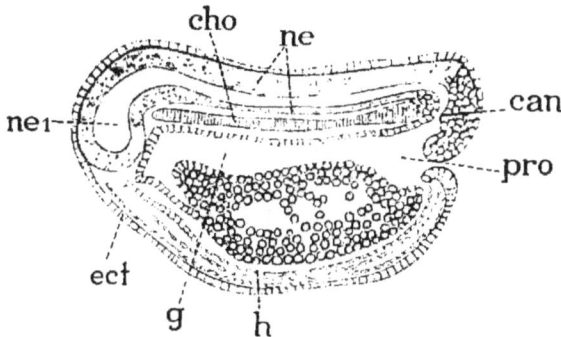

Fig. 186. Längsschnitt durch ein späteres Entwicklungsstadium eines Frosches
noch im Ei. ect — Ectoderm, g = Urdarm, oben von Entoderm, unten von Dotter
zellen begrenzt, ch chorda, ne = Nervenrohr, ne₁ = Gehirn, pro = After, can =
Verbindung des Urdarms mit dem Nervenrohr, h = Herz- und Gefäßanlage.

nächst als Ausbuchtungen dieses embryonalen Mitteldarms selbst.
Die Leber als eine zuerst einfache ventrale Ausstülpung, unpaar, die aber
dann sehr zahlreiche sich immer
weiter verzweigende Seitenaus-
stülpungen treibt, und das Pankreas
als eine vorzugsweise dorsale Ausstülpung mit zwei ventralen, die
sich dann vereinen. (Vgl. Fig. 124.)
Der verbleibende Mitteldarm selbst
ist, um die Menge des noch vorhandenen Dotters aufnehmen zu
können, sehr lang und noch in
der Larve spiralig aufgerollt.

Auch das Mesoderm hat zu
den einzelnen Organsystemen ganz
bestimmte Beziehungen und seine
einzelnen Teile verhalten sich verschieden, aber nicht nach der Längsachse durch den ganzen Körper

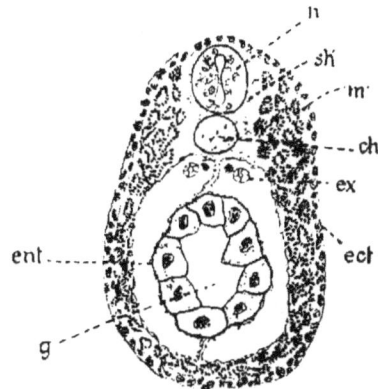

Fig. 187. Querschnitt durch einen Amphibien-
embryo auf späterem Stadium. m — Muskulatur, sk = skeleterzeugende Schicht um
Chorda ch und Nervenrohr n, ex = Urnieren.

hin, sondern von oben nach unten differenziert, so daß dies am besten
an einem Querschnitt betrachtet werden kann. (Fig. 187.) Zunächst
lassen sich an den Ursegmenten selbst, also im oberen Mesoderm, zwei

Teile unterscheiden, ein oberer und seitlicher, der hauptsächlich Muskeln bildet, das sog. Myotom (Muskelabschnitt) und ein mehr unterer da, wo in der Mitte die Ursegmente in die Leibeshöhle übergehen, das Sclerotom (Skelettabschnitt). Daselbst lösen sich Zellen ab, zuerst wenige dann mehr, die auch Zwischensubstanz ausscheiden, die Chorda und das noch zu betrachtende Nervenrohr einhüllen und so skelettbildend zur Wirbelsäule werden (sk). Der genannte Teil des Myotoms bildet hauptsächlich die Rumpfmuskulatur (m); außerdem werden durch ähnliche, aus dem unteren unsegmentierten Teil des Mesoderms austretende Zellen die Darmmuskulatur und das Bindegewebe gebildet. Die Blutgefäße entstehen aus Spalten innerhalb des Mesoderms, nicht aus dem Leibeshöhlenraum selbst, weder dem segmentierten noch dem unsegmentierten. An ihrem Inhalt, den Blutzellen, scheinen sich auch die Dotterzellen, also entodermales Material zu beteiligen, sei es direkt oder dadurch daß solche mesodermal gelagerte Zellen gewissermaßen vorher Entodermzellen gewesen sind. Das Herz entsteht (s. Fig. 186 h) so und zwar rührt seine Innenauskleidung, das Endothel, wie die Blutzellen selbst, von Dotterzellen resp. vom Boden des Vorderdarms her; dazu kommt dann seine mesodermale Muskellage.

Die Exkretionsorgane haben ihren Entstehungsboden ebenfalls im Mesoderm, da wo an der Außenseite die segmentierten oberen Teile in die unteren, die unsegmentierte Leibeshöhle übergehen. Bestimmte Ausstülpungen bilden daselbst, einfach bleibend, nur weiter auswachsend, den ursprünglichen Nierengang und andere kleinere, sich komplizierende Ausstülpungen bilden die Nierenkanälchen, zuerst streng segmental, dann zahlreicher und zusammengedrängt (s. Kap. 16). Die Geschlechtsorgane entstehen ebenfalls hier (d. h. die Genitalzellen selbst liegen von vornherein in der Wandung der Leibeshöhle, im Mesoderm und erscheinen vom übrigen Zellmaterial deutlich verschieden), zuerst in einer paarigen Falte jederseits, als primitive Gonade. So spricht sich in all diesen Verhältnissen im Embryo der Wirbeltiere eine sehr bemerkenswerte Ähnlichkeit mit den Zuständen aus, welche bei niederen Tieren, speziell in Gliederwürmern zeitlebens bestehen (siehe Kap. 14).

Etwas anders beschaffen erscheint nach Lage und auch nach Differenzierung das Nervensystem; doch ist auch hier gemeinsam, daß es aus der äußeren Keimlage, dem Ektoderm, sich ableitet. Schon sehr frühe, noch im Stadium des zweiblättrigen Keims, zeigt sich im dorsalen Ektoderm von vorn nach hinten streichend, eine Masse besonderer, durch Schlankheit und Zusammendrängung unterschiedener Zellen, in ihrer Gesamtheit die Nerven- oder Medullarplatte. Diese Zellen senken sich sehr bald ein, werden dadurch zu einer Rinne und schnüren sich dann zu einem völligen Rohr dem Medullarrohr (Fig. 186 *ne*), vom übrigen Ektoderm ab, das sich dann wieder als Haut darüberschiebt (Fig. 187). Dieses Medullarrohr bildet in seinem hinteren Teil das Rückenmark, in seinem vorderen Teil das Gehirn (*ne₁*), an dem sich früh schon dreierlei verschiedene Teile unterscheiden lassen, das Nachhirn, soweit die Chorda geht, das Mittelhirn, an deren Ende und sich nach vorn herumbiegend, ferner das Vorderhirn. (Über die weitere Teilung dieser primären Hirnteile siehe Kapitel 17, Fig. 155.) Seitlich von der Medullarplatte befindet sich noch eine besondere Leiste jederseits für Nervenzellen, in genau segmentaler Anordnung, die sog. Spinalganglienleiste; die Nerven selbst entstehen nicht als Stränge schon an Ort und Stelle, sondern erst durch Auswachsen plasmatischer Fasern aus solchen zentraler gelegenen Zellen.

Was die Sinnesorgane betrifft, so ist das Auge, wie früher erörtert, ein Teil des Hirns selbst; das Gehörorgan ensteht aus einem von außen vom Ektoderm sich einsenkenden Bläschen, das sich dann wieder zweiteilt, in den einen Teil, der die Bogengänge, in den andern Teil, der das eigentliche Gehörorgan, die Schnecke, bildet. Die Nase entsteht durch zwei symmetrische Zellstränge, die von vorn auswachsen, sich dann erst aushöhlen und in die Tiefe rückend mit der Mundbucht verbinden. Bei ihnen allen ist also die Abkunft aus der äußeren Körperschicht noch in der Entwicklung zu erkennen; bei den übrigen Sinnesorganen wird die Lage in der Haut ja auch im fertigen Zustand beibehalten.

*   *   *

Bisher ist nur die g e s t a l t l i c h e Seite der Entwicklung, also wie sich die Organe aus Anlagen bilden, ins Auge gefaßt worden. Die b i o l o g i s c h e Seite aber, also unter welchen Bedingungen die Entwicklung stattfindet, ob im freien Wasser oder in einer Eihülle oder im mütterlichen Körper, ferner ob die Organe sofort, wenn sie angelegt werden, auch in Funktion treten oder erst wenn sie gänzlich fertig sind, ist bisher nicht berücksichtigt worden; dennoch erscheint dies sowohl an sich wichtig, als auch für die Formgestaltung, bei der die biologischen Umstände mitsprechen. Zwar ist eine »Vorzeichnung« durch die Vererbung gewissermassen gegeben (s. Kap. 22), und es wird demnach auch ohne Funktion ein gewisser Formzustand erreicht; dennoch kann es nicht gleichgültig sein, ob diese Form schon während der Entwicklung benutzt wird oder nicht.

Man muß je nach den erwähnten äußeren Umständen verschiedene Typen der Entwicklung unterscheiden, zunächst eine solche Entwick-

lung, wo die Eizelle sofort frei ins Wasser abgelegt wird und schon
die aus ihr entstehende vielzellige Kugel, die Blastula, und dann
jeder andere folgende Formzustand ein selbständiges Leben führt.
Solche Entwicklungsgänge kommen am ehesten unter den ursprünglichen Bedingungen vor, wie sie das Meer bietet. Als Beispiel sei
die Entwicklung eines marinen Gliederwurms gewählt. Aus der Eizelle
entsteht durch Furchung (Fig. 181) eine bewimperte Hohlblase; an
dieser durch Einstülpung der vegetativen Zellen der Urdarm (Fig. 182),
in den sofort Nahrungsteilchen durch Strudelung aufgenommen werden

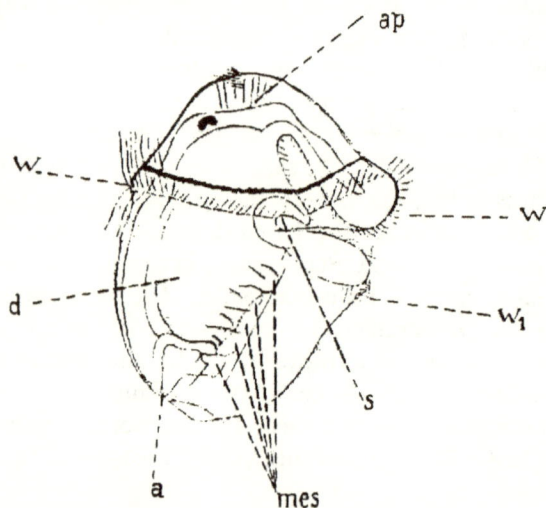

Fig. 188. Larve eines marinen Borstenwurmes, sog. Trochophora. (Nach Häcker.)

können, und dann ein wirklich funktionierender durchgängiger Darm,
indem vorn eine Mundöffnung (siehe Fig. 188 s) noch durchbricht.
Die Fortbewegung geschieht durch besonders starke Wimpern (w und w_1)
von Zellreihen, die an besonders günstig gelegenen Stellen angebracht
sind, den sog. Wimperschnüren. Dazu wirken einzelne, zwischen Haut
und Darm zerstreute Muskeln, bei der Kontraktion des Mundes wie des
Darmes schon auf diesem frühen Stadium. Am Scheitel ist ein Sinnes-
organ (ap) mit Pigmentflecken angebracht und darunter eine Anhäufung
von Nervenzellen; in der der mittleren Schicht angehörigen Gallerte, die
mit den erwähnten Muskeln zwischen Darm und äußerer Haut gelegen ist,
besteht auch ein primitives Ausscheidungsorgan, eine Art Vorniere. So
haben wir ein jugendliches, aber für ein selbständiges Leben durchaus
befähigtes Tier, eine »Larve«, an dem verschiedene Organsysteme, eben

dieses frühzeitigen selbständigen Lebens halber in einer anderen Weise ausgebildet sind als dem erwachsenen zukäme, und darum als Larvenorgane zu bezeichnen sind, die wieder um- und rückgebildet werden müssen. Erst nach einem längeren Larvenleben entsteht dann der eigentliche Gliederwurm, indem die Segmente an dieser Larve aus einem dazu bestimmten Zellmaterial (*mes*) nach und nach auswachsen, sowohl in ihrem ektodermalen, für die Haut und das Nervensystem als in ihrem mesodermalen, für Leibeshöhle, Muskulatur, Blutgefäße, bleibende Niere und Geschlechtsorgane bestimmten Teil. Es ändert sich so allmählich auch die Lebensweise, und aus einer frei im Wasser treibenden Larve wird mit Ausbildung der Muskulatur der zum Kriechen und Schlängeln befähigte Wurm.

Bei anderen Tieren, z. B. bei niedrig organisierten Krebsen findet bereits ein längeres Verbleiben im Ei statt. Sowohl im Meer lebende als Süßwasserformen zeigen dies; unter ihnen sei ein auch in unseren Teichen vorkommender Hüpferling als Beispiel gewählt. Noch im Ei geschieht die Furchung, die Bildung des zweischichtigen Zustandes und des wirklichen Darmes; ferner die Ausscheidung des Chitins, so daß dann eine Larve ausschlüpft (Fig. 189), an der wie beim Wurm ein Vorderdarm mit Mundöffnung (*s*), ein Mitteldarm (*d*) und Enddarm mit After (*a*), eine mesenchymatöse Gallerte mit Muskeln zwischen Darm und der äußeren Haut unterschieden werden können, ebenso ein Scheitelorgan (*ap*) mit einem Punktauge. Die äußere Haut ist dabei nicht mit Wimpern oder Wimperschnüren zur Fortbewegung versehen, sondern trägt den Merkmalen der Crustaceen entsprechend, bereits frühzeitig die starre Chitinbedeckung. Die Fortbewegung geschieht durch drei Beinpaare (*1, 2, 3*) mit Borsten. Diese bei zahlreichen Krebsgruppen vorkommende Larve wird als „Nauplius" bezeichnet; sie trägt äußerlich sichtbar noch keine Segmente; diese werden auch hier nach und nach angesetzt, aus vorbereitendem Zellmaterial (siehe Fig. 189 *mes*), so daß der eigentliche Krebskörper damit erst auswächst und seine übrigen Beine, gleichwie Muskulatur, Nervenstrang usw. erst nach und nach bildet. Dabei müssen aber Umformungen und Rückbildungen der larvalen Organe vor sich gehen, z. B. werden die ersten beiden Beinpaare zu den beiden ersten Fühlerpaaren, das dritte Beinpaar zu den Oberkiefern, denen sich dann die folgenden erst zu bildenden Kiefer- und Kieferbeinpaare anschließen.

Wie sich der Entwicklungsgang entsprechend äußeren Bedingungen verschieden verhält, ist deutlich ersichtlich, wenn wir aus denselben beiden Gruppen je einen Vertreter mit anderer Lebensweise als Gegenstück ins Auge fassen. Die Gliederwürmer z. B., die in süßem Wasser

oder in der Erde leben, haben kein solches freischwimmendes Larven-
stadium, sondern legen ihre Eier in einen Kokon ab, der mit einer nährenden Eiweißflüssigkeit erfüllt ist. Es entsteht darum auch keine solche
Larve mit teilweise vorübergehenden Organen, an der die Segmente erst
auszuwachsen hätten, sondern der Wurm mit seinen einzelnen Segmenten wird sofort angelegt. Die Abschnitte erscheinen nicht zeitlich hintereinander, sondern nebeneinander. Ähnlich ist es bei einer Reihe von

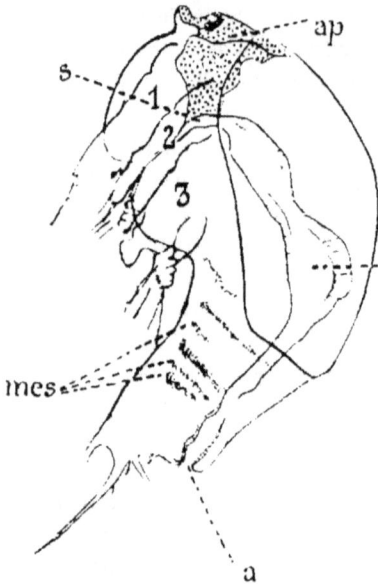

Fig. 189. Larve eines Crustaceen
(sog. Nauplius).

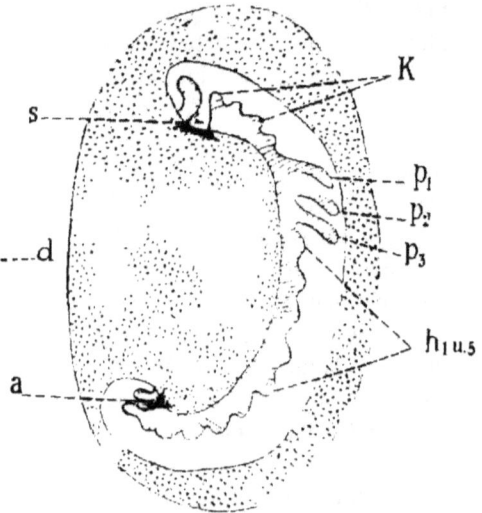

Fig. 190. Anlage der Schmetterlingsraupe im Ei.
Keimstreifen mit bestimmter Segmentzahl auf
dem Dotter, versenkt, liegend; s = Schlund, a =
Afterdarm, K = Mundteile, p_1, p_2, p_3 = die Brust-
beine, h_1 etc. = Hinterleibsglieder.

Krebsen, bei denen auch die Entwicklung länger im Ei zurückgehalten
wird, beim Flußkrebs und beim Hummer z. B. Es entsteht da keine
Larve mit drei Beinpaaren, die sich erst wieder zu Fühlern und Kiefern
umzuformen hätten, und an der die späteren Körperabschnitte erst auswachsen müßten, sondern alle Segmente entstehen gleich nebeneinander
an Ort und Stelle, und was von Extremitäten sich bildet, hat sich nicht
mehr umzuformen, sondern ist gleich von vornherein mit der endgültigen
Funktion als Fühler, Kiefer, Bein oder Beinanhang betraut.

Ähnlich ist auch die Entwicklung der Insekten aufzufassen. Alle
Segmente entstehen hier schon im Ei auf der dem Dotter aufliegenden
Keimscheibe nebeneinander an Ort und Stelle. Alle Organsysteme

werden bereits im Ei gebildet und ein Auswachsen eines Keimstreifens
(siehe Fig. 190); findet nicht mehr statt. Das ausschlüpfende Räupchen hat bereits dieselbe Segmentanzahl wie der fertige Schmetterling;
dennoch aber kann man hier von einer Larvenentwicklung sprechen
und von einer Umwandlung oder Metamorphose, weil ja die Verwendung
der Segmente noch etwas verschieden von der im erwachsenen Zustand
ist, und weil im erwachsenen nicht nur Neues dazukommt, wie die
paarigen Facettenaugen und die Flügel, sondern weil auch spezielle
nur bei der Larve gebrauchte Organe wieder rückgebildet werden, wie
die Beine an den Hinterleibsringen, die sog. falschen oder Afterbeine,
und wie die Spinndrüsen. Ferner wird der Lebensweise entsprechend
der Darm umgestaltet und auch die Organe der äußeren Nahrungsauf-

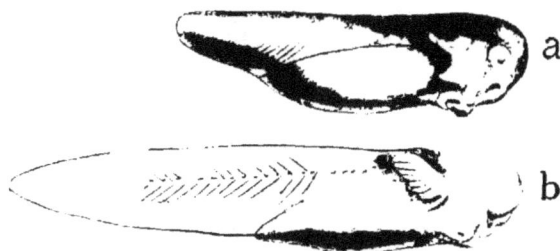

Fig. 191. Zwei verschiedene Kaulquappenstadien mit äußeren Kiemen.
a Stadium ungefähr wie der Schnitt Fig. 186, b fertig mit allen
Larvenorganen; nach O. Hertwig.

nahme, die Kiefer. Man kann also biologisch von einer wirklichen
Metamorphose reden, trotzdem der Form und der Zahl nach alle
Segmente bereits beim Ausschlüpfen aus dem Ei vorhanden sind.

In ähnlicher Weise ist auch die Entwicklung der Kaulquappe
aufzufassen, und damit können wir wieder an den oben als Beispiel
genauer beschriebenen Entwicklungsgang des Frosches anschließen.
Auch hier sind Larvenorgane vorhanden, die im Lauf der Entwicklung
im Freien wieder gänzlich rückgebildet werden. Dazu gehört erstens
einmal der bei der Kaulquappe so hervortretende Ruderschwanz, dann
aber insbesondere die Atmungsorgane für das Wasserleben. Beim
Ausschlüpfen aus dem Ei sind Mund und Kiemenspalten noch geschlossen,
der Munddurchbruch erfolgt erst bei einer Größe von 9 bis 10 mm.
An den Kiemenspalten bilden sich zuerst die äußeren Anhänge, die
während des Larvenlebens sehr bald wieder rückgebildet werden, um
den inneren Kiemen Platz zu machen, die von einer Hautfalte, dem
Kiemendeckel, nach außen gestützt sind, und die erst ganz allmählich

mit der Ausbildung der Lungensäcke der Lungenatmung weichen,
so daß eine Zeitlang noch beide Arten der Atmung, wie bei manchen
Amphibien und auch bei einer Fischgruppe, zeitlebens nebeneinander
bestehen. Unter dem Mund befindet sich eine larvale Sauggrube, am
Mund selbst ein horniger Schnabel und Lippen mit Zähnchen, die beide
bei der Häutung verschwinden. Den Körper entlang zu beiden Seiten
liegt in segmentalen Abständen eine Gruppe von Sinnesorganen, ähnlich
der Seitenlinie der Fische, die ebenfalls beim Übergang aufs Land sich
rückbilden. Mit dem Verlust der Kiemen werden ferner die stützenden
Kiemenbögen überflüssig, und ihr Skelett bildet das Zungenbein. Die
Extremitäten sprossen schon während des Wasserlebens, zuerst die
Hinterbeine, dann unter dem Kiemendeckel die Vorderbeine, die diesen

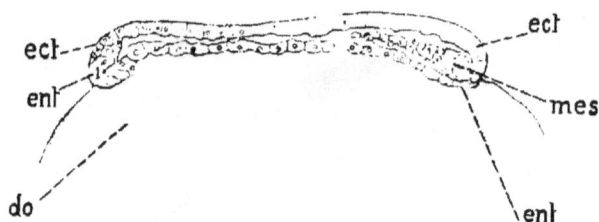

Fig. 192. Schema der Keimscheibe bei den Vögeln. Längsschnitt. Zellmaterial in
drei Schichten am ungefurchten Dotter (do) aufsitzend; ect = Ectoderm, ent Entoderm, mes = Mesoderm.

beim Hervortreten durchlöchern. Der Ruderschwanz wird noch im
Beginn der Rückbildung aufs Land mitgenommen, sowie ihn ja andere
Amphibien (Molche und Salamander) zeitlebens tragen, und schwindet
bei den Fröschen und anderen schwanzlosen Amphibien erst nach und
nach; bei der veränderten Lebensweise wird auch der zuerst so lange
und spiralig aufgerollte Darm verkürzt und für die andere Nahrung in
seiner Schleim- und Muskelhaut angepaßt.

Solchen larvalen Entwicklungsgängen gegenüber steht die bereits
beim Regenwurm und Flußkrebs berührte sog. »direkte« Entwicklung,
die ohne die Ausprägung von Larvenorganen direkt zu den Stadien des Erwachsenen führt, so daß dann nur noch ein Größenwachstum geschieht.
Diese Formausprägung wird schon am Ende des eigentlichen, im Ei
oder in der Mutter verbrachten Leben des Keimes, im sog. Embryonalleben erreicht, dadurch, daß eben der Keim um so länger daselbst
festgehalten wird, und dies wird wiederum dadurch ermöglicht, daß der
Keim während dieser Zeit, wo er doch Organe aufbauen und sich vergrößern muß, auch ernährt wird, und daß ihm auch Gelegenheit zur
Ausscheidung verbrauchter Stoffe gegeben wird.

Die Möglichkeit embryonaler E r n ä h r u n g ist auf verschiedene Weise gegeben. Zunächst durch eine ganz besonders reichliche Anhäufung von Dottermaterial im Ei, wie es unter den Wirbeltieren bei den Reptilien und Vögeln der Fall ist. Das hat zunächst einige Folgen für die gestaltliche Ausprägung, schon von den ersten Zellteilungen ab. Die Masse des Dotters bildet eine derartige Hinderung für die Furchung, daß nur eine oberflächliche Platte eigentlich plasmatischen Materials von der Zellteilung betroffen wird und als Keimscheibe dem Dotter

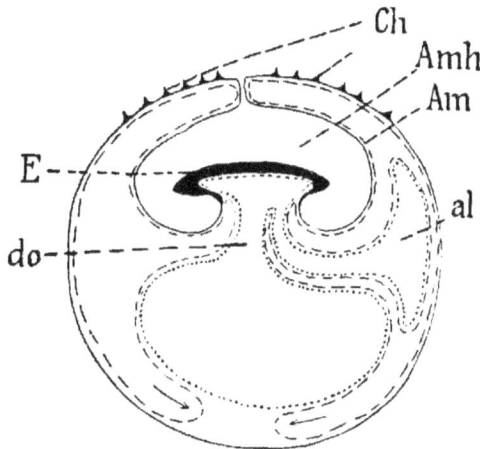

Fig. 193. Schematische Darstellung der Säugetiereihüllen nach Bonnet. E = Embryo, do = Dottersack, al = Allantois, Am = Amnionduplikatur, A Amnionhöhle zwischen Amnion und Embryo, Ch = äußeres Blatt (Chorion) mit Ernährungszotten.

aufsitzt. In dieser Keimscheibe gehen dann alle die Veränderungen, die Bildung der Keimblätter (Fig. 192) und Organanlagen, vor sich, die beim Amphibienei dem g e s a m t e n Keim zukommen, und der Dotter sitzt, wie es auch bei einigen Fischen zu sehen ist, zuletzt nur noch bruchsackartig dem ausgebildeten Embryo an, um dann schließlich völlig in den Darm aufgenommen zu werden. Vermöge dieser reichlichen Dottermenge kann dann selbst der Aufbau eines so komplizierten Wesens, wie eines höheren Wirbeltiers, noch innerhalb des Eis stattfinden, und darum schlüpft z. B. eine Eidechse mit Beinen und Schuppen ebenso wie ein Vogel mit Flügel und Federn als fertiges Tier aus dem Ei aus.

Die weitere Vorbedingung zu solcher Entwicklung ist, daß im Ei auch Vorrichtungen zur Stoff a u s s c h e i d u n g getroffen sind.

Zunächst findet sich von den Reptilien ab eine Blase, die sog. Allantois (Fig. 193*al*), in der während des Embryonallebens gebildete Harn aufgesammelt wird. Aber auch für die Atmung sind besondere Vorrichtungen getroffen, da von einer embryonalen Kiemenatmung von den Reptilienaufwärts nicht mehr die Rede sein kann. Zunächst sind es die Zellen und sodann Gefäße des Dottersacks (*do*), in denen ein embryonaler Gasaustausch stattfinden kann; ferner die Wand der erwähnten Harnblase. Je mehr der Dotter schwindet, desto eher kann diese zur Ausbreitefläche für Gefäße werden und dadurch die embryonale Atmung unterstützen, die durch die Eischale hindurch erfolgt. Am meisten aber geschieht solche durch eine besondere Faltung des Dottersacks selbst, das sog. Amnion, das dann den ganzen Keim überwölbt und dessen Entstehung man sich mechanisch durch Einsenkung der Embryonalscheibe (*e*) vorstellen kann, so daß die Blätter nachher als Doppelfalte *Am* über dem ganzen Keim zusammenschlagen und zwischen sich und ihm eine kleine Höhlung *Amh* lassen.

Die Säugetiere haben keine reichliche Dottermenge mehr, eben weil sie nicht in einem abgelegten Ei, sondern von der Mutter selbst ernährt werden, welche dieses Ei eine Zeitlang in ihrem Körper zurückbehält. Bei den niedrigsten Säugetieren sind es noch Drüsen innerhalb der mütterlichen Geschlechtsausführwege, dem Uterus, welche die Ausscheidung von eiweißhaltigen Nährflüssigkeiten übernehmen. Das Ei gelangt dann doch auf einem verhältnismäßig frühen Stadium nach außen, und die Frucht wird in einem äußerlichen Beutel von der Mutter bis zur Selbständigkeit umhergetragen. Daher auch der Name für diese niedrigste Gruppe der eigentlichen Säugetiere, »Beuteltiere«, oder auch Aplacentalier«, d. h. Tiere ohne Mutterkuchen. Ein solcher kommt erst bei den typischen Säugern, den »Placentaliern«, durch besondere Gefäße der erwähnten Eihäute zustande. Sowohl von den Eihäuten, speziell der Allantois, aus, als von seiten der Mutter, erheben sich Gefäße in großen verzweigten Zotten derart, daß mütterliche und embryonale Zotten ineinander gewissermassen verschränkt erscheinen, wie die Finger zweier gegenübergestellten Hände, wodurch ein Stoffaustausch zwischen mütterlichen und embryonalen Blutgefäßen ermöglicht ist. Das mütterliche Gewebe verwächst aber zunächst noch nicht direkt mit den embryonalen Zotten, sondern steht nur in einem innigen Kontakt. Wenn die Frucht daher geboren wird, so findet nur ein Herausgleiten der embryonalen Zotten zwischen den mütterlichen statt, und die Uterusschleimhaut der Mutter selbst wird dabei nicht verletzt. (Die betreffenden

Säugetiergruppen werden als »Adeciduata«, mit nicht hinfälliger Schleimhaut, zusammengefaßt.) Bei derartiger Verbindung von Mutter und Frucht kann man demnach nur von einem scheinbaren Mutterkuchen (Placenta) reden. Die Zotten stehen entweder über die Frucht hin zerstreut und an vielen Stellen des mütterlichen Uterus, bei den Schweinen locker, bei den Unpaarzehern und Walen dicht; man spricht in diesen Fällen von einer diffusen Placenta; in anderen Fällen, bei den Wiederkäuern, sind die Zotten an einigen Stellen zusammengedrängt und etwas tiefer eingesenkt; es sind zahlreiche kleine, lokalisierte Placenten an den Früchten vorhanden.

Das bestausgebildete Verhältnis von Mutter und Frucht besteht aber bei anderen Säugetiergruppen, wo mütterliche und embryonale Zotten nicht nur sich berühren und ineinander verschränkt sind, sondern wo die mütterlichen Zotten mit den embryonalen wirklich verwachsen, derart, daß sich die gegenseitigen Gefäßwände zum Teil auflösen; dadurch entsteht eine noch viel innigere Verbindung zwischen mütterlichem und embryonalem Blutkreislauf; es besteht sozusagen ein indifferenter weder der Mutter noch der Frucht ausschließlich angehörender Gefäßbezirk, die Placenta oder der Mutterkuchen, von dem aus in den Embryo hin und zurück besondere Gefäße führen (Nabelstrang). Die Form der eigentlichen Placenta kann ebenfalls verschieden sein, entweder ringförmig angeordnet um die Frucht, wie bei den Raubtieren, oder scheibenförmig wie bei den Nagern, Insektenfressern, Fledermäusen, Affen und dem Menschen. An einem Uterus können natürlich mehrere solcher Placenten innerhalb einer Tragzeit befestigt sein. Bei den höchsten Säugetieren meist nur wenige, oder eine, so daß Doppelfrüchte, Zwillingsgeburten, eine Ausnahme darstellen.

Beim Gebärakt der Säugetiere wird zuerst die Frucht selbst ausgestoßen, der Zusammenhang mit der Mutter bleibt alsdann noch durch diese Nabelschnur gewahrt. Als Nachspiel des Gebäraktes folgt dann die Ausstoßung der Placenta (sog. Nachgeburt); damit ist infolge der innigen Verbindung der Fruchtgefäße mit denen der Mutter bei den höheren Säugetieren ein großer Blutverlust, eine starke Beschädigung der Schleimhaut verbunden, die dann erneuert werden muß. Darum heißen solche Säugetiere „Deciduata", d. h. mit hinfälliger Schleimhaut. Der Zusammenhang der Frucht mit der Placenta wird nachträglich gelöst, bei manchen Tieren dadurch, daß der Nabelstrang abgebissen wird. Die Zusammenhangstelle dieser gefäßtragenden Schnur bildet dann zunächst eine offene Wunde, die nachher vernarbt und den Nabel darstellt.

Auch nach der Geburt ist die Ernährung der Jungen durch die
Mutter bei den Säugetieren, wie schon der Name sagt, nicht zu Ende,
sondern die Milchdrüsen treten in Tätigkeit; dadurch ist ein weiterer
Zusammenhalt zwischen Mutter und Jungen gegeben. Das dadurch von
vornherein angebahnte Zusammenleben wird aber bei vielen Formen
auch dann, wenn sie nicht mehr ihre Nahrung von der Mutter als Milch
bekommen, noch nicht so bald aufgegeben; denn die Jungen sind noch
eine weitere Zeit hindurch hilfsbedürftig, da sie sich nicht selbständig
ihre Nahrung suchen können. Ebenso ist dies in der Gruppe der Vögel
zu erkennen, wo ein Zusammenhalt der Mutter mit den Jungen durch
das Brutgeschäft in gleicher Weise angebahnt ist, und bei vielen Formen
dadurch, daß die Jungen nicht sofort zur Nahrungssuche befähigt sind
(sog. Nesthocker), dieser Schutz der Eltern noch länger fortdauert.
Es wird so, namentlich bei den Säugetieren, schon durch den k ö r p e r -
l i c h e n Zusammenhalt von Mutter und Frucht, dann durch die Saug-
resp. Stilltätigkeit, und dann die erste weitere Fürsorge das angebahnt,
was als Familienzusammenhalt im primitiven Sinn bezeichnet werden
muß. Dieser geschieht natürlich zunächst durch die Mutter, wie auch
bei vielen primitiven Völkerschaften noch ein wirkliches Mutterrecht
besteht, und die materielle Vererbung auf dem Weg von Mutter zu
Tochter und Enkeln usw. geregelt wird; der Vater spielt nur, wie auch
in der Natur, eine Rolle als Beschützer, namentlich während der Zeit,
wo die Mutter, sei es durch das Tragen oder die spätere Ernährung der
Frucht, in ihrer körperlichen Tätigkeit behindert ist.

Einundzwanzigstes Kapitel.

Regeneration (Ersatzfähigkeit).

Regeneration als einfacher Wachstumsprozeß im Pflanzen- und Tierreich. Besonderheiten der tierischen Regenerationskraft. Unterschiede in einzelnen Tiergruppen nach Organisationshöhe und biologischen Bedingungen. Regenerationskraft und Alter. Herkunft der regenerierenden Gewebe. Gesetzmäßige und unregelmäßige Regeneration. Atypisches Zellwachstum, Geschwülste.

Mit dem Abschluß der Entwicklung ist ein Wesen hergestellt, das demjenigen durchaus gleicht, aus dem die Geschlechtsprodukte herkamen. Gleiches erzeugt gleiches. Die organischen Körper haben trotz ihrer Kompliziertheit, ebenso wie die anorganischen Kristalle, ihre b e s t i m m t e F o r m, die sich aus dem Zusammenwirken stofflicher Ursachen mit den äußeren Bedingungen ergiebt. Durch die Wirkung der Vererbung, bei der (s. Kapitel 22) eine stoffliche Übertragung elterlichen Materials stattfindet, wird diese Form vom Ei resp. von embryonalem Zellmaterial wieder hergestellt. Noch merkwürdiger aber als dies Rätsel der Entwicklung erscheint es, daß auch im Erwachsenen bei Beschädigungen der Gewebe und bei Verlust ganzer Organe die Form wieder hergestellt werden kann (»Regeneration«).

Bei den Pflanzen ist, wie früher erörtert, die äußere Form schwankender; die Regenerationsvorgänge fallen darum weniger auf und können mitunter von einfachen Wachstumsvorgängen kaum unterschieden werden; zudem besitzen die Pflanzen meist an vielen Stellen ein jugendfrisches Gewebe (das sog. Bildungsgewebe). Es kann darum für sie auf das im botanischen Kapitel 10 Gesagte verwiesen werden.

Bei Tieren ist die äußere Form viel bestimmter; es ist darum eine Beschädigung auch viel mehr sichtbar, und ebenso fallen die Ausgleichsvorgänge, die Regeneration, viel mehr in die Augen, als bei Pflanzen. Man hat darum in letzterer etwas ganz besonderes, das Wirken einer nur dem Organischen eigenen, übergeordneten Kraft erkennen

wollen. Es läßt sich aber bei näherem Zusehen zeigen, daß hierbei auch
nur die sonstigen Betätigungen des Organismus, wie bei Stoffwechsel,
Wachstum, Entwicklung in Betracht kommen.

Auch ohne äußere Störungen kommt schon normalerweise bei vielen
Tieren ein Gewebs- oder Organverlust zustande, der wieder ausgeglichen
wird. Die Mauserung, d. h. der Wechsel des Federkleides der Vögel,
auch der des Haarkleides der Säugetiere ist hierher zu rechnen, ebenso
das alljährliche Abwerfen der Geweihe bei den Hirschen und anderen
Wiederkäuern, ferner der Verlust der Chitinhaut bei den Arthropoden,
die auch weit in den Körper, z. B. in Vorder- und Enddarm hineingeht.
Deshalb ist auch jede Häutung von tiefgreifender Bedeutung für den
ganzen Lebensprozeß. In seinem normalen Weiterschreiten vollzieht
sich der Ersatz. Alle diese physiologischen Verluste und Regenerationsvorgänge sind mehr äußerliche, beziehen sich auf die Haut und die
damit verbundenen Gewebe. Etwas viel Merkwürdigeres aber geschieht
bei Verletzungen, nach welchen ganze Teile des Körpers mit Organsystemen der betreffenden Stelle wieder ersetzt werden. Solche Verletzungen geschehen durch künstliche Einschnitte seitens des Experi-
mentators, oder in der Natur durch Zerreißungen, im Kampf mit
Feinden. Wie schon lange beobachtet können manche Arthropoden,
z. B. Spinnen, bei einer leichten Berührung ihre Gliedmaßen an einer
eigens präformierten dünnen Stelle abbrechen und in der Hand des
Feindes lassen (Selbstverstümmelung, „Autotomie"); Würmer können
ohne ihre Lebensfähigkeit einzubüßen, in Stücke zerreißen, und diese
künstliche Teilbarkeit war schon den alten Naturforschern bekannt.

Die Regenerationskraft ist aber im ganzen Tierreich nicht absolut,
sondern hier bestehen, wie die planmäßige Forschung der neueren Zeit
festgestellt hat, große Verschiedenheiten innerhalb der einzelnen Tiergruppen. Niemand wird z. B. erwarten, daß einem Säugetier oder dem
Menschen ein abgehauener Fuß oder eine Hand nachwächst; und auch
andere äußere Körperteile werden nicht nach Verlust ersetzt. Bei einer
Eidechse z. B. wird aber, wie es gewöhnlich heißt, der abgestoßene
Schwanz wieder regeneriert; bei Reptilien ist also die Regenerationskraft
schon größer. Allerdings ist bei näherem Zusehen das Regenerat sehr
unvollkommen und zeigt nur einzelne Knochenstückchen, nicht richtige
Wirbel, und eine sehr mangelhafte Ausbildung der Muskulatur, der
Nerven und übrigen Gewebe gegenüber dem normalen, Verlorenen.
Gliedmaßen werden bei den Reptilien nach Abschneiden überhaupt
nicht ersetzt. Besser steht es schon bei Amphibien; bei den Larven der
ungeschwänzten (Kaulquappen), und auch bei erwachsenen geschwänzten

Amphibien, wie den Molchen, wird nicht nur der Schwanz ziemlich vollkommen, viel organischer wie bei der Eidechse, ersetzt, sondern auch
ein abgeschnittener Fuß in all seinen Teilen, bis zu den einzelnen
Zehen, wiedergebildet.

Bei den Arthropoden besteht eine gewisse Verschiedenheit zwischen
höheren landbewohnenden Formen, also Insekten, und den niedrigeren,
im Wasser lebenden Krebsen. Gleich ist bei beiden und selbstverständlich, daß sich die Chitinhaut in entsprechenden Häutungen erneuert. Die
chitingepanzerten Beine aber, samt den zugehörigen inneren Geweben der
Muskulatur, werden bei den Insekten nur während der Jugendzeit wieder
regeneriert, und zwar jeweils mit jeder Häutung nur um ein keines
Stückchen; beim aus der Puppe schlüpfenden Insekt, resp. nach der
letzten Häutung, hört diese Fähigkeit auf; bei Crustaceen jedoch ist
kein solch durchgreifender Unterschied des Erwachsenen zu erkennen.
Die Tiere können auch noch nach dem Reifen der Geschlechtsprodukte
nicht nur wachsen und sich häuten, sondern auch in Verlust geratene Anhänge, Beine, Kiefer, Fühler, Kiemendeckel mit den Häutungen noch
später regenerieren; aber auch bei ihnen ist nicht ohne weiteres alles
regenerationsfähig. Beim Abtrennen ganzer Körpersegmente, z. B. dem
Querdurchschneiden der Schwanzabschnitte, tritt keine Wiederherstellung ein. Die inneren Organe besitzen keine so weitgehenden Fähigkeiten.

Anders ist dies aber bei den noch niedriger stehenden Würmern,
schon bei den Gliederwürmern und noch mehr bei den niederen Würmern, wo eine fast unbegrenzte Wiederherstellungsfähigkeit von Teil-
stücken zu erkennen ist; und noch mehr zeigt sich die Regenerationskraft bei den noch niedriger organisierten Schlauchtieren, z. B. den
Kolonien der Hydroidpolypen, bei denen nach Abschneiden eines sog.
Köpfchens, d. h. des erweiterten Schlauchteils mit Mundöffnung und
Fangfäden (siehe Figur 97, Kap. 13) jederzeit ein solches Köpfchen
wieder vom Stammstück neu gebildet werden kann. Auch die einfachen
Schlauchstückchen können in Stücke zerlegt werden und je nach den
Bedingungen an jedem Ende wieder ein neues Köpfchen erzeugen, auch
weitersprossen und Kolonien bilden. Bei einzelligen Tieren, soweit
solche bei ihrer Kleinheit dem Experiment überhaupt zugänglich sind,
besteht ebenfalls eine vollkommene Wiederherstellungsfähigkeit für alle
von der Zelle produzierten Kleinorgane, und ein Stück eines Protozoen kann sich dadurch wieder zum intakten Tier mit Membran,
Wimperspirale oder Schale und Fortsätzen (je nach der Gruppe, siehe
Kapitel 12) ergänzen, sobald nur der Kern der Zelle vorhanden ist.

Es besteht also eine Parallele in der Fähigkeit der anormalen Regeneration mit der der früher erwähnten normalen Knospung oder ungeschlechtlichen Fortpflanzung, und beide Fähigkeiten gehen wieder parallel der allgemeinen Organisationsstufe. Je höher ein Organismus differenziert ist, desto geringer ist die Fähigkeit der Regeneration; je niedriger die Organisation ist, je weniger bestimmt und differenziert die Organsysteme im Körper liegen, um so leichter ist eine Regeneration, ebenso wie die Knospung möglich.

Bereits bei den Insekten haben wir gehört, daß eine bei ihnen, wenn auch nur schwach, vorhandene Regenerationsfähigkeit nach Aufhören des Wachstums gänzlich erlischt. Es führt uns dies zu einer zweiten Parallele, der Verschiedenheit in der Regeneration je nach dem Alter. Es ist ja schon beim Menschen bekannt, daß die Fähigkeit der einfachen Wundheilung mit zunehmendem Alter abnimmt. Nicht anders ist es schließlich auch bei größeren Verletzungen und Ergänzungen im gesamten Tierreich. Gruppen, die in der Jugend eine gewisse Ergänzungsfähigkeit besitzen, büßen diese später ein (siehe oben Insekten); umgekehrt können aber Tiere, die im erwachsenen Zustand wenig oder nichts ergänzen, im embryonalen Leben eine größere Fähigkeit dafür aufweisen, sogar die höheren Wirbeltiere. Die Embryonen der Vögel z. B. zeigen auf frühen Stadien, wie durch sehr sorgfältig ausgeführte Eingriffe innerhalb der geöffneten und dann wieder geschlossenen Eischale erwiesen ist, eine gewisse Regenerationsfähigkeit, die sich der niederer Wirbeltiere nähert.

Namentlich haben sehr frühe Embryonalstadien ein sehr bedeutendes Wiederherstellungsvermögen, wie man dies an solchen Gruppen der Wirbellosen erkannt hat, die sich frei im Wasser entwickeln und deswegen künstlichen Eingriffen leichter zugänglich sind; man hat dies durch zahlreiche Experimente auf den Keimblätter- und den noch früheren Furchungsstadien ausprobiert. Ganz unbeschränkt ist die Kraft auch hier nicht, z. B. schon nicht so weitgehend, daß eine »Keimschicht« nach Entfernung der anderen deren Leistungen mit übernehmen würde. Es kann also nicht der Urdarm, wenn das ganze Ectoderm abgeschält ist, das Nervensystem und die Haut herstellen, ebensowenig das Ectoderm nach Entfernung der Dotterzellen den Darm (s. Fig. 185).

Wohl aber kann ein Keimblatt innerhalb seiner sonstigen Wirksamkeit auch nach Entfernung einzelner Teile alle Leistungen ausführen; z. B. kann, wenn man einen Teil der Nervensystemanlage entfernt hat, diese vom übrigen Ectoderm wiederhergestellt werden; oder wenn man auf frühem

Stadium einen Keim in der Symmetrieebene durchtrennt hat, so wird in allen Körperregionen, also sowohl vom Urdarm aus wie im Mesoderm, wie auch im Ectoderm und Zentralnervensystem die fehlende Hälfte noch nach und nach ergänzt, sobald man die verbleibende Hälfte wirklich isoliert hat. Noch größer ist die Ersatzfähigkeit in Furchungsstadien; auch hier können aber vorzugsweise nur die symmetrischen Teile für einander eintreten, nicht aber (bei der Froschblastula z. B. oder bei ähnlich strukturierten Keimen), die oberen animalen Zellen für die unteren vegetativen, wenn diese entfernt worden waren. Es besteht also schon vom Ei her eine gewisse Bestimmung über die Organsysteme des Embryo, ein Umstand, der auch noch für die Diskussion von Vererbungsfragen wichtig ist (siehe Kap. 22).

Daß jugendliche Zellen so viel leichter regenerieren, führt uns auf Frage der Herkunft der regenerierenden Gewebe selbst. Man hat vielfach angenommen, daß auch im erwachsenen Tier solche embryonalen Zellen (gleich dem Bildungsgewebe der Pflanzen) überall verstreut lägen, die dann an der Verletzungsstelle zur Geltung kämen. Das ist aber nicht immer nötig. Im einfachsten Fall sind es eben die Zellen der an der betreffenden Stelle stehenden ausgebildeten Gewebe und Organsysteme, die die Neubildung besorgen. Bei einem Bruchstück eines Regenwurms z. B. kann von den an einer Bruchstelle verbleibenden Darmzellen der übrige Darm, von den Hautzellen die Haut, von den Ganglienzellen das fehlende Nervensystem, von den daselbst befindlichen Blutgefäßen und Mesenchymzellen weitere Gefäße und Bindegewebe direkt gebildet werden. In anderen Fällen haben die Zellen der Gewebe etwas von ihrer Vermehrungsfähigkeit eingebüßt und müssen, um diese wieder zu erlangen, erst wieder aus ihrer geweblichen Differenzierung in einen etwas jugendlicheren Zustand zurückkehren, so daß dann Bildungsherde, je nach der Rückdifferenzierung etwa den Organanlagen, den Keimblättern oder den Furchungszellen entsprechend, an der betreffenden Regenerationsstelle auftreten. In anderen Fällen können auch vielleicht wirklich aus der ursprünglichen Entwicklung noch embryonale Zellen an den betreffenden Stellen zurückgeblieben sein, und sich an der Neubildung beteiligen. Alle diese verschiedenen Möglichkeiten kommen auch bei der gewöhnlichen Sprossung, der ungeschlechtlichen Fortpflanzung in Betracht, und dadurch wird ebenfalls die Regeneration ihres besonderen Charakters entkleidet.

Die Eigenheit besteht eigentlich dann nur darin, daß für einen ganz speziellen Zufall, der doch im Normalleben nicht zu erwarten ist, ein so wohlgeregelter Vorgang, wie die Regeneration, bereit ist.

Auch dies hat man zu erklären, und in das Gefüge anderer biologischen Theorien zu bringen gesucht, speziell der noch zu erwähnenden Zuchtwahllehre (siehe Kap. 22); man sagt, daß auch in der Natur zahlreiche Möglichkeiten gewaltsamer Verletzung bestünden, allerdings nicht bei allen Tieren, und daß dann gerade diejenigen Tiere am besten zu regenerieren vermöchten, die in der Natur derartigen Verletzungen am meisten ausgesetzt seien; also stelle die Regenerationsfähigkeit eine Anpassung dar und sei, wie andere Anpassungen, gezüchtet, indem gerade die mit der vollkommensten Regenerationsfähigkeit begabten Individuen der Art überlebt hätten. Eine ausgedehnte Betrachtung des Tierreichs zeigt uns aber, daß für die Regenerationsfähigkeit die Zuchtwahl nicht verantwortlich gemacht werden kann. Erstens ist die Organisationshöhe an und für sich ein Hindernis der Regeneration, wenn die betreffenden Tiere auch noch so viele Fährlichkeiten zu bestehen haben, z. B. bei Säugetieren. Umgekehrt können sie aber auch innere Organe regenerieren, für die eine natürliche Verlustmöglichkeit gar nicht besteht, z. B. die Leber. Auch innerhalb der gleichen regenerierfähigen Tiergruppe, z. B. Crustaceen, ist die Regenerationsfähigkeit durchaus nicht entsprechend der Verlustchance ausgebildet. Ferner wird bei Tieren, die, wie oben erwähnt, freiwillig Gliedmaßen und Körperteile abwerfen, um Feinden zu entgehen, auch von anderen Körperstellen als gerade von denen der Autotomie aus, regeneriert, und umgekehrt werden oft Gliedmaßen von solchen Arthropoden, die sie freiwillig abwerfen, nicht wiederhergestellt. Ob Krebsarten Angriffen von Feinden ausgesetzt sind, oder im Verborgenen leben, sie regenerieren darum doch gleich gut, und umgekehrt regenerieren z. B. der männliche Hahn, der Storch und andere Vögel, die bei den sexuellen Kämpfen geschädigten Schnäbel nicht besser als andere Vögel, bei denen eine solche Verlustmöglichkeit gar nicht besteht. Die Regenerationskraft ist eben eine allgemeine Eigenschaft der organischen Substanz, und gerade aus diesem Grund brauchen wir für die nach künstlichen Eingriffen erfolgenden Wiederherstellung keine besonders erworbene Fähigkeit verantwortlich zu machen.

Mit der Fähigkeit der Zellen der betreffenden Körperstellen, sich zu vermehren und entsprechend den ihnen innewohnenden Kräften wieder neues Gewebe zu bilden, ist aber die Regeneration doch noch nicht erklärt. Es handelt sich dann immer noch um zwei Fragen. a) was überhaupt die Regeneration im Körper veranlaßt, wodurch die Zellen zum Wuchern gebracht werden, und b) warum sie nachher aufhören, also warum sie eben gerade das, was fehlt, nachliefern und

nicht in ihrer Vermehrungsfähigkeit noch viel weiter gehen. Für
den Beginn der Regeneration kommt z. B. als Reiz die Wunde in
Betracht, zum Teil aber noch etwas anderes, das auch für das
Aufhören bedeutsam ist. Wir müssen uns dabei vorstellen, daß
innerhalb eines gewöhnlichen Organismus, eben vermöge des organischen
Zusammenhanges aller Teile, ein bestimmtes Gleichgewicht besteht,
eine physikalische Balance, sogut wie eine chemische des Stoffwechsels.
Jede Substanzentnahme wird sich daher geltend machen und eine gewisse Reaktion zur automatischen Herstellung der verlorenen Quantität
und Qualität, also des physikalischen und chemischen Gleichgewichts
hervorrufen. Darum also der Anfang der Reaktion, die Zellwucherung,
und eben darum, nach Ausgleich, das Aufhören.

Darin also, in der gegenseitigen Beeinflussung der Teile, liegt die
W i r k u n g   d e s   G e s a m t o r g a n i s m u s, und nicht in der Vorzeichnung eines unversehrten Ganzen, das auch bei Störung auf ge-
heimnisvolle Weise seine Kräfte geltend mache, um sich wieder herzustellen. Ebensowenig braucht man an einen bestimmten, den Organismus
beherrschenden Z w e c k zu denken, derart daß die Regeneration diese
gestörte Zwecktätigkeit wieder in Gang zu bringen hätte. Beides
wird durch die Tatsachen widerlegt; denn in vielen Fällen bleibt,
auch bei niederen Tieren, z. B. den Medusen, die Regeneration überhaupt aus; in anderen Fällen verläuft sie ganz unzweckmäßig, so
daß das neugebildete Organ gar nicht wie das ursprüngliche funktionieren kann (bei der Linsenentnahme im Auge der Amphibien
kommen z. B. die neuen Linsen öfters an die unrechte Stelle, oder sie
sind nicht richtig aufgebaut und aufgehellt, so daß sie in beiden Fällen
nicht richtig lichtbrechend funktionieren können, oder es werden sogar
anstatt der einen alten, zwei und mehr neue Linsen gebildet). Im Gegensatz zur ausbleibenden Regeneration leisten die Zellen in anderen Fällen
viel mehr, als im Rahmen des Ganzen ihnen eigentlich zukäme. Dies
Zuviel zeigt, auch ganz abgesehen von der Zweckwidrigkeit, daß der
oben angenommene, physiologische Einfluß des Ganzen die Regenerationsvorgänge auch nicht ausschließlich beherrschen kann, sondern hier die reine Vermehrungtätigkeit der Zellen überwiegt. Es
werden bei manchen Würmern durch entsprechende Schnittrichtung, z. B.
zwei Mundöffnungen anstatt einer, zwei Enddärme anstatt eines, überhaupt Organsysteme in Mehrzahl, dem Normalen nicht entsprechend,
bei der Regeneration gebildet, dadurch, daß eben die Bildungsherde
des regenerierenden Gewebes durch den Eingriff in zwei und mehr
geteilt werden.

Bei der normalen Entwicklung stehen die beiden erwähnten Einflüsse a) der »kontrollierende« oder beherrschende des Organismus als Ganzes, b) die den einzelnen Zellen innewohnenden Kräfte in einem Gleichgewicht. Die Gesamtheit der aufbauenden, sich vermehrenden Zellen, ist in jedem Moment der Entwicklung das Ganze selbst. Bei künstlichen Eingriffen oder anderen Störungen ist aber dieses Gleichgewicht aufgehoben. Vom Ganzen als Summe der aufbauenden Zellkräfte ist ein Teil entfernt, aus der Lage gebracht, und die neu aufbauenden Zellen sind nur ein Teil des Ganzen; bei Verletzungen des Erwachsenen sowohl, wie auch bei manchen im Embryonalleben möglichen Gewaltsamkeiten, Erschütterungen, Einschnürungen trifft dies zu, und dadurch sind manche Mißbildungen und Mehrfachbildungen zu erklären, wie sie in der freien Natur vorkommen, wie sie aber auch künstlich nachgeahmt werden können, z. B. Doppelkeime im Forellen- oder Eidechsenei und bei Säugern mehrfache ganze Gliedmaßen oder Finger bei Amphibien. Vielfache Mißbildungen bedürfen keiner weit hergeholten Erklärung durch Atavismus (Rückschlag auf Ahnenformen), sondern leiten sich einfach von Störungen dieses »Gleichgewichts« der Entwicklung her.

Der gleiche Gesichtspunkt von den zweierlei Einflüssen innerhalb des Organismus, die außer Gleichgewicht gebracht werden können, läßt sich zum Teil auch auf die Geschwulstlehre übertragen. Normalerweise wachsen die Zellen und differenzieren sich so, wie es ihnen im Verband des Ganzen zukommt. Geschwülste, insbesondere bösartige, sind aber dadurch gekennzeichnet, daß die Zellen gewissermaßen ohne Rücksicht auf das Ganze, nur ihren eigenen Vermehrungskräften folgend, weiterwachsen, die Nachbarschaft verdrängen, eventuell zerstören, und so auf Kosten der anderen Gewebe und des ganzen Organismus sich wie Parasiten betragen. Man kann dieses zellenmäßige Wachstum der Geschwülste als »cytotypes«, dem andern dem regelmäßigen, im Rahmen des Ganzen erfolgenden, dem »organotypen« entgegenstellen. Die krebsartigen Neubildungen des Epithels, die die benachbarten Gewebe und Organe zerstören und selbst von der Ursprungsstelle versprengt in anderen Organen auf die gleiche Weise fortwuchern, ist das beste Beispiel derartigen cytotypen Wachstums außerhalb des Gleichgewichts des Organismus.

Zweiundzwanzigstes Kapitel.

Befruchtung und Vererbung.

Die Geschlechtszellen als materielle Überträger der Vererbung. Ei und Samen-reifung; der Befruchtungsakt im Pflanzen- und Tierreich. Entwicklung ohne Be-fruchtung (Parthenogenesis). Bedeutung der einzelnen Zellbestandteile, speziell der Kernstäbchen. Biologische Bedeutung der Vermischung zweier Individualitäten. Die Variabilität und die Auslese. Fluktuierende und bleibende Variation im Pflanzen-und Tierreich. Darwinismus und Lamarckismus. Viele Faktoren bei der Umbildung der Arten beteiligt, aber die Abstammung selbst allgemein wirksam.

Fortpflanzung bedeutet im weitesten biologischen Sinn eine Fort-setzung des Lebens über das Einzeldasein hinaus; der Lebensprozeß wird in einem gleichartig gebauten Wesen fortgeführt. Die Gleichartig-keit ist bei der ungeschlechtlichen Fortpflanzung, wo der Sproß vordem doch nur ein Teil des mütterlichen Organismus gebildet hat, ebenso wie bei dem Steckling der Pflanzen, ganz selbstverständlich; bei den Produkten der geschlechtlichen Fortpflanzung aber ist sie im Grunde ebenso zu erklären, indem doch auch sie aus Zellen entstehen, die ur-sprünglich einen Teil des elterlichen Organismus gebildet haben. Der durchgreifende Unterschied von der ungeschlechtlichen Fortpflanzung ist nur der, daß es bei der ungeschlechtlichen eine Vielheit von (manchmal sogar geweblich differenzierten) Zellen der Ausgangspunkt ist, bei der geschlechtlichen der ganze Entwicklungsgang von Einzelzellen ausgeht, und zwar im typischen Fall von je einer Zelle zweier Eltern, die sich dann erst zum befruchteten Ei vereinigen. Bei den Pflanzen kommt sogar d i e s e r Unterschied zwischen geschlechtlicher und ungeschlecht-licher Fortpflanzung in Wegfall; es braucht nur daran erinnert zu werden, welche Rolle die Bildung einzelliger, ohne Befruchtung sich entwickelnder Sporen im ganzen Pflanzenreich spielt (s. Kap. 2—4).

Es frägt sich nun, was stellen diese Geschlechtszellen, die Eier im mütterlichen, die Spermatozoen im väterlichen Organismus dar? Sind es geweblich differenzierte Zellen, wie z. B. die Muskelzellen, die

Nervenzellen? nur daß bei ihnen, ihrer Leitsung entsprechend, die Differenzierung in anderer Weise vor sich gegangen ist, daß also das Ei mit
gewissen Nährstoffen versehen worden ist, die Spermazellen mit Fortsätzen zur größeren Beweglichkeit zum Aufsuchen der Eizelle. Es
scheint trotz einzelner Umbildungen im Plasma der Genitalzellen das
Umgekehrte der Fall zu sein; die Geschlechtszellen machen die Differenzierung der übrigen Körperzellen nicht mit, wie sich an besonderen
Eigentümlichkeiten, gerade in ihrem Kern, gegenüber den Zellen
des übrigen Körpers zeigt. Es besteht sonach ein gewisser Gegensatz
zwischen diesem übrigen Körper, dem »Soma«, das für die individuelle
Tätigkeit bestimmt und vergänglich ist einerseits, und den Geschlechtszellen, die von Generation zu Generation übertragen werden (Fig. 194)
und dadurch in gewissem Sinne als ewig erscheinen, andererseits. Dieser
Gegensatz ist oft bereits in den frühesten Stadien der Entwicklung (Furchung) (Fig. 195) zu erkennen, so daß sich die Geschlechtszellen vom Ei
ab getrennt von den übrigen als »Keimbahn« zur nächsten Generation
hinüber verfolgen lassen. Daß bei den Pflanzen immer ein Teil des
Soma (Vegetationspunkte, Kambium) im embryonalen, undifferenzierten
Zustand verbleibt, darauf ist schon wiederholt hingewiesen worden
(Kap. 1 Glieder der Pflanze, Kap. 10 Veränderlichkeit der Pflanzenwelt, Kap. 11 Zelle); und von diesen Ablegern der embryonalen Substanz stammen die Fortpflanzungszellen regelmäßig ab.

Die Geschlechtszellen sind in beiden Geschlechtern, wie erwähnt,
etwas verschieden, und dementsprechend sind auch männliche und
weibliche Tiere im ganzen etwas verschieden gebaut. Das männliche Tier meist mehr zum Aufsuchen, das weibliche zum Abwarten
bestimmt; es erklären sich hieraus die sog. sekundären Sexualcharaktere,
also Eigentümlichkeiten des Baues, die mit der Geschlechtsfunktion
nur indirekt zusammenhängen im Gegensatz zu den primären Sexualcharakteren, die in der Verschiedenheit der Ausfuhrwege für die
Geschlechtsprodukte begründet sind. Als auffälligstes Beispiel
können aus dem Insektenreich manche Schmetterlinge, z. B. der Frost-
spanner erwähnt werden, bei denen die Weibchen vollkommen flügellos
sind, an den Stämmen emporkriechen, während die geflügelten Männchen
die Weibchen aufsuchen, als bekanntestes Beispiel die Geweihe der
Hirsche, Sporen und Kämme der Hähne usw. Bei den Pflanzen bezieht
sich der Unterschied zwischen männlichen und weiblichen Individuen,
wenn ein solcher überhaupt vorhanden ist, nur auf die Größe des Vegeta-
tionskörpers. Die männlichen Vorkeime von Selaginella z. B. sind viel
kleiner als die weiblichen. Das wird verständlich, wenn man bedenkt,

daß die männlichen Vorkeime mit der Bildung einiger Spermatozoiden ihre Bestimmung erfüllt haben, während die weiblichen den heranwachsenden Embryo eine Zeitlang zu ernähren haben.

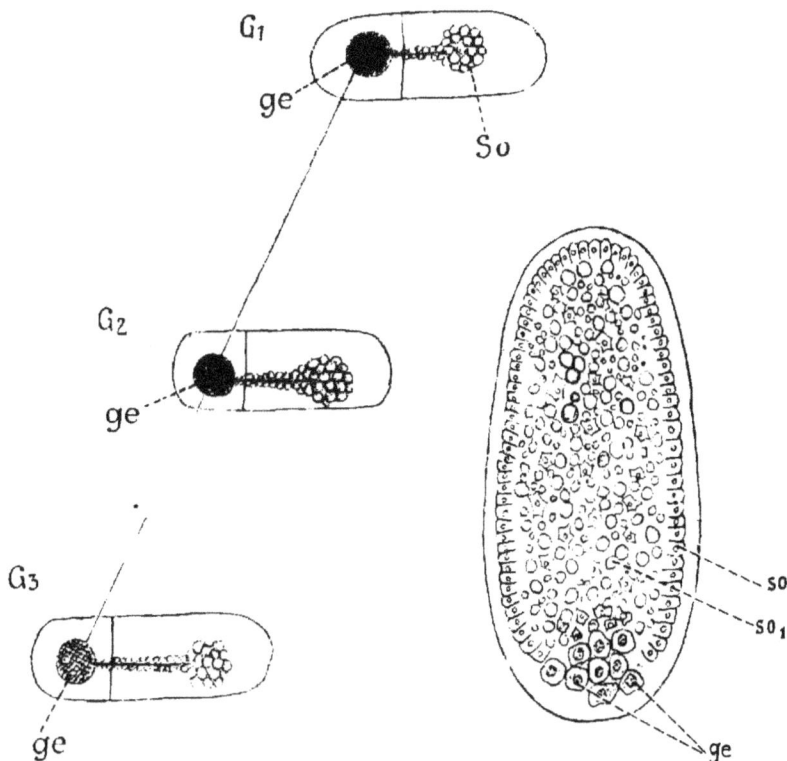

Fig. 194. Schema der Kontinuität der Geschlechtszellen (ge) von Generation zu Generation (G₁, G₂, G₃). Geschlechtszellen (dunkel gezeichnet) jeweils mit den vergänglichen Zellen (Soma) (so) in einem Individuum.

Fig. 195. Schnitt durch das Ei eines Käfers. Frühes Deutlichwerden der Geschlechtszellen (ge) unter den Somazellen, die außen (so) und im Dotter (so₁) liegen.

Die Vereinigung der Geschlechtsprodukte kann je nach der Lebensweise der Tiere auf sehr verschiedene Weise erfolgen. Bei niedrigen Meerestieren insbesondere werden die Geschlechtsprodukte einfach ins Wasser entleert und vereinigen sich dort wie zufällig ohne irgend ein Zutun der Eltern. Bei andern erfolgt eine Zuleitung der männlichen Geschlechtsprodukte in das Innere des weiblichen Körpers, so daß also nicht nur eine innerliche Vereinigung der Geschlechtszellen, sondern auch eine äußere Vereinigung der Geschlechtstiere den Akt der Befruchtung markiert, die Begattung. In solchem Fall kann natürlich die eigentliche z e l l u l ä r e Vereinigung nur unvollkommen studiert werden; unsere Kenntnis der Vorgänge ist daher vorzugsweise auf Beobachtungen an niedrigen Meerestieren aufgebaut, insbesondere haben hierfür die Eier der Seeigel gedient, die gewissermaßen die Versuchskaninchen der Entwicklungsgeschichte darstellen.

An ihnen kann auch festgestellt werden, daß vor der Vereinigung der Geschlechtsprodukte, am Ei selbst (und analoger Weise bei Spermatozoen) ein eigentümlicher Vorgang stattfindet, den man als R e i f u n g bezeichnet. Es erfolgen verhältnismäßig schnell hintereinander zwei Kernteilungen, bei denen vom Ei nur wenig Plasma abgegeben wird, aber in deren Verlauf die Kernsubstanz in einer ganz charakteristischen Weise vermindert wird. Die für den Kern eigentlich bedeutsame färbbare Substanz, das sog. Chromatin, ist, wie wir früher bei den Vorgängen der Zellteilung gehört haben, in einzeln unterscheidbaren organisierten Teilen von Stäbchenform, den Chromosomen, zu erkennen. Diese Stäbchen sind für jede einzelne Tierart in einer ganz bestimmten Z a h l pro Zelle vorhanden und besitzen jedenfalls auch eine bestimmte physikalische Struktur und chemische Zusammensetzung. Deutlich erkennbar ist während der Zellteilung ihre für die Art charakteristische Anzahl im Kern (vgl. Fig. 87). Bei der erwähnten Reifung wird nun sowohl im Ei, wie im Spermatozoon, die Zahl der Stäbchen, und damit auch die Gesamtmasse der für den Kern charakteristischen Substanz, auf die Hälfte herabgesetzt. Bei der geschlechtlichen Vereinigung wird dann erst wieder die Normalzahl erreicht.

Diese im Tierreich zuerst erkannten „Reifungsteilungen" entsprechen ganz und gar den Teilungen, die bei den Moosen, Farnen, Blütenpflanzen die Sporen liefern. Auch die charakteristische Vierzahl der Zellen kehrt wieder. Aus einer Zelle, die noch einen Doppelkern besitzt, entstehen im männlichen Organ vier voll entwickelte Spermatozoen mit einfachen Kernen. Das unreife Ei zerlegt sich allerdings nicht in vier gleichwertige Teile, sondern es entstehen neben dem reifen, nicht verkleinerten Ei drei (oder nur zwei) kleine Zellen, die Polkörperchen, die als abortierte Eier zu betrachten sind. Die Übereinstimmung mit den Blütenpflanzen, wo ebenfalls von den vier Tochterzellen der Embryosackmutterzelle nur eine sich zum Embryosack entwickelt, geht hier also bis ins kleinste. Ein wesentlicher und durchgreifender Unterschied besteht zwischen Pflanzen und Tieren nur in der Stelle, welche die Reifungsteilung im Entwicklungsgang einnimmt. Bei den Tieren tritt die Reifung, die Halbierung der Doppelkerne, bei der Bildung der

Geschlechtszellen ein, sie bedeutet sozusagen die Vorbereitung auf den Befruchtungsakt. Bei den Pflanzen bezeichnet sie den Übergang von der ungeschlechtlichen zur geschlechtlichen Generation; die ganze geschlechtliche Generation besitzt einfache Kerne, bei der Bildung der Geschlechtsprodukte selbst ist eine Reifungsteilung überflüssig. Sämtliche Tiere sind also die längste Zeit doppelkernige Wesen, während im Pflanzenreich die niederen Formen den größten Teil ihres Lebens mit einfachen Kernen verbringen und erst mit zunehmender Differenzierung (z. B. bei den Moosen, Farnen) der doppelkernige Zustand an Ausdehnung immer mehr zunimmt, bis in den Bedecktsamigen der einfachkernige Zustand fast ebenso vergänglich ist wie bei den Tieren.

Die Vereinigung geschieht, wie gerade beim Seeigel zu beobachten ist, dadurch, daß ein Spermatozoon in das Ei eindringt, das Ei dann durch eine Art Quellungsprozeß sich mit einer wasserhaltigen Plasmaschicht membranartig umgibt, wodurch weitere Spermatozoen abgehalten werden. Ei und Spermakern treten einander nahe bis zur völligen Vereinigung (Fig. 196 a—d) und bilden dann den Ausgangskern für die weiteren Teilungen (Fig. 196 e), die also nunmehr als Furchungsteilungen der eigentlichen Ent-

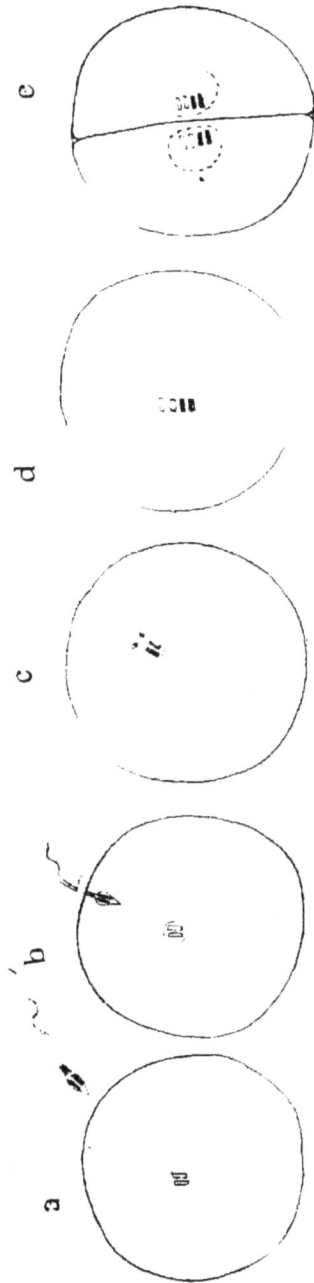

Fig. 196. a—e Schema der Befruchtung. a = Annäherung, b = Eindringen des Spermatozoos ins Ei, c = Vereinigung der Kerne, das Ei umglebt sich dann mit einer Membran, d = Einstellung der elterlichen Anteile in eine Spindel, deren Pole durch die Teilungszentren bezeichnet werden, e = erste Zellteilung, jede Zelle besitzt väterlichen und mütterlichen Kernanteil.

wicklung zu bezeichnen sind. Väterliche und mütterliche Anteile im Kern (vgl. auch Fig. 197.) lassen sich, mitunter noch nach Stäbchen getrennt, auch während solcher Furchungsteilungen wahrnehmen. Die Tiere sind dann also deutlich doppelkernig.

Es frägt sich nun, worin besteht denn eigentlich die biologische Seite des Befruchtungsvorganges, und warum ist es überhaupt nötig, daß zwei Zellen zusammenkommen? Kann nicht eine Zelle allein ebenfalls den Ausgangspunkt einer Neuentwicklung bilden? Es scheint, daß dies normalerweise der einzelnen Eizelle nicht möglich, sondern daß sie durch Änderung der quantitativen und chemischen Beziehungen zwischen ihrem Kern und Plasma nicht mehr in der Lage ist, sich zu teilen, sondern gerade durch die Vorbereitung für ihre Tätigkeit als Fortpflanzungszelle in der Teilungsfähigkeit gehemmt worden ist. Durch das Eindringen des Spermatozoon wird nun offenbar die Spannung zwischen Kern und Plasma verändert, nicht nur im quantitativen Sinn die eigentliche Kernsubstanz ergänzt, da diese ja bereits vorher erst halbiert wurde, sondern auch in chemischer Beziehung eine Änderung angebahnt. Es zeigt sich das schon darin, daß eine Einleitung zur Teilung auch durch andere Mittel als durch Eindringen eines Spermatozoons erreicht werden kann. So ist z. B. dadurch, daß man das Ei in Meerwasserlösung von anderem Salzgehalt bringt, ihm Wasser entzieht, eine solche künstliche Erregung der Entwicklung ohne Männchen möglich, die über die Furchungsteilung hinaus bis zur Erzielung einer lebenskräftigen Larve geht (künstliche Parthenogenesis). (Parthenos   Jungfrau, Genesis = Zeugung) Auch von selbst kommt eine Entwicklung ohne Männchen (normale Parthenogenesis) in der Natur vor z. B. bei Krebsen unserer Süßwassertümpel, bei Blattläusen und anderen Insekten; es folgen da während des Sommers eine ganze Reihe von Generationen, bei denen immer nur Weibchen erzeugt werden und selbst wieder tätig sind; erst im Herbst erscheinen dann aus solchen ohne männliches Zutun entwickelten Eiern wieder männliche und weibliche Tiere, die dann zur geschlechtlichen Vereinigung kommen (s. auch S. 280). Auch unter den Pflanzen fehlt Parthenogenesis keineswegs. Es ist z. B. eine ganze Anzahl von Arten der Gattungen Frauenmantel (Alchemilla) und Habichtskraut (Hieracium) bekannt, bei denen regelmäßig ohne Befruchtung Samen erzeugt werden. Bedeutsam ist, daß hier bei der Bildung der Embryosäcke die Reifungsteilungen unterbleiben, so daß die Eizellen Doppelkerne besitzen; der einfachkernige Zustand ist hier aus dem Entwicklungsgang vollkommen ausgeschaltet.

Diese Fälle von Parthenogenesis sind aber nur Ausnahmen, die entweder durch ganz besondere Anpassungen auf natürlichem Weg zwischen dem Wechsel der geschlechtlichen Fortpflanzung eingeschaltet sind oder

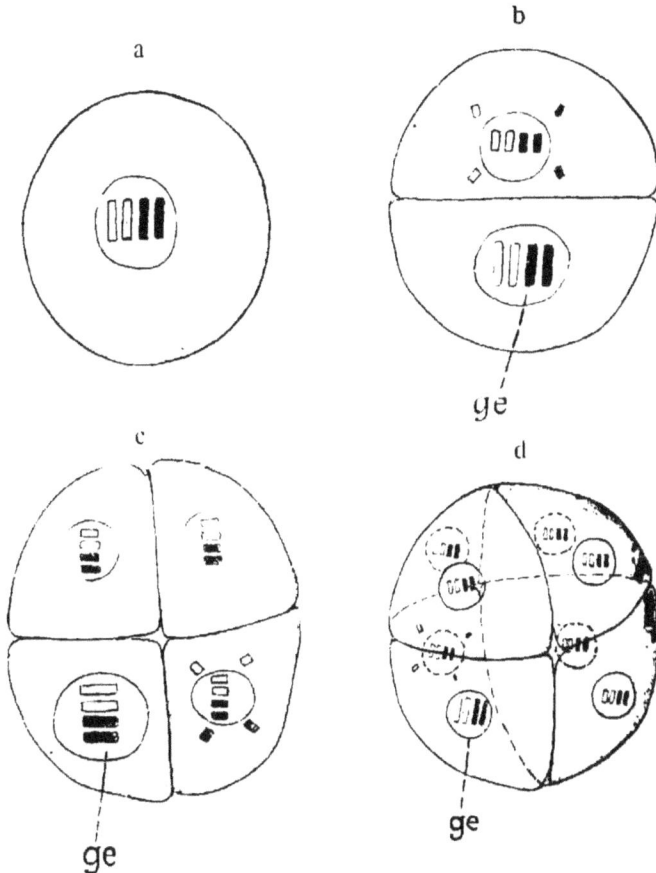

Fig. 197 a—d (resp. bis 200). Schema der Kernverhältnisse in Generations- und Somazellen. Alle Zellen haben vom befruchteten Ei her (a) väterliche und mütterliche Kernbestandteile (siehe auch Fig. 196 d, e). In den Somazellen tritt aber an diesem Beispiel (Fadenwurm) von vornherein eine Verminderung des Chromatinbestandes auf, so daß dadurch die Geschlechtszellen (ge) mit unverändertem Chromatin hervortreten.

auf künstlichem Weg das rein Physiologische der Entwicklungserregung im Ei nachahmen. Die Befruchtung hat aber noch eine andere, morphologische Seite; denn es werden gerade durch Vereinigung von zwei Geschlechtsprodukten für den Nachwuchs etwas andere Verhältnisse geschaffen, als wenn nur eine Zelle mit ihrem einseitigen

Kernbestand den Ausgangspunkt der Entwicklung gebildet hätte. Dies ist aber nur zu verstehen, wenn wir den Befruchtungsvorgang in seiner Bedeutung für die V e r e r b u n g aufzufassen suchen.

Die Geschlechtszellen, also die wirkliche Fortsetzung des elterlichen Organismus auf die Nachkommenschaft, stellen, wie gezeigt, eine ganz stoffliche Grundlage für die Vererbung dar. Nur auf ihrem Weg ist es möglich, daß Eigenschaften eines Elters auf das Kind übertragen werden. Bei der zellulären Betrachtung dieses Vererbungswegs muß man sich nun fragen, ob es die ganzen Zellen sind, mit ihrem Plasma und Kern, die die Übertragung besorgen, oder ob nicht vielleicht der Kern hierbei eine besondere Bedeutung hat; der Befruchtungsvorgang stellt sich ja, wie wir im Vorigen kennen gelernt haben, nicht nur als eine Vereinigung zweier Zellen, sondern als eine solche zweier Kerne dar. Vom männlichen Teil gelangt überhaupt nur eine sehr geringe Menge Plasma, aber eine ebenso große Quantität Kernmaterial wie vom weiblichen Teil in die neue Generation hinüber. Die P l a s m a grundlage für die neue Generation wird vorwiegend also vom weiblichen Elter, der Ausgangspunkt der Zell k e r n e für die neue Generation dagegen von beiden gemeinsam geliefert. Da nun schon die gewöhnlichen Erfahrungstatsachen zeigen, daß die Chance einer Übertragung elterlicher Eigenschaften vom V a t e r auf das Kind durchaus ebenso groß ist wie von der M u t t e r her, so würde das an und für sich schon für die geringere Bewertung des Plasmas und für die ausschlaggebende Bedeutung des Kerns resp. seiner bedeutsamen Teile, der Kernstäbchen oder Chromosomen, bei der Vererbung sprechen. In der Tat hat man auch die Chromosomen direkt als Vererbungsträger bezeichnet und ausschließlich in ihnen die materielle Grundlage der verschiedenen elterlichen Eigenschaften sehen wollen. Eine Reihe von sehr sinnreich ausgeführten Experimenten schien dafür zu sprechen; so z. B. daß Eier, die kernlos gemacht worden waren, mit dem Sperma einer verwandten Art bastardiert wurden und dann anscheinend Larven ergaben, die mehr nach der väterlichen Seite schlugen. Indessen sind diese Experimente aus vielen Gründen nicht durchweg schlüssig, schon deswegen, weil nach den Forschungen der neueren Erblichkeitslehre ein Hinneigen zum Vater auch dann möglich ist, wenn normale Kernbestandteile beiderseits vorhanden sind. Das Plasma darf für die Übertragung der elterlichen Organisation auf die kindliche nicht ganz vernachlässigt werden. Kern und Plasma sind zudem voneinander biologisch überhaupt nicht zu trennen, sondern stehen unter einem beständigen Substanzaustausch. Man kann nicht einfach einen Kern oder gar ein Chromosom als eine selbständige morphologische Einheit in ein Nähreiweiß übertragen; die letzte Lebenseinheit bleibt immer die ganze Zelle. Gerade der Untersucher, dem wir die meisten Aufschlüsse über die Wichtigkeit der Chromosomen verdanken, hat sich auch gegen die Unterschätzung des Plasmas ausgesprochen. Vielleicht kann man die Rolle der Zellbestandteile bei der Vererbung so verstehen, daß das Plasma, resp. die Zelle als Ganzes, die allgemeinen Charaktere festlegt; so daß in der Artzelle, die für die Fortpflanzung bestimmt ist, sich z. B. ausspricht, daß das betreffende Tier ein Wirbeltier, ein Säugetier, ein Einhufer, vielleicht auch ein Pferd wird, mit charakteristischen körperlichen Bestandteilen, z. B. vier bestimmt gebauten Beinen, mit Huf, Haar usw. Alle diese Eigenschaften des »Pferdes« können aber auf verschiedene Weise verwirklicht sein: und was für ein Pferd entsteht, ob ein Rennpferd oder ein Lastpferd, also mit welchem speziellen Knochenbau und Hufen usw., ob ein Schimmel oder Rappe, also mit was für Haaren, das könnte dann von den Kernbestandteilen bedingt sein, die ja ihrerseits nur eine besondere und vielleicht besonders konzentrierte Art des Plasmas vorstellen. Oder man könnte sich die Rolle der Zellenbestandteile auch so vorstellen, daß das Plasma gewissermaßen den physikalischen Rahmen für die Organisation, die Achsenverhältnisse und den inneren Organaufbau liefere, die Kerne aber in chemischem Sinne fermentativ wirken, die einzelnen Differenzierungen in der Entwicklung, die geweblichen Verschiedenheiten, zur Auslösung brächten. Dies sind vorderhand Vermutungen.

Daß die Kernstäbchen etwas Besonderes sein müssen, das zeigt sich schon darin, daß bei jeder Zellteilung (s. Kap. 11. Fig. 87) so peinlich mit ihnen verfahren wird, daß sie nicht einfach der Masse nach auf die Tochterzellen verteilt werden, sondern jedes einzelne Stäbchen gespalten wird, und jeweils ein Spaltprodukt auf eine Tochterzelle gelangt; und vielleicht zeigt gerade dieser komplizierte Teilungsmechanismus auch an, daß die einzelnen Kernstäbchen (Chromosomen) noch unter sich eine verschiedene Bedeutung haben, daß das eine für diese, das andere für jene fermentative Wirkung und Differenzierung ausschlaggebend wird.

In diesem Sinn können wir auch verstehen, wieso eine Vereinigung von väterlichen und mütterlichen Chromosomen für die Entwicklung des neuen Individuums bedeutsam ist, und hierin zeigt sich die andere Seite, die morphologische Bedeutung der Befruchtung. Hier kommen eben zwei Elemente zusammen, so daß es sich beim Spermatozoon nicht um einen einfachen Erreger der Zellteilung handelt. Hätten wir

25*

es nur mit einem einzigen Elter als Ausgangspunkt zu tun, so wäre
von Generation zu Generation, abgesehen von Einflüssen direkter Umänderung, die Art absolut gleich; die Vererbung wäre ein durchaus konservatives Prinzip. Durch die Vereinigung von zweierlei Möglichkeiten
aber im Ausgangskern der neuen Generation ist dieses konservative Prinzip abgeschwächt, und ein gewisser Spielraum zu neuen Möglichkeiten
durch Kombination väterlicher und mütterlicher Eigenschaften, durch
Mischung oder Mehr- und Minderhervortreten der einen oder andern
Seite gegeben. Man darf allerdings nicht sagen, wie es gewöhnlich
in einer mißverständlichen Ausdrucksweise geschieht, daß durch die
Befruchtung väterliche und mütterliche Eigenschaften oder Merkmale
übertragen würden, sondern man muß sagen, es werden Merkmale
übertragen, die auf väterliche oder mütterliche Möglichkeit realisiert
werden können. Also ist z. B. Farbe der Kopfhaare ein Merkmal, blond,
braun oder schwarz die jeweilige Möglichkeit.

*　　*　　*

Diese Betrachtungsweise ist von großer Bedeutung für die Abstammungslehre; denn wir haben früher gesehen (Kap. 15), daß
eine Veränderlichkeit der Arten und sogar ein gewisses Fortschreiten
vom Niedrigen zum höher Organisierten auf Grund der bloßen Form-
betrachtung des Tierreichs anzunehmen ist. Wäre nun in der Vererbung
ein durchaus konservatives Prinzip verwirklicht, so wäre auch somit
die ganze Abstammungslehre, die doch eine Umänderung voraussetzt,
kaum anwendbar. Da aber gerade in der geschlechtlichen Fortpflanzung eine neue Möglichkeit zur Wandelbarkeit gegeben ist, eine gewisse
Variabilität schon durch die bloße Vereinigung von zweierlei Geschlechtsprodukten zustande kommt, so liegt in dieser geschlechtlichen Vereinigung
ein, wie manche wollen, von der Natur begünstigtes Prinzip, wodurch
das Ausgangsmaterial für eine Weiterentwicklung, für eine Auslese des
besser Geeigneten aus Minderwertigem, überhaupt mit geliefert wird.

Ganz und gar gleichartig, bis in alle Einzelheiten, sind die Nachkommen weder den Eltern noch auch untereinander. Besonders die
Eigenschaften, die sich in Zahl und Maß fassen und infolgedessen am
leichtesten vergleichen lassen, schwanken fortwährend. Man braucht
nur an die Körpergröße beim Menschen zu denken; aber diese »Variabilität« besteht auch in den einzelnen Organen und Teilen, Ohren,
Nase usw., und im Pflanzenreich so gut wie im Tierreich. Eine
Bohnenpflanze z. B., die aus einem Samen erwachsen ist, bringt
meistens Samen von der verschiedensten Größe hervor: die Mehr-

zahl der Samen ist vielleicht ebensogroß wie der Same, aus dem
die Mutterpflanze hervorging, andere sind kleiner, andere größer.
Hat man eine große Anzahl von Samen zur Verfügung — man wird
zu dem Zweck die Samen von mehreren Exemplaren derselben Bohnen-
sorte sammeln —, so ergibt sich regelmäßig, daß die größte Zahl der
geernteten Samen eine mittlere Größe hat, und daß die Zahl der nach
oben und nach unten abweichenden Samen (der Plus- und Minusabweicher, oder Plus- und Minusvarianten) um so kleiner wird, je weiter
sich die Samengröße von dem Mittelwert entfernt. Nun ist es eine alte
Erfahrung der Züchter, daß man durch geeignete Auswahl der zur Weiterzucht verwendeten Individuen den Mittelwert willkürlich nach oben
oder nach unten verschieben kann. Das gilt für den Zuckergehalt der
Zuckerrüben und für die Schnabelform oder das Gefieder der Taube
ebensogut wie für die Samengröße der Bohne. Um Zuckerrüben von
durchschnittlich hohem Zuckergehalt zu erziehen, wählt man immer
die Samen der zuckerreichsten Pflanzen aus und erreicht in einigen
Jahren eine Sorte, in der sehr hoher Zuckergehalt die Regel, und
geringer die Ausnahme ist. Der Zuckergehalt wird auch hier noch immer
um einen Mittelwert schwanken, aber dieser Mittelwert liegt höher
als bei der ursprünglich zur Zucht verwendeten Sorte; vielleicht kommen
so zuckerarme Individuen, wie ursprünglich die äußersten Minusabweicher waren, überhaupt nicht mehr vor, und dafür sind ganz extrem
zuckerreiche Plusabweicher da, die vorher fehlten. Ebensogut läßt
sich eine sehr zuckerarme Sorte durch planmäßige Auswahl der
Minusabweicher erzielen. Noch viel auffallender ist der Erfolg, wenn
es z. B. gelingt eine Haustierrasse zu erziehen, in der 'die meisten Individuen durch Besonderheiten des Gehörns, des Schnabels, der Färbung usw. ausgezeichnet sind. Sobald man aber die einseitige Auslese
unterläßt, sobald man die extremen Varianten in der Fortpflanzung
mit anderen Varianten sich vermischen läßt, schlägt die Rasse auf
den ursprünglichen Typus zurück.

Es scheint demnach, daß die immer vorhandene Veränderung
der Formen, die um einen Mittelwert herum schwankende Individuen
liefert, die »fluktuierende Variation«, in gewissem Sinn neue Formen
erzeugen kann, falls sie längere Zeit gleichsinnig, durch Zuchtwahl,
gelenkt wird. Auf dieser Erfahrung baut sich die von Charles Darwin begründete Selektionstheorie für die Entstehung neuer Arten auf.
Die künstliche Zuchtwahl, die auslesende Tätigkeit des Züchters, soll
in der Natur ihre Parallele haben, und die Auslese durch den Kampf
ums Dasein geschehen. Wenn nämlich gewisse Individuen sich von den

übrigen durch vorteilhafte Eigenschaften zunächst ein wenig unterscheiden, werden sie in den Fährnissen des Daseins besser durchkommen
und leichter zur Fortpflanzung kommen, während die anderen unter-
gehen. Die natürliche Zuchtwahl führt fortwährend solche Individuen
zur Fortpflanzung, die im gleichen Sinn von dem ursprünglichen Mittelwert abweichen, und erreicht also schließlich dasselbe, was der Züchter
durch bewußte Auslese zuwege bringt, nämlich Steigerung der ursprünglich nur angedeuteten Eigenschaft.

Die Erklärung der Artveränderung durch natürliche Auslese hat
von Anbeginn viele Anerkennung gefunden und dem Abstammungs-
gedanken, der viel älter war, mit einem Schlag zum Sieg verholfen,
weil man hier einen gangbaren Weg der Umformung der Art zu erkennen glaubte. Aber sie ist in unseren Tagen nicht als alleiniges wirksames Prinzip anerkannt. Schon früh wurde darauf hingewiesen, daß
Eigenschaften, die erst ganz schwach ausgeprägt sind, dem Träger
noch keinerlei Vorteil vor seinen Artgenossen verschaffen können,
daß die natürliche Zuchtwahl also an den kleinen Unterschieden, wie
die »fluktuierende Variation« sie erzeugt, keine Handhabe für eine einseitige Züchtung findet. Denn wenn die abweichenden Individuen
sich mit ihresgleichen nicht öfter vermischen als mit Vertretern des
ursprünglichen Typus, kann es nicht zu einer Festigung und Steigerung
der Abweichung kommen. Weiter lehrt die Beobachtung der Züchter
immer wieder, daß durch künstliche Zuchtwahl die Veränderung des
Mittelwertes sich stets nur bis zu einer gewissen, in wenigen Generationen
erreichten und nicht weiter verschiebbaren Grenze treiben läßt. Wenn
man mit einer »reinen Linie« arbeitet, z. B. von einem einzigen Samen
ausgeht, zur Weiterzucht immer nur Nachkommen dieser einzigen
Pflanze verwendet und streng für Selbstbestäubung der Blüten sorgt,
läßt sich auch durch die schärfste Auslese der Mittelwert nicht um ein
Haar nach oben oder nach unten verschieben. Einerlei ob immer die
kleinsten oder immer die größten Samen ausgesät werden, die größte
Anzahl der geernteten Samen hat immer dieselbe Größe. Daß die Zuchtwahl sonst einen ganz anderen Erfolg hat, rührt davon her, daß sie
meistens mit einer größeren Anzahl von Individuen (bei Tieren mit
mindestens zwei) beginnt, die verschiedenen Linien oder gar verschiedenen
Rassen angehören, und daß sie unbewußt bei der Auslese der abweichenden
Individuen gewisse Linien oder gar Rassen bevorzugt. Unter den größten
Samen werden ja immer verhältnismäßig viele von solchen Linien
stammen, deren Mittelwert an sich schon hoch liegt, und nur wenige
derartige Plusabweicher von Linien mit niedrigem Mittelwert. Die

reinen Linien sind also ganz unveränderlich, und die Zuchtwahl wäre nicht imstande, die geringste Abweichung auch nur in quantitativem Sinn zu schaffen.

Wir kennen aber noch einen anderen Modus der Veränderung in der Nachkommenschaft als die fluktuierenden Variationen. In großen Kulturen treten häufig vereinzelte Individuen auf, die sich durch irgendwelche scharf ausgeprägte Eigentümlichkeiten, in der Färbung, Behaarung, Blattform, Größe usw., als etwas Besonderes zu erkennen geben. Das Wichtigste dabei ist, daß sie diese Eigentümlichkeiten auch auf ihre Nachkommen vererben, wenn sie vor Vermischung mit typischen Individuen geschützt werden. Man hat diese sprunghafte Art der Veränderung, wohl auch das abgeänderte Individuum selbst, als Mutation bezeichnet, und zahlreiche Kulturformen sind in historischer Zeit auf diese Weise plötzlich aufgetreten und von den Züchtern durch sorgfältige Inzucht oder durch vegetative Vermehrung festgehalten worden. So kennt man von Pflanzenbeispielen Zeit und Ort der einmaligen Entstehung des Blumenkohls, des Kohlrabi, der zerschlitztblättrigen Varietät des Schöllkrauts; die Blutbuche ist wie die einblättrige Varietät der Erdbeere und viele andere Kulturformen an weit entfernten Orten zu verschiedenen Zeiten mehrmals entstanden. Am genauesten bekannt, weil jahrelang unmittelbar beobachtet, sind die Mutationen der großen Nachtkerze (Oenothera Lamarckiana); bei Tieren sind die Mutationen erst in jüngster Zeit, namentlich bei Insektenversuchen, studiert worden. Ebenso haben wir uns die Entstehung der gefülltblütigen und der samenlosen Rassen (z. B. der Korinthen, Bananen) vorzustellen, die bei ihrer vollkommenen Unfruchtbarkeit in der Natur vielleicht bald zugrunde gegangen wären, aber durch Ableger fortwährend weiter kultiviert werden. Durch welche Ursachen die spontane Abweichung der Nachkommen von den Eltern herbeigeführt wird, ist ganz unbekannt.

Außer durch Mutation können neue Formen, wenn wir wollen neue Arten, auch durch Kreuzung, d. h. durch Befruchtung zwischen zwei Individuen, die nicht derselben Rasse oder Art angehören, entstehen. Die Kreuzung gelingt nur bei mehr oder weniger nah verwandten Formen, am leichtesten also bei »Varietäten« oder »Rassen« derselben Art; Arten lassen sich in vielen Fällen nicht miteinander kreuzen, noch seltener Angehörige verschiedener Gattungen. Wenn die Kreuzung Erfolg hat, so können die Nachkommen sich zu den Eltern ganz verschieden halten. Aber die eine, ziemlich häufig verwirklichte Möglichkeit ist die, daß das Kreuzungsprodukt, der Bastard, die

Eigentümlichkeiten der Eltern in einem gewissen Maß in sich vereinigt, von einem Elter diesen, vom anderen jenen Charakter zeigt, und daß er seine Eigenart bei Inzucht auf seine Nachkommen weiter vererbt. So gibt es zwischen der blauen und der gelben Luzerne (Medicago sativa und M. falcata) einen ziemlich samenbeständigen, vielfach angebauten Bastard (Sandluzerne), den man vielleicht als neue Art bezeichnen kann. In wie ausgiebigem Maß die Gärtnerei bei der Züchtung neuer Formen von der Bastardierung, von der willkürlichen Kombination der verschiedensten ursprünglich getrennten Eigentümlichkeiten Gebrauch macht, ist bekannt.

Die verschiedenen, erörterten Abänderungen sind vielfach für die Lebensführung der Pflanze durchaus gleichgültig; ob die Blätter z. B. beim Schöllkraut mehr oder weniger zerschlitzt sind, fällt sicherlich nicht ins Gewicht. Wenn eine Pflanze plötzlich weiß blüht, anstatt rot, kann das je nach der Umgebung einen Vorteil oder einen Nachteil bedeuten. Bei Tieren gilt das Gleiche: bei vielen Zeichnungsveränderungen ist absolut kein Vorteil für die Arterhaltung einzusehen. Und wenn in andern Fällen keine reifen Samen mehr gebildet werden (Korinthe, Banane) oder wenn die Entwicklung der Ausläufer unterbleibt (Erdbeere), so ist das zweifellos sogar ein schwerer Schaden für die neue Rasse. Das sind aber Ausnahmen; im allgemeinen finden wir eine wunderbare Übereinstimmung zwischen dem Bau und den Lebensgewohnheiten eines Organismus einerseits und seiner Umgebung anderseits. Die Lebewesen erscheinen im höchsten Maß zweckmäßig ausgerüstet, sie erscheinen in der sinnreichsten Weise an ihre Umgebung angepaßt.

Gerade hier schien die Darwinsche Theorie eine natürliche Erklärung zu geben durch Überleben des Passendsten bei einer zufälligen Veränderung der Arten. Doch haben die erwähnten Schwierigkeiten gezeigt, daß in der Zuchtwahl kein positives, artschaffendes Prinzip steckt, sondern eigentliches nur ein negatives, ausmerzendes. Wenn wirklich Veränderungen da sind, dann allerdings tritt Wirkung der Zuchtwahl an ihnen in Kraft; die Mutationen an sich aber bringen, wie wir gesehen haben, ohne Wahl Nützliches, Gleichgültiges und Schädliches hervor.

Demgegenüber versucht der Lamarckismus (nach Lamarck benannt, der schon vor Darwin die Abstammungslehre verfocht) ein positives Prinzip der Umänderung aufzustellen. Er nimmt an, daß die Lebewesen sich selbsttätig anzupassen vermögen, daß ein Organ z. B. sich ändert, verstärkt, wenn es der Gebrauch erfordert, daß insbesondere bei Änderung der Umgebung solche aktiven Anpassungen eintreten. Bis in die letzte Konsequenz durchgedacht, erscheint eine solche aktive Anpassung nur möglich, wenn der Organismus oder der Teil, die Zellenmasse, das Mißverhältnis zwischen Bau und Umgebung gewissermaßen selbst erkennt, und unter den zur Verfügung stehenden Mitteln eines auswählt, das diesem Mißverhältnis ein Ende macht. Großblättrige Pflanzen z. B., die erleben, daß ihre Heimat trockener wird, müßten ihren Wasserverbrauch einschränken, die einen durch Verkleinerung der Blätter, die anderen durch Ausbildung eines dichten Haarkleides, oder sich Wasserspeicher anlegen.

Die Möglichkeit in einer derartigen Weise auf eine Veränderung des umgebenden Mittels zu antworten, haben wir tatsächlich kennen gelernt: es genügt, an die amphibischen Pflanzen zu erinnern. Aber die beiden Vorgänge, die Anpassung des Individuums während der Entwicklung aus dem Samen oder aus einer Knospe einerseits und die Anpassung der Art im Lauf der Erdgeschichte anderseits, sind gar nicht vergleichbar. Die Fähigkeit, im Wasser ebensogut leben zu können wie auf dem Land und je nach der Umgebung die Organe verschieden auszubilden, gehört zu den unveräußerlichen Eigenschaften der amphibischen Arten. Gegebenenfalls entwickelt sich die Pflanze zwangsmäßig, ohne Wahl, in der einen oder in der anderen Richtung. Wir stehen also wieder vor der Frage, ob die Pflanze diese Fähigkeit durch aktive Anpassung z. B. an einen zeitweise überschwemmten Standort sich sozusagen vorsätzlich angeeignet hat. Und das ist doch sehr schwer vorzustellen.

Auch im Tierreich sind zahlreiche Fälle von solch »direkter Bewirkung«, also Gestaltsveränderungen durch Gebrauch und Umgebung als Beispiel herangezogen worden. Es braucht nur an die Veränderungen erinnert zu werden, die die Muskulatur durch Gebrauch und Nichtgebrauch erfährt, wie ferner die Knochen eine charakteristische Struktur der einzelnen Bälkchen zeigen, die sie geradezu als nach Ingenieurprinzipien aufgebaut zeigt. Gerade im Tierreich ist aber diese »funktionelle Struktur« mit einem gewissen Recht durch eine Erweiterung des Darwinschen Prinzips abgeleitet worden, durch Anwendung von Kampf und Auslese innerhalb der einzelnen Teile des Organismus. Diejenigen Teile, die mehr beansprucht werden und arbeiten, z. B. entsprechende Druck- und Zuglinien im Knochen, treten auch in erhöhte Beziehung zum Stoffwechsel, die dort liegenden Zellen scheiden Kalksalze aus; die andern Stellen dagegen werden nicht entsprechend ernährt und geben im Gegenteil ihre Kalksalze her, bis sie schwinden.

Immerhin bestünde in dieser »funktionellen Anpassung« ein weiteres Prinzip, auf Grund dessen eine Artumänderung möglich wäre, neben der Mutation, und die Auslese könnte daneben immer noch mit ihrer ausmerzenden negativen Kraft wirken. Notwendig wäre allerdings zur dauernden Artumbildung dann noch, daß sich solche »erworbenen Eigenschaften« auch vererben; aber dies — eine Zeitlang bestritten — wird nach Experimenten der letzten Jahre immer wahrscheinlicher. Jedenfalls besteht in einigen Fällen diese Vererbung der neuerworbenen Ausprägung, selbst dann, wenn die ändernden direkten Einflüsse aufgehört haben zu wirken; in andern Fällen mag allerdings das Erworbene wieder verschwinden. Hier hat die biologische Wissenschaft, der Experimentator im Pflanzen- und Tierreich, gegenwärtig ein reiches Feld der Betätigung, und die Ergebnisse haben nicht nur rein wissenschaftliches, sondern auch praktisches Interesse, für die Medizin, Landwirtschaft, Staats- und Gesellschaftslehre.

Aus alledem ist ersichtlich, daß die Abstammungslehre selbst der fruchtbare und leitende Gedanke bei Betrachtung der Organismen bleibt, daß aber das Wie der Umformung noch keineswegs geklärt ist, da die einen Forscher das Darwinsche, die andern das Lamarcksche Prinzip dabei anwenden wollen. Man muß sich hier aber vor vorzeitiger Verallgemeinerung hüten; die Streitigkeiten zwischen den Forschern haben mehr dadurch bestanden, daß man sich früher auf ein einziges Prinzip der Umformung festlegen wollte; seitdem man anerkennt, daß verschiedenartige Prinzipien dabei wirksam sein und ineinandergreifen können, sind zahlreiche Ünstimmigkeiten verschwunden. Man muß sich vor allem vorhalten, daß das stets ein Streit innerhalb der Anhänger der Deszendenzlehre gewesen ist, daß aber die Abstammungslehre selbst von all diesen Lagern Darwinisten, Lamarckisten usw. — übereinstimmend anerkannt wird.

www.ingramcontent.com/pod-product-compliance
Lightning Source LLC
Chambersburg PA
CBHW020909210326

41598CB00018B/1820